SCIENCE ON AGRICULTURAL PRODUCT QUALITY

农产品品质学

第二卷

郑金贵 编著

厦门大学出版社 国家一级出版社
XIAMEN UNIVERSITY PRESS 全国百佳图书出版单位

前　言

《农产品品质学》第一卷已经介绍,本科研团队自从 1984 年以来,包括历届招收的硕博研究生在内的研究人员一直从事作物品质、农产品品质的研究工作。第二卷主要内容仍是介绍国内外农产品品质研究的新进展,特别是整合本团队若干有关品质的研究成果。

《农产品品质学》第二卷主要有四个部分(四章)。第一章承接第一卷第三章,即农产品的保健品质(农产品中具有保健功能的生物活性物质),分二十节介绍二十一种农产品中的生物活性物质,每一节都按第一卷第三章的格式,每节的第一部分介绍生物活性物质的功能,第二部分介绍含有该生物活性物质的农产品。

第二章分十三节详细阐述食用农产品品质成分的科学利用对人体健康的重要性和机理,以及如何科学利用。比如,第五节介绍"选用全食品",以美国和中国两个最新实验结果——全苹果与全茶叶的功能分别比其中某一主要活性物质的纯品(单体产品)的功效高。又如第十节"食物、营养与癌症预防"介绍了国内外关于食物和营养对癌症预防研究的最新进展,综述了全世界 263 位在研究第一线的顶尖科学家关于食物和营养对癌症形成的影响,特别以图示方式分别介绍了癌症发生的每个阶段具有促癌效应的有毒有害物质和具有抗癌效应的生物活性物质、营养因素。本节还介绍了美国国立癌症研究所的"防癌 3 道防线"及每一道防线的植物化学物质及含有这些植物化学物质的食用农产品。

第三章分三节分别介绍了农产品品质的产前、产中和产后提升技术。第一节为农产品品质的产前提升技术——优异资源发掘与遗传育种,第二节为农产品品质的产中提升技术——栽培(饲养)环境的调控。对第一节、第二节的研究成果与应用,农业领域的科技人员特别是品质科技人员都比较熟悉。第三节为农产品品质的产后提升技术——食品的营养强化,即工业营养强化技术。比如对大米可进行维生素 B_1、维生素 B_2、尼克酸、叶酸、钙、铁、锌等营养素的强化,这对于农业领域的科技人员来说,可能了解不多、了解不全。某些食用农产品缺乏的天然营养成分,许多国家都通过工业生产某种营养成分和工业营养强化技术添加到食用农产品中,以弥补其不足,这对现代的食品加工技术来说,是较容易做到的。品质科技工作者要从遗传育种和栽培技术的角度提高很多营养成分的含量,那是十分困难的。农业科技人员应该用有限的精力、有限的时间、有限的经费、有限的资源做最有效的工作!也就是做工业上做不来的项目!

第四章介绍了具有保健功能的十九种生物活性物质的测定方法。

本论著是国家科技支撑计划课题五"地方特色作物种质资源发掘与创新利用"(项目编号:2013BAD01B05)、福建农林大学科技创新平台建设项目"农业部依托福建农林大学设立的海峡两岸农业技术合作中心"(项目编号:PTJH13001)、福建农林大学重点项目建设专项"福建省高校农业生物技术重点实验室"(项目编号:6112C1900)、福建农林大学科技创新平台建设项目"福建省特种作物育种与利用工程技术研究中心"(项目编号:PTJH12015)、农业部海峡两岸农业合作项目"台湾优质农产品技术的培训、示范与推广"(项目编号:NYB201001)和"两岸农产品贸易突破路径"(项目编号:农财发[2014]80 号)的研究内容、研究成果,并得到以上项目资助!

参加本卷农产品品质相关内容的研究、以各种形式协助本卷编写的研究人员和研究生有檀云坤、黄华康、林伯德、吴贤德、刘友洪、陈论生、杜微、敦宋玉、范水生、林荔辉、夏法刚、高文霞、金永淑、许明、程祖锌、杨志坚、吴仁烨、陈团生、黄昕颖、林梅桂、廖素凤、林世强、曹晓华、陈学文、刘江洪、余亚白、郑慧明、康延东、郑友义、郑惠永、郑回勇、林长光、王松良、董秀云、翁国华、何海华、王龙平、苏登、修如燕、程立立、陈旭、赵帅、赵普、林文磊、肖长春、王诗文、张玉文、伊恒杰、郑东明、沈旭斌、刘玮祥、洪惠淑、郭锦燕、王晓玲、蒋孝艳、危也宁、吴苍炜、陈源、陈凌华、黄艺宁、陈锦权、林锦彬、粘磊石、温昌铃、高德星、高文克、李意、黄彦艳、孙淑静、邓倩琳、李静、李文萍、蔡焕焕,在此一并表示感谢!特别感谢曹晓华全程协助收集了很多资料,做了大量的、细致的、繁杂的编辑、组织协调、打字和校对等工作。

本书引用了很多国内外的文献资料,在此对作者们表示衷心的感谢。

农产品品质学涉及多学科多专业知识,限于笔者水平,有误之处敬请指正。

编著者

2014 年 10 月

目　录

封面说明：

阿魏酸的化学结构式，相关内容见第一章第二节

绿原酸的化学结构式，相关内容见第一章第三节

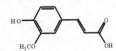

花色苷的基本结构式，相关内容见第一章第十八节

芦丁的化学结构式，相关内容见第一章第四节

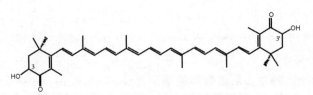

虾青素的化学结构式，相关内容见第一章第一节

第一章

农产品的保健品质
(农产品中具有保健功能的生物活性物质)

第一节　虾青素

　　虾青素(Astaxanthin)是酮式类胡萝卜素,属萜烯类不饱和化合物,化学名称为 3,3′-二羟基-4,4′-二酮基-β,β′-胡萝卜素,分子式为 $C_{40}H_{52}O_4$,相对分子质量为 596.86。其化学结构是由 4 个异戊二烯单位以共轭双键形式连接,两端有 2 个异戊二烯单位组成的六节环结构。其结构如图 1-1-1 所示。

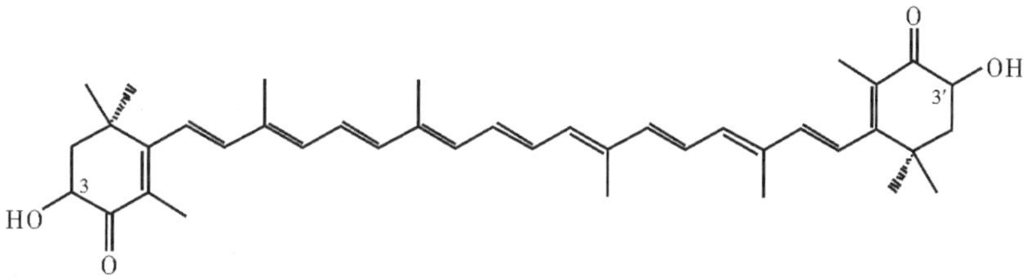

图 1-1-1　虾青素的结构

　　虾青素不溶于水,具有脂溶性。虾青素主要以游离态和酯化态形式存在。游离态虾青素极不稳定,易被氧化,通常化学合成的虾青素为游离态形式。酯化态虾青素是由于虾青素末端环状结构中各有一个羟基易于与脂肪酸形成酯而稳定存在,水生动物皮肤和外壳上的虾青素、雨生红球藻和红酵母中虾青素都主要以酯化态为主,酯化态虾青素根据其结合的脂肪酸不同分为虾青素单酯和虾青素二酯。虾青素酯化后,其疏水性增强,双酯的亲脂性比单酯的强;同时酯化态虾青素会与蛋白质形成复合物,产生不同的颜色。

一、虾青素的生理功能

(一)抗氧化

　　虾青素是一种链断裂型抗氧化剂,具有极强的抗氧化作用。机体在正常生命活动如呼吸链电子传递、体内其他物质氧化过程中会产生少量氧自由基;在受到化学试剂、紫外辐射等刺激情况下,会产生大量氧自由基。这些自由基能引起生物膜脂质过氧化、氨基酸氧化、蛋白质降解和 DNA 损伤,还能使细胞膜上的不饱和脂肪酸发生链式反应,从而影响细胞的构成。虾青素不但可以淬灭单线态氧,直接清除氧自由基,还能阻断脂肪酸的链式反应。大量研究表明,虾青素具有抗氧化作用。

　　杨艳(2009)研究了虾青素对自然衰老小鼠抗氧化能力的影响。选用老龄小鼠作为自然衰老模型,按体重和血中丙二醛(MDA,脂质过氧化终产物之一)水平随机分为一个老龄模型组和 4 个虾青素剂量组。灌胃 60 d 后,对各实验组的血中 MDA 含量、超氧化物歧化酶(SOD,生物体内重要的抗氧化酶和活性氧清除剂)活性、谷胱甘肽过氧化物酶(GSH-Px 酶,组成机体预防性抗氧化防线的重要抗氧化酶)活性和8-羟化脱氧鸟苷(8-OHdG,DNA 氧化损伤的特异产物和生物标志物)含量水平进行测定及比较。结果表明,虾青素可显著降低血液中 MDA 的含量,提高 SOD 和 GSH-Px 酶活性,但对 8-OHdG 含量无显著影响(见表 1-1-1、表 1-1-2)。由此得出结论,摄入适量的虾青素能有效地增强老龄小鼠体内的抗氧化能力,有助于延缓小鼠的自然衰老。

表 1-1-1　实验前后血中 MDA 水平测定结果($n=12$, $\bar{x}\pm S$)

组别	实验前 MDA(nmol/mL)	实验后 MDA(nmol/mL)
模型对照(不灌胃虾青素)	30.46 ± 2.46	28.92 ± 2.31
5 mg/(kg·bw)	30.46 ± 2.47	26.38 ± 2.39[#]
25 mg/(kg·bw)	31.16 ± 2.44	26.92 ± 2.01[#]
50 mg/(kg·bw)	30.35 ± 2.46	25.42 ± 2.78[#*]
100 mg/(kg·bw)	30.10 ± 3.25	21.61 ± 4.35[#*]

注:与模型对照组比较,[*] $P<0.05$;与实验前比较,[#] $P<0.05$。
据杨艳(2009)

表 1-1-2　血清 SOD 活性、GSH-Px 活性、8-OHdG 水平测定结果($n=12$, $\bar{x}\pm S$)

组别	SOD(U/mL)	GSH-Px 酶活力单位	8-OHdG(ng/mL)
模型对照(不灌胃虾青素)	162.12 ± 23.81	303.98 ± 33.76	83.26 ± 19.59
5 mg/(kg·bw)	174.88 ± 16.02	320.51 ± 22.07	84.40 ± 15.74
25 mg/(kg·bw)	195.96 ± 10.64[**]	341.02 ± 27.97	75.77 ± 26.48
50 mg/(kg·bw)	200.52 ± 11.19[**]	344.08 ± 40.36[*]	69.04 ± 24.24
100 mg/(kg·bw)	210.77 ± 10.80[**]	359.38 ± 55.33[**]	70.23 ± 25.53

注:与模型对照组比较,[*] $P<0.05$,[**] $P<0.01$。
据杨艳(2009)

彭亮等(2011)研究了虾青素的抗氧化作用和对人体健康的影响。将 120 名健康志愿者按血清丙二醛含量随机分为试食组和对照组,试食组连续服用受试物 90 d,对照组服用安慰剂,测定两组人群血清中丙二醛 MDA 含量、超氧化物歧化酶 SOD 活性、谷胱甘肽过氧化物酶 GSH-Px 活性和安全性指标。实验结果表明,试食组血清 MDA 含量显著下降,与对照组的差异有统计学意义($P<0.01$)(见表 1-1-3);试食组血清 SOD 和 GSH-Px 活性显著升高,与对照组的差异有统计学意义($P<0.01$)(见表 1-1-4、表 1-1-5)。试验前后两组人群的各项安全性指标均在正常范围内。因此得出结论,虾青素可提高人体的抗氧化能力,且对人体健康无损害作用。

表 1-1-3　试食前后两组人群的血清 MDA 含量变化

组别	人数	试食前 MDA (nmol/mL)	试食后 MDA (nmol/mL)	MDA 下降值 (nmol/mL)	下降率(%)	P(自身)
对照组	57	5.74 ± 0.17	5.68 ± 0.32	0.06 ± 0.27	1.01 ± 4.70	>0.05
试验组	58	5.79 ± 0.16	5.34 ± 0.23	0.45 ± 0.21	7.74 ± 3.59	<0.01
P(组间)		>0.05	<0.01	<0.01	<0.01	

据彭亮等(2011)

表 1-1-4　试食前后两组人群的血清 SOD 活性变化

组别	人数	试食前 SOD (U/mL)	试食后 SOD (U/mL)	SOD 升高值 (U/mL)	升高率(%)	P(自身)
对照组	57	116.3 ± 13.4	118.1 ± 19.8	1.76 ± 1.06	1.51 ± 3.42	>0.05
试验组	58	115.6 ± 14.3	124.3 ± 17.6	8.68 ± 4.70	7.52 ± 5.58	<0.01
P(组间)		>0.05	<0.01	<0.01	<0.01	

据彭亮等(2011)

表 1-1-5 试食前后两组人群的血清 GSH-Px 活性变化

组别	人数	试食前 GSH-Px (NU/mL)	试食后 GSH-Px (NU/mL)	GSH-Px 升高值 (NU/mL)	升高率(%)	P(自身)
对照组	57	145.4±15.3	148.0±13.2	2.61±4.16	1.87±4.15	>0.05
试验组	58	144.1±16.6	156.0±10.7	11.91±9.58	8.26±6.71	<0.01
P(组间)		>0.05	<0.01	<0.01	<0.01	

据彭亮等(2011)

陈东方等(2011)将 106 例年龄在 45~65 岁之间的健康志愿者按血清丙二醛含量随机分为受试组和对照组,受试组连续服用天然虾青素软胶囊 90 d。测定血清中丙二醛 MDA 含量及超氧化物歧化酶 SOD 和谷胱甘肽过氧化物酶 GSH-Px 活性和安全性指标。实验结果表明,试食后受试组 MDA 含量明显下降,自身前后比较差异有统计学意义($P<0.01$),下降率为 3.25%;SOD 活性明显升高,自身前后比较差异有统计学意义($P<0.01$),升高率为 4.59%;GSH-Px 活性明显升高,自身前后比较差异有统计学意义($P<0.01$),升高率为 5.54%。各项安全性指标试验前后均无明显改变,结果见表 1-1-6 至表 1-1-9。得出结论,天然虾青素软胶囊对人体具有抗氧化作用。

表 1-1-6 试食前后血液安全性指标变化比较($\bar{x}\pm S$)

项目	对照组($n=50$)		试验组($n=50$)	
	试食前	试食后	试食前	试食后
WBC($\times10^9$/L)	6.06±1.61	6.29±1.78	6.26±1.42	6.57±1.60
RBC($\times10^{12}$/L)	4.48±0.50	4.53±0.46	4.44±0.47	4.47±0.49
Hb(g/L)	128.20±11.40	128.30±10.70	128.00±10.60	128.60±11.10
PLT($\times10^9$/L)	272.80±49.30	280.10±45.00	275.50±44.70	267.50±50.90
TP(g/L)	69.50±7.90	70.80±7.80	71.10±9.00	71.50±6.40
ALB(g/L)	39.80±6.70	39.30±5.00	40.10±5.50	39.30±3.80
CHO(mmol/L)	5.51±0.73	5.47±0.66	5.60±0.59	5.41±0.60
TG(mmol/L)	1.39±0.22	1.36±0.18	1.38±0.23	1.37±0.16
HDL-C(mmol/L)	1.26±0.17	1.25±0.18	1.27±0.18	1.26±0.19
GLU(mmol/L)	5.83±0.76	5.89±0.66	5.91±0.74	5.86±0.77
ALT(u/L)	29.30±8.30	29.20±7.90	27.90±7.80	27.30±6.70
AST(u/L)	30.70±5.00	28.60±7.80	30.50±5.60	29.80±8.30
CRE(μmol/L)	71.80±16.20	73.50±15.70	69.20±18.00	70.60±18.50
BUN(mmol/L)	6.21±1.50	5.74±1.47	6.08±1.18	5.86±1.28
血压(mmHg)	122.4±8.4/80.9±6.1	123.6±7.2/81.3±5.5	123.0±6.4/81.1±5.7	123.9±6.1/81.1±5.3
WBC($\times10^9$/L)	6.06±1.61	6.29±1.78	6.26±1.42	6.57±1.60

据陈东方等(2011)

表 1-1-7 试食后过氧化脂质含量下降百分率($\times10^{-2}$)

组别	n	MDA 含量(nmol/mL)		差值	下降百分率
		试食前	试食后		
试验组	50	5.52±0.60	5.29±0.60**#	-0.24	3.25
对照组	50	5.59±0.51	5.52±0.42	-0.08	1.03

注:** 自身前后比较 $t=14.767,P<0.01$;# 与对照组比较 $t=-2.141,P<0.05$。
据陈东方等(2011)

表 1-1-8　试食后超氧化物歧化酶活力及升高百分率($\times 10^{-2}$)

组别	n	SOD 含量(U/g Hb)		差值	上升百分率
		试食前	试食后		
试验组	50	13 676±1 300	14 244±1 762**#	568.4	4.59
对照组	50	13 722±2 252	13 419±1 717	303.0	1.11

注:**自身前后比较 $t=-7.231$,$P<0.01$;#与对照组比较 $t=2.373$,$P<0.05$。
据陈东方等(2011)

表 1-1-9　试食后谷胱甘肽过氧化物酶活力及升高百分率($\times 10^{-2}$)

组别	n	GSH-Px(U/mL)		差值	上升百分率
		试食前	试食后		
试验组	50	137.5±12.9	143.9±11.8**#	6.36	5.54
对照组	50	139.6±11.9	138.5±11.9	1.12	0.28

注:**自身前后比较 $t=-16.550$,$P<0.01$;#与对照组比较 $t=2.277$,$P<0.05$。
据陈东方等(2011)

Dimp 等(1990)研究发现,多种类胡萝卜素猝灭分子氧的能力强弱排序为:虾青素＞α-胡萝卜素＞β-胡萝卜素＞红木素＞玉米黄质＞黄体素＞胆红素＞胆绿素。Lee 等(1990)通过比较共轭双键数不同的叶黄素、玉米黄质、番茄红素、异玉米黄素和虾青素 5 种类胡萝卜素及其衍生物在豆油光氧化作用中淬灭活性氧的作用,发现淬灭活性氧的能力具有随共轭双键的增加而增加的特性,并且虾青素的淬灭性能最强。Miki 等(1991)应用硫代巴比妥酸法,以含亚铁离子的血红素蛋白作为自由基产生者、亚油酸为接受者,检测各受试类胡萝卜素及其衍生物和 α-生育酚(VE)清除自由基的半数效应剂量 ED_{50}(见表 1-1-10),同样发现虾青素具有最强的清除自由基能力。

表 1-1-10　虾青素、部分胡萝卜素和 α-生育酚清除自由基的 ED_{50} 值

清除剂	ED_{50}(nmol/L)	清除剂	ED_{50}(nmol/L)
虾青素	200	玉米黄质	400
角黄质	450	叶黄素	700
金枪鱼黄素	780	β-胡萝卜素	960
α-生育酚	2 940		

据 Miki 等(1991)

近年来也有新的研究证明,虾青素的抗氧化作用较 α-生育酚强百倍以上,有"超级 VE"之称。同时,虾青素对细胞膜和线粒体膜氧化损伤有保护作用。曹秀明等(2009)采用 H_2O_2 导致红细胞膜氧化损伤,以细胞形态学、细胞溶血率(活性氧会诱导红细胞发生氧化溶血,因此测定细胞溶血率可间接反映虾青素是否具有清除活性氧的作用)、丙二醛 MDA 含量、超氧化物歧化酶 SOD 活性、膜封闭能力及流动性(活性氧损伤质膜结构与功能,导致膜封闭能力降低,膜流动性下降,因此测定膜封闭能力及流动性可间接反映虾青素是否具有清除活性氧的作用)为指标,观察一定浓度的虾青素(1.0×10^{-7} mol/L、1.0×10^{-6} mol/L、1.0×10^{-5} mol/L)对 H_2O_2 所致质膜氧化损伤的保护作用。实验结果表明,H_2O_2 能导致红细胞溶血率和 MDA 含量增加,SOD 活性、膜封闭能力及膜流动性下降。而经过一定浓度的虾青素预处理后,红细胞溶血率和 MDA 含量明显降低,SOD 活性、膜封闭能力及膜流动性显著增强。可见,虾青素对 H_2O_2 引起的质膜氧化损伤具有明显的保护作用。曹秀明等(2010)还研究了虾青素对活性氧 ROS 所致线粒体氧化损伤的保护作用。观察虾青素对过氧化氢系统氧化损伤线粒体中丙二醛 MDA、一氧化氮(NO,具有促细胞凋亡的特性)、谷胱甘肽 GSH 含量和超氧化物歧化酶 SOD 与 ATP 酶(ATPase)活性的影响,探讨虾青素保护线粒体氧化损伤的作用。结果发现,过氧化氢损伤后,线粒体中 MDA 和 NO 含量升高,GSH 含量降低,SOD 和 ATPase 活性降低。而虾青素(1.0×10^{-7} mol/L、1.0×10^{-6} mol/L、1.0×10^{-5} mol/L)能显著抑制 H_2O_2 引起的线粒体 MDA 和 NO 含量升高,抑制 GSH 减少,提高 SOD 和 ATPase 活性。实验结果

表明,虾青素在一定浓度范围内对活性氧所致的线粒体氧化损伤有保护作用。

(二)抗癌

肖素荣等(2011)通过对膳食类胡萝卜素摄入量和癌症发病率或死亡率之间关系研究,发现癌症发病率或死亡率与类胡萝卜素的摄入量呈显著负相关。Nishino(1998)比较各种类胡萝卜素的抗癌活性,得出虾青素的抗癌作用效果最强的结论。Savoure 等(1995)的研究证明了虾青素抑制肿瘤发生的效应在于对肿瘤增殖的抑制。Jyonouchi 等(2000)研究表明细胞间隙连接通讯(Cell Gap Junction Communication)对细胞的正常增殖分化及组织自身稳定起着重要调节作用,其功能的抑制或破坏是促癌变阶段的重要机制。虾青素的抗癌作用正是与其诱导细胞间隙连接通讯的能力密切相关,它可以通过加强正常细胞间的连接能力,孤立癌细胞,减少癌细胞间的联系,以控制其生长,防止肿瘤转化。

国内外大量研究结果也进一步表明虾青素对多种癌症有显著的抑制或预防作用。如肖爽(2009)研究了虾青素对人胃癌细胞 SGC-7901 增殖和凋亡的影响。采用体外培养、细胞增殖实验,用可见光、荧光、激光扫描共聚焦显微镜(LSCM)观察胃癌细胞的形态变化。实验结果表明,虾青素对 SGC-7901 细胞增殖具有抑制作用,半数抑制浓度 IC_{50} 为 215 mmol/L;分别用含 0.42 mmol/L、0.84 mmol/L、1.68 mmol/L 的虾青素的培养介质处理 SGC-7901 细胞 48 h,在可见光、荧光显微镜、LSCM 下观察细胞形态,分别出现了细胞数量明显减少、皱缩变形、体积缩小、触角伸长,细胞表面凸起多个小泡,显示亮黄色荧光的细胞核呈现"新月状"、条状甚至碎片状形状,凋亡小体、DNA 面积较明显减小等典型的凋亡细胞形态特征。由此得出结论,虾青素对 SGC-7901 细胞的增殖具有明显的抑制作用,且诱导胃癌细胞凋亡。

裴凌鹏(2009)通过小鼠移植性肿瘤实验观察了虾青素对小鼠体内肿瘤细胞生长和免疫器官胸腺、脾脏的影响,并通过 ANAE 法检测了虾青素对 T 细胞阳性率的影响。实验结果表明,虾青素对 S180 肉瘤生长有一定抑制作用,各剂量组均可以提高免疫器官脏器指数,与模型组比具有显著性差异($P<0.01$)(见表 1-1-11);能够提高 S180 荷瘤小鼠 T 淋巴细胞的百分比(见表 1-1-12)。由此得出结论,虾青素有抗肿瘤和增强免疫功能作用。

表 1-1-11　虾青素对 S180 荷瘤小鼠胸腺、脾脏指数的影响($\bar{x}\pm S,n=10$)

组别	胸腺指数(mg/g)	脾脏指数(mg/g)
模型组	9.132±0.657	1.228±0.089
虾青素低剂量组	11.671±0.635[#]	1.279±0.083[#]
虾青素中剂量组	12.580±0.728[#]	1.285±0.090[#]
虾青素高剂量组	12.921±0.769[#]	1.390±0.088[#]
环磷酰胺阳性组	12.626±0.776[#]	1.386±0.090[#]

注:与模型组比较,[#] $P<0.01$。
据裴凌鹏(2009)

表 1-1-12　虾青素对 S180 荷瘤小鼠外周血 T 细胞百分比的影响($\bar{x}\pm S,n=10$)

组别	T 细胞百分比(%)
模型组	49.10±2.32
虾青素低剂量组	53.88±2.20[#][*]
虾青素中剂量组	58.70±2.21[#][*]
虾青素高剂量组	64.05±2.76[#][*]
环磷酰胺阳性组	48.79±2.13[#]

注:与环磷酰胺阳性组比较,[#] $P<0.01$,[*] $P<0.01$。
据裴凌鹏(2009)

陈立武(2012)建立了 Hepal-6 荷瘤小鼠模型,根据虾青素处理浓度不同将 24 只小鼠分为对照组、低剂量组(10 mg/kg)、中剂量组(30 mg/kg)、高剂量组(60 mg/kg),每组各 6 只,观察虾青素对肿瘤生长的影响,并检测虾青素对荷瘤鼠淋巴细胞增殖和杀伤能力的影响。实验结果表明,处理后第 20 天,对照组肿瘤体积均大于低、中、高剂量组,差异均有统计学意义($P<0.05$ 或 $P<0.01$)(见图 1-1-2);虾青素可促进宿主脾细胞的增殖,对照组脾细胞数与中、高剂量组比较,差异有统计学意义($P<0.05$)(见图 1-1-3);虾青素可增强淋巴细胞对肿瘤的杀伤能力,且呈剂量依赖趋势(见图 1-1-4)。并得出结论,虾青素能够增强宿主免疫水平,具有良好的抗肿瘤作用。

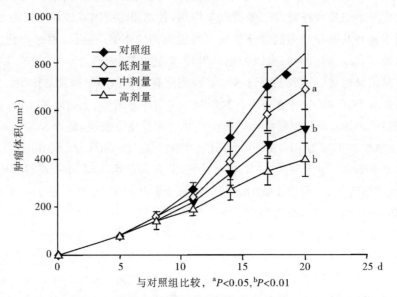

图 1-1-2 荷瘤小鼠肿瘤体积变化情况(据陈立武,2012)

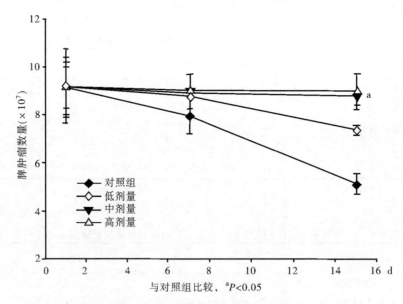

图 1-1-3 荷瘤小鼠体内脾细胞数变化情况(据陈立武,2012)

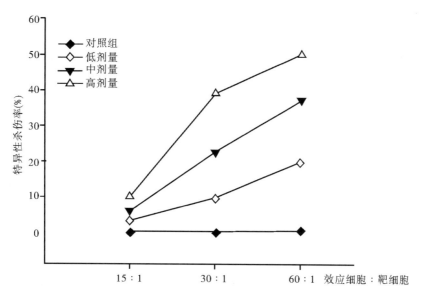

图 1-1-4　不同剂量虾青素对淋巴细胞杀伤能力的影响（据陈立武，2012）

宋晓东等（2010）研究了虾青素对大鼠肝癌细胞 CBRH-7919 的细胞骨架和肿瘤转移抑制蛋白 23（non-metastasis 23，nm 23）的影响。实验结果表明，虾青素能够抑制 CBRH-7919 细胞的生长，激光扫描共聚焦显微镜观察到虾青素对 CBRH-7919 细胞骨架有破坏作用，骨架网状结构降解、凝聚、分布不均，且虾青素作用时间越长对细胞骨架的破坏作用越明显。免疫荧光结果显示 nm 23 蛋白主要分布在细胞质中，虾青素作用下 nm 23 蛋白在 0～18 h 内表达上调，18 h 后表达下调。由此得出结论，虾青素能显著抑制 CBRH-7919 细胞生长，可能与其破坏肿瘤细胞骨架及对 nm 23 蛋白的调控有关。

此外，Tanaka 等（1994、1995）通过动物实验观察到虾青素对口腔癌和膀胱癌有预防作用；Gradelet 等（1998）研究结果表明虾青素在抑制肝癌方面有显著效果；Jyonouchi 等（2000）研究也表明虾青素可减少人成纤维细胞（1BR-3）、黑素细胞（HEMAc）和肠 CaCo-2 细胞中由紫外线辐射导致的 DNA 损害，从而减少皮肤癌的发生。

(三)增强免疫

Jyonouchi 等（1994）在关于虾青素和类胡萝卜素对小鼠淋巴细胞体外组织培养系统的免疫调节效应的研究中，发现虾青素具有很强的免疫调节作用。实验表明虾青素可显著促进小鼠脾细胞对胸腺依赖抗原（TD-Ag）反应中抗体的产生，增强依赖于 T 专一抗原的体液免疫反应。同时，人体血细胞的体外研究中也发现虾青素和类胡萝卜素均显著促进 TD-Ag 刺激时的抗体产生，分泌 IgG 和 IgM 的细胞数增加，而补充虾青素可以部分恢复老年小鼠对 TD-Ag 反应时的抗体产生，有助于恢复老龄动物的体液免疫。Chew 等（1999）关于小鼠摄食 β-类胡萝卜素、虾青素和斑蝥黄对脾细胞功能影响的研究结果显示，β-类胡萝卜素和虾青素有明显增强小鼠脾淋巴细胞功能的作用，以增强机体免疫力。另外，Jyonouch 等（1995）研究表明虾青素还能促进人体免疫球蛋白的产生，以及增强小鼠释放白细胞介素-1 和肿瘤坏死因子的能力，其作用比 β-胡萝卜素和角黄素更强。因此，虾青素有很强的诱导细胞分裂的活性，具有重要的免疫调节作用。

(四)预防心血管疾病

1.预防心肌梗死，缺血再灌注损伤

在大鼠、兔子和犬的心脏缺血再灌注模型中，验证虾青素丁二酸氢钠（DDA）的保护作用。Gross 等（2004）提前连续 4 d 在 SD 大鼠静脉注射 25 mg/(kg·d)、50 mg/(kg·d)、75 mg/(kg·d)剂量的 DDA，能显著减少大鼠缺血再灌注后的心肌梗死面积,且呈剂量依赖关系。Lauver 等(2005)在兔子缺血再灌注模型中,提前连续 4 d 在静脉注射 DDA 50 mg/(kg·d),能显著减少心肌梗死面积,并改善心肌,减少炎症。Gross 等(2005)在相同的犬模型中,提前连续 4 d 在静脉注射 DDA 能减少冠状动脉阻塞和心肌梗死面积。Nakao 等(2010)研究表明雌性 BALB/c 小鼠在摄食 8 周的虾青素后,可以提高心肌线粒体膜电位和收缩性,说明虾青素可以保护心肌。

2.降血压和抑制血栓

高血压是导致心血管疾病的一个重要危害因素,因此虾青素在降血压方面的作用对于评价虾青素对心血管疾病的作用具有重要意义。

Hussein(2005)通过向自发性高血压老鼠灌胃虾青素 14 d,证明虾青素具有显著降血压作用,用 50 mg/kg 的虾青素灌胃有中风倾向的自发性高血压大鼠,能显著降低血压。研究得出,虾青素通过调节 NO 相关通路来舒张血管,降低血压。Hussein(2006)报道了用 5 mg/(kg·d)的虾青素喂食高血压大鼠 7 周,可以调节大鼠的血液流动性,恢复肾上腺素受体交感神经通路的正常,尤其是 α-肾上腺素;另外通过减弱血管紧缩素 II 和活性氧诱导的血管紧缩,进而恢复血管张力。Hussein(2007)用 50 mg/(kg·d)的虾青素喂食肥胖大鼠 22 周后,不仅降低血压,而且减少了代谢综合征,如降低了空腹血糖值,降低了胰岛素敏感性,增加了高密度脂蛋白含量,降低了血浆中三油甘酯和游离脂肪酸含量。

Khan(2010)对 C57BL/6 小鼠灌胃虾青素衍生物 CDX-085 后,发现在血浆、心脏、肝脏和血小板中产生了虾青素代谢产物,表明 CDX-085 明显地增加了动脉血液流动,并延缓了血栓的形成,减缓了内皮损伤。用虾青素处理人脐静脉内皮细胞和从 Wistar 大鼠中分离的血小板,可以显著增加 NO 的释放和减少过氧亚硝基的产生,说明虾青素可能通过此途径来抑制血栓。

3.预防动脉粥样硬化

氧化应激和炎症反应是导致动脉粥样硬化的重要因素。Li(2004)等人用 100 mg 虾青素/kg 饲料来喂养遗传性高血脂症(WHHL)兔子,发现虾青素通过减少巨噬细胞浸润及凋亡来提高动脉粥样硬化斑块的稳定性。Kishimoto 等(2010)将 THP-1 巨噬细胞用虾青素孵育 24 h,结果表明,虾青素减少清道夫受体的表达,减少基质金属蛋白酶(MMPs)的表达,减少前炎症细胞因子的数量,如肿瘤坏死因子、白介素-1β、白介素-6、诱导性 NO 合酶、环氧合酶-2,抑制了 NF-κB 的磷酸化,进而抑制了巨噬细胞的激活。

(五)保护神经系统

曹秀明(2012)从细胞水平上研究了虾青素对活性氧所致海马神经细胞损伤的保护作用。通过 B_{27} 无血清培养法进行 SD 乳鼠的大脑海马神经细胞的分离、培养及鉴定;用 MTT 法检测细胞存活率,用比色法测定细胞乳酸脱氢酶(LDH,LDH 是一种糖酵解酶,当细胞受到损伤时,LDH 释放到细胞外,因此 LDH 作为细胞损伤的标志,用于检测细胞的损伤)的释放量,超氧化物歧化酶 SOD、过氧化氢酶 CAT、谷胱甘肽过氧化物酶 GSH-Px(这三种酶都是细胞抗氧化损伤的重要酶类,其活性是判断细胞氧化损伤程度的重要生物学指标)的活性及丙二醛 MDA(细胞膜脂质过氧化的最终分解产物,其含量多少可间接反映细胞受自由基攻击的严重程度)的含量。结果表明,虾青素能提高活性氧损伤过的海马神经细胞的存活率,减少细胞 LDH 的释放量,并增加细胞 SOD、CAT 和 GSH-Px 的活力,降低 MDA 的含量。得出结论,虾青素对活性氧诱导的海马神经细胞损伤具有保护作用。

陆亚鹏(2011)将原代培养的小鼠皮层神经元用虾青素预孵育 2 h,再与老化的 10 μmol/L $A\beta_{25\sim35}$($A\beta$ 在脑组织中的异常增加和沉积是阿尔茨海默病 AD 主要的病理改变。$A\beta$ 由 39～43 个氨基酸残基组成,$A\beta_{25\sim35}$ 是其主要的毒性片段,对体外培养及在体内的神经细胞均有毒性作用)共孵育 24 h。采用 MTT 法测定细胞活力,Hoechst33342 染色观察细胞凋亡,DCFH-DA 荧光法检测细胞内活性氧 ROS 水平,Rhodamine 123 荧光法检测线粒体膜电位。结果表明,500～4 000 nmol/L 的虾青素预处理能有效抑制 10 μmol/L $A\beta_{25\sim35}$ 诱导的神经元活力下降,降低细胞内的 ROS 水平(见表 1-1-13)。2 000 nmol/L 虾青素对神经元线粒体膜电位的保护作用最明显,能显著抑制神经元凋亡(见表 1-1-14)。由此得出结论,虾青素

对 $A\beta_{25\sim35}$ 诱导小鼠皮层神经元损伤有明显的保护作用,其机制可能和保护线粒体功能有关。

表 1-1-13　虾青素对 $A\beta_{25\sim35}$ 诱导小鼠皮层神经元活力下降和胞内 ROS 水平上升的影响($\bar{x}\pm S,n=8$)

组别	相对细胞活力(%)	DCF 相对荧光强度(%)
空白对照组	100.0±3.1	100.0±4.5
$A\beta_{25\sim35}$ 模型组	48.9±3.5[①]	251.8±10.3[①]
虾青素保护组 250 nmol/L	52.8±6.0	233.4±13.4
虾青素保护组 500 nmol/L	60.9±5.1[②]	174.5±12.7[③]
虾青素保护组 1 000 nmol/L	81.9±2.2[③]	130.0±8.0[③]
虾青素保护组 2 000 nmol/L	91.3±4.7[③]	125.1±13.2[③]
虾青素保护组 4 000 nmol/L	88.6±6.9[③]	144.7±9.7[③]

与空白对照组比较:[①]$P<0.01$;与 $A\beta_{25\sim35}$ 模型组比较:[②]$P<0.05$,[③]$P<0.01$。
据陆亚鹏(2011)

表 1-1-14　虾青素对 $A\beta_{25\sim35}$ 诱导小鼠皮层神经元凋亡和线粒体膜电位损伤的影响($\bar{x}\pm S,n=6$)

组别	凋亡率(%)	Rhodamine 123 相对荧光强度(%)
空白对照组	5.2±1.1	100.0±3.0
$A\beta_{25\sim35}$ 模型组	43.9±3.5[①]	51.8±6.9[①]
虾青素保护组	18.3±4.9[②]	84.1±7.2[②]

与空白对照组比较:[①]$P<0.01$;与 $A\beta_{25\sim35}$ 模型比较:[②]$P<0.01$。
据陆亚鹏(2011)

Ikeda(2008)报道了虾青素可以通过抑制细胞内活性氧的产生,防止 p38MAPK 通路的激活和线粒体紊乱,显著抑制 6-羟基多巴胺(6-OHDA)诱导的人神经母细胞瘤细胞系(SH-SY5Y)的凋亡。Liu(2009)报道了虾青素通过减少线粒体异常和细胞内活性氧的产生来抑制二十二碳六烯酸氢过氧化物(DHA-OOH)及 6-OHDA 诱导的 SH-SY5Y 细胞系的凋亡。Chan(2009)报道了虾青素可以提高细胞膜及线粒体膜的稳定性。以上报道可以说明虾青素具有预防神经退行性疾病的能力,如帕金森症。

虾青素可以通过抑制氧化应激、减少谷氨酸盐释放和抗凋亡作用来减少缺血引起的脑组织中自由基损伤、凋亡、神经变性、脑梗死。Lin(2010)从大鼠大脑皮层分离出突触体,发现虾青素可以抑制 4-氨基吡啶诱导的突触体谷氨酸盐释放,提出了虾青素除抗氧化和抗炎症之外的另一种神经保护机制。Kim(2009)报道了虾青素可以通过调节 p38 和 MEK 信号通路来抑制 H_2O_2 诱导的凋亡。Lu(2010)报道了 500 nmol/L 的虾青素显著抑制了 H_2O_2 诱导的大鼠大脑皮层神经元的凋亡,并修复了线粒体膜电位。用 80 mg/kg 的虾青素显著减少了大鼠脑缺血再灌注后的梗死面积。

(六)抗炎作用

Lee(2003)报道了在脂多糖(LPS)诱导的 RAW264.7 细胞系和 LPS 注射的小鼠中,虾青素通过降低抑制因子激酶(IKK)的活性,来抑制 IKBs 的降解,进而抑制 NF-κB 的活化,从而减少了前炎性细胞因子如前列腺素-2、肿瘤坏死因子、白介素-1β,诱导性 NO 合酶、环氧合酶-2 的产生,以及减少 NO 的产生,因此减缓了 LPS 导致的炎症。Suzuki(2006)报道了虾青素通过抑制 NF-κB 信号通路,而具有抗内毒素诱导的小鼠葡萄膜炎作用。人体幽门螺杆菌(HP)的感染与慢性 B 型胃炎、消化性溃疡和胃癌的发生密切相关,Wang(2000)报道了用幽门螺杆菌 HP 感染 BALB/cA 小鼠,灌胃虾青素 2 周后,能显著改善炎症,提示虾青素可以用来治疗人体感染幽门螺杆菌。

尹蕾(2010)通过二甲苯致小鼠耳廓肿胀试验、大鼠棉球肉芽肿试验及角叉菜胶致大鼠胸膜炎试验观察了虾青素制品的抗炎作用,测定了胸腔渗出液中白细胞数、前列腺素 E_2(PGE$_2$,PGE$_2$ 是炎症反应的重要介质)和血清中超氧化物歧化酶 SOD、丙二醛 MDA 的水平。结果如表 1-1-15 至 1-1-17 所示,虾青素制品对二甲苯致小鼠耳廓肿胀、大鼠棉球肉芽肿的形成和角叉菜胶致大鼠胸膜炎均有明显的抑制作用,可减少角叉菜胶致胸膜炎的大鼠胸腔液中白细胞数、PGE_2 和血清中的 MDA,并可提高血清中 SOD 的活性。由此得出结论,虾青素制品对多种炎症模型均有明显的对抗作用,具有一定的抗炎作用,其抗炎机制与抑制脂质过氧化反应、抑制 PGE_2 的生成有关。

表 1-1-15　虾青素制品对二甲苯致小鼠耳廓肿胀的抑制作用($\overline{x} \pm S, n=10$)

组别	剂量(mg/kg)	肿胀度(mg)	抑制率(%)
模型	—	10.42 ± 3.20	—
虾青素制品	30	$8.96 \pm 2.22^{*\triangle}$	14.0
虾青素制品	100	$7.84 \pm 1.40^{**}$	24.8
虾青素制品	300	$6.71 \pm 1.43^{**}$	35.6
阿司匹林(抗炎药)	200	$6.31 \pm 1.94^{**}$	39.4

与模型组比较:* $P<0.05$,** $P<0.01$;与虾青素制品 300 mg/kg 组比较:$\triangle P<0.05$。
据尹蔷(2010)

表 1-1-16　虾青素制品对大鼠棉球肉芽肿的抑制作用($\overline{x} \pm S, n=10$)

组别	剂量(mg/kg)	肿胀度(mg/100 g)	抑制率(%)
模型	—	23.00 ± 4.54	—
虾青素制品	72	$15.70 \pm 3.53^{**}$	31.7
虾青素制品	180	$14.90 \pm 3.15^{**}$	35.2
虾青素制品	450	$14.10 \pm 2.00^{**}$	38.7
阿司匹林(抗炎药)	0.05	$13.00 \pm 2.45^{**}$	43.5

与模型组比较:** $P<0.01$。
据尹蔷(2010)

表 1-1-17　虾青素制品对角叉菜胶致大鼠胸膜炎的影响($\overline{x} \pm S, n=10$)

组别	剂量(mg/kg)	胸腔渗出液(mL)	白细胞数($\times 10^6$/mL)	PGE_2(吸光度值)	SOD(U/mL)	MDA(nmol/L)
对照	—	0.02 ± 0.08	$0.122\,1 \pm 0.023\,1$	$0.003\,1 \pm 0.001\,1$	160.71 ± 19.73	7.78 ± 0.96
模型	—	$2.16 \pm 0.45^{\triangle\triangle}$	$11.929\,2 \pm 4.287\,3^{\triangle\triangle}$	$0.063\,4 \pm 0.013\,2^{\triangle\triangle}$	$112.26 \pm 41.74^{\triangle\triangle}$	$10.43 \pm 4.24^{\triangle}$
虾青素制品	72	$1.00 \pm 0.96^{**\,\blacktriangle\blacktriangle}$	$4.716\,8 \pm 1.356\,2^{**\,\blacktriangle\blacktriangle}$	$0.043\,3 \pm 0.024\,4^{*}$	$169.12 \pm 15.73^{**}$	$7.82 \pm 1.37^{**}$
虾青素制品	180	$0.58 \pm 0.34^{**\,\blacktriangle\blacktriangle}$	$3.402\,7 \pm 1.307\,6^{**\,\blacktriangle\blacktriangle}$	$0.030\,1 \pm 0.021\,3^{**}$	$158.52 \pm 15.42^{**}$	$7.87 \pm 1.73^{**}$
虾青素制品	450	$0.43 \pm 0.30^{**}$	$2.636\,9 \pm 2.135\,7^{**}$	$0.027\,6 \pm 0.028\,7^{**}$	$148.45 \pm 13.15^{**}$	$9.75 \pm 1.52^{*}$
地塞米松(抗炎药)	0.05	$0.13 \pm 0.86^{**}$	$1.526\,8 \pm 1.493\,2^{**}$	$0.013 \pm 0.013\,2^{**}$	75.60 ± 44.16	$10.28 \pm 3.09^{**}$

与对照组比较:$\triangle P<0.05$,$\triangle\triangle P<0.01$;与模型组比较:* $P<0.05$,** $P<0.01$;与虾青素制品(450 mg/kg)比较:$\blacktriangle\blacktriangle P<0.01$。
据尹蔷(2010)

(七)肝保护作用

虾青素可转移到肝脏并累积在微粒体和线粒体中。Kang(2001)研究表明虾青素可通过抑制谷草转氨酶、谷丙转氨酶、硫代巴比妥酸反应物活性升高,同时增加谷胱甘肽和 SOD 活力,来保护 CCl_4 导致的肝损伤。Gradelet(1998)研究表明,虾青素可以减少黄曲霉毒素 B_1 诱导的肿瘤发生前病灶,其机制是通过抑制黄曲霉毒素 B_1 向黄曲霉毒素 M_1 转换。Wo′jcik(2008)报道了虾青素和 β-胡萝卜素可以抑制肝肿瘤中卵圆细胞的增殖和分化来保护肝脏。Curek(2010)报道了虾青素可以减少肝缺血再灌注后的肝脏细胞损伤、线粒体肿胀和内质网紊乱。

裴凌鹏(2008)研究了虾青素对乙醇所致小鼠急性化学性肝损伤的保护作用。将雄性小鼠 60 只,随机分为正常对照组、急性乙醇肝损伤模型组、联苯双酯阳性对照组(15 mg/kg)以及虾青素低、中、高剂量组(10 mg/kg、15 mg/kg、20 mg/kg)共 6 组。测定并比较各组小鼠肝脏系数,血清中丙氨酸氨基转移酶 ALT、天门冬氨酸氨基转移酶 AST、超氧化物歧化酶 SOD 和谷胱甘肽过氧化物酶 GSH-Px 活性与丙二醛

MDA 含量;测定肝组织中 SOD、GSH-Px 活性、MDA 含量以及组织病理系数。结果表明,各剂量虾青素均能提高急性乙醇肝损伤小鼠血清与肝组织中 SOD、GSH-Px 活性($P<0.01$),降低血清 ALT、AST 活性($P<0.01$),降低血清与肝组织中 MDA 含量($P<0.01$),并能不同程度地改善肝脏病理组织损伤(见表 1-1-18、表 1-1-19)。得出结论,虾青素对乙醇所致急性肝损伤具有预防性保护作用。

表 1-1-18　各组小鼠血清中 SOD、GSH-Px、ALT、AST 活性和 MDA 含量($\bar{x}\pm S, n=10$)

组别	SOD (U/mg pro)	GSH-Px (U/mg pro)	ALT (U/L)	AST (U/L)	MDA (nmol/mg pro)	肝重系数
空白组	201.72±30.52	121.32±15.21	23.21±4.67	26.09±5.70	4.18±0.61	53.11±5.71
模型组	74.52±14.40[a]	60.13±10.28[a]	108.02±15.06[a]	97.28±12.28[a]	11.49±2.04[a]	62.28±6.15[a]
联苯双酯组	189.43±21.20[b]	103.70±12.29[b]	49.19±6.21[b]	39.78±3.29[b]	6.83±0.81[b]	56.49±5.59[b]
虾青素 20 mg/kg组	165.79±17.28[bcde]	90.20±10.25[bcde]	65.17±5.32[bcde]	47.51±3.54[bcde]	8.61±1.10[bcde]	57.10±5.10[b]
虾青素 15 mg/kg组	136.16±17.68[bcd]	73.29±10.31[bcd]	75.31±5.29[bcd]	61.31±3.33[bcd]	9.10±1.12[bcd]	58.09±5.23[b]
虾青素 10 mg/kg组	110.29±16.29[bc]	66.32±10.23[bc]	92.90±5.30[bc]	70.89±3.40[bc]	9.81±1.19[bc]	58.90±5.20[b]

a:$P<0.01$,与对照组相比;b:$P<0.01$,与模型组相比;c:$P<0.01$,与联苯双酯组相比;d:$P<0.01$,与低剂量组相比;e:$P<0.01$,与中剂量组相比。

据裴凌鹏(2008)

表 1-1-19　各组小鼠肝脏组织中 SOD、GSH-Px 活性、MDA 含量和病理组织脂肪变性评分($\bar{x}\pm S, n=10$)

组别	SOD (U/mg pro)	GSH-Px (U/mg pro)	MDA (nmol/mg pro)	肝脏组织脂肪变性评分
空白组	273.10±49.29	203.99±34.01	5.34±1.03	0.5
模型组	102.29±34.29[a]	110.69±24.26[a]	12.66±2.01[a]	3.0[a]
联苯双酯组	222.19±30.38[b]	181.08±25.73[b]	6.89±0.85[b]	1.5[b]
虾青素 20 mg/kg组	208.10±29.30[bcde]	167.09±24.15[bcde]	8.44±1.10[bcde]	1.5[bcde]
虾青素 15 mg/kg组	178.29±28.28[bcd]	137.90±24.10[bcd]	9.10±1.12[bcd]	2.0[b]
虾青素 10 mg/kg组	151.30±28.19[bc]	113.38±25.50[bc]	10.20±1.07[bc]	2.0[b]

a:$P<0.01$,与对照组相比;b:$P<0.01$,与模型组相比;c:$P<0.01$,与联苯双酯组相比;d:$P<0.01$,与低剂量组相比;e:$P<0.01$,与中剂量组相比。

据裴凌鹏(2008)

张真(2010)研究了虾青素对对乙酰氨基酚所致小鼠肝损伤的保护作用及其作用机制。将 40 只小鼠随机分为 5 组($n=8$):正常对照组、模型组和虾青素低、中、高剂量(50 mg/kg、125 mg/kg 和 250 mg/kg)组。各剂量组小鼠给予虾青素连续灌胃 7 d 后一次性腹腔注射对乙酰氨基酚 400 mg/kg 制备急性肝损伤模型,光镜观察肝脏的组织学改变,测定血清和肝组织的生化指标。结果见表 1-1-20、表 1-1-21,与模型组比较,虾青素组血清中丙氨酸转氨酶 ALT、天冬氨酸转氨酶 AST 含量明显降低($P<0.01$),肝组织中丙二醛 MDA 含量降低,超氧化物歧化酶 SOD、谷胱甘肽过氧化物酶 GSH-Px 活性提高($P<0.01$)。研究结果表明,虾青素能增强小鼠体内酶防御系统功能,提高清除自由基的能力,对对乙酰氨基酚所致小鼠肝损伤具有明显保护作用。

表 1-1-20　虾青素对小鼠血清 ALT、AST 活性的影响($n=8, \bar{x}\pm S$, U/L)

组别	ALT	AST
正常对照	44±19	14±5
模型	267±10[c]	255±20[c]
虾青素低剂量(50 mg/kg)	222±18[cf]	199±13[cf]
虾青素中剂量(125 mg/kg)	130±17[cf]	39.2±1.6[cf]
虾青素高剂量(250 mg/kg)	91±4[cf]	24±6[cf]

经单因素方差分析,两两比较:与正常对照组比较,c $P<0.01$;与模型组比较,f $P<0.01$。

据张真(2010)

表 1-1-21 虾青素对小鼠肝组织 MDA 含量及 SOD、GSH-Px 活性的影响($\overline{x}\pm S, n=8$)

组别	MDA(mmol/mgPro)	SOD(U/mgPro)	GSH-Px(U/mgPro)
正常对照	1.13±0.29	314±42	311±5
模型	2.6±0.5[c]	213±65[c]	119±19[c]
虾青素低剂量(50 mg/kg)	2.55±0.27[cd]	237±83[bd]	194±15[cf]
虾青素中剂量(125 mg/kg)	1.4±0.4[af]	253±67[bd]	262±11[cf]
虾青素高剂量(250 mg/kg)	0.95±0.08[af]	330±31[af]	321±12[af]

经单因素方差分析,两两比较:与正常对照组比较,[a]$P>0.05$,[b]$P<0.05$,[c]$P<0.01$;与模型组比较,[d]$P>0.05$,[f]$P<0.01$。
据张真(2010)

(八)抗肥胖作用

虾青素抗氧化能力与其抗肥胖的功能有关。Keuchi 等(2007)报道了对摄食高脂饲料的肥胖大鼠补充 30 mg/kg 的虾青素,可以抑制大鼠体重升高,减少肝脏重量和甘油三酯含量,以及降低血浆中的胆固醇含量。Aoi 等(2008)将虾青素加入到大鼠的饲料中,对大鼠进行 4 周的锻炼。试验表明,虾青素可以加速大鼠脂肪消耗,促进肌肉脂肪代谢。

(九)改善糖尿病、肾病

糖尿病及与其相关的肾脏病变会引起慢性肾脏疾病,加速并发症动脉粥样硬化的发生。Naito(2004)报道了用虾青素饲喂 db/db 糖尿病小鼠,可以减少血糖含量,还能减少肾脏中肾小球膜面积、尿蛋白和尿液中 8-OHdG,以及减少血管小球中的 8-OHdG 免疫反应性的细胞数量。Manabe(2008)报道了虾青素可以抑制高血糖诱导的活性氧产生、转录因子的激活、细胞因子的表达以及肾小球膜系细胞产物的产生。

陈志强(2008)将天然虾青素分为高[0.24 g/(kg·d)]、中[0.18 g/(kg·d)]、低[0.12 g/(kg·d)] 3 个剂量组分别给四氧嘧啶致糖尿病小鼠灌胃,以 0.9%生理盐水为模型对照,以二甲双胍为阳性药物对照进行试验。结果表明:三个剂量的天然虾青素均能较好的降低四氧嘧啶致糖尿病小鼠的血糖水平,并能减缓糖尿病小鼠消瘦和多饮多食的症状,以高剂量组的效果最佳(见表 1-1-22)。进一步研究发现高剂量的虾青素对正常小鼠的血糖无显著影响。得出结论,虾青素对四氧嘧啶致糖尿病小鼠具有明显的降血糖作用。

表 1-1-22 虾青素对四氧嘧啶致糖尿病小鼠血糖的影响($\overline{x}\pm S$, mmol/L)

分组	个体数	第一次血糖值	第二次血糖值	降低率(%)	第三次血糖值	降低率(%)
普通对照组	10	6.24±0.86	6.33±0.94		6.08±0.49	
糖尿病模型组	9	18.38±2.35[A]	18.98±2.78[A]		18.67±2.33[A]	
阳性药物对照组	9	18.51±2.41[A]	11.98±1.42[AB]	35.26	11.61±0.89[AB]	37.30
虾青素低剂量组	9	18.37±2.48[A]	14.03±2.40[Abc]	23.63	15.02±2.88[Abc]	18.26
虾青素中剂量组	9	18.98±3.20[A]	13.75±3.87[Abc]	27.56	14.69±4.58[ABc]	22.61
虾青素高剂量组	9	18.48±1.98[A]	12.24±0.91[AB]	33.78	13.42±0.87[Ab]	27.38

注:与普通对照组相比,[A]$P<0.01$;与糖尿病模型组相比,[B]$P<0.01$;[b]$P<0.05$;与阳性药物对照组相比,[c]$P<0.05$。
据陈志强(2008)

谢潮鑫等(2013)采用单侧输尿管梗阻(UUO)模型大鼠,研究了天然虾青素对抗肾间质纤维化及肾细胞凋亡的作用。将 96 只成年雄性 SD 大鼠随机分组,每组 16 只,分别为空白组、假手术组(Sham)、模型组(UUO)、天然虾青素组(高、中、低剂量)组,空白组大鼠不做任何处理,Sham 组大鼠仅游离左侧输尿管,UUO 组和虾青素组大鼠结扎左侧输尿管。虾青素组于术前 2 d 灌胃虾青素 100 mg/(kg·d)、50 mg/(kg·d)、25 mg/(kg·d),空白组、Sham 组和 UUO 组灌胃等体积生理盐水,连续 14 d,处死大鼠,采用 HE 染色观察大鼠肾脏病理情况,并通过 SABC 方法测定大鼠肾间质 TGF-β1、SGK1、CTGF 的表达情况。应用大鼠

Bcl-2、Bax 试剂盒,检测各组大鼠肾组织的 Bcl-2 蛋白(B-cell lymphoma/leukemia-2 protein,B 细胞淋巴瘤/白血病-2 蛋白,具有抑制细胞凋亡的作用)、Bax 蛋白(Bcl-2 associated X protein,具有促进细胞凋亡的作用)表达情况。结果表明,天然虾青素组的大鼠肾间质 TGF-β1、SGK1、CTGF 表达、肾脏病理学损伤明显减少(见表 1-1-23);同时中、高剂量的虾青素可一定程度上上调 Bcl-2 水平,下调 Bax 水平,说明天然虾青素组对于大鼠的肾小管上皮细胞凋亡也有改善作用。由此得出结论,天然虾青素可以一定程度上减少肾脏纤维化、改善肾细胞凋亡,其对纤维化肾损伤具有一定的保护作用。

表 1-1-23　各组大鼠 TGF-β1、SGK1、CTGF 的表达情况(面积百分比,$n=8,\bar{x}\pm S$)

组别	TGF-β1	SGK1	CTGF
空白组	2.04±0.79	4.76±2.01	4.03±1.26
假手术组	2.11±0.57	4.88±1.83	4.08±1.11
模型组	12.45±1.94[#]	15.11±3.16[#]	10.49±1.35[#]
天然虾青素低剂量组	11.01±1.45[#]	13.63±2.67[#]	9.01±1.61[#]
天然虾青素中剂量组	9.34±1.37[*]	10.46±2.38[**]	8.04±1.05[*]
天然虾青素高剂量组	7.18±1.24[**]	8.45±1.75[**]	6.83±0.95[**]

注:(1)与假手术组比较:[#] $P<0.01$;[*] $P<0.05$,,[**] $P<0.01$。
(2) TGF-β1、SGK1、CTGF 均为肾脏纤维化表达因子,其中 TGF-β 被认为是影响肾脏纤维化最重要的因子之一,TGF-β 上调几乎发生在所有慢肾病中表达上调。

据谢潮鑫等(2013)

(十)保护眼睛

Nagaki(2006)发现 6 mg 虾青素可以改善视觉显示终端工作者的眼疲劳,在正常志愿者和眼内压症患者中,表现为增加视网膜毛细管的血液流动。Izumi-Nagai(2008)报道了虾青素可显著抑制脉络膜新生血管性疾病导致的失明伤害。虾青素可以保护易受攻击的酪氨酸残基和晶状体蛋白免受氧化应激的损害。Wu(2006)报道了虾青素可以保护猪眼睛的晶状体免受氧化应激损伤并减少钙诱导的钙蛋白酶的产生。Liao(2009)报道了虾青素可以延缓亚硒酸盐诱导的晶状体蛋白沉淀和白内障的发生。Nakajima(2008)报道了虾青素可以防止视网膜遭受神经节细胞的损伤。Cort(2010)报道了虾青素可以显著减少因高眼内压导致的视网膜细胞的凋亡。

(十一)保护皮肤

Papas(1999)研究表明,皮肤等组织暴露于强光尤其是紫外光下,可导致细胞膜及组织产生单原子氧和自由基,使机体受到氧化损伤。Lee 等(2000)报道了当机体从食物中摄取充足的抗氧化剂如以 β-胡萝卜素为代表的类胡萝卜素时,则能有效降低这些伤害。O'connor 等(1998)报道了,自然界中的类胡萝卜素在保护组织、抵御紫外光氧化中起着重要作用。而虾青素则具有比 β-胡萝卜素和叶黄素等更有效地防止紫外线辐射伤害的特性。另一方面,据 Savoure(1995)的报道,虾青素对谷氨酰胺转氨酶(Transglutaminase)具有特殊作用,能够在皮肤受到光照时消耗腐胺,以防止腐胺的积累。Yamashita(2006)针对虾青素进行了相应的皮肤保护试验,结果显示,虾青素对皮肤张力、润湿度、色调、弹性、光滑度等方面均有明显改善效果。因此,虾青素可作为潜在的紫外线辐射保护剂,对于保护细胞膜和线粒体膜免受氧化损伤,阻止皮肤光老化,维护皮肤健康起着重要的作用。Lyons(2002)报道了用合成虾青素和含 14% 虾青素的藻类提取物能够抑制紫外线 A 导致的细胞内 SOD 活性的改变及谷胱甘肽的减少。Camera(2009)比较了虾青素、角黄素和 β-胡萝卜素对紫外线 A 导致人真皮成纤维细胞损伤的保护作用,结果表明,人真皮成纤维细胞对虾青素摄入更多,更显著减少光氧化损伤。Suganuma(2010)报道了虾青素可以干预紫外线 A 诱导的人真皮成纤维细胞中金属蛋白酶-1 和皮肤成纤维细胞的弹性蛋白酶/中性内肽酶的表达。

(十二)增强肌肉耐性,提高运动能力

Aoi(2003)研究表明,在 C57BL/6 小鼠中,虾青素可以减少运动导致的氧化应激的发生,可以减少心肌和腓骨肌中的髓过氧化物酶、8-羟基脱氧鸟苷和 4-羟基壬烯酸修饰的蛋白的产生。另外,Earnest(2011)研究表明,虾青素可以提高大鼠在循环时间试验中的持续时间。Wataru Aoi(2008)报道了虾青素在运动中可通过抑制肉碱棕榈酰转移酶氧化修饰来改善肌肉的脂质代谢,提高脂肪在运动中的供能,减少脂肪在体内的堆积,并能够延长小鼠的力竭运动时间。MayumiI(2006)给予小鼠给口服虾青素,相比对照组显著延长了游泳力竭时间,并降低了血乳酸浓度,而且能够减少血浆游离脂肪酸和血糖的消耗。AoiW等(2003)通过染色分析发现,虾青素能够大幅降低剧烈运动导致的心肌和腓肠肌的过氧化损伤,显著降低8-羟基脱氧鸟苷的生成,降低肌酸激酶 CK 和髓过氧化物酶的活性。Sawaki 等(2002)分别对 18 名和 16 名志愿者进行研究发现,每天 6 mg 虾青素能够显著改善志愿者的眼睛闪光融合频率以及运动 1 200 m 后的血乳酸浓度。WolfAM 等(2010)研究发现虾青素能够在氧化应激条件下维持高的细胞线粒体膜电位和呼吸刺激,保护线粒体功能完整性。Tsubasa 等认为虾青素能够改善年龄增加引起的肌肉丢失和肌肉质量降低。国内相关报道指出服用虾青素能够显著增长小鼠负重游泳时间、降低血乳酸水平、降低血清尿素氮含量,具有一定的提高运动能力的效果。

二、含虾青素的农产品

据报道,雨生红球藻、红发夫酵母、高产虾青素的番茄新品种、虾、蟹、鱼(如三文鱼、鲑鳟鱼类等)、天然红心鸭蛋等农产品含有虾青素。详见如下:

陈勇等(2003)用高效液相色谱法对不同培养期(不同颜色)的雨生红球藻细胞中色素含量进行了分析,结果表明:培养早期(浅绿色)的藻细胞中叶绿素含量较高,而类胡萝卜素的含量很低,几乎检测不到游离虾青素和虾青素酯;培养中期(深绿色)的藻细胞中叶绿素含量很高,而类胡萝卜素含量则明显升高,可以检测到一定量的虾青素(3.47~6.59 mg/L);收获期(红褐色)的藻细胞类胡萝卜素的含量显著增加,其中游离虾青素(0.35~0.42 mg/L)和虾青素酯(70.5~95.8 mg/L)的含量可占类胡萝卜素总含量的78%~89%。

肖冬光(2005)确定了红发夫酵母的破壁提取方法并采用高效液相色谱法测定了红发夫酵母胞内虾青素的含量。试验中分别称取鲜酵母菌体 0.3 g,经不同的破壁方法处理后,加入 6 mL 丙酮避光振荡提取30 min,分别测定提取液中虾青素的含量,结果如表 1-1-24。

表 1-1-24　红发夫酵母不同破壁方法的虾青素含量

破壁方法	研磨法	自溶法	酸热法	超声波法	二甲亚砜法	碱法
虾青素提取量(μg/g)	232.3	198.1	312.0	197.9	301.2	279.7
提取率(%)	71.0	60.5	95.3	60.4	92.0	85.4

据肖冬光(2005)

马波(2012)报道,中国科学院昆明植物研究所黄俊潮等人经过近十年努力,研制出世界首例能高产虾青素的番茄新品种,其果实能累积与雨生红球藻(自然界中虾青素含量最高的生物)相近含量的虾青素,虾青素含量高达 1.6%(番茄亩产量可达 10 000 kg)。2008 年有科学家培育出含虾青素的胡萝卜,虾青素含量约为 0.1%。

周雪晴等(2011)采用超临界 CO_2 萃取技术,按正交试验的最佳工艺条件:萃取压力为 35 MPa,萃取温度为 60 ℃,夹带剂为 100 g 样品用 15 mL 二氯甲烷,萃取时间为 2 h,最后用高效液相色谱法对萃取产物中的虾青素进行了测定,测得 200 g 粉碎的海南对虾壳粉末的虾青素提取率为 0.099 6%。

虾青素是脂溶性色素,虾中的虾青素主要在虾壳。水煮、泡盐,虾青素无法溶解,而虾低温油焖时,虾

青素会溶解到油中,用此虾油拌面或米饭,可以摄入更多的虾青素。毛丽哈·艾合买提等(2013)用生虾(全虾)和不同方法煮的虾(油炸的、蒸熟的、水煮的、泡盐的)进行有机溶剂提取,过滤提取液并测定474 nm波长处的吸光值和计算虾青素含量,结果如表1-1-25。

表 1-1-25　不同材料提取虾青素的比较

虾	生虾	油炸的虾	蒸熟的虾	水煮的虾	泡盐的虾
吸光度	0.551	0.320	0.190	0.238	0.094
虾青素含量(μg/g)	34.43	19.2	12.54	17.26	6.72

据毛丽哈·艾合买提等(2013)

　　王珏等(2013)报道,蟹壳中富含虾青素,可进一步开发利用,作为天然色素的来源。

　　据朱艺峰(2003)、孟现成(2008)和牟志春等(2009)报道,用虾青素喂饲鱼(如三文鱼、鲑鳟鱼类、罗非鱼、大马哈鱼、鲤鱼等),虾青素能沉积在鱼的皮肤和肌肉中,而使鱼呈红色。

　　刘良忠等(2003)对天然红心鸭蛋中的类胡萝卜素做了初步分析,初步结果表明,天然红心鸭蛋中的类胡萝卜素包含有虾青素及其他一些种类的类胡萝卜素。

第二节　阿魏酸

　　阿魏酸(Ferulic acid)是植物酚酸的重要组成,广泛存在于果蔬及种子皮壳中,作为植物自身含有的抗氧化剂,其对植物种子在恶劣环境下维护其生存和繁衍,发挥着重要作用。阿魏酸化学名称为4-羟基-3-甲氧基肉桂酸(4-羟基-3-甲氧基苯丙烯酸),分子式:$C_{10}H_{10}O_4$,相对分子质量:194.18,阿魏酸的化学结构如图1-2-1所示。

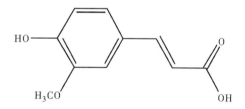

图 1-2-1　阿魏酸的结构

　　阿魏酸有顺式和反式两种,顺式为黄色油状体,反式为白色至微黄结晶,常呈正方形结晶或纤维结晶,熔点174 ℃。从植物酚酸中分离提取的阿魏酸,对人体具有抗氧化和清除自由基、抑制血小板聚集、促进解聚、抗血栓形成、提高细胞膜稳定性,以及抗炎、调节免疫等多种功能。

一、阿魏酸的生理功能

(一)抗氧化、清除自由基

　　自由基是细胞中正常生物化学过程的副产物,特别是糖和脂肪的代谢。一旦产生了自由基,它会损害生物学组织结构,包括细胞膜内部和细胞周围的各种组分,均会被损害。这就是常说的细胞老化。阿魏酸是一种最优的抗氧剂,具有很强的抗氧化活性,对过氧化氢、超氧自由基、羟自由基、过氧化亚硝基都有强烈的清除作用。阿魏酸不仅能清除自由基,而且能抑制产生自由基的酶的活性,增加清除自由基酶的活性。

赵文红等(2010)为研究阿魏酸的抗氧化作用,以分光光度法测定其对红细胞溶血和肝线粒体肿胀的保护作用;用硫代巴比妥酸反应物法(TBARS)研究其对血清自氧化、肝匀浆自发性及 Fe^{2+} 诱导性脂质过氧化的抑制作用;并测定其对·OH(羟基自由基)、O_2^-·(超氧自由基)以及 DPPH(2,2-联苯基-1-苦基肼基)自由基清除能力和对铁离子的还原能力。结果表明:阿魏酸对红细胞溶血和血清自氧化均具有抑制作用,并能有效地抑制肝匀浆自发性和 Fe^{2+} 诱导性脂质过氧化(见图 1-2-2 至图 1-2-5);能有效清除 Fenton 反应(过氧化氢与亚铁离子的结合)生成的·OH 和次黄嘌呤—黄嘌呤氧化酶系统产生的 O_2^-·以及 DPPH 自由基,其 IC_{50}(IC_{50} 表示抑制率达 50% 时的阿魏酸浓度)分别为 1.09 mmol/L、0.62 mmol/L 和 23.56 μmol/L(见图 1-2-6 至图 1-2-8);对 Fe^{3+} 具有很强的还原能力,相对还原力是 VC 的 2 倍(见图 1-2-9)。这些结果说明阿魏酸具有明显的抗氧化活性。

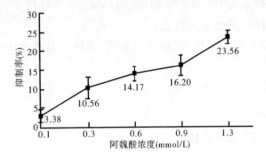

图 1-2-2　阿魏酸对红细胞溶血的抑制作用
据赵文红等(2010)

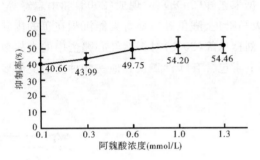

图 1-2-3　阿魏酸对血清自氧化的抑制作用
据赵文红等(2010)

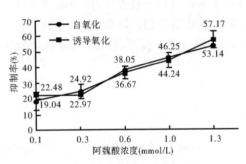

图 1-2-4　阿魏酸对肝匀浆脂质过氧化
的抑制作用
据赵文红等(2010)

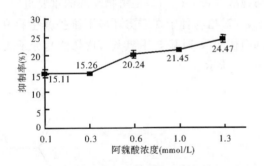

图 1-2-5　阿魏酸对 VC-Fe^{2+} 诱导大鼠肝
线粒体肿胀的抑制作用
据赵文红等(2010)

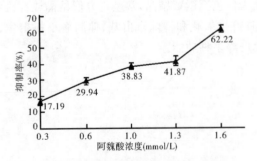

图 1-2-6　阿魏酸对·OH 的清除作用
据赵文红等(2010)

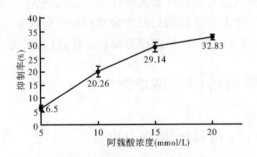

图 1-2-7　阿魏酸对 O_2^-·清除作用
据赵文红等(2010)

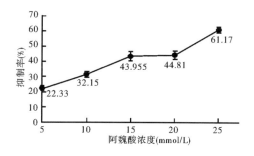

图 1-2-8 阿魏酸对 DPPH 自由基清除作用
据赵文红等(2010)

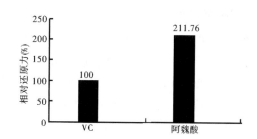

图 1-2-9 阿魏酸对对铁离子的还原能力
据赵文红等(2010)

(二)改善心脑血管健康

阿魏酸具有防止血脂氧化、抗血小板凝集、防止血栓形成和改善心脑血管健康等作用。研究表明阿魏酸有明显的降压作用。

血管平滑肌细胞(VSMCs)位于血管中膜,是血管中层唯一的细胞成分。VSMCs 由中膜迁移到内膜下间隙并异常增殖是动脉粥样硬化(AS)、高血压和血管再狭窄等疾病共同的细胞病理基础之一。血管内皮细胞生长因子(VEGF)在 VSMCs 的迁移过程中发挥了重要作用。袁卓等(2012)研究了单体阿魏酸对 VSMCs 迁移的影响,结果表明:(1)在 VEGF 诱导条件下,阿魏酸 10^2 ng/mL、10^3 ng/mL 可抑制 VSMCs 的迁移;(2)阿魏酸 10^2 ng/mL、10^3 ng/mL 可下调 VEGF 诱导的 VSMCs MMP-9 mRNA 的表达;(3)阿魏酸 10^2 ng/mL、10^3 ng/mL 均可上调 VEGF 诱导的 VSMCs TIMP-2 蛋白的表达。由此得出结论,阿魏酸 10^2 ng/mL、10^3 ng/mL 均可抑制 VEGF 诱导的 VSMCs 迁移,阿魏酸可通过抑制 VEGF 诱导的 VSMCs MMP-9 的表达,促进 VEGF 诱导的 VSMCs TIMP-2 的表达来抑制 VEGF 诱导的 VSMCs 迁移。阿魏酸通过调节 VSMCs 的迁移起到调节动脉粥样硬化性疾病进程的作用。

(三)提高免疫力

台湾学者用阿魏酸对细胞组织的研究指出,阿魏酸能促进人体白血球的生长和增加免疫系统促进蛋白 IFN 伽玛干扰素的分泌。这一研究结果为将某些传统含阿魏酸植物的配料作为癌症病人和传染病患者的免疫进剂提供了有力的支持。

(四)抗癌作用

近年来,阿魏酸对抗结肠癌的研究较多。Kawabata 等用偶氮甲烷(AOM)诱导 F334 鼠产生结肠癌,发现饲喂含有 500 mg/kg 阿魏酸的老鼠的异常病灶隐窝数下降了 27%。α-生育酚阿魏酸酯具有很高的抗氧化性能,能防止紫外线伤害及抑制皮肤癌等。目前,国内外采用化学方法合成 α-生育酚阿魏酸酯。

(五)抗疲劳

阿魏酸是 β-谷维素代谢的前导物,谷维素曾广泛应用于普通人群和赛跑运动员中,用以提高运动的能量。其原理是由于阿魏酸中和了自由基,防止了自由基对细胞制造能量机构线粒体内膜的损害,即增进了抗疲劳功能。

(六)防止钙流失

经骨代谢研究指出,阿魏酸能预防骨质的流失。其作用的机理不同于雌激素,有可能在未来替代雌激素,用于骨质疏松症的新的钙吸收促进剂;此外阿魏酸还具有改善妇女更年期综合征的功用。

(七)改善记忆

阿魏酸对于老年人具有恢复和改善记忆的功能。尤新(2012)报道了 98 位退行性疾病老年患者每日服用阿魏酸 100 mg,经过 9 个月的临床结果,所有患者认知度均有明显改善。

金蓓蓓等(2011)研究了阿魏酸对阿尔茨海默病(AD)模型小鼠神经行为学和海马胶质纤维酸性蛋白(GFAP)表达的影响,分析了阿魏酸对小鼠脑的保护作用。通过对海马 CA$_1$ 区注射微量红藻氨酸(KA)建立痴呆模型,然后对痴呆小鼠用不同剂量的阿魏酸(FA)灌胃治疗。通过 Moris 水迷宫实验观察了小鼠行为学变化,免疫组织化学方法观察了 GFAP 的表达。结果表明,与假手术组相比,模型组学习记忆能力明显降低($P<0.01$),GFAP 阳性细胞表达明显增多($P<0.01$);与模型组相比,阿魏酸治疗组学习记忆能力均明显提高($P<0.01$),GFAP 阳性细胞表达均明显减少($P<0.01$)。由此得出结论,用不同剂量的阿魏酸治疗拟 AD 小鼠后,小鼠学习记忆能力得到明显改善,GFAP 表达得到明显抑制,起到保护脑的作用。

(八)保护皮肤

阿魏酸可保护人表皮角质形成细胞免于中波紫外线的损伤,亦可明显保护人成纤维细胞免于长波紫外线的损伤。大量研究证明,日光中的长波紫外线(UVA,320~400 nm)是引起皮肤老化的最主要环境因素之一。光老化时皮肤组织结构、含水量、光滑度、弹性和顺应性均下降,包括成纤维细胞受损及衰老。UVA 照射皮肤细胞,尤其是真皮部位的成纤维细胞所致的活性氧 ROS 产生,是造成上述变化的重要原因。生理状态下人体细胞内存在一系列抗过氧化物酶促防御体系,如超氧化物歧化酶 SOD、谷胱甘肽过氧化物酶 GSH-Px 等,它们可以有效清除人体内日常代谢产生的 ROS 而保护细胞。外源性刺激如紫外线等可破坏活性氧与抗氧化酶间的动态平衡,导致细胞发生氧化损伤,最终导致皮肤老化。丙二醛 MDA 是脂质过氧化最终产物之一,其高低间接反映了细胞受到自由基攻击的严重程度。

吴迪(2009)通过实验发现,接受长波紫外线 UVA 照射后,成纤维细胞出现不同程度的增殖活性下降,活性下降程度与辐射强度成正比;经阿魏酸干预处理后可使细胞活性明显恢复。UVA 照射组的 SOD 和 GSH-Px 水平明显下降、而 MDA 则明显上升;经阿魏酸预处理的细胞上清液中 SOD 和 GSH-Px 活性显著增加,而 MDA 水平明显下降($P<0.05$),见表 1-2-1。并由此得出结论,阿魏酸可明显保护人成纤维细胞免于 UVA 损伤,其具体机制可能与抑制氧化损伤和增强细胞抗氧化能力有关。

表 1-2-1　阿魏酸对 UVA 诱导的成纤维细胞 SOD 和 MDA 的影响($\bar{x} \pm S$)

分组	对照组	阿魏酸组	UVA(5J)组	UVA(10J)组	UVA(5J)+阿魏酸组	UVA(10J)+阿魏酸组
SOD(U/mL)	27.83±1.48	47.46±1.01	16.31±3.01	5.70±1.62	41.22±4.17	30.20±3.19
GSH-Px(U/g)	2.22±0.48	5.43±0.26	0.81±0.18	0.24±0.07	3.66±0.19	2.99±0.25
MDA(nmol/mL)	1.30±0.29	0.41±0.11	2.28±0.19	3.13±0.26	0.84±0.10	1.15±0.07

注:5J 为 UVA 照射剂量为 5 J/cm^2,10J 为 UVA 照射剂量为 10 J/cm^2。
据吴迪(2009)

阿魏酸的临床应用中,未见明显的毒副作用。相反,研究发现,阿魏酸的钠盐对其他药物损伤的肝细胞有一定的保护作用,阿魏酸还能部分减轻一些药物的肾脏毒性,其在减轻其他药物的毒副作用方面有较好的应用前景。

二、含阿魏酸的农产品

据报道,洋葱、苹果、小麦、玉米皮、野菊花、甜菜、米糠、蔗渣、当归、川芎、金线莲等农产品及中草药含有阿魏酸。详见如下:

陈玉琴(2013)采用超高压法提取洋葱中的阿魏酸,在最佳工艺条件下(固液比 1:22、乙醇体积分数

75％、超高压压力 320 MPa、超高压时间 4.0 min)阿魏酸的得率可达 0.332％。

山东潍坊学院曹慧等(2012)利用毛细管电泳法对苹果中阿魏酸做了定性定量分析,测得了 1 g 烘干的苹果果实中的阿魏酸含量为 0.24 mg,即苹果果实中阿魏酸含量达干重的 0.024％。

魏岚(2012)采用 HPLC 测定小麦中阿魏酸含量,测得小麦中阿魏酸的含量为 490.5 μg/g,即小麦籽粒中阿魏酸含量达干重的 0.049％。

赵战利等(2014)采用搅拌辅助碱解法从膨化处理后玉米皮中提取阿魏酸,在 VC 作为抗氧化剂,固液比为 1∶13 的条件下,考察了不同因素对玉米皮中阿魏酸提取量的影响,通过单因素试验和响应面分析,最终确定了最佳提取工艺。结果表明:反应时间为 72 min,NaOH 质量分数为 1.3％,温度为 73 ℃时,玉米皮中阿魏酸的提取量最高,可达 10.33 mg/g。

毕跃峰等(2010)研究了菊科菊属植物野菊花的化学成分,应用各种柱色谱技术和重结晶的方法分离化学成分,通过理化性质及 IR、UV、M S、NMR 等波谱数据鉴定化合物。结果分离鉴定了包含阿魏酸在内的 12 个化合物,且阿魏酸为首次从野菊花中分离得到的 7 个化合物之一。

冯福应等(2001)对甜菜抗(耐)丛根病性不同的 6 个品种的绿原酸和阿魏酸含量进行了研究,结果表明,4 次取样时期中,4、6 片真叶时绿原酸和阿魏酸含量在抗、感病品种之间有稳定一致的差异表现,抗病品种含量对应高于感病品种,且均与抗病性呈正相关。

廖律等(2007)采用高效液相色谱法对米糠中提取出的阿魏酸进行检测,正交试验测得米糠中阿魏酸的含量最高为 223.9 mg/100 g。

欧仕益等(2006)研究表明,采用粉末活性炭可从蔗渣碱解液中吸附分离出阿魏酸,且分离出的阿魏酸纯度很高。

李成义等(2012)采用高效液相色谱法测定甘肃不同产地当归中阿魏酸含量,测得阿魏酸的平均含量为 0.17％。

金月(2010)采用 HPLC 法测定川芎中阿魏酸的含量,测得不同来源川芎中阿魏酸的含量为 0.058 9％～0.142 4％。

福建医科大学药学院李春艳等(2009)采用索氏回流提取法和超声－微波协同萃取法提取金线莲中的阿魏酸,含量分别为 0.189 mg/g 和 0.543 mg/g。

王珲(2011)采用 HPLC 测定迷迭香中阿魏酸含量,测得迷迭香中阿魏酸的含量约为 0.2 mg/g,即迷迭香中阿魏酸含量达干重的 0.02％。

李英霞(2013)采用高效液相色谱法测定不同产地香附中酚酸类成分阿魏酸,11 个产地 13 批香附中阿魏酸含有量为 0.027 2％～0.046 2％。

李娜等(2013)采用 HPLC 法测定清香藤中阿魏酸的含量,结果 1、2、3 批样品中阿魏酸的含量分别为 0.013 4％、0.012 5％、0.013 8％。

谭亮等(2012)采用 RP-HPLC 法测定不同产地人工栽培枸杞子中阿魏酸的含量,测得阿魏酸的含量为 0.025％～0.083％。

晏媛等(2006)采用 RP-H PLC 法对蒲公英中咖啡酸和阿魏酸同时定量,测定不同产地蒲公英中咖啡酸、阿魏酸的含量,其中不同产地蒲公英中阿魏酸的含量为 0.025 4～0.091 5 mg/g。

第三节　绿原酸

绿原酸(Chlorogenic acid),又名咖啡鞣酸、咖啡单宁酸,化学名 3-O-咖啡酰奎尼酸,是由咖啡酸(Caffeic acid)与奎尼酸(Quinic acid)形成的缩酚酸(图 1-3-1),是植物在有氧呼吸过程中经莽草酸途径产生的一种苯丙素类化合物。

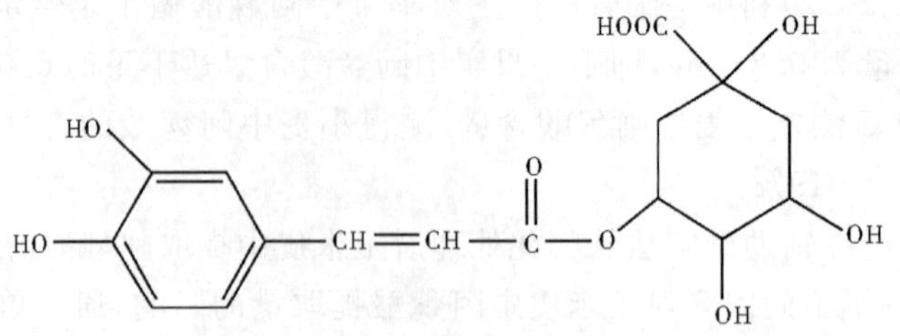

图 1-3-1　绿原酸的化学结构式

一、绿原酸的生理功能

赵金娟(2012)介绍绿原酸有九种功能。

(一)抗氧化作用

刘英等(2009)体外试验表明绿原酸对氧自由基的产生有抑制作用,存在剂量效应关系,且绿原酸的效果优于橙皮苷;绿原酸还能显著提高仔猪血浆中谷胱甘肽氧化物酶 GSH-Px、过氧化氢酶 CAT 活性以及抑制羟自由基能力。彭密军等(2010)研究表明,绿原酸作为杜仲素中主要活性成分(含量为 7.44%),仅对羟自由基·OH 和 1,1-二苯基-2-苦苯肼自由基(DPPH 自由基)有清除作用,对超氧自由基 $O_2^- \cdot$ 则无效。

武雪芬等(1999)采用 β-胡萝卜素漂白法、猪油过氧化 POV 测定法和过氧化氢氧化法考察了金银花叶提取物的抗氧化作用,结果绿原酸粗提物对油脂的过氧化反应有显著的抑制作用,其氧化还原容量是化学合成抗氧化剂丁基羟基茴香醚 BHA 的 2.0 倍。贾贵东等(2010)通过测定芦丁与绿原酸不同浓度组合的抗氧化活性后,发现芦丁与绿原酸组合后比各自单独时具有更好的抗氧化活性,在三种检测体系中二者的最大协同作用(实验清除率/理论清除率)分别是 1.21(DPPH)、1.38($O_2^- \cdot$)、1.12(脂质过氧化)。

胡宗福等(2006)采用化学发光法研究发现,绿原酸对 $O_2^- \cdot$、·OH 和 H_2O_2 3 种活性氧均有清除作用,其清除能力与浓度呈剂量关系。绿原酸溶液浓度较大时,对 3 种活性氧的清除效果均明显而稳定,而浓度较低时,对 $O_2^- \cdot$ 和·OH 的清除效果不理想,甚至产生一定的促氧化作用。沈奇等(2010)研究表明,在化学模拟条件下绿原酸及其包合物都能够有效的清除 $O_2^- \cdot$、·OH 及在高温环境中可抑制猪油过氧化值 POV 以及酸价(AV)值的增加,并且超过阳性对照物茶多酚的作用。

(二)抑菌作用

詹晓如等(2006)以尼泊金乙酯为对照,发现 0.02% 绿原酸具有 0.03% 尼泊金乙酯相同防腐作用,表明绿原酸可以用于制剂防腐,以消除化学防腐剂的毒副作用。王宏军等(2003)研究表明,绿原酸对金黄色葡萄球菌、无乳链球菌、停乳链球菌、乳房链球菌、产气荚膜梭菌的最小抑菌浓度(MIC)分别为 1.58 g/L、3.16 g/L、3.16 g/L、6.32 g/L、1.58 g/L,最小杀菌浓度(MBC)分别为 1.58 g/L、6.32 g/L、3.16 g/L、6.32 g/L、3.16 g/L。

屈景年等(2005)研究发现绿原酸对革兰氏阴性菌(大肠杆菌)和革兰氏阳性菌(金黄色葡萄球菌)均有抑菌活性,但抗金黄色葡萄球菌的活性比抗大肠杆菌活性更强。而罗娟等(2007)研究表明,绿原酸与 $LaCl_3 \cdot 6H_2O$ 反应合成的绿原酸合镧(Ⅲ)配合物对大肠杆菌的抗菌活性与绿原酸相比明显增强,但对金黄色葡萄球菌的抗菌活性反而比绿原酸弱。同时温红侠等(2009)研究表明,绿原酸可以抑制铜绿假单胞菌(PAE)的生物膜形成,并对早期和成熟生物膜具有破坏作用,对于生物膜内 PAE 与头孢他啶有协同杀菌作用,并且强于红霉素组。

(三)抗病毒

李丽静等(2004)研究证明绿原酸在浓度为 0.2 $\mu g/mL$、2 $\mu g/mL$、20 $\mu g/mL$、200 $\mu g/mL$ 和 2 000 $\mu g/mL$ 对感染流感病毒的 MDCK 细胞中病毒的神经氨酸酶活性有抑制作用,对新城鸡瘟病毒(NDV)诱生人全血细胞干扰素作用有促进作用。刘军等(2010)以 2-2-15 细胞为研究对象,通过细胞毒性实验确定绿原酸对 2-2-15 细胞最大无毒浓度为 250 $\mu g/mL$;在最大无毒浓度(250 $\mu g/mL$)时,两批试验对乙肝表面抗原(HBsAg)、乙型肝炎 E 抗原(HBeAg)均具有明显的抑制作用;第 4 d、8 d 时对 HBeAg 的平均抑制率分别为 89.45%、82.00%,对 HBsAg 的抑制率分别为 86.54%、88.00%。

盛卸晃等(2008)实验发现绿原酸具有明显的抗病毒作用,绿原酸对单纯疱疹病毒的最小有效浓度 MIC 为 1.0 $\mu g/mL$,而且毒性低,最大无毒浓度(TC$_0$)为 200 $\mu g/mL$,其治疗指数(TI)为 200;绿原酸浓度 1 $\mu g/mL$ 预处理细胞 24 h 以上能有效抑制病毒感染;绿原酸对 HSV-1 病毒无直接杀伤作用。陈娟娟等(2009)研究表明,与更昔洛韦金叶败毒及其金银花进行比较,绿原酸细胞毒性略高于金叶败毒和金银花,但抗人巨细胞病毒(HCMV)效果明显高于金叶败毒和金银花,治疗指数最高,具有抗 HCMV 的潜在优越性。

(四)抗炎

杨斌等(2009)研究表明,绿原酸在 31.25~1 000 mg/mL 范围内对细胞无抑制作用,其体外低浓度抑制 6-酮-前列腺素 F1α 生成,高浓度则诱导 6-酮-前列腺素 F1α 生成,因而其具有体外抗炎作用,作用机制可能与抑制肿瘤坏死因子、白细胞介素-6 等炎症因子的活化以及影响花生四烯酸(AA)代谢有关。

霍晓芳等(2003)分别用脂多糖 LPS 作用巨噬细胞和用脂多糖加绿原酸共同作用巨噬细胞,用流式细胞术检测细胞 NF-κBp65 表达率,并分别测定培养上清中 NO 和 GSH-Px 活性。结果发现脂多糖作用 2 h 后,NF-κBp65 表达率升高,并持续至 4 h;脂多糖与绿原酸共同作用后,其表达率明显下降。NO 含量在用 LPS 作用 6 h 后仍持续上升,加绿原酸后明显下降;GSH-Px 活性在 LPS 作用 6 h 后仍持续降低,加绿原酸作用后明显升高,推测绿原酸抗炎机理之一,可能是通过降低 NF-κBp65 的水平来抑制 NO 的表达,另外也可能与抗氧化酶的活性增加有关。张涛等(2008)研究发现,肠黏膜微血管内皮细胞正常状态下低水平表达细胞间黏附分子 1,用 LPS 刺激后细胞间黏附分子 1 的表达明显升高,而绿原酸能够抑制 LPS 诱导的肠黏膜微血管内皮细胞强阳性表达细胞间黏附分子 1,绿原酸的抗炎作用与其下调细胞间黏附分子 1 的表达密切相关。

(五)抗肿瘤

孙秋艳等(2010)采用四甲基偶氮唑蓝法研究发现绿原酸对人肺癌 A549 细胞无细胞毒作用;对 A549 肺癌无明显抑制作用,但可明显抑制 Lewis 肺癌的生长,联合阿霉素用药对抗肿瘤无增敏作用。刘馨等(2010)将不同浓度的绿原酸干预乳腺癌 MCF-7 细胞;采用四甲基偶氮唑蓝(MTT)法检测绿原酸对 MCF-7 细胞的生长抑制率,流式细胞术检测 MCF-7 细胞凋亡率、细胞周期及细胞周期素(Cyclin)D1 表达,发现绿原酸可抑制 MCF-7 细胞增殖,使细胞阻滞于 G_0/G_1 期,其机制可能与下调 CyclinD1 表达有关。

叶晓林等(2012)为探讨绿原酸对 EMT-6 乳腺癌 BABLc 小鼠的抑瘤作用及对免疫器官的影响,建立了 EMT-6 乳腺癌荷瘤及空白对照模型,分别以高(20 mg/kg)、中(10 mg/kg)、低(5 mg/kg)剂量绿原酸,阿霉素及重组人干扰素 α-2b 进行干预治疗,观察每组药物的抑瘤作用及对免疫器官的影响。结果与模型组比较,绿原酸各剂量组(5 mg/kg、10 mg/kg、20 mg/kg)肿瘤生长速度均表现缓慢,抑瘤率明显,存在显著性差异;绿原酸对小鼠移植性 EMT-6 乳腺癌具有明显抑制作用,对移植瘤荷瘤鼠胸腺系数和脾脏系数影响不太明显,见表 1-3-1 至表 1-3-3。

表 1-3-1　绿原酸对 EMT-6 乳腺癌小鼠移植瘤生长体积的影响($\bar{x}\pm S$, cm³, $n=10$)

组别	剂量 (mg/kg)	6 d	7 d	8 d	9 d	11 d
模型对照		0.061±0.065	0.328±0.171	0.502±0.126	0.897±0.166	1.133±0.222
绿原酸	20	0.030±0.011	0.062±0.028**	0.170±0.052**	0.335±0.109**	0.500±0.238**
绿原酸	10	0.026±0.012	0.057±0.028**	0.221±0.099**	0.353±0.121**	0.478±0.140**
绿原酸	5	0.038±0.017	0.107±0.035**	0.258±0.078**	0.443±0.135**	0.599±0.173**
阿霉素	2	0.015±0.008**	0.077±0.029**	0.183±0.061 ($n=9$)**	0.311±0.080 ($n=8$)**	0.384±0.059 ($n=8$)
INFα-2b	300 万单位	0.050±0.031	0.234±0.104	0.404±0.167	0.753±0.263	0.928±0.298

与模型组比较**$P<0.01$;括号中为鼠数。
据叶晓林(2012)

表 1-3-2　绿原酸对 EMT-6 乳腺癌 BABLc 小鼠移植瘤瘤重、抑瘤率的影响($\bar{x}\pm S$)

组别	给药剂量(mg/kg)	鼠数(n)	瘤重(g)	抑瘤率(%)
模型对照		10	1.301±0.353	
绿原酸	20	10	0.522±0.164**	59.93
绿原酸	10	10	0.468±0.096**	64.07
绿原酸	5	10	0.684±0.193**	47.46
阿霉素	2	8	0.409±0.119**	71.31
INFα-2b	300 万单位	10	1.061±0.374	18.47

与模型组比较**$P<0.01$。
据叶晓林(2012)

表 1-3-3　绿原酸对 EMT-6 乳腺癌小鼠脏器系数的影响($\bar{x}\pm S$)

组别	给药剂量(mg/kg)	胸腺系数	脾系数
模型对照		0.223±0.053	1.707±0.144
绿原酸	20	0.198±0.033	1.187±0.198
绿原酸	10	0.185±0.033	1.576±0.172
绿原酸	5	0.183±0.049	1.595±0.320
阿霉素	2	0.039±0.012**	0.674±0.334**
INFα-2b	300 万单位	0.237±0.180	1.602±0.388

与模型组比较**$P<0.01$。
据叶晓林(2012)

　　萧海容等(2012)以荷瘤小鼠实体瘤重、抑瘤率及对脾脏胸腺指数的影响为指标,考察了绿原酸对小鼠 CT26 结肠癌移植瘤生长的抑制作用,结果发现绿原酸对 CT26 结肠癌移植瘤有明显的抑制作用,证明绿原酸具有一定的抗 CT26 结肠癌作用。

　　刘洁等(2009)通过建立 H22 肝癌 Lewis 肺癌移植瘤模型,考察了绿原酸对移植瘤的抑制作用及与阿霉素联合用药后对阿霉素抗肿瘤作用是否有增敏作用。发现与模型组比较,绿原酸对 H22 肝癌 Lewis 肺癌移植瘤有明显的抑制作用,20 mg/kg 的剂量组的抑制作用最强;与阿霉素联合用药后对肿瘤的抑制作用有一定增强趋势,但与阿霉素联合用药对其肿瘤的抑制作用无增敏性。

(六)细胞保护作用

　　卞合涛等(2010)利用体外培养的人脐静脉内皮细胞株传代后进行试验,探讨了绿原酸对体外过氧化氢诱导人脐静脉内皮细胞凋亡的影响及机制,结果与正常对照组比较,过氧化氢(400 μmol/L)能明显的造成内皮细胞的凋亡,绿原酸(30 μmol/L)可降低过氧化氢引起的内皮细胞凋亡,表现为细胞凋亡率减少,线粒体膜电位增加,细胞凋亡抑制基因 Bcl-2 的表达增强,Caspase-3(天冬氨酸特异性半胱氨酸蛋白酶

3,细胞凋亡过程中最主要的终末剪切酶)的表达减弱。

刘哲等(2011)对大鼠间充质干细胞进行体外培养,以含 0.2 mg/L BMP-2 诱导液培养 12 d 使其成为软骨样细胞后进行试验,探讨了缺氧环境下绿原酸对骨髓间充质细胞来源软骨样细胞(Chondrogenic MSCs)影响及机制,发现与正常对照组比较,0.1% O_2 缺氧环境 12 h 能明显造成干细胞来源软骨样细胞的凋亡,绿原酸可降低 0.1% O_2 缺氧引起的软骨样细胞凋亡率,活性氧水平下降,Bcl-2 表达增强,Caspase-3 表达减弱,其作用机制可能与降低细胞内的活性氧水平,稳定细胞的氧化还原状态来保护线粒体膜电位,促进凋亡抑制基因 Bcl-2 的表达及抑制 Caspase-3 的表达有关。

唐湘祁等(2006)在小鼠海马定位注射海人酸(KA)建立了动物病理模型,分为 KA 组、对照组、绿原酸组(CA 组),术后第二天开始灌胃,CA 8 g/(kg·d),连续 35 d,用 Y 型迷宫测试了小鼠学习记忆能力,免疫组化方法观察了脑内海马 NOS 神经元的变化,探讨了绿原酸对小鼠海马一氧化氮合酶(NOS)神经元的保护作用及改善学习记忆障碍的机理,结果发现 KA 组较对照组小鼠海马 CA1-4 区内的 NOS 神经元明显减少;CA 组较 KA 组小鼠海马 CA1-4 区内的 NOS 神经元明显增加;CA 组较 KA 组小鼠在 Y 型迷宫中的正确次数增多,故而 CA 对 KA 所致海马 CA1-4 区内的 NOS 神经元损害有保护作用,并改善 KA 损伤海马所致的学习记忆障碍。

(七)保肝作用

戚晓渊等(2011)研究了绿原酸对四氯化碳导致的肝纤维化大鼠的保护作用。研究结果显示,模型组大鼠血清中的丙氨酸转氨酶(ALT),天冬氨酸转氨酶(AST)的活性及其总蛋白(TP)、白蛋白(ALB)、ALB 与球蛋白(GLOB)的比值(A/G),肝纤维化 4 项指标Ⅲ型前胶原(PCⅢ)、Ⅵ型胶原(CⅣ)、透明质酸(HA)、层黏连蛋白(LN)均具有显著的肝纤维化的特征。绿原酸能明显抑制 CCl_4 所致的肝纤维化大鼠肝脾系数的升高(见表 1-3-4);显著抑制血清中 ALT、AST 活性的升高(见表 1-3-5);降低血清中 HA、LN、PCⅢ、CⅣ、GLOB 的含量,升高血清中的 TP、ALB 含量和 A/G(见表 1-3-6、表 1-3-7);降低肝组织中 MDA 和羟脯氨酸的含量,增强肝组织中 SOD 和 GSH-Px 的活性(见表 1-3-8)。绿原酸各剂量组中高剂量组抗肝纤维化的效果最好,并呈现明显的剂量依赖性。病理结果亦显示绿原酸具有良好的抗肝纤维化的作用。

表 1-3-4　绿原酸给药 8 周对 CCl_4 致肝纤维化大鼠肝脾质量及肝脾系数的影响($\bar{x} \pm S$)

组别	n	剂量(mg/kg)	动物体重(g)	肝脏		脾脏	
				质量(g)	肝系数(10^{-2})	质量(g)	脾系数(10^{-2})
正常对照	16	—	310.14±10.23	8.70±4.10	2.80±2.09	0.89±2.67	0.29±1.90
模型对照	10	—	230.26±2.36	14.32±2.54	6.23±0.90[②]	1.89±2.06	0.82±1.34[②]
秋水仙碱	13	0.2	295.56±2.67	9.01±5.61	3.04±0.35[④]	0.93±1.67	0.31±4.52[④]
绿原酸	13	140	301.01±6.90	8.91±2.97	2.96±3.12[④]	1.01±0.97	0.34±1.56[④]
绿原酸	10	70	279.21±4.90	10.86±2.32	3.89±1.87[④⑤]	1.36±3.56	0.49±0.65[④⑤]
绿原酸	10	35	265.97±3.86	13.01±2.87	4.87±5.93[④⑥]	1.69±6.10	0.64±1.62[④⑥]

注:与正常对照组比较[②]$P<0.01$;与模型对照组比较[④]$P<0.01$;与绿原酸高剂量组比较[⑤]$P<0.05$,[⑥]$P<0.01$。
据戚晓渊等(2011)

表 1-3-5　绿原酸给药 8 周对 CCl_4 致肝纤维化大鼠血清中 ALT、AST 活性的影响($\bar{x} \pm S$)

组别	n	剂量(mg/kg)	ALT(U/L)	AST(U/L)
正常对照	16	—	66.09±2.09	76.21±7.87
模型对照	10	—	164.98±3.98[②]	169.29±2.87[②]
秋水仙碱	13	0.2	75.02±10.81[④]	80.96±11.34[④]
绿原酸	13	140	80.97±14.30[④]	83.53±7.091[④]
绿原酸	10	70	100.93±10.56[④⑤]	103.81±16.91[④⑤]
绿原酸	10	35	125.28±3.98[④⑥]	130.49±6.96[④⑥]

注:与正常对照组比较[②]$P<0.01$;与模型对照组比较[④]$P<0.01$;与绿原酸高剂量组比较[⑤]$P<0.05$,[⑥]$P<0.01$。
据戚晓渊等(2011)

表 1-3-6　绿原酸给药 8 周对 CCl_4 致肝纤维化大鼠血清中 HA、LN、PCⅢ、CⅥ的影响($\bar{x} \pm S$)　　　　μg/L

组别	n	剂量(mg/kg)	HA	LN	PCⅢ(μg/L)	CⅥ
正常对照	16	—	301.29±21.91	39.92±21.01	7.99±9.10	25.94±6.37
模型对照	10	—	789.23±10.67[②]	80.52±17.01[②]	28.36±10.71[②]	70.72±9.23[②]
秋水仙碱	13	0.2	310.91±12.91[④]	45.82±9.26[④]	8.94±10.26[④]	30.23±9.73[④]
绿原酸	13	140	320.73±18.72[④]	50.68±3.10[④]	9.74±6.34[④]	33.97±10.62[④]
绿原酸	10	70	420.83±11.82[④⑤]	60.85±3.94[④⑤]	15.57±5.73[④⑤]	47.93±6.83[④⑤]
绿原酸	10	35	581.24±3.95[④⑥]	70.25±10.64[④⑥]	20.16±4.93[④⑥]	60.09±3.92[④⑥]

注:与正常对照组比较[②]$P < 0.01$;与模型对照组比较[④]$P < 0.01$;与绿原酸高剂量组比较[⑤]$P < 0.05$,[⑥]$P < 0.01$。
据戚晓渊等(2011)

表 1-3-7　绿原酸给药 8 周对 CCl_4 致肝纤维化大鼠血清 TP、ALB、GLOB 及 A/G 的影响($\bar{x} \pm S$)

组别	n	剂量(mg/kg)	TP	ALB	GLOB(μg/L)	A/G
正常对照	16	—	100.27±4.90	62.02±6.92	28.39±6.37	2.18±9.38
模型对照	10	—	56.29±8.73[②]	25.39±7.76[②]	50.49±9.81[②]	0.50±7.49[②]
秋水仙碱	13	0.2	93.10±10.85[④]	59.30±9.49[④]	30.49±5.92[④]	1.94±4.90[④]
绿原酸	13	140	91.93±8.70[④]	58.99±5.97[④]	29.36±7.04[④]	2.01±6.98[④]
绿原酸	10	70	75.29±9.76[④⑤]	45.97±4.49[④⑤]	37.12±7.77[④⑤]	1.24±3.92[④⑤]
绿原酸	10	35	60.39±10.93[④⑥]	34.36±8.40[④⑥]	46.90±6.91[④⑥]	0.73±6.79[④⑥]

注:与正常对照组比较[②]$P < 0.01$;与模型对照组比较[④]$P < 0.01$;与绿原酸高剂量组比较[⑤]$P < 0.05$,[⑥]$P < 0.01$。
据戚晓渊等(2011)

表 1-3-8　绿原酸给药 8 周对 CCl_4 致肝纤维化大鼠肝组织中 SOD、GSH-Px、活力 MDA、Hyp 水平的影响($\bar{x} \pm S$)

组别	n	剂量(mg/kg)	SOD(U/g)	MDA(nmol/g)	GSH-Px(μg/kg)	Hyp(μg/kg)
正常对照	16	—	149.90±8.93	20.10±3.19	180.73±7.92	241.90±4.13
模型对照	10	—	60.01±10.21[②]	62.97±3.87[②]	85.98±8.19[②]	596.97±2.10[②]
秋水仙碱	13	0.2	145.92±10.92[④]	24.21±12.90[④]	170.75±11.01[④]	240.19±6.71[④]
绿原酸	13	140	146.16±6.27[④]	23.90±10.94[④]	165.23±15.92[④]	256.71±6.12[④]
绿原酸	10	70	109.52±13.65[④⑤]	35.16±2.42[④⑤]	129.99±10.53[④⑤]	321.64±3.05[④⑤]
绿原酸	10	35	83.97±6.91[④⑥]	47.09±10.92[④⑥]	101.12±16.71[④⑥]	439.96±7.09[④⑥]

注:与正常对照组比较[②]$P < 0.01$;与模型对照组比较[④]$P < 0.01$;与绿原酸高剂量组比较[⑤]$P < 0.05$,[⑥]$P < 0.01$。
据戚晓渊等(2011)

史秀玲等(2011)研究了绿原酸对四氯化碳 CCl_4 所致肝损伤小鼠有保护作用。研究结果(见表 1-3-9 至表 1-3-11)表明,绿原酸 14 mg/kg、7 mg/kg、3.5 mg/kg 剂量组小鼠的肝指数、脾指数,小鼠血清中 ALT、AST 活性,小鼠肝组织中 MDA 的水平,均明显低于模型组;绿原酸 14 mg/kg、7 mg/kg、3.5 mg/kg 剂量组,小鼠肝组织中 SOD 活性、GSH-Px 活性,均明显高于模型组;同时,绿原酸各剂量组肝组织病变程度明显减轻,肝细胞再生明显,偶伴有点状坏死,汇管区少量炎细胞浸润。证明绿原酸具有显著的抗肝损伤的作用,其作用可能与其能清除体内自由基和抗氧化的作用有关。

表 1-3-9　绿原酸对 CCl_4 致肝损伤小鼠的肝脾重量及肝脾指数的影响($\bar{x} \pm S$, $n = 10$)

组别	剂量(mg/kg)	肝指数(%)	脾指数(%)
正常	—	1.95±1.21	0.28±0.69
模型	—	3.20±0.26[①]	0.55±0.048[①]
联苯双酯	600	2.10±0.34[②]	0.28±1.06[②]
绿原酸	14	2.00±1.16[②]	0.29±2.61[②]
绿原酸	7	2.40±1.52[②③]	0.36±0.19[②③]
绿原酸	3.5	3.20±1.09[①④]	0.49±1.21[①④]

注:与正常组比较[①]$P < 0.01$;与模型组比较[②]$P < 0.01$;与绿原酸 14 mg/kg 组比较[③]$P < 0.01$,[④]$P < 0.01$。
据史秀玲等(2011)

表 1-3-10　绿原酸对 CCl_4 致小鼠肝损伤血清中 ALT、AST 活性的影响($\bar{x} \pm S$, $n=10$)

组别	剂量(mg/kg)	ALT(U/L)	AST(U/L)
正常	—	32.90±0.69	35.17±2.61
模型	—	76.21±6.19[①]	85.13±6.89[①]
联苯双酯	600	37.98±6.53[②]	41.12±2.14[②]
绿原酸	14	40.01±7.14[②]	43.59±4.32[②]
绿原酸	7	51.19±9.45[②③]	52.99±5.97[②③]
绿原酸	3.5	62.66±9.01[②④]	66.97±7.34[②④]

注:与正常组比较[①]$P<0.01$;与模型组比较[②]$P<0.01$;与绿原酸 14 mg/kg 组比较[③]$P<0.01$,[④]$P<0.01$。
据史秀玲等(2011)

表 1-3-11　绿原酸对 CCl_4 致肝损伤小鼠肝组织中 SOD 活性和 MDA、GSH-Px 水平的影响($\bar{x} \pm S$, $n=10$)

组别	剂量(mg/kg)	SOD(U/L)	MDA(nmol/g)	GSH-Px(U/g)
正常	—	120.19±5.99	21.26±5.89	200.01±10.64
模型	—	62.69±6.76[①]	46.31±5.49[①]	85.35±8.97[①]
联苯双酯	600	116.59±10.26[②]	19.06±1.99[②]	195.09±21.59[②]
绿原酸	14	112.98±8.41[②]	21.68±10.28[②]	196.19±10.56[②]
绿原酸	7	98.36±11.18[②③]	28.54±6.84[②③]	169.77±13.61[②③]
绿原酸	3.5	81.76±9.88[②④]	35.51±9.87[②④]	141.57±15.11[②④]

注:与正常组比较[①]$P<0.01$;与模型组比较[②]$P<0.01$;与绿原酸 14 mg/kg 组比较[③]$P<0.01$,[④]$P<0.01$。
据史秀玲等(2011)

(八)抗内毒素

雷玲等(2012)研究表明金银花具有一定的抗内毒素作用,10 mg/mL 金银花水提取物(含绿原酸)能破坏内毒素的细微结构;1 mg/mL 绿原酸也有一定的抗内毒素作用,但绿原酸对 2,4-二硝基苯酚致大鼠发热没有明显的抑制作用。为探讨绿原酸对治疗大肠杆菌内毒素性疾病的作用机制,叶星沈等(2005)利用体外培养法培养大鼠肠黏膜微血管内皮细胞,研究了金银花主要成分绿原酸对正常肠黏膜微血管内皮细胞作用 1 h、3 h、6 h、9 h 后的 NO 和内皮素分泌量的影响,以及对经大肠杆菌内毒素作用 1 h 后肠黏膜微血管内皮细胞于 3 h、6 h、9 h 后的 NO 和内皮素分泌量的影响,发现绿原酸能有效地抑制肠黏膜微血管内皮细胞分泌的内皮素和 NO 的比值的升高,认为绿原酸对内毒素作用下的肠黏膜微血管内皮细胞的功能有保护作用。

(九)其他作用

1.解热作用

李兴平等(2012)通过试验发现金银花对实验性发热有明显的解热作用。张炳仁等(2012)通过在给家兔静脉注入内毒素造成的发热模型上,发现绿原酸表现出退热作用,且呈现明显的量效和时效关系,不过起效时间较长,认为绿原酸是双黄连发挥解热作用的物质基础。

2.促进血管内皮细胞增殖

袁卓等(2008)在体外培养人脐静脉内皮细胞 ECV304,单体进行干预,利用 MTT 及 BrdU-ELISA 法检测其对 ECV304 增殖的影响,发现绿原酸 $10^1 \sim 10^2$ ng/mL,阿魏酸 $10^2 \sim 10^4$ ng/mL 浓度组为促细胞增殖的优选浓度,即绿原酸、阿魏酸促内皮细胞增殖能力与血清有协同作用。

常翠青等(2001)通过人脐静脉内皮细胞培养,从形态学/生长状况和乳酸脱氢酶(LDH)释放方面,观察 3 个不同剂量(10 mg/L、20 mg/L、40 mg/L)的绿原酸＋经氧化修饰的低密度脂蛋白 oxLDL(100 mg/L)对内皮细胞的作用,发现绿原酸对 oxLDL 诱导的内皮细胞损伤具有不同程度的预防性保护作用,且作用较佳。

3.免疫调节性

马力等(2008)研究发现绿原酸可促进淋巴细胞上清液中肿瘤坏死因子和 γ-干扰素水平升高;对肠道上皮内淋巴细胞功能影响显著,具有免疫调节功能。张建华等(2009)发现绿原酸可明显增强巨噬细胞吞噬功能,提高机体血清溶血素的含量,明显增强机体细胞免疫和体液免疫的功能。

4.调节糖脂代谢

绿原酸还具有调节糖脂代谢的作用(见表1-3-12)。随机对照研究结果显示,口服绿原酸可以改善健康人和超重者的糖耐量和血浆胰岛素水平;用含绿原酸的植物提取物对糖尿病患者进行辅助治疗,发现绿原酸有助于改善糖尿病患者糖、脂代谢,降低空腹血糖和血浆C反应蛋白(CRP),改善肝功能。

表 1-3-12　绿原酸调节糖脂代谢的临床研究总结

作者/年代	国家	研究对象	样本量(干预T/对照C)	研究期限	干预措施	干预结果
Johnston KL,2003	英国	健康成人	T:9 C:9	3 h	T:400 mL 含 CGA 2.5 mmol,相当于 354 mg 的含或不含咖啡因的咖啡,加糖 25 g C:等量糖水。交叉对照	与对照组比较,去咖啡因咖啡降低 OGTT 0~120 min 血浆 GIP 和 GLP-1
Thom E, 2007	挪威	健康人	T:12 C:12	2 h	T:含不同剂量 CGA(300~1 000 mg)的咖啡 400 mL,加糖 25 g C:等量糖水。交叉对照	高剂量 CGA 显著降低糖耐量
van Dijk A E,2009	荷兰	超重男性	T:15 C:15	3 h	T:1 g CGA C:安慰剂。交叉对照	与对照组比较,OGTT 15 min 血糖↓
Thom E, 2007	挪威	超重和肥胖者	T:15 C:15	12 周	T:每天饮用富含 CGA 的咖啡 5 杯,相当于 CGA 900~1 000 mg C:普通市售咖啡 5 杯	与对照比较,体重、体脂肪均显著↓
Herrera-Arellano A,2004	墨西哥	43 名常规治疗效果差的糖尿病患者	T:21 C:22	21 d	T:口服含 CGA 植物提取物[2.99 mg±0.14 mg CGA/(g 干重)] C:不含 CGA 的植物提取物	与对照比较,空腹血糖、TC、TG 均↓
Abidov M, 2006	俄罗斯	女性糖尿病患者	T:21 C:21	4 周	T:每日口服越橘提取物,含 CGA 150 mg C:安慰剂	空腹血糖、CRP/ALT 丙氨酸转氨酶/GGT 谷氨酰基转氨酶/AST 天冬氨酸转氨酶均↓
Kempf K, 2010	德国	习惯饮用咖啡,65 岁以下,超重,轻度高血压患者	T:47 C:47	2 个月	戒咖啡 1 月后,4 杯/d 1 个月,然后 8 杯/d 1 个月(150 mg/杯)	与 0 杯比较,血清 CGA↑、IL-1β、异前列腺素分别↓,脂联素↑;血清 TC、HDL、ApoA↑,LDL-C/HDL-C、ApoB/ApoA 比值↓

据中国营养学会(2014)

二、含绿原酸的农产品

绿原酸广泛存在于天然植物性农产品中,其含量受农产品种类的影响,且同一农产品的不同部位、产地、品种和成熟度等都会影响绿原酸的含量。如西方梨和东方梨中绿原酸的含量分别为 309 mg/kg(鲜重)和 163 mg/kg(鲜重),圣女果中含量为 5.1 mg/kg(鲜重),过熟后降至 0.6 mg/kg(鲜重)。

据报道,甘薯、金银花、百香果、咖啡豆、山楂、向日葵、马铃薯等农产品中含有绿原酸,表1-3-13列出了若干农产品中绿原酸的含量。另据李望等(2008)报道,金银花的绿原酸含量高达 9.06%~15.28%,是目前已知的含绿原酸量最高的植物品种。

表 1-3-13　若干含绿原酸的农产品及其含量

名称	绿原酸含量(%)				文献
	果	花	叶	茎	
甘薯			4.450		赵红艳(2012)
旱芹(芹菜)			0.860～3.330		杨洋(2010)
鱼腥草			0.211		李利华(2012)
茶叶			0.012～0.016		周莎(2008)
枸杞	0.010～0.016				杨文(2008)
马铃薯				0.009～0.096	张建华(2007)
百香果	2.053				丘秀珍(2013)
咖啡	2.000				刘利达夫(1985)
沙棘	0.460～0.890				叶利谢耶夫(1989)
山楂	2.470～3.221				胡志国(2007)
苹果	0.079				周兰(2013)
牛蒡			0.028～2.513		李艳丽(2012)
向日葵	1.100～4.500				陈少洲(2002)
雪莲果				0～0.4449	陈红惠(2010)
菊花		0.010～0.028			孙英英(2011)
金银花		9.060～15.280			李望等(2008)
连翘		0.738	0.358～2.889		张飞(2011)
杜仲			0.280～4.590		吴奇隆(2005)
圆叶青苎麻			0.228		赵立宁(2003)
芦叶青苎麻			0.334		赵立宁(2003)
绿叶苎麻			0.416		赵立宁(2003)
茎花苎麻			0.215		赵立宁(2003)
悬铃叶苎麻			0.556		赵立宁(2003)

中国营养学会(2014)也报道了一些常见食物中绿原酸的含量(见表 1-3-14)。

表 1-3-14　常见食物中绿原酸的含量[mg/100 mL 或 mg/(100 g 可食部)]

食物	绿原酸含量	食物	绿原酸含量
绿色咖啡豆(干)	6 000～10 000	朝鲜蓟	45
咖啡,很浓	337.5	苹果	6.2～38.5
浓咖啡	150～175	西方梨	30.9
阿拉伯咖啡	35～100	山楂	23.4
菊苣	260	八角茴香	10～20
蓝莓	50～200	东方梨	16.3
向日葵仁	63.0～97.1	黑醋栗	14
樱桃	15～60	羽衣甘蓝/卷心菜/抱子甘蓝	0.6～12
茄子	60	胡萝卜	12
甘薯	10～50	山药	6.2～10.3
马铃薯	9.1	草莓	2.9
番茄	1～8	花椰菜和小萝卜	2.0
黑莓	7	红覆盆子	1.5
芹菜	0.2～6.5	猕猴桃	1.1
花茎甘蓝	6	圣女果	0.5
佛手瓜	2.0～4.2	—	—

据中国营养学会(2014)

第四节 芦丁

芦丁(Rutin),又名芸香苷、维生素 P、紫槲皮苷、芸香叶苷、路丁、络通。分子式 $C_{27}H_{30}O_{16}$,分子量 610.51,其结构式如图 1-4-1 所示。芦丁是一种来源很广的黄酮类化合物。

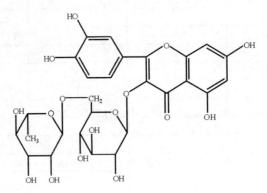

图 1-4-1 芦丁的化学结构式

一、芦丁的生理功能

(一)清除自由基、吸收紫外线、抗氧化作用

众多研究表明,芦丁具有清除自由基、抗氧化的功能。金越等(2007)对芦丁、槲皮素、异槲皮素的抗自由基活性进行了研究,结果表明 3 种化合物均具强大的自由基清除作用,其中芦丁的抗氧化性最强。潘英明等(2007)研究了芦丁的抗氧化性,表明芦丁具极强的抗氧化性,仅次于 VC。李兴泰等(2007)研究表明槐米水提取液中的芦丁具有清除超氧阴离子、清除抗氧阴离子、抗氧化及保护线粒体的作用,并可增强机体超氧化物歧化酶 SOD 的活性,抗脂质氧化,促进自由基的清除。付俊录(2009)以 ICR 小鼠为研究对象将芦丁按剂量每天灌胃,20 d 后显示,芦丁对小鼠机体能力的增强作用较显著,可消除力竭运动时机体内产生的自由基,减弱脂质过氧化。田洁等(2004)研究表明,芦丁可抑制胰腺炎过程中羟基自由基对胰腺膜脂质的过氧化作用,从而保护胰腺组织。黄金珠(2012)的研究表明,芦丁可降低大鼠缺血再灌注过程中的脂质氧化,对脑缺血再灌注损伤有保护作用,芦丁可清除自由基,降低组织铁离子,从而保护肾脏。

阳光中的紫外线分为三个区段:A 区(320~400 nm)、B 区(290~320 nm)和 C 区(200~280 nm);A 区的作用可直达真皮且具有不可逆的累积性,B 区是导致皮肤晒伤的根源,C 区又称杀菌区,对人体皮肤不产生危害。芦丁在 200~240 nm 和 330~380 nm 的波长区间具有很强的吸收性,可有效吸收 A 区紫外线。王其仁等(2009)制备的芦丁防晒霜可有效吸收 B 区和 A 区紫外线,能发挥防晒、抗氧化、抗炎等综合防护作用。

(二)保护胃黏膜、抗骨质疏松

芦丁可抑制冷冻—束缚应激和酸性引起的胃黏膜损伤,芦丁对胃黏膜的保护作用与促进胃黏膜细胞合成或释放内源性 NO 有关。王宇翔等(2001)在试验中利用大鼠醋酸烧灼型胃溃疡模型,测量大鼠胃溃疡体积及组织病理学检查,并观察芦丁和银杏叶提取液(GBE)对胃液量、胃酸、胃蛋白酶活性的影响。芦丁(5 mg/kg、10 mg/kg)和 GBE(25 mg/kg、50 mg/kg)造模后给药,可明显减小溃疡体积、组织病理学变化较轻,且对大鼠胃液量、胃液酸度和胃蛋白酶活性无明显影响,显示芦丁对大鼠胃溃疡有明显治疗作用。冷晓莲等(2007)以不同浓度的芦丁处理胃蛋白酶,测定紫外吸收,发现胃蛋白的紫外吸收发生蓝移,胃蛋白与芦丁结合后空间结构改变,能形成稳定复合物,从而影响胃蛋白酶生物学功能,保护胃黏膜细胞。杨亚军等(2006)研究了芦丁和槲皮素对成骨细胞的影响,发现芦丁及槲皮素均可明显促进成骨细胞的生长,认为可能是芦丁在体内产生的代谢物槲皮素刺激成骨细胞生长繁殖,从而起到防止骨质疏松的作用。张福琴(2011)也报道了芦丁口服后的代谢产物能刺激成骨细胞增殖,促进其分化成熟。由于多数含芦丁的中药制剂均为口服,所以其代谢产物很可能是芦丁抗骨质疏松的有效成分。

(三)增强免疫、抗衰老

郭旭东等(2011)研究了芦丁对大鼠免疫器官指数的影响,考察芦丁调节动物免疫功能的作用,发现芦丁能够促进雌性青春期大鼠和泌乳大鼠免疫器官胸腺和脾脏的发育。龚盛昭等(2003)研究表明,芦丁可减小血管通透性,增加弹性,抑制毛细血管扩张,从而起到祛红血丝的作用;芦丁还具有抗辐射和吸收 X 射线的功能,使皮肤红润、光滑、抗皱、起到延缓衰老的作用。

(四)改善糖尿病及其并发症、抗癌

芦丁可激活神经介素 U2 受体,神经介素是 2000 年发现的一种亚型神经受体,神经介素 U2 受体的激活可调节饮食,增强胰岛素敏感性,降低血糖。王素琴等(2012)研究发现,芦丁能显著改善糖尿病肾病模型大鼠的血糖水平,对糖尿病肾病大鼠具有保护作用。姜宝红等(2005)考察了芦丁对大鼠糖尿病肾病的防治,表明芦丁可改善四氧嘧啶诱发的大鼠糖尿病肾病,可能与抑制醛糖还原酶活性和自由基氧的产生有关。

郝惠惠等(2013)研究了芦丁对糖尿病肾病(DN)大鼠氧化应激及醛糖还原酶(AR)的影响。采用链脲佐菌素一次性腹腔注射成功建立糖尿病模型 SD 大鼠 48 只,随机均分为糖尿病肾病模型组、芦丁低剂量治疗组(50 mg/kg)、芦丁高剂量治疗组(100 mg/kg)、卡托普利阳性对照组;另取 10 只 SD 大鼠为空白对照组。12 周后检测相关指标。结果:与空白对照组比较,糖尿病肾病模型组血糖、肾脏指数、肌酐、尿素氮、24 h 尿白蛋白、氧化应激及 AR 水平升高($P < 0.01$)。与糖尿病肾病模型组比较,芦丁低剂量治疗组、芦丁高剂量治疗组、卡托普利阳性对照组血糖、24 h 尿白蛋白、肌酐、尿素氮、丙二醛水平降低($P < 0.05$ 或 $P < 0.01$),肾组织总抗氧化能力、总超氧化物歧化酶、过氧化氢酶和谷胱甘肽过氧化物酶活性均提高($P < 0.05$ 或 $P < 0.01$),肾皮质 AR 的活性及其蛋白表达降低($P < 0.05$ 或 $P < 0.01$)。由此得出结论,芦丁可通过抑制氧化应激反应减少 AR 活性及其蛋白表达,对糖尿病肾脏有明显的保护作用。

孙波等(2014)研究了罗布麻提取物芦丁对链脲佐菌素(STZ)诱发的大鼠糖尿病心肌病(diabetic cardiomyopathy,DCM)ROCKI 蛋白的影响,用 STZ 诱发糖尿病心肌病模型,24 只雄性 Wistar 大鼠随机分为正常对照组、DCM 组(STZ)、阳性药组(STZ+卡托普利)及芦丁治疗组(STZ+罗布麻提取物芦丁),每组 6 只,治疗组大鼠给予芦丁灌胃,DCM 组和正常对照组大鼠给予 0.9%氯化钠注射液灌胃。治疗后进行大鼠形态学观测,测定胶原蛋白及 ROCKI 蛋白表达。结果发现注射 STZ 后,大鼠胶原蛋白及 ROCKI 蛋白的表达较正常对照组增加($P < 0.05$),罗布麻提取物芦丁灌胃后,其表达相对于模型组降低;HE 染色结果显示,给予芦丁后心肌损伤程度减轻。这些研究表明,罗布麻提取物芦丁可减轻心肌损伤,其机制可能与降低 ROCKI 蛋白表达有关。

朱丽莎等(2010)的研究表明芦丁对糖尿病大鼠早期肝脏损伤具有一定的保护作用。这些研究表明,芦丁不仅具有降低血糖的作用,还能对糖尿病引起的肝、肾、心肌损伤起到一定的保护作用。

沈钦海等(2006)研究了芦丁对肝癌细胞 HepG2 的生长和增殖的影响,结果表明芦丁能抑制 HepG2 细胞的生长繁殖,诱发其凋亡,且具有浓度依赖性。陈立军等(2006)研究了芦丁诱导白血病 K562 细胞凋亡的作用机制。研究结果显示:芦丁浓度为 2×10^{-5} mol/L、4×10^{-5} mol/L、8×10^{-5} mol/L 时,细胞生长受到显著抑制,并呈剂量依赖性;不同浓度芦丁处理 K562 细胞 44 h 后,应用 MTT 比色法计算半数抑制浓度 IC_{50} 为 4×10^{-5} mol/L;4×10^{-5} mol/L 芦丁处理细胞 24 h 后,Hoechest33342/PI 双荧光染色可观察到明显核固缩、凝集等细胞凋亡表现;流式细胞仪检测芦丁处理后 G_2 期细胞显著增多(64.7%),DNA 合成受抑,凋亡率增加;PCR 产物经过琼脂糖凝胶电泳,紫外透射仪下明显观察到 500 bp 条带,产物经过序列测定证实芦丁处理细胞诱导 caspase-3 基因的表达;Western blotting 检测线粒体细胞色素 C 表达水平下调,细胞质出现明显细胞色素 C 蛋白条带。由此得出结论,芦丁诱导 K562 细胞 caspase-3 基因表达,细胞色素 C 通过线粒体膜进入胞质,导致细胞线粒体功能异常,细胞发生凋亡,线粒体途径诱导白血病细胞凋亡是其作用机制之一。此外,Volate(2005)研究表明,芦丁能抑制结肠癌细胞和前列腺癌细胞的增殖。

(五)抗病毒、抑菌、抗炎镇痛

王艳芳等(2005)研究了芦丁对甲型流感病毒的抑制作用,利用甲 1 型流感病毒感染小鼠,以芦丁灌胃给药,以肺指数和肺指数抑制率为指标,发现芦丁有明显的抑制甲型流感病毒的作用。孙国禄等(2010)研究了芦丁的抑菌作用,发现芦丁可改变大肠埃希氏杆菌、金黄色葡萄球菌的细胞内外膜的渗透性,使细胞膜受到破坏,从而起到抑菌作用。姚萍等(2013)采用碱溶酸沉淀法从槐树皮中提取芦丁并进一步纯化,采用微量稀释法对精制芦丁进行实验室抑菌试验,并检测其皮肤刺激性与皮肤抗菌效果。结果:精制芦丁有效成分含量 95.2%,其溶液对大肠杆菌和福氏志贺菌最小抑制菌浓度 MIC 值为 0.5 g/L,对奇异变形杆菌 MIC 值为 1.0 g/L,对金黄色葡萄球菌和表皮葡萄球菌的 MIC 值为 0.25 g/L。2.0 g/L 精制芦丁溶液对大鼠皮肤无刺激性,涂擦人体前臂皮肤作用 2 min,可使皮肤上自然菌由处理前的 244 cfu/cm^2 降低到 16 cfu/cm^2。表明芦丁对细菌繁殖体有明显的抑菌作用,对革兰阳性菌抑制作用强于革兰阴性菌。龙全江等(2002)报道,将芦丁注射入大鼠腹腔可抑制植入的羊毛球发炎,芦丁的硫酸酯钠对大鼠热浮肿具有极强的抗炎作用。宋必卫等(1995)研究发现芦丁可剂量依赖性抑制小鼠扭体反应,明显提高小鼠电嘶叫刺激阈值,显著延长小鼠热板舔足反应潜伏期,具有显著的镇痛作用,其镇痛作用强于阿司匹林,但弱于吗啡。

(六)拮抗血小板活化因子作用

血栓形成、动脉粥样硬化、炎症反应及缺血-再灌注自由基损伤等诸多心脑血管疾病的发病过程均与血小板活化因子(platelet activating factor,PAF)介导密切相关,因此拮抗 PAF 的作用,是缓解缺血性心脑血管疾病的重要途径。陈文梅等(2002)研究表明,芦丁可浓度依赖地拮抗 PAF 与兔血小板膜受体的特异性结合,抑制 PAF 介导兔血小板黏附与中性粒细胞(PMNs)内游离 Ca^{2+} 浓度升高,表明芦丁抗 PAF 的作用机制是通过抑制 PAF 受体活化,进而阻断 PAF 诱发的反应,从而起到保护心血管的作用,结果表明芦丁为一种 PAF 受体拮抗药。

(七)抗急性胰腺炎(AP)

芦丁能有效防止低钙血症的发生,并降低胰腺组织 Ca^{2+} 浓度。田洁等(2006)研究发现芦丁能提高胰腺组织大鼠磷脂酶 A_2(PLA$_2$)含量,提示芦丁可能对胰腺组织 PLA$_2$ 的释放及激活具有抑制作用;芦丁能有效防止急性胰腺炎大鼠低钙血症的发生,可能是通过阻止 Ca^{2+} 内流并降低胰腺组织细胞 Ca^{2+} 超载,而减轻对急性胰腺炎病理生理损害,见表 1-4-1 至表 1-4-3。

表 1-4-1　芦丁对胆胰管结扎急性胰腺炎大鼠血清 Ca^{2+} 浓度的影响($\overline{x} \pm S, n=8$)

组别	给药剂量(mg/kg)	血清 Ca^{2+} 浓度(mmol/L)	
		6 h	12 h
假手术组	—	2.966 ± 0.783	2.905 ± 0.652
模型对照组	—	$1.817 \pm 0.387^{\triangle\triangle}$	$1.565 \pm 0.321^{\triangle\triangle}$
芦丁	30	1.822 ± 0.325	1.617 ± 0.449
芦丁	60	2.007 ± 0.416	$1.952 \pm 0.337^{*}$
芦丁	120	2.129 ± 0.596	$1.997 \pm 0.461^{*}$
阳性药对照组	0.01	$2.247 \pm 0.377^{*}$	1.859 ± 0.327

注:与假手术组比较;$^{\triangle\triangle}P<0.01$;与模型组比较:$^{*}P<0.05$。
据田洁(2006)

表 1-4-2　芦丁对急性胰腺炎大鼠胰腺组织 Ca^{2+} 浓度的影响($\overline{x} \pm S$)

组别	给药剂量(mg/kg)	胰腺组织 Ca^{2+} 浓度(mmol/g)	
		Na-Dc AP($n=10$)	Ligation AP($n=8$)
假手术组	—	0.127 ± 0.045	0.115 ± 0.043
模型对照组	—	$1.901 \pm 0.188^{\triangle\triangle}$	$1.541 \pm 0.173^{\triangle\triangle}$
芦丁	30	$1.692 \pm 0.218^{*}$	$1.373 \pm 0.135^{*}$
芦丁	60	$1.360 \pm 0.187^{**}$	$1.231 \pm 0.164^{**}$
芦丁	120	$1.171 \pm 0.199^{**}$	$1.220 \pm 0.141^{**}$
阳性药对照组	0.01	$1.670 \pm 0.174^{**}$	$1.332 \pm 0.177^{*}$

注:(1)与假手术组比较;$^{\triangle\triangle}P<0.01$;与模型组比较:$^{*}P<0.05$,$^{**}P<0.01$。
(2)Na-Dc AP 为 Na-Dc 逆行胆胰管注射致急性胰腺炎大鼠,Ligation AP 为胆胰管结扎致实验性急性胰腺炎大鼠。
据田洁(2006)

表 1-4-3　芦丁对急性胰腺炎大鼠胰腺组织磷脂酶 A_2(PLA_2)含量的影响($\overline{x} \pm S$)

组别	给药剂量(mg/kg)	PLA_2(U)	
		Na-Dc AP($n=10$)	Ligation AP($n=8$)
假手术组	—	$45.35 \pm 8.48(n=8)$	45.35 ± 8.48
模型对照组	—	$9.57 \pm 4.06^{\triangle\triangle}$	$26.57 \pm 5.71^{\triangle\triangle}$
芦丁	30	$17.98 \pm 6.07^{**}$	$38.90 \pm 8.57^{**}$
芦丁	60	$17.85 \pm 4.15^{**}$	$38.92 \pm 8.51^{**}$
芦丁	120	$18.92 \pm 4.55^{**}$	$41.08 \pm 8.86^{**}$
阳性药对照组	0.01	$15.34 \pm 4.27^{**}$	$29.59 \pm 6.75^{*}$

注:(1)与假手术组比较;$^{\triangle\triangle}P<0.01$;与模型组比较:$^{*}P<0.05$,$^{**}P<0.01$。
(2)Na-Dc AP 为 Na-Dc 逆行胆胰管注射致急性胰腺炎大鼠,Ligation AP 为胆胰管结扎致实验性急性胰腺炎大鼠。
据田洁(2006)

田洁等(2004)研究表明芦丁可显著减少急性胰腺炎大鼠胰腺组织的 MDA 含量,再次证明了芦丁可以抑制氧自由基对膜的过氧化作用。同时发现芦丁可提高胰腺组织 SOD 清除氧自由基的活力。提示芦丁一方面通过增强机体对氧自由基的清除能力,另一方面也可通过抑制急性胰腺炎过程中氧自由基对膜脂质的过氧化作用,发挥抗急性胰腺炎作用。

陈爱华(2010)研究了芦丁对大鼠急性胰腺炎胰腺毛细血管通透性的影响。将 wistar 大鼠 48 只,随机分为 6 组,每组 8 只,分别建立大鼠假手术(SO)组,急性胰腺炎(AP)组,芦丁高、中、低剂量组及丹参(DS)组,在制模后 3 h、6 h 经下腔静脉取血,测定血清淀粉酶含量和磷脂酶 A_2 活性。切取胰腺标本组织,对胰腺组织进行病理学检查和胰腺微血管通透性测定。结果,术后 6 h,各组大鼠胰腺毛细血管通透性分别为:SO 组(89.10±26.02)、AP 组(405.25±234.48)、芦丁高剂量组(132.79±56.72)、芦丁中剂量组(203.83±89.06)、芦丁低剂量组(263.84±113.02)、DS 组(191.22±77.05)。各组间比较,6 h 芦丁高剂量和中剂量组胰腺毛细血管通透性低于 AP 组($P<0.01$)。由此得出结论,芦丁能明显降低 AP 大鼠胰腺

毛细血管通透性,减轻胰腺组织病理性损害。

(八)抗疲劳作用

吴涛等(2013)研究了芦丁对小鼠力竭游泳时间及对力竭恢复小鼠血清生化指标的影响。对 40 只小鼠以不同剂量的芦丁灌胃 12 d,进行一次性力竭游泳,恢复 20 h 后,用超微量微孔板分光光度计测定小鼠血清中丙氨酸氨基转移酶 ALT、天门冬氨酸氨基转移酶 AST 的活性及丙二醛 MDA、尿素氮 BUN 和血糖 SG 的含量,用聚丙烯酰胺凝胶电泳分析乳酸脱氢酶 LDH 同工酶。

测定的各种指标中:(1)游泳至力竭的时间是小鼠体能的综合反应,其不仅反映机体抵抗疲劳的能力,也反映机体的抗应激能力及对不良环境的适应能力;(2)MDA 是脂质过氧化的终产物,既可反映机体内发生脂质过氧化的程度,也可反映生物膜的受损程度;(3)ALT 主要存在于细胞内,血清中此酶活性较低。当细胞严重损伤或细胞膜通透性改变时,该酶即从胞内通过细胞膜释放出来从而进入血液中,使得血清中的 ALT 活力升高;(4)正常情况下,AST 也存在于组织细胞中,血清中含量极少。AST 在心肌细胞中含量最高,其次为肝脏,测定血清中 AST 活性可辅助诊断心肌梗死、肝病及一些肌肉疾病;(5)BUN 是机体内蛋白质和氨基酸等物代谢的最终产物,血清中 BUN 的水平会随运动负荷量的增大而增高;(6)正常情况下,SG 的来源和去路维持动态平衡,使得其浓度保持相对稳定;(7)LDH 同工酶活力与运动性疲劳有关,LDH1、LDH2 主要催化乳酸脱氢转变成丙酮酸的反应,而 LDH4 和 LDH5 主要催化丙酮酸还原为乳酸的反应。

实验结果:芦丁中剂量组能显著提高小鼠游泳至力竭的时间($P < 0.05$),显著降低血清中 AST、ALT 活性、LDH 同工酶总活性以及 MDA、BUN、SG 浓度($P < 0.05$),见表 1-4-4 和表 1-4-5。由结果可知:(1)芦丁低、中、高剂量组 MDA 含量均显著低于运动对照组,说明芦丁低、中、高剂量组可以消除自由基的攻击,降低力竭及恢复状态下 MDA 的生成,保护机体,对延缓运动性疲劳的发生有积极的作用;(2)芦丁中剂量组 ALT 和 AST 都低于运动对照组,说明一定剂量的芦丁对运动造成的小鼠肝脏、心脏、骨骼肌细胞损伤均有一定的保护作用,并能有效帮助力竭运动后机体的恢复;(3)实验中剂量给药组小鼠游泳至力竭的时间比运动对照组和低、高剂量给药组都长,即运动负荷量相对较大,一般会使 BUN 的含量增加。经 20 h 恢复后,中剂量给药组的 BUN 反而比运动对照组和低、高剂量组低,提示中剂量芦丁可以促进 BUN 的清除,有助于疲劳小鼠的恢复;(4)实验结果显示芦丁组均能有效促进力竭运动后小鼠血清中血糖含量的恢复,其机制可能是芦丁能有效增强葡萄糖的吸收;(5)小鼠力竭游泳恢复 20 h 后,芦丁低、中、高剂量组 LDH 总活力显著低于运动对照组,提示一定剂量的芦丁可以修复受损伤的组织,使释放到血液中的 LDH 减少,另一种可能的机制是芦丁减少乳酸的堆积,使 LDH 的活性适应性降低。芦丁低、中剂量组 LDH4-5 显著低于运动对照组,说明机体丙酮酸还原为乳酸的反应较慢,提示随着机体的回复,机体的能量更多的由糖的有氧分解提供,无氧酵解和乳酸的生成因此减少。由此可知,芦丁可通过减少乳酸的生成和加快乳酸的清除来缓解运动性疲劳,这与芦丁中剂量组显著延长小鼠游泳至力竭的时间相一致。由此得出结论,芦丁可提高小鼠的运动能力,促进运动性疲劳小鼠的恢复。

表 1-4-4　芦丁对血清中 MDA、AST、ALT、BUN、SG 含量的影响($\bar{x} \pm S, n = 8$)

组别	鼠数	MDA (nmol/mL)	AST(U/L)	ALT(U/L)	BUN(mmol/L)	SG(mmol/L)
对照组	10	12.99 ± 1.40	78.28 ± 4.27	43.77 ± 3.60	1.63 ± 0.11	3.75 ± 0.323
低剂量组	10	7.84 ± 1.04^a	77.87 ± 5.34	33.77 ± 2.01^a	1.58 ± 0.10	4.97 ± 0.42^a
中剂量组	10	9.40 ± 1.01^a	66.00 ± 4.18^b	30.74 ± 1.04^b	1.31 ± 0.13^a	4.95 ± 0.59^a
高剂量组	10	8.16 ± 1.16^a	73.98 ± 4.95	35.16 ± 1.37^a	1.56 ± 0.14	5.35 ± 0.51^b

注:与对照组比较,[a]$P < 0.05$,[b]$P < 0.01$。

据吴涛等(2013)

表 1-4-5 各组小鼠($n=10$)血清 LDH 同工酶活力的比较($\overline{x}\pm S$)

同工酶	运动对照组	低剂量组	中剂量组	高剂量组
LDH5	66.83 ± 2.51	59.07 ± 9.89	57.72 ± 4.71	63.05 ± 2.18
LDH4	13.43 ± 1.86	14.14 ± 2.99	14.97 ± 3.34	13.11 ± 2.77
LDH3	4.78 ± 2.12	5.49 ± 1.99	5.22 ± 1.76	4.58 ± 1.23
LDH2	6.46 ± 2.26	6.17 ± 1.96	5.41 ± 1.81	5.63 ± 1.13
LDH1	8.33 ± 2.14	7.94 ± 1.66	7.61 ± 2.25	7.82 ± 0.85
总活力	100	92.81 ± 3.20^a	90.93 ± 3.21^a	94.19 ± 2.34^a
LDH4-5	80.26 ± 4.12	73.21 ± 5.32^a	72.69 ± 5.64^a	78.16 ± 5.37
LDH1-2	14.79 ± 4.21	14.11 ± 3.20	14.02 ± 3.71	13.45 ± 3.56

注:以运动对照组 LDH 同工酶作为标准,总活力定为 100,其余各组酶活力均为相对值,分别与运动对照组比较,$^a P<0.05$。

据吴涛等(2013)

二、含芦丁的农产品

据报道,荞麦、槐花米、鱼腥草、番茄、芦笋、甘薯、红枣、燕麦、枸杞子、天山雪莲、桑葚、香椿叶、尤曼桉、槐叶、珍珠梅、小蓟、牛耳枫、山绿茶、桑叶、珍珠菜、蔷薇果、银杏叶、荷花、白扁豆花、菊花等农产品及中药材中含有芦丁。详见如下。

李秀莲等(2003)用乙醇浸提法对中国现有 19 个苦荞、24 个甜荞栽培品种和苗头品系进行芦丁含量的测定,筛选出高芦丁含量苦荞品种 1 个、品系 2 个及高芦丁甜荞品种 1 个、品系 2 个。表 1-4-6 列出了荞麦品种(系)芦丁含量测定结果。由表 1-4-6 可见,所有苦荞品种(系)芦丁含量均远远高于甜荞品种(系)。苦荞芦丁含量平均为(2.28 ± 0.29)%,变幅 1.54%～2.56%,远远高于甜荞,甜荞芦丁含量平均为(0.52 ± 0.19)%,变幅为 0.19%～0.92%。已审定的苦荞品种中,九江苦荞芦丁含量(2.56%)最高,苦荞品系中 841-2(2.62%)最高,kp9920(2.56%)次之。已审定甜荞品种中芦丁含量改良 1 号最高,为 0.92%。甜荞品系凤凰甜荞(0.84%)最高,B1-1(0.80%)次之。

表 1-4-6 荞麦品种(系)芦丁含量测定结果

苦荞品种(系)	芦丁含量(%)	甜荞品种(%)	芦丁含量(%)
伊盟苦荞	2.49	吉荞 10	0.64
黑丰 1 号	2.44	89-2-4	0.69
晋荞 2 号	2.39	茶色黎麻道	0.19
榆 6-21	2.19	蒙 822	0.37
kp9920	2.56	固集 14	0.47
镇巴荞	2.48	小三棱	0.31
841-2	2.62	B1-1	0.80
87-1	1.54	晋荞 1 号	0.37
90-2	1.91	榆 5-5-2-1	0.59
威 93-8	2.19	大红花	0.61
威黑 4-4	2.31	牡丹荞	0.58
黔威 1 号	2.15	T402	0.51
黔威 2 号	2.48	榆荞 1 号	0.51
昭 905	2.44	榆荞 2 号	0.39
川荞 1 号	1.74	改良 1 号	0.92
西荞 1 号	2.31	868	0.43
九江苦荞	2.56	甘荞 2 号	0.35

续表

苦荞品种(系)	芦丁含量(%)	甜荞品种(%)	芦丁含量(%)
凤凰苦荞	2.41	定96-1	0.76
塘湾苦荞	2.15	岛根X	0.43
		小甜荞M39	0.27
		大颗荞M6	0.44
		富源红花荞	0.43
		凤凰甜荞	0.84
		信州大荞	0.51

据李秀莲等(2003)

杨雪等(2010)采用液相微萃取—高效液相色谱法测定槐花米中芦丁的含量,测得槐花米中芦丁的含量为10.4%。

李瑞玲等(2013)采用高效液相色谱分析方法测定鱼腥草中芦丁的含量,不同产地中芦丁含量测定结果表明,贵州产区的含量最高,河南的最低。不同部位中芦丁含量测定结果表明,叶中的含量均高于茎中5～10倍。具体结果见表1-4-7。

表1-4-7　不同产地鱼腥草中芦丁含量的测定结果

产地	叶(mg/g)	根茎(mg/g)
河北(安国)	2.57	0.41
河南(南阳)	1.44	0.27
贵州	3.30	0.35

据李瑞玲等(2013)

周萌(2013)利用HPLC方法,检测了23个番茄品种果实中芦丁的含量,测定结果表明,芦丁平均含量为2.016 mg/g干物质,最高值达到了15.770 mg/g(台湾俏美人的果皮)干物质。芦丁在同一番茄品种的果皮和果肉中的含量表现出了较显著的差异。芦丁在23个番茄品种果皮中的平均含量分别为3.797 mg/g干物质,而在果肉中的平均含量为0.235 mg/g干物质,果皮比果肉高出了16.1倍。

尤曼桉是近年从澳大利亚引种的提取芦丁的原料树种,曾荣等(2005)采用分光光度法测定了尤曼桉树枝上不同生长阶段叶片及其树皮中的芦丁含量;并与柠檬桉、本地的大叶桉进行了比较;初步探讨了干燥温度和干燥时间对芦丁含量测定的影响。结果表明:引种的尤曼桉叶片中芦丁的含量在5%～17%之间,叶龄越短,芦丁含量越高;尤曼桉不同单株的叶片平均芦丁含量差异较明显;树皮中的芦丁含量极低,多低于1%;原料处理时干燥温度越高,芦丁含量越低;在60 ℃下,5 h以内,干燥时间对芦丁含量影响较小。

朱立华等(2007)采用反相高效液相色谱法RP-HPLC测定芦笋各段组织中芦丁的含量。芦丁经传统超声波提取法提取,360 nm波长检测,以甲醇—磷酸缓冲液为流动相,过ZORBAXEclipseXDB-C_{18}(4.6 mm×250 mm)色谱柱直接测定。检测结果芦笋尖部芦丁含量最高,为1.762 mg/g;其次是中部为1.030 mg/g;底部最低,为0.320 mg/g。

杨常成(2008)采用高效液相色谱法测定甘薯中芦丁的含量。色谱柱为Kromasil-C_{18}柱(4.6 mm×250 mm,5 μm),以乙腈-1%醋酸水溶液为流动相进行梯度洗脱,检测波长为345 nm,流速为1 mL/min。在选定的色谱条件下,测得芦丁的含量为0.202 2%。

王东东等(2010)采用反相高效液相色谱法RP-HPLC测定新疆6种红枣中芦丁的含量,测定结果如表1-4-8所示。

表 1-4-8　6 种新疆红枣中芦丁的含量（$n=3$）

样品名称	芦丁平均含量(μg/g)	样品名称	芦丁平均含量(μg/g)
和田红枣	57.01	骏枣	58.84
园脆红枣	95.05	阿克苏灰枣	56.55
哈密五堡大枣	38.62	小鸡心蜜枣	28.17

据王东东等（2010）

张维库等（2010）采用 HPLC 法测定燕麦麸皮中芦丁的含量。燕麦麸皮经甲醇提取，提取物用甲醇溶解，定容，HPLC 分析条件为流动相甲醇-0.4％磷酸（45∶55），流速 1.0 mL/min，柱温 30 ℃，360 nm 波长下检测样品芦丁的含量。3 批燕麦麸皮样品中芦丁的含量见表 1-4-9。

表 1-4-9　燕麦麸皮样品中芦丁的含量（$n=3$）

批号	芦丁的含量（％）	RSD（％）
200911023	0.0016	0.15
200911024	0.0020	0.19
200911025	0.0018	0.18

据张维库等（2010）

钟静娴等（2010）采用微波提取—反相高效液相测定枸杞子芦丁的含量。测定结果表明，不同产地枸杞子样品中的芦丁含量存在着较大的差异，具体结果见表 1-4-10。

表 1-4-10　枸杞药材编号来源及芦丁含量

枸杞药材编号	产地	原植物	芦丁含量
1	宁夏	宁夏枸杞 *Lycium barbarum* L.	0.034
2	宁夏	宁夏枸杞 *Lycium barbarum* L.	0.042
3	宁夏	宁夏枸杞 *Lycium barbarum* L.	0.030
4	新疆	宁夏枸杞 *Lycium barbarum* L.	0.014
5	宁夏	宁夏枸杞 *Lycium barbarum* L.	0.083
6	甘肃	宁夏枸杞 *Lycium barbarum* L.	0.082
7	内蒙古	宁夏枸杞 *Lycium barbarum* L.	0.021
8	甘肃	宁夏枸杞 *Lycium barbarum* L.	0.060
9	宁夏	宁夏枸杞 *Lycium barbarum* L.	0.049
10	宁夏	宁夏枸杞 *Lycium Chinense Mill.*	0.025
11	河北	枸杞 *Lycium barbarum* L.	0
12	河北	宁夏枸杞 *Lycium barbarum* L.	0.008
13	宁夏	宁夏枸杞 *Lycium barbarum* L.	0.029
14	内蒙古	宁夏枸杞 *Lycium barbarum* L.	0.014
15	新疆	宁夏枸杞 *Lycium barbarum* L.	0.013

据钟静娴等（2010）

夏国华等（2011）用 RP-HPLC 法测定香椿叶中芦丁的含量，试验测得 2 个批次香椿叶中芦丁的含量分别为（0.673±0.010）mg/g 和（0.498±0.005）mg/g。

刘景东等（2003）取槐叶干品，用乙醚提取，弃去醚层后，用甲醇连续提取，提取液用薄层扫描法测定芦丁的含量。结果：芦丁呈良好的线性关系，平均回收率 97.3％，RSD 为 1.9％，槐叶中芦丁的含量大于 0.8％。

关丽萍等（2005）用反相高效液相色谱法测定珍珠梅中芦丁的含量，测得的芦丁的平均值为 0.230 mg/g。

牛迎凤等（2008）采用 RP-HPLC 法测定马蔺花、桃花、月季等 15 种花类药材中芦丁的含量，并比较它们的含量。这是首次采用反相高效液相色谱法分析并计算这15种花类药材中芦丁的含量。实验采用 C_{18} 柱(4.6 mm×250 mm),以 V(甲醇)∶V(0.1％ H_3PO_4)＝50∶50 为流动相,柱温:30 ℃,流速:1.0 mL/min,检测波长:360 nm,检测时间 20 min。测定结果,芦丁在马蔺花中含量最高,15 种花类药材中芦丁测定结果见表 1-4-11。

表 1-4-11　芦丁含量的测定结果(n＝3)

花类药材	芦丁含量(％)	花类药材	芦丁含量(％)
月季	0.296	镰形棘豆	0.074
雪莲花	0.016	杭白菊	0.242
雪梨花	0.033	菊花	0.039
细果角茴香	0.053	鸡冠花	0.031
桃花	0.125	槐花	0.010
千日红	0.002	葛花	0.002
马蔺花	0.311	凤尾花	0.001
绿茸蒿	0.026		

据牛迎凤等(2008)

陈毓(2007)采用高效液相色谱法对小蓟(属菊科植物)中芦丁成分进行定量。采用 Lichrospher C_{18} 色谱柱(4.6 mm×200 mm,5 μm),柱温30 ℃,甲醇-0.5％醋酸(体积比为 35∶65)为流动相,流速1.0 mL/min,检测波长 254 nm。结果小蓟中芦丁的含量为 0.580 8 mg/g。

郑雪花等(2007)采用反相高效液相色谱法测定不同产地桑叶中芦丁的含量,Hypersil BDS C_{18} 色谱柱(4.6 mm×250 mm,5 μm),水和甲醇溶剂系统线性梯度洗脱,流速 1 mL/min,检测波长 320 nm,进样量 10 μL。测得不同产地桑叶芦丁含量均＞0.110％,其中云南产的含量最高,为 0.36％。

何远景等(2007)采用 HPLC 法测定牛耳枫中芦丁的含量,测得三份牛耳枫中芦丁含量的平均值为 1.58 mg/g。

董建辉(2007)采用高效液相色谱法,色谱柱为 Kromasil C_{18} 柱,以甲醇-0.4％磷酸水溶液为流动相进行梯度洗脱,检测波长为 340 nm,流速为 1 mL/min。在选定的色谱条件下,测定了天山雪莲中芦丁的含量为 0.201 9％。

陈勇等(2006)采用 HPLC 法测定山绿茶不同炮制品种中芦丁的含量,山绿茶不同炮制品含量测定结果见表 1-4-12。表 1-4-12 结果显示,清炒药材中,芦丁含量最高,为 1.365 3 mg/g,其次分别为传统炮制药材和阴干药材,60 ℃、70 ℃和 80 ℃烘制药材中芦丁含量最低。

表 1-4-12　山绿茶不同炮制品含量测定结果(n＝4)

炮制品	芦丁含量(mg/g)	炮制品	芦丁含量(mg/g)
传统工艺炮制	1.060	70 ℃烘制 1 h	0.212
80 ℃烘制 2 h	0.251	60 ℃烘制 2 h	0.217
80 ℃烘制 1.5 h	0.254	60 ℃烘制 1.5 h	0.329
80 ℃烘制 1 h	0.261	60 ℃烘制 1 h	0.442
70 ℃烘制 2 h	0.279	阴干药材	0.919
70 ℃烘制 1.5 h	0.170	清炒药材	1.365 3

据陈勇等(2006)

唐昌莉(2010)采用高效液相色谱法测定珍珠菜提取物中芦丁含量。色谱柱为 Diamonsil C_{18}(4.6 mm×250 mm);流动相为甲醇-0.4％冰醋酸-四氢呋喃(30∶60∶10);流速 1.0 mL/min;检测波长 355 nm。结果提取物中芦丁的保留时间为 25.4 min,色谱峰分离良好,对照品芦丁线性范围为 1.031 2～30.936 μg/mL(r＝0.999 4,n＝5),方法回收率为 100.1％,RSD 为 1.03％。珍珠菜样品中测定的芦丁含量结果见表 1-4-13。

表 1-4-13　珍珠菜样品中测定的芦丁含量

样品批号	样品量(mg)	样品浓度(mg/mL)	芦丁浓度(mg/mL)	芦丁含量(%)
A	25.33	1.013	0.115	11.35
B	24.39	0.976	0.110	11.27
C	25.82	1.033	0.032	3.098

据唐昌莉(2010)

耿旦等(2011)采用 RP-HPLC 法测定不同产地桑葚中芦丁的含量,具体结果见表 1-4-14。

表 1-4-14　不同产地桑葚中芦丁的含量测定($n=3$)

编号	采收地点	芦丁(mg/g)
1	广西南宁	0.281 1
2	钦州	0.510 4
3	合浦	0.441 2
4	平果	0.195 1
5	浦北	0.275 6

据耿旦等(2011)

吴红菱等(1995)用紫外分光光度法测定银杏叶提取物中芦丁的含量,结果表明:以 60%丙酮或 70% 乙醇提取银杏叶,所得提取物的芦丁含量为 33.27%～43.38%。

徐魁等(2013)采用反相高效液相色谱法测定了不同产地荷花中芦丁的含量,具体结果见表 1-4-15。

表 1-4-15　不同产地荷花中芦丁含量测定结果

编号	生产厂家	产地	批号	芦丁含量(mg/g)
1	A	山东	110812	2.04
2	B	山东	110601	2.24
3	自备(徽山)	徽山	110826	2.38
4	C	不详	不详	2.26
5	D	山东	101025	2.15

据徐魁等(2013)

李正国等(2013)采用反相高效液相色谱法测定了不同产地白扁豆花中芦丁的含量,具体结果见表 1-4-16。

表 1-4-16　样品含量测定结果($n=2$)

编号	生产厂家	产地	批号	芦丁含量(mg/g)
1	安徽沪谯中药科技有限公司	安徽	20100524	1.61
2	北京同仁堂亳州饮片有限责任公司	安徽	6278	1.20
3	山东百味堂中药饮片有限公司	广西	110601	1.78
4	亳州千草药业饮片厂	河南	20110227	1.32
5	曹县伊尹中药饮片有限公司	河南	20110826	1.28

据李正国等(2013)

第五节　抗性淀粉

一、抗性淀粉概述

1992年联合国粮农组织(FAO)根据英国学者 Englyst 和欧洲抗性淀粉研究协会(European Flair Concerted Action on Resistant Starch,EURESTA)的建议,将抗性淀粉(resistant starch,RS)定义为不能在人体小肠消化吸收的淀粉及其降解产物的总称。Englyst 根据淀粉的来源和人体试验的结果,把抗性淀粉分为四种类型(见表 1-5-1)。

表 1-5-1　四种不同类型的抗性淀粉

抗性淀粉类型	特征	来源	造成含量减少的加工方法
RS₁	物理包埋,因细胞壁或蛋白质隔离作用使淀粉酶无法接近淀粉颗粒的淀粉	完全或部分研磨的谷物、种子和豆类	研磨,咀嚼
RS₂	B 晶体淀粉颗粒(见注释),α-淀粉酶可以缓慢水解,天然具有抗消化性淀粉	生土豆,绿香蕉,一些豆类(豌豆),高直链玉米	食品加工和烹调
RS₃	老化淀粉、凝沉淀粉	加热和冷却后的土豆、面包、玉米片、经过反复蒸煮的食品	加工条件
RS₄	基因改造或化学改性淀粉,如交联淀粉	含有变性淀粉的食品(如面包和蛋糕)	体外较少受影响

注:根据 X 射线可以将天然淀粉分为三种类型:A、B 和 C,三者主要区别于支链的长短、颗粒的密度和水分的含量。其中 A 和 B 为晶状体,C 为 A 和 B 的复合体。

据李磊(2012)

抗性淀粉的生理学特性:抗性淀粉与不消化的低聚糖和非淀粉多糖(Non-starch polysaccharides,NSP)具有许多相似之处。在最新的联合国粮农组织(FAO)出版物中,FAO 已将抗性淀粉列为新型的膳食纤维(Dietary fiber,DF)。抗性淀粉既具有传统膳食纤维的大部分生理功能,又与传统膳食纤维有所不同,两者的比较见表 1-5-2。尽管抗性淀粉属于多糖类物质,但不能被小肠消化吸收和提供葡萄糖,它与膳食纤维显著的不同之处在于:在结肠内抗性淀粉可 100% 被在结肠中的生理性细菌发酵和重吸收,产生短链脂肪酸(Short chain fatty acid,SCFA)和气体。

表 1-5-2　抗性淀粉与膳食纤维的比较

特性		膳食纤维	抗性淀粉
组成结构		非淀粉多糖,主要为纤维素、木质素、果胶质等细胞壁组织。根据溶解性分为水溶性和水不溶性 2 类	淀粉类多糖,B 或 V 型晶体颗粒,有 RS₁、RS₂、RS₃、RS₄ 四种形式
消化性		不被内源酶消化	很少被消化,抗膜腺 α-淀粉酶解
生理功能		1.保持肠道通畅,加快残渣转运速度,增加排便体积 2.被大肠微生物群发酵产生 SCFA 3.促进矿质元素吸收和结合诱变剂 4.预防肠道疾病尤其肠道癌 5.维持肠道菌落平衡 6.调节血糖和血脂,预防糖尿病、心脏病和肥胖等代谢综合征	1.被大肠微生物群发酵产生 SCFA 2.酸化肠道内环境,激活免疫系统 3.预防肠道癌,通过诱导肿瘤细胞的生理凋亡以及激活预防癌变的某些酶的活性 4.增加胆液分泌 5.影响肠道新膜细胞的代谢体积 6.保持肠道通畅,增加排便 7.调节血糖和血脂,预防糖尿病、心脏病和肥胖等代谢综合症 8.维持肠道菌落平衡 9.促进矿质元素吸收

据吴殿星(2009)

抗性淀粉含量高的食物在小肠中只部分被消化吸收,其葡萄糖利用率较低,血糖生成指数低;不消化的抗性淀粉到达结肠,在结肠细菌的作用下发酵,产生较多挥发性的乙酸、丙酸、丁酸等有益的短链脂肪酸,可经过直肠壁吸收进入血液,继续给机体提供能量。

Behall 和 Howe(1996)研究认为,每克抗性淀粉平均提供 10.5 kJ 的能量。含高抗性淀粉的食物,大约能量的 12% 是由结肠发酵的短链脂肪酸提供的,并且证明抗性淀粉是以缓慢且完全的方式吸收的。Tomlin(1990)的研究结果显示,当分别给予志愿者 10.3 g 和 0.86 g 抗性淀粉连续 1 周,由于抗性淀粉在结肠中发酵能力高,2 组能量值基本一致,由此表明抗性淀粉具有缓慢且完全的吸收方式。另据陈光等(2005)研究报道,抗性淀粉在体内所产生的热量不及淀粉的 1/10,所以认为抗性淀粉在体内为低能量甚至不产生能量,是一种很有前途的减肥食品原料。

在结肠可以发酵的食物成分主要有不消化的碳水化合物(非淀粉多糖、抗性淀粉、低聚果糖等)和蛋白质,其中抗性淀粉占全部发酵物总量的 5%～35%。与膳食纤维一样,抗性淀粉在结肠的发酵产物主要有气体(CO_2、H_2、CH_4)、乙酸、丙酸和丁酸等短链脂肪酸和水。短链脂肪酸是结肠黏膜尤其是末端结肠黏膜的主要能源物质,对结肠黏膜有重要的营养作用。短链脂肪酸还能降低结肠内 pH,从而影响肠道菌群的平衡,降低肠腔内蛋白质发酵产物氨的吸收,降低一些细菌代谢酶的活性。

Gerhard 等(2002)通过动物实验证实,抗性淀粉能促进肠道有益菌丛的生长、繁殖,是一种双歧杆菌增殖因子,实验组中大肠杆菌和类杆菌的数量低于对照组,而乳酸杆菌的数量却明显高于对照组。

Brown 等(1997)发现喂饲高直链淀粉玉米组和普通淀粉组的小猪,在停止给予双歧杆菌制剂后,前者粪便中双歧杆菌数量下降的速率比后者慢,说明抗性淀粉在结肠发酵后形成的内环境有利于双歧杆菌生长。Bird 等(2007)研究也发现喂饲高直链玉米淀粉组的小猪,其乳酸杆菌和双歧杆菌数量都较对照要多。

我国学者何梅等(2005)研究了抗性淀粉及其不同类型的摄入对大鼠肠道 5 种常见菌群(大肠杆菌、拟杆菌、肠球菌、双歧杆菌、乳杆菌)的影响,结果表明:RS_2 和 RS_3 均可明显增加大鼠粪便中双歧杆菌菌落数,显著减少肠球菌落数;盲肠内容物的短链脂肪酸随 RS_2 摄入量的增加而增加,说明抗性淀粉可明显改善机体的肠道菌群,并增加其酵解产物,降低肠道 pH,从而发挥对机体的健康作用。

二、抗性淀粉的生理功能

据吴殿星等(2008)报道,抗性淀粉对健康的功能作用主要表现在以下几个方面。

(一)降低餐后血糖和胰岛素应答,提高机体对胰岛素的敏感性

抗性淀粉在人体内缓慢完全吸收的特性使人们更关注其对慢性病,如糖尿病、冠心病等的作用。食用高抗性淀粉的食品后,血糖的升高和血糖总量均显著低于食用其他碳水化合物,这对改善 Ⅱ 型糖尿病的代谢控制具有良好的作用。国内外许多学者开展了大量关于抗性淀粉对血糖值和胰岛素水平的影响方面的研究,一致认为抗性淀粉可延缓饭后血糖浓度的升高和降低胰岛素的分泌,同时可改善脂质的构成,从而有助于体重的控制和糖尿病的预防。

Jenkins(1982)和 King(1988)等研究指出,抗性淀粉可引起低血糖反应。Brynes 等(2000)采用抗性淀粉含量大于 20% 的高直链淀粉日粮和低直链淀粉日粮分别饲喂老鼠,发现饲喂高抗性淀粉日粮的老鼠的胰岛素分泌要少于饲喂低抗性淀粉日粮的老鼠。

Muri 等(2000)在实验中采用缓慢吸收的含淀粉食物或用阿卡波糖抑制葡萄糖苷酶活性,结果显示抗性淀粉能降低餐后血糖和胰岛素分泌,并改善血浆中脂类物质的分布,因而对 Ⅱ 型糖尿病有益。

Diane 等(2002)给 Ⅱ 型糖尿病患者分别用等量的抗性淀粉、完全消化淀粉及天然淀粉三种供能食品,结果发现:抗性淀粉组餐后 60 min 的平均血糖高峰水平明显低于其他两组;抗性淀粉组餐后 90 min 时胰岛素水平也明显低于天然淀粉组。

我国学者王竹等(2003)研究表明,抗性淀粉具有较低的血糖生产指数,从而可降低人体餐后的血糖值,有利于糖尿病患者的病情控制。抗性淀粉可部分阻止高蔗糖饲料诱发的大鼠葡萄糖耐量异常的发生,他们利用天然稳定同位素技术研究表明,与葡萄糖和可消化淀粉相比,抗性淀粉具有维持餐后血糖稳态、降低胰岛素分泌,提高机体胰岛素敏感性的作用。

血糖生成指数(Glycemic-index,GI)反映了食物最初消化和葡萄糖吸收的应答关系。食物中血糖生成指数受食物的物理特性、温度、加热工艺及烹调方式等诸多因素的影响。据陈光等(2005)研究报道,同一来源、不同制作方法的同一食物中 GI 值不同。如熟薯类的 GI 为 70～98,抗性淀粉的含量为 7%;而生薯类 GI 为 40～60,抗性淀粉的含量为 50%～60%。

(二)预防便秘和结(直)肠癌的发生

抗性淀粉能增加大鼠的粪便体积,这对于预防便秘和肛门—直肠机能失调很重要。此外,抗性淀粉可作为微生物的碳源,有利于合成微生物蛋白质,从而减少不消化蛋白质腐败产生酚、胺类和吲哚等有毒物质,同时短链脂肪酸还能有效降低肠道 pH,发挥酸化消毒作用。

Ranhostra 等(1991)观察到与天然淀粉相比,抗性淀粉使大鼠粪便的湿重和干重增加了 6 倍;当在饮水中添加抗生素,促进肠道正常菌群繁殖后,粪重增加了 18 倍。同时,粪便的体积也随着重量的增加而增加。

Roediger 等(2001)利用抗性淀粉持水力差的特性,将其作为基质加入到"经口再生碳水化合物溶液(ORS)",借以降低 ORS 的渗透压,从而提高"经口再生碳水化合物疗法"对婴幼儿腹泻的治疗效果。

关于结肠癌控制方面,Munster(1994)报道在食品中添加高直链玉米淀粉可以减少人结肠细胞的增殖,提高粪便中的短链脂肪酸含量和降低次级胆汁酸的含量。他还发现食用高抗性淀粉的膳食后,人体中的细胞毒数次级胆汁酸,特别是脱氧胆酸减少了。最近的报道指出,抗性淀粉产生的短链脂肪酸中丁酸含量很高,丁酸通过抑制肿瘤细胞分化并诱导其凋亡、抑制癌变的结肠黏膜细胞增殖、抗发炎、抑制诱变物(如亚硝胺,氢过氧化物等)的潜在毒性而发挥抗癌作用。

Phillips 等(1995)研究报道,健康人摄食高抗性淀粉食物后,与低抗性淀粉组相比,粪便的湿重和干重均显著增加,pH 下降了 0.6,短链脂肪酸中的乙酸和丁酸显著升高,其中丁酸的含量更高。

Cassiody 等(1994)研究报道,抗性淀粉到达大肠后丁酸盐的增加与结肠癌发病率降低相关。而与其他膳食纤维相比,抗性淀粉产生的丁酸盐居于首位。

徐贵发等(2006)采用流行病学的方法对抗性淀粉是否为大肠癌的保护因素进行了有益的探索。他们对山东省 150 例的大肠癌患者及 300 名的社区健康对照者进行一般情况、疾病史、营养 K-A-P 模式及膳食频率调查,利用统计软件 SPSS 12.0 对资料进行单因素分析、多因素非条件 Logistic 回归分析,结果发现有 10 个因素进入了最终的模型,其中抗性淀粉偏回归系数 $\beta i = -1.570$ 是大肠癌的保护因素;以 0～4 g/d 为参照进行 χ^2 趋势检验,其余各级的 OR 值分别为 0.95、0.71、0.56 和 0.27,随着抗性淀粉摄入量的增加而递减,呈明显的剂量反应关系。由此表明日常膳食中抗性淀粉含量高的薯类、谷类及高膳食纤维的蔬菜水果对大肠癌具有一定的预防作用。

Baghurst 等(1996)进行的一项大型流行病学的调查表明:淀粉摄入量与结肠癌发病率呈显著负相关($r = -0.76$),尽管研究发现非淀粉多糖与抗性淀粉结合起来考虑时仍呈明显负相关($r = -0.60$),但与非淀粉多糖的摄入量无明显相关。在调整了脂肪、蛋白质摄入量之后,抗性淀粉、非淀粉多糖与结肠癌的发生率在统计学上呈显著负相关。

另一项流行病学研究表明:虽然食物中的胺类等毒素在结肠中积聚可能是诱发结肠癌的一个原因,但在胺类等摄入无差异的情况下,淀粉消费率高(>350 g/d)的地区,结肠癌发生率显著低于淀粉消费率低(<350 g/d)的地区。据杨月欣(2000)的初步推测,不消化的抗性淀粉摄入量的增多是一个重要因素。抗性淀粉在结肠中发酵,其代谢产物一方面维持肠道酸性环境,另一方面促进了毒素的分解和排出,缩短了口—肛的转运时间,从而预防结肠癌的发生。虽然抗性淀粉增加粪便容积的作用小于传统膳食纤维,但流

行病学调查表明,抗性淀粉对结肠癌的预防作用却大于传统膳食纤维,其机理尚不清楚,可能与丁酸的代谢有关。

孟妍(2013)研究了抗性淀粉对大鼠结(直)肠癌前病变的预防作用。将 50 只雄性 Wistar 大鼠随机分为阴性对照、阳性对照组及抗性淀粉低、中、高剂量组。阳性对照组大鼠从实验第 2 周开始腹腔注射氧化偶氮甲烷 AOM,每周 1 次,连续 2 周。阴性对照组注射生理盐水。各剂量组(用致癌剂处理)与阳性对照组,分别自由摄食含 7.6%、15.2% 及 22.8% 抗性淀粉的饲料。对照组大鼠摄食普通饲料。于首次注射 AOM 后 13 周断头处死各组所有动物,观察并计数结肠变性隐窝病灶(aberrant crypt foci,ACF)发生情况。并取大肠组织标本,包埋后做石蜡切片,用 SABC 免疫组化法测量生物标记物增殖细胞核抗原(proliferating cell nuclear antigen,PCNA)标记指数(PCNA-LI)、核仁组成区噬银蛋白(argyrophilic nucleolar,organizer region protein,AgNORs)颗粒数目,以及 Bcl-2 蛋白、Bax 蛋白表达情况。表明与阳性对照组相比,各抗性淀粉处理组 ACF 数目和 AgNORs 数目均显著降低($P < 0.01$),高剂量组增殖细胞核抗原标记指数(PCNA-LI)显著减少($P < 0.05$),见表 1-5-3、表 1-5-4;此外,抗性淀粉还抑制了 Bcl-2 蛋白的表达,诱导了 Bax 蛋白的表达,见表 1-5-5。表明短期抗性淀粉对 AOM 诱发的大鼠结(直)肠癌前病变具有预防作用,可使 ACF 和 AgNQR3 显著减少,即其机制可能与抑制细胞增殖和诱导细胞凋亡有关。

表 1-5-3　抗性淀粉对 AOM 诱发的大鼠结肠变性隐窝病灶(ACF)数目的影响($\overline{x} \pm S$)

组别	ACF 发生率	ACF 数目	异性隐窝总数 AC	平均隐窝数
阴性对照	0	0	0	0
阳性对照	10/10	43±4	104±11	2.42±0.08
抗性淀粉低剂量组	10/10	33±2[b]	80±25[b]	2.38±0.11
抗性淀粉中剂量组	10/10	27±3[b]	65±16[b]	2.41±0.05
抗性淀粉高剂量组	10/10	24±2[b]	57±14[b]	2.34±0.06

与阳性对照组比较:[b]$P < 0.01$。

据孟妍(2013)

表 1-5-4　抗性淀粉对大肠黏膜组织 PCNA-LI 和 AgNORs 颗粒数目的影响($\overline{x} \pm S, n = 10$)

组别	PCNA-LI	AgNORs 数目
阴性对照	17.9±2.51[a]	6.12±0.75[b]
阳性对照	34.9±3.52	13.2±0.78
抗性淀粉低剂量组	34.3±11.2	11.2±0.71[b]
抗性淀粉中剂量组	24.0±9.58	9.86±.070[b]
抗性淀粉高剂量组	20.3±5.15[a]	6.84±0.33[b]

与阳性对照组比较:[a]$P < 0.05$,[b]$P < 0.01$。

据孟妍(2013)

表 1-5-5　抗性淀粉对大肠黏膜组织 Bcl-2 蛋白和 Bax 蛋白表达的影响($\overline{x} \pm S, n = 10$)

组别	Bcl-2 蛋白				Bax 蛋白			
	I	II	III	IV	I	II	III	IV
阴性对照	7	3	0	0[b]	7	3	0	0
阳性对照	1	1	3	5	4	3	3	0
抗性淀粉低剂量组	1	2	2	5	3	4	2	1
抗性淀粉中剂量组	2	2	3	3	2	4	2	2
抗性淀粉高剂量组	4	4	2	0[a]	0	3	5	2[a]

注:(1)与阳性对照组比较:[a]$P < 0.05$,[b]$P < 0.01$。

(2)bcl-2 是重要的凋亡调控基因。它能够与 Bax 形成异二聚体,拮抗 Bax 基因的促凋亡作用,抑制细胞色素细胞从线粒体释放至胞质,改变细胞核内的氧化还原反应,降低 Caspase 蛋白酶的活性,最终抑制细胞的凋亡。

据孟妍(2013)

(三)降低血清中胆固醇和甘油三酯

抗性淀粉与胆固醇、甘油三酯的确切关系和作用机制目前尚不清楚,但已有大量研究证明抗性淀粉可降低血清中胆固醇和甘油三酯含量。

Deckere 等(1993)观察到用含有 40％抗性淀粉的饲料喂养小鼠,小鼠的血浆胆固醇、甘油三酯的含量可调整到正常水平。Deckere 等(1995)和 Younes 等(1995)研究表明,用抗性淀粉代替可消化淀粉喂食正常或高胆固醇血症大鼠,能降低其血清胆固醇水平。他们还以含不同量(0.8～9.6 g/mL)抗性淀粉食物进行动物试验,结果发现抗性淀粉含量高的食物可降低血清中总胆固醇值和甘油三酯含量。

Cheng 和 Lai(2000)研究了含不同比例抗性淀粉的稻米淀粉和玉米淀粉对喂饲高胆固醇大鼠血脂代谢的影响,结果显示:喂饲每 100 g 含抗性淀粉 45 g 和 63 g 稻米淀粉的实验组血清总胆固醇浓度明显低于其他各组;血清丙酸浓度在每 100 g 含抗性淀粉 63 g 稻米淀粉实验组明显高于其他各组,而肝中的甘油三酯和总胆固醇明显低于其他各组。研究者认为,稻米发酵产生的丙酸可能降低了血清和肝中的胆固醇水平。

Kim 等(2003)研究表明,与低链玉米淀粉相比,高直链淀粉玉米能使血清胆固醇浓度降低 30％～36％。之后又有学者研究指出,抗性淀粉使血清胆固醇降低的范围是 8％～23％,而甘油三酯浓度下降的范围更大,为 0％～42％。

Kim 等(2003)报道了抗性淀粉对链脲霉素诱导产生的糖尿病大鼠血脂浓度的影响,结果显示:与对照组相比,来自玉米和稻米的抗性淀粉均可明显降低糖尿病大鼠的血清甘油三酯和胆固醇浓度,并且玉米抗性淀粉实验组大鼠肝脏中胆固醇水平下降。

Han 等(2003)观察了大豆中的抗性淀粉对大鼠血清胆固醇的影响,并用 RT-PCR 法检测了肝中 SR-B1 mRNA,LDLR mRNA 及 CYP7A1 mRNA 的表达水平。结果显示:抗性淀粉实验组大鼠血清总胆固醇、VLDL、IDL、LDL、HDL 胆固醇含量明显低于对照组,而肝 CYP7A1mRNA,LDLR mRNA,SR-B1 mRNA 水平明显高于对照组,因此认为大豆抗性淀粉通过增加肝脏中与胆固醇代谢有关的基因表达水平来降低血清胆固醇水平。

于淼等(2012)考察了甘薯抗性淀粉(SPRS)在大鼠形成高脂血症过程中的降血脂的作用。取健康成年 SD 大鼠,雌雄各半,40 只随机分为 4 组:正常对照组(NG)、高脂模型组(HL)、甘薯抗性淀粉低剂量组(SPRSL)、甘薯抗性淀粉高剂量组(SPRSH)。正常对照组饲喂基础饲料,高脂模型组饲喂高脂饲料,甘薯抗性淀粉组在高脂饲料的基础上分别给予甘薯抗性淀粉 10 g/(kg·d)、20 g/(kg·d),45 d 后测定大鼠血清中总胆固醇(TC)、甘油三酯(TG)、低密度脂蛋白胆固醇(LDL-C)、高密度脂蛋白胆固醇(HDL-C)的含量变化。结果表明:甘薯抗性淀粉能显著降低 TC、TG、LDL-C 水平,提高 HDL-C 水平,见表 1-5-6、表 1-5-7。说明甘薯抗性淀粉对高脂饲料致高脂血症大鼠的血脂水平有较好的调节作用。

表 1-5-6　甘薯抗性淀粉对大鼠血清中 TC 和 TG 含量的影响($\bar{x}\pm S, n=10$)

组别	TC 含量(mmol/L)	TG 含量(mmol/L)
正常对照组	1.83±0.09	0.50±0.21
高脂模型组	3.88±0.1**	1.26±0.14**
甘薯抗性淀粉低剂量组	3.51±0.07**▲▲	1.01±0.09**▲▲
甘薯抗性淀粉高剂量组	2.94±0.28**▲▲	0.91±0.17**▲▲

注:** 与正常对照组比较,差异极显著($P<0.01$);▲▲ 与高脂模型组比较,差异极显著($P<0.01$)。
据于淼等(2012)

表 1-5-7　　甘薯抗性淀粉对大鼠血清中 HDL-C、LDL-C 含量及 AI 的影响

组别	HDL-C(mmol/L)	LDL-C(mmol/L)	AI
正常对照组	1.16±0.08	0.44±0.17	0.38±0.23
高脂模型组	0.90±0.11*	1.18±0.36**	1.31±0.38**
甘薯抗性淀粉低剂量组	1.01±0.25	1.03±0.26**	1.02±0.33**▲
甘薯抗性淀粉高剂量组	1.09±0.15▲	0.92±0.04**▲	0.84±0.29**▲▲

注:AI 为 LDL-C 含量与 HDL-C 含量的比值。* 与正常对照组比较,差异显著($P<0.05$);** 与正常对照组比较,差异极显著($P<0.01$);▲与高脂模型组比较,差异显著($P<0.05$);▲▲与高脂模型组比较,差异极显著($P<0.01$)。

据于淼等(2012)

(四)降低和控制体重

人对膳食的饱腹感在降低体重中起关键作用。研究表明富含膳食纤维的食物可通过延缓肠道碳水化合物吸收、增加肠激素分泌及发酵产生短链脂肪酸等作用增加其饱腹感。抗性淀粉具有上述膳食纤维一样的作用,可增加饱腹感,有利于减轻体重。

De Roos 等(1995)观察 24 名健康男性志愿者摄入含有抗性淀粉食物后饱腹感情况发现摄入富含抗性淀粉面包者比摄入普通面包者在餐后 70～120 min 期间食欲偏低,不想进食,饱腹感更强。Holly 等(2009)比较了含有低纤维的松饼和含有玉米糠大麦 β-葡聚糖混合燕麦纤维、抗性淀粉、聚葡萄糖 4 种高纤维的松饼对人体饱腹感的影响,研究发现含有抗性淀粉和玉米糠的松饼最能增强餐后饱腹感。Anderson 等(2002)还发现含少量抗性淀粉的食物比含高量抗性淀粉的食物,更加能够使人体产生餐后的饱腹感。

此外,抗性淀粉对体重的控制还表现在两个方面:一是促进脂肪氧化,防止脂肪在组织中聚积;二是增加脂肪排出,减少能量摄入。Livesey 等(1994)对回肠造口术病人的试验表明,高抗性淀粉含量的谷物食品可以通过某种与增加脂肪排泄有关的机制对能量平衡产生影响。

(五)促进矿物质的吸收

尽管抗性淀粉与膳食纤维的功能类似,但其不含典型的抗营养因子——植酸,因此抗性淀粉可促进食物中钙、铁、镁等矿物质的消化和吸收。同时,Lopez 等(2000)和 Yonekura 等(2004)研究表明,抗性淀粉在大肠内的发酵,降低了 pH,也可从内在的环境条件方面提高矿物质的吸收。

张文青等(2005)研究报道,膳食纤维摄入量过多往往伴随植酸的摄入量也相应较高,会降低食物中维生素、矿物质的吸收,但抗性淀粉对此无不良影响,并且抗性淀粉被看作肠道益生元,对保持矿物质生物活性还具有积极作用。

Hubert 等(2001)研究表明,抗性淀粉可促进大鼠盲肠对钙、镁的吸收,其中促进镁、钙的吸收能力要比一般淀粉高 3～5 倍。他们还比较生马铃薯淀粉和高直链淀粉对饲喂半纯化饲料大鼠肠道矿物质利用的影响,与对照组相比,饲喂两种抗性淀粉实验大鼠对钙、镁、锌、铜和铁的表观吸收率均有所增加。

王竹等(2002)研究了抗性淀粉对正常大鼠锌代谢和高糖(50%)饮食大鼠锌营养状况的影响,结果表明:(1)正常大鼠锌的表观吸收率分别为:对照组 56.59%,13%抗性淀粉组 50.11%以及 26%抗性淀粉组 54%;(2)高糖饲料组大鼠餐后血糖和糖化血红蛋白升高,空腹胰岛素水平降低,血锌和胰脏锌显著低于对照组;高糖抗性淀粉饲料组血糖状态正常,尿锌排出低于高糖饲料组,红细胞锌高于高糖饲料组,且肾锌增高,说明抗性淀粉不影响正常大鼠锌的表观吸收率,却可通过调节血糖维持高糖饮食大鼠锌的营养状况。

杨参(2003)以甘薯淀粉为原料,系统研究了甘薯抗性淀粉对 Wistar 大鼠矿物质元素吸收的影响,结果表明:当饲喂给大鼠含甘薯抗性淀粉 6.1%的饲料时,可显著增加大鼠对钙、镁的表观吸收率,同时血清镁的水平也显著高于对照组;当饲喂给大鼠含甘薯抗性淀粉 10.8%的饲料时,可显著增加大鼠对铁、锌的表观吸收率,同时血清锌的水平也显著高于对照组。

(六)抗性淀粉的其他生理功能

据邬应龙(2013)报道,RS₄ 型抗性淀粉可改善高脂饮食小鼠肠绒毛形态和肠道菌群。他探讨交了联

辛烯基琥珀酸酯化甘薯淀粉(CLOSA-SPS)、柠檬酸乙酰化甘薯淀粉(CAAC-SPS)及羟丙基交联甘薯淀粉(HPCL-SPS)3 种 RS_4 型抗性淀粉(RS)对高脂饮食 C57BL/6J 小鼠肠道微环境的影响作用。将 72 只雄性 C57BL/6J 小鼠随机分成基础对照组(CL,给予基础饲料)、高脂对照组(HF,给予高脂饲料)、甘薯原淀粉高脂对照组(HF-SPS,给予添加甘薯原淀粉的高脂饲料,150 g/kg)及高脂饲料中添加 CLOSA-SPS、CAAC-SPS、HPCL-SPS 组(HF-CLOSA-SPS、HF-CAAC-SPS、HF-HPCL -SPS,各 150 g/kg),共 6 个试验组。连续饲喂 12 周后处死小鼠,测定其小肠各肠段绒毛高度、隐窝深度并通过 PCR-DGGE 技术探究这几种 RS_4 型 RS 对高脂饮食小鼠肠道菌群的影响。结果:与 CL 组相比,HF 组与 HF-SPS 组 C57BL/6J 小鼠小肠各肠段的绒毛高度减小,隐窝深度增大,绒腺比减小,且差异显著($P<0.05$);而 RS_4 型 RS 能不同程度使高脂饮食小鼠肠绒毛高度增大,隐窝深度减小,绒腺比增大,其中 HF-CAAC-SPS 组及 HF-HPCL-SPS 组效果优于 HF-CLOSA-SPS 组,与 HF 组及 HF-SPS 组差异均显著($P<0.05$)。高脂饮食会改变小鼠的肠道菌群,聚类分析表明 HF 组与 CL 组极不相似,前者多样性指数显著小于后者($P<0.05$);RS_4 型 RS 组的肠道菌群更相似于 CL 组,且多样性指数均显著大于 HF 组及 HF-SPS 组($P<0.05$)。并得出结论:CAAC-SPS、HPCL-SPS 及 CLOSA-SPS 这 3 种 RS_4 型 RS 能不同程度改善高脂饮食 C57BL/6J 小鼠肠绒毛形态及肠道菌群,前两者效果优于第三者。

抗性淀粉还具有抗氧化功能。连喜军等(2009)采用 DPPH 方法研究不同品种甘薯抗性淀粉(RS_2)在浓度、温度、离子等因素影响下抗氧化性,结果表明薯类抗性淀粉都具有一定的抗氧化功能,其中德国黑薯抗氧化性最强,为 VC 的 1.03 倍。

三、含抗性淀粉的农产品

按澳大利亚营养健康指导委员会的建议,如果每人每天摄入约 20 g 的抗性淀粉,就可产生显著的保健功效。但据测算,我国城市居民平均每人每天抗性淀粉摄入量仅为 5~8 g,远远达不到健康需求。

高含抗性淀粉的农产品有"降糖稻 1 号"(白建江,2012)、宜糖米(张宁,2011)、玉米(纪淑娟,2010)、小麦(王娟,2012)、甘薯(张芸,2013)、绿豆(刘以娟等,2011)、豌豆(王琳等,2012)、马铃薯(连喜军等,2009)、葛根(潘苗苗,2012)、淮山药(聂凌鸿,2009)、莲藕(李西腾,2012)、荞麦(周一鸣,2013)、旱芹(马秀红,2013)、未成熟香蕉等。

白建江(2012)报道,"降糖稻 1 号"稻米的抗性淀粉含量高达 13.82%,比对照品种"金丰"稻米的抗性淀粉含量 0.67%,高 20 倍以上。

据浙江大学的张宁等(2011)报道,他们成功培育了功能性与高产优质兼顾的粳稻新品种宜糖 1 号,其热米饭中的抗性淀粉含量高达 10.17%,是普通水稻的 10 倍。

部分农产品各种淀粉的含量见表 1-5-8。

表 1-5-8　部分农产品各种淀粉的含量

农产品	RDS%	SDS%	RS_1	RS_2	RS_3
白面粉	38	59	—	3	痕量
酥饼	58	43	—		痕量
白面包	94	4	—	—	2
全麦面包	90	8	—	—	2
白色意大利通心粉	55	36	8		1
含有 50%生香蕉淀粉的饼干	34	27	—	38	痕量
含有 50%生土豆淀粉的饼干	36	29	—	35	痕量
罐藏豌豆	56	24	5		14
蒸煮干燥后的黄豆	37	45	11	痕量	6
罐藏红芸豆	25	—	—	15	60

注:RDS 为快消化淀粉,SDS 为慢消化淀粉,RS 为抗性淀粉,"—"代表没有检出。抗性淀粉的含量可以根据以下公式进行计算:$RS=TS-(RDS+SDS)$,$RS_1=TS-(RDS+SDS)-RS_2-RS_3$,$RS_2=TS-(RDS+SDS)-RS_1-RS_3$,$RS_3=TS-(RDS+SDS)-RS_2-RS_1$。

据李磊(2012)

据张炳文(2012)报道,粉丝产品的抗性淀粉的含量比淀粉原料的明显高,且粉丝中抗性淀粉的含量明显高于普通食品。因为传统的粉丝以绿豆,豌豆等淀粉为主要原料,其本质就是利用淀粉的回生特性制备成的食品,从而增加了 RS_3 的含量。而日常的淀粉食品,馒头、米饭等趁热吃品质最佳等食用或加工要求,都需要尽最大可能防止淀粉回生。表 1-5-9 列出了淀粉原料与其粉丝产品抗性淀粉的含量,表1-5-10列出了粉丝与日常食品中抗性淀粉的含量。

表 1-5-9　淀粉原料与其粉丝产品抗性淀粉的含量

样品	豌豆淀粉	豌豆粉丝	甘薯淀粉	甘薯粉丝
抗性淀粉含量(%)	0.65±0.02	5.79±0.04	0.57±0.03	3.69±0.02

据张炳文(2012)

表 1-5-10　粉丝与日常食品中抗性淀粉的含量

样品	馒头	米饭	方便面	饼干	绿豆粉丝	豌豆粉丝	甘薯粉丝	蕨根粉丝
抗性淀粉含量(%)	1.99±0.02	0.27±0.02	1.64±0.03	1.16±0.02	6.21±0.04	5.79±0.03	3.69±0.03	3.01±0.03

据张炳文(2012)

四、提高食用农产品中抗性淀粉含量技术

(一)加工技术

加工对抗性淀粉的影响主要表现为两个方面:一是加工有利于淀粉颗粒晶体溶解和直链淀粉与部分支链淀粉的回生,从而增加 RS_3 含量;二是加工中发生许多化学反应,如淀粉与脂肪复合体的形成可降低淀粉对 α-淀粉酶的敏感性而提高抗性淀粉含量。

蒸汽蒸煮:Tovar 等(1996)研究发现,直接从生的豆类中分离的淀粉抗性淀粉含量很低,而蒸煮后其含量可增加 3～5 倍,从中分离的淀粉中抗性淀粉含量由 19% 上升为 31%。Tsuyoshi 等(1999)用高直链谷物淀粉(HAS)和热蒸汽处理的高直链谷物淀粉(HMT-HAS)饲喂小鼠,结果发现 MT-HAS 中抗性淀粉含量高达 65%,远远高于 HAS(30%)。而且一部分 HMT-HAS 不能被微生物利用而增加了大便体积。

高压蒸煮:Siljestrom 和 Asp 等(1985)研究发现,高压蒸煮可使小麦淀粉中抗性淀粉含量达 9%,而生样品中抗性淀粉含量不到 1%。Parchure 等(1997)比较了常压蒸煮、高压蒸煮、蜡烤、挤压、煎炸和干燥等方式对玉米和蜡质籽粒苋淀粉抗性淀粉含量的影响,发现常压蒸煮和高压蒸煮后的抗性淀粉含量比其他方式处理后的要高。Ranhotra 等(1991)和 Szczodrak 等(1991)的研究发现多次高压—冷却循环处理可显著增加抗性淀粉含量。Emine 等(1998)研究指出,高压处理使淀粉充分糊化,消化性增强而抗性淀粉含量又降低。另外,抗性淀粉的产量会随积压螺杆转速的增加而降低,但在原料中添加柠檬酸,抗性淀粉的产量又会增加,这可能与淀粉的酸水解有关。Alejandra 等(1999)对抗性淀粉形成过程中的糊化及老化条件进行了较系统的研究。结果发现:淀粉糊化时采用高压处理与沸水浴处理制得的抗性淀粉含量差异不显著;糊化时的 pH 控制在 3.5～10.5 之间,抗性淀粉得率不受 pH 的影响;当 pH<1.5 或 pH>13 时,淀粉易发生水解或溶解。老化时采用缓慢的降温方式,先在室温下冷却,然后置于低温下老化将有利于提高抗性淀粉的含量。杨光等(2001)以普通玉米淀粉为材料研究压热处理对抗性淀粉形成的影响,发现压热温度、时间和水分对抗性淀粉形成都有重要影响,70% 水分、150 ℃维持 60 min 的压热条件最适于制备抗性淀粉。

烤焙:Westerlund 等(1989)研究了烤蜡面包和生面团中的抗性淀粉含量,将烤焙好的面包按烤焙程度分成三部分:面包心、中层和最外层,发现抗性淀粉含量由高到低依次为:最外层、中层、面包心;同时发

现生面团的抗性淀粉含量明显低于烤焙 35 min 后的面包。Liljeberg 等(1996)和 Akerberg 等(1998)的研究发现,长时间低温烤蜡可显著提高抗性淀粉含量。但 Tharanathan 等(2001)的研究认为,抗性淀粉增加的前提是直链淀粉含量较高,从烤焙的面包中分离的抗性淀粉基本是 1,4-糖苷键连接的线性结构。

挤压蒸煮:Faraj 等(2004)发现大麦面粉在不同蒸煮温度、水分和螺杆转速条件下进行挤压蒸煮后,抗性淀粉含量均略有下降,在干燥前将挤压蒸煮过的样品于 4 ℃下放置 24 h 却可显著增加抗性淀粉含量。珍珠麦是挤压蒸煮制备高抗性淀粉产品较理想的材料,Gebhardt 等(2001)研究发现,在 150 ℃、17.5%～22.5% 的水分下挤压蒸煮后贮藏于－18 ℃,抗性淀粉含量最高。Kim 等(2006)比较了不同水分和蒸煮温度下挤压蒸煮和普通蒸煮对小麦面粉抗性淀粉形成的影响,发现挤压蒸煮可显著提高抗性淀粉含量,且水分与抗性淀粉含量呈显著正相关。

当然,抗性淀粉的形成与产量受上述各种因素综合作用的影响。如杨参(2003)以甘薯淀粉为原料,研究了用老化法生产抗性淀粉的最佳工艺条件,结果发现老化法生产抗性淀粉过程中,影响抗性淀粉生成的因素主次为:淀粉糊浓度＞糊化温度＞pH＞老化时间＞老化温度。30% 的甘薯淀粉糊,调节 pH 至 6.0,120 ℃下糊化 60 min,4 ℃下老化 96 h 可得较高抗性淀粉产率,抗性淀粉含量达 23.4%。

王龙平、郑金贵(2014)对以高直链淀粉稻米为原料的速食粥加工工艺进行了设计和优化。加工工艺:原料稻米→除杂→一次蒸煮→浸泡→二次蒸煮→摆盘→冷冻→热风干燥→成品。72 份原料稻米的直链淀粉与速食粥感官品质分数呈极显著($P < 0.01$)正相关性,相关系数＝0.473。优化高抗性淀粉速食粥加工工艺:一次蒸煮加水比例 1.1 mL/g,蒸煮时间 7 min,浸泡加水比例 3.6 mL/g 浸泡时间 3 h,二次蒸煮加水比例 1.1 mL/g;二次蒸煮时间 10 min,冷冻温度－11 ℃,热风干燥温度 75 ℃。优化后抗性淀粉含量提高 17.52%。

纪淑娟等(2010)以玉米为实验材料,通过研究压热处理、老化处理以及干燥条件对产品抗性淀粉含量的影响,对富含抗性淀粉的营养金玉米制备工艺参数进行优化。结果表明,质量分数 40% 的玉米糊,125 ℃压热处理 60 min,4 ℃老化 6 h,60 ℃干燥 16 h,金玉米产品中抗性淀粉的质量分数可达到 10.5%。

刘以娟等(2011)采用单因素实验比较了不同淀粉乳浓度、压热温度、压热时间、贮藏温度、贮藏时间对绿豆抗性淀粉(MRS)得率的影响。在此基础上采用 Box-Behnken 的中心组合实验设计,优化 MRS 制备参数,建立了各因子与 MRS 得率关系的数学回归模型,确定了最佳的制备条件,即淀粉乳浓度为 27.31%,贮藏温度为 4.77 ℃,压热时间 40 min 时,MRS 的产率为 12.63%。

连喜军等(2009)通过糊化、酶解、微波处理、高压处理和冷藏等工艺制备马铃薯回生抗性淀粉,研究表明,马铃薯回生抗性淀粉最佳制备工艺为:料水比 10 g/100 mL,pH 值 6.0,α-淀粉酶加量 0.6 mL/100 mL,在 95 ℃条件下酶解 0.5 h,微波处理功率和时间分别为 400 W 和 4 min,高压温度和时间分别为 120 ℃和 40 min,最后在 4 ℃冷藏 24 h,在此工艺条件下,马铃薯回生抗性淀粉制备的产率为 9.03%。

潘苗苗等(2012)分别采用压热法和酶法制备葛根抗性淀粉。正交试验结果显示,α-淀粉酶法制备效果优于压热法。酶法制备抗性淀粉的最优条件为:淀粉乳浓度 30%,α-淀粉酶添加量 0.25%,酶解时间 30 min,酶解温度 70 ℃,酶解 pH 7.0,该条件下抗性淀粉的得率为 15.69%。

聂凌鸿等(2009)以淮山药淀粉为原料,通过正交试验研究酶解—压热法制备抗性淀粉的最佳工艺参数。在压热法的最佳工艺基础上,通过使用普鲁蓝酶处理淀粉,使产率大大提高,该法所得的产率最高可达 16.47% 左右。

(二)遗传改良技术

根据抗性淀粉的来源及抗消化的机理,可分为 RS_1、RS_2、RS_3 和 RS_4 四类。除 RS_4 外,其他类型的抗性淀粉都是自然存在的或淀粉固有的特性,因此通过遗传改良是有效的。

已有研究表明,抗性淀粉主要与直链淀粉含量有关,因此提高直链淀粉含量,是改变淀粉消化性的基本策略,如用于生产 Novelose® 系列、CrystalLean®、Hylon Ⅶ、Himaize® 等高抗性淀粉含量产品的原料就是玉米 ae 突变体,其直链淀粉高达 70% 以上。Bird 等(2004)和 Regina 等(2006)报道的 SSIIa 缺失突变的裸大麦品种 Himalaya292 和通过 RNA 干扰抑制 SBEIIa 和 SBEIIb 活性获得转基因小麦,直链淀粉含量高达 70%,抗性淀粉含量高,具有很好的生理效应。

　　然而,值得尤为重视的是,高直链淀粉含量与食用品质密切有关,一般情况下高直链淀粉品种表现为适口性极差,实际中只能作为食品添加剂加以利用,不宜作为主食选择利用。与此同时,若高抗性淀粉品种具有该类似特性,也意味与传统膳食纤维相比,抗性淀粉的技术优势完全丧失。正如据国民淀粉公司(2003)报道,同普通淀粉食物相比,现有从高直链淀粉含量品种中提取的高抗性淀粉,表现适口性差,一般只是推荐作为食品的添加剂。

　　直链淀粉含量并不是影响抗性淀粉的唯一因素,脂肪和蛋白质等主成分、支链淀粉的回生及其精细结构以及直链淀粉的链长,均不同程度影响抗性淀粉的形成。Panlasigui 等(1991)研究了直链淀粉含量相近(26.7%~27.0%)的3个水稻品种 IR42、IR36 和 IR62 的消化特性,发现并不相同;Frei 等(2003)也有类似的报道。这些研究表明,不能单独采用直链淀粉含量预测血糖生成指数和消化速率。骞华丽等(2002)分析了不同抗性淀粉含量的样品中直链淀粉含量,指出直链淀粉是形成抗性淀粉的基本条件,直链淀粉含量低,抗性淀粉含量肯定低,但并非直链淀粉含量越高,抗性淀粉含量就越高,直链淀粉的分子量也是决定因素。

　　浙江大学(2004)对我国早籼稻、晚粳稻和杂交水稻等不同类型、不同直链淀粉品种的抗性淀粉含量作了初步分析,并对 200 多个我国不同稻区的水稻品种进行深入检测,结果表明:绝大多数品种抗性淀粉含量均低于 1%,极个别水稻品种抗性淀粉含量接近 3%。更值得特别注意的是,市售优质稻米的抗性淀粉含量更低,一般低于 0.5%。若以此水平,即便是您增加饮食量,普通稻米也无法满足健康的要求。因此,直接从主栽优质高产水稻中筛选高抗性淀粉品种资源存在较大难度。同样若依此水平,以稻米为主食的人群依赖日常主食根本无法达到保健功效。因此,提高食用优质水稻中的抗性淀粉含量,不仅可预防并改善Ⅱ型糖尿病患者的生活质量,也将丰富和发展开发抗性淀粉的新途径。

　　正是在此背景下,着眼于不经特殊的加工,仅按日常家庭烧饭方式即可食用高抗性淀粉稻米,成为大众化的主食,有效实施饮食预防的策略,浙江大学在建立高效高抗性淀粉稻米筛选技术的基础上,Yang 等(2006)、Shu(2006 和 2007)以浙江省农业科学院选育的优异恢复系 R7954 为起始材料,经航天诱变和理化诱变,先后筛选创造了 RS111、RS₄、RS9、RS25、RS26 等首批高抗性淀粉突变体。这些突变体热米饭中的抗性淀粉含量比野生型高 3~11 倍,是普通优质粳稻的 10~100 倍,见表 1-5-11。

表 1-5-11　筛选的高抗性淀粉突变体及 2 个 ae 突变体的抗性淀粉含量及支链淀粉的链长分

材料	抗性淀粉(%)*	直链淀粉(%)*	面积(%)**			
			fa	fb1	fb2	fb3
R7954	0.79 ± 0.02Aa	26.02 ± 0.15Aa	40.19	39.44	9.02	11.35
RS25	2.51 ± 0.19Bc	25.87 ± 0.07Aa	40.70	38.92	9.06	11.32
RS26	3.45 ± 0.15Cd	26.31 ± 0.08Aa	41.15	38.75	8.84	11.27
RS₃	3.51 ± 0.08Cd	31.20 ± 0.53Bb	41.33	39.03	8.72	10.92
RS9	3.62 ± 0.04Cd	31.16 ± 0.19Bb	41.65	38.97	8.71	10.68
RS111	3.86 ± 0.30Cd	31.54 ± 0.41Bb	43.48	38.71	8.36	9.46
RS₄	8.91 ± 0.20De	44.43 ± 0.86Dd	45.72	38.89	7.81	7.58
TF5	1.89 ± 0.02Bb	33.48 ± 0.24Cc	34.80	33.99	8.66	22.56
EM10	0.71 ± 0.01Aa	26.50 ± 0.11Aa	37.50	31.10	9.27	22.13

　*大写字母不同表示在 0.01 水平上相差显著,小写字母不同表示在 0.05 水平上相差显著。

　**根据聚合度将支链淀粉的分支成四部分:fa,fb1,fb2 and fb3 分别对应 A($DP \leqslant 12$),B1($13 \leqslant DP \leqslant 24$),B2($25 \leqslant DP \leqslant 36$),B3 和更长的链($37 \leqslant DP$)。

　据吴殿星(2009)

　　采用类似的方法,又先后从杂交水稻保持系Ⅱ-32B、优质籼稻品种 9311 中诱变获得系列高抗性淀粉突变系。以上述突变系为核心,从中培育抗性淀粉含量高达 10% 以上的系列功能性水稻。其中,高抗性淀粉水稻新品种浙辐 201(浙审稻 2005027)通过浙江省农作物品种审定委员会审定;科技新成果——"高抗性淀粉水稻资源创新与特性研究"通过浙江省科技厅组织的科技鉴定(浙科鉴字〔2006〕第 1073 号)。2007 年 12 月,将高抗性淀粉稻米命名为"宜糖米",进入商业开发。

　　白建江(2012)报道,上海农业科学院通过常规杂交和花药培育工程技术培育的高抗性淀粉含量的功能性粳稻新品系"降糖稻 1 号"(暂名),其稻米的抗性淀粉含量高达 13.82%,比对照品种"金丰"稻米的抗性淀粉含量 0.67%,高 20 倍以上。

王龙平、郑金贵(2014)在建立适合稻米抗性淀粉含量测定方法的基础上,对高抗性淀粉水稻优异种质资源进行了筛选和杂种优势分析研究,为高抗性淀粉水稻良种的培育奠定了基础。

首先改进测定食品抗性淀粉的 Goni 法,建立了一套适合稻米抗性淀粉含量测定的方法:(1)沸水浴20 min;(2)保温 10 min;(3)放置 15 min;(4)蛋白酶去除蛋白质;(5)去除可消化淀粉条件:淀粉酶量200 μL、摇床时间 14 h;(6)转化抗性淀粉条件:缓冲液 4 mL、糖化酶 100 μL、摇床温度 56 ℃、摇床转速200 r/min 和摇床时间 80 min,利用此测定方法从 92 份水稻中筛选出 2 份高抗性淀粉含量水稻种质资源:2D657、57S,其抗性淀粉含量分别为 7.11%、6.20%。

然后通过对亲本及杂交组合进行抗性淀粉含量研究,分析了稻米的抗性淀粉遗传与杂交优势。

在所试验的父、母本及杂交组合中,两系不育系 57S 抗性淀粉含量最高为 6.20%,其余的品种和杂交组合抗性淀粉含量小于 6%。与两系不育系 57S 搭配的杂交组合,其抗性淀粉含量比与两系不育系 272S、华 1A 搭配的杂交组合高,在试验组合中抗性淀粉含量较高的为 57S/DN201、57S/1B370,见表 1-5-12。

表 1-5-12　父、母本及杂交组合抗性淀粉含量

编号	品种、组合	抗性淀粉含量(%)	编号	品种、组合	抗性淀粉含量(%)
1	57S	6.2	11	华 1A×1B370	4.05
2	272S	3.36	12	Red1	2.14
3	华 1A	3.24	13	57S×Red1	4.41
4	DN201	2.37	14	272S×Red1	3.15
5	57S×DN201	5.13	15	华 1A×Red1	3.29
6	272S×DN201	3.38	16	GR9	3.2
7	华 1A×DN201	3.6	17	57S×GR9	4.52
8	1B370	2.85	18	272S×GR9	3.54
9	57S×1B370	5.02	19	华 1A×GR9	4.34
10	272S×1B370	3.4			

王龙平、郑金贵(2014)

杂交组合抗性淀粉含量方差分析结果表明,母本间、父本间、父本×母本互作项的抗性淀粉含量均方都为极显著水平(结果见表 1-5-13),作进一步的遗传方差分析。

表 1-5-13　杂交组合抗性淀粉含量方差分析

变异来源	平方和	自由度	均方	F	Sig.
校正模型	15.670	13	1.205	816.911	0.000
父本(M)	12.322	2	6.161	4 175.454	0.000
母本(F)	1.706	3	0.569	385.467	0.000
父本×母本(MF)	1.639	6	0.273	185.084	0.000
重复(R)	0.003	2	0.002	1.018	0.378
误差	0.032	22	0.001		
总计	587.47	36			
校正的总计	15.702	35			

王龙平、郑金贵(2014)

遗传参数估计:

$$V_M = \frac{MS(M) - MS(MF)}{rf} = \frac{6.161 - 0.273}{3 \times 4} = 0.4907;$$

$$V_F = \frac{MS(F) - MS(MF)}{rm} = \frac{0.569 - 0.273}{3 \times 3} = 0.0329。$$

水稻的近交系数取 $F=1$：

$$V_{Am}=\frac{4}{1+F}\times V_M=2\times0.490\ 7=0.981\ 4；$$

$$V_{Af}=\frac{4}{1+F}\times V_F=2\times0.032\ 9=0.065\ 8。$$

加性遗传方差：

$$V_A=\frac{1}{2}(V_{Am}+V_{Af})=0.523\ 6。$$

显性遗传方差：

$$V_D=\frac{4}{(1+F)\times(1+F)}\frac{MS(MF)-MS(\varepsilon)}{r}=\frac{0.273-0.002}{3}=0.090\ 3。$$

加性方差在总遗传方差中的比例：

$$\frac{V_A}{V_A+V_D}=\frac{0.523\ 6}{0.523\ 6+0.090\ 3}=85.29\%。$$

由上分析可知,在试验的水稻群体遗传中,稻米抗性淀粉的遗传以加性作用为主,占总遗传方差的85.29%。

杂交组合的稻米抗性淀粉含量杂种优势分析见表 1-5-14,在杂交组合稻米抗性淀粉含量的超高亲优势、离中亲优势和超低亲优势中,超低亲优势的平均值最大为 53.59,杂交组合没有明显的超高亲优势,其平均值为 -1.26。超高亲优势中,有 7 组杂交组合的超高亲优势为正值,其中华 1A×GR9、华 1A×1B370 有较高的超高亲优势;离中亲优势中,有 11 组杂交组合表现为正向优势,平均值为 17.00,表明水稻稻米中的抗性淀粉含量性状有较好的杂种优势;从超低亲优势中分析,所有杂交组合的超低亲优势均表现为正向优势,超低亲优势的平均值达 53.59,其中组合 57S×DN201、57S×Red1 有较高的超低亲优势。

表 1-5-14 杂交组合的稻米抗性淀粉含量杂种优势分析

编号	组合	父本	母本	中亲值	杂交组合	超高亲优势	离中亲优势	超低亲优势
1	57S×DN201	2.37	6.19	4.28	5.13	−17.12	19.86	116.46
2	272S×DN201	2.37	3.35	2.86	3.38	0.90	18.18	42.62
3	华 1A×DN201	2.37	3.22	2.80	3.60	11.80	28.80	51.90
4	57S×1B370	2.85	6.19	4.52	5.02	−18.90	11.06	76.14
5	272S×1B370	2.85	3.35	3.10	3.40	1.49	9.68	19.30
6	华 1A×1B370	2.85	3.22	3.04	4.05	25.78	33.44	42.11
7	57S×Red1	2.14	6.19	4.17	4.41	−28.76	5.88	106.07
8	272S×Red1	2.14	3.35	2.75	3.15	−5.97	14.75	47.20
9	华 1A×Red1	2.14	3.22	2.68	3.29	2.17	22.76	53.74
10	57S×GR9	3.20	6.19	4.70	4.52	−26.98	−3.73	41.25
11	272S×GR9	3.20	3.35	3.28	3.54	5.67	8.09	10.63
12	华 1A×GR9	3.20	3.22	3.21	4.34	34.78	35.20	35.63
	平均值					−1.26	17.00	53.59
	正向组数					7	11	12
	负向组数					5	1	0

王龙平、郑金贵(2014)

王龙平、郑金贵(2014)还对水稻稻米中抗性淀粉含量进行了配合力分析。一般配合力(GCA)是指一个亲本在试验所有组合中所表现的平均配合效应。一般配合力反映了特定亲本交配效应平均的强弱,一般配合力高的亲本,其杂交组合多表现良好。特定组合的实际测得值与所有组合的平均值的差值,为该组合的特殊配合力(SCA)。特殊配合力反映了两个特定亲本间的杂交组合的具体配合效应,与该双亲在其他组合中的表现无关。亲本及其杂交组合的稻米抗性淀粉含量配合力见表 1-5-15,从表中可以看出在 7

个亲本中有 4 个表现为正向一般配合力,其中 57S 的一般配合力最高,为 0.78;272S 的一般配合力最低为—0.62。在各组合的特殊配合力(SCA)中,华 1A/GR9 的特殊配合力最高为 0.37,其次为 57S/DN201,特殊配合力为 0.31。可见,选用 57S 为亲本,可获得抗性淀粉含量较高的杂交组合。

表 1-5-15 亲本及其杂交组合的稻米抗性淀粉含量配合力分析

SCA	DN201	1B370	Red1	GR9	GCA
57S	0.31	0.08	0.01	—0.40	0.78
272S	—0.04	—0.14	0.15	—0.14	—0.62
华 1A	—0.27	0.06	—0.16	0.37	—0.17
GCA	0.05	0.17	—0.37	0.15	

王龙平、郑金贵(2014)

第六节 香豆素

香豆素(Coumarin)是一种具有芳香气味的化合物,化学名称为 2H-1-苯并吡喃-2-酮(2H-1-benzopyran-2-one),即苯并 α-吡喃酮。香豆素可看作是邻羟基肉桂酸的内酯,其结构式见图 1-6-1。香豆素广泛存在于芸香科、伞形科、菊科、豆科、瑞香科、茄科等高等植物中,在动物及微生物代谢产物中也有存在。根据环上取代基及其位置的不同,常将香豆素分为简单香豆素、呋喃香豆素、吡喃香豆素和其他香豆素等。

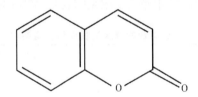

图 1-6-1 香豆素的化学结构式

一、香豆素的生理功能

(一)抗癌、抗肿瘤作用

20 世纪 60 年代人们开始对香豆素的抗肿瘤转移作用进行研究,至今已发现许多香豆素类化合物具有抗肿瘤作用。近年来,人们关于香豆素抗癌活性的研究越来越多。

杨秀伟等(2006)采用人胃癌细胞株 BGC 和人肝癌细胞株 BEL-7402 体外培养法,鉴定受试的 40 种香豆素类化合物对其生长的抑制作用。结果表明,伞形花内酯刘寄奴酸酯、木桔素、环氧酸橙皮油素、酸橙皮油素、前胡酮、芸香苦素、牛防风素和异香柑内酯对人胃癌细胞株 BGC 细胞的生长有一定程度的抑制作用,且呈浓度—效应关系;伞形花内酯刘寄奴酸酯、异虎耳草素、前胡素和二氢山芹醇当归酸酯对人肝癌细胞株 BEL-7402 细胞的生长有一定程度的抑制作用,且呈浓度—效应关系。

杨秀伟等(2006)还应用人表皮癌细胞系 A432 细胞株和人乳腺癌细胞系 BCAP 细胞株筛选 40 种香豆素类化合物对其增殖的抑制活性。结果表明,花椒毒素、前胡素、虎耳草素、牛防风素和甘草香豆素对人表皮癌细胞系 A432 细胞株增殖具有弱的抑制作用,且呈浓度—效应关系;其半数抑制浓度 IC_{50} 值分别为 8.40×10^{-4} mol/L、5.00×10^{-5} mol/L、7.30×10^{-5} mol/L、1.00×10^{-5} mol/L、5.00×10^{-5} mol/L,见表

1-6-1。蛇床素、欧前胡素、香柑内酯、羌活烯醇、紫苜蓿酚和考迈斯托醇对人乳腺癌细胞系 BCAP 细胞株增殖具有弱的抑制作用,且呈浓度－效应关系,其 IC_{50} 值分别为 6.70×10^{-5} mol/L、2.11×10^{-4} mol/L、2.77×10^{-5} mol/L、6.62×10^{-5} mol/L、4.16×10^{-5} mol/L、2.26×10^{-4} mol/L,见表 1-6-2。

表 1-6-1　不同结构香豆素类化合物对人表皮癌细胞系 A432 细胞株增殖抑制作用的 IC_{50} 值(mol/L)

序号	化合物名称	IC_{50}
15	花椒毒素	8.40×10^{-4}
23	前胡素	5.00×10^{-5}
34	虎耳草素	7.30×10^{-5}
35	牛防风素	1.00×10^{-5}
37	甘草香豆素	5.00×10^{-5}

据杨秀伟等(2006)

表 1-6-2　不同结构香豆素类化合物对人乳腺癌细胞系 BCAP 细胞株增殖抑制作用的 IC_{50} 值(mol/L)

序号	化合物名称	IC_{50}
12	蛇床素	6.70×10^{-5}
17	欧前胡素	2.11×10^{-4}
19	香柑内酯	2.77×10^{-5}
22	羌活烯醇	6.62×10^{-5}
38	紫苜蓿酚	4.16×10^{-5}
39	考迈斯托醇	2.26×10^{-4}

据杨秀伟等(2006)

　　补骨脂素(Psoralen)是呋喃香豆素类化合物。蔡宁等(2006)探讨了补骨脂素对白血病 HL60 细胞凋亡的影响,以及细胞内 Ca^{2+} 浓度与凋亡之间关系。采用 MTT 比色分析法测定补骨脂素对 HL60 的细胞毒性影响,流式细胞仪及激光共聚焦显微镜测定 HL 细胞内 Ca^{2+} 浓度和凋亡比率。结果表明:补骨脂素对 HL60 细胞生长具有抑制作用,见表 1-6-3。补骨脂素促进细胞凋亡比率,细胞凋亡与 Ca^{2+} 浓度成正相关,见表 1-6-4、表 1-6-5。由此得出结论:补骨脂素影响 HL60 细胞凋亡,Ca^{2+} 介导的细胞凋亡是补骨脂素抑制肿瘤细胞生长的可能机制之一。

表 1-6-3　不同浓度补骨脂素对 HL60 细胞的细胞毒作用

分组	浓度(μmol/L)	吸光度(A)	抑制率(%)
空白对照组	0	0.39 ± 0.12	0
补骨脂素组	20	$0.05\pm0.02^{**}$	87.18
补骨脂素组	10	$0.14\pm0.03^{**}$	64.10
补骨脂素组	5	$0.16\pm0.05^{**}$	58.97
补骨脂素组	1	$0.23\pm0.11^{*}$	41.03

对照组比较$^{**}P<0.01$,对照组比较$^{*}P<0.05$。
据蔡宁等(2006)

表 1-6-4　不同浓度补骨脂素对 HL60 细胞凋亡影响($\bar{x}\pm S$)

补骨脂素(μmol/L)	HL60 凋亡数(h)		
	24	48	96
0	2.70 ± 0.90	2.90 ± 0.60	2.70 ± 0.60
1	18.00 ± 3.10	23.00 ± 6.50	26.00 ± 7.90
5	23.00 ± 3.90	25.00 ± 5.60	27.00 ± 6.30
10	24.00 ± 4.20	25.00 ± 7.30	33.00 ± 8.90
20	27.00 ± 2.90	43.00 ± 8.50	57.00 ± 9.70

据蔡宁等(2006)

表 1-6-5 不同浓度补骨脂素对 HL60 细胞作用不同时段后细胞内 Ca^{2+} 浓度影响($\bar{x} \pm S$)

补骨脂素($\mu mol/L$)	作用时间(h)		
	24	48	96
0	913.12 ± 68.32	923.91 ± 67.11	919.32 ± 63.16
1	880.42 ± 87.41	893.31 ± 87.26	862.17 ± 91.66
5	889.16 ± 76.17	909.16 ± 86.31	931.77 ± 89.32
10	811.22 ± 76.29	$897.85 \pm 81.52^*$	$979.52 \pm 103.01^*$
20	872.65 ± 67.39	851.31 ± 71.23	$935.66 \pm 67.39^*$

与作用 24 h 比较:$^*P < 0.05$。

据蔡宁等(2006)

Thati 等(2009)研究表明,4-羟基-3-硝基-香豆素-2-(邻二氮杂菲)银配合物能减少肾癌和肝癌 A-498、HepG2、HK-2、Chang 的 4 个细胞株的增殖,且对 HepG2 细胞株的药效为其铂配合物的 4 倍。

Mao 等(2009)研究发现,新型 5-羟基香豆素和吡喃香豆素衍生物,包括其氨基磺酸盐、苯基噻吩取代、4-氧代-4-(苯胺基)-丁酸取代,具有显著的抗恶性细胞增殖活性,能明显抑制乳癌细胞 MCF-7 和 MDA-MB-231 增殖。

Jacquot 等(2007)发现 4-氨基-3-(2-甲苄基)-香豆素对人乳癌细胞株 MCF-7 的阳性雌激素受体有雌激素活性。

Thati 等(2001)研究发现香豆-3-COOH 以及它的一系列衍生物,如 6、7、8 位上羟基化及他们的银配合物,对人癌细胞(A-498 及 HepG2)具有细胞毒性,并且对癌细胞和正常的肾和肝细胞具有选择性。此外,他们的银配合物的细胞毒性比铂配合物的更高。

双香豆素在临床上作为凝血剂广泛使用。双香豆素是 NADPH(醌类氧化还原酶 1)的竞争性抑制剂,可以增加细胞内过氧化物的生成和影响肿瘤细胞的增殖,González-Aragón 等(2007)研究首次表明,双香豆素可以抑制骨髓性白血病 HL-60 细胞内线粒体的电子传递,逆转复合体 II 电子流方向引起过氧化物释放,并且抑制嘧啶的生物合成。

Lu 等(2011)优化了哥王根茎中西瑞香素的提取条件,在体外研究西瑞香素对 4 种人癌细胞株 HeLa、A549、CNE 和 Hep-2 的增殖抑制作用,发现西瑞香素对 CNE 和 Hep-2 细胞株的增殖有明显的抑制作用。

Kostova 等(2008)研究了三种双香豆素衍生物的铈配合物的细胞毒性,实验中使用急性骨髓性白血病 HL-60 细胞株和慢性骨髓性白血病(CML)BV-17 细胞株,通过凝胶电泳分析 DNA 来评价化合物引起程序细胞死亡的能力。此外,还阐明了程序细胞死亡的形态学特征。

周则卫等(2006)研究了蛇床子素(天然存在的香豆素化合物)在小鼠体外和体内的抗肿瘤活性。体外蛇床子素对人肺腺癌细胞 A549 和人肝癌细胞 Bel-7402 的抗肿瘤实验采用 MTT 法,并以直线回归方法计算半数抑制浓度 IC_{50};体内蛇床子素对小鼠肝癌 H22 实体瘤的抗肿瘤实验采用常规的抗肿瘤实验方法,用昆明种小鼠,雌雄各半,设空白对照组、顺铂(5 mg/kg)和香菇多糖(1 mg/kg)2 个阳性对照组和蛇床子素低剂量组(1.11 mg/kg)、蛇床子素中剂量组(1.67 mg/kg)、蛇床子素高剂量组(2.50 mg/kg),每组 12 只小鼠;用蛇床子素给小鼠灌胃后观察抑瘤率和胸腺、脾指数及肝重量变化,采用 t 检验进行数据的统计学处理。结果:蛇床子素体外对肺腺癌细胞 A549 和人肝癌细胞 Bel-7402 的 IC_{50} 分别为:67.83 $\mu g/mL$、123.92 $\mu g/mL$;体内对小鼠肝癌 H22 实体瘤抑瘤率达 62%~73%,各给药组与空白对照组比较差异均具有统计学意义($P < 0.01$),脏器指数及重量与空白对照组比较差异均无统计学意义($P > 0.05$),而与阳性对照顺铂组间的差异具有统计学意义($P < 0.01$),见表 1-6-6 至表 1-6-8。由此得出结论,蛇床子素体外和体内对实验肿瘤均有明显的抗肿瘤活性,而且在给药剂量下实验动物未出现任何毒性反应。

表 1-6-6 蛇床子素体外细胞毒性参数测定结果($\bar{x} \pm S$)

蛇床子素($\mu g/mL$)	人肺腺癌细 A549		人肝癌细胞 Bel-7402	
	光密度(OD_{630})值	细胞生长抑制率(%)	光密度(OD_{630})值	细胞生长抑制率(%)
400	0.077±0.005	85.25	0.131±0.013	72.25
200	0.108±0.017	79.31	0.111±0.007	76.48
100	0.194±0.016	62.84	0.285±0.047	39.62
50	0.267±0.141	48.85	0.303±0.037	35.81
25	0.481±0.054	7.85	0.464±0.066	1.69
12.5	0.531±0.110	−1.72	0.469±0.044	0.06
6.25	0.495±0.039	5.75	0.717±0.136	−51.91
3.125	0.484±0.042	7.28	0.884±0.096	−87.29
1.56	0.522±0.028	0	0.685±0.266	−45.13
0	0.522±0.085	—	0.472±0.032	—

注:细胞生长抑制率 $= \dfrac{1-\text{实验组平均} OD \text{值}}{\text{对照组平均} OD \text{值}} \times 100\%$。

据周则卫等(2006)

表 1-6-7 蛇床子素对小鼠肝癌 H22 实体瘤的抑制作用

组别	实验前体重(g,$\bar{x} \pm S$)	瘤重(g,$\bar{x} \pm S$)	实验结束后体重(g,$\bar{x} \pm S$)	抑瘤率(%)
空白对照组	22.1±1.0	4.05±1.21	29.4±3.38	—
顺铂组	22.1±1.0	0.33±0.14*	17.3±0.84	92.0
香菇多糖组	22.2±1.1	1.52±1.24*	31.5±2.06	62.5
蛇床子素低剂量组	21.7±1.1	1.51±1.06*	30.2±2.89	62.6
蛇床子素中剂量组	21.8±1.1	1.07±0.95*	30.1±1.55	73.7
蛇床子素高剂量组	21.8±1.1	1.07±0.65*	30.8±2.61	73.6

注:(1)与对照组比较:* $P < 0.001$;

(2)肿瘤抑制率 $= \dfrac{\text{空白对照组平均瘤重}-\text{给药组平均瘤重}}{\text{空白对照组平均瘤重}} \times 100\%$。

据周则卫等(2006)

表 1-6-8 接种 H22 肝癌小鼠给药后脏器指数及重量的比较

组别	脾肿指数(mg/g,$\bar{x} \pm S$)	胸腺指数(mg/g,$\bar{x} \pm S$)	肝重(g,$\bar{x} \pm S$)	增重(g,$\bar{x} \pm S$)
空白对照组	13.44±4.60	3.61±0.91	2.28±0.63	3.22±3.21
顺铂组	3.43±1.61	1.46±0.42	0.97±0.22	−5.06±1.65
香菇多糖组	16.32±3.36*	3.02±0.60*	2.45±0.30*	6.87±3.23*
蛇床子素低剂量组	15.43±4.03*	3.69±0.82*	2.44±0.39*	6.93±3.89*
蛇床子素中剂量组	16.20±3.38*	3.98±0.83*	2.13±0.27*	7.10±2.16*
蛇床子素高剂量组	15.81±3.49*	2.81±0.73*	2.41±0.38*	7.70±2.71*

与顺铂组比较:* $P < 0.01$。

据周则卫等(2006)

王萌等(2012)研究了明党参根皮中异欧前胡素、欧前胡素、花椒毒酚、珊瑚菜内酯、5-羟基-8-甲氧基补骨脂素 5 种呋喃香豆素类成分的体外活性。选取人肝癌细胞株 SMMC-7721,HepG2,人肺癌细胞株 A-549,人胃癌细胞株 MKN-45,人宫颈癌细胞株 Hela,人乳腺癌细胞株 MCF-7,MDA-MB-231 7 种肿瘤细胞,以 5×10^4 个/mL 的细胞密度接种于 96 孔板,给予不同浓度的药物后培养 72 h,采用 MTT 法观察 5 种成分对各细胞活性的影响。结果表明:5 种呋喃香豆素对 7 种肿瘤细胞均表现出不同程度的增殖抑制作用,半数抑制浓度 IC_{50} 在 $0.30 \sim 17.23$ mg/L 之间,其中异欧前胡素效果最显著,IC_{50} 从 0.39 mg/L 到 4.11 mg/L,见表 1-6-9。说明党参根皮中 5 种呋喃香豆素类成分具有明显的抗肿瘤活性。

表 1-6-9　5 种呋喃香豆素对肿瘤细胞株的 IC_{50}(mg/L)

细胞株	IC_{50}					
	异欧前胡素	欧前胡素	花椒毒酚	珊瑚菜内酯	5-羟基-8-甲氧基补骨脂素	5-Fu
SMMC-7721	4.11	2.51	1.62	3.23	12.09	0.02
HepG2	0.84	1.06	1.36	1.72	0.30	0.01
A-549	2.38	2.18	6.72	9.94	17.23	0.32
MKN-45	2.31	1.60	6.85	8.85	1.75	0.11
Hela	1.72	5.38	3.72	3.37	0.49	0.14
MCF-7	0.39	0.58	4.21	5.99	2.25	0.22
MDA-MB-231	3.51	3.32	7.39	1.17	1.22	0.4

据王萌等(2012)

内皮细胞的分裂与增殖是肿瘤血管形成的物质基础。余绍蕾等(2013)探讨了补骨脂素对人血管内皮细胞生长增殖的抑制作用及对细胞内钙离子浓度的影响。采用噻唑兰还原实验检测不同药物浓度对血管内皮细胞增殖活性的影响,激光共聚焦显微镜观察人脐静脉内皮细胞株加补骨脂素含药血清后不同时间段和不同剂量对人血管内皮细胞内钙离子浓度影响。结果表明,补骨脂素作用人血管内皮细胞 24 h 后对内皮细胞增殖抑制率为 21.43%～83.33%,见表 1-6-10。由此得出结论,补骨脂素均可明显抑制人内皮细胞的分裂与增殖,且影响人血管内皮细胞的钙离子浓度,呈明显时效和量效关系。

表 1-6-10　不同浓度补骨脂素对人血管内皮细胞的细胞毒作用

分组	浓度(μmol/L)	吸光度(A)	抑制率(%)
空白对照组	0	0.42 ± 0.11	0
补骨脂素组	20	$0.07\pm0.02^{**}$	83.33
补骨脂素组	10	$0.18\pm0.03^{**}$	57.14
补骨脂素组	5	$0.25\pm0.04^{**}$	40.48
补骨脂素组	1	$0.33\pm0.12^{*}$	21.43

注:对照组比较 $^{**}P<0.01$;对照组比较 $^{*}P<0.05$。

据余绍蕾等(2013)

王跃(2013)使用 7,8-二羟基香豆素处理 A549 人肺腺癌细胞系,体内、体外研究其对人肺腺癌细胞生长的抑制作用,并与白喉毒素 DT-MSH 蛋白作用结果相比较,探讨了 7,8-二羟基香豆素抑制 A549 肿瘤细胞凋亡的分子机制和信号通路。具体方法为将 DT 和 αMSH 进行偶联,合成 DT-αMSH,进行纯化。用 DT-αMSH 免疫毒素培养人肺腺癌细胞系 A549(受体表达)和人胃癌细胞系 BGC-823(无受体表达对照),注射荷瘤小鼠,MTT 法检测细胞增殖,并称量肿瘤组织重量。用 7,8-二羟基香豆素培养 A549 细胞,注射荷瘤小鼠(注射 0.2 mL;分别含香豆素 0 g、5 g、10 g、20 g;一天一次,隔天注射,一共 10 天),与 DT-αMSH 蛋白的作用结果相比较。用 7,8-二羟基香豆素(终浓度 0 μg/mL、25 μg/mL、50 μg/mL、100 μg/mL)培养 A549 细胞,进行 real-time PCR 和 Western blot 检测细胞 AKT/NF-kappaB 信号通路。结果表明:7,8-二羟基香豆素的 A549 肿瘤抑制作用更强。7,8-二羟基香豆素可通过抑制 A549 人肺腺癌细胞的 AKT/NF-kappaB 信号通路,诱导肺腺癌细胞的凋亡。

秦皮素是简单香豆素类的化合物。霍洪楠(2013)采用 MTT 比色法,检测秦皮素对 MCF-7 和 MDAMB-231 乳腺癌细胞增殖的影响,结果显示,秦皮素以时间和剂量依赖方式抑制乳腺癌细胞的增殖。

(二)抗菌、抗寄生虫作用

香豆素可以用来治疗很多人体疾病,如单核细胞增多症、支原体病、弓浆虫病、Q 热和鹦鹉热。香豆素类抗生素靶向作用于细菌 DNA 回旋酶,香豆素键合到回旋酶的 β 亚基,通过抑制三磷酸腺苷酶的活性抑制 DNA 的超螺旋。机理研究表明,香豆素抑制回旋酶和三磷酸腺苷酶反应可能并不是简单的竞争性抑制,药物可能通过稳定 ATP 低亲和力酶的一个构型发挥抗菌杀虫作用。

香豆素衍生物也作用于 DNA 拓扑异构酶Ⅱ，进而干扰了染色质的空间构型，影响了 DNA 的复制、转录和染色体的分离。

Thati 等(2007)发现香豆素银配合物具有良好的抗菌活性，与传统唑类药物和多烯类药物的作用机制不同。

Smyth 等(2009)研究发现 8-Ⅰ-5,7-二羟基香豆素具有和万古霉素相似的活性，用于治疗耐甲氧西林金黄色葡萄球菌感染，与万古霉素联合用药时，表现出更显著的活性。

吴石磊(2009)应用琼脂扩散法和琼脂稀释法，初步对从桑树中提取分离的东莨菪素(一种简单的香豆素化合物)进行了体外抗细菌和抗真菌的活性测定，两种方法测定结果一致。结果表明，从桑树中分离提取的东莨菪素对大肠杆菌和金黄色葡萄球菌没有明显的抑制作用，但是东莨菪素对绿脓杆菌和枯草芽孢杆菌有一定的抑制作用，对绿脓杆菌的最小抑制浓度在 $62.5 \sim 125\ \mu g/mL$ 之间，对枯草芽孢杆菌的最小抑制浓度在 $125 \sim 250\ \mu g/mL$ 之间。不同抑菌浓度之间存在显著差异，并且随着东莨菪素药液浓度的增加，抑制作用也随之增强；东莨菪素对假丝酵母有一定的抑制作用，并且和浓度梯度呈现正相关关系，和时间也有关系，最佳抑制浓度为 $500 \sim 1\ 000\ \mu g/mL$，最佳抑制时间为 48 h。

Ferreira 等(2010)从植物 H. apiculate 茎皮中分离得到叙利亚芸香素[(−)-heliettin]，在体外对利什曼原虫的前鞭毛体作用温和，半数抑制浓度 IC_{50} 为 $450\ \mu g/mL$，对感染亚马逊利什曼原虫的小鼠疗效显著。

Napolitano 等(2004)从 Esenbeckia febrifuga 分离得到了一个新的香豆素化合物 aurapten，其对硕大利什曼原虫也具有明显的抑制作用，其半数致死量 LD_{50} 为 $30\ \mu mol/L$。

(三)抗病毒作用

HIV(人类免疫缺陷病毒)感染是引发 AIDS(艾滋病)的主要因素。目前，用于治疗 AIDS 的抗 HIV 化合物种类有 20 多种，其中香豆素类化合物是一种新型的抗 HIV 药物，其能有效抑制 HIV 整合酶、蛋白酶、逆转录酶活性，达到良好的抗 HIV 效果。

美国癌症研究所(The National Cancer Institute)Kashman 等于 1992 年首次发现，藤黄科胡桐属植物 Calophyllum lanigerum 的抽提液对 HIV 的复制具有很强的抑制作用并对人体细胞有保护作用。经分析，其有效物质为香豆素类化合物 Calanolide A 及 Calanolide B，他们对 HIV-1 型病毒的逆转录酶(RT)具有高度的专一性，且作用剂量较低，其半数最大效应浓度(EC_{50})分别为 $0.1\ \mu mol/L$ 及 $0.4\ \mu mol/L$。而且，Calanolide A 不但对 zidovudine、AZT 抗药株 G-9106 具有抑制作用，并且对 pyridinonline 抗药株 A17 亦具有强的抑制作用(A17 病毒株系对以前的 HIV-1 专一性的非核苷酸类 RT 抑制药物具有高度抗药性)。

李在留等(2007)利用多种分离技术对文冠果种皮甲醇提取物的乙酸乙酯和正丁醇萃取部分进行分离纯化，根据理化性质和光谱数据鉴定结构，得到 3 个香豆素类化合物Ⅰ(臭矢菜素 B)、Ⅱ(秦皮素)、Ⅲ(秦皮苷)，其中化合物Ⅰ为首次从无患子科中分离得到，Ⅱ、Ⅲ为首次从文冠果种皮中分离得到。通过对 HIV-1ⅢB 诱导感染 C8166 细胞致细胞病变的抑制试验及对 HIV-1ⅢB 感染 MT4 细胞的保护试验进行抗 HIV-1 活性研究，结果表明，化合物Ⅰ具有较强的体外抗 HIV-1 活性，$CC_{50} > 200\ \mu g/mL$，EC_{50} 为 $8.61 \sim 12.76\ \mu g/mL$，选择指数($SI$)$> 15.67 \sim 23.23$；对 HIV-1ⅢB 感染的 MT4 细胞具有一定的保护作用，见表 1-6-11。

表 1-6-11　香豆素化合物抗 HIV-1 活性研究结果

化合物	毒性 CC_{50}($\mu g/mL$)		合胞体抑制 EC_{50}($\mu g/mL$)		SI	感染细胞的保护		SI
	1	2	1	2		CC_{50}($\mu g/mL$)	EC_{50}($\mu g/mL$)	
Ⅰ	>200	>200	8.61	12.76	>15.67~23.23	>200	112.67	>1.78
Ⅱ	26.64	12.76	5.61	8.54	2.89~6.36	19.38	无效	
Ⅲ	>200		116.88		1.71	>200	无效	

注：CC_{50} 值为对 50% 的正常 T 淋巴细胞系 C8166 产生毒性时的化合物浓度；EC_{50} 为抑制合胞体形成 50% 时的化合物浓度；$SI = \dfrac{CC_{50}}{EC_{50}}$。

据李在留等(2007)

Su 等(2009)从植物 Clausena excavata 分离得到 4 种天然吡喃香豆素 clausemidin,nordentatin,clausarin,xanthoxyletin。研究发现均能抑制肝炎 B 病毒 HepA2 细胞表面抗原。

(四)抗炎作用

香豆素可通过调节促炎/抗炎细胞因子的水平发挥抗炎作用,关于香豆素的抗炎作用已有一系列的相关报道。

张志祖等(1995)研究表明蛇床子总香豆素(TCCM)对角叉菜胶和鸡蛋清引起的大鼠足跖肿胀均有明显的抑制作用。TCCM 还能减轻二甲苯引起的耳壳肿胀,明显抑制大鼠滤纸片肉芽肿。具体结果见表 1-6-12 至表 1-6-15。

表 1-6-12　TCCM 对二甲苯所致小鼠耳壳肿胀的影响($\bar{x} \pm S$)

药物	剂量(mg/kg)	小鼠数	耳壳肿胀度(mg)	抑制率(%)
TCCM	200	10	7.4±5.78*	58.0
生理盐水	—	10	17.62±12.08	

与生理盐水组比较:* $P<0.05$。
据张志祖等(1995)

表 1-6-13　TCCM 对角叉菜胶所致大鼠足跖肿胀的影响($\bar{x} \pm S$)

药物	剂量(mg/kg)	大鼠数	足跖肿胀率(mc)					
			1 h	2 h	3 h	4 h	5 h	6 h
TCCM	140	8	0.12±0.02	0.19±0.05	0.19±0.04*	0.16±0.05*	0.15±0.06**	0.12±0.04*
生理盐水	—	8	0.15±0.02	0.20±0.04	0.24±0.05	0.22±0.05	0.22±0.05	0.17±0.03

与生理盐水组比较:* $P<0.05$,** $P<0.01$。
据张志祖等(1995)

表 1-6-14　TCCM 对蛋清所致大鼠足跖肿胀的影响($\bar{x} \pm S$)

药物	剂量(mg/kg)	大鼠数	足跖肿胀率(mc)					
			1 h	2 h	3 h	4 h	5 h	6 h
TCCM	140	8	0.27±0.09*	0.26±0.10**	0.18±0.07**	0.15±0.08**	0.13±0.08**	0.08±0.07**
生理盐水	—	8	0.36±0.07	0.43±0.05	0.24±0.06	0.27±0.03	0.23±0.04	0.18±0.03

与生理盐水组比较:* $P<0.05$,** $P<0.01$。
据张志祖等(1995)

表 1-6-15　TCCM 对大鼠纸片肉芽肿增生的影响($\bar{x} \pm S$)

药物	剂量(mg/kg)	大鼠数	耳壳肿胀度(mg)	抑制率(%)
TCCM	140	8	33.33±11.15**	33.0
氢化可的松	150	8	20.44±3.24**	59.0
生理盐水	—	8	49.75±9.13	

与生理盐水组比较:** $P<0.01$。
据张志祖等(1995)

王德才等(2004)采用大鼠酵母致热法、小鼠扭体法和热板法、小鼠耳廓肿胀法和大鼠蛋清足跖肿胀法,观察了白花前胡总香豆素组分(TCP)的解热镇痛抗炎作用。结果表明,TCP 对酵母引起的大鼠发热有显著解热作用;对热板所致的小鼠疼痛和醋酸所致的小鼠扭体反应均有显著抑制作用;并能抑制二甲苯所致的小鼠耳肿胀和蛋清所致的大鼠足肿胀,见表 1-6-16 至表 1-6-20。由此得出结论,TCP 具有较好的解热镇痛抗炎作用。

表 1-6-16　TCP 对干酵母所致发热大鼠体温的影响($\overline{x}\pm S,n=8$)

组别	剂量(mg/kg)	致热 6 h(Δ℃)	药后体温的变化(Δ℃)			
			1 h	2 h	3 h	5 h
溶媒组		1.59±0.41	1.77±0.35	1.67±0.40	1.60±0.36	1.45±0.38
阿司匹林组	200	1.62±0.43	1.26±0.48*	0.95±0.52**	1.02±0.49**	1.06±0.53
TCP 组(低)	100	1.61±0.39	1.48±0.46	1.21±0.45*	1.13±0.45*	1.18±0.37
TCP 组(高)	200	1.57±0.43	1.35±0.37*	0.87±0.44**	0.85±0.51**	0.91±0.46*

注:与溶媒组(阴性对照组)比较:* $P<0.05$,** $P<0.01$。

Δ℃为体温变化值。

据王德才等(2004)

表 1-6-17　TCP 对小鼠醋酸扭体反应的影响($\overline{x}\pm S,n=12$)

组别	剂量(mg/kg)	扭体次数	阵痛百分率(%)
溶媒组		49.9±10.5	
阿司匹林组	200	14.7±6.3**	68.7
TCP 组(低)	50	27.0±8.7**△△	42.4
TCP 组(高)	100	18.3±10.8**	61.0

注:(1)扭体反应是给小白鼠或大白鼠腹腔注射某些药物(如醋酸溶液等)所引起的一种刺激腹膜的持久性疼痛、且间歇发作的运动反应,表现为腹部收内凹、腹前壁紧贴笼底、臀部歪扭和后肢伸张,呈一种特殊姿势。由于镇痛药可对抗这一反应,曾建议用作筛选镇痛药的方法。

(2)与溶媒组(阴性对照组)比较:** $P<0.01$;与阿司匹林组比较:△△ $P<0.01$。

据王德才等(2004)

表 1-6-18　TCP 对小鼠热板法舔足反应的影响($\overline{x}\pm S,n=10$)

组别	剂量(mg/kg)	药前痛阈(s)	药后痛阈(s)		
			0.5 h	1 h	1.5 h
溶媒组		18.2±3.8	19.0±4.1(4.4)	18.5±4.4(1.6)	18.0±4.7(−1.1)
阿司匹林组	200	17.9±4.5	26.8±6.6(49.7)**	28.4±7.6(58.7)**	28.0±7.2(56.4)**
TCP 组(低)	50	18.3±3.9	24.0±5.8(31.1)*	26.8±7.3(46.4)**	26.3±6.8(43.7)**
TCP 组(高)	100	18.1±3.8	26.0±7.2(43.6)**	28.7±8.4(58.6)**	29.1±7.9(60.8)**

注:括号内数据为痛阈提高百分率。与溶媒组(阴性对照组)比较:* $P<0.05$,** $P<0.01$。

据王德才等(2004)

表 1-6-19　TCP 对二甲苯所致小鼠耳廓炎症的影响($\overline{x}\pm S,n=10$)

组别	剂量(mg/kg)	耳廓肿胀度(mg)	肿胀抑制率(%)
溶媒组		15.82±4.09	
阿司匹林组	200	9.03±4.68**	42.9
TCP 组(低)	50	12.86±5.02	18.7
TCP 组(高)	100	10.38±4.45*	34.4

注:与溶媒组(阴性对照组)比较:* $P<0.05$,** $P<0.01$。

据王德才等(2004)

表 1-6-20　TCP 对大鼠蛋清性足跖肿胀的影响($\overline{x}\pm S,n=8$)

组别	剂量(mg/kg)	足跖肿胀率(%)				
		0.5 h	1 h	2 h	4 h	6 h
溶媒组		74.5±9.7	72.0±11.3	68.3±10.5	57.1±12.8	42.4±11.9
氢化可的松组	50	56.2±8.8**(24.6)	39.3±11.4**(45.4)	32.1±13.7**(53.0)	29.6±13.6**(48.2)	21.3±10.5**(49.8)
TCP 组(低)	50	68.5±10.0(8.1)	58.6±9.5*(18.6)	52.4±12.1**(23.3)	44.8±10.7*(21.5)	36.2±12.3(14.6)
TCP 组(高)	100	60.9±8.5**(18.3)	52.4±10.5**(27.2)	45.3±11.6**(33.7)	38.2±12.4**(33.1)	29.7±11.5**(30.0)

注:括号内数据为足跖肿胀抑制率。与溶媒组(阴性对照组)比较:* $P<0.05$,** $P<0.01$。

据王德才等(2004)

王德才等(2005)还观察了杭白芷香豆素组分(CAD)的解热镇痛抗炎作用。采用大鼠酵母致热法观察其解热作用,用小鼠扭体法和热板法观察其镇痛作用,用小鼠耳廓肿胀法和大鼠足跖肿胀法观察其抗炎作用。结果表明,CAD对酵母引起的大鼠发热有显著解热作用;对热板所致小鼠疼痛和醋酸所致小鼠扭体反应均有显著抑制作用;并能抑制二甲苯所致的小鼠耳肿胀和蛋清所致的大鼠足肿胀,具体结果见表1-6-21至表1-6-25。由此可见,CAD具有显著的解热镇痛抗炎作用。

表 1-6-21　CAD对酵母所致发热大鼠体温的影响($\bar{x}\pm S$)

组别	n	剂量 (mg/kg)	致热6 h 温度变化	药后体温的变化				
				1 h	2 h	3 h	4 h	5 h
溶媒组	7		1.61±0.46	1.76±0.36	1.72±0.49	1.65±0.51	1.62±0.61	1.56±0.57
阿司匹林组	7	200	1.62±0.45	1.31±0.41*	0.98±0.44**	1.02±0.49*	0.92±0.52*	1.06±0.53
CAD组	8	100	1.61±0.41	1.32±0.45*	1.01±0.39**	0.96±0.45**	0.99±0.37*	0.92±0.39*
CAD组	8	200	1.61±0.40	1.15±0.40**	0.80±0.44**	0.78±0.43**	0.72±0.38**	0.81±0.47**

注:与溶媒组(阴性对照组)比较,* $P<0.05$,** $P<0.01$。
据王德才等(2004)

表 1-6-22　CAD对小鼠热板致痛的影响($\bar{x}\pm S$,$n=12$)

组别	剂量(mg/kg)	药前痛阈(s)	药后痛阈(s)		
			0.5 h	1 h	1.5 h
溶媒组		16.7±4.7	17.0±4.2(1.8)	16.5±4.2(−1.2)	17.0±5.2(1.8)
阿司匹林组	200	16.9±4.5	24.6±5.6(45.6)**	28.8±6.7(70.4)**	27.1±7.2(60.4)**
CAD组	100	16.3±4.9	25.3±5.1(55.2)**	28.4±7.1(74.2)**	19.1±6.8(78.5)**
CAD组	200	16.7±4.8	26.9±7.2(61.1)	30.7±8.6(83.8)**	31.6±8.8(89.2)**

注:括号内数据为痛阈提高百分率。与溶媒组(阴性对照组)比较,* $P<0.05$,** $P<0.01$。
据王德才等(2004)

表 1-6-23　CAD对小鼠醋酸致痛的影响($\bar{x}\pm S$,$n=15$)

组别	剂量(mg/kg)	疼痛潜伏期(min)	扭体次数	镇痛百分率(%)
溶媒组		5.4±2.6	48.3±12.1	
阿司匹林组	200	7.1±2.8	18.1±8.2**	62.5
CAD组	100	7.2±2.9	19.4±6.5*	59.8
CAD组	200	8.5±3.2**	11.2±7.1**△	76.8

注:与溶媒组(阴性对照组)比较,* $P<0.05$,** $P<0.01$;与阿司匹林(ASP)组或氢化可的松组比较,△ $P<0.05$。
据王德才等(2004)

表 1-6-24　CAD对二甲苯所致小鼠耳廓炎症的影响($\bar{x}\pm S$,$n=10$)

组别	剂量(mg/kg)	耳廓肿胀度(mg)	肿胀抑制率(%)
溶媒组		17.61±5.10	
阿司匹林组	200	11.13±4.86**	36.8
CAD组	100	10.26±5.23**	41.7
CAD组	200	8.18±4.39**	53.5

注:与溶媒组(阴性对照组)比较** $P<0.01$。
据王德才等(2004)

表 1-6-25　CAD 对大鼠蛋清性足肿胀的影响($\bar{x}\pm S$, $n=8$)

组别	剂量 (mg/kg)	足跖肿胀率(%)				
		0.5 h	1 h	2 h	4 h	6 h
溶媒组		76.4±9.6	76.3±11.3	72.5±12.7	61.9±10.8	48.3±9.8
氢化可的松组	50	57.1±9.2 (25.3)**	40.3±10.9 (47.2)**	31.6±10.3 (56.4)**	28.5±11.6 (54.0)**	18.3±10.5 (62.1)**
CAD 组	50	66.5±8.7 (13.0)*△	56.6±9.6 (25.8)**△△	50.4±10.1 (30.5)**△△	41.8±10.7 (32.5)**△	32.2±11.9 (33.3)**△
CAD 组	100	60.2±10.2 (21.2)**	50.1±12.7 (34.3)**	39.3±10.6 (45.8)**	34.2±12.4 (44.7)**	22.6±11.7 (53.2)**

注:括号内数据为足肿胀抑制率。与溶媒组(阴性对照组)比较,$^{*}P<0.05$,$^{**}P<0.01$;与氢化可的松组比较,$^{△}P<0.05$,$^{△△}P<0.01$。
据王德才等(2004)

王春梅等(2006)采用小鼠巴豆油耳肿胀实验、冰醋酸致小鼠腹腔毛细血管通透性增高实验及小鼠角叉菜胶足肿胀实验观察了白芷香豆素 CAD 的抗炎作用。结果表明,CAD(60 mg/kg、120 mg/kg)静注能显著抑制巴豆油所致的小鼠耳肿胀、冰醋酸引起的小鼠腹腔毛细血管通透性增强和角叉菜胶所致的小鼠足肿胀,具体结果见表 1-6-26 至表 1-6-28。说明 CAD 具有明显的抗炎作用,与对照组比较差异非常显著。

表 1-6-26　CAD 对小鼠巴豆油耳炎的抑制作用($\bar{x}\pm S$)

组别	剂量(mg/kg)	n	肿胀度(mg)	肿胀抑制率(%)
对照组	10	10	16.08±8.7	
地塞米松组	25	10	3.17±1.72***	0.803
CAD 中剂量组	60	10	8.4±4.51*	0.477
CAD 高剂量组	120	10	4.38±3.15**	0.728

$^{*}P<0.05$,$^{**}P<0.01$,$^{***}P<0.001$。
王春梅等(2006)

表 1-6-27　CAD 对醋酸所致小鼠腹腔毛细血管通透性增高的影响($\bar{x}\pm S$)

组别	剂量(mg/kg)	n	吸光度 A 值	抑制率(%)
对照组	10	10	0.15±0.025	
地塞米松组	25	10	0.05±0.018***	0.631
CAD 中剂量组	60	10	0.11±0.047*	0.272
CAD 高剂量组	120	10	0.09±0.028***	0.422

$^{*}P<0.05$,$^{***}P<0.001$。
王春梅等(2006)

表 1-6-28　CAD 对角叉菜胶引起的小鼠足肿胀的抑制作用($\bar{x}\pm S$)

组别	剂量(mg/kg)	n	足肿胀度(mg)	肿胀抑制率(%)
对照组	10	10	43.92±14.32	
地塞米松组	25	10	8.73±2.64	0.801
CAD 中剂量组	60	10	25.00±6.66	0.431
CAD 高剂量组	120	10	12.26±8.03	0.721

王春梅等(2006)

何雷等(2012)对乔木茵芋总提取物的化学成分及其抗炎活性进行了研究。采用硅胶柱色谱葡聚糖凝胶 LH-20 柱色谱、RP-C$_{18}$柱色谱等方法分离化学成分,^{1}H,^{13}C-NMR 等方法进行结构鉴定;并采用小鼠二甲苯耳肿胀法检测乔木茵芋总提物的抗炎活性。结果从中分离鉴定了 6 个香豆素类化合物:伞形花内酯、东莨菪内酯、东莨菪苷、紫花前胡苷元、茵芋苷、6,7-二甲氧基-香豆素。抗炎试验结果显示:乔木茵芋总提物中高剂量组能明显抑制由二甲苯引起的小鼠耳廓肿胀,见表1-6-29。

表 1-6-29　乔木茵芋总提物对二甲苯致小鼠耳肿胀的影响($\bar{x}\pm S,n=10$)

组别	剂量(g/kg)	耳肿胀度(mg)
溶媒对照组	—	9.46 ± 3.54
阿司匹林	0.2	5.25 ± 2.58^{②}
低剂量组	1.5	7.51 ± 3.33
中剂量组	3.0	6.20 ± 2.47^{①}
高剂量组	6.0	5.43 ± 2.42^{②}

注:一为无剂量控制;与溶媒对照组(阴性对照组)比$^{①}P<0.05,^{②}P<0.01$。
据何雷等(2012)

鲁憬莉等(2012)研究了红活麻总香豆素对葡聚糖硫酸钠(DSS)所致结肠炎小鼠的防治作用。采用DSS诱发小鼠溃疡性结肠炎模型,给予红活麻总香豆素后,观察结肠炎小鼠体重变化,ELISA检测血清IL-6、IL-10、TGF-β1、IFN-γ的水平,分离结肠组织进行病理学检查,Western blot检测结肠组织TLR4和NF-κB的表达水平。结果:红活麻总香豆素能有效控制结肠炎小鼠体重下降;降低血清促炎细胞因子IL-6、IFN-γ,升高抗炎细胞因子IL-10、TGF-β1水平;减少结肠组织损伤,降低结肠组织TLR4和NF-κB的表达水平(注:Toll样受体TLRs是固有免疫系统中的病原模式识别受体之一,可表达于肠道黏膜的多种细胞中,主要参与病原微生物产物的识别及炎症信号转导。已有研究发现,炎症性肠病IBD患者病变部位的肠黏膜TLR2和TLR4表达明显增强,且TLR4在非病变的表达也有所增强。TLR4识别和摄取细菌表达产物后通过多种分子如接头分子MyD88最终活化NF-κB,进而促进炎症相关因子的转录和表达。)见表1-6-30至表1-6-32。由此得出结论,红活麻总香豆素通过调节促炎/抗炎细胞因子的水平,降低结肠组织TLR4和NF-κB的表达,发挥抗小鼠结肠炎的作用。

表 1-6-30　红活麻总香豆素对结肠组织学评分及长度的影响($\bar{x}\pm S,n=10$)

组别	剂量(mg/kg)	评分	结肠长度(cm)
对照	—	0.10 ± 0.24	10.2 ± 0.88
模型	—	2.43 ± 1.34^{②}	6.7 ± 0.36^{②}
红活麻总香豆素	37.5	1.81 ± 1.19^{③}	6.0 ± 0.34
红活麻总香豆素	75	1.43 ± 0.87^{④}	8.1 ± 0.24^{④}
红活麻总香豆素	150	1.24 ± 0.95^{④}	8.9 ± 0.45^{④}

注:与对照组比较$^{②}P<0.01$;与模型组比较$^{③}P<0.05,^{④}P<0.01$。
据鲁憬莉等(2012)

表 1-6-31　红活麻总香豆素对结肠炎小鼠促炎细胞因子IL-6、IFN-γ的影响($\bar{x}\pm S,n=10$)

组别	剂量(mg/kg)	IL-6(ng/L)	IL-6变化率(%)	IFN-γ(ng/L)	IFN-γ变化率(%)
对照	—	82.4 ± 8.1	—	110.5 ± 10.1	—
模型	—	160.5 ± 15.4^{②}	94.8(+)	150.2 ± 16.5^{②}	35.9(+)
红活麻总香豆素	37.5	154.9 ± 14.4	88.0(+)	144.1 ± 15.6	30.4(+)
红活麻总香豆素	75	120.8 ± 12.8^{④}	46.6(+)	134.1 ± 15.8	21.3(+)
红活麻总香豆素	150	112.1 ± 13.4^{④}	36.1(+)	125.5 ± 15.5^{④}	13.8(+)

注:与对照组比较$^{②}P<0.01$;与模型组比较$^{④}P<0.01$。
据鲁憬莉等(2012)

表 1-6-32　红活麻总香豆素对结肠炎小鼠抗炎细胞因子 IL-10、TGF-β 的影响($\bar{x}\pm S$, $n=10$)

组别	剂量(mg/kg)	IL-10(ng/L)	IL-10 变化率(%)	TGF-β(ng/L)	TGF-β 变化率(%)
对照	—	88.7±9.6	—	95.5±5.6	—
模型	—	40.6±5.7[②]	54.2(—)	68.7±7.8[②]	28.1(—)
红活麻总香豆素	37.5	45.4±5.1	48.8(—)	70.2±6.5	26.5(—)
红活麻总香豆素	75	60.1±7.2[③]	32.2(—)	85.2±5.4[③]	10.8(—)
红活麻总香豆素	150	80.4±5.9[④]	9.4(—)	90.2±8.9[④]	5.6(—)

注：与对照组比较[②]$P<0.01$；与模型组比较[③]$P<0.05$，[④]$P<0.01$。

据鲁憬莉等(2012)

(五)抗氧化作用

游离氧自由基 ROS 在人体内过度积累会损害脂质、蛋白质和 DNA 等人体重要组成成分，从而引起各种疾病，因此及时清除体内过多的 ROS 是预防各种疾病以及抗衰老的重要环节。近年对香豆素抗氧化活性研究较多，例如 Wu 等(2007)研究报道七叶内酯(七叶素)和白蜡树内酯(秦皮素)对羟基自由基和过氧化氢有选择性清除作用。

林生等(2008)对木樨科树属植物小蜡树 Fraxinux sieboldiana 的化学成分进行研究并进行抗氧化活性筛选。采用硅胶、大孔吸附树脂、Sephadex LH-20 柱色谱和制备型高效液相色谱方法进行分离；应用 NMR 和 MS 等波谱方法鉴定化合物的结构；采用 Fe^{2+}-半胱氨酸诱导的大鼠肝微粒体脂质过氧化模型测定化合物对 Fe^{2+}-Cys 诱导大鼠肝微粒体丙二醛 MDA 生成抑制活性。结果：从小蜡树乙醇提取物中分离得到 8 个香豆素类成分，分别鉴定为秦皮甲素(1)、秦皮乙素(2)、秦皮苷(3)、秦皮素(4)、6,7-di-O-β-D-glucopyranosylesculetin(5)、东莨菪素(6)、cleomiscosin D(7)和 cleomiscosin B(8)。在 10^{-6} mol/L 浓度下，化合物 4 对 Fe^{2+}-Cys 诱导大鼠肝微粒体丙二醛 MDA 生成抑制率为 60%，具有显著的抗氧化作用。

王德才等(2008)观察了白花前胡香豆素组分(TCP)对氧自由基的清除作用及其对脂质过氧化反应的抑制作用。试验中羟自由基由 Fenton 反应体系产生，超氧阴离子自由基由邻苯三酚自氧化法产生，采用硫代巴比妥酸法测定肝匀浆丙二醛 MDA 相对含量来反映 TCP 对脂质过氧化的影响。结果表明，TCP 对羟自由基和超氧阴离子自由基有较强的清除作用，达到 50% 清除率所需药物浓度(EC_{50})分别为 287.1 μg/mL 和 124.8 μg/mL，并抑制小鼠肝匀浆脂质过氧化反应，EC_{50} 为 409.5 μg/mL，见表 1-6-33 至表 1-6-35。由此可见，TCP 对氧自由基有清除作用，并抑制脂质过氧化反应，其活性与剂量呈正相关。

表 1-6-33　不同浓度 TCP 与维生素 C 对·OH 的清除作用测定结果($\bar{x}\pm S$, $n=5$)

供试品	体系浓度(μg/mL)	清除率 E(%)	EC_{50}(μg/mL)
TCP	31.3	19.40±4.33	
TCP	62.5	23.13±5.95	$E=34.8853\lg C-35.7482$
TCP	125.0	35.45±6.76	$r=0.9831$
TCP	250.0	51.23±6.81	$EC_{50}=287.1$
TCP	500.0	57.83±7.45	
维生素 C	31.3	14.12±3.65	
维生素 C	62.5	30.54±6.34	$E=72.5218\lg C-95.0618$
维生素 C	125.0	57.83±7.24	$r=0.9846$
维生素 C	250.0	88.23±5.83	$EC_{50}=100.1$
维生素 C	500.0	94.38±4.57	

据王德才等(2008)

表 1-6-34　不同浓度 TCP 与维生素 C 对 O_2^- 的清除作用测定结果$(\bar{x}\pm S, n=5)$

供试品	体系浓度$(\mu g/mL)$	清除率 $E(\%)$	$EC_{50}(\mu g/mL)$
TCP	20.8	10.28±3.37	
TCP	41.7	18.61±4.26	$E=58.936\ 8lgC-73.547\ 3$
TCP	83.3	29.69±6.55	$r=0.972\ 7$
TCP	166.7	62.72±8.25	$EC_{50}=124.8$
TCP	333.3	76.97±9.98	
维生素 C	20.8	33.78±8.67	
维生素 C	41.7	47.37±6.64	$E=56.134\ 1lgC-40.016\ 1$
维生素 C	83.3	69.01±7.59	$r=0.9768$
维生素 C	166.7	93.73±5.14	$EC_{50}=40.1$
维生素 C	333.3	95.12±3.14	

据王德才等(2008)

表 1-6-35　不同浓度 TCP 与维生素 C 对脂质过氧化的抑制作用测定结果$(\bar{x}\pm S, n=5)$

供试品	体系浓度$(\mu g/mL)$	清除率 $E(\%)$	$EC_{50}(\mu g/mL)$
TCP	62.5	517.23±4.62	
TCP	125.0	30.43±4.58	$E=40.441\ 2lgC-55.643\ 5$
TCP	250.0	39.87±6.13	$r=0.996\ 4$
TCP	500.0	51.63±6.58	$EC_{50}=409.5$
TCP	1 000.0	67.50±6.41	
维生素 C	62.5	6.89±3.02	
维生素 C	125.0	22.42±4.38	$E=75.700\ 1lgC-134.548\ 3$
维生素 C	250.0	35.75±5.42	$r=0.981\ 7$
维生素 C	500.0	75.56±6.74	$EC_{50}=274.1$
维生素 C	1 000.0	94.26±3.32	

据王德才等(2008)

　　唐晓明(2012)用三种不同浓度的香豆素溶液(41.6 mg/L、83.2 mg/L 和 166.4 mg/L)对秀丽隐杆线虫(简称秀丽线虫)在不同温度(20 ℃、25 ℃和 30 ℃)下给药 24 h,然后从生理水平、生化水平和酶水平来研究香豆素的抗氧化作用。研究结果表明,在生理水平上,秀丽线虫的产卵数、寿命、头部摆动频率和身体弯曲频率均随着香豆素浓度升高而增加,见表 1-6-36 至表 1-6-41。在生化水平上,自由基含量和细胞凋亡随着香豆素浓度升高而减少,见表 1-6-42 至表 1-6-44。在酶水平上,不同浓度的香豆素均能提高抗氧化酶如超氧化物歧化酶 SOD、过氧化氢酶 CAT 和谷胱甘肽过氧化物酶 GSH-Px 的活性,见表 1-6-45 至表 1-6-53。实验结果表明,香豆素对秀丽线虫具有抗氧化保护作用,并且这些保护作用呈现出一定的浓度依赖性。

表 1-6-36　20 ℃不同香豆素浓度下的秀丽线虫产卵数$(\pm S.D$ 值$)$

香豆素浓度(mg/L)	0	41.6	83.2	166.4
产卵数(个)±$S.D$ 值	136±4	144±3	157±6	166±5

据唐晓明(2012)

表 1-6-37　25 ℃不同香豆素浓度下的秀丽线虫产卵数$(\pm S.D$ 值$)$

香豆素浓度(mg/L)	0	41.6	83.2	166.4
产卵数(个)±$S.D$ 值	52±3	62±3	74±3	84±2

据唐晓明(2012)

表 1-6-38　30 ℃不同香豆素浓度下的秀丽线虫产卵数(±S.D 值)

香豆素浓度(mg/L)	0	41.6	83.2	166.4
产卵数(个)±S.D 值	8±2	14±3	18±3	25±2

据唐晓明(2012)

表 1-6-39　20 ℃下在不同香豆素浓度下秀丽线虫的头部摆动频率和身体弯曲频率

香豆素浓度(mg/L)	0	41.6	83.2	166.4
头部摆动频率(min)±S.D 值	115±1	118±1.5	125±2.1	134±1.5
身体弯曲频率(20 sec)±S.D 值	15±1.2	15±2	21±0.6	29±1

据唐晓明(2012)

表 1-6-40　25 ℃下在不同香豆素浓度下秀丽线虫的头部摆动频率和身体弯曲频率

香豆素浓度(mg/L)	0	41.6	83.2	166.4
头部摆动频率(min)±S.D 值	76±4	80±1.5	85±2.1	96±1.5
身体弯曲频率(20 sec)±S.D 值	10±1.2	13±2	18±1.5	29±1

据唐晓明(2012)

表 1-6-41　30 ℃下在不同香豆素浓度下秀丽线虫的头部摆动频率和身体弯曲频率

香豆素浓度(mg/L)	0	41.6	83.2	166.4
头部摆动频率(min)±S.D 值	18±2.5	24±3	28±2.1	35±3
身体弯曲频率(20 sec)±S.D 值	5±1.2	9±2	13±1.5	19±2

据唐晓明(2012)

表 1-6-42　20 ℃下在不同香豆素浓度下秀丽线虫的自由基含量(±S.D 值)

香豆素浓度(mg/L)	0	41.6	83.2	166.4
自由基含量±S.D 值	33.75±2.22	24.75±1.26	17.25±0.96	9.5±1.29

据唐晓明(2012)

表 1-6-43　25 ℃下在不同香豆素浓度下秀丽线虫的自由基含量(±S.D 值)

香豆素浓度(mg/L)	0	41.6	83.2	166.4
自由基含量±S.D 值	61±2.94	41.75±1.71	31.5±2	18.25±1.71

据唐晓明(2012)

表 1-6-44　30 ℃下在不同香豆素浓度下秀丽线虫的自由基含量(±S.D 值)

香豆素浓度(mg/L)	0	41.6	83.2	166.4
自由基含量±S.D 值	100±3.92	84.75±3.01	70.5±2.65	42.25±1.71

据唐晓明(2012)

表 1-6-45　20 ℃下在不同浓度香豆素下秀丽线虫的 SOD 活性(±S.D 值)

香豆素浓度(mg/L)	0	41.6	83.2	166.4
SOD(U/mL)±S.D 值	106.22±4.39	122.87±4.31	155.7±4.02	156.25±5.12

据唐晓明(2012)

表 1-6-46　25 ℃下在不同浓度香豆素下秀丽线虫的 SOD 活性(±S.D 值)

香豆素浓度(mg/L)	0	41.6	83.2	166.4
SOD(U/mL)±S.D 值	120.75±6.85	138.25±6.81	171.5±7.59	209±9.49

据唐晓明(2012)

表 1-6-47 30 ℃下在不同浓度香豆素下秀丽线虫的 SOD 活性(±S.D 值)

香豆素浓度(mg/L)	0	41.6	83.2	166.4
SOD(U/mL)±S.D 值	78.88±2.82	93.7±2.21	102.5±2.65	111.28±2.89

据唐晓明(2012)

表 1-6-48 20 ℃下在不同浓度香豆素下秀丽线虫的 CAT 活性(±S.D 值)

香豆素浓度(mg/L)	0	41.6	83.2	166.4
CAT(U/mL)±S.D 值	260.55±7.56	297.22±4.83	325.35±4.86	351.75±8.65

据唐晓明(2012)

表 1-6-49 25 ℃下在不同浓度香豆素下秀丽线虫的 CAT 活性(±S.D 值)

香豆素浓度(mg/L)	0	41.6	83.2	166.4
CAT(U/mL)±S.D 值	298.33±5.75	330.71±5.54	374.63±6.98	410.49±9.52

据唐晓明(2012)

表 1-6-50 30 ℃下在不同浓度香豆素下秀丽线虫的 CAT 活性(±S.D 值)

香豆素浓度(mg/L)	0	41.6	83.2	166.4
CAT(U/mL)±S.D 值	198.95±5.66	240.1±3.1	268.95±4.95	298.75±6.78

据唐晓明(2012)

表 1-6-51 20 ℃下在不同浓度香豆素下秀丽线虫的 GSH-Px 活性(±S.D 值)

香豆素浓度(mg/L)	0	41.6	83.2	166.4
GSH-Px (U/mL)±S.D 值	18.5±1.71	29.33±1.68	44.02±2.89	63.58±2.77

据唐晓明(2012)

表 1-6-52 25 ℃下在不同浓度香豆素下秀丽线虫的 GSH-Px 活性(±S.D 值)

香豆素浓度(mg/L)	0	41.6	83.2	166.4
GSH-Px (U/mL)±S.D 值	23.75±3.86	35.75±4.92	51±5.35	72.25±5.97

据唐晓明(2012)

表 1-6-53 30 ℃下在不同浓度香豆素下秀丽线虫的 GSH-Px 活性(±S.D 值)

香豆素浓度(mg/L)	0	41.6	83.2	166.4
GSH-Px (U/mL)±S.D 值	11.35±3.78	22.08±4.02	38±5.01	63.28±5.87

据唐晓明(2012)

裴媛等(2014)研究了独活香豆素对帕金森病(PD)模型大鼠的抗氧化功能及兴奋性氨基酸谷氨酸(Glu)含量的影响。试验中采用蛋白酶体抑制剂 Lactacystin 脑定位注射制备 PD 大鼠模型,测定了模型大鼠血清脑组织中丙二醛 MDA 和 Glu 的水平以及血清中总超氧化物歧化酶 T-SOD 活性。结果表明,独活香豆素能明显降低 PD 模型大鼠血清脑组织中 MDA、Glu 的含量,提高血清中 T-SOD 的活性,见表 1-6-54、表 1-6-55。由此得出结论,独活香豆素能够抑制血清和脑组织脂质过氧化反应、提高抗氧化酶活性、降低血清和脑组织兴奋性氨基酸 Glu 含量;且这些作用可能是独活香豆素对抗 PD 的作用机制之一。

表 1-6-54　各组大鼠血清中 T-SOD 活性 MDA、Glu 含量比较（$\bar{x} \pm S, n=10$）

组别	T-SOD 活性（U/mL）	MDA 含量（nmol/mL）	Glu 含量（μg/mL）
正常对照组	115.67±5.43	17.67±1.37	327.74±28.69
模型组	73.64±7.90[①]	30.07±1.31[①]	588.02±22.14[①]
香豆素低剂量组	93.73±3.17[①②]	25.65±1.63[①②]	440.68±18.94[①②]
香豆素中剂量组	101.51±4.97[①②]	22.48±1.70[①②]	407.48±28.22[①②]
香豆素高剂量组	101.36±3.86[①②]	22.72±1.24[①②]	415.74±25.07[①②]
美多巴组	92.52±6.54[①②]	26.71±1.57[①②]	489.72±33.86[①②]
布洛芬组	100.00±5.26[①②]	23.68±1.64[①②]	401.18±24.52[①②]

与正常对照组比较：[①] $P<0.01$；与模型组比较：[②] $P<0.01$。
据裴媛等（2014）

表 1-6-55　各组大鼠脑组织中 MDA、Glu 含量比较（$\bar{x} \pm S, n=10$）

组别	MDA 含量（nmol/g 脑组织）	Glu 含量（μg/g 脑组织）
正常对照组	13.32±1.32	229.77±16.85
模型组	20.87±1.25[①]	388.84±22.76[①]
香豆素低剂量组	18.23±1.32[①②]	318.95±18.09[①②]
香豆素中剂量组	15.42±1.19[①②]	290.35±19.28[①②]
香豆素高剂量组	15.18±1.40[①②]	278.07±21.97[①②]
美多巴组	18.62±1.04[①②]	346.51±37.02[①②]
布洛芬组	16.40±1.74[①②]	270.42±21.51[①②]

与正常对照组比较：[①] $P<0.01$；与模型组比较：[②] $P<0.01$。
据裴媛等（2014）

（六）对神经系统的作用

1. 对脑缺血/再灌注损伤的保护作用

脑缺血是以脑循环血流量减少为特征的中枢神经系统疾病,按发病部位不同可分为全脑缺血和局灶性脑缺血；按发病的时间不同,可以分为急性和慢性脑缺血。全脑缺血与局灶性脑缺血的区别主要存在于局灶性脑缺血的缺血半暗带上。脑缺血/再灌注损伤是一个多环节、多因素、多途径的酶促级联反应,蛇床子素等香豆素可通过影响反应的不同环节防止或局限缺血/再灌注所引起的脑损害。

（1）对全脑脑缺血/再灌注损伤的保护作用

刘文博等（2009）通过改进型四血管阻塞法建立急性全脑缺血模型,研究显示蛇床子素(7-甲氧基-8-异戊烯基香豆素)可以改善全脑缺血模型大鼠的行为学变化和缓解组织形态学损伤程度,在此过程中半胱氨酸依赖的天冬氨酸蛋白酶 3（caspase-3）表达水平显著降低,而 caspase-3 是细胞凋亡过程的重要下游分子。这表明蛇床子素通过抗凋亡作用对脑缺血再灌注脑损伤起到一定的脑保护作用。

毛雪璇（2010）建立急性全脑缺血模型,研究发现蛇床子素具有减少血脑屏障(BBB)的渗漏,升高超氧化物歧化酶 SOD 活性,以及降低丙二醛 MDA 含量的作用,并且蛇床子素还可以下调基质金属蛋白酶-9（MMP-9）的 mRNA 表达,从而说明蛇床子素可能是通过抗氧化作用减少 MMP-9 对细胞外基质和基底膜的降解,保护 BBB 完整性而发挥其神经保护作用。

（2）对局灶性脑缺血/再灌注损伤的保护作用

何蔚等（2008）通过大脑中动脉阻断（middle cerebral artery occlusion，MCAO）法建立急性大鼠局灶性脑缺血/再灌注损伤模型。研究显示蛇床子素(OST)可通过抑制 IL-1 和 IL-8 的产生,阻断中性粒细胞内髓过氧化物酶(MPO)活性,抑制炎症反应,减轻脑水肿。其研究还显示蛇床子素可抑制诱导型—氧化氮合酶(iNOS)活性升高而降低 iNOS 来源的 NO 含量,减轻 NO 对神经细胞的抑制和毒害作用,从而发挥抗凋亡作用。

晁晓东(2011)观察了缺血性脑损伤后蛇床子素 OST 的保护作用。建立大鼠大脑中动脉阻塞 MCAO 脑缺血再灌注模型。将实验用 Sprague-Dawle(SD)大鼠 45 只随机分为假手术组(Sham 组)、单纯缺血再灌注损伤组(MCAO 组)和不同剂量 OST 预处理组(OST 10＋MCAO 组、OST 20＋MCAO 组、OST 40＋MCAO 组);Sham 组动物仅接受手术,没有动脉夹闭的过程;MCAO 前 30 min,对 OST 预处理组动物分别腹腔注射 OST 10 mg/kg、20 mg/kg、40 mg/kg。再灌注 24 h 后,采取双盲的形式对各实验组动物分别进行神经功能缺陷评分(neurological deficit score,NDS)。而后,每组随机选取 3 只动物用于伊红染色法(hematoxylin-eosin staining,HE 染色)观察缺血脑组织形态学变化;3 只用于 2％红四氮唑(TTC)染色观察缺血脑组织的面积;3 只用于干湿重法观察缺血脑组织的水肿程度。结果发现:在缺血再灌注 24 h 后,OST 预处理组大鼠的神经功能缺陷评分、缺血脑组织面积和脑水肿程度明显低于单纯缺血 MCAO 组。组织形态学结果也显示 OST 预处理组损伤明显减轻($P<0.01$)。其剂量在 40 mg/kg 时表现出神经保护作用最明显。由此得出结论,在大鼠的 MCAO 脑缺血再灌注损伤模型中,OST 有明显的神经保护作用,在 40 mg/kg 时最明显。

满玉红(2011)采用多种试验方法,研究了瑞香素(7,8-二羟基香豆素)对前脑缺血再灌注大鼠保护作用的机制,实验结果表明,瑞香素能明显减轻大鼠脑缺血再灌注导致的海马神经元损伤,具有神经保护作用,瑞香素可能通过上调 GAP-43 和 GAP-43mRNA 的表达发挥保护作用。

2.抗中枢神经系统退行性变作用

中枢神经系统退行性疾病以神经细胞发生退行性病理学改变为特征,主要包括帕金森病(PD)、阿尔茨海默病(AD)、亨廷顿病(HD)、肌萎缩侧索硬化症(ALS)等,其共同的发病机制为兴奋毒性细胞凋亡和氧化应激。

(1)抗帕金森作用

经典的抗帕金森药主要为拟多巴胺类药和抗胆碱药,而氧化应激学说为帕金森的治疗带来了新的思路,即从治疗症候方向转向预防多巴胺神经元自身中毒问题。周军等(2009)研究发现蛇床子素对神经毒素——1-甲基-4-苯基-1,2,3,6-四氢吡啶(MPTP)诱导的帕金森模型小鼠的协调运动能力有一定的改善作用,且可以减轻模型小鼠脑黑质细胞的受损程度,提升多巴胺(DA)、3,4-二羟基苯乙酸(DOPAC)及 DA 代谢产物高香草酸(HVA)水平。Liu 等(2010)从细胞水平上研究显示蛇床子素对帕金森的保护作用与它所具有的调节线粒体的通透性以及抑制氧化应激有关,如蛇床子素可以阻止膜电位(MMP)的丧失,减少谷胱甘肽 GSH 的耗竭,促进超氧化物歧化酶 SOD 和过氧化氢酶 CAT 的激活,同时也可以降低 Bax/Bcl-2 的比率,减少细胞色素 C 的释放进而抑制 caspase-3 凋亡通路等。

(2)抗阿尔茨海默病作用

阿尔茨海默病的发病与脑内 β 淀粉样蛋白(Aβ)异常沉积有关,Aβ 对它周围的突触和神经元具有毒性作用,最终引起细胞死亡,学习记忆障碍是阿尔茨海默病普遍而严重的表现。程淑意等(2010)以原代培养的大鼠星形胶质细胞(AS)为靶标建立阿尔茨海默病细胞模型。研究显示蛇床子素在低浓度(0.01～1 mol/L)时可以通过上调细胞核内 IκBα 表达,抑制 NF-κB 过度活化以达到对抗 Aβ 的神经毒性作用。所以从细胞水平上证实了蛇床子素可以延缓阿尔茨海默病的发生发展。而龚其海等(2011)采用侧脑室注射 Aβ25-35 建立大鼠阿尔茨海默病动物模型,发现蛇床子素能够减轻模型大鼠海马神经元超微结构损伤并能改善学习记忆障碍功能。沈丽霞等(2002)研究显示蛇床子素对 AlCl₃ 致阿尔茨海默病模型小鼠记忆障碍有保护作用,保护的作用机制可能是通过增强抗氧化酶谷胱甘肽过氧化物酶 GSH-Px 和 SOD 活性来清除氧自由基对中枢神经系统神经细胞的损伤。

3.对自身免疫性脑脊髓炎的治疗作用

Chen 等(2010)利用用髓鞘少突胶质糖蛋白(MOG35-55)免疫 C57BL/6 小鼠,复制自身免疫性脑脊髓炎(EAE)小鼠模型。研究显示蛇床子素可以减少临床及亚临床期 EAE 小鼠临床评分、颅内 MRI 病灶及改善其脊髓的炎症和脱髓鞘状况,尤以亚临床期更为明显。其机制可能为 OST 可通过调节 EAE 小鼠血清脾细胞培养上清和脑内的 NGF 和 IFN-γ 的蛋白和 mRNA 的表达/分泌而改善 EAE 小鼠的病情,对免疫反应和神经系统具有调节作用。

4.镇静催眠作用

镇静催眠药物在小剂量时引起安静和嗜睡的镇静作用,而较大剂量时引起类似生理性睡眠的催眠作用。上官珠等(1992)研究发现蛇床子素可以显著增强阈下催眠剂量戊巴比妥钠对小鼠的催眠作用,考虑到只影响催眠药代谢的药物对注射阈下催眠剂量是无效的,所以其认为蛇床子素是通过直接抑制中枢神经系统而发挥镇静催眠作用的。连其深等(2000)研究发现蛇床子素能明显减少醋酸引起的小鼠扭体反应,而对热板法致痛小鼠痛阈却无明显的影响,所以认为蛇床子素有镇静而非镇痛作用。已知小剂量的安钠咖主要是兴奋大脑皮质,蛇床子素呈剂量相关性地对抗小剂量安钠咖所致小鼠自主活动次数的增加,这提示蛇床子素可能通过抑制大脑皮质发挥镇静作用。宋美卿等(2010)研究显示蛇床子素的镇静催眠具有快速诱导睡眠,显著延长持续睡眠时间的特点,且耐受性和宿醉反应等不良反应较小。

5.镇痛作用

胡杰等(2002)研究则显示蛇床子素(OST)能够显著减少醋酸致痛小鼠的扭体次数和升高热致痛小鼠的痛阈,对物理和化学引起的疼痛和炎症均有明显的对抗作用,能够显著抑制二甲苯所致小鼠耳廓肿胀和降低小鼠腹腔对伊文思蓝的通透性。贺秋兰等(2010)研究显示蛇床子素对腰椎间盘突出致坐骨神经痛有镇痛作用,作用机制可能为 OST 抑制背根神经节(DRG)中 COX-2 和 NOS 的表达有关。

6.抗惊厥作用

癫痫以脑部神经元同步放电为特征,神经递质异常是其重要的发病机制之一,γ-氨基丁酸(GABA)是抑制性神经递质的一种,对癫痫的发作起到一定的抑制和神经保护作用。Singhuber 等(2011)研究发现蛇床子素可以通过作用于 GABA 受体增强 GABA 诱导的氯电流导致神经元膜电位超极化,而这种作用不能被氟马西尼阻断,表明蛇床子素和苯二氮卓类在同 GABA 受体结合时的位点不同。Luszczki 等(2009)在建立最大电休克痫性发作大鼠模型之前,采用蛇床子素于不同时间点(15 min、30 min、60 min 和 120 min)和不同剂量预处理模型大鼠,发现蛇床子素可以显著改善模型大鼠痫性发作症状,药物的半数有效量为 259~631 mg/kg。Luszczki 等(2009)进一步的研究采用蛇床子素与经典抗癫痫药物丙戊酸钠作比较,发现蛇床子素和丙戊酸钠的半数有效量分别为 253~639 mg/kg 和 189~255 mg/kg,而半数中毒量分别为 531~648 mg/kg 和 363~512 mg/kg,所以它们的保护指数(半数中毒量与半数有效量的比值)分别为 0.83~2.44 和 1.72~2.00。因此认为蛇床子素的抗惊厥效应与丙戊酸钠相似。

7.神经阻滞作用

李乐等(1997)通过脊蟾蜍法、兔角膜法证实蛇床子素无表面麻醉作用;豚鼠皮丘法证实蛇床子素有较强的浸润麻醉作用且盐酸肾上腺素可增强其作用;蟾蜍离体坐骨神经实验证实蛇床子素可以降低坐骨神经动作电位的振幅起到神经阻滞作用;椎管注射蛇床子素后,引起蟾蜍脊髓麻醉,出现先兴奋后抑制现象。

(七)抗骨质疏松作用

骨质疏松症是一种增龄性病变,尤其易发于绝经后的妇女。骨质疏松引起的骨折及其并发症严重影响着中老年人的生活质量,成为全球性的公共卫生问题之一。近年来有许多相关研究表明香豆素类化合物具有抗骨质疏松作用。

王建华(2010)探讨了补骨脂素(一种香豆素类化合物)对大鼠成骨细胞中骨保护素(OPG)和核因子 κB 受体激活因子配体(RANKL)mRNA 表达的影响。取第 3 代生长状况良好的出生 24 h 内的 SD 大鼠成骨细胞,补骨脂素组加入 1×10^{-7} mol/L 的补骨脂素,雌二醇组加入 1×10^{-7} mol/L 的雌二醇,对照组正常培养。给药 72 h 后提取细胞总 RNA,RT-PCR 方法分析细胞 OPG/RANKL mRNA 的表达。结果发现与对照组比较,补骨脂素组和雌二醇组 OPG mRNA 的表达均明显增加($P < 0.05$),而 RANKL mRNA 的表达明显下降($P < 0.05$),但补骨脂素组成骨细胞 OPG mRNA 的表达较雌二醇组弱($P < 0.05$),V_{OPG}/V_{RANKL} 比值也较雌二醇组小($P < 0.05$)。说明补骨脂素可能通过增加成骨细胞 OPG 的表达,抑制 RANKL 的表达来抑制破骨细胞的分化和成熟,从而抑制骨吸收,达到防治骨质疏松症的目的,但作用不如雌二醇明显。

张巧艳(2001)以培养的新生大鼠颅盖骨成骨细胞和 $1,25(OH)_2$ Vitamin D_3 诱导骨髓单核细胞分化而成的破骨细胞为模型,研究了蛇床子素和蛇床子总香豆素抗骨质疏松的细胞和分子机理。研究表明蛇床子素和蛇床子总香豆素对新生大鼠颅盖骨成骨细胞的增殖、骨碱性磷酸酶的活性及骨胶原合成具有显著的促进作用,对成骨细胞分泌骨钙素具有显著的抑制作用。进一步研究蛇床子素和蛇床子总香豆素能够抑制新生大鼠成骨细胞在静息状态及 LPS 和炎症细胞因子刺激下产生 NO、IL-1、IL-6,并对 IL-1、IL-6 的 mRNA 表达有一定的抑制作用,说明蛇床子素和蛇床子总香豆素从转录和翻译两个水平抑制成骨细胞 IL-1 及 IL-6 的表达,降低了对破骨细胞的激活作用,抑制了破骨细胞性的骨吸收。蛇床子素和蛇床子总香豆素还可显著抑制 $1,25(OH)_2$ Vitamin D_3 诱导骨髓单核细胞分化形成破骨细胞,抑制分化成熟的破骨细胞抗酒石酸酸性磷酸酶活性,抑制破骨细胞的骨吸收活性,即减少破骨细胞在牛皮质骨骨片上形成的吸收陷窝的面积和骨片中 Ca^{2+} 的释放,表明蛇床子素和蛇床子总香豆素通过抑制破骨细胞形成及其破骨活性,减少了骨质的丢失。

(八)免疫调节作用

霍洪楠(2013)以体外分离的小鼠脾脏淋巴细胞和腹腔巨噬细胞为模型,初步研究了秦皮素(7,8-二羟基-6-甲氧基香豆素)对免疫的调节作用。采用尼龙毛柱法分离小鼠脾脏 T 淋巴细胞和 B 淋巴细胞,利用 MTT 比色法分析秦皮素对小鼠脾脏 T 淋巴细胞和 B 淋巴细胞增殖的影响,结果显示,在一定浓度范围内,秦皮素能促进小鼠脾脏 T 淋巴细胞和 B 淋巴细胞增殖;采用 MTT 比色法和中性红吞噬法检测秦皮素对小鼠腹腔巨噬细胞代谢活力和吞噬能力的影响,结果显示,秦皮素能提高小鼠腹腔巨噬细胞的代谢活力和吞噬能力;采用靶细胞幼生法检测秦皮素对小鼠 NK 细胞活性的影响,结果显示,秦皮素能提高小鼠 NK 细胞的活性。

陈华等(2013)以水杨酸为起始原料,经 Fridel-Crafts 酰基化反应、微波促进的 Perkin 反应和两步亲核取代反应,合成了具有氨基烷氧侧链的 3,4-二苯基香豆素衍生物 1a~1e。初步生物活性测试表明,含有氨基烷氧侧链的 3,4-二苯基香豆素衍生物 1a~1e 在所测浓度下均能有效促进 NK 细胞杀伤活性,杀伤活性率分别提高 113%、96%、129%、61%、119% (50 μmol/L)和 106%、78%、35%、36%、34% (5 μmol/L),较相同浓度下匹多莫德(84%,32%分别在 50 μmol/L 和 5 μmol/L)的作用要强。并得出结论,化合物 1a~1e 能显著促进自然杀伤细胞杀伤活性,具有较强的免疫调节活性。

此外,香豆素还具有抗凝血、抗心律失常和改善心血管系统等作用。

二、含香豆素的农产品

芹菜、柑橘、酸橙、佛手、酸柚、柚、金银花、马齿苋、文冠果等农产品中含有香豆素。芦荟、苦苣菜、茵陈、蛇床子、瑞香、补骨脂、前胡、白芷、独活、羌活、半边莲等农产品及中草药也含有香豆素。若干农产品中总香豆素含量见表 1-6-56。

表 1-6-56　若干农产品(含中草药)中总香豆素含量($\bar{x} \pm S, n = 10$)

名称	总香豆素含量(%)	文献	名称	总香豆素含量(%)	文献
芹菜	0.65	钟平(2008)	前胡	3.02~3.61	王维(2009)
白芷	0.322~0.803	马逾英(2005)	茵陈	2.710~3.508	万丽(2009)
川明参	0.008~0.015	谵立魏(2008)	独活	2.340	张恭孝(2010)
蛇床子	2.214	张开臣(2010)	明党参	0.763	顾源远(2010)
瑞香狼毒	0.187~0.333	罗喜荣(2012)	稻谷芒	0.233	段红(2014)

段红等(2014)通过 TLC、HPLC 手段初步鉴定了稻谷芒和稻糠中都含有羟甲香豆素成分,并通过单因素实验和正交实验优化稻谷芒总香豆素提取工艺参数,即 55%乙醇浓度,1:30 液料比,提取温度为

70 ℃,提取时间为 60 min,提取功率为 96 W。在此工艺条件下,提取 3 份稻谷芒和稻糠样品,进行含量测定,稻谷芒和稻糠中总香豆素及羟甲香豆素的平均含量分别为:2.33 mg/g、0.57 mg/g;1.95 mg/g、0.44 mg/g。

郑重飞(2010)从金银花水提取物大孔树脂 30%乙醇洗脱部位共分离得到 40 个化合物,包括 9 个环烯醚萜类化合物,2 个单萜环苷类,2 个倍半萜类,2 个三萜类,4 个香豆素类,2 个蒽醌类,7 个咖啡酰喹宁酸类,5 个黄酮类,3 个其他类。

王淑英(2013)以 70%乙醇为提取溶剂,超声波提取,高效液相色谱检测,首次建立了竹叶中 12 种香豆素类化合物同时检测方法。竹叶样品经 70%乙醇超声提取 3 次,每次 30 min;FlorisilSPE 柱净化,5 mL甲醇洗脱。结果表明,茵芋苷、东莨菪苷、东莨菪内酯、伞形酮、6,7-二甲氧基香豆素、香豆素、补骨脂素、花椒毒素、5,7-二甲氧基香豆素、茴芹内酯、欧前胡素和蛇床子素等 12 种香豆素的 LOD 值在 0.19~0.85 mg/kg 之间,LOQ 值在 0.64~2.82 mg/kg 之间。在 5~45 mg/kg 的添加浓度内,添加回收率在 47.41%~112.25%之间,RSD≤19.69%。采用建立的方法分析了牡竹属 10 种竹叶中香豆素类化合物含量,共检测到东莨菪苷、东莨菪内酯、伞形酮、香豆素和茴芹内酯 5 种香豆素,其中,东莨菪内酯为其共有成分,含量在 5.26~37.84 mg/kg 之间。

刘卫根等(2012)采用 HPLC-DAD 法同时测定羌活根部(根和根茎)、茎、叶片、叶柄、种子 5 个部位中紫花前胡苷、补骨脂素、香柑内酯、欧前胡素、羌活醇和异欧前胡素的含量,并对测定结果进行分析比较。色谱柱:TSK gel ODS-80Ts QA C_{18}柱(250 mm×4.6 mm,5 μm);流速:0.6 mL·min^{-1};进样量:10 μL;流动相 A 相为纯甲醇,B 相为 0.3%的冰醋酸水溶液,梯度洗脱。结果:羌活不同部位间各活性成分的含量存在一定的差异,含量较高的羌活醇和异欧前胡素主要富集于根部,不同部位中紫花前胡苷、补骨脂素和佛手柑内酯的含量均较少,且补骨脂素主要分布在叶片和叶柄中(见表 1-6-57)。

表 1-6-57　羌活不同部位中香豆素化合物紫花前胡苷、补骨脂素、佛手柑内酯和欧前胡素的含量测定结果

化合物	产地	含量(mg/g)(n=3)				
		根	茎	叶片	叶柄	种子
紫花前胡苷	门源	0.513±0.013	Trace[a]	Trace[a]	Trace[a]	Trace[a]
紫花前胡苷	乐都	2.050±0.072	0.161±0.007	0.771±0.023	0.358±0.010	0.283±0.002
补骨脂素	门源	Trace[a]	N.D.[b]	0.072±0.001	0.116±0.004	N.D.[b]
补骨脂素	乐都	Trace[a]	N.D.[b]	0.159±0.005	0.177±0.002	Trace[a]
佛手柑内酯	门源	0.169±0.003	Trace[a]	0.186±0.001	0.107±0.002	Trace[a]
佛手柑内酯	乐都	0.272±0.009	0.033±0.001	0.236±0.006	0.118±0.003	Trace[a]
欧前胡素	门源	N.D.[b]	N.D.[b]	N.D.[b]	N.D.[b]	N.D.[b]
欧前胡素	乐都	N.D.[b]	N.D.[b]	N.D.[b]	N.D.[b]	N.D.[b]

[a]Trace:低于定量限;[b]N.D.:低于检测限。
刘卫根等(2012)

邱婧然等(2014)以欧前胡素和异欧前胡素的总量得率和纯度为考察指标,采用单因素实验研究夹带剂、萃取温度、萃取压力、药材粒径、CO_2 流量、萃取时间等参数的影响,优选白芷中香豆素的超临界 CO_2 萃取工艺。优选工艺条件为:以 40%的乙醇为夹带剂,夹带剂流量为 0.10 mL/min,萃取温度为 55 ℃,萃取压力为 20 MPa,药材粒径为 20~80 目,CO_2 流量为 2.0 L/min,萃取时间为 1.5 h。该工艺条件下,香豆素的平均得率为 0.202%,纯度为 18.5%。

骆杨丽(2013)报道,我国柑橘属植物资源丰富,以柑橘、酸橙、宜昌橙、柠檬、香橼、佛手、酸柚、甜柚、甜橙等为代表种,柑橘属植物所含化学成分类型广泛,主要为香豆素类、萜类、生物碱类、黄酮类以及挥发油类成分,还含有少量甾体类成分。

赵雪梅(2007)报道,香豆素在柚的根皮、茎皮及果皮中均有分布,大多数都在香豆素母核上有异戊烯取代基,形成呋喃香豆素或吡喃香豆素。高幼蘅等(2002)从芸香科柑橘属佛手的果实进行化学成分鉴定,得到 5,7-二甲氧基香豆素即柠檬内酯成分。

　　据解思友(2011)报道,马齿苋又名蚂蚱菜、马舌菜、长命菜等,遍布全国,为常用的药食两用植物。马齿苋含有多种化学成分,主要为有机酸类、黄酮类、萜类、香豆素类、生物碱类、挥发油和多糖等。

　　王颖等(2011)报道,文冠果为我国特有的珍稀木本油料作物,是绿化、食用、药用和制作生物燃料油的重要木本油料树种,其果仁、果皮、枝叶等药用部位富含三萜、黄酮、香豆素、甾醇等化学成分。

　　王涛等(2012)报道,芦荟原产于非洲南部热带地区,是一种多年生肉质草本植物,属百合科芦荟属。芦荟具有抗氧化能力、抑菌、消炎、抗肿瘤、免疫调节和辅助治疗糖尿病的作用。Beppu 等对日本木立芦荟进行了研究,发现芦荟叶片中的化学成分包括蒽醌类、多糖类及蛋白质、氨基酸等物质,此外,芦荟中还存在多种香豆素类物质,也是芦荟生物功能的主要活性成分。

　　蒋雷等(2007)综述了近年来国内外对苦苣菜属植物化学成分与药理作用的研究进展。报道苦苣菜属植物的化学成分主要有倍半萜及其苷类、三萜和甾体类、黄酮类、香豆素类和木脂素类等。

　　吴疆等(2011)报道,现代研究证明,补骨脂含有香豆素类、黄酮类、单萜酚类等多种化合物,药理研究证实,补骨脂具有免疫调节、抗炎、抗肿瘤等多种功效。

　　周斌等(2013)报道,半边莲主要化学成分有黄酮、生物碱和香豆素类等,有显著的抗肿瘤、抗氧化、镇痛抗炎、抑制 α-葡萄糖苷酶等药理作用。

第七节　木脂素

　　木脂素(Lignan)又称木脂体、木酚素,是自然界植物中的一类植物雌激素。它是由苯丙素单位(C_6—C_3)聚合而成的一大类化合物,多数以二聚体的形式存在,也有少数的三聚体和四聚体,具有多样的结构和广泛的生物活性,存在于多种植物中。

　　木脂素主要由 2 分子苯丙素衍生物(C_6—C_3)聚合而成,单体主要是肉桂酸和苯甲酸及其羟甲基衍生物。木脂素类化合物可分为两大类:木脂素和新木脂素(neolignan)。前者是 C_6—C_3 单位通过边链的 β 位碳连接而成,β 位碳主要有芳基萘(aryhaphthalene)、二苄基丁内酯(dibenzybutyrolactone)、四氢呋喃(tetrahydrofuran)、二苄基丁烷(dibenzybutane)和联苯环辛烯 (dibenzocyclooctadiene)等。C_6—C_3 单位不通过边链的 β 位碳连接而形成的聚合体称为新木脂素。木脂素和新木脂素类化合物结构骨架见图 1-7-1。木脂素类化合物根据来源可将其分为植物木脂素和动物木脂素。开环异落叶松脂酚和罗汉松脂酚是植物中含量最多的木脂素。动物木脂素是植物木脂素通过胃肠道内微生物及酶转化而来,主要为肠二醇和肠内酯。

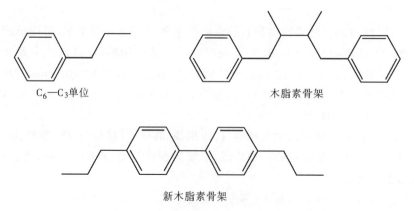

图 1-7-1　木脂素和新木脂素类化合物骨架结构

一、木脂素的生理功能

(一)抗氧化作用

已经有大量研究证实了木脂素的抗氧化活性。Kitts 等(1999)研究发现,亚麻籽中开环异落叶松脂酚二糖苷及其代谢物肠二醇和肠内酯在低浓度时(100 μmol/L)均有抗氧化活性,且三者的抗氧化能力存在差异性,肠二醇和肠内酯在减少脱氧核糖被氧化和 DNA 链遭受损伤方面的能力比开环异落叶松脂酚二糖苷更强。Hu 等(2007)研究了开环异落叶松脂酚二葡萄糖苷、开环异落叶松脂酚、肠二醇和肠内酯在生理浓度下对 DPPH、AAPH 引起的质粒 DNA 损坏和卵磷脂脂质体脂质过氧化的抗氧化作用。结果表明,开环异落叶松脂酚二葡萄糖苷、开环异落叶松脂酚在 25~200 μM 的浓度下对 DPPH 有显著的抗氧化活性,而肠二醇和肠内酯对 DPPH 没有活性。这 4 种木脂素对于抑制 AAPH 诱导的 DNA 损害的效力为:开环异落叶松脂酚二葡萄糖苷的效果比开环异落叶松树酚显著,后者跟 17α-雌二醇作用相当,肠二醇和肠内酯(两者抑制效果相当)的抑制效果比前两者差,但是均优于玉米蛋白。4 种木脂素对于抑制 AAPH 诱导的脂质体脂质过氧化的效应也不同:开环异落叶松脂酚二葡萄糖苷的效果优于开环异落叶松脂酚、肠二醇和肠内酯,后三种效果相当,研究还发现植物木脂素的抗氧化活性归功于开环异落叶松树脂酚二葡萄糖苷和开环异落叶松树脂酚的 3-甲氧基-4-羟基衍生物,相当于肠二醇和肠内酯的酚羟基的作用。Wang 等(2009)从球核荚蒾中分离出 12 种已知结构的木脂素类化合物并研究了其抗 DPPH 和羟基自由基的能力,结果发现 3,4,2,4-四羟基-反式-查耳酮、3,4,2,4-四羟基-反式-查耳酮-2-O-β-D-配糖物、槲皮素和圣草酚对 DPPH 和羟基自由基具有抗氧化能力,其 IC_{50}分别为 3.80~6.12 g/mL 和 9.24~11.87 g/mL,且这四种化合物对小鼠肝脏匀浆的脂质过氧化反应有抑制活性,在浓度为 20 g/mL 时抑制率在 10.8%~39.9%之间,100 g/mL 时为 38.8%~57.2%,200 g/mL 时为 44.2%~72.4%。

(二)保护肝脏的作用

芝麻素是芝麻中含量最丰富的一种木脂素,Ashakumary 等(1999)通过给小鼠饲喂含不同量芝麻素(0.01%、0.2%、0.5%)的食物研究了芝麻素对肝脂肪酸氧化的作用。结果发现线粒体和乙酰辅酶 A 氧化速率均随着膳食木脂素剂量的增加而加快:在 0.5%的剂量下线粒体活动差不多增加一倍,过氧化物酶体的活力在该剂量下相对于对照组增加 10 倍以上,可见含芝麻素膳食大大提高了肝脂肪酸氧化酶的活力,用专一性的 cDNA 探针表明芝麻素膳食能诱导线粒体和过氧化物酶体中脂肪酸氧化酶基因表达的加快,在这些酶中,线粒体乙酰辅酶 A 氧化酶和双功能酶受膳食芝麻素的影响最大(在 0.5%剂量时,加快 15 到 20 倍)。异芝麻素是芝麻素的几何异构体,它不是天然形成的产物,而是在非烘烤法制备芝麻籽油的过程中形成的。Kushiro 等(2002)通过实验对比了这两种木脂素对小鼠肝脏肝脂肪酸代谢的功能活性的影响,发现木脂素进入小鼠体内促进了小鼠线粒体和过氧化物酶体棕榈酰辅酶 A 的氧化速率,且异芝麻素的作用强于芝麻素,芝麻素使得线粒体和过氧化物酶体的活力分别增加 1.6 和 1.7 倍,而异芝麻素使得两者的活性分别增加 2.3 和 5.1 倍。这两种木脂素还能够增加各种脂肪酸氧化酶的活性和相关基因的表达,异木脂素能够加快 1.5 到 14 倍,而木脂素为 1.3 到 2.8 倍。相对于对照组,含芝麻素和异芝麻素的膳食可将肝脏产脂酶的活性及其基因表达能力减低到一半的水平。

机体中铁过量会通过氧化作用导致肝细胞损伤和炎症,可能造成肝纤维化以及肝细胞癌变。Kim 等(2009)研究了一种有生物活性的木脂素三白草酮对铁诱导的肝脏损伤的抑制作用,发现三白草酮(IC_{50}=10 mg/kg)可削弱肝脏损伤并激活老鼠体内的磷酸腺苷活化蛋白激酶(AMPK)。

姚莹等(2014)比较了南、北五味子中木脂素对四氯化碳 CCl_4 致小鼠急性肝损伤的保护作用。试验中采用 CCl_4 致小鼠急性肝损伤模型,比较了南、北五味子中木脂素对小鼠血清谷丙转氨酶 ALT、谷草转氨酶 AST 活性及肝组织匀浆丙二醛 MDA 水平的影响,同时观察了肝组织病理学改变。结果发现南、北五味子中木脂素均能明显降低急性肝损伤小鼠血清 ALT、AST 含量(见表 1-7-1),降低肝组织 MDA 的水平(见表 1-7-2);肝脏病理损伤有明显改善。说明南、北五味子中木脂素对 CCl₄ 致小鼠急性肝损伤均具有一定的保护作用,且两者的作用效果无明显差异,两者的作用机制与其提高肝细胞抗氧化能力有关。

表 1-7-1　南、北五味子中木脂素对急性肝损伤小鼠血清 ALT、AST 的影响

组别	剂量(mg/kg)	ALT(U/L)	AST(U/L)
正常对照组	—	42.56±9.64	108.62±36.65
CCl₄ 模型组	—	254.23±17.53**	243.62±14.68**
南五味子	100.0	226.78±15.12△★	219.45±14.67△★
南五味子	150.0	217.65±19.43△△★	212.41±13.88△★
南五味子	200.0	178.78±12.68△△★	172.55±14.98△△★
北五味子	100.0	231.56±16.02△	226.32±14.18△
北五味子	150.0	210.14±13.16△	198.46±15.06△△
北五味子	200.0	181.26±14.28△△	178.64±14.13△△
联苯双酯阳性对照组	150.0	208.15±15.16△△	198.54±14.75△△

注:与正常对照组比较,**$P<0.01$;与模型组比较,△$P<0.05$,△△$P<0.01$;在相同总木脂素剂量条件下,与北五味子相比,★$P<0.05$。
据姚莹等(2014)

表 1-7-2　南、北五味子中木脂素对急性肝损伤小鼠肝组织 MDA 的影响($\bar{x}±S$)

组别	剂量(mg/kg)	MDA(nmol/mL)
正常对照组	—	3.14±0.68
CCl₄ 模型组	—	7.82±2.16**
南五味子	100	6.78±1.73△★
南五味子	150	6.18±1.96△★
南五味子	200	5.36±2.16△△★
北五味子	100	6.32±2.25△
北五味子	150	6.23±1.84△△
北五味子	200	5.46±1.92△△
联苯双酯阳性对照组	150	5.78±2.05△△

注:与正常对照组比较,**$P<0.01$;与模型组比较,△$P<0.05$,△△$P<0.01$;在相同总木脂素剂量条件下,与北五味子相比,★$P<0.05$。
据姚莹等(2014)

(三)保护肾脏作用

鞠家星等(2012)观察牛蒡子总木脂素对自发性糖尿病大鼠(GK 大鼠)肾脏病变的影响。将 20 只 GK 大鼠造模成功后随机分为模型组和牛蒡子总木脂素组(300 mg/kg、灌胃注射、2 次/d),同时采用 10 只同龄 Wistar 大鼠作为正常组。给药期间观察大鼠生长状况,每周监测体重。给药 12 wk 末,测定肾脏肥大指数、血尿素氮(BUN)、血肌酐(SCr)、空腹血糖(FBG)、糖化血红蛋白(HbA1c)、尿蛋白和尿微量白蛋白表达/水平。并观察各组肾脏病变状况,采用 Western blot 法检测肾皮质中转化生长因子 β₁(TGF-β₁)和结缔组织生长因子(CTGF)的表达水平。结果表明,至实验结束,3 组动物的体重增长无显著差异。总木脂素组肾脏肥大指数为(3.62±0.10)×10⁻³,低于模型组[(4.50±0.49)×10⁻³,$P<0.05$],与正常组无显著差异[(3.27±0.31)×10⁻³,$P>0.05$],光镜下总木脂素组肾脏病理改变较模型组轻微。总木脂素组大鼠 SCr、BUN、HbA1c、FBG 及尿微量白蛋白水平均低于模型组($P<0.01$),其中 SCr、BUN、HbA1c 及尿

微量白蛋白水平与正常组无显著差异($P>0.05$),见表1-7-3。总木脂素组肾皮质中 TGF-β_1 和 CTGF 蛋白表达水平(22.98 ± 5.08 和 21.30 ± 2.21)低于模型组(26.58 ± 2.35 和 24.93 ± 4.26,$P<0.05$),TGF-β_1 水平接近正常组(22.32 ± 2.49,$P>0.05$),CTGF 仍显著高于正常组(17.18 ± 3.64,$P<0.01$)。并得出结论,牛蒡子总木脂素可以减轻 GK 大鼠肾脏病理改变,改善肾脏功能,可能与抑制肾脏中 TGF-β_1 和 CT-GF 的表达有关。

表 1-7-3　3 组大鼠的血生化指标和尿蛋白水平比较

组别	血尿素氮（mmol/L）	血肌酐（μmol/L）	糖化血红蛋白（吸光度/10 g）	空腹血糖（mmol/L）	尿微量白蛋白（mg/24 h）	尿蛋白（mg/24 h）
正常	4.25 ± 0.53	26.20 ± 7.58	29.90 ± 5.17	5.50 ± 0.24	3.36 ± 1.85	12.73 ± 3.78
模型	5.66 ± 0.62^c	39.50 ± 6.12^c	43.72 ± 8.97^c	15.54 ± 3.57^c	6.81 ± 1.35^c	16.76 ± 3.33^b
总木脂素	4.57 ± 0.43^{af}	29.60 ± 4.99^{af}	30.89 ± 6.19^{af}	7.56 ± 0.89^{af}	4.74 ± 1.28^{af}	15.81 ± 2.81^{ad}

经方差分析,两两比较;与正常组比较,$^aP<0.05$,$^bP<0.05$,$^cP<0.01$;与模型组比较,$^dP>0.05$,$^fP<0.01$。
据鞠家星等(2012)

李玲(2011)研究了杜仲木脂素对肾脏醛糖还原酶(AR)的作用,探讨了其保护高血压肾损害的作用机制。实验分为动物实验和细胞实验两大部分。动物实验为 5 组,每组 7 只,连续饲养 16 周。分别为①阴性对照组:正常血压大鼠(WKY)+蒸馏水;②模型组:自发性高血压大鼠(SHR)+蒸馏水;③阳性对照组:自发性高血压大鼠(SHR)+卡托普利[100 mg/(kg·d)];④自发性高血压大鼠(SHR)+依帕司他[100 mg/(kg·d)],依帕司他是 AR 抑制剂和⑤自发性高血压大鼠(SHR)+杜仲木脂素[300 mg/(kg·d)]。尾动脉血压监测四周一次。25 周龄时,测定肾功能指标:晨尿中 NAG 酶、12 小时尿中微量白蛋白和尿肌酐的量。离体后通过电镜投射、天狼星红染色进行病理形态学检测,肾小球免疫组化检测 AR 蛋白表达。细胞实验通过 AngII 诱导造模。进一步使用 MTT 检测系膜细胞的增殖情况,realtime PCR 检测 AR 的 mRNA 表达情况。结果:动物实验中,与 SHR 大鼠组相比,卡托普利、杜仲木脂素组平均动脉压下降,依帕司他组血压无明显改变,见表 1-7-4;卡托普利、依帕司他和杜仲木脂素明显降低 SHR 大鼠的 NAG 酶的活性($P<0.05$),与 SHR 组大鼠比较,卡托普利、杜仲木脂素和依帕司他可以显著降低比值 K＝微量白蛋白(ALB)/尿肌酐(UCR)($P<0.05$),见表 1-7-5;WKY 正常对照组基底膜边缘清晰,粗细均匀,SHR 大鼠组肾小球基底膜表现为厚薄不均、广泛撕裂分层,杜仲木脂素组和依帕司他组较 SHR 组基底膜边线要规则清晰,撕裂分层现象明显改善,尽管卡托普利组基底膜边线清晰度升高,但仍存在厚薄不均现象,未能明显改善高血压所至的基底膜损坏;SHR 组、卡托普利组、依帕司他组和杜仲木脂素组胶原容积分数分别为:0.98 ± 0.27、2.23 ± 0.39、1.43 ± 0.49、1.23 ± 0.22、1.51 ± 0.51,卡托普利、依帕司他和杜仲木脂素均可降低 SHR 大鼠肾皮质微血管外 III 型胶原的表达量($P<0.05$)。细胞实验中,氯沙坦、依帕司他和杜仲木脂素均可以抵抗 AngII 诱导的系膜细胞增殖,48 h、72 h 细胞数目较模型组明显减少($P<0.05$),杜仲木脂素作用效果未能呈现明显的剂量依赖性,见表 1-7-6;WKY 组、SHR 组、卡托普利组、依帕司他组和杜仲木脂素组积分光密度分别为:0.028 ± 0.010、0.056 ± 0.007、0.030 ± 0.009、0.016 ± 0.007 和 0.030 ± 0.007。动物实验中卡托普利、依帕司他和杜仲木脂素组 AR 蛋白表达量较 SHR 组而言,有明显降低的趋势($P<0.05$)。且细胞实验中氯沙坦、依帕司他和杜仲木脂素均可降低 AR 的 mRNA 表达,但杜仲木脂素作用效果未呈明显的剂量依赖性。由此得出结论:(1)与 WKY 大鼠相比,SHR 大鼠肾脏组织中醛糖还原酶表达增加;(2)杜仲木脂素和卡托普利可抑制肾脏中醛糖还原酶的表达;(3)杜仲木脂素可能通过抑制 III 型胶原的表达和系膜细胞的增殖,保护高血压导致的肾损害。

表 1-7-4 杜仲木脂素对 SHR 大鼠平均动脉血压(mmHg)的影响($n=7$)

	大鼠平均动脉血压(mmHg)				
	10 周	14 周	18 周	22 周	26 周
阴性对照组	107±14	116±20	111±16	109±14	111±9
模型组	142±7*	160±9*	171±6*	169±3*	165±5*
卡托普利组	137±5#	97±11#	101±12#	104±13#	110±5#
依帕司他组	143±5	163±7	164±8	155±14	156±5
杜仲木脂素组	139±8	132±10#	137±11#	122±15#	133±8#

注：* $P<0.05$，与正常对照 WKY 组比较，# $P<0.05$，与模型组 SHR 大鼠组比较。

据李玲(2011)

表 1-7-5 杜仲木脂素对 SHR 大鼠肾功能生化指标的影响($n=7$)

	NAG(U/L)	ALB(mg/L)	K＝ALB/UCR(g/mol)
阴性对照组	74.05±7.52	1.07±0.25	0.95±0.35
模型组	94.98±8.05*	1.72±0.92	2.41±0.52*
卡托普利组	81.33±3.50#	0.64±0.23	0.74±0.24
依帕司他组	66.24±12.60#	0.99±0.49	1.29±0.33#
杜仲木脂素组	78.41±2.03#	1.27±0.69	1.32±0.45#

注：(1)尿 NAG 酶作为检测肾功能损伤的敏感指标，各种原因引起的肾实质损害均能使尿中该酶活力增加。

(2)* $P<0.05$，与正常对照 WKY 组比较，# $P<0.05$，与模型组 SHR 大鼠组比较。

据李玲(2011)

表 1-7-6 不同剂量杜仲木脂素对 AngⅡ 诱导大鼠系膜细胞增殖的影响($n=6$)

	OD 值		
	24 h	48 h	72 h
正常对照组	0.23±0.04	0.23±0.03	0.29±0.05
AngⅡ 模型组	0.30±0.08*	0.58±0.11	0.74±0.10
氯沙坦组	0.26±0.07	0.27±0.05#	0.30±0.05#
依帕司他组	0.24±0.06	0.26±0.07#	0.30±0.06#
杜仲木脂素低剂量组	0.24±0.04	0.26±0.07#	0.31±0.02#
杜仲木脂素中剂量组	0.29±0.04	0.22±0.03#	0.31±0.11#
杜仲木脂素高剂量组	0.26±0.02	0.24±0.05#	0.28±0.06#

注：* $P<0.05$，与正常对照 WKY 组比较，# $P<0.05$，与模型组 SHR 大鼠组比较。

据李玲(2011)

(四)抗肿瘤、抗癌作用

关于木脂素抗癌作用的研究主要是围绕乳腺癌和前列腺癌进行的，此外还有少量关于木脂素通过胃肠道微生物作用来预防和抑制结肠、盲肠癌发生的报道。一些基于流行病学的调查研究发现，血浆中肠内酯的浓度与患胸部癌症及前列腺癌的风险成负相关。Adercreutz 的早期研究发现，与素食和杂食为主的妇女相比，那些患有乳腺癌的妇女只有低剂量的肠内酯排出，因而推测木脂素可能具有抗雌激素作用或抑制肿瘤增殖的作用。随后的动物试验证实了高木脂素含量的饮食能够抑制乳腺癌的发生与增殖。在一些试验性研究中发现，木脂素能显著地降低前列腺癌细胞的增殖，并加速其凋亡。

王彬等(2008)研究了瑞香狼毒总木脂素的体外抗肿瘤作用。用 MTT 比色分析法、集落形成法对瑞香狼毒总木脂素的体外抗肿瘤活性进行研究，并与长春新碱进行了比较。结果表明，瑞香狼毒总木脂素成分对肿瘤细胞株 SGC-7901、HEP-7402 和 HL-60 的增殖及克隆形成具有较强的抑制作用，其体外抗肿瘤活性高于或接近于长春新碱，见表 1-7-7、表 1-7-8。证明瑞香狼毒总木脂素成分具有较强的体外抗肿瘤作用。

表 1-7-7　瑞香狼毒总木脂素和长春新碱对肿瘤细胞增殖的抑制率

剂量 （μg/mL）	总木脂素（%）			长春新碱（%）		
	HEP-7402	SGC-7901	HL-60	HEP-7402	SGC-7901	HL-60
16.00	11.49	3.38	9.53	17.20	15.45	3.93
32.00	16.51	6.76	13.03	17.42	20.32	5.02
64.00	32.28	14.08	26.71	20.88	22.30	17.98
128.00	55.77	45.83	40.61	35.82	33.17	28.97
256.00	70.20	61.00	55.68	51.49	50.20	50.00

据王彬等（2008）

表 1-7-8　瑞香狼毒总木脂素与长春新碱对肿瘤细胞克隆形成的抑制率

剂量 （μg/mL）	总木脂素（%）			长春新碱（%）		
	HEP-7402	SGC-7901	HL-60	HEP-7402	SGC-7901	HL-60
0.01	61.25	10.29	55.63	59.96	21.82	46.51
0.02	80.68	35.26	60.12	79.28	60.28	67.44
0.04	90.01	83.83	92.28	94.47	85.37	90.70

据王彬等（2008）

李红国等（2014）的研究结果表明，木脂素对 MGC-803 胃癌细胞具有明显的抗增殖作用，并具有浓度和时间依赖性，见表 1-7-9。细胞凋亡率和细胞周期检测结果，实验组凋亡率与对照组相比有显著性差异，说明木脂素促进胃癌细胞凋亡。同时可下调 Bcl-2 和 Bcl-6 蛋白的表达，上调 Bax 蛋白的表达，表明木脂素通过对 Bcl-2/Bax 蛋白及 Bcl-6 蛋白的调控来促进细胞凋亡。细胞周期检测结果，实验组 G_1 期细胞百分比增多，而 S 期及 G_2 期细胞百分比减少，说明木脂素可阻止细胞从细胞周期 G_1 期进入 S 期，从而抑制肿瘤细胞 DNA 合成，抑制肿瘤细胞的增殖。

表 1-7-9　不同浓度木脂素在不同时间段对 MGC-803 胃癌细胞存活率的影响

组别	剂量（μmol/L）	24 h	48 h	72 h
对照组		100.0±0.0	100.0±0.0	100.0±0.0
木脂素组	6.3	88.0±1.7*	74.3±1.9*	65.2±1.0*
木脂素组	12.5	83.5±0.7*	72.2±1.9*	60.7±1.5**
木脂素组	25.0	82.6±2.7*	69.1±4.5**	50.5±1.7**
木脂素组	50.0	66.3±2.5**	59.0±0.7**	40.3±0.9**
木脂素组	100.0	35.4±2.5**	25.6±4.7**	10.7±0.8**

与对照组相比：$^*P<0.05$，$^{**}P<0.01$。
据李红国等（2014）

（五）抗炎作用

环氧化酶（Cyclooxygenase）1 和 2 分别称作 COX-1、COX-2，可以引起机体的炎症。木脂素 5′-Methoxyyatein 和 TaiwanninC 可以起到抑制 COX-1 和 COX-2 活性的作用。另外牛蒡子苷元（arctigenin）、三白草酮（sauchinone）、saucerneol、manassantinA 和 B 等通过抑制 NF-κB 的活性等方式发挥其抗炎作用。还有研究发现，木脂素对由角叉胶诱导的大鼠爪水肿有明显的抗炎作用，也能缓解乙酸诱导的小鼠疼痛。马敏等（2001）从三白草中分离的木脂素类化合物白三脂素-8（Sc-8）对角叉胶诱导的大鼠急性炎症和棉球肉芽肿有抑制作用，见表 1-7-10、表 1-7-11。

表 1-7-10 白三脂素-8(Sc-8)对大鼠角叉菜胶性足跖肿的影响($\bar{x}\pm S$)

组别	剂量(g/kg)	动物数(只)	给药前左足体积(mL)	给药后左足肿胀率×100%			
				30 min	1 h	2 h	4 h
正常对照组		5	0.77±0.14	78.8±33.1	106.4±24.5	144.0±49.7	153.2±46.5
Sc-8 高剂量组	0.2	5	0.82±0.12	36.3±21.9*	50.0±16.5**	57.5±30.1*	88.5±31.7*
Sc-8 低剂量组	0.05	5	0.90±0.16	30.6±10.8*	34.4±16.6**	76.0±46.6	90.2±36.4
阿司匹林组	0.2	5	1.15±0.06	14.8±10.0**	21.2±25.1**	42.0±12.4**	60.2±18.8**

与对照组比:* $P<0.05$,** $P<0.01$。
据马敏等(2001)

表 1-7-11 白三脂素-8 对大鼠棉球肉芽的影响

组别	剂量(g/kg)	动物数(只)	肿胀率×100%($\bar{x}\pm S$)	抑制率(%)
正常对照组		5	390.32±75.57	
Sc-8 低剂量组	0.05	5	175.57±14.32**	55.02
Sc-8 高剂量组	0.2	5	154.61±32.49**	60.35
阿司匹林组	0.2	5	125.39±31.97**	67.86

与对照组比:** $P<0.01$。
据马敏等(2001)

(六)调节脂质、胆固醇代谢

芝麻素对脂质代谢影响主要体现在抑制△5-脱氢酶活性,降低羟甲基戊二酸单酰酶 A 还原酶(HMG-CoA)活性,减少胆固醇在肠道内吸收,加大胆固醇排泄物进入胆汁,抑制培养肝细胞内的酰基辅酶 A-胆固醇酰基转移酶(ACAT)活性,稍微增强 7-α-羟化酶活性。这些结果表明,芝麻素通过抑制胆固醇合成限速酶 HMG-CoA 活性,以降低血清胆固醇水平,也可能是通过改变胆固醇酯和游离胆固醇对肝脏 ACAT 活性抑制量,降低血清胆固醇水平。因此,芝麻素能降低血清胆固醇水平,尤其是降低动脉硬化危险因子 LDL-C 水平。

Hirose 等(1991)将白鼠连续 4 周喂食添加 0.1%~0.5%芝麻素的高胆固醇饲料,使白鼠血清和肝脏胆固醇浓度都得到一定抑制。如芝麻素与 α-生育酚混合食用,将增强对白鼠血清中胆固醇抑制效果。实验还证实,芝麻素能降低胆固醇在胆汁酸胶束中溶解性,从而具有阻碍从肠管吸收胆固醇作用。

Kushrio 等(2002)进一步比较芝麻素和细辛素这两种木脂素对鼠肝脂肪酸氧化、合成酶类活性及基因表达影响。结果发现,细辛素效果显著优于芝麻素。芝麻素增强线粒体及过氧化酶活性分别为 1.7 倍和 1.6 倍;而细辛素可分别达 2.3 倍和 5.1 倍。这些结果表明,以前大多研究采用芝麻素制品所表现的生理活性主要系由细辛素所贡献,并不是芝麻素。

安建博等(2010)探讨了芝麻素对高脂血症大鼠脂代谢紊乱的作用。选择 SD 大鼠,喂饲高脂饲料,建立高脂血症大鼠模型。然后对高脂模型大鼠进行芝麻素干预 7 周后,检测各组大鼠的血脂、抗氧化酶活力和过氧化产物水平,观察肝脏组织的形态学变化。结果表明,芝麻素可以降低高脂血症大鼠血清总胆固醇(TC)、甘油三酯(TG)、低密度脂蛋白胆固醇(LDL-C)及载脂蛋白 B(apoB)的水平,一定程度升高高密度脂蛋白胆固醇(HDL-C)和载脂蛋白 A(apoA)的含量($P<0.05$);可以降低高脂血症大鼠血清自由基代谢产物丙二醛(MDA)的含量,同时提高超氧化物歧化酶 SOD、谷胱甘肽过氧化物酶 GSH-Px 的活力,提高机体消除羟自由基的能力($P<0.05$),见表 1-7-12 至表 1-7-15;芝麻素高、中、低剂量组对高脂血症大鼠肝脏的脂肪变性有不同程度的缓解作用。说明芝麻素可以调节高脂血症大鼠的脂代谢,缓解机体的氧化应激,改善高脂血症大鼠肝脏的脂肪变性。

表 1-7-12　实验 0 周和 12 周末时各组大鼠血清 TC、TG 值的比较（mmol/L，$\bar{x}\pm S$）

组别	n	TC		TG	
		第 0 周	第 12 周	第 0 周	第 12 周
对照组	10	1.49±0.23	1.54±0.14	0.56±0.17	0.57±0.14
模型组	10	1.51±0.32	2.70±0.22*	0.43±0.22	1.12±0.21*
芝麻素低剂量组	9	1.47±0.28	2.49±0.16#	0.53±0.30	1.03±0.16
芝麻素中剂量组	8	1.44±0.19	1.96±0.18#	0.45±0.24	0.92±0.17#
芝麻素高剂量组	8	1.49±0.26	1.72±0.25#	0.53±0.19	0.85±0.18#

与对照组比较，* $P<0.05$；与模型组比较，# $P<0.05$。
据安建博等（2010）

表 1-7-13　芝麻素对各组大鼠 HDL-C、LDL-C、apo A、apo B 的影响（$\bar{x}\pm S$）

组别	n	HDL-C(mmol/L)	LDL-C(mmol/L)	apo A(mg/L)	apo B(mg/L)
对照组	10	0.51±0.05	0.90±0.16	0.42±0.03	0.26±0.03
模型组	10	0.40±0.04*	1.27±0.30*	0.28±0.05*	0.44±0.04*
芝麻素低剂量组	9	0.41±0.05	1.25±0.16	0.31±0.04	0.40±0.05#
芝麻素中剂量组	8	0.43±0.03#	1.24±0.37	0.33±0.03#	0.37±0.03#
芝麻素高剂量组	8	0.44±0.05#	1.00±0.25#	0.35±0.04#	0.37±0.03

与对照组比较，* $P<0.05$；与模型组比较，# $P<0.05$。
据安建博等（2010）

表 1-7-14　各组大鼠血清 MDA 含量和 SOD 活力的变化（$\bar{x}\pm S$）

组别	n	MDA(mmol/L)	SOD(μ/L)
对照组	10	5.57±1.36	188.76±21.90
模型组	10	9.12±1.01*	119.38±22.49*
芝麻素低剂量组	9	8.72±1.33	134.01±17.87
芝麻素中剂量组	8	7.03±1.34#	161.47±31.56#
芝麻素高剂量组	8	7.49±1.42#	145.86±27.39#

与对照组比较，* $P<0.05$；与模型组比较，# $P<0.05$。
据安建博等（2010）

表 1-7-15　各组大鼠血清 GSH-Px 活力和抑制羟自由基能力的变化（μ/mL，$\bar{x}\pm S$）

组别	n	GSH-Px	抑制羟自由基能力
对照组	10	813.82±54.10	704.85±55.45
模型组	10	558.62±38.62*	581.62±37.27*
芝麻素低剂量组	9	604.39±27.92#	604.40±29.97
芝麻素中剂量组	8	763.85±54.30#	628.86±49.40#
芝麻素高剂量组	8	675.64±58.24#	639.65±56.14#

与对照组比较，* $P<0.05$；与模型组比较，# $P<0.05$。
据安建博等（2010）

（七）保护中枢神经系统

张国辉等（2014）通过建立癫痫持续状态后自发性癫痫大鼠模型研究了五味子木脂素的抗癫痫作用，及通过抗氧化检测分析五味子木脂素对癫痫鼠的神经保护作用。建立自发癫痫大鼠模型后，分为两组，实验组五味子的提取成分五味子木脂素 80 mg/kg 喂食，对照组正常大鼠饮食，观察 1 个月内癫痫鼠的癫痫发作情况，并应用水迷宫测定两组大鼠的寻找平台期的能力，通过分光光度法、考马斯亮蓝法测定蛋白水平。检测记录两组小鼠血清、大脑组织中的一氧化氮（NO）含量、总抗氧化能力（T-AOC）、超氧化物歧化酶（SOD）活力、丙二醛（MDA）含量，见表 1-7-16。结果表明，实验组癫痫发作次数明显减少，且大鼠的记忆能力明显好于对照组。说明五味子木脂素对癫痫鼠神经具有保护作用。

表 1-7-16 五味子木脂素对癫痫鼠癫痫发作后脑内自由基代谢影响($\bar{x}\pm S$)

组别	MDA(nmol/mg)	SOD(U/mg)	NO(μmol/L)	T-AOC(U/mg)
对照组	4.12±1.59	60.18±6.53	34.68±10.01	0.73±0.26
实验组	2.63±0.52	75.22±4.18	15.28±6.01	1.04±0.82

据张国辉等(2014)

姜恩平等(2014)观察了北五味子总木脂素(SCL)对局灶性脑缺血损伤大鼠神经细胞凋亡和 PI3K/AKT 信号传导途径的影响,并探讨了其作用机制。用北五味子总木脂素高、中、低剂量组(100 mg/kg、50 mg/kg、25 mg/kg)给大鼠分别灌胃给药,连续 14 d 后,线栓法建立脑缺血损伤模型,进行神经功能评分,TTC 染色观察大鼠的脑梗死面积,HE 染色观察脑组织的病理形态学改变,免疫组化检测脑组织中 Bcl-2 和 Bax 的表达,Western blotting 检测脑组织内 p-AKT 和 AKT 蛋白的表达情况。结果表明:与模型组比较,北五味子总木脂素高、中、低剂量组均能不同程度缩小脑梗死面积(见表 1-7-17);改善脑组织的病理形态学改变;促进抗凋亡蛋白 Bcl-2 的表达,抑制促凋亡蛋白 Bax 表达,同时促进 p-AKT 的表达(见表 1-7-18、表 1-7-19)。由此得出结论,北五味子总木脂素对大鼠脑缺血性损伤具有一定的保护作用,机制可能与其促进 p-AKT 活性增加,提高脑组织抗缺血损伤的能力和抑制神经细胞的凋亡有关。

表 1-7-17 北五味子总木脂素对大鼠脑梗死面积的影响($\bar{x}\pm S, n=8$)

组别	剂量(mg/kg)	梗死面积/总面积
假手术	—	
模型	—	0.44±0.03[①]
北五味子总木脂素	100	0.31±0.04[②]
北五味子总木脂素	50	0.36±0.03[②]
北五味子总木脂素	25	0.39±0.03[③]

注:与假手术组比较[①]$P<0.01$;与模型组比较[②]$P<0.01$,[③]$P<0.05$。
据姜恩平等(2014)

表 1-7-18 北五味子总木脂素对大 Bcl-2 和 Bax 表达的影响($\bar{x}\pm S, n=8$)

组别	剂量(mg/kg)	Bcl-2	Bax
假手术	—	7.09±1.32	4.78±2.41
模型	—	5.68±1.66[①]	22.36±4.12[①]
北五味子总木脂素	100	11.64±1.47[②]	8.12±2.33[②]
北五味子总木脂素	50	8.42±1.95[②]	13.85±2.79[②]
北五味子总木脂素	25	7.94±1.38[③]	19.64±2.77[③]

注:与假手术组比较[①]$P<0.01$;与模型组比较[②]$P<0.01$,[③]$P<0.05$。
据姜恩平等(2014)

表 1-7-19 北五味子总木脂素对 p-AKT/AKT 蛋白表达的影响($\bar{x}\pm S, n=8$)

组别	剂量(mg/kg)	p-AKT/AKT
假手术	—	1±0.011
模型	—	0.57±0.018[①]
北五味子总木脂素	100	0.86±0.033[②]
北五味子总木脂素	50	0.75±0.026[②]
北五味子总木脂素	25	0.70±0.035[②]

注:(1)与假手术组比较[①]$P<0.01$;与模型组比较[②]$P<0.01$。
(2)AKT 既可以促进 Bad、caspase-3 等凋亡蛋白磷酸化,使其失活,也能够促进抗凋亡基因如 Bcl-2、Bcl-xL 等基因的转录和表达,使细胞存活。
据姜恩平等(2014)

（八）调节免疫功能

于志红等（2008）研究了亚麻木脂素对小鼠免疫功能的影响。试验中选用雌雄各半，体重 $18\sim22$ g 的 ICR 小鼠 120 只，随机分为对照组和试验低、中、高 3 个剂量组，小鼠分别经口给予 0.6 g/（kg·d）、1.2 g/（kg·d）、3.6 g/（kg·d）的亚麻木脂素，持续 30 d 后测其各项免疫指标。结果表明，3 个剂量组的小鼠 T 淋巴细胞中 IL-2 细胞活性分别提高 57.8%、64.2%、67.4%；巨噬细胞吞噬水平分别提高 55.4%、57.0%、59.7%，与对照组比较差异显著（$P<0.05,P<0.01$）；中、高剂量组可使小鼠脾淋巴细胞转化率分别提高 58.9%、62.3%；溶血空斑数分别增加 51.8%、53.1%；NK 细胞活性分别提高 58.9%、62.7%，与对照组比较差异显著（$P<0.05,P<0.01$）。结果表明亚麻木脂素具有增强小鼠免疫功能的作用。

王伟等（2008）研究了亚麻木脂素对鹅生长性能及免疫功能的影响。试验中选用 99 只 1 日龄雄性东北大白鹅，随机分为 3 组，对照组饲喂基础日粮，亚麻脱脂粕组在日粮中添加亚麻脱脂粕粉 2.0 g/kg，提取木脂素组在饮水中添加木脂素提取液 0.1 mL/L，试验 8 周。结果表明，试验组平均日增重较对照组分别增加 8.77% 和 11.22%（$P>0.05$）；试验组平均日采食量较对照组分别增加 9.26% 和 14.35%（$P>0.05$）；试验组与对照组相比，料肉比差异不显著（$P>0.05$）；鹅血清胰岛素含量较对照组增加 4.70% 和 8.19%（$P>0.05$）；鹅甲状腺素（T_4）含量较对照组提高 11.23% 和 19.67%（$P>0.05$）；而胸腺指数与对照组相比分别提高 29.55% 和 33.57%（$P<0.05$）；试验组鹅血清中白介素-2 含量显著高于对照组（$P<0.05$），分别提高 20.75% 和 23.64%。试验结果提示亚麻木脂素对鹅生长性能效果不显著，但可提高鹅的免疫功能。

孙晶等（2010）研究了木脂素对小鼠免疫功能的影响。试验中采用 ICR 小鼠，雌雄各半，分为对照组和不同剂量组，分别经口给予低、中、高剂量的木脂素 30 天后，测量其各项免疫指标，观察不同剂量的木脂素分别对小鼠体重与免疫器官指数、自然杀伤（NK）细胞活性、淋巴细胞转化率、巨噬细胞吞噬功能、溶血空斑形成以及 T 淋巴细胞产生 IL-2 水平的影响。结果（见表 1-7-20 至表 1-7-25）表明，木脂素在 3 种剂量组水平均可增强小鼠 T 淋巴细胞中 IL-2 细胞活性及巨噬细胞吞噬率及指数水平；中高剂量组可提高小鼠脾淋巴细胞转化率、溶血空斑数和 NK 细胞活性。说明木脂素具有增强小鼠免疫功能的作用。

表 1-7-20　木脂素对小鼠脏器/体重比值的影响（mg/g）

组别	动物只数	脾脏/体重比值	胸腺/体重比值
空白对照组	5	4.90±0.46	2.11±0.39
低剂量组	5	5.13±0.53	2.62±0.22
中剂量组	5	6.90±0.43*	2.68±0.19*
高剂量组	5	9.70±0.48*	3.17±0.13*

与空白对照组比较，* $P<0.05$。

据孙晶等（2010）

表 1-7-21　木脂素对小鼠 NK 细胞活性的影响

组别	动物只数	NK 细胞活性（%）
空白对照组	5	31.56±6.20
低剂量组	5	33.63±4.7
中剂量组	5	45.36±3.35*△
高剂量组	5	53.03±4.01*△

与空白对照组比较，* $P<0.01$；与低剂量组比较，△ $P<0.01$。

据孙晶等（2010）

表 1-7-22　木脂素对小鼠溶血空斑数的影响

组别	动物只数	溶血空斑数(个/10^6 脾细胞)
空白对照组	5	266.4±15.9
低剂量组	5	277.8±14.53
中剂量组	5	286.6±8.10*
高剂量组	5	301.6±16.04**△

与空白对照组比较,* $P<0.05$,** $P<0.01$;与低剂量组比较,△ $P<0.05$。

据孙晶等(2010)

表 1-7-23　木脂素对 ConA 诱导的小鼠脾淋巴细胞转化实验的影响

组别	动物只数	淋巴细胞增殖能力(OD 差值)
空白对照组	5	0.023±0.004
低剂量组	5	0.026±0.005
中剂量组	5	0.033±0.004*△
高剂量组	5	0.038±0.007*△

与空白对照组比较,* $P<0.05$;与低剂量组比较,△ $P<0.01$。

据孙晶等(2010)

表 1-7-24　木脂素对小鼠巨噬细胞吞噬鸡红细胞能力的影响

组别	动物只数	吞噬百分率(%)	吞噬指数
空白对照组	5	31.9±6.8	0.40±0.10
低剂量组	5	39.6±4.2**	0.52±0.02*
中剂量组	5	42.3±8.9**	0.54±0.09*
高剂量组	5	53.1±6.5**	0.72±0.04**

与空白对照组比较,* $P<0.05$,** $P<0.01$。

据孙晶等(2010)

表 1-7-25　木脂素对小鼠 IL-2 活性的影响

组别	动物只数	IL-2 活性(OD 值)
空白对照组	5	0.43±0.008
低剂量组	5	0.59±0.1*
中剂量组	5	0.77±0.08**△
高剂量组	5	0.89±0.09**△

与空白对照组比较,* $P<0.05$,** $P<0.01$;与低剂量组比较,△ $P<0.01$。

据孙晶等(2010)

(九)其他生理功能

除以上生理功能外,最近许多研究表明木脂素还有其他生理功能,如抗 HIV、抗菌、抗病原虫、抗血小板凝集因子(PAF)、抑制黑色素生物合成、抗糖尿病等作用。

二、含木脂素的农产品

据报道,芝麻、亚麻籽、竹叶椒、香樟叶、马尾松松针、五味子、杜仲、连翘、牛蒡子、桃儿七等农产品及中药材中含有木脂素,详见如下。

何晓梅等(2013)以料液比、超声时间、超声温度和静置时间为考察因素进行单因素试验和正交试验确定芝麻木脂素的最佳提取条件。结果表明:芝麻木脂素最佳提取条件为料液比 1∶12(g/mL),超声温度 55 ℃,超声时间 30 min,静置时间 2 h,超声波辅助法提取芝麻渣中芝麻木脂素的提取量最高达到 0.120 g

（以 100 g 芝麻渣计）。

范国婷（2013）结合单因素和响应面优化试验，采用超声波提取亚麻籽木脂素的最佳提取条件为超声功率 320 W、乙醇浓度 72％、超声时间 21 min，此条件下测得木脂素得率为 2.21％。采用超临界 CO_2 萃取亚麻籽木脂素的最佳条件为萃取温度 40 ℃、萃取压力 26 MPa、萃取时间 125 min，此条件下测得木脂素得率为 2.59％。

张丙云等（2013）采用响应面法优化竹叶椒总木脂素的超声提取工艺，实验结果表明，最优工艺条件为乙醇质量分数 79.6％，料液比 20：1，功率为 150 W，温度为 67.0 ℃时，总木脂素提取率为 3.406％。

夏云麒（2011）优化了超声波辅助提取樟叶木脂素的工艺条件。以樟叶为原料，95％的乙醇溶液为提取溶剂，采用超声波辅助提取的方法对樟叶中的木脂素类成分进行提取，分别探讨了液料比、超声波功率、超声波时间、提取温度、提取时间五个因素条件对粗木脂素得率的影响，在单因素实验的基础上，选取 $L_9(3^4)$ 正交表进行设计。单因素实验和正交试验结果表明，超声波辅助提取樟叶中木脂素的最佳工艺条件为：料液比为 1：25，超声波功率为 300 W，超声波时间为 30 min，提取温度为 50 ℃，提取时间为 75 min，此条件下，测得粗木脂素得率为 0.922％。

郑晓珂等（2009）采用紫外分光光度法测定马尾松松针中总木脂素含量，用正交设计方法优选最佳提取工艺。结果表明，最佳提取工艺为药材加 10 倍量的 70％乙醇、回流提取 3 次、每次 3 h，此条件下，测得的总木脂素含量达到 25.18％。

程振玉等（2014）应用高效液相色谱法测定不同产地北五味子样品中五味子醇甲、五味子酯甲、五味子甲素、五味子乙素和五味子丙素等 5 种木脂素的含量，测定结果见表 1-7-26。

表 1-7-26　北五味子 5 种木脂素的含量测定结果（mg/g）

产地	测定值					
	五味子醇甲	五味子酯甲	五味子甲素	五味子乙素	五味子丙素	总量
黑龙江哈尔滨	6.21	0.18	1.29	3.32	0.79	11.8
吉林白山	5.52	0.31	0.42	2.29	0.71	9.25
辽宁开原	4.79	0.17	0.75	2.73	0.45	8.89

据程振玉等（2014）

潘亚磊等（2013）采用响应面分析法优化杜仲总木脂素提取工艺，实验结果表明，最佳工艺为乙醇体积分数 62％，提取时间 113 min，提取温度 72 ℃，杜仲皮粉碎程度 40 目，液料比 10：1，提取次数 2 次，此条件下，总木脂素得率为 1.86％。

原江锋等（2013）采用有机溶剂回流提取法、超声波提取法和索氏提取法提取的连翘叶中木脂素得率分别为 16.0％、18.2％和 12.1％，木脂素含量分别为 20.54 mg/g、22.49 mg/g 和 17.54 mg/g。

李慧义等（1995）从牛蒡子中分离出 5 种 2,3-二苄基丁内酯型木脂素—牛蒡苷、牛蒡酚 A、牛蒡酚 F、牛蒡甙元、牛蒡素。

秦杨等（2009）采用反相高效液相色谱法对不同产地桃儿七 3 批样品中的 4 种主要木脂素类成分鬼臼毒苷、4′-去甲基鬼臼毒素、鬼臼毒素和去氧鬼臼毒素进行含量测定，结果购自安徽亳州、北京、河北安国的桃儿七中鬼臼毒苷的平均含量分别为 0.28％、0.85％、0.15％；4′-去甲基鬼臼毒素的平均含量分别为 0.20％、0.46％、0.20％；鬼臼毒素的平均含量分别为 2.59％、3.31％、1.01％；去氧鬼臼毒的平均含量分别为 0.23％、0.3％。

第八节 倍半萜类化合物

倍半萜类化合物(Sesquiterpenes)是指由 3 分子异戊二烯聚合而成,分子中含有 15 个碳原子的天然萜类化合物群。倍半萜主要分布在植物界和微生物界,其沸点较高,多以挥发油形式存在,是挥发油高沸程(250~280 ℃)部分的主要组成成分;在植物界多以醇、酮、内酯或苷的形式存在,其含氧衍生物大多有较强的香气和生物活性。倍半萜无论是化合物的数目还是结构骨架的类型都是萜类化合物最多的一类。所以大大延展了倍半萜的领域,并具有多种生物活性,越来越受到人们的关注。

一、倍半萜类化合物的主要生理功能

(一)抗肿瘤作用

赵爱华等(1995)报道,倍半萜产生细胞毒作用主要由于有一个游离的共轭 α-亚甲基-γ-内酯改变 α-亚甲基-γ-内酯结构,使细胞毒作用降低,或得到完全没有活性的衍生物。

梁侨丽等(2008)采用四甲基偶氮唑盐比色法和琼脂糖凝胶电泳法等研究了地胆草倍半萜内酯化合物 scabertopin(1)和 isodeoxyelephantopin(2)在体外对 SMMC-7721、Hela 和 Caco-2 三种肿瘤细胞增殖的影响。发现这两个化合物在 1~100 μmol/L 浓度内对三种肿瘤细胞增殖有显著的抑制作用,且呈一定剂量依赖关系,见表 1-8-1 至表 1-8-3。二者抑制 SMMC-7721 细胞增殖的半数抑制浓度 IC_{50} 值分别为 29.27 μmol/L 和 9.54 μmol/L;抑制 Hela 细胞增殖的 IC_{50} 值分别为 22.19 μmol/L 和 25.39 μmol/L;抑制 Caco-2 细胞增殖的 IC_{50} 值分别为 35.99 μmol/L 和 25.76 μmol/L。时效性实验还显示 2 对 Hela 细胞增殖的抑制作用呈时间依赖关系。2 的浓度为 100 μmol/L 作用 Hela 细胞 48 h,琼脂糖凝胶电泳显示明显的细胞凋亡"梯状"条带(DNA ladder),提示 isodeoxyelephantopin 抑制 Hela 细胞作用是通过诱导其凋亡。

表 1-8-1　1 和 2 对 SMMC-7721 细胞生长的抑制作用

浓度 (μmol/L)	抑制率(%)				
	1.0	5.0	10.0	50.0	100.0
1	13.95±8.26	19.77±7.29	27.03±6.24	72.67±8.51	82.56±7.51
2	22.67±5.52	40.12±5.47	51.45±3.78	71.80±1.99	78.20±2.29

据梁侨丽等(2008)

表 1-8-2　1 和 2 对 Hela 细胞生长的抑制作用

浓度 (μmol/L)	抑制率(%)				
	1.0	5.0	10.0	50.0	100.0
1	9.44±9.34	26.88±5.90	35.84±3.73	80.63±2.25	90.80±3.44
2	1.45±2.38	15.01±2.50	33.17±9.78	64.65±6.08	72.40±2.50

据梁侨丽等(2008)

表 1-8-3　1 和 2 对 Caco-2 细胞生长的抑制作用

浓度 (μmol/L)	抑制率(%)				
	1.0	5.0	10.0	50.0	100.0
1	2.44±2.09	10.22±3.61	17.11±2.59	83.33±3.45	91.11±3.21
2	13.00±4.56	17.00±3.43	27.56±4.59	85.44±1.31	87.56±2.08

据梁侨丽等(2008)

王潞等(2008)利用 MTT 法测定了木香中 18 种倍半萜单体化合物对 6 种人源肿瘤细胞增殖的抑制作用。化合物 1～18(10^{-6}～10^{-4} mol/L)处理肿瘤细胞 48 h 后,具有相同的结构特征即$\triangle^{11(13)}$环外双键的化合物 1～2、5～7、9、17～18 可显著抑制 6 种人源肿瘤细胞的增殖,与此相反,无此结构特征的化合物 3、4、11～15 无明显细胞毒活性,见表 1-8-4 至表 1-8-9。初步确定了$\triangle^{11(13)}$环外双键是木香倍半萜类化合物抗肿瘤作用的主要活性部位。

表 1-8-4　18 种单体化合物对人乳腺癌细胞 MDA-MB-435s 增殖的抑制作用($\bar{x}\pm S$, $n=3$, 48 h)

药物	细胞增殖抑制率(%,对照组)		
	10^{-6} mol/L	10^{-5} mol/L	10^{-4} mol/L
1	12.56±13.44	29.47±6.38	94.69±0.68
2	1.29±7.52	23.03±13.21	94.84±0.46
3	0.61±2.57	0.18±5.83	10.22±5.83
4	0.81±0.30	10.14±8.20	45.09±2.05
5	12.34±2.31	27.95±0.77	85.84±7.18
6	13.25±22.07	12.89±10.27	62.98±1.03
7	12.70±7.96	20.69±6.42	84.39±2.05
8	2.36±1.97	0.36±3.34	29.22±7.51
9	18.51±22.84	13.61±8.21	68.60±8.98
10	1.17±16.62	2.90±10.70	9.98±5.69
11	8.71±4.36	5.44±12.06	11.98±7.96
12	−8.37±3.87	0.97±1.43	12.72±2.30
13	−0.54±6.84	−6.99±3.80	−8.60±6.59
14	5.91±1.27	2.51±9.12	8.96±15.71
15	2.36±10.78	7.26±5.90	12.47±12.06
16	8.69±6.67	9.07±7.46	45.55±9.24
17	2.25±10.25	34.78±5.24	92.59±0.91
18	−20.77±8.65	16.59±7.29	94.69±0.23

据王潞等(2008)

表 1-8-5　18 种化合物(48 h)对人前列腺癌细胞 PC3 增殖的影响($\bar{x}\pm S$, $n=3$)

药物	细胞增殖抑制率(%,对照组)		
	10^{-6} mol/L	10^{-5} mol/L	10^{-4} mol/L
1	22.43±5.61	38.82±6.78	96.75±0.22
2	13.21±6.56	37.53±8.60	97.27±0.07
3	0.27±2.19	5.01±9.33	11.09±9.18
4	0.22±3.64	2.85±6.63	12.23±17.71
5	16.64±4.19	51.23±5.88	93.64±0.45
6	26.15±0.53	34.66±0.98	55.14±1.78
7	21.93±4.01	23.25±6.42	77.00±9.18
8	10.46±2.23	11.03±1.78	55.01±3.48
9	26.45±6.68	34.36±2.50	63.71±1.07
10	7.15±5.01	18.66±1.27	22.06±7.06
11	−7.92±7.14	−3.22±1.38	7.59±2.55
12	−3.57±0.06	−2.25±0.22	12.07±0.10
13	23.00±0.78	25.00±1.13	26.25±3.11
14	20.81±3.88	21.76±1.98	13.92±0.99
15	7.92±3.64	2.85±6.63	12.23±17.71
16	21.55±9.18	32.89±0.27	60.93±5.52
17	9.13±3.46	35.28±0.49	95.21±0.71
18	10.83±3.88	34.08±14.75	94.61±0.28

据王潞等(2008)

表 1-8-6　18 种化合物(48 h)对人肺癌细胞 A549 增殖的影响($\overline{x} \pm S$, $n=3$)

药物	细胞增殖抑制率(%,对照组)		
	10^{-6} mol/L	10^{-5} mol/L	10^{-4} mol/L
1	14.33±5.53	34.09±4.00	96.09±0.24
2	49.26±9.77	31.26±12.65	93.66±0.80
3	14.56±4.24	14.26±21.08	25.76±2.26
4	10.19±2.56	10.53±0.64	14.66±13.53
5	10.97±7.76	36.59±1.19	88.25±1.28
6	9.28±0.26	9.22±20.97	45.21±4.52
7	7.35±10.83	16.27±2.30	45.33±5.54
8	−0.42±3.07	−5.18±5.37	1.99±0.08
9	13.32±1.70	20.86±2.81	56.66±4.35
10	25.14±4.96	31.54±13.21	33.98±5.29
11	0.93±1.96	1.93±3.84	5.24±12.10
12	21.01±3.92	26.27±3.52	23.27±2.80
13	28.96±7.36	24.21±8.14	16.76±3.40
14	34.32±4.88	29.96±1.70	16.61±8.98
15	9.58±2.39	12.84±5.29	0.36±7.42
16	6.03±5.97	6.15±0.96	31.71±2.64
17	25.42±0.40	48.41±2.65	96.15±0.96
18	15.40±2.88	36.98±4.88	80.41±8.65

据王潞等(2008)

表 1-8-7　18 种化合物(48 h)对人急性白血病细胞 HL-60 增殖的影响($\overline{x} \pm S$, $n=3$)

药物	细胞增殖抑制率(%,对照组)		
	10^{-6} mol/L	10^{-5} mol/L	10^{-4} mol/L
1	1.86±13.50	26.26±5.25	82.49±0.75
2	2.92±0.75	72.94±5.25	78.25±3.75
3	3.83±3.25	9.44±4.69	46.94±11.55
4	35.28±1.50	47.48±0.75	31.03±10.50
5	17.6±3.18	87.27±0.13	88.01±1.06
6	4.12±13.77	33.71±6.89	83.90±0.53
7	4.87±3.18	34.46±2.65	86.14±0.53
8	4.87±2.12	3.01±4.77	69.66±0.53
9	6.37±4.24	36.7±9.00	80.15±1.59
10	34.22±3.01	35.81±3.75	71.88±11.25
11	2.92±3.64	7.85±6.63	12.23±17.71
12	18.30±24.01	34.75±6.75	54.91±3.75
13	28.96±7.36	24.21±8.14	36.76±3.40
14	24.32±4.88	29.96±1.70	46.61±8.98
15	3.83±3.25	9.44±4.69	46.94±11.55
16	3.37±5.30	3.75±0.53	88.01±0.88
17	19.36±6.01	81.43±3.75	81.43±2.25
18	0.27±3.75	79.84±1.50	83.55±0.75

据王潞等(2008)

表 1-8-8　18 种化合物(48 h)对人胃癌细胞 SGC7901 增殖的影响($\bar{x} \pm S$, $n=3$)

药物	细胞增殖抑制率(%,对照组)		
	10^{-6} mol/L	10^{-5} mol/L	10^{-4} mol/L
1	20.87±8.63	92.93±2.12	96.93±3.03
2	2.62±1.51	17.55±10.15	98.07±0.91
3	4.66±0.15	7.32±6.81	19.48±1.97
4	16.86±8.14	30.87±3.47	41.43±5.80
5	6.10±1.67	32.97±6.21	96.03±10.60
6	14.88±1.77	15.62±11.66	94.21±0.15
7	7.41±0.47	15.37±1.67	88.11±2.27
8	20.14±6.24	31.91±5.92	46.42±1.77
9	21.68±2.74	56.16±1.21	93.89±1.06
10	13.56±1.79	26.77±0.51	50.32±0.47
11	4.37±0.75	11.46±1.96	29.47±2.74
12	10.92±1.22	11.45±1.96	41.44±0.65
13	8.83±1.74	20.19±0.43	32.96±0.33
14	10.32±1.97	3.69±0.55	10.43±2.77
15	16.61±1.87	20.63±3.85	21.36±4.63
16	25.98±0.15	44.43±6.81	64.77±1.97
17	4.39±14.38	47.86±11.66	96.57±5.06
18	7.82±4.09	10.60±0.45	94.54±1.97

据王潞等(2008)

表 1-8-9　18 种化合物(48 h)对人慢性髓性白血病细胞 K562 增殖的影响($\bar{x} \pm S$, $n=3$)

药物	细胞增殖抑制率(%,对照组)		
	10^{-6} mol/L	10^{-5} mol/L	10^{-4} mol/L
1	13.94±0.47	40.89±4.25	95.44±0.47
2	1.25±2.36	25.52±2.05	96.21±0.63
3	1.46±2.05	2.73±5.51	10.85±12.71
4	0.34±6.78	0.43±0.14	1.22±1.55
5	4.65±0.15	30.51±0.07	76.04±0.03
6	4.38±0.15	40.09±0.06	83.71±0.02
7	15.50±0.15	40.98±0.12	80.83±0.02
8	8.31±0.11	13.10±0.12	80.27±0.02
9	8.02±0.14	24.28±0.08	84.18±0.02
10	6.93±9.04	4.73±1.69	53.56±4.94
11	4.86±0.63	6.43±6.64	22.11±0.28
12	12.92±0.56	15.72±3.67	16.32±0.28
13	4.52±1.57	12.09±3.78	23.18±11.34
14	20.29±13.85	24.41±2.99	14.39±5.20
15	3.68±0.87	21.07±1.68	32.12±0.54
16	9.27±0.11	14.63±0.10	82.27±0.02
17	16.91±1.98	92.71±0.42	96.80±0.00
18	11.62±2.40	38.98±8.05	95.81±0.85

据王潞等(2008)

　　王小玲(2008)研究结果表明,从没药中分离得到的两个吉玛烷型倍半萜化合物,可以抑制前列腺癌细胞的增殖,其作用机制可能通过阻滞细胞周期、抑制雄性激素受体 AR 的表达、抑制 AR 与辅助激活因子的相互作用,从而降低 AR 的功能,抑制细胞增殖。

　　司亚茹等(2009)观察了菊科植物中分离出的 3 种倍半萜化合物异土木香内酯、1-氧-乙酰大花旋覆花内酯和大花旋覆花内酯对体外培养的人子宫颈癌 HeLa 细胞、人子宫内膜癌 HEC-1 细胞、人卵巢透明细胞癌 SHIN3 及 HOC-21 细胞和人卵巢囊腺癌 HAC-2 细胞增殖的影响,研究这 3 种倍半萜化合物的体外抑制肿瘤细胞增殖作用及其结构与活性之间的构效关系,进而探讨 3 种倍半萜化合物的体外抑制肿瘤细胞增殖的可能机制。试验中利用四唑盐 MTT 比色法检测了 3 种倍半萜化合物对上述 5 种妇科肿瘤细胞增殖的抑制作用;利用流式细胞术检测了异土木香内酯对 HeLa 细胞凋亡的影响。结果显示,异土木香内酯对上述 5 种肿瘤细胞的增殖均有明显的抑制作用,而 1-氧-乙酰大花旋覆花内酯和大花旋覆花内酯即使在 100 $\mu mol/L$ 的高浓度下,对 5 种妇科肿瘤细胞的增殖不显示抑制活性;流式细胞学检查发现异土木香内脂处理后的 HeLa 细胞出现凋亡现象。由此得出结论:提示 A-环开环可能是导致桉叶烷型倍半萜内酯的体外抑制肿瘤细胞增殖作用消失或减弱的原因;异土木香内酯抑制肿瘤细胞增殖作用有可能是通过诱导肿瘤细胞凋亡机制而实现的。

李勇等(2010)利用 MTT 比色法检测了土木香中 3 种倍半萜内酯化合物异土木香内酯(1)、2-羟基-11,13-二氢异土木香内酯(2)和 11,13-二氢异土木香内酯(3)对人肺肿瘤细胞增殖的影响;以移植性小鼠肝癌 H_{22} 为模型,检测异土木香内酯对在体肿瘤生长以及机体免疫能力的影响;以体外培养的仓鼠肺成纤维细胞(CHL)为对象,评价异土木香内酯对正常细胞的毒性。结果表明,化合物 1(异土木香内酯)对人非小细胞肺肿瘤细胞(A549、RERF-LC-jk、QG-56)的增殖抑制作用强于顺铂,对人小细胞肺肿瘤细胞(PC-6 和 QG-90)的增殖抑制作用与顺铂相同,而化合物 2 和 3 对各种实验用肿瘤细胞的增殖不显示抑制活性;化合物 1 对肝癌 H_{22} 生长具有较强的抑制活性,但对小鼠胸腺指数和脾指数的影响与对照组相比均没有显著差异;化合物 1 对体外培养的 CHL 细胞显示较弱的毒性。由此得出结论,化合物 1 显示较强的体内外抗肿瘤活性,而化合物 2 和化合物 3 对体内外肿瘤的生长均不显示抑制活性,说明体内外抗肿瘤活性可能与其具有的 A,B-不饱和五元内酯环的结构有关,不饱和的环外双键氢化饱和后形成的饱和五元内酯环,可能是体内外抗肿瘤活性消失或减弱的原因;增强机体免疫力是其抗肿瘤作用的机制。

李明等(2013)利用四唑盐 MTT 比色法检测菊科植物土木香和冷蒿中分离纯化的八种倍半萜内酯化合物对人乳腺癌细胞增殖活性的影响,探讨了倍半萜内酯化合物体外抑制人肿瘤细胞增殖作用以及化合物结构与活性之间的构一效关系。实验结果显示异土木香内酯和去氢-β-姜黄烯对人乳腺癌细胞的增殖均有明显的抑制作用(见表 1-8-10),其他试验用倍半萜内酯即使在 100 $\mu mol/L$ 的高浓度下,对人乳腺癌肿瘤细胞的增殖不显示抑制活性,倍半萜内酯化合物抑制人肿瘤细胞增殖活性与其直型和角型结构无关,不饱和内酯是抑制肿瘤细胞增殖活性的必需基团。

表 1-8-10 异土木香内酯和去氢-β-姜黄烯对人乳腺癌细胞增殖的影响

化合物	IC_{50}(mol/L)	
	人乳腺癌细胞 MCF-7	人乳腺癌脑转移细胞 KT
顺铂	26.15	18.46
异土木香内酯	4.52	10.10
去氢-β-姜黄烯	15.04	18.72

据李明等(2013)

(二)抗炎作用

孙秀燕等(2006)从温莪术中分离得到 5 个环状含氧倍半萜类化合物(蓬莪术环二烯、莪术二酮、莪术双环烯酮、大牻牛儿酮 4,5 环氧化物、莪术烯)并探讨了其对 THP21 细胞分泌 TNFα 炎症因子的影响。实验结果表明:蓬莪术环二烯和莪术烯对 THP21 细胞分泌 TNFα 炎症因子有明显的抑制作用,见表 1-8-11。

表 1-8-11　5 个含氧倍半萜类化合物对 THP21 细胞分泌 TNFα 因子的抑制作用

化合物	相对抑制率		
	1 mg/L	5 mg/L	10 mg/L
藁本内酯	0.102 1	0.551 4	1.000 0
蓬莪术环二烯	0.040 6	0.423 3	0.891 9
莪术二酮	0.101 3	0.263 2	0.325 6
莪术双环烯酮	0.089 7	0.217 2	0.337 2
大牻牛儿酮 4,5 环氧化物	0.030 8	0.256 2	0.404 5
莪术烯	0.148 6	0.806 0	1.114 3

据孙秀燕等(2006)

邵微微(2003)以 LPS 诱导小鼠单核巨噬细胞白血病细胞(RAW 264.7)为模型研究了从温郁金中提取分离得到的 4 个倍半萜类单体化合物的抗炎机制,这四个化合物分别为(1)curcolide,(2)8,9-seco-4β-hydroxy-1α,5βH-7(11)- guaen-8,10-olide,(3)7β,βα-dihydroxy-1α,4αH-guai-10(15)-en-5β,8β-endoxide,(4)zedoarondiol。研究表明,化合物 1－3 能够通过减少促炎细胞因子的产生,抑制 NF-κ3 信号通路的激活,对 LPS 诱导的 RAW 264.7 细胞产生抗炎作用。而化合物 4 则仅通过下调促炎细胞因子产生抗炎作用,对 NF-κ3 信号通路并无抑制作用。

王丹(2013)从旋覆花中分离得到的新的倍半萜内酯二聚体 XFH-31 可与 TNF-α 直接结合,选择性地抑制 TNF-α 与 TNFR1 的相互作用,在 TNF-α 刺激的细胞中有效地阻断 TNFR1 介导的信号,在体内和体外拮抗 TNF-α 的促炎活性。其他 XFH-31 的结构类似物也能直接靶向 TNF-α,选择性地抑制 TNF-α 与 TNFR1 的结合,并拮抗 TNF-α 的活性。

(三)抗菌、抗病毒作用

舒晔等(1990)采用平皿纸片法对显脉旋覆花总挥发油进行抑菌试验,发现当药物浓度为 125 μg/mL 时,肺炎球菌、甲型链球菌呈中度敏感,变形杆菌、伤寒杆菌、大肠杆菌呈低度敏感,表明该挥发油具有广谱抗菌作用。

谭仁祥等(1998)从总状土木香的根中分离得到的化合物异土木香内酯对致病真菌 *Aspergillus flavus*、*A. niger*、*Geotrichum candidum*、*Candida tropicalis* 和 *C. albicams* 的最小抑制浓度 MIC 分别为 50 μg/mL、50 μg/mL、25 μg/mL、25 μg/mL 和 25 μg/mL。Liu CH 等(2001)又研究发现异土木香内酯对真菌 *Gaeumannomyces graminis var. tritici*、*Rhizoctonia cerealis* 以及 *Phytophthora capsici* 的 MIC 分别为 100 μg/mL、100 μg/mL、300 μg/mL。

Maoz M 等(1999)从 *I. viscosa* 的叶中分离得到化合物 Tayunin,活性测试表明该化合物抑制 *Microsporum canis* 和 *Trichophyton rubrum* 的最小抑制浓度 MIC 分别为 10 μg/mL 和 50 μg/mL。

张琪等(2002)研究表明,从盘花垂头菊中提取的倍半萜类化合物 1β,8-二乙酰氧基-2β,10-二乙酰基-3β-羟基-4α-氯-11-甲氧基-没药-7(14)-烯具有一定的体外抗菌的生物活性,见表 1-8-12。

表 1-8-12　倍半萜类化合物的抗细菌活性

	大肠杆菌	枯草杆菌	金黄色葡萄球菌
倍半萜类化合物	+	++	+
二甲基亚砜	－	－	－
氯霉素	+++	+++	+++

抑菌圈直径:<10 mm(－),10~12 mm(＋),13~15 mm(＋＋),16~20 mm(＋＋＋)。

据张琪等(2002)

李顺林等(2013)研究表明三裂蟛蜞菊中的倍半萜内酯可以诱导烟草自身产生系统获得性抗性(SAR),显著抑制 TMV 对寄主的初侵染,从而减少病毒进入寄主细胞并进一步复制和增殖的机会,起到对寄主保护的作用;对 TMV 侵染的抑制率优于市售抗病毒农药"宁南霉素"。

赵昱等(2006)研究表明一类对映桉烷醇类倍半萜醇和苷之化合物对 HepG2.2.15 细胞分泌的乙肝表面抗原(HBsAg)和 HBV-DNA 的复制与阳性对照拉米呋啶相比具有相当强的抑制作用;该类化合物在高剂量(100 μg/mL)和中剂量(20 μg/mL)时与拉米呋啶对照,对 HBV-DNA 的复制具有明显的抑制活性,属于强效的非核苷类抗乙肝病毒天然产物,可以预期应用于制备治疗乙肝病毒感染疾病的药物。

(四)保护肝脏作用

Matsuda 等(1998)从 Zedoariae rhizoma 的丙酮提取物中分离得到一系列具有保肝作用的倍半萜类化合物,如 furanodiene,germacrone,curdione,neocurdione,curcumenol,isocurcumenol,aerugidiol,zedo-arondiol 和 curcumenone 等,这些化合物表现出对氨基半乳糖和脂多糖引起的急性小鼠肝损伤有很好的保护作用,其作用机制主要是通过抑制氨基半乳糖诱导的细胞毒活性,脂多糖诱导的 NO 产生和氨基半乳糖、肿瘤神经因子诱导的肝损伤。Matsuda 等(2001)研究还表明,蒈烷型倍半萜内脂 curcumenone 及其衍生物也表现出相同的肝脏保护作用。

好桂新等(1999)报道,乌药根中呋喃倍半萜组分对实验性肝损伤有预防作用,该组分对 CCl_4 引起的谷草转氨酶 GOT、谷丙转氨酶 GPT 升高有预防作用,对乙硫氨酸所致血清转氨酶升高、GOT 升高均有较强的抑制作用,并可保护肝脏免受脂肪浸润。

有相关研究表明,旋复花属植物在预防肝炎和护肝方面具有很好的生物活性,而其中的主要药效物质为倍半萜内酯成分。刘兴明(1999)根据慢性肝炎与痰致病特点,在反复临床实践中,应用香附旋覆花汤加减以化痰为主,治疗慢性肝炎,取得了满意疗效。

陆雄等(1999)运用 DMN 大鼠肝纤维化模型,通过 H. E、胶原染色、免疫组化、电镜等病理形态学方法观察旋覆花汤治疗大鼠肝纤维化和肝窦毛细血管化的作用。结果发现旋覆花汤能有效阻断大鼠肝纤维化和肝窦毛细血管化的形成,证明活血化瘀为主力药治疗肝纤维化的有效性。

(五)免疫抑制作用

王晓东(2005)和沈倩(2008)通过淋巴细胞转换试验,对从雷公藤中分离鉴定的倍半萜类化合物进行了免疫抑制活性研究,具体考察化合物对小鼠淋巴细胞增殖转化的抑制作用,研究结果表明,在实验剂量下,倍半萜类化合物具有一定的免疫抑制活性。

(六)抗神经毒性

黄秀明等(2001)通过对两种常用有机磷农药敌敌畏和乐果中毒小鼠的实验治疗,研究倍半萜化合物作为胆碱酯酶复能剂对有机磷农药中毒小鼠的治疗作用。结果发现:倍半萜化合物与阿托品结合治疗小鼠解毒快,治愈率高,见表 1-8-13 至表 1-8-17。

表 1-8-13　中毒小白鼠在各时间段的存活情况(只)

种类	总数量	5 min	10 min	30 min	1 h	6 h	12 h	24 h
乐果	10	10	10	10	1	1	1	1
敌敌畏	10	10	4	2	2	2	2	2

据黄秀明等(2001)

表 1-8-14　阿托品对照组小白鼠的存活情况(只)

种类	总数量	5 min	10 min	30 min	1 h	6 h	12 h	24 h
乐果＋阿托品	10	10	10	10	10	10	2	2
敌敌畏＋阿托品	10	7	4	4	4	4	2	2

据黄秀明等(2001)

表 1-8-15 氯解磷定加阿托品治疗组小白鼠存活情况(只)

种类	总数量	5 min	10 min	30 min	1 h	6 h	12 h	24 h
乐果＋阿托品＋氯解磷定	10	10	10	10	9	9	9	9
敌敌畏＋阿托品＋氯解磷定	10	9	9	9	8	8	8	8

据黄秀明等(2001)

表 1-8-16 12 mg/kg 剂量倍半萜化合物加阿托品治疗组小白鼠存活情况(只)

种类	总数量	5 min	10 min	30 min	1 h	6 h	12 h	24 h
乐果＋阿托品＋倍半萜	10	10	10	8	8	8	8	8
敌敌畏＋阿托品＋倍半萜	10	10	10	10	9	8	8	8

据黄秀明等(2001)

表 1-8-17 15 mg/kg 剂量倍半萜化合物加阿托品治疗组小白鼠存活情况(只)

种类	总数量	5 min	10 min	30 min	1 h	6 h	12 h	24 h
乐果＋阿托品＋倍半萜	10	10	10	10	10	10	10	10
敌敌畏＋阿托品＋倍半萜	10	10	10	10	10	10	10	10

据黄秀明等(2001)

(七)其他作用

朴英花等(2012)报道,倍半萜类化合物还具有强心、抑制组胺和乙酰胆碱诱导的痉挛性收缩、降血脂、抗血小板等作用。

二、含倍半萜类化合物的农产品

含倍半萜类化合物的农产品见表 1-8-18。

表 1-8-18 含有的倍半萜类化合物的农产品或中草药

重要倍半萜类化合物	农产品(含中草药等)
无环倍半萜类	牛蒡、旋复花、蓍草等
单环倍半萜类	生姜、棉花果实、姜黄、百里香、夹竹桃、甜舌草、木香等
双环倍半萜类	旋复花、地钱等
三环倍半萜类	地钱、软珊瑚、胡椒属植物等
多环倍半萜类	地钱等
二聚倍半萜类	向日葵、旋复花、仙桃草、银线草、金光菊、白蒿、刘寄奴、野菊花、阴地草等

据师彦平(2007)

郑运亮等(2009)采用 HPLC 法同时测定乌药中 3 种倍半萜内酯的含量,测得结果如表 1-8-19 所示。

表 1-8-19 不同产地、批号的乌药饮片中 3 种倍半萜内酯的质量分数($n=3$,mg/g)

产地	批号	羟基香樟内酯	新乌药内酯	乌药醚内酯
安徽	080921	0.161	2.315	2.373
四川	070701	0.322	3.157	2.291
江西	0811235	0.311	8.253	2.701
山西	080310	0.283	3.529	1.525
陕西	080921	0.265	4.490	1.690
浙江	081019	0.250	4.624	1.731
浙江	080227	0.219	2.390	1.247
浙江	070315	0.299	3.193	1.778
浙江	071020	0.307	3.125	2.337
浙江	070716	0.299	2.680	1.704

据郑运亮等(2009)

郭伟琳等(2012)采用超高效液相色谱(UPLC)法同时测定旋覆花属植物中 2 种倍半萜内酯成分的含量,测定结果如表 1-8-20 所示。

表 1-8-20　不同产地旋复花属植物中 2 种倍半萜内酯成分的含量的测定结果

样品	旋覆花次内酯(mg/g)	狭叶依瓦菊素(mg/g)	样品	旋覆花次内酯(mg/g)	狭叶依瓦菊素(mg/g)
云南	1.63	1.31	湖北	2.23	0.80
河南	2.64	1.98	河北	0.98	1.22
广西	—	2.17	安徽 1	2.23	1.18
安徽 2	1.83	1.52	云南 2	1.60	1.60

据郭伟琳等(2012)

第九节　醌类化合物

醌类化合物是一类分子内具有不饱和环二酮的醌式结构或容易转化成这样结构的有机化合物。天然醌类主要分为四种类型:苯醌类、萘醌类、菲醌类和蒽醌类。

苯醌类化合物分为邻苯醌和对苯醌两大类(结构如图 1-9-1 所示)。邻苯醌结构不稳定,故天然存在的苯醌化合物多数为对苯醌的衍生物。

对苯醌　　　　　　　　　　邻苯醌

图 1-9-1

萘醌类化合物分为 α-(1,4)、β-(1,2)及 amphi(2,6)三种类型(结构如图 1-9-2 所示)。但天然存在的大多为 α-萘醌类衍生物。

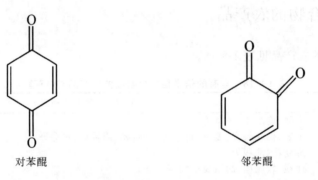

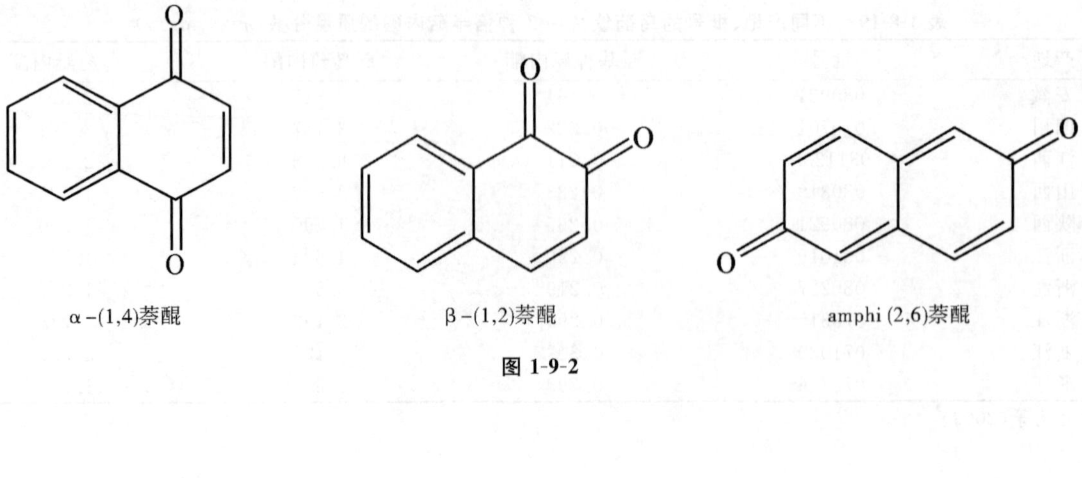

α-(1,4)萘醌　　　　　　β-(1,2)萘醌　　　　　　amphi(2,6)萘醌

图 1-9-2

天然菲醌分为邻醌及对醌两种类型(结构如图 1-9-3 所示)。

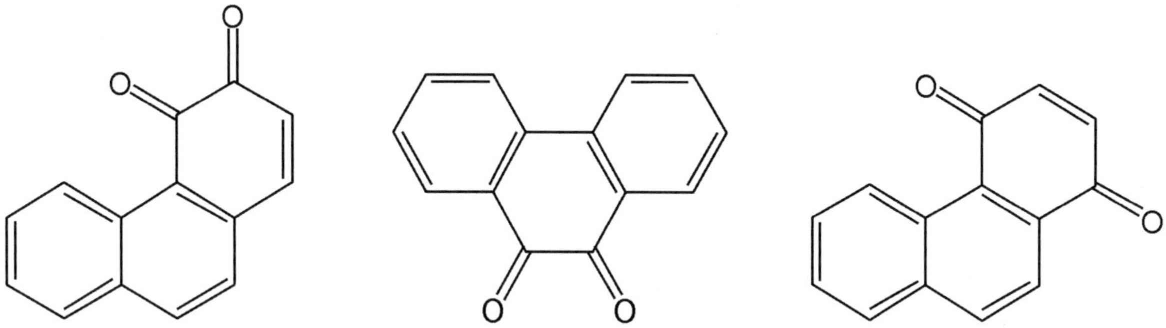

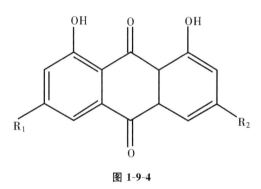

　　邻菲醌(Ⅰ)　　　　　　　邻菲醌(Ⅱ)　　　　　　　对菲醌

图 1-9-3

　　蒽醌类(结构如图 1-9-4 所示)成分包括蒽醌衍生物及其不同程度的还原产物,如氧化蒽酚、蒽酚、蒽酮及蒽酮的二聚体等。

图 1-9-4

一、醌类化合物的生理功能

(一)泻下作用

　　药物引起腹泻或排便次数增多的现象称为泻下作用。中药泻药(如芦荟、鼠李、大黄、番泻叶等)的主要致泻成分是蒽酮类化合物。

　　武玉清等(2004)研究了大黄提取物二蒽酮类衍生物(番泻苷,SEN)对小鼠肠道运动功能的影响,并探讨了其相关机制。试验中采用小鼠湿粪记数试验观察番泻苷对小鼠肠道运动功能的影响;采用放射免疫分析法检测小鼠小肠组织胃动素(motilin,MTL)、生长抑素(somatostatin,SS)的水平;采用分光光度法测定小肠黏膜 Na^+-K^+-ATP 酶的活性。结果:番泻苷各剂量均能增强小鼠的排便功能,见表 1-9-1、表 1-9-2,与正常对照组相比有显著差异;番泻苷各剂量均能显著提高小鼠小肠组织胃动素的含量,而降低生长抑素的水平;番泻苷各剂量组小鼠小肠黏膜 Na^+-K^+-ATP 酶活性显著低于正常对照组,见表 1-9-3。因此,番泻苷能增强小鼠的肠道运动功能,具有润肠通便之功效,其机制可能与促进肠道胃动素释放,降低肠道生长抑素水平和抑制小肠黏膜 Na^+-K^+-ATP 酶的活性有关。

表 1-9-1　番泻苷对小鼠首次排黑便时间、排便粒数的影响（$\bar{x} \pm S, n = 10$）

组别	剂量（mg/kg）	首次排黑便时间（min）	6 h 排便（粒）
正常对照组	—	128±22	20±6
番泻苷小剂量组	50	107±23[b]	23±5[b]
中剂量组	100	96±20[c]	28±6[c]
大剂量组	200	73±18[c]	32±7[c]

与正常对照组相比[b]$P<0.05$，[c]$P<0.01$。
据武玉清等（2004）

表 1-9-2　番泻苷对小鼠湿粪重量、干粪重量和单位干粪所含水分的影响（$\bar{x} \pm S, n = 10$）

组别	剂量（mg/kg）	湿重（g）	干重（g）	水分（g/g）干粪
正常对照组	—	0.32±0.06	0.22±0.03	0.45±0.07
番泻苷小剂量组	50	0.43±0.07[c]	0.28±0.04[b]	0.54±0.08[b]
番泻苷中剂量组	100	0.58±0.09[c]	0.30±0.04[b]	0.91±0.10[c]
番泻苷大剂量组	200	0.75±0.10[c]	0.36±0.05[c]	1.05±0.14[c]

与正常对照组相比[b]$P<0.05$，[c]$P<0.01$。
据武玉清等（2004）

表 1-9-3　番泻苷对小鼠小肠黏膜 Na^+-K^+-ATP 酶活性的影响

组别	剂量（mg/kg）	Na^+-K^+-ATP 酶活性[μmol pi/(h·mgpro)]
正常对照组	—	17.5±2.6
番泻苷小剂量组	50	15.1±2.7[b]
番泻苷中剂量组	100	13.9±2.9[b]
番泻苷大剂量组	200	12.2±1.9[c]

与正常对照组相比[b]$P<0.05$，[c]$P<0.01$。
据武玉清等（2004）

兰志琼等（2005）研究了药用大黄叶的泻下作用。试验中采用炭末法（正常小鼠）和自身粪便实热模型法，观察药用大黄叶片及叶柄水煎液对小鼠排便时间的缩短情况、排便数量的增加情况以及对粪便形状的影响。结果：药用大黄叶柄、叶片的水煎液能明显缩短正常及自身粪便实热模型小鼠首次排黑便时间、增加其排便数量（见表 1-9-4、表 1-9-5）。并得出结论：药用大黄叶具有与药用大黄相似的泻下作用，对正常小鼠和实热型模型小鼠均有明显的致泻作用，其中以大黄叶柄的作用最为明显。

表 1-9-4　大黄叶对正常小鼠排便时间和数量的影响（$\bar{x} \pm S, n = 10$）

组别	剂量（g/kg）	排便时间（min）	4 h 内排便次数	粪便性状
空白组	—	198.83±114.70	3.16±1.21	—
药用大黄水煎液	20.0	144.17±31.76***	11.00±1.26***	第 3 粒开始稀软
叶柄水煎液	2.0	157.67±24.34**	5.50±0.50***▲▲	第 5 粒开始稀软
叶柄水煎液	20.0	124.67±41.21***	9.83±2.61***	第 4 粒开始稀软
叶片水煎液	2.0	43.50±22.39***▲▲	4.50±0.76*▲▲	第 4 粒开始稀软
叶片水煎液	20.0	126.11±42.79**	9.22±3.64**	第 6 粒开始稀软

注：与空白对照组相比较，***$P<0.001$，**$P<0.01$，*$P<0.05$；与大黄组相比较，▲▲$P<0.001$。
据兰志琼等（2005）

表 1-9-5　大黄叶对自身粪便实热模型小鼠排便时间和数量的影响($\bar{x}\pm S, n=10$)

组别	剂量(g/kg)	排便时间(min)	4 h 内排便次数	粪便性状
空白组	—	149.25±41.31	3.75±1.79	
药用大黄水煎液	20.0	115.33±3.59**	9.43±1.40***	第5粒开始稀软
叶柄水煎液	2.0	122.40±8.55*▲	4.50±1.71▲▲▲	第5粒开始稀软
叶柄水煎液	20.0	81.60±10.76***▲▲▲	6.71±1.91**▲▲	第5粒开始稀软
叶片水煎液	2.0	165.17±15.54▲▲▲	3.17±0.69▲▲▲	第5粒开始稀软
叶片水煎液	20.0	104.17±12.51**▲	6.00±1.63*▲▲▲	第3粒开始稀软

注:与空白对照组相比较,*** $P<0.001$,** $P<0.01$,* $P<0.05$;与大黄组相比较,▲▲ $P<0.001$。
据兰志琼等(2005)

林子洪等(2005)研究了芦荟对便秘小鼠的通便作用和对小鼠肠蠕动和肠壁重吸收水分功能的影响。通过给小鼠灌服复方地芬诺酯混悬液建立小鼠便秘模型。采用观察首次排红便的时间、粪便的性状、干重量以及小鼠肠推动的推进百分率,来判断芦荟治疗便秘的作用,并探讨其对小鼠肠蠕动和肠壁重吸收水分功能的影响。结果,见表 1-9-6、表 1-9-7,高或中浓度用药组小鼠首便时间为(200.8±19.4)min 和(229.3±17.5)min,与阴性对照组(253.8±23.2)min 比较,均能缩短便秘小鼠的首便时间($P<0.05$),且高浓度用药组的效果更为明显($P<0.01$);高或中浓度用药组小鼠排便的总干重量为(45.0±8.5)mg 和(33.0±9.5)mg,与阴性对照组(16.5±9.3)mg 比较,均能增加便秘小鼠排便的总干重量($P<0.05$),且高浓度用药组的效果更为明显($P<0.05$),而且湿便较多;高、中或低浓度芦荟治疗组小鼠肠蠕动的推进百分率分别为(93.7±4.0)%、(86.5±9.5)% 和(80.4±13.4)%,与空白对照组(69.0±8.4)% 比较,均能提高便秘小鼠肠蠕动的推进百分率($P<0.05$),其中高浓度组最为明显。因此,芦荟能有效加强小鼠肠蠕动动和减少肠壁重吸收水分功能,且作用温和,起到治疗便秘的作用。

表 1-9-6　芦荟对小鼠首便时间及排便质量的影响($\bar{x}\pm S$)

组别	小鼠数(只)	首便时间(min)	粪便干质量(mg)
空白组	10	149.8±14.2*	59.4±19.1*
阴性组	10	253.8±23.2	16.5±9.3
阳性组	10	219.7±14.4*	64.5±18.8*
低浓度组	10	250.9±19.1	20.4±8.1
中浓度组	10	229.3±17.5*▲	33.0±9.5*▲
高浓度组	10	200.8±19.4△*	45.0±8.5*△#

* 与阴性组比较 $P<0.05$;△ 与中、低浓度组比较 $P<0.05$;▲ 与低浓度组比较 $P<0.05$;# 与阳性组比较 $P<0.05$。
据林子洪等(2005)

表 1-9-7　芦荟对小鼠排便及肠蠕动的影响($\bar{x}\pm S$)

组别	小鼠数(只)	湿便(粒)	推进百分率(%)
空白组	8	0.4±0.5	69.0±8.4
阴性组	8	0.1±0.3	—
阳性组	8	0.4±0.5	—
低浓度组	8	1.2±0.6*	80.4±13.4▲
中浓度组	8	0.8±0.8	86.5±9.5▲
高浓度组	8	0.5±0.7	93.7±4.0▲△

* 与其余组比较 $P<0.05$;▲ 与空白组比较 $P<0.05$;△ 与低浓度组比较 $P<0.05$。
据林子洪等(2005)

陶黎明等(2012)研究了 40 mg/kg 番泻叶浸液预防治疗化疗后便秘的疗效。将 82 例化疗后曾出现过便秘的患者分为 AB 与 BA 组,采用自身交叉对照。AB 组指第 1 个化疗周期为服用番泻叶浸液,第 2 个化疗周期为进粗纤维饮食组;BA 组则相反。观察番泻叶浸液及粗纤维饮食对化疗后缓解便秘的有效率;并比较两者对化疗后消化道反应及血液毒性反应的差别;了解服用番泻叶浸液后患者的腹痛及大便性状情况。结果:番泻叶浸液对便秘总有效率为 92.68%,粗纤维饮食为 10.93%,两者比较差异有统计学意义($P<0.01$)。两者化疗后Ⅱ度以上的中性粒细胞下降、血红蛋白下降、血小板下降、恶心呕吐等不良反应率比较差异无统计学意义($P>0.05$);服用番泻叶浸液后Ⅱ度以上腹痛出现率 8.54%;大便性状分布中,软便率占 35.53%。因此,40 mg/kg 番泻叶浸液预防治疗恶性肿瘤化疗后便秘,剂量适宜,使用方便安全,具有较好疗效。

(二)抗肿瘤作用

1.抑制黑色素瘤

陈丽等(2012)研究了胡桃醌(5-羟基-1,4-萘醌)对小鼠黑色素瘤细胞 B16F10 体内迁移的影响。试验中采用小鼠 B16F10 黑色素瘤人工肺转移模型研究胡桃醌对肿瘤细胞血道转移的作用。结果,胡桃醌对 B16F10 体外增殖有一定抑制作用,见表 1-9-8;与溶剂对照组相比,4.5 mg/kg、3 mg/kg、1.5 mg/kg、和 0.75 mg/kg 胡桃醌组显著抑制小鼠黑色素瘤 B16F10 血道转移($P<0.05$),其抑制率分别为 27.30%、55.35%、31.52%和 25.34%;3 mg/kg 胡桃醌与阳性对照组相比,抑瘤率无统计学差异($P>0.05$),见表 1-9-9。因此,胡桃醌可抑制小鼠黑色素瘤 B16F10 血道转移。

表 1-9-8 胡桃醌对 B16F10 体外增殖的影响($\bar{x}\pm S, n=6$)

组别	剂量(μmol/L)	细胞存活率(%)	抑制率(%)
空白对照组	—	100 ± 16^{fik}	—
溶剂对照组	—	94 ± 5^{fi}	5.88
胡桃醌	200	13 ± 6^{chl}	86.97
胡桃醌	100	36 ± 10^{cel}	64.03
胡桃醌	50	81 ± 5^{bfi}	19.14
胡桃醌	25	102 ± 12^{fik}	-1.80
胡桃醌	12.5	99 ± 22^{fik}	0.82

与空白对照组比较$^b P<0.05$,$^c P<0.01$;与 200 μmol/L 组比较$^e P<0.05$,$^f P<0.01$;与 100 μmol/L 组比较$^h P<0.05$,$^i P<0.01$;与 50 μmol/L 组比较$^k P<0.05$,$^l P<0.01$。
据陈丽等(2012)

表 1-9-9 不同剂量胡桃醌对小鼠黑色素瘤 B16/F10 细胞株 C57BL/6 小鼠肺部转移的影响($\bar{x}\pm S, n=3$)

组别	肺内转移率(%)	肺转移瘤数量	抑制率(%)	直径>2 mm 瘤数目	实验前体重	实验结束后体重	体重变化	肺重
空白对照组	100	77 ± 12^{f}	—	24 ± 9^{f}	26.9 ± 1.6	27.1 ± 2.2^{e}	0.2 ± 1.7	0.315 ± 0.022^{f}
溶剂对照组	100	83 ± 13^{f}	—	27 ± 4^{f}	26.5 ± 1.2	27.8 ± 1.7^{e}	1.3 ± 2.0	0.322 ± 0.033^{f}
阳性对照组	100	28 ± 7^{cf}	59.13	5 ± 2^{c}	24.7 ± 2.0	23.9 ± 2.9^{b}	-0.9 ± 2.4	0.231 ± 0.018
4.5 mg/kg 组	100	54 ± 11^{cf}	27.30	8 ± 5^{e}	25.2 ± 1.8	22.0 ± 2.0^{c}	-3.2 ± 3.5^{be}	0.268 ± 0.031^{ef}
3.0 mg/kg 组	100	31 ± 11^{f}	55.35	6 ± 2^{c}	25.8 ± 1.0	22.8 ± 2.4^{c}	-3.0 ± 2.3^{b}	0.246 ± 0.018^{c}
1.5 mg/kg 组	100	51 ± 16^{cfh}	31.52	8 ± 4^{c}	25.2 ± 1.1	23.2 ± 2.1^{c}	-2.0 ± 1.6^{b}	0.282 ± 0.034^{cfh}
0.75 mg/kg 组	100	56 ± 11^{bfi}	25.34	6 ± 4^{c}	25.5 ± 2.0	24.4 ± 2.1^{b}	-1.1 ± 1.1	0.318 ± 0.028^{fil}
		$F=24.323$		$F=30.301$	$\chi^2=9.228$	$F=5.843$	$F=4.502$	$F=14.396$
		$P=0.000$		$P=0.000$	$P=0.170$	$P=0.000$	$P=0.001$	$P=0.000$

与空白对照组比较$^b P<0.05$,$^c P<0.01$;与阳性对照组比较$^e P<0.05$,$^f P<0.01$;与 4.5 mg/kg 组比较$^h P<0.05$,$^i P<0.01$;与 3.0 mg/kg 组比较$^k P<0.05$,$^l P<0.01$。
据陈丽等(2012)

叶俊等(2013)研究了白花丹醌(它是中药白花丹的主要活性成分,一种天然的小分子萘醌化合物)对人黑色素瘤 A375 细胞增殖和凋亡的影响及其可能机制。用不同浓度白花丹醌处理 A375 细胞后,采用 MTT 法和流式细胞术分别检测白花丹醌对 A375 细胞增殖和凋亡的影响,Western blot 检测 JAK-2、信号传导与转录激活因子 3(STAT-3)、B 细胞淋巴瘤-白血病 2(Bcl-2)的表达。结果:随着白花丹醌浓度升高 A375 细胞增殖抑制率和凋亡率明显增加,JAK-2,STAT-3 磷酸化水平以及 Bcl-2 蛋白表达均显著降低($P<0.05$)。因此,白花丹醌能抑制 A375 细胞增殖并促进凋亡可能与其抑制了 JAK-2/STAT-3 信号通路蛋白的活化有关。

2.抑制肝癌

肝癌细胞是最常见的恶性肿瘤之一,全国发病率居第 3 位,而我国肝癌发病人数占全球的 55%,发病率居我国恶性肿瘤第 2 位,病死率在消化系统恶性肿瘤中居第 3 位,仅次于胃癌和食道癌。

曹晓淬等(2013)研究了白花丹醌对人肝癌 SK-hep-1 细胞增殖及侵袭的影响,并初步探讨其作用机制。在体外应用 MTS 法、软琼脂克隆形成实验、流式细胞术及 Transwell 小室观察白花丹醌对细胞增殖及侵袭的影响;并通过 RT-PCR 检测白花丹醌对 p21、MMP-2 及 MMP-9 的 mRNA 表达影响。结果:白花丹醌能够明显抑制肝癌 SK-hep-1 细胞的增殖和克隆形成,且具有剂量依赖性,其半数抑制浓度为 22.04 μmol/L。细胞周期分析显示,白花丹醌处理后 S 期细胞数减少,G_0/G_1 期细胞增多;并且白花丹醌能够抑制 SK-hep-1 细胞的黏附和侵袭转移。RT-PCR 结果显示白花丹醌能够促进 p21 表达,而抑制 MMP-2 及 MMP-9 的表达。因此,白花丹醌可能是通过上调 p21 及下调 MMP-2/MMP-9 的表达水平,抑制人肝癌 SK-Hep-1 细胞增殖和侵袭。

3.作用于宫颈癌

李瑞峰等(2011)研究了大黄中活性成分大黄素型羟基蒽醌类化合物对宫颈癌 HeLa 细胞的生长抑制作用。试验中采用 MTT 法测定大黄素型羟基蒽醌类化合物对宫颈癌 HeLa 细胞的生长抑制活性。结果见表1-9-10、表 1-9-11:大黄素、大黄酸、芦荟大黄素、大黄酚对宫颈癌 HeLa 细胞的抑制作用呈剂量依赖性,其半数抑制浓度 IC_{50} 值分别为 262.1 μmol/L、79.9 μmol/L、59.6 μmol/L、435.6 μmol/L。因此,芦荟大黄素等羟基蒽醌类化合物对宫颈癌 HeLa 细胞具有较为明显的生长抑制活性。

表 1-9-10　4 种化合物给药浓度和生长抑制率

大黄素		大黄酸		芦荟大黄素		大黄酚	
给药浓度 (μmol/L)	生长抑制率 (%)	给药浓度 (μmol/L)	生长抑制率 (%)	给药浓度 (μmol/L)	生长抑制率 (%)	给药浓度 (μmol/L)	生长抑制率 (%)
0	0	0	0	0	0	0	0
18.5	0.81	7.0	−1.68	7.4	14.32	29.5	−0.26
37.0	1.48	14.0	−2.32	14.8	29.26	59.0	0.17
74.0	6.36	28.0	3.61	37.0	41.24	118.0	3.14
148.0	36.12	42.0	26.15	59.2	65.38	236.0	26.15
222.0	49.20	56.0	45.99	118.4	75.94	354.0	45.99
296.0	48.94	112.0	68.42	—	—	472.0	51.30

据李瑞峰等(2011)

表 1-9-11　4 种化合物作用宫颈癌 Hela 细胞的 IC_{50} 和 IC_{20} 值

化合物	IC_{50}(μmol/L)	IC_{20}(μmol/L)	化合物	IC_{50}(μmol/L)	IC_{20}(μmol/L)
大黄素	262.1	111.5	大黄酸	79.9	37.0
芦荟大黄素	59.6	10.5	大黄酚	435.6	196.6

据李瑞峰等(2011)

4.作用于肺癌

肺癌是最常见的肺原发性恶性肿瘤,绝大多数肺癌起源于支气管黏膜上皮,故亦称支气管肺癌。姜伟等(2009)实验证明以三羟基蒽醌类化合物大黄素为原料合成的衍生物对肺癌 A-549 细胞表现的活性较强,通过 IC_{50} 比较可知抗癌活性高于大黄素。在含有很高的蒽醌化合物萱草属植物中的大黄素型蒽醌能明显抑制肺癌 A-549 细胞 DNA 生物合成,同时大黄素对人肺癌 A-549 的细胞分裂中癌基因 HER-2/NCU 过表达的肺癌细胞产生协同杀灭作用。

李岩等(2013)研究了胡桃醌含药血清对人肺癌 A549 细胞的生长抑制作用及对细胞周期的影响。以血清药理学原理为基础,通过 MTT 法检测胡桃醌对 A549 细胞的生长抑制作用,并筛选最佳药物浓度;利用流式细胞仪分析胡桃醌对 A549 细胞周期的影响,并用 Western blot 验证。实验结果表明,胡桃醌的半衰期 $T_{1/2}=136$ min,MTT 法显示其对体外培养的人肺癌 A549 细胞具有明显抑制作用(见表 1-9-12),比较 12 h、24 h、48 h 细胞存活率得出 10%高剂量组(0.107 μg/mL)胡桃醌血清抑制作用较好(见表 1-9-13),同时,胡桃醌可通过凋亡途径阻滞细胞于 S 期,增加 caspase-3 的表达(见表 1-9-14)。

表 1-9-12　胡桃醌对 A549 细胞生长的影响($\bar{x}\pm S,n=6$)

分组	抑制率%	分组	抑制率%
常规对照组	0.03±1.50	10%阳性对照组	78.57±1.70**
20%阳性对照组	92.42±4.10**	0.061 μg/mL 组	75.00±4.15**
0.107 μg/mL 组	86.79±1.69**	0.122 μg/mL 组	22.73±2.87**
0.214 μg/mL 组	83.33±2.08**		

注:**与常规对照组比较:$P<0.01$。
据李岩等(2013)

表 1-9-13　不同剂量含药血清作用于 A549 细胞不同时间细胞存活率的比较($\bar{x}\pm S,n=6$)

组别		时间(h)		
		12	24	48
对照组存活率(%)	10%阴性	33.33±0.02	56.20±0.10	54.03±0.05
	20%阴性	34.67±0.01	66.47±0.10	40.73±0.04
	10%阳性	12.57±0.01##	11.93±0.01	11.57±0.01
	20%阳性	4.80±0.01▲▲	5.70±0.02	10.33±0.01*
不同剂量组存活率(%)	0.061 μg/mL 组	21.27±0.01	14.43±0.02	58.53±0.06**
	0.122 μg/mL 组	23.20±0.01	14.57±0.02*	57.73±0.02**
	0.107 μg/mL 组	17.67±0.04##	13.27±0.01	36.87±0.02**
	0.214 μg/mL 组	13.63±0.01▲▲	11.47±0.01	35.00±0.02**

注:*与 12 h 比较,$P<0.05$;**与 12 h 比较,$P<0.01$;与 10%阴性对照组比较,#表示 $P<0.05$,##表示 $P<0.01$;与 20%阴性对照组比较,▲▲表示 $P<0.01$;浓度和不同时间之间的交互效应检验,$P=0.001$。
据李岩等(2013)

表 1-9-14　胡桃醌含药血清对 A549 细胞增殖周期的影响(%)($\bar{x}\pm S,n=6$)

组别	G_1	S	G_2/M	APO
10%阴性	63.6±4.9	23.9±9.5	12.5±7.6	
10%阳性	31.3±8.4	52.3±10.9	16.4±5.7	11.36
10%高剂量组	19.4±7.8	41.2±10.3	19.4±3.1	8.29

据李岩等(2013)

5.作用于白血病

米托蒽醌是用于白血病治疗的一种抗肿瘤药物,王金戌等(2008)实验证明,米托蒽醌脂质体注射液可以显著延长白血病 L1210 腹水瘤模型动物生存时间,生存率明显高于等剂量游离药组。王琳(2003)以米托蒽醌为主药的组合方案治疗初治、复发、难治的各类型急性白血病42例（68例次），均取了较高的缓解率。余永莉等（2002）体外研究从细胞的DNA片段化分析，利用细胞形态学分析证明米托蒽醌具有诱导白血病细胞株HL-60细胞凋亡的作用。芦荟中的蒽醌类衍生物对动物和人类的肿瘤细胞杀伤作用较强，动物活体实验证明芦荟大黄素能延长P388白血病小鼠的存活期达30%。

6. 作用于肠癌

吴志豪等（2011）研究了百里醌对大肠癌生长及转移的影响及其机制。试验中百里醌作用大肠癌细胞株SW480后，cell counting kit-8（CCK-8）法检测细胞增殖；荧光显微镜下观察细胞形态；划痕试验和Transwell小室实验分别测定大肠癌细胞体外迁移和侵袭能力；用Western blotting检测大肠癌细胞中Mucin-4、HER-2和FAK蛋白表达；建立起裸鼠大肠癌皮下移植模型，观察百里醌对裸鼠大肠癌移植瘤生长的影响；免疫组织化学法检测肿瘤组织中Ki-67和Mucin-4阳性表达。结果：与对照组相比较，百里醌可显著抑制体外大肠癌SW480细胞生长、迁移和侵袭，并明显诱导细胞凋亡；百里醌可呈显著下调大肠癌细胞中Mucin-4和HER-2的表达，并抑制FAK磷酸化；百里醌可显著抑制裸鼠大肠癌皮下移植瘤生长；百里醌可明显降低大肠癌肿瘤组织中Ki-67和Mucin-4的阳性表达。由此可见，百里醌可显著抑制大肠癌生长和转移，该作用可能通过抑制Mucin-4蛋白表达而实现。

7. 抑制乳腺癌

乳腺癌是女性常见的恶性肿瘤，大黄素、大黄酸可以通过逆转肿瘤细胞多药抗药性和酶抑制剂作用于乳腺癌。郭兰等（2006）报道，大黄素作为酪氨酸激酶抑制剂，可阻碍HER-2/neu过度表达的乳腺癌细胞，包括侵袭能力在内的恶性表型的转化，在体内增强紫杉醇的抗癌作用；还可增加罗丹明123在人乳腺癌MCF-7/Adr细胞中的蓄积，并减少排出，通过逆转肿瘤细胞多药抗药性的作用可降低P-糖蛋白功能和表达。

封伟亮等（2013）研究表明，百里醌对体外人乳腺癌MCF-7细胞有明显的增殖抑制和凋亡诱导作用；百里醌可下调MCF-7细胞中survivin、pro-caspase 3和pro-caspase 8的表达，但对pro-caspase 9的表达无明显影响；活力测定结果进一步显示，百里醌作用MCF-7细胞后，caspase 3和caspase 8被激活，而对caspase 9无明显影响；在体内试验中，百里醌可抑制裸鼠皮下移植瘤生长，同时诱导体内乳腺癌细胞凋亡，另外百里醌还可分别下调和上调肿瘤组织细胞中survivin和caspase 3的表达。因此，百里醌对体内外乳腺癌细胞有凋亡诱导作用，死亡配体途径可能是百里醌诱导乳腺癌细胞凋亡的主要机制之一。

8. 作用于其他肿瘤

祝兆怡（2006）研究表明，2,3-吲哚醌对人神经母细胞SH-SY5Y具有抗肿瘤作用，其作用主要通过诱导细胞凋亡、抑制细胞增殖和肿瘤血管形成以及改变细胞周期而实现的。吴志豪等（2011）研究表明，百里醌可抑制体外胰腺癌转移，该作用可能通过下调人胰腺癌Panc-1细胞中NF-κB和MMP-9的表达而实现。李春香等（2012）研究表明，百里醌具有抑制卵巢癌裸鼠原位移植癌生长和转移作用，此作用机制可能与抑制CD34和MMP-9的表达有关。

（三）抗菌作用

薛明等（2000）从甘西鼠尾草根中分离、人工制备及由动物体内外代谢后得到的23个二萜醌类化合物对金黄色葡萄球菌进行抑菌活性研究，采用多重回归方法，建立了以结构片段为指示变量的Free-Wilson方程式，研究了该类化合物的抗菌构效关系。结果表明：醌式基团是抑菌作用的必须基团，邻醌的抑菌强度大于对醌；分子中D环C_{15}与C_{16}之间为单键时，可增加抑菌作用；分子A环为脂肪环时，可增强抑菌活性；分子D环C_{15}位含氮取代基时可增强抑菌活性；A环的羟基化或环内脱氢均导致抑菌活性下降。

檀东飞等（2005）研究了1,4-苯醌对细菌、酵母菌和霉菌中的各种菌的抑菌作用，并采用平板连续稀释法研究了它对这三类6种菌的最小抑菌浓度。表明1,4-苯醌对供试菌均有抑制作用，见表1-9-15。当浓度分别为 125 mg/L、250 mg/L 或 500 mg/L 时,1,4-苯醌对不同供试菌能完全抑制。因此 1,4-苯醌是广谱的抗菌剂。

表 1-9-15　平板连续稀释法测 1,4-苯醌水溶液的抑菌效果

浓度(mg/L)	藤黄八叠球菌	枯草杆菌	白色假丝酵母	啤酒酵母	桔青霉	黑根霉
0	＋＋＋＋	＋＋＋＋	＋＋＋＋	＋＋＋＋	＋＋＋＋	＋＋＋＋
125	＋	＋＋＋	＋＋＋＋	－	＋＋	＋＋＋
250	－	＋	＋＋＋	－	－	－
500	－	－	－	－	－	－
750	－	－	－	－	－	－
1 000	－	－	－	－	－	－
2 000	－	－	－	－	－	－

注:"＋"生长,随着"＋"数增加长势增强;"－"不生长。
据檀东飞等(2005)

全炳武等(2007)以红景天立枯病菌(*Rhiz octonia solani* Kühn)等 12 种病原真菌为供试靶标,测试了核桃楸的活性成分胡桃醌(5-羟基-1,4-萘醌)及其衍生物 5,8-二羟基-1,4-萘醌的抑菌活性。结果表明:两者对丝核菌属病原真菌菌丝生长的抑制作用大于镰刀属,对 3 种丝核菌属病原真菌的半数最大效应浓度 EC_{50} 分别为 10.63～15.88 mg/L、9.79～14.69 mg/L;两者对玉米小斑病菌孢子萌发的抑制作用最高,在 12.5 mg/L 时,抑制率均达到 60％以上;在 50 mg/L 时,对镰刀属 4 种病原真菌孢子萌发抑制率均达到 60％。

宋文刚等(2007)的研究结果表明,从茜草中提取的茜草素(1,2 二羟基蒽醌)在体外抗结核分枝杆菌的实验中,有明显的抗菌活性。药物浓度为 160 mg/mL 时即能明显抑制结核分枝杆菌的生长,且与药物作用时间无明显关系,药物作用 24 h、48 h 以及 1 周后接种的固体培养基均无结核杆菌生长。

李汉浠等(2012)研究了枫杨抗菌单体 5-羟基-2-乙氧基-1,4-萘醌体外抗菌谱和活性强度。用琼脂平板法测定抗菌谱;以左氧氟沙星和阿奇霉素作为对照,用试管二倍稀释法测定最低抑菌浓度 MIC 和最低杀菌浓度 MBC。结果(见表 1-9-16 至表 1-9-18):该物质对常规菌株具有较为广泛的抗菌谱,对金黄色葡萄球菌(MIC 为 12.5 μg/mL,MBC 为 50.0 μg/mL)、大肠杆菌(MIC 为 6.25 μg/mL,MBC 为 25.0 μg/mL)、姜瘟菌(MIC 为 3.125 μg/mL,MBC 为 6.25 μg/mL)、蜡状芽孢杆菌(MIC 为 6.25 μg/mL,MBC 为 25.0 μg/mL)白色念球菌(MIC 为 3.125 μg/mL,MBC 为 12.5 μg/mL)、沙门氏菌(MIC 为 25 μg/mL,MBC 为 100.0 μg/mL)有显著的拮抗作用。因此,该物质抗菌谱较广,抗菌活性强度近似于左氧氟沙星,而远强于阿奇霉素。

表 1-9-16　抑菌圈直径的测定(cm)

处理	菌株					
	金黄色葡萄球菌	大肠杆菌	姜瘟菌	蜡状芽孢杆菌	白色念球菌	沙门氏菌
萘醌	1.9	1.8	2.2	2.0	2.1	1.6
左氧	2.4	2.5	2.2	2.0	2.5	2.4
阿奇	－	－	1.5	1.0	－	1.5

"－"代表无抑菌作用
据李汉浠等(2012)

表 1-9-17　最低抑菌浓度 MIC 的测定

浓度 (μg/mL)	金黄色葡萄球菌			大肠杆菌			姜瘟菌			蜡状芽孢杆菌			白色念球菌			沙门氏菌		
	萘醌	左氧	阿奇	萘醌	左氧	阿奇	萘醌	左氧	阿奇	萘醌	左氧	阿奇	萘醌	左氧	阿奇	萘醌	左氧	阿奇
100	—	—	—	—	—	+	—	—	—	—	—	—	—	—	+	—	—	—
50	—	—	+	—	—	+	—	—	—	—	—	—	—	—	+	—	—	+
25	—	—	+	—	—	+	—	—	—	—	+	—	—	—	+	—	—	+
12.5	—	—	+	—	+	+	—	—	—	—	+	—	+	—	+	—	—	+
6.25	+	—	+	—	+	+	—	—	—	—	+	—	+	—	+	—	—	+
3.125	+	+	+	+	+	+	—	—	+	—	+	+	+	—	+	+	—	+
1.563	+	+	+	+	+	+	+	—	+	+	+	+	+	—	+	+	+	+
0.781 5	+	+	+	+	+	+	+	+	+	+	+	+	+	—	+	+	+	+
0.390 8	+	+	+	+	+	+	+	+	+	+	+	+	+	+	+	+	+	+
0	+	+	+	+	+	+	+	+	+	+	+	+	+	+	+	+	+	+

药液对照组 9 管均透明清亮，说明实验溶液未被污染；"—"表示无菌生长，"+"表示有菌生长。
据李汉浠等(2012)

表 1-9-18　最低杀菌浓度 (μg/mL)

处理	MBC					
	金黄色葡萄球菌	大肠杆菌	姜瘟菌	蜡状芽孢杆菌	白色念球菌	沙门氏菌
萘醌	50.0	25.0	6.25	25.0	12.5	100.0
左氧	12.5	6.25	6.25	6.25	3.125	3.125
阿奇	—	—	—	—	—	—

"—"表示为呈现最低杀菌浓度。
据李汉浠等(2012)

　　黄国霞等(2013)研究了两种醌类化合物紫草素和甲基异茜草素对大肠杆菌的抑菌作用及抑菌机理。在培养菌体的过程中加入以上两种物质，然后提取 DNA 进行琼脂糖凝胶电泳；提取出正常大肠杆菌DNA，加入以上两种物质温育后电泳。结果表明，和空白样相比，不管是方法一还是方法二中的样品均出现了新的条带，说明遗传物质发生了变化，进而影响菌体的正常生长。因此，紫草素和甲基异茜草素对大肠杆菌有明显的抑菌作用。

(四)抗氧化作用

　　吡咯喹啉醌(PQQ)是 20 世纪 60 年代新发现的一种氧化还原的辅酶，它广泛存在于动植物和微生物体内，具有促进生物体生长发育，改善肌体健康的重要作用。

　　邱秀芹等(2009)探讨了吡咯喹啉醌对 ^{60}Co γ 射线照射细胞清除自由基能力。培养人胃腺癌(AGS)细胞至对数期，实验分为 6 组：正常培养未照射组、单纯照射组、PQQ 培养 12 h 未照射组、PQQ 培养 4 h 未照射组、PQQ 培养 12 h 后照射组、PQQ 培养 4 h 后照射组。^{60}Co γ 照射，剂量 8 Gy。照射后 6 h、12 h、24 h 测定细胞总抗氧化力(T-AOC)、SOD、MDA 含量。结果(见表 1-9-19 至表 1-9-21)：与正常未照组比较，照射后 6 h、12 h、24 h 单纯照射组 SOD、T-AOC 显著降低($P<0.05$)，MDA 显著升高($P<0.01$)；与单纯照射组比较：PQQ 培养的照射组 SOD、T-AOC 显著升高($P<0.01$)，除照射后 6 h 外 MDA 显著降低($P<0.05$)。由此可见，PQQ 可通过增强细胞抗氧化能力，降低氧化水平，从而对辐射细胞起保护作用。

表 1-9-19 PQQ 对^{60}Co γ 射线照射 AGS 细胞 T-AOC 含量的影响($\overline{x}\pm S, n=6$)

实验分组	各时间点 T-AOC 活力单位/毫克蛋白		
	6 h	12 h	24 h
正常未照射组(A 组)	3.73±0.38	3.88±0.47	2.94±0.25
单纯照射组(B 组)	2.99±0.24[a]	2.99±0.29[a]	2.36±0.36[a]
PQQ 培养 12 h 未照射组(C 组)	5.78±0.39[ab]	4.75±0.47[ab]	3.44±0.32[ab]
PQQ 培养 4 h 未照射组(D 组)	6.15±0.28[ab]	5.23±0.47[ab]	3.78±0.43[ab]
PQQ 培养 12 h 时照射组(E 组)	6.92±0.24[ab]	5.47±0.37[ab]	5.09±0.51[ab]
PQQ 培养 4 h 照射组(F 组)	7.10±0.44[ab]	4.84±0.30[ab]	3.89±0.53[ab]

与正常未照射组比较,[a]$P<0.05$;与单纯照射组比较,[b]$P<0.01$。
据邱秀芹等(2009)

表 1-9-20 PQQ 对^{60}Co γ 射线照射 AGS 细胞 T-SOD 含量的影响($\overline{x}\pm S, n=6$)

实验分组	各时间点 T-SOD 活力 U/毫克蛋白		
	6 h	12 h	24 h
正常未照射组(A 组)	5.07±0.74	5.02±0.46	4.31±0.23
单纯照射组(B 组)	3.79±0.37[a]	3.64±0.58[a]	2.45±0.43[a]
PQQ 培养 12 h 未照射组(C 组)	8.31±0.46[ab]	12.10±0.68[ab]	11.99±0.35[ab]
PQQ 培养 4 h 未照射组(D 组)	9.26±0.58[ab]	13.37±0.54[ab]	11.45±0.71[ab]
PQQ 培养 12 h 时照射组(E 组)	8.13±0.35[ab]	14.44±0.60[ab]	11.66±1.06[ab]
PQQ 培养 4 h 照射组(F 组)	8.97±0.52[ab]	14.50±0.4[ab]	10.85±0.86[ab]

与正常未照射组比较,[a]$P<0.05$;与单纯照射组比较,[b]$P<0.01$。
据邱秀芹等(2009)

表 1-9-21 PQQ 对^{60}Co γ 射线照射 AGS 细胞 MDA 含量的影响($\overline{x}\pm S, n=6$)

实验分组	各时间点 MDA nmol/毫克蛋白		
	6 h	12 h	24 h
正常未照射组(A 组)	0.49±0.19	0.49±0.18	0.64±0.25
单纯照射组(B 组)	4.05±0.30[a]	4.90±0.73[a]	3.13±0.61[a]
PQQ 培养 12 h 未照射组(C 组)	0.73±0.35[b]	0.58±0.24[b]	0.52±0.24[b]
PQQ 培养 4 h 未照射组(D 组)	0.57±0.20[b]	0.51±0.21[b]	0.68±0.36[b]
PQQ 培养 12 h 时照射组(E 组)	3.51±0.64[b]	2.36±0.57[ab]	2.13±0.61[ab]
PQQ 培养 4 h 照射组(F 组)	3.91±0.26[b]	1.94±0.53[ab]	1.96±0.53[ab]

与正常未照射组比较,[a]$P<0.01$;与单纯照射组比较,[b]$P<0.05$。
据邱秀芹等(2009)

徐磊等(2011)研究了不同水平的吡咯喹啉醌 PQQ 对产蛋鸡抗氧化机能的影响。试验选用 378 只 50 周龄健康海兰灰产蛋鸡,随机分为 7 组,每组 6 个重复,每个重复 9 只鸡,分别在基础饲粮中添加不同水平 0 mg/(d·只)、0.005 mg/(d·只)、0.010 mg/(d·只)、0.020 mg/(d·只)、0.040 mg/(d·只)、0.080 mg/(d·只)、0.160 mg/(d·只)的 PQQ。试验期 6 周。结果(见表 1-9-22、表 1-9-23)表明,PQQ 添加组血浆和肝脏谷胱甘肽过氧化物酶 GSH-Px、总超氧化物歧化酶 T-SOD 活性显著提高($P<0.05$); PQQ 抑制超氧自由基 O_2^- 和羟基自由基·OH 能力显著增强($P<0.05$);PQQ 显著降低了血浆和肝脏中丙二醛 DMA 含量($P<0.05$)。由此可见,饲粮中添加 PQQ 可改善蛋鸡的抗氧化能力,其中以 0.01 mg/(d·只)的效果最佳。

表1-9-22　饲粮中添加不同水平PQQ对蛋鸡血浆抗氧化指标的影响

项目	时间(Week)	添加水平mg/(d·只)							SEM	P值	
		0	0.005	0.010	0.020	0.040	0.080	0.160		线性	二次
谷胱甘肽过氧化物酶 GSH-Px (U/mL)	2	2 731.60[b]	3 252.20[a]	3 351.90[a]	3 266.80[a]	3 368.90[a]	3 361.60[a]	3 393.20[a]	59.53	<0.01	0.05
	4	2 792.40[b]	3 079.50[a]	3 171.90[a]	3 084.30[a]	3 111.11[a]	3 154.90[a]	3 113.50[a]	33.88	0.02	0.03
	6	3 071.70[b]	3 410.60[a]	3 588.30[a]	3 525.20[a]	3 494.80[a]	3 429.40[a]	3 410.60[a]	38.90	0.04	<0.01
超氧化物歧化酶 T-SOD(U/mL)	2	261.09[b]	280.97[ab]	311.29[a]	294.11[a]	307.59[a]	307.42[a]	303.37[a]	4.38	<0.01	0.03
	4	304.64[b]	321.56[ab]	337.67[a]	332.30[a]	337.18[a]	333.12[a]	328.40[a]	2.86	0.01	<0.01
	6	290.18[b]	316.57[ab]	325.75[a]	320.02[ab]	311.00[ab]	319.69[ab]	315.92[ab]	3.87	0.20	0.09
丙二醛MDA (nmol/mL)	2	11.69[a]	9.26[b]	8.87[b]	8.95[b]	8.49[b]	8.31[b]	7.64[b]	0.27	<0.01	0.09
	4	11.22[a]	9.09[b]	8.29[b]	8.91[b]	8.76[b]	8.38[b]	8.64[b]	0.30	0.03	0.07
	6	10.59[a]	8.51[b]	7.39[b]	8.42[b]	8.11[b]	7.97[b]	8.38[b]	0.22	<0.01	<0.01
超氧自由基 O_2^-· (U/L)	2	1081.80[b]	1110.10	1241.90[a]	1187.20[a]	1213.50[a]	1258.10[a]	1260.80[a]	13.91	<0.01	0.11
	4	1376.30[b]	1444.00[a]	1489.6[a]	1475.10[a]	1472.40[a]	1465.40[a]	1464.10[a]	10.20	0.04	0.02
	6	1414.40[b]	1493.30[a]	1728.90[a]	1852.20[a]	1858.90[a]	1860.00[a]	1862.20[a]	33.84	<0.01	<0.01
羟基自由基 ·OH (U/mL)	2	4564.50[b]	5073.80[a]	5201.00[a]	5173.20[a]	5264.10[a]	5252.50[a]	5511.50[a]	67.38	<0.01	0.23
	4	5661.70[b]	6378.10[a]	6421.10[a]	6437.80[a]	6484.30[a]	6581.80[a]	6688.00[a]	87.50	<0.01	0.17
	6	5 997.7	6787.70[ab]	6 839.8[ab]	6958.70[ab]	7 112.30[ab]	7 237.70[a]	7 303.90[b]	146.47	0.02	0.37

同行数据肩注不同字母表示差异显著（P>0.05），相同字母或者无字母表示差异不显著（P>0.05）。
据徐蓉蓉等（2011）

表1-9-23　饲粮中添加不同水平PQQ对蛋鸡肝脏抗氧化指标的影响

项目	添加水平mg/(d·只)							SEM	P值	
	0	0.005	0.010	0.020	0.040	0.080	0.160		线性	二次
谷胱甘肽过氧化物酶 GSH-Px(U/mg prot)	24.55[b]	32.51[ab]	37.91[a]	36.52[a]	37.54[a]	36.91[a]	35.25[a]	1.28	0.02	0.01
超氧化物歧化酶 T-SOD(U/mg prot)	91.26[b]	104.60[ab]	109.53[ab]	104.55[ab]	108.81[a]	107.96[a]	104.51[ab]	1.99	0.10	0.05
丙二醛MD (nmol/mg prot)	0.80[a]	0.63[ab]	0.58[b]	0.58[b]	0.57[b]	0.57[b]	0.52	0.02	<0.01	0.12
超氧自由基O_2^-· (U/g prot)	252.97[a]	290.60[ab]	311.69[ab]	313.02[ab]	315.56[ab]	319.05[a]	322.25[a]	7.80	0.02	0.17
羟基自由基·OH (U/mg prot)	27.03[b]	31.29[ab]	32.73[ab]	32.92[ab]	33.79[ab]	35.79[a]	34.30[ab]	0.92	0.02	0.27

同行数据肩注不同字母表示差异显著（P<0.05），相同字母或者无字母表示差异不显著（P>0.05）。
据徐蓉蓉等（2011）

刘德全等(2011)的抗氧化活性试验表明芦荟蒽醌类化合物提取液具有一定的清除 DPPH 自由基的能力,清除能力与浓度呈较明显的量效关系。高效液相分析表明提取液中含有芦荟大黄素、大黄酸、大黄素大黄酚、大黄素甲醚 5 种蒽醌类成分。

(五)抗炎作用

消炎醌是以鼠尾草属甘西鼠尾草的生物活性成分(如二萜醌类化合物)为主的中药制剂。有研究者对该制剂的抗炎药理活性进行了研究。

史彦斌等(2000)运用蛋清、羧甲基纤维素、棉球致炎的药理方法研究消炎醌的抗炎作用。结果(见表 1-9-24 至表 1-9-26)表明:消炎醌腹腔注射能明显抑制蛋清及羧甲基纤维素引起的大白鼠局部炎症反应,灌胃给药对蛋清引起的炎症有抑制作用,对羧甲基纤维素引起的炎症有明显抑制作用,而两种给药途径对棉球所致肉芽肿无抑制作用。

表 1-9-24　消炎醌对蛋清所致大白鼠足趾肿胀的影响

组别	药物剂量 (mg/kg)	动物数 (只)	致炎后肢体肿胀程度(cm)				
			0.5 h	1 h	2 h	4 h	6 h
生理盐水组	—	10	0.62 ± 0.15	0.45 ± 0.09	0.35 ± 0.12	0.28 ± 0.10	0.18 ± 0.08
氢化可的松组	1.0	10	$0.35\pm0.13^{**}$	0.37 ± 0.12	0.27 ± 0.10	$0.18\pm0.08^{*}$	0.14 ± 0.08
消炎醌腹腔注射组	62.5	10	$0.42\pm0.10^{**}$	$0.29\pm0.08^{**}$	$0.23\pm0.05^{**}$	$0.16\pm0.06^{**}$	$0.10\pm0.05^{*}$
消炎醌灌胃组	187.5	10	$0.47\pm0.07^{*}$	0.38 ± 0.06	$0.25\pm0.07^{*}$	0.21 ± 0.07	0.14 ± 0.06

$^{**}P<0.01$;$^{*}P<0.05$。
据史彦斌等(2000)

表 1-9-25　消炎醌对羧甲基纤维素所致白细胞游走的影响

组别	药物剂量(mg/kg)	动物数(只)	白细胞总数($10^3/mm^3$)
生理盐水组	—	6	26.42 ± 8.03
氢化可的松组	1.0	6	$16.40\pm4.31^{*}$
消炎醌腹腔注射组	62.5	6	$8.27\pm1.58^{**}$
消炎醌灌胃组	187.5	6	$10.66\pm3.77^{**}$

$^{**}P<0.01$;$^{*}P<0.05$。
据史彦斌等(2000)

表 1-9-26　消炎醌对棉球所致肉芽肿的影响

组别	药物剂量(mg/kg)	动物数(只)	肉芽肿重量(g)
生理盐水组	—	6	0.077 ± 0.018
氢化可的松组	1.0	6	0.052 ± 0.009
消炎醌腹腔注射组	62.5	6	0.055 ± 0.012
消炎醌灌胃组	187.5	6	0.069 ± 0.011

$^{**}P<0.01$。
据史彦斌等(2000)

(六)抗震颤麻痹作用

老年震颤麻痹主要是与脑纹状体内多巴胺(DA)和乙酰胆碱(Ach)两种递质的平衡失调有关,当 DA 减少而 Ach 相对偏高时产生锥体外系功能障碍。增加 DA 神经系统功能或抑制 Ach 神经系统功能,均可缓解老年震颤麻痹症状。

王蕾等(2005)研究了 2,3-吲哚醌对大鼠脑内单胺类神经递质含量与释放的影响。给予 Wistar 大鼠 2,3-吲哚醌(50 mg/kg,200 mg/kg,腹腔注射),2 h 后测定其纹状体 Ach、DA 含量;在脑片灌流液中加入 2,3-吲哚醌(50 μmol/L,200 μmol/L),测定其对纹状体及皮质脑片 DA、5-羟色胺 5-HT、去甲肾上腺素

NE 释放的影响。结果:大鼠腹腔给予 2,3-吲哚醌,其纹状体 Ach 和 DA 的浓度均有增加($P<0.05$ 和 $P<0.01$)(见表 1-9-27);脑片灌流液中加入 2,3-吲哚醌促进皮质和纹状体内 DA 释放($P<0.01$)。由此可见,2,3-吲哚醌具有调节脑内 DA 和 Ach 两种神经递质功能平衡的作用。

表 1-9-27　2,3-吲哚醌对大鼠纹状体 Ach 和 DA 浓度的影响($n=6,\bar{x}\pm S$)

组别	剂量(mg/kg)	Ach (pmol/mg,湿组织)	DA (pmol/mg,湿组织)
对照组		41.07 ± 6.12	24.96 ± 10.34
2,3-吲哚醌	50	39.44 ± 3.07	$39.82\pm10.32^*$
2,3-吲哚醌	200	$52.98\pm7.32^*$	$61.66\pm13.06^{**}$

注:$^*P<0.05,^{**}P<0.01$ vs 对照组。
据王蕾等(2005)

(七)止血作用

朱玉强等(2007)报道,茜草中的茜草素类成分具有止血作用;紫草中的一些萘醌类色素具有抗菌、抗病毒及止血作用。

兰志琼等(2005)研究了药用大黄叶的止血作用。采用毛细玻管法和小鼠断尾法观察药用大黄叶对小鼠凝血时间和出血时间的影响。结果(见表 1-9-28、表 1-9-29):药用大黄叶柄、叶片醇提水沉液的止血作用与空白组相比,均具有明显缩短出血时间的作用($P<0.001$)。由此可见,药用大黄叶柄、叶片有明显的止血作用;且叶柄低剂量的作用最为明显,相当或略优于于阳性组与大黄组。

表 1-9-28　对小鼠凝血时间的影响($n=10,\bar{x}\pm S$)

组别	剂量(g/kg)	凝血时间(min)	变化率(%)
空白组	—	2.71 ± 0.45	—
云南白药组	1.00	$1.50\pm0.35^{***}$	44.65
药用大黄醇提水沉液	50.00	$1.93\pm0.32^{***}$	28.78
叶柄醇提水沉液	15.00	$1.07\pm0.49^{***}$▲▲	60.52
叶柄醇提水沉液	45.00	$2.28\pm0.45^*$	15.87
叶片醇提水沉液	15.00	$2.25\pm0.25^*$▲	16.97
叶片醇提水沉液	45.00	$2.06\pm0.50^*$	23.99

注:与空白对照组相比较,$^{***}P<0.001,^*P<0.05$;与大黄组相比较,▲▲$P<0.01$,▲$P<0.05$。
据兰志琼(2005)

表 1-9-29　对小鼠凝血时间的影响($n=10,\bar{x}\pm S$)

组别	剂量(g/kg)	凝血时间(min)	变化率(%)
空白组	—	6.80 ± 1.08	—
云南白药组	1.00	$3.80\pm0.40^{***}$	44.12
药用大黄醇提水沉液	50.00	$3.33\pm0.55^{***}$	51.03
叶柄醇提水沉液	15.00	$3.50\pm0.63^{***}$	48.53
叶柄醇提水沉液	45.00	$4.20\pm0.51^{***}$▲▲	38.24
叶片醇提水沉液	15.00	$4.50\pm0.32^{***}$▲▲▲	33.82
叶片醇提水沉液	45.00	$5.14\pm0.64^{***}$▲▲▲	24.41

注:与空白对照组相比较,$^{***}P<0.001$;与大黄组相比较,▲▲▲$P<0.001$,▲▲$P<0.01$。
据兰志琼(2005)

(八)其他作用

陈达(2006)的研究表明,2,3-吲哚醌对仙台病毒表现了明显的抑制作用($P<0.05$),半数抑制浓度 IC_{50} 为 37.61 $\mu g/mL$。大黄还有抗突变、致突变作用,陶玉珍等(1999)研究表明,大黄对由环磷酰胺诱发的骨髓细胞染色体畸变有抑制作用。还有一些醌类化合物具有降血压、解痉、驱绦虫等作用。

二、含醌类化合物的农产品

醌类化合物广泛分布于自然界，目前已在50多个科百余属的高等植物中发现醌类化合物，近年来发现低等植物菌类、藻类、地衣类以及动物中也存在醌类化合物。醌类成分虽在高等植物中分布较广，但富含醌类成分的高等植物局限于紫草科、茜草科、紫葳科、蓼科、胡桃科、鼠李科、百合科、藤黄科等。植物中醌类化合物主要存在于植物的根、茎及叶中，也存在于茎、种子、果实中。近年来在花的色素中也分离得到了醌类化合物。在海洋生物中亦发现了数百种醌类化合物。苯醌化合物、萘醌化合物、菲醌化合物在自然界中主要以游离态存在；蒽醌类化合物在自然界中以游离态或糖苷的形式存在。其中一些醌广泛分布于多种生物中。

脂醌类存在于植物细胞线粒体及叶绿体中，参与初生物质代谢。

松柏类植物富含萜类成分，因此到目前为止松柏类植物中发现的醌类化合物均为萜醌类。绝大多数海洋醌类为非萜醌类：海胆中存在多羟基萘醌，海百合纲中存在多羟基蒽醌。环节动物多毛虫中存在较特殊的1,2-蒽醌类成分——多巴色素（红痣素，hallachrome）。

陆阳（2009）报道，黑核桃、胡桃、蜂斗菜、山刺番荔枝、向日葵、羊蹄甲、野牡丹、芦荟、刺柏、发财树、凤仙、白花丹、巴戟天、川芎、丹参、地钱、番泻、大黄、茜草、虎杖、贺兰山黄芪等农产品及中药材中含有醌类化合物。

韦燕飞等（2012）采用HPLC法测定干燥的白花丹根部、茎部及叶中白花丹醌的含量分别为0.324%、0.082%和0.174%。

孙墨珑等（2006）超声波法提取核桃楸样品胡桃醌含量分别为：树叶0.002 09%，树皮0.001 31%，外果皮0.002 29%。胡桃醌含量有外果皮＞树叶＞树皮的趋势。

刘丹萍等（2010）采用HPLC法测定山核桃外果皮中胡桃醌含量为0.001 04%（干样）。

孙佩等（2008）采用HPLC法测定大黄药材和饮片中番泻苷（蒽醌类化合物）的含量，测定结果为：大黄药材番泻苷总量在0.304%～1.450%之间，均值0.892%。生大黄饮片番泻苷总量在0.104%～0.841%之间，均值0.303%，酒大黄饮片番泻苷总量在0.054%～0.374%之间，均值0.186%。因此，大黄药材经过炮制番泻苷有较大损失，生大黄、酒大黄饮片含有番泻苷，熟大黄不含番泻苷。

第十节　鞣花酸

鞣花酸（2,3,7,8-tetrahydroxy benzopyrano [5,4,3-cde] benzopyran-5,10-dione, ellagic acid）又名并没食子酸、胡颓子酸，是广泛存在于各种具有软果或坚果的植物中的一种天然多酚成分，为没食子酸的二聚衍生物，是一种多酚二内酯，在自然界以游离形式或缩合形式（如鞣花单宁、苷等）存在，分子式为$C_{14}H_6O_8$。鞣花酸的化学结构见图1-10-1。

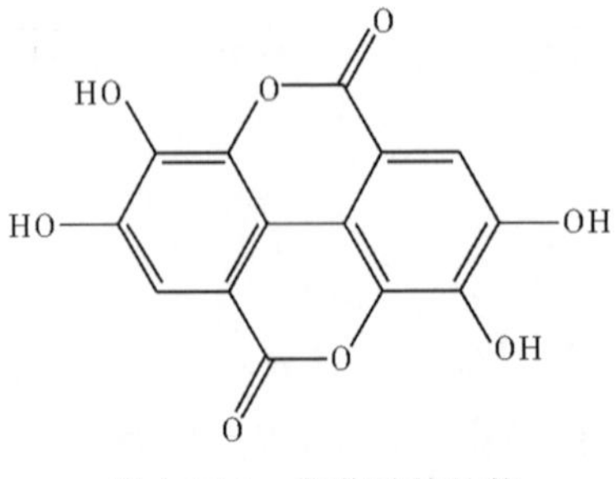

图1-10-1　鞣花酸的结构

一、鞣花酸的生理功能

(一)抗肿瘤作用

肿瘤的发生是一个复杂而漫长的过程,最初是由致癌物引发的。许多实验都表明鞣花酸具有抗肿瘤和抗突变作用,对多种肿瘤(如前列腺癌、肝癌、乳腺癌、鼻咽癌等)都有很好的抑制作用。

郑英俊等(2009)研究了鞣花酸对前列腺癌 PC-3 细胞株的影响。试验中体外培养人前列腺癌 PC-3 细胞,加入 $0~\mu g/mL$、$2.5~\mu g/mL$、$5~\mu g/mL$、$10~\mu g/mL$、$20~\mu g/mL$ 的鞣花酸作用于 PC-3 细胞,分别作用 12 h、24 h 和 48 h 后,应用 MTT 法测定各浓度组鞣花酸对 PC-3 细胞的生长抑制作用。应用流式细胞仪检测鞣花酸作用 48 h 后,PC-3 细胞的周期时相变化及凋亡情况。应用免疫细胞化学检测 $10~\mu g/mL$ 鞣花酸作用 24 h 后,实验组与对照组细胞 Caspase-3 蛋白表达情况。结果(见表 1-10-1 至表 1-10-4):鞣花酸明显抑制 PC-3 细胞的生长,抑制效应呈时间依赖型和浓度依赖型,与对照组比较均有统计学意义($P<0.05$)。应用流式细胞仪检测结果显示,鞣花酸可将 PC-3 细胞阻滞于 G_1/S 期,并诱导PC-3细胞凋亡。免疫细胞化学结果显示实验组 Caspase-3 蛋白表达明显升高。由此可见,鞣花酸对前列腺癌 PC-3 细胞株有明显的生长抑制和诱导凋亡作用。

表 1-10-1　鞣花酸在体外对 PC-3 生长的抑制($\bar{x}\pm S, n=5$)

EA($\mu g/mL$)	吸光度（A 值）		
	12 h	24 h	48 h
0	0.502 ± 0.034	0.489 ± 0.036	0.461 ± 0.047
2.5	0.502 ± 0.032	$0.443\pm0.012^{*\triangle}$	$0.417\pm0.033^{*\blacklozenge}$
5	$0.436\pm0.007^{*}$	$0.413\pm0.012^{*\triangle\blacklozenge}$	$0.383\pm0.074^{*\blacklozenge}$
10	$0.408\pm0.017^{*}$	$0.385\pm0.018^{*\triangle\blacklozenge}$	$0.323\pm0.016^{*\triangle\blacklozenge}$
20	$0.131\pm0.010^{*\triangle}$	$0.116\pm0.003^{*\triangle\blacklozenge}$	$0.106\pm0.006^{*\triangle\blacklozenge}$

注:* 表示与相同时间阴性对照组比较,$P<0.05$;△ 表示相同时间、不同浓度药物组之间的比较,$P<0.05$,有统计学意义;
◆ 表示相同浓度组 12 小时、24 小时、48 小时之间比较,$P<0.05$,有统计学意义。
据郑英俊等(2009)

表 1-10-2　鞣花酸对前列腺癌细胞 PC-3 的增殖抑制作用

实验分组	抑制率（%）		
	12 h	24 h	48 h
2.5 $\mu g/mL$ EA	8.31	24.16	45.21
5 $\mu g/mL$ EA	12.91	33.52	69.64
10 $\mu g/mL$ EA	26.24	45.31	65.39
20 $\mu g/mL$ EA	37.22	59.53	77.37

注:增殖抑制率(%)=(1−实验组 A 值/对照组 A 值)×100%。
据郑英俊等(2009)

表 1-10-3　不同浓度鞣花酸处理 PC-3 后细胞周期及细胞凋亡($\bar{x}\pm S, n=5$)

鞣花酸浓度($\mu g/mL$)	G_0-G_1(%)	S(%)	G_2-M(%)	凋亡率(%)
0	43.3 ± 1.3	53.9 ± 2.4	2.8 ± 3.1	1.5 ± 0.08
2.5	48.4 ± 1.4	40.5 ± 1.5	11.1 ± 2.2	5.1 ± 0.06
5	52.2 ± 2.3	27.8 ± 1.8	20.0 ± 2.6	22.7 ± 0.03
10	55.9 ± 1.24	32.8 ± 2.29	12.1 ± 3.65	31.5 ± 0.04
20	65.1 ± 2.95	24.7 ± 3.56	10.2 ± 1.67	37.9 ± 1.12

据郑英俊等(2009)

表 1-10-4 采用 10 μg/mL 鞣花酸处理细胞 24 小时后 caspase-3 蛋白表达阳性细胞计数

组别	细胞数(n)	caspase-3 蛋白表达阳性数(%)
对照组	150	＋32(21.33)
10μg/mL 鞣花酸处理组	200	＋＋＋162(81)

据郑英俊等(2009)

杨洪亮等(2010)研究了鞣花酸(ELA)对肿瘤细胞的生长抑制作用及其机制。试验中用鞣花酸处理体外培养的肿瘤细胞,用细胞增殖实验(MTT 法)、克隆形成实验研究鞣花酸对肿瘤细胞的增殖抑制作用,Brdu 掺入实验、流式细胞术检测 ELA 对肿瘤细胞 DNA 合成、凋亡和细胞周期的影响。结果:用 ELA 处理后,肿瘤细胞增殖活性降低($P<0.05$),克隆形成下降($P<0.005$),Brdu 标记指数降低($P<0.05$),细胞周期分布改变,凋亡指数升高($P<0.01$),G_0/G_1 期细胞数增加($P<0.01$),S 期细胞数减少($P<0.01$),在一定剂量内对正常细胞无明显影响,见表 1-10-5。由此可见,ELA 对所试肿瘤细胞的增殖有显著的抑制作用,其作用机理可能与抑制肿瘤细胞 DNA 合成,诱导肿瘤细胞凋亡和细胞周期阻滞有关。

表 1-10-5 鞣花酸(ELA)对人肿瘤细胞和正常细胞周期的影响($\bar{x}\pm S, n=5$)

细胞	处理	凋亡指数(%)	G_0/G_1 期(%)	S 期(%)	G_2/M 期(%)
正常肝细胞 LO2	对照	7.2±1.4	35.2±2.6	40.2±1.3	23.2±1.9
	ELA组	8.3±2.3	41.4±1.5	44.6±1.1	18.7±2.1
小鼠乳腺癌细胞 EMT6	对照	3.3±0.6	41.5±1.7	38.1±1.6	20.4±0.7
	ELA组	13.8±1.4	52.2±2.2	28.3±1.7	18.7±0.8
人肝癌细胞 SMMC-7721	对照	4.5±0.8	38.5±0.6	42.5±0.8	27.6±1.7
	ELA组	17.6±1.1	55.7±1.2	30.7±1.3	23.2±2.3

据杨洪亮等(2010)

王建红等(2012)研究了五倍子提取物鞣花酸抗乳腺癌 MCF-7 细胞的生物学活性及机制。试验中体外培养乳腺癌 MCF-7 细胞,用五倍子提取物鞣花酸(30 μg/mL、50 μg/mL、70 μg/mL)处理细胞 48 h 后,采用 MTT 实验分析细胞的增殖;Hoechst33258 荧光染料染色法分析细胞的凋亡;流式细胞仪检测细胞周期;Western blotting 检测蛋白表达。结果:鞣花酸对 MCF-7 细胞的增殖有明显抑制作用,随药物浓度增加,抑制率分别为(20.00±4.00)%、(41.67±2.31)%和(77.67±0.58)%,与对照组比较有显著意义($P<0.01$),呈剂量依赖性;G_1 期的细胞百分率分别为(54.60±0.67)%、(60.70±3.61)%和(71.90±1.56)%,与对照组(49.60±2.97)%比较,差异有显著性($P<0.01$);随药物浓度增加,细胞核致密浓染强蓝色的凋亡细胞明显增多;肿瘤增殖和凋亡相关基因 COX-2 表达下调。由此可见,五倍子提取物鞣花酸有抗乳腺癌 MCF-7 细胞的活性,其机制可能与 COX-2 下调相关。

范才文等(2013)研究了鞣花酸对鼻咽癌 CNE2 细胞的抑制作用及分子机制。试验中鞣花酸(2 μg/mL、4 μg/mL 和 6 μg/mL)孵育鼻咽癌 CNE2 细胞 48 h 后,采用 MTT 法/流式细胞仪分析细胞增殖与周期;Western blot 分析环氧化酶(COX-2)及核转录因子 κB(NF-κB)的表达水平。结果:2 μg/mL、4 μg/mL 和 6 μg/mL 鞣花酸孵育组,CNE2 细胞的抑制率分别为(7.73±1.70)%、(20.20±2.36)%和(28.17±2.15)%,与对照组(0%)比较,差异有统计学意义($P<0.05$);G_1 期细胞所占百分比分别为(61.54±1.76)%、(65.41±1.56)%和(69.96±1.29)%,与对照组(55.87±1.49)%比较,差异有统计学意义($P<0.05$),细胞阻滞于 G_1 期,随鞣花酸浓度增加,其对 CNE2 细胞的增殖抑制作用增强,COX-2、NF-κB 表达水平明显降低。由此可见,鞣花酸可抑制鼻咽癌 CNE2 细胞增殖,其作用可能与 COX-2、NF-κB 的表达下调有关。

李文仿等(2013)研究了鞣花酸对乳腺癌细胞 MDA-MB-231 的增殖、侵袭和转移作用。试验中采用 0 μg/mL(对照)、6 μg/mL、12 μg/mL 鞣花酸培养液分别处理乳腺癌细胞 MDA-MB-231,分别于培养后 24 h、48 h、72 h 计数 MDA-MB-231 细胞数。细胞趋化实验观察鞣花酸对 MDA-MB-231 细胞趋化运动的影响,Western Blot 观察鞣花酸对乳腺癌细胞 MDA-MB-231 中 SDF-1α 信号通路激活的抑制作用。数据分析采用重复测量的方差分析,两两比较采用 SNK-q 分析方法。结果:与对照组比较,6 μg/mL、

12 μg/mL鞣花酸处理组在24 h、48 h、72 h的细胞计数显著降低,见表1-10-6。重复测量的方差分析结果提示分组比较($F=4\,875.56$，$P=0.00$)及三个时间点间比较($F=670.73$，$P=0.00$)差异有统计学意义,而分组与时间有交互作用($F=122.92$，$P=0.00$),表明鞣花酸对乳腺癌 MDA-MB-231 细胞增殖有显著抑制作用。乳腺癌细胞趋化运动实验提示各组乳腺癌细胞的趋化数分别为$(14.00\pm1.00)\times10^5$/mL、$(7.70\pm0.58)\times10^5$/mL、$(3.00\pm1.00)\times10^5$/mL,差异有统计学意义($F=117.57$，$P=0.00$)。Western Blot 结果显示鞣花酸明显抑制 CXCR4 表达及 SDF1α/CXCR4 对乳腺癌细胞 AKT 信号通路的激活。由此可见,鞣花酸可抑制乳腺癌 MDA-MB-231 细胞增殖,SDF1α/CXCR4 介导的细胞趋化运动及其 SDF1α/CXCR4 信号通路激活,在预防乳腺癌复发及转移中可能有潜在价值。

表 1-10-6　不同浓度鞣花酸组在不同时间点的细胞计数比较($\times10^5$/mL，$\bar{x}\pm S$)

组别	重复次数	24 h	48 h[c]	72 h[d]
0 μg/mL	3	4.90 ± 0.31	11.20 ± 0.57	20.50 ± 0.75
6 μg/mL[a]	3	3.70 ± 0.57	7.80 ± 0.49	12.80 ± 0.42
12 μg/mL[b]	3	2.80 ± 0.42	3.90 ± 0.61	5.20 ± 0.51

a：$q=4.18$，$P=0.00$，与对照组比较；b：$q=8.11$，$P=0.00$，与对照组比较；c：$q=8.74$，$P=0.00$，与 24 h 比较；d：$q=3.77$，$P=0.00$，与 24 h 比较。

据李文仿等(2013)

王建红等(2013)还研究了五倍子提取物鞣花酸抗肝癌生物学活性的相关分子机制。试验中鞣花酸体外孵育肝癌 HepG-2 细胞,采用细胞形态学、四甲基偶氮唑盐(MTT)比色法和 Hoechst33258 染色分析细胞的增殖与凋亡;Western-blotting 分析基因表达。实验结果表明,鞣花酸剂量依赖性抑制 HepG-2 细胞增殖,诱导其凋亡;鞣花酸抑制肿瘤相关基因 CtBP、Stathmin 和 COX-2 的表达,随鞣花酸浓度升高,抑制作用增强。由此可见,鞣花酸通过抑制 CtBP、Stathmin 和 COX-2 的表达发挥抗肝癌的生物学作用。

(二)抗氧化作用

自 20 世纪 50 年代以来,鞣花酸在人体内、体外的抗氧化性不断被探索研究,越来越多的研究结果表明鞣花酸有很强的清除自由基和抗氧化能力,其抗脂质过氧化的能力比茶多酚强。

李小萍等(2010)用体外实验对红树莓中鞣花酸提取物的还原能力、抗猪油氧化试验、清除羟基自由基、清除 DPPH 自由基进行了研究。结果表明,在还原铁反应体系中,树莓鞣花酸的浓度为 1.0 mg/mL 时和 0.5 mg/mL 的 Vc 还原能力相当,说明树莓中的鞣花酸提取物具有较强的还原能力;在抗猪油试验中,可以有效抑制猪油的氧化;对·OH 和 DPPH 自由基的清除作用分别可达到 74.8% 和 57.82%。

梁俊等(2011)采用 3 个脂质过氧化研究体系,即卵黄体系、低密度脂蛋白体系和大鼠肝脏匀浆体系,利用硫代巴比妥酸法测定了石榴皮多酚纯化物、安石榴苷标准品和鞣花酸标准品对体外金属离子诱导性脂质过氧化的抑制作用。结果表明:安石榴苷、鞣花酸和石榴皮多酚纯化物均能有效抑制体外金属离子诱导的脂质过氧化,并且具有良好的剂量效应关系,其抗脂质过氧化的能力强弱顺序依次是:安石榴苷＞鞣花酸＞石榴皮多酚纯化物＞茶多酚。

陆晶晶等(2010)报道,在抑制脂质过氧化方面,鞣花酸被认为是微粒体 NADPH 依赖脂质过氧化起始阶段的最有效的抑制剂,鞣花酸还可以强烈地抑制由阿霉素诱导的脂质过氧化。鞣花酸抑制铁肌红蛋白/过氧化氢依赖的脂质过氧化。鞣花酸可在 T 细胞中阻止外源物质引发的脂质过氧化物(LPO),抑制活性氧 ROS 生成,改善细胞毒素导致的细胞死亡。在小鼠肝微粒体中加入鞣花酸,可以对 NADPH 依赖的脂质过氧化起到稳定增长的抑制。服用鞣花酸后,小鼠肺部和肝部细胞内还原型谷胱甘肽和谷胱甘肽还原酶的水平明显增加。服用了鞣花酸的动物肝微粒体和肺微粒体对 NADPH 和 VC 依赖脂质过氧化有明显的抑制作用。鞣花酸即使在微浓度的条件下也可以有效地抑制大鼠肝微粒体内由 γ 射线辐射诱导的脂质过氧化。鞣花酸可以清除体内一氯胺自由基,从而降低由灌注氨水引起的胃出血症状,鞣花酸通过抑制脂质过氧化减轻缺血性兔子胃部的损伤。在用尼古丁处理的大鼠淋巴细胞中,脂质过氧化指数明显提高,DNA 损伤严重,微核数量减少,而这些现象在添加鞣花酸的对照组中明显得到改善。在尼古丁添加组中,抗氧化剂水平显著降低,而鞣花酸的加入可以使抗氧化剂的剂量恢复。鞣花酸可以保护大鼠外周血液淋巴细胞不受尼古丁对细胞和 DNA 的损害。鞣花酸在其有效剂量范围内,不会对正常的淋巴细胞产生任何损害。这一结果表明,鞣花酸可以作为潜在的尼古丁诱导的基因毒性的改性剂。

(三)免疫调节作用

姜成哲等(2010)研究了鞣花酸对脾淋巴细胞增殖、自然杀伤细胞活性和 Th1/Th2 细胞的影响,试验中实验小鼠灌胃鞣花酸(2 mg/kg、10 mg/kg、50 mg/kg) 10 d,测定体质量变化、脾脏指数,采用酶标法观察鞣花酸对脾淋巴细胞增殖的影响,采用流式细胞仪测定脾脏中自然杀伤(NK)细胞的活性和辅助性 T 淋巴细胞 Th1 和 Th2 分泌的细胞因子的量。结果(见表 1-10-7 至表 1-10-9):鞣花酸对脾淋巴细胞的增殖无明显影响,鞣花酸(10 mg/kg、50 mg/kg)明显增强 NK 细胞的活性,对细胞因子的分泌有轻微影响。由此可见,鞣花酸主要通过影响 NK 细胞活性而起到一定的免疫调节作用。

表 1-10-7　实验期间动物体质量的变化($\overline{x}\pm S$, $n=10$)

组别	剂量(mg/kg)	体质量(g)			
		第 1 天	第 4 天	第 7 天	第 10 天
对照	—	20.96±2.62	21.34±1.00	20.12±1.00	20.44±1.61
鞣花酸	2	21.40±1.56	21.74±1.18	20.44±1.06	20.84±1.57
鞣花酸	10	20.88±1.42	20.68±0.94	20.04±1.36	19.92±1.85
鞣花酸	50	21.47±1.39	19.72±1.07	18.74±0.76	20.56±1.75

据姜成哲等(2010)

表 1-10-8　鞣花酸对 NK 细胞活性的影响($\overline{x}\pm S$, $n=4$)

组别	剂量(mg/kg)	细胞毒性(%)	
		($E:T=10:1$)	($E:T=50:1$)
对照	—	4.5±1.00	23.30±5.41
鞣花酸	2	5.68±1.47	20.04±7.05
鞣花酸	10	8.46±2.25**	17.84±4.18
鞣花酸	50	11.94±4.79**	31.04±4.18

与对照组比较:** $P<0.01$。

据姜成哲等(2010)

表 1-10-9　鞣花酸对 ConA 刺激脾细胞 Th1/Th2 细胞因子的影响($\overline{x}\pm S$, $n=4$)

组别	剂量(mg/kg)	TNF-α(pg/mL)		IFN-γ(pg/mL)		IL-2(pg/mL)		IL-4(pg/mL)		IL-5(pg/mL)	
		24 h	48 h	24 h	48 h	24 h	48 h	24 h	48 h	24 h	48 h
对照	—	350.46±92.76	571.33±129.19	591.96±454.81	6 841.81±3 912.33	500.44±168.33	442.14±51.78	16.36±7.26	31.31±13.24	5.08±4.71	11.50±9.35
鞣花酸	2	298.71±91.33	382.93±137.37	830.83±440.30	5 798.11±1 291.55	474.11±195.41	335.94±127.19	28.11±10.11	36.28±18.07	4.16±1.16	9.34±1.42
鞣花酸	10	404.82±79.32	508.89±194.50	1 289.10±429.15	9 005.67±2 559.02	545.50±54.37	470.56±198.25	41.61±31.40	42.01±30.77	7.76±2.72	21.74±11.85
鞣花酸	50	281.98±230.76	402.38±375.80	528.86±649.41	6 137.17±5 071.76	358.13±273.43	369.86±332.58	28.23±17.56	43.11±17.18	3.85±1.78	8.90±4.61

据姜成哲等(2010)

从石榴皮中提取的石榴素的主要成分是鞣花酸,邝军等(2011)的研究结果表明,15 例肺心病患者服用石榴素胶囊后 CD_3^+、CD_4^+ 明显增加、CD_3^+/CD_4^+ 比值上升($P<0.05$),见表 1-10-10,提示鞣花酸可能通过机体的调节作用,提高机体对氧的利用率和缺氧的耐受性等多种途径,使被打乱的各种细胞因子相互协调关系恢复正常,使患者低下的淋巴细胞增殖指数增加。

表 1-10-10　治疗前后 T 淋巴细胞亚群变化情况（$n=30$）

分组	CD_3^+	CD_4^+	CD_8^+	CD_4^+/CD_8^+
观察组治疗前	44.6±4.9	21.1±34	21.2±4.1	0.95±0.69
观察组治疗后	52.6±6.4	29.1±6.4	21.2±3.1	1.4±0.93
对照组治疗前	44.1±4.8	20.9±1.9	20.8±2.9	1.03±0.41
对照组治疗后	44.9±3.9	20.2±2.9	20.3±2.6	1.04±0.31

据邝军等（2011）

张玉梅（2014）研究了石榴皮鞣花酸对人乳腺癌 4T1 细胞株生长的抑制作用及对乳腺癌荷瘤小鼠免疫功能的影响。试验中测定石榴皮鞣花酸对体外培养的 4T1 细胞生长的抑制率；流式细胞仪测定肿瘤细胞凋亡情况；检测应用石榴皮鞣花酸后荷瘤小鼠的脾淋巴细胞的 NK、LAK、CTL 活性及血清 TNF 活性改变，并与对照组比较。结果（见表 1-10-11 至表 1-10-13）：石榴皮鞣花酸抑制 4T1 细胞生长形成；流式细胞仪显示石榴皮鞣花酸可有效诱导细胞凋亡；石榴皮鞣花酸低剂量组和高剂量组均可明显提高荷瘤小鼠脾淋巴细胞 NK、LAK 和 CTL 活性，且血清 TNF 水平明显上升，与生理盐水组、DDP 组比较均有显著性差异（P 均<0.05）；且石榴皮鞣花酸低剂量组与高剂量组均无显著性差异（P>0.05）。这些实验结果表明，石榴皮鞣花酸可明显抑制 4T1 细胞增殖、诱导其凋亡，可明显诱导提高荷瘤小鼠特异性抗肿瘤免疫反应。

表 1-10-11　各组对小鼠 4T1 乳腺癌细胞的抑制作用

组别	n	质量浓度（g/L）	4T1 乳腺癌细胞（OD 值）	抑制率（%）
生理盐水组	13	0	0.367±0.251	0
DDP 组	13	15	0.175±0.021[①]	52[①]
石榴皮鞣花酸低剂量组	13	10	0.313±0.017[①]	15[①]
石榴皮鞣花酸中剂量组	13	20	0.259±0.015[①②]	29[①]
石榴皮鞣花酸高剂量组	13	30	0.252±0.016[①②]	31[①]

注：[①]与生理盐水组比较，P<0.05；[②]与鞣花酸低剂量组比较，P<0.05。
据张玉梅（2014）

表 1-10-12　各组小鼠 4T1 乳腺癌细胞周期分布比较（$\overline{x}\pm S$，%）

组别	n	质量浓度（g/L）	G_1 期	S 期	G_2/M 期
生理盐水组	13	0	35.40±1.43	23.21±4.21	34.29±3.77
石榴皮鞣花酸低剂量组	13	10	47.43±1.67[①]	33.31±2.79	15.02±1.67
石榴皮鞣花酸中剂量组	13	20	55.61±1.63[①②]	16.91±3.53	27.52±3.31
石榴皮鞣花酸高剂量组	13	30	57.02±1.92[①②]	17.85±5.25	23.46±4.53

注：[①]与生理盐水组比较，P<0.05；[②]与鞣花酸低剂量组比较，P<0.05。
据张玉梅（2014）

表 1-10-13　各组小鼠 NK/LAK/CTL 和 TNF 活性比较（$\overline{x}\pm S$）

组别	n	NK（%）	LAK（%）	CTL（%）	TNF（IU/L）
生理盐水组	13	13.45±0.87	14.57±1.85	13.68±1.65	18.21±1.32
DDP 组	13	9.89±2.31	8.64±1.27	11.86±1.53	15.36±1.22
石榴皮鞣花酸低剂量组	13	18.45±1.66[①②③]	22.03±1.43[①②③]	29.94±1.32[①②③]	31.58±1.55[①②③]
石榴皮鞣花酸高剂量组	13	19.15±1.21[①②③]	20.87±1.46[①②③]	28.96±1.31[②③]	29.78±1.45[①②③]
对照组	13	28.14±1.45	29.39±0.71	33.41±1.42	36.43±1.59

注：[①]与生理盐水组比较，P<0.05；[②]与鞣花酸低剂量组比较，P<0.05；[③]与对照组比较，P<0.05。
据张玉梅（2014）

(四)抑菌抗炎作用

李小萍等(2010)测定分析了红树莓果中蹂花酸提取物对常见微生物的抑菌活性。结果(见表1-10-14、表1-10-15)表明,蹂花酸提取物对大肠杆菌、沙门氏菌、枯草杆菌等受试细菌具有较好的抑制作用。蹂花酸提取物对受试霉菌、米曲霉、黑曲霉以及受试酵母菌抑制作用较弱。

表 1-10-14 不同浓度树莓蹂花酸提取物对食品常见微生物的抑制状况(抑菌圈直径,mm)

受试菌	2 mg/mL 提取物		4 mg/mL 提取物		6 mg/mL 提取物		8 mg/mL 提取物		无菌水(对照)
	抑菌圈直径	抑菌率	抑菌圈直径	抑菌率	抑菌圈直径	抑菌率	抑菌圈直径	抑菌率	
大肠杆菌	6.1	18.03%	7.2	30.56%	8.4	40.48%	9.5	47.37%	5.0
沙门氏菌	6.0	16.67%	6.5	23.08%	7.6	34.21%	8.2	39.02%	5.0
枯草杆菌	5.8	13.79%	6.2	19.35%	7.1	29.58%	7.3	31.51%	5.0
志贺氏菌	6.0	16.67%	6.4	21.86%	7.3	31.51%	8.9	43.82%	5.0
乳酸菌	5.0	0	5.0	0	5.0	0	5.2	3.85%	5.0
黑曲霉	5.0	0	5.0	0	5.1	1.96%	5.2	3.85%	5.0
米曲霉	5.0	0	5.0	0	5.2	3.85%	5.4	7.41%	5.0
酱油霉菌	5.0	0	5.0	0	5.3	5.66%	5.4	7.41%	5.0
酵母菌	5.0	0	5.0	0	5.2	3.85%	5.3	5.66%	5.0

注:无菌水对照组无抑菌圈产生,所测直径为滤纸片直径。
据李小萍等(2010)

表 1-10-15 树莓鞣花酸提取物的最小浓度(MIC)的确定

提取物浓度(mg/mL)	6	3	1.5	0.75	0.375
大肠杆菌	—	—	—	++	+++
沙门氏菌	—	—	+	++	+++
枯草杆菌	—	—	++	++	+++
志贺氏菌	—	—	++	++	++
乳酸菌	—	+	+	+	++
黑曲霉	—	+	+	++	+++
米曲霉	—	+	+	++	++
酱油霉菌	—	+	+	+	++
酵母菌	+	+	++	++	++

注:—表示没有长菌,+表示少量长菌,++表示适度长菌,+++表示大量长菌。
据李小萍等(2010)

朱泓等(2013)以分离纯化自牛鼻间隔软骨的多重耐药奇异变形杆菌为主要测试菌种,通过体外抑菌圈实验、最小抑菌浓度实验以及软骨体外培养实验,对黑莓、蓝莓冻干粉的抑菌及抗炎活性进行了考察。研究结果显示:冻干粉能够有效抑制奇异变形杆菌、大肠杆菌、枯草芽孢杆菌等革兰氏阳性菌及阴性菌的生长,并能显著降低软骨细胞受奇异变形杆菌感染产生的炎症反应强度,培养 4 d 后,添加黑莓、蓝莓冻干粉,培养液中糖胺聚糖(GAG)释放量分别降低(41.59±0.30)%和(21.08±2.66)%,抑菌率分别达到(53.75±3.00)%和(31.74±8.00)%;培养 20 d 后,GAG 释放量分别降低(13.73±9.91)%和(56.04±0.00)%,抑菌率分别为(50.43±0.00)%和(68.05±3.00)%。测定培养液蛋白酶活力发现,黑莓、蓝莓处理较对照分别下降(50.02±0.30)%和(66±5.00)%,明胶酶谱检验也表明黑莓、蓝莓冻干粉能够强烈抑制降解培养液中软骨细胞间胶原组织的蛋白酶,从而降低 GAG 的释放。

(五)抗病毒作用

郭增军等(2010)报道,鞣花酸和一些鞣花单宁显示对人类 HIV、HBV、小鼠疱疹病毒、鸟的成髓细胞瘤的逆转录病毒都有抑制作用。Euu Hwa Kang 等(2006)用 C57ML/6 小鼠即在金属离子诱导作用下产生的 HBeAg 转基因小鼠(HBeAg-Tg)实验发现在 T-淋巴细胞和 B-淋巴细胞水平上对 HBeAg 有耐受性,在体内和体外都不产生相应的抗体,只产生了微量的细胞因子(IF-4 和 γ-IFN),减小了细胞毒性 T-淋巴细胞免疫应答反应。当用鞣花酸以 5 mg/kg 体重的量灌喂小鼠,能有效地阻止由 HBeAg 引起的免疫耐受性。

韩凤梅等(2009)研究表明,拉米夫定(3TC)与鞣花酸联合应用对细胞分泌 HbeAg 的抑制呈相加作用,且随药物作用浓度的增大,抑制作用增强,但相加作用在所取浓度范围内比较稳定,Q 值保持在0.85～0.90 之间;对细胞分泌 HbsAg 的抑制亦呈相加作用,但随药物作用浓度的增大,相加作用逐渐减弱(见表1-10-16)。

表 1-10-16　3TC＋鞣花酸对 HepG2-2-15 细胞分泌抗原的抑制作用($n=3$)

浓度(mg/L)		HbeAg 的抑制率	Q	药物组合的协同性	HbsAg 的抑制率	Q	药物组合的协同性
3TC	鞣花酸						
40	0	13.06±6.05			47.28±9.84		
20	0	5.08±3.06			40.53±14.63		
10	0	4.60±2.12			39.86±8.21		
5	0	4.11±2.41			26.86±12.56		
0	12	49.99±5.08			72.37±6.93		
0	6	21.36±5.60			71.08±7.08		
0	3	17.51±5.76			70.98±6.57		
0	1.5	17.23±4.97			32.43±14.87		
40	12	48.37±4.28	0.86	＋	72.72±3.41	0.85	＋
20	6	21.91±2.88	0.87	＋	77.84±1.26	0.94	＋
10	3	19.22±2.85	0.90	＋	76.15±3.05	0.92	＋
5	1.5	18.01±3.31	0.87	＋	50.77±6.27	1.00	＋

注:Q 值用于分析联合用药的效果,0.85 ～ 1.15 为单纯相加,＞1.15 为增强,＜0.85 为拮抗。
据韩凤梅等(2009)

(六)降脂作用

王丽凤(2012)研究表明,石榴皮蹂花酸通过抑制成脂诱导剂诱导 3T3-L1 前脂肪细胞增殖,减少细胞周期相关蛋白的表达,抑制关键转录因子的活性,阻碍前体脂肪细胞诱导后的有丝分裂扩增,最终影响前体脂肪细胞终末脂肪形成。

梁俊等(2012)研究表明,安石榴苷(其吸收入血的活性形式为鞣花酸)能降低脂变 L-02 肝细胞内胆固醇内酯的含量,且安石榴苷是石榴皮多酚中降血脂的主要活性成分。

(七)其他作用

薛茗月等(2012)通过多种致敏动物模型实验证实,鞣花酸抗过敏作用很强,鞣花酸能显著降低被动皮肤过敏小鼠皮肤蓝斑的光密度值;以及能明显拮抗过敏介质组织胺所致的小鼠毛细血管通透性增加;明显抑制二硝基氯苯所致迟发型皮肤过敏反应;抑制磷酸组织胺引起的豚鼠致痒反应。

刘栋等(2014)研究表明,试验中分别纯化培养来自人包皮的表皮黑素细胞和角质形成细胞(keratino-cyte,KC),传第 2 代后以 1∶10 的比例将两细胞接种到 3 cm×3 cm 的小培养皿中,单独或混合培养的细胞经高、中、低(100 mg/L、10 mg/L、1 mg/L)3 种浓度的鞣花酸干预 48h 后,分别检测干预前后黑素细胞中黑素含量、酪氨酸酶活性的变化,采用流式法检测混合培养细胞中黑素传递的情况,以 10 nmol/L 熊果苷为阳性对照。结果(见表 1-10-17):3 种浓度鞣花酸均可下调细胞酪氨酸酶活性,并呈浓度依赖性。除了 1 mg/L 的鞣花酸对黑素细胞黑素合成无明显作用,其余浓度的鞣花酸均可降低黑素含量。鞣花酸同时具有抑制黑素传递的作用。

表 1-10-17　鞣花酸对表皮黑素细胞酪氨酸酶活性、黑素含量的影响($n=4,\bar{x}\pm S$)

鞣花酸浓度 (mg/L)	酪氨酸酶活性		黑素含量	
	24 h	72 h	24 h	72 h
0	325.26±34.12	378.39±41.24	331.57±47.64	410.72±48.16
1	254.58±27.30[a]	275.98±32.47[a]	356.16±32.15	397.63±40.56
10	229.23±21.25[a]	257.35±14.89[a]	312.48±25.79[a]	322.66±35.29[a]
100	153.45±17.96[a]	178.57±12.67[a]	225.56±19.45[a]	256.43±23.22[a]
F	102.73**	126.49**	102.65**	98.07**

** $P<0.01$；[a] 与空白对照组(0 mg/L)比较，$P<0.05$。

据刘栋等(2014)

陆楷等(2012)研究表明,鞣花酸能够在体外明显抑制血管内皮细胞的增殖、迁移;叶青等(2012)研究表明,鞣花酸对特发性肺纤维化的治疗有一定效果。

二、含鞣花酸的农产品

据报道,黑莓、草莓、蓝莓、红树莓、石榴、橄榄、龙眼、杧果、核桃、葡萄、油茶蒲、香树、甜茶根、珙桐等农产品中含有天然的鞣花酸,详见如下:

孟实等(2014)利用 HPLC 法对树莓与蓝莓中的生理活性成分进行了含量测定,其中测得鞣花酸含量在黑树莓中最高(0.97 μg/g),红树莓次之(0.51 μg/g),蓝莓最低(0.36 μg/g)。

吴文龙等(2013)用紫外分光光度法对南京地区的 13 个优良蓝莓品种(系)的鞣花酸含量进行了测定,结果测得鞣花酸含量均值为(0.921±0.098)mg/g。

周倩等(2013)采用 HPLC 法对石榴皮、石榴瓤及石榴籽中的鞣花酸含量进行了测定,结果测得,石榴皮中鞣花酸的质量分数为 0.59%,石榴瓤中鞣花酸的质量分数为 0.38%,而石榴籽中检测到鞣花酸的质量分数仅为 0.01%。

林玉芳等(2014)利用高效液相色谱法测定橄榄果实中的多酚组分,结果表明:橄榄中主要的多酚物质为鞣花酸,其次是芦丁、没食子酸甲酯、金丝桃苷。不同地区、品种(株系)之间多酚组分含量不相同。"马坑 22 号"和"霞溪本"所含的鞣花酸含量最高,分别达 2 484.633 mg/100 g、2 214.457 mg/100 g。

刘玉革等(2011)用高效液相色谱法测定了金煌、红杧 6 号和台农 3 个品种成熟杧果果皮中游离鞣花酸的含量。测得 3 个品种成熟芒果果皮鲜样中游离鞣花酸的含量分别为 0.533 mg/g、0.706 mg/g、1.109 mg/g。即台农果皮的鞣花酸含量最高,金煌含量最低。3 种果皮鞣花酸含量要大于红树莓中含量,另外红芒 6 号和台农的含量还远大于中药材诃子中鞣花酸的含量,金煌则与诃子的含量接近,这表明杧果果皮具有作为生产鞣花酸原料的潜力。

刘玉革等(2012)还采用高效液相色谱法测定石峡、储良两个品种成熟龙眼各部位游离鞣花酸含量。测定结果见表 1-10-18,表明石峡和储良各部位鞣花酸的含量大小顺序均为果核>果皮>果肉,其中果皮和果核中鞣花酸远大于已报道的其他水果中的含量。

表 1-10-18　龙眼各部位鞣花酸含量

品种	含量(mg/g)		
	果皮	果肉	果核
石峡	1.242	0.455	6.231
储良	1.35	0.554	5.789

据刘玉革等(2012)

史丹丹等(2014)报道,核桃青皮与核仁含有鞣花酸、没食子酸、咖啡酸、槲皮素等丰富的多酚。

晋艳曦(1999)研究表明,鞣花酸的含量是影响葡萄汁感官指标的重要因素,鞣花酸浓度的大小与葡萄品种的颜色无关,鞣花酸的主要来源为葡萄的籽和皮,果肉含有极少的鞣花酸。

李利敏等(2013)采用分光光度法测定 8 种油茶蒲提取物(OCE)中鞣花酸的含量,具体结果见表1-10-19。

表 1-10-19　8 种油茶蒲提取物中鞣花酸的含量测定

品种	鞣花酸(mg/g OCE)	品种	鞣花酸(mg/g OCE)
浙江红花油茶	—	大果红花油茶	0.880 1
博白大果油茶	—	小果油茶	—
攸县油茶	1.421 8	三江普通油茶	1.722 3
常山普通油茶	1.386 9	仙居普通油茶	2.062 9

注:表格中"—"表示不存在此分组。

据李利敏等(2013)

张亮亮等(2011)在单因素试验的基础上,利用响应面分析方法优化了香树果序中鞣花酸的超声波提取条件。利用中心组合设计研究液固比、超声波作用时间、超声波提取温度 3 个自变量对响应值鞣花酸得率的影响。用 Design-Expert 7.0 软件进行结果分析,鞣花酸最佳超声波提取工艺条件为:液固比22.5∶1 (mL∶g),超声波提取时间 40 min,超声波提取温度 70 ℃,浸提次数 2 次,在此条件下鞣花酸得率为1.961%。

薛茗月等(2011)研究表明甜茶根中含有鞣花酸,并测定出甜茶根中鞣花酸含量为 0.10%。向桂琼等(1989)研究证实我国特有植物珙桐枝条中也含有鞣花酸。

第十一节　原花色素

原花色素(Proanthocyanidin,PC)是广泛存在于植物中的一大类多酚化合物,因其在酸性溶液中加热可生成花色素而得名。根据不同的构成单元组成,分别称为原花青素(Procyanidin)、原雀翠素(Prodelphinidin)、原菲瑟素(Profisetinidin)、原刺槐素(Prorobinetinidin)等。因单体黄烷-3-醇具有典型的 C_6-C_3-C_6 黄酮骨架结构,原花色素也属于黄酮类化合物。最简单的原花色素是儿茶素、表儿茶素或表儿茶素和儿茶素形成的二聚体,此外还有三聚体、四聚体乃至十聚体。按聚合度的大小,通常将二聚体至四聚体统称为低聚体(Oligomeric procyanidin,OPC),将五聚体以上统称为高聚体(Polymeric procyanidin,PPC)。其中 OPC 为水溶性物质,极易吸收,生物活性最强,而 PPC 水溶性较差。在各类原花色素中,二聚体分布最广,研究得最多,也是最重要的一类原花色素,而三聚体在自然界中含量最为丰富。

一、原花色素的生理功能

(一)抗氧化和清除自由基作用

原花色素属多羟基类化合物,具有很强的抗氧化活性,是一种良好的氧自由基消除剂和脂质过氧化抑制剂。1951 年,Jacques Masquelier 首次发现原花色素的抗氧化性能。原花色素的抗氧化活性呈现剂量一效应关系,在一定浓度范围内随着浓度的增加其抗氧化作用逐渐增强。原花色素可以浓度依赖性抑制 H_2O_2 诱导的 HUVECs 脂质过氧化损伤,对氧化损伤起到保护作用,其保护作用优于其他抗氧化剂,如牛磺酸(TAU)、VC 等。吴春等(2005)报道,原花色素是一种比 VC、VE、BHT(2,6-二叔丁基-4-甲基苯酚)等作用更强的自由基清除剂。李超等(2010)研究表明原花色素对 DPPH 自由基和亚硝酸钠都有较好的清除作用,当原花色素质量浓度为 32.4 mg/L 时,DPPH 自由基清除率和亚硝酸钠清除率达到最大值分别为 95.4% 和 81.0%。高峰等(2010)研究显示葡萄籽提取物原花青素能有效提高体内抗氧化酶活性,清除自由基,降低体内脂质过氧化发生水平,维持体内自由基和抗氧化酶之间的平衡,从而预防由自由基或脂质过氧化造成的各种疾病,对促进人体将康有重要意义。

徐曼等(2011)从毛杨梅、余甘子、落叶松 3 种树皮中提取分离得到原花色素产物。通过测定 3 种树皮原花色素产物的清除 DPPH 自由基能力、三价铁还原抗氧化能力(FRAP)和抑制油脂过氧化能力,综合评价了 3 种树皮原花色素的抗氧化活性。结果(见表 1-11-1 至表 1-11-3)表明,3 种树皮原花色素均显示出良好的抗氧化能力,其抗氧化活性强弱顺序为:毛杨梅树皮原花色素＞余甘子树皮原花色素＞落叶松树皮原花色素。验证了原花色素分子结构中羟基目及位置差异对其抗氧化活性起重要作用,酚羟基数目及相邻酚羟基多则活性更强的理论构效关系。

表 1-11-1　原花色素清除 DPPH 自由基能力的测定结果

品种	吸光值			抑制率(%)
	A	A_1	A_0	
毛杨梅树皮原花色素	0.080	0.015	0.796	91.8
余甘子树皮原花色素	0.082	0.014	0.780	91.3
落叶松树皮原花色素	0.126	0.029	0.790	87.8

据徐曼等(2011)

表 1-11-2　原花色素的 3 价铁还原氧化能力的测定结果

品种	吸光度值	FRAP 值(mmol/L)
毛杨梅树皮原花色素	1.699	3.145
余甘子树皮原花色素	1.523	2.819
落叶松树皮原花色素	1.018	1.879

据徐曼等(2011)

表 1-11-3　原花色素清除 DPPH 自由基能力的测定结果

品种	不同时间的过氧化值 POV(mg/kg)					
	12 h	24 h	36 h	48 h	60 h	72 h
空白	10.24	18.58	24.33	30.51	40.68	55.71
毛杨梅树皮原花色素	9.43	16.96	22.47	28.04	33.45	42.89
余甘子树皮原花色素	9.88	17.04	23.13	29.45	34.67	46.74
落叶松树皮原花色素	9.72	16.00	22.21	26.95	33.79	43.17

据徐曼等(2011)

(二)抗心血管疾病作用

原花色素被誉为"血管守护神"。原花色素具有保护糖尿病心肌和主动脉的作用。Renaud 等(1992)研究表明,原花色素有助于预防心脑血管疾病的发生。原花色素主要是通过抑制动脉粥样硬化的形成,降低心肌缺血产生的自由基对心肌造成的损伤,以及增强心肌细胞的活力和对心肌细胞的保护发挥预防心血管疾病的作用。葡萄籽原花青素可拮抗 tBHP 诱发的血管内皮细胞的氧化损伤,显著提高细胞存活率、降低低密度脂蛋白胆固醇释放、减少丙二醛 MDA 的生成。

周天罡等(2013)研究了松针原花青素对 Wistar 高脂大鼠血清中超氧化物歧化酶 SOD、丙二醛 MDA 的影响。试验中将 40 只约 40 天龄雄性 Wistar 大鼠随机分为普通饮食组(A)、高脂对照组(B)、高脂＋松针原花青素低(C)、高剂量组(D),低剂量组 100 mg/(kg·d),高剂量组 300 mg/(kg·d),每组 10 只。分别于 0、4、8 周眦静脉取血测定血清中 SOD、MDA 的含量。结果(见表 1-11-4、表 1-11-5):8 周末时,D 组大鼠血清中 SOD 含量较 B 组明显升高($P<0.05$),MDA 水平较 B 组明显降低($P<0.05$);而 C 组大鼠血清中 SOD 含量较 B 组有所升高,差异无统计学意义($P>0.05$),MDA 含量较 B 组有所降低,差异无统计学意义($P>0.05$)。提示松针原花青素具有减缓 Wistar 大鼠动脉粥样硬化形成的作用,这可能与其提高大鼠血清 SOD 活性、阻抑 MDA 升高、减低对血管内皮细胞损伤及保护血管内皮功能等作用有关。

表 1-11-4 大鼠血清 SOD 含量($\bar{x}\pm S$, mmol/L)

组别	n	0 周	4 周	8 周
普通组	10	61.851±1.417	60.556±3.197	61.301±2.769
高脂组	10	60.709±1.709	34.128±1.295	19.566±0.421
低剂量组	10	61.164±1.309	35.098±0.691	20.784±1.793
高剂量组	10	61.725±0.878	43.577±1.094	50.438±2.123

据周天罡等(2013)

表 1-11-5 大鼠血清 MDA 含量($\bar{x}\pm S$, mmol/L)

组别	n	0 周	4 周	8 周
普通组	10	2.895±0.278	2.899±0.390	2.870±0.287
高脂组	10	2.880±0.295	4.770±0.554	8.883±0.192
低剂量组	10	2.786±0.209	4.670±0.142	8.526±0.163
高剂量组	10	2.876±0.342	3.770±0.093	3.249±0.056

据周天罡等(2013)

邓茂芳等(2013)研究了葡萄籽原花青素及其组合物对家兔实验性动脉粥样硬化的抑制作用。研究表明,原花青素及其组合物可显著降低动脉粥样硬化家兔血清甘油三酯、总胆固醇和低密度脂蛋白水平(见表 1-11-6);显著减轻血管内皮损伤,减轻血管和肝脏的脂滴沉积。提示原花青素及其组合物可通过保护血管内皮细胞和降低血管的脂质沉积发挥抗动脉粥样硬化作用。

表 1-11-6 原花青素及其组合物对动脉粥样硬化家兔血脂水平的影响($n=6$, $\bar{x}\pm S$)

组别	甘油三酯(TG)(mmol/L)	总胆固醇(TC)(mmol/L)	低密度脂蛋白(LDL)(mmol/L)	高密度脂蛋白(HDL)(mmol/L)
正常对照组	1.40±0.24	1.34±0.16	1.05±0.17	0.40±0.19
模型组	2.98±0.72[④]	6.67±1.77[④]	5.11±1.53[④]	0.71±0.29
辛伐他汀组	1.93±0.19[②]	3.03±0.60[②④]	2.77±0.88[②④]	1.32±0.38[②④]
原花青素组	2.19±0.35[①]	3.39±0.98[②④]	3.23±0.46[①④]	1.18±0.44[③]
原花青素+茶多酚组	2.05±0.52[①③]	3.24±0.66[②④]	3.00±0.99[①④]	1.09±0.32[④]
原花青素+姜黄素组	1.99±0.28[①④]	3.15±0.62[②④]	2.90±0.54[②④]	1.21±0.54[④]

注:与模型组比较,[①]$P<0.05$,[②]$P<0.01$;与正常对照组比较,[③]$P<0.05$,[④]$P<0.01$。
据邓茂芳等(2013)

胡艳艳(2013)研究结果表明,心肌缺血再灌注损伤表现为心脏收缩舒张功能下降、心肌组织严重坏死。原花青素对大鼠心肌缺血再灌注损伤有保护作用,可以改善心脏收缩舒张功能,减少心肌酶水平,减少心肌梗死面积。阻断 PI3K/Akt 信号通路后,原花青素的心脏保护作用消失,原花青素的心肌缺血再灌注保护作用与 PI3K/Akt 信号通路激活有关。

廖素凤、郑金贵(2011)选取 3 个品种葡萄籽:"巨峰"(PC 含量为 14.39%)、"G10"(22.28%)、"G28"(7.64%)提取 PC,在 100 mg/(kg·bw·d)原花青素剂量下,进行了降血糖及其体内抗氧化能力试验。结果(见表 1-11-7):"G10"葡萄籽组的降血糖效果最显著,血糖值比给药前下降了 34.43%($P<0.01$);"巨峰"葡萄籽组为 22.72%($P<0.01$);"G28"葡萄籽组为 11.42%($P<0.01$)。

表 1-11-7　不同品种葡萄原花青素对 DM 小鼠血糖的影响($\bar{x} \pm S$)

组别	给药途径	PC 剂量 mg/(kg·bw·d)	小鼠只数(n) 灌胃前	小鼠只数(n) 灌胃后	血糖(实验前) (mmol/L)	血糖(实验后) (mmol/L)	血糖下降率(%)
正常对照组	i.p.	0	10	10	5.86±0.25	6.15±0.54	—
糖尿病对照组	i.p.	0	10	7	23.45±1.41**	30.17±1.66**	—
"巨峰"葡萄籽组	i.p.	100	8	6	21.83±1.46**	16.87±0.86**△△	22.72
"G10"葡萄籽组	i.p.	100	8	7	23.41±2.11**	15.35±1.09**△△	34.43
"G28"葡萄籽组	i.p.	100	8	7	22.16±2.34**	19.63±3.26**△△	11.42

注：与正常对照组比较* $P<0.05$，** $P<0.01$；与糖尿病对照组比较△ $P<0.05$，△△ $P<0.01$。
廖素凤、郑金贵(2011)

中国营养学会(2014)报道，随机双盲安慰剂对照试验(表 1-11-8)可知，如果每日摄入 200 mg 左右的原花青素，具有降低心血管疾病风险的作用。

表 1-11-8　原花青素与心血管病的 RCT 总结

作者/年代	国家	研究对象	样本量(干预 T/对照 C)	研究期限	干预措施	干预结果
Razavi, 2013	伊朗	轻度高脂血症患者 20 男/28 女	交叉实验设计 T:24 C:24	8 周	T:葡萄子提取物/原花青素 190 mg/d C:0	与对照组相比，TC↓、Ox-LDLC↑
Engler M B, 2004	美国	健康人 11 男/11 女	T:11 C:10 有一人排除	2 周	T:黑巧克力/原花青素 213 mg/d C:0	肱动脉血流介导的内皮依赖性血管舒张功能(FM-DD)↑
Shenoy S F, 2007	美国	17 名绝经期妇女	T:9 C:8	8 周	T:葡萄子提取物/原花青素 380 mg C:0	ADP-胶原诱导的血小板凝集时间↑

据中国营养学会(2014)

(三)抗衰老作用

目前，许多文献材料都证实，原花色素具有一定的抗衰老功效。孙智达等(2005)研究发现以荷叶原花色素喂饲果蝇，能明显延长雄果蝇的平均寿命、半数死亡时间、平均最高寿命和升高老龄小鼠 SOD 活力和降低 MDA 含量的作用，表明原花色素具有延缓衰老的保健作用。张丁等(2002)的果蝇生存试验显示，0.06%剂量低聚原花色素及银杏黄酮联合作用组雄性果蝇与对照组比较平均寿命延长，半数死亡时间延长高达 5 天，说明其具有一定的延缓衰老作用。陈冠敏等(2004)研究表明，原花色素和丹酚酸联合作用对果蝇具有明显延长寿命的作用，同时能提高 12 月龄大鼠 SOD 的活力和降低 MDA 的含量达显著水平，说明其对 O_2^- 的产生、红细胞脂质过氧化有抑制作用。

廖素凤、郑金贵(2011)研究了不同品种葡萄原花青素对果蝇寿命的影响，研究结果表明，原花青素具有延缓果蝇衰老作用。各试药组果蝇平均寿命、半数死亡时间、平均最高寿命比空白对照组延长。其中，受试物为雌性果蝇时，原花青素标准品组延长半数死亡时间最长，18.18%($P<0.05$)；"G19"葡萄籽组平均最高寿命最高，比空白对照组延长 14.49%($P<0.01$)；"G10"葡萄籽组平均寿命最高，比空白对照组延长 13.62%($P<0.01$)。受试物为雄性果蝇时，"G10'葡萄籽组平均寿命和平均最高寿命最高，分别比空白对照组延长 15.62%和 13.05%($P<0.01$)，具体结果见表 1-11-9。

表 1-11-9　不同品种葡萄原花青素对果蝇生存试验统计表($\overline{x} \pm S$, $n=200$)

组别	剂量(%)	平均体重(mg/20 只)		半数死亡时间(d)		平均寿命(d)		平均最高寿命(d)	
		雄	雌	雄	雌	雄	雌	雄	雌
对照组	0	12.91 ± 0.34	19.31 ± 0.32	38	41	43.23 ± 0.07	47.56 ± 1.31	65.67 ± 1.14	68.74 ± 0.27
"巨峰"葡萄籽组	0.20	12.88 ± 0.32	18.79 ± 0.61	44	44	$44.94\pm0.77^{**}$	52.19 ± 1.85	68.53 ± 1.38	74.80 ± 2.77
"G10"葡萄籽组	0.20	13.07 ± 0.15	19.40 ± 0.37	44	48^{*}	$45.66\pm0.49^{**}$	$54.04\pm2.55^{*}$	$73.62\pm4.04^{**}$	$76.86\pm3.43^{*}$
"G28"葡萄籽组	0.20	12.90 ± 0.42	18.89 ± 0.43	43	44	43.52 ± 0.49	52.03 ± 2.83	67.71 ± 2.74	72.03 ± 1.93
"G19"葡萄籽组	0.20	13.10 ± 0.35	19.09 ± 0.16	44	47	$44.46\pm0.50^{*}$	$53.58\pm0.73^{*}$	$72.36\pm1.60^{**}$	$78.70\pm4.31^{**}$
原花青素标准品组	0.20	12.98 ± 0.12	19.30 ± 0.38	44	49^{*}	$48.87\pm0.98^{**}$	51.43 ± 2.34	68.75 ± 2.04	75.04 ± 3.27

注:与对照组比,$^{*}P<0.05$,$^{**}P<0.01$。
廖素凤、郑金贵(2011)

(四)防癌抗肿瘤作用

近年来,大量研究表明原花色素在抗肿瘤方面有巨大潜力,对多种肿瘤细胞,如乳腺癌、前列腺癌、皮肤癌、肝癌、胰腺癌和结肠癌等都具有不同程度的抑制作用。韩炯等(2003)研究表明,葡萄籽提取物原花色素(25 mg/L)对人乳腺癌 MCF-7 细胞具有细胞毒性,72 h 对 MCF-7 细胞的生长抑制率高达 43%,而且 PC 能够选择性地诱导乳腺癌细胞 MCF-7 细胞的脱落凋亡。Hu 等(2006)观察到原花色素可以通过诱导肿瘤细胞凋亡而又不损害正常细胞起到抗急性髓性白血病的作用。Eng 等(2003)的研究结果表明,原花色素能够竞争性抑制芳香化酶的活性,降低雄激素转换为雌激素的量,从而达到抗乳腺癌的作用。Vayalil 等(2004)的实验结果证明,原花色素可以阻止生长因子通过 MAPK 系统诱导表达 MMP 的途径而起到抗前列腺癌的作用。

王威等(2011)改良 MTT 法(WST-8 法)及克隆形成抑制实验观察原花青素对肝癌 HepG2 细胞的生长抑制作用,碘化丙锭(PI)单染色检测细胞周期改变,Annexin V-FITC/PI 双染流式细胞术检测细胞凋亡水平,激光共聚焦显微镜观察和 Western blotting 检测细胞自噬发生。结果:原花青素作用 HepG2 细胞后,不同质量浓度的原花青素对肝癌细胞的生长均有抑制作用,且呈剂量-效应关系($P<0.01$)(见表 1-11-10),原花青素作用于人肝癌 HepG2 细胞 48 h 的半数抑制浓度 IC_{50} 为 1.304×10^{-1} g/L;与对照组相比,随着原花青素作用于 HepG2 细胞的浓度增加,细胞克隆逐渐减少;随着原花青素浓度的增加,人肝癌 HepG2 细胞出现明显 G_1 期阻滞(见表 1-11-11),且高浓度原花青素组出现明显的亚二倍体峰,当原花青素浓度达到 1.6×10^{-1} g/L 时,亚二倍体百分率为 81%;不同质量浓度原花青素作用后,出现明显的凋亡细胞及坏死细胞自噬性死亡和非特异性死亡细胞群;经原花青素处理转染 GFP-LC3 质粒的 HepG2 细胞胞浆内,LC3 呈现明显的点状聚集;细胞自噬标志蛋白 LC3-II 的蛋白表达水平随着原花青素浓度增加逐渐增多。由此可见,原花青素可通过诱导细胞凋亡及自噬性死亡的方式抑制人肝癌细胞的生长。

表 1-11-10　原花青素对 HepG2 细胞增殖抑制作用($\overline{x} \pm S$)

ρ 原花青素(g/L)	A_{450}	抑制率(%)
0	0.913 ± 0.038	0
4.0×10^{-2}	0.788 ± 0.020	0.136 ± 0.022^{①}
8.0×10^{-2}	0.616 ± 0.034	0.325 ± 0.037^{①}
1.2×10^{-1}	0.475 ± 0.016	0.479 ± 0.018^{①}
1.6×10^{-1}	0.406 ± 0.030	0.556 ± 0.033^{①}
2.0×10^{-1}	0.320 ± 0.024	0.650 ± 0.026^{①}

① 与对照组比较,$P<0.01$。
据王威等(2011)

表 1-11-11　不同质量浓度的原花青素对 HepG2 细胞各细胞周期百分率的改变

ρ 原花青素(g/L)	细胞周期(%)		
	G_0/G_1 期	S 期	G_2/M 期
0	46.8	40.2	13.0
4.0×10^{-2}	52.0	35.7	12.3
8.0×10^{-2}	65.9	23.7	10.4
1.2×10^{-1}	75.8	19.9	4.3
1.6×10^{-1}	78.3	19.0	2.7

据王威等(2011)

　　史志勇等(2011)研究了葡萄籽原花青素(GPC)对人胰腺癌细胞株 BXPC-3 体外生长抑制作用及机制。经预实验选用不同浓度 GPC 分别作用于 BXPC-3 细胞 24h、48h 后,采用 MTT 法检测不同浓度 GPC 对 BXPC-3 细胞增殖的影响;免疫组织化学染色 SP 法检测 GPC 作用后 COX-2 的影响;FCM 法检测 GPC 对细胞周期的影响。结果(见表 1-11-12、表 1-11-13):GPC 以时间剂量关系抑制 BXPC-3 的增殖并下调 COX-2 的表达;诱导细胞停滞在 G_0/G_1 期。因此,GPC 可在体外明显抑制 BXPC-3 细胞的增殖,阻滞细胞周期,诱导细胞凋亡,而这种作用可能与 COX-2 的表达有关。

表 1-11-12　MTT 法检测 GPC 对 BXPC-3 细胞作用的结果($\bar{x}\pm S$)

GPC(μg/mL)	吸光度		抑制率	
	24 h	48 h	24 h	48 h
0	$0.576\,8\pm0.132\,5$	$0.584\,0\pm0.141\,6$		
50	$0.453\,6\pm0.026\,8$	$0.437\,8\pm0.039\,2$	21.36	25.03
100	$0.318\,0\pm0.018\,3$	$0.286\,5\pm0.024\,7$	44.87	50.94
200	$0.145\,3\pm0.041\,2$	$0.108\,3\pm0.025\,1$	74.81	81.46

据史志勇等(2011)

表 1-11-13　不同浓度 GPC 作用于 BXPC-3 细胞后细胞周期分布($\bar{x}\pm S$)

GPC(μg/mL)	G_0/G_1 期	S 期	G_2/M 期
0(对照)	62.49 ± 3.65	8.19 ± 4.23	29.32 ± 2.78
50	79.78 ± 3.23	10.64 ± 2.38	9.58 ± 3.16
100	$91.23\pm0.56^{\triangle}$	4.69 ± 0.42	4.08 ± 0.64
200	$96.78\pm0.13^{\triangle}$	2.17 ± 0.31	1.05 ± 0.32

$n=3$,每样本检测 10 000 个细胞。与对照组比较,$^{\triangle}P<0.05$。

据史志勇等(2011)

　　何佳声等(2010)研究了葡萄籽提取物原花青素对人结肠癌细胞株 SW620 细胞增殖和凋亡的影响。试验中将 SW620 细胞与 20 μg/mL、40 μg/mL、60 μg/mL、80 μg/mL 的原花青素共同孵育 24 h～8 d,采用噻唑蓝(MTT)比色法检测细胞增殖抑制率,流式细胞术分析细胞凋亡情况,分光光度法检测 Caspase-3 酶活性。结果:不同浓度(20～80 μg/mL)的原花青素对 SW620 细胞的生长有明显的抑制作用,呈现出一定的剂量依赖性;含原花青素 20 μg/mL、40 μg/mL、80 μg/mL 的观察组细胞凋亡发生率分别为 6.9%、18.6% 及 22.9%,不含药的对照组细胞凋亡发生率为 1.3%。SW620 细胞与含药(40 μg/mL)或不含药的培养基共同培养 48 h 或 72 h,对照组细胞几乎无法检出 Caspase-3 酶活性,而给药组细胞活性显著增加。因此,原花青素在体外可呈浓度依赖性抑制人结肠癌细胞株 SW620 的增殖并通过 Caspase-3 通路促进其凋亡。

(五)抗炎作用

　　王艳红等(2010)研究了葡萄籽原花青素(GSPE)对复发性结肠炎大鼠血清抗氧化能力及 NO 含量的影响,初步探讨了葡萄籽原花青素治疗复发性结肠炎的作用机制。试验中直肠给予雄性 Wistar 大鼠

80 mg/kg 2,4,6-三硝基苯磺酸(TNBS)/50％乙醇溶液复制结肠炎模型,在第16天时,用30 mg/kg TNBS/50％乙醇溶液诱导结肠炎复发的模型。大鼠第二次致炎24 h后,分别应用GSPE低、中、高剂量(100 mg/kg、200 mg/kg、400 mg/kg)灌胃对其进行治疗,并以柳氮磺吡啶(SASP,500 mg/kg)作为阳性对照。连续给药7 d后处死所有大鼠,取结肠标本评价结肠湿重指数,生化法检测血清中髓过氧化物酶MPO、超氧化物歧化酶SOD、谷胱甘肽过氧化物酶GSH-Px和一氧化氮合酶iNOS活力及丙二醛MDA、谷胱甘肽GSH和NO含量。结果(见表1-11-14~表1-11-16):与模型对照组比较,GSPE各剂量组大鼠体重下降程度较轻($P<0.05$或$P<0.01$),结肠湿重指数明显降低($P<0.05$或$P<0.01$);大鼠血清中MPO和iNOS活力及MDA和NO含量均明显降低($P<0.05$或$P<0.01$);大鼠血清中SOD和GSH-Px活力及GSH含量明显升高($P<0.05$或$P<0.01$)。结果提示GSPE可能通过提高复发性结肠炎大鼠血清抗氧化能力,抑制NO生成,来减轻复发性结肠炎炎症反应。

表 1-11-14 GSPE对TNBS诱导的复发性结肠炎大鼠体重及结肠湿重指数的影响($\bar{x}\pm S$)

组别	剂量(mg/kg)	n	首次致炎前体重(g)	第二次致炎前体重(g)	处死前体重(g)	结肠湿重指数(mg/cm)
正常对照组	—	10	206±11	245±9	290±13	100±13
模型对照组	—	10	202±11	219±14[c]	225±25[c]	217±55[c]
柳氮磺吡啶组	500	9	205±13	225±23[c]	260±23[cf]	166±29[cf]
GSPE 低剂量组	100	10	202±12	213±24[c]	257±16[cf]	150±32[cf]
GSPE 中剂量组	200	10	200±11	221±17[c]	256±21[cf]	172±37[ce]
GSPE 高剂量组	400	10	200±12	218±17[c]	253±15[cf]	160±27[cf]

与正常对照组比较[c]$P<0.01$;与模型对照组比较[e]$P<0.05$,[f]$P<0.01$。
据王艳红等(2010)

表 1-11-15 GSPE对TNBS诱导的复发性结肠炎大鼠血清中MPO、SOD和GSH-Px活性及MDA含量测定($\bar{x}\pm S$)

组别	剂量(mg/kg)	n	MPO活力(U/L)	MDA含量(nmol/mL)	SOD活力(U/mL)	GSH-Px活力(μmol/mL)
正常对照组	—	10	33±4	3.09±0.19	216±3	1 626±102
模型对照组	—	10	55±6[c]	3.54±0.38[c]	197±9[c]	1 322±194[c]
柳氮磺吡啶组	500	9	39±5[bf]	2.66±0.23[cf]	208±5[f]	1 558±182[f]
GSPE 低剂量组	100	10	43±3[cf]	2.48±0.21[cf]	215±5[f]	1 541±205[e]
GSPE 中剂量组	200	10	42±7[cf]	2.88±0.46[f]	211±5[f]	1 549±228[f]
GSPE 高剂量组	400	10	38±4[bf]	2.87±0.33[f]	215±6[f]	1 356±143

与正常对照组比较[b]$P<0.01$,[c]$P<0.01$;与模型对照组比较[e]$P<0.05$,[f]$P<0.01$。
据王艳红等(2010)

表 1-11-16 GSPE对TNBS诱导的复发性结肠炎大鼠血清中GSH和NO含量及iNOS活性测定($\bar{x}\pm S$)

组别	剂量(mg/kg)	n	GSH含量(mg/L)	NO含量(μmol/L)	iNOS活力(U/mL)
正常对照组	—	10	6.6±1.4	11.4±4.4	11.4±1.7
模型对照组	—	10	5.0±1.5[b]	23.8±9.3[c]	17.6±5.1[c]
柳氮磺吡啶组	500	9	9.9±2.6[f]	9.2±3.7[f]	8.7±3.6[f]
GSPE 低剂量组	100	10	7.2±1.2[f]	6.9±2.8[bf]	6.1±2.0[bf]
GSPE 中剂量组	200	10	7.9±1.1[f]	5.0±2.3[cf]	6.9±3.6[bf]
GSPE 高剂量组	400	10	8.0±1.8[f]	5.6±2.2[cf]	10.3±2.3[f]

与正常对照组比较[b]$P<0.01$,[c]$P<0.01$;与模型对照组比较[f]$P<0.01$。
据王艳红等(2010)

另外,兰州大学申请的"原花青素在制备治疗结肠炎药物的新用途"专利(10042958.8),充分展示了原花青素对结肠炎的治疗作用。

(六)抗辐射作用

原花色素具有抗辐射作用。实验证明原花色素缓释片对辐射损伤小鼠的机体具有明显增强抵抗力、抗应激功能作用。国内外研究人员对原花色素的抗辐射作用,特别是对紫外线损伤的研究,及其产品的研制与应用做了大量工作。Lavola 等(1997)发现葡萄籽原花青素对紫外线有防护作用。钟进义等(1999)研究结果发现葡萄原花青素对急性和亚急性 60Co-γ 射线引发的外周血白细胞数量减少、免疫机能下降、染色体畸变和 DNA 损伤等辐射损伤均有抑制作用,说明葡萄原花青素有较好的抗辐射生物活性,其机理可能与清除辐射产生的内源性自由基和抑制脂质过氧化有关。

(七)其他生物学作用

原花色素还具有保护肝脏与肾脏、抗病毒、抑制胃溃疡、抗突变、抗疲劳、促进细胞增殖等功效,对治疗外周静脉功能不全、预防和治疗眼科疾病以及淋巴水肿等疾病均有很好的疗效。另外,原花色素能预防和治疗阿尔茨海默氏病等老年痴呆症。我国的谢笔钧等人还申请了莲原花青素用于制备防治老年痴呆药物方面的专利(专利号:10124805.2)。

二、含原花色素的农产品

1966 年,法国马斯克里尔(Masquelier)教授从法国沿海松树皮中提取出原花色素,并发现其具有抗氧化性能。之后,很多研究人员从其他植物的不同组织器官中提取出原花色素。据报道,葡萄、高粱、苹果、可可豆、藤豆、松树皮、花生、石榴籽、番茄、水稻、蚕豆皮、香蕉皮、沙棘籽、火棘果实、荷叶、罗布麻叶、黑荆树树皮、毛杨梅树皮、杨梅叶等农产品中均含有原花色素,其中葡萄是原花青素最丰富、最重要的食物来源,尤其是葡萄籽中尤为丰富。常见农产品中原花青素的含量见表 1-11-17。

表 1-11-17　常见农产品中原花青素的含量[mg/100 g 或 mg/(100 mL 可食部)]

农产品	原花青素含量[a]	农产品	原花青素含量[a]
肉桂(粉)	8 108.2	黑巧克力	153.8
葡萄子(干)	2 872.0	草莓	138.0
高粱	1 893.3	红蛇果(带皮)	119.5
花豆	756.6	大麦	96.1
芸豆(红色,肾形)	494.0	苹果(嘎啦)	86.5
榛子	490.8	葡萄(白)	80.6
红小豆	446.0	水蜜桃(黄色)	67.3
红葡萄酒	293.0	苹果(带皮,富士)	62.5
开心果	226.4	葡萄(紫)	60.3
李子	204.5	油桃	23.6
美国大杏仁	176.3	牛油果	6.4
蓝莓	173.0	香蕉	3.2

[a] 不包括单体的含量。
据中国营养学会(2014)

廖素凤、郑金贵(2011)对 13 个品种葡萄各器官中原花青素含量进行了测定,具体结果见表 1-11-18。

表 1-11-18　不同年份、不同品种葡萄籽、皮和梗原花青素(PC)含量的比较

序号	品种编号	葡萄籽 PC 含量(%)			葡萄皮 PC 含量(%)			葡萄梗 PC 含量(%)	
		2010 年	2009 年	2008 年	2010 年	2009 年	2008 年	2010 年	2009 年
1	G7	22.36	17.77	12.72	1.88	0.36	0.05	17.03	26.09
2	G10	22.28	16.79	16.51	2.19	0.26	0.04	7.00	17.07
3	G20	22.20	15.98	—	3.48	1.18	—	13.51	25.30
4	G15	21.98	11.98	15.68	11.34	9.23	8.39	18.16	8.24
5	G6	21.90	18.27	11.03	2.28	0.35	0.81	15.56	9.26
6	G19	20.13	18.36	15.48	5.37	2.89	1.62	12.06	14.33
7	G13	19.08	10.31	11.30	3.77	3.23	2.18	18.50	13.97
8	G5	18.16	15.34	23.27	2.93	4.60	2.58	19.99	6.53
9	G16	18.00	9.19	10.37	0.16	1.51	1.18	6.49	25.05
10	G18	17.68	21.27	—	1.73	2.71	3.00	19.32	14.63
11	G2	14.39	10.33	4.23	2.20	3.77	1.23	14.57	12.90
12	G21	8.16	7.89	8.66	2.38	2.58	0.08	6.59	24.78
13	G24	4.32	2.78	0.33	7.21	6.94	7.73	10.77	10.73

注:"—"表示未测定。

廖素凤、郑金贵(2011)

杨志坚、郑金贵(2014)以葡萄为对照,采用香草醛—盐酸法测定了藤豆中的原花青素含量,测定结果(见表 1-11-19)表明,藤豆 01 中的原花青素含量高,具有重要的抗氧化活性,可以作为提取原花青素的原料,为生物医药的提取开发利用。从表 1-11-19 可以看出,藤豆 01 中鲜荚原花青素含量最高达 12.35%,是葡萄(4.32%)的 2.86 倍,其次是藤豆 01 的花含量为 1.45%,再次为干豆荚含量为 0.24%,含量最低的为干豆含量为 0.15%。

表 1-11-19　藤豆 01 原花青素含量

种　　类	含　　量	种　　类	含　　量
鲜荚(藤豆 01)	12.35%	豆花(藤豆 01)	1.45%
干豆(藤豆 01)	0.15%	干豆荚(藤豆 01)	0.24%
葡萄	4.32%		

杨志坚、郑金贵(2014)

刘大川等(2005)用超声波辅助法提取花生红衣中原花色素,通过正交实验优化了原花色素的提取条件,在最佳工艺条件下,原花色素的提取率为 4.96%。

史燕华等(2013)以花生壳为原料,在单因素试验的基础上,以乙醇体积分数、时间、酸度为考察因素,采用 Box-Behnken 试验设计进行了花生壳原花色素提取工艺参数优化。结果表明,在酸度 0.05 mmol/L、乙醇体积分数 85%、提取时间 71 min 的条件下,原花色素提取率为 15.1 mg/g。

肖红梅等(2009)对番茄不同组织原花色素含量进行了测定,结果表明:果实的原花色素含量最多,根的原花色素含量最少,且在最佳提取条件下,番茄原花色素的最高提取率为 17.0%。

陈晓琼等(2008)研究表明,栽培稻品种豫南黑香糯的颖果在成熟期原花色素含量最高,为 472.32 g/kg。

张长贵等(2010)通过单因素和正交试验优化了从蚕豆种皮中提取原花色素的工艺,结果表明提取蚕豆种皮原花色素的最佳工艺条件:采用粒度为 30 目的蚕豆皮粉用 50%浓度的乙醇—水溶液体系,提取温度 55 ℃,料液比 1∶10,提取时间 2 h 为最适宜条件,提取 3 次,原花色素提取量可达 23.18 mg/g。

贾宝珠等(2014)以香蕉皮为原料,采用溶剂提取法和超声波辅助提取法对原花色素的提取工艺进行研究。结果表明,溶剂提取法提取原花色素的最佳工艺条件为:丙酮体积分数 75%,料液比 1∶12 g/mL,提取温度 50 ℃,提取时间 90 min,原花色素提取率为 0.459%,纯度为 6.01%;超声波辅助提取法原花色素的最佳工艺条件为:丙酮体积分数 75%,料液比 1∶10 g/mL,超声温度 50 ℃,超声时间 35 min,原花色

素提取率为 0.685%,纯度为 9.57%。

光琴等(2009)对不同产地罗布麻叶中原花色素的含量进行了测定,天津、山东、山西、陕西和新疆 5 个不同产地罗布麻叶中原花色素含量依次为 10.95%、7.96%、7.30%、6.56%和 2.16%。

李伟等(2008)对火棘果实中原花色素的提取工艺进行了优化,提取工艺优化后,原花色素的最高得率为 4.63%。

黑荆树树皮是一种富含原花色素的植物资源,李田田等(2012)研究黑荆树皮原花色素的超声波辅助提取最佳工艺条件。在单因素试验的基础上,采用响应面法对提取因素进一步优化,利用 Design Expert 8.0.4 软件建立二次多项数学模型,获得黑荆树树皮原花色素最佳得率可达 21.58%,与预测值 21.68% 相差很小。

毛杨梅是我国南方地区有广阔资源分布的树种。其树皮富含植物多酚,主要成分为局部棓酰化的聚原翠雀素,它属于原花色素类。吴冬梅等(2009)用超声波辅助手段、以水为提取剂从毛杨梅树皮中提取原花色素,在最佳提取条件下,原花色素的提取率为 28.2%。

王耀辉等(2013)比较了费菜根、茎、叶和果 4 个部位原花色素含量。结果表明:费菜中原花色素含量较高,不同部位差异较大,其中,根中含量为 1.7%,茎中含量为 0.29%,叶中含量为 1.4%,果实中含量为 1.2%,不同部位原花色素含量根>叶>果>茎;叶片作为费菜主要的食用部位,原花色素含量较高,具有较好的营养价值。

樊金玲等(2005)对沙棘籽中的原花色素成分进行了研究,从沙棘籽中纯化得到 4 种黄烷醇单体和两种二聚体,其中包括儿茶素、表儿茶素、原花色素 B_3 和 B_4。

赵国建等(2010)对石榴籽原花色素的提取工艺进行了优化,在最优条件下原花色素得率为 8.58%。

杨海花(2012)以杨梅叶为原料,从中提取原花色素,研究结果表明,不同品种不同嫩度杨梅叶中的原飞燕草素(属原花色素)的组成是不同的。

第十二节　咖啡酸和咖啡酸苯乙酯

咖啡酸(Caffeic acid),又称"3,4-二羟基肉桂酸"或"3,4-二羟基苯丙烯酸"(3,4-dihydroxycinnamic acid),属有机酸中的酚酸类物质,具有羟基苯丙烯酸结构。其化学式为 $C_9H_8O_4$,相对分子质量 180.16,其化学结构式如图 1-12-1 所示。

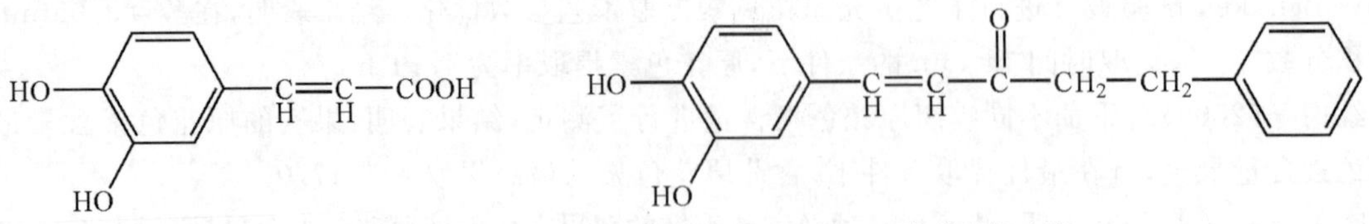

图 1-12-1　咖啡酸和咖啡酸苯乙酯的化学结构式

咖啡酸衍生物是指含有咖啡酸基本结构单元的一大类化合物,如咖啡酸苯乙酯。根据含有咖啡酸基本结构单元的数目,可分为单倍体、双倍体、三倍体、四倍体和复合结构 5 类化合物。

咖啡酸苯乙酯(Caffeic acid phnethyl ester,CAPE),化学名为 3-(3′,4′-二羟基苯基)-2-丙烯酸苯乙醇酯,分子式:$C_{17}H_{16}O_4$,分子量:284.31,其化学结构式如图 1-12-1 所示。它是咖啡酸的天然衍生物,是蜂胶中的一种主要活性组分。

一、咖啡酸和咖啡酸苯乙酯的生理功能

(一)抗氧化作用

王婷(2007)研究了 CAPE 对活性氧自由基引起的细胞脂质、DNA 和蛋白质的氧化损伤的抑制作用。结果证明带有邻二羟基基团、亲脂性较强的 CAPE 类似物具有很高的抗氧化活性。

吕梁(2007)研究了 CAPE 对脂质过氧化的保护作用。采用铜离子(Cu^{2+})、Fe^{2+}/抗坏血酸及水溶性引发剂 2,2′-偶氮-二(2-脒基丙烷)盐酸盐(AAPH)诱导氧化。通过测定脂质过氧化反应产物(TBARS)研究了 CAPE 的自由基清除作用。结果表明,它们能够浓度依赖地显著抑制 Fe^{2+}/抗坏血酸诱导的微粒体氧化,以及 Cu^{2+} 和 AAPH 诱导的 LDL 过氧化。

范金波等(2014)以 Vc、2,6-二叔丁基-4-甲基苯酚 BHT 和乙二胺四乙酸 EDTA 为对照,通过总抗氧化能力、DPPH 自由基清除活性、ABTS 自由基清除活性、铁离子还原能力和金属离子螯合能力等 5 种体系对咖啡酸、芦丁、白藜芦醇、根皮素和根皮苷等天然多酚类化合物的抗氧化活性进行了综合评价。结果表明:咖啡酸的总抗氧化能力、DPPH 自由基清除能力[IC_{50} 为(0.023±0.004)mg/mL](其中,5 种多酚化合物、BHT 和 VC 清除 DPPH 和 ABTS 自由基的 IC_{50} 值见表 1-12-1)和铁离子还原能力均为最高,在浓度为 0.1 mg/mL 时总抗氧化能力达到(1.873±0.022)mg Vc eq/mg;白藜芦醇的 ABTS 自由基清除能力最强[IC_{50} 为(0.056±0.006)mg/mL],极显著高于阳性对照 BHT 和 Vc($P<0.01$);芦丁的金属离子螯合能力最强,白藜芦醇次之,其他多酚类化合物不具备金属离子螯合能力。咖啡酸、芦丁、白藜芦醇、根皮素和根皮苷均具有较强的抗氧化活性,是潜在的天然抗氧化剂。

表 1-12-1　5 种多酚化合物、BHT 和 VC 清除 DPPH 和 ABTS 自由基的 IC_{50} 值

样品	DPPH·清除能力		ABTS·+自由基清除能力		规格
	IC_{50} (mg/mL)	R^2	IC_{50} (mg/mL)	R^2	
咖啡酸	0.023±0.004[e]	0.989 9	0.18±0.006[b]	0.994 8	98%
芦丁	0.057±0.003[e]	0.981 7	0.13±0.008[c]	0.985 4	99%
白藜芦醇	0.28±0.02[d]	0.977 6	0.056±0.006[f]	0.987 7	>96%
根皮素	1.39±0.08[b]	0.993 9	0.15±0.01[c]	0.998 0	>95%
根皮苷	3.98±0.09[a]	0.968 1	0.11±0.002[d]	0.987 8	>95%
BHT	0.36±0.008[c]	0.966 8	0.093±0.003[e]	0.987 1	98%
VC	0.039±0.002[e]	0.996 9	0.21±0.007[a]	0.988 1	98%

注:每列中字母的不同代表存在统计学上的差异($P<0.05$)。
据范金波等(2014)

(二)抗癌作用

何渝军(2014)研究表明,随着 CAPE 浓度的增加和作用时间的延长,体外培养的大肠癌 HCT116 和 SW480 细胞的生长抑制率逐渐升高,抑制作用表现为剂量依赖性和时间依赖性(见表 1-12-2 和表 1-12-3)。流式细胞仪细胞周期分析表明:2.5 mg/L、5.0 mg/L、10 mg/L 的 CAPE 对 HCT116 和 SW480 处理 24 h 后,G_0/G_1 期细胞比例上升,S 期细胞比例下降,细胞凋亡率也逐渐上升,呈剂量依赖性(见表 1-12-4 至表 1-12-6)。同时发现 CAPE 作用后,细胞出现胞质混浊,胞体缩小、变圆、皱缩,核固缩碎裂等凋亡形态学特征。由此得出结论,CAPE 对大肠癌 HCT116 和 SW480 细胞株具有明显的增殖抑制作用,其作用机制与阻滞细胞周期 G_0 期和诱导细胞凋亡有关。

表 1-12-2　CAPE 对 HCT116 细胞增殖的抑制作用

CAPE 浓度(mg/L)	细胞生长抑制率(%)			
	24 h	48 h	72 h	96 h
0	0	0	0	0
2.5	12.25	21.94	28.86	33.95
5.0	19.26	32.54	42.56	44.87
10	34.18	44.42	59.10	66.65
20	53.66	61.29	75.29	78.74
40	61.08	73.7	87.21	95.43
80	73.42	81.9	95.88	98.83

据何渝军(2014)

表 1-12-3　CAPE 对 SW480 细胞增殖的抑制作用

CAPE 浓度(mg/L)	细胞生长抑制率(%)			
	24 h	48 h	72 h	96 h
0	0	0	0	0
2.5	12.2	24.46	29.55	24.71
5.0	22.44	37.2	45.08	47.34
10	37.86	46.9	60.36	67.61
20	52.84	63.25	76.85	80.37
40	63.52	74.36	86.64	96.00
80	75.52	83.76	95.98	98.82

据何渝军(2014)

表 1-12-4　CAPE 对 HCT116 细胞周期的影响

CAPE(mg/L)	G_0/G_1(%)	G_2/M(%)	S(%)
0	40.26±4.36	14.78±3.61	44.96±7.94
2.5	51.57±5.69	16.23±4.50	32.20±1.93
5.0	56.37±1.38**	14.93±0.60	28.70±0.88*
10	60.37±1.38**	14.70±4.88	24.93±3.54*

* $P<0.05$, ** $P<0.01$, 与对照组(0 mg/L)比较。

据何渝军(2014)

表 1-12-5　CAPE 对 SW480 细胞周期的影响

CAPE(mg/L)	G_0/G_1(%)	G_2/M(%)	S(%)
0	45.58±6.52	5.63±2.51	48.79±4.29
2.5	51.29±6.38	14.11±3.43	34.60±5.80*
5.0	55.73±1.30	14.54±0.95**	29.73±0.67*
10	61.32±2.85*	11.44±2.70	27.24±1.58*

* $P<0.05$, ** $P<0.01$, 与对照组(0 mg/L)比较。

据何渝军(2014)

表 1-12-6　CAPE 对 HCT116 和 SW480 细胞凋亡的影响

CAPE(mg/L)	HCT116 凋亡率(%)	SW480 凋亡率(%)
0	5.47±0.93	3.73±0.91
2.5	10.20±0.66*	9.07±0.67*
5.0	16.60±0.61**##	15.23±0.55**##
10	26.53±3.29**#△	21.10±1.44**##△

* $P<0.05$, ** $P<0.01$, 与 0 mg/L 比较;# $P<0.05$, ## $P<0.01$, 与 2.5 mg/L 比较;△ $P<0.01$, 与 5 mg/L 比较。

据何渝军(2014)

杨琨(2013)用浓度分别为 0 $\mu g/mL$、2.5 $\mu g/mL$、5.0 $\mu g/mL$、7.5 $\mu g/mL$、10.0 $\mu g/mL$ 的 CAPE 处理人结肠癌 Lovo 细胞,采用 MTT(四甲基偶氮唑盐)法观察在不同时间段(24 h、48 h、72 h)对 Lovo 细胞生长的抑制率。研究结果表明,10 $\mu g/mL$ 的 CAPE 作用 72 h 后对 Lovo 细胞的抑制率达 61.28%,明显高于 2.5 $\mu g/mL$ 作用 72h 后 29.63% 的抑制率($P<0.05$),也明显高于 10 $\mu g/mL$ 作用 24 h 后 37.84% 的抑制率($P<0.05$);(2.5～10.0)$\mu g/mL$ 的 CAPE 对 Lovo 细胞的生长有抑制作用,呈现时间和剂量依赖性(见表 1-12-7)。由此可见,CAPE 可在体外抑制人结肠癌细胞 Lovo 的增殖,并在一定范围内呈浓度与时间依赖性。

表 1-12-7 CAPE 对 Lovo 细胞生长的抑制作用($n=18,\overline{x}\pm S$)*

CAPE($\mu g/mL$)	细胞生长抑制率(%)		
	24 h	48 h	72 h
0	0	0	0
2.5	11.75±0.19**	24.55±1.62**	29.63±2.69**
5.0	22.17±1.48**	35.51±2.97**	44.54±3.86**
7.5	30.70±2.42**	41.37±3.48***	53.81±5.04***
10.0	37.84±3.05**	47.79±3.64***	61.28±5.15***

注:* 指 3 次独立实验的合并结果;每组设 6 个复孔,n=18;与对照组比较,** $P<0.01$,*** $P<0.001$。
据杨琨(2013)

(三)对脑组织损伤的保护作用

冯敏等(2009)研究了咖啡酸对 AD 模型大鼠脑损伤的保护作用。试验中灌胃给予大鼠葡萄糖酸铝(Al^{3+} 200 mg/kg),1 次/d,5 d/周,持续 20 周,建立慢性铝过负荷致大鼠脑损伤 AD 动物模型;咖啡酸(40 mg/kg、10 mg/kg)分别在每次大鼠铝给予 1 h 后灌胃。以大鼠空间学习记忆能力改变、海马病理形态学变化以及脑组织 SOD 活性和 MDA 含量变化为观察指标。结果表明,慢性铝过负荷明显导致大鼠空间学习记忆能力下降、海马神经元损伤、脑组织 MDA 含量显著升高、SOD 活性显著降低。给予咖啡酸能明显改善 AD 模型大鼠的学习记忆能力障碍,明显减轻 AD 模型大鼠海马神经细胞的损伤,明显阻遏 AD 模型大鼠海马 MDA 含量的增加以及 SOD 活性的降低(见表 1-12-8 至表 1-12-10)。由此可见,咖啡酸对慢性铝过负荷大鼠脑损伤 AD 模型有明显的保护作用。

表 1-12-8 咖啡酸对 AD 模型大鼠空间识别能力损害的影响($\overline{x}\pm S$)

组别	n	寻台潜伏期(s)
空白对照组	10	15.23±9.24
铝模型组	8	43.14±20.13①
铝盐+咖啡酸(40 mg/kg)组	8	17.08±11.20②
铝盐+咖啡酸(10 mg/kg)组	11	23.35±15.54③

注:与空白对照组比较,① $P<0.01$;与铝模型组比较,② $P<0.01$,③ $P<0.05$。
据冯敏等(2009)

表 1-12-9 咖啡酸对 AD 模型大鼠 SOD 活性改变的影响($\overline{x}\pm S$)

组别	SOD 活性(U/mg prot)	组别	SOD 活性(U/mg prot)
空白对照组	11.02±1.35	铝模型组	7.89±0.52①
铝盐+咖啡酸(40 mg/kg)组	10.38±1.2②	铝盐+咖啡酸(10 mg/kg)组	8.90±0.54③

注:与空白对照组比较,① $P<0.01$;与铝模型组比较,② $P<0.01$,③ $P<0.05$。prot 是 protein(蛋白质)的缩写。
据冯敏等(2009)

表 1-12-10　咖啡酸对 AD 模型大鼠 MDA 含量改变的影响($\bar{x}\pm S$)

组别	MDA(nmol/mg prot)	组别	MDA(nmol/mg prot)
空白对照组	0.55±0.17	铝模型组	1.32±0.42
铝盐＋咖啡酸(40 mg/kg)组	0.61±0.11	铝盐＋咖啡酸(10 mg/kg)组	0.57±1.02

据冯敏等(2009)

　　石斌等(2011)探讨咖啡酸对全脑缺血再灌注模型大鼠脑损伤的保护作用及其机制。试验中将大鼠随机分为假手术组(生理盐水)、模型组(生理盐水)和咖啡酸低、中、高剂量组(咖啡酸溶液,10 mg/kg、30 mg/kg、50 mg/kg),每组 7 只,分别腹腔注射相应药物后建立全脑缺血再灌注模型,以寻台潜伏期为指标,用 Morris 水迷宫检测大鼠空间学习记忆能力,其后,采用苏木精—伊红染色法观察各组大鼠海马组织病理学变化和固定视野内神经元细胞计数,并考察海马组织中超氧化物歧化酶 SOD 活性、丙二醛 MDA 含量及核转录因子 NF-κBp65 阳性细胞的表达。结果(见表 1-12-11 至表 1-12-14):与模型组比较,咖啡酸低、中、高剂量组大鼠 5 d 内的寻台潜伏期明显缩短($P<0.05$ 或 $P<0.01$),海马 CA1 区神经元损伤程度降低、神经元细胞数目明显增加($P<0.05$ 或 $P<0.01$),海马组织中 SOD 活性明显增加、MDA 含量和 NF-κBp65 阳性细胞表达明显降低($P<0.05$ 或 $P<0.01$)。指示咖啡酸可能通过降低 NF-κBp65 阳性细胞表达,抑制中枢神经系统炎症反应和氧化应激来实现对全脑缺血再灌注模型大鼠脑损伤的保护作用。

表 1-12-11　各组大鼠空间学习记忆能力比较($\bar{x}\pm S,n=7$)

组别	寻台潜伏期(s)				
	第 1 天	第 2 天	第 3 天	第 4 天	第 5 天
假手术组	112.46±16.14	72.33±15.20	42.48±3.50	23.25±2.30	18.78±2.70
模型组	166.79±23.7*	129.05±8.3*	77.53±2.3*	65.73±8.3*	42.48±3.50*
咖啡酸低剂量组	164.22±19.6	94.16±25.45#	53.95±5.3#	45.35±5.3#	26.04±3.19##
咖啡酸中剂量组	148.84±17.6#	89.11±9.88#	46.71±6.5#	31.88±3.9##	23.70±1.49##
咖啡酸高剂量组	126.48±3.26#	70.99±9.63##	43.95±4.1##	25.01±0.4##	20.23±8.85##

与假手术组比较:* $P<0.01$;与模型组比较:# $P<0.05$,## $P<0.01$。
据石斌等(2011)

表 1-12-12　各组大鼠海马组织神经元细胞数目比较($\bar{x}\pm S,n=3$)

组别	神经元数目	组别	神经元数目
假手术组	79.80±7.5	模型组	41.60±5.03**
咖啡酸低剂量组	56.00±14.00#	咖啡酸中剂量组	63.67±10.21##*
咖啡酸高剂量组	76.67±1.53##*		

与假手术组比较:* $P<0.05$,** $P<0.01$;与模型组比较:# $P<0.05$,## $P<0.01$。
据石斌等(2011)

表 1-12-13　各组大鼠海马组织中 SOD 活性和 MDA 含量比较($\bar{x}\pm S,n=4$)

组别	SOD(U/mg prot)	MDA(U/mg prot)
假手术组	11.05±0.65	0.42±0.04
模型组	7.13±0.38*	1.08±0.07*
咖啡酸低剂量组	8.21±0.28#	0.91±0.14#
咖啡酸中剂量组	10.30±0.01##	0.70±0.05##
咖啡酸高剂量组	10.69±0.64##	0.52±0.07##

与假手术组比较:* $P<0.01$;与模型组比较:# $P<0.05$,## $P<0.01$。
据石斌等(2011)

表 1-12-14 各组大鼠海马组织中 NF-κBp65 阳性细胞表达的比较($\bar{x}\pm S$, $n=3$)

组别	阳性细胞表达数目	组别	阳性细胞表达数目
假手术组	0.38 ± 0.07	模型组	$0.70\pm0.03^*$
咖啡酸低剂量组	$0.68\pm0.06^{\#}$	咖啡酸中剂量组	$0.52\pm0.06^{\#\#}$
咖啡酸高剂量组	$0.40\pm0.02^{\#\#}$		

与假手术组比较: $^*P<0.01$;与模型组比较: $^{\#}P<0.05$, $^{\#\#}P<0.01$。
据石斌等(2011)

龚频(2012)研究了咖啡酸苯乙酯 CAPE 对镉(Cd)染毒的小鼠大脑的保护作用。试验中通过小鼠腹腔注射氯化镉[1 mg/(kg·d)]和不同剂量的 CAPE,处理 7 天后,测定其大脑丙二醛 MDA、蛋白羰基化 PCO、谷胱甘肽 GSH、过氧化氢酶 CAT 和超氧化物歧化酶 SOD 的活性。结果 Cd 能够引起损伤组小鼠大脑 MDA 和 PCO 含量的增加($P<0.05$),而 CAPE 能够剂量依赖性地减少 MDA 和 PCO 的增加;在损伤组,SOD 和 CAT 的活性下降($P<0.01$),而 CAPE 能够剂量依赖的缓解 SOD 和 CAT 的活性的下降,另外,损伤组 GSH 的含量明显减少($P<0.05$),而 CAPE 在高剂量时能够抑制 GSH 的减少。提示 Cd 对小鼠大脑的氧化损伤与 Cd 打破机体的氧化和抗氧化之间的平衡、引起氧化压力的增加有关,CAPE 通过抗氧化以及抗炎作用协同保护大脑。

(四)升血小板

张强等(2008)研究了咖啡酸对阿糖胞苷(Ara-C)诱发小鼠白细胞、血小板减少及血小板体积(MPV)变化的影响。试验中采用 Ara-C 致小鼠白细胞、血小板减少及 MPV 变化模型,分为咖啡酸 600 mg/(kg·d)、300 mg/(kg·d)、150 mg/(kg·d)剂量组、复方阿胶浆组(阳性对照组)、模型对照组、正常对照组。小鼠给 Ara-C 造模同时连续灌胃用药 12 d,分别于给药 6 d、8 d、10 d、12 d 自小鼠尾部取血检测白细胞计数(WBC)、血小板计数(PLT)及 MPV,观察咖啡酸对小鼠白细胞及血小板的预防和治疗作用。结果(见表 1-12-15 至表 1-12-17):咖啡酸 300 mg/(kg·d)组给药 6d WBC 为 4.8 ± 1.2,600 mg/(kg·d)、300 mg/(kg·d)剂量组给药 10 d PLT 为 $(909\pm179)\times10^9$/L、$(1\ 056\pm135)\times10^9$/L;咖啡酸各剂量组给药 12 d MPV 分别为 (6.00 ± 0.23)fL、(5.90 ± 0.20)fL 和 (6.03 ± 0.21)fL,与模型对照组比较差异有统计学意义($P<0.05$)。由此可见,咖啡酸可用于治疗临床化疗后引起的白细胞及血小板减少,保护血小板的损伤。

表 1-12-15 咖啡酸对 Ara-C 致小鼠白细胞计数(WBC)下降的影响($\bar{x}\pm S$, $\times10^9$/L)

组别	剂量	给药后检测时间(d)			
		6	8	10	12
正常对照组	—	12.8 ± 2.8	12.0 ± 3.6	12.5 ± 2.3	10.5 ± 2.5
模型对照组	—	3.7 ± 1.2^b	7.1 ± 1.7	11.3 ± 2.5	10.6 ± 2.2
复方阿胶浆组	25 mL/(kg·d)	5.3 ± 1.3^c	7.6 ± 1.0	10.3 ± 2.7	10.2 ± 1.6
咖啡酸组	600 mg/(kg·d)	4.1 ± 1.1	6.3 ± 1.3	9.2 ± 1.6	10.3 ± 2.2
咖啡酸组	300 mg/(kg·d)	4.8 ± 1.2^c	7.1 ± 0.8	9.3 ± 1.9	11.6 ± 2.4
咖啡酸组	150 mg/(kg·d)	4.7 ± 1.5	6.1 ± 1.2	11.4 ± 3.3	12.2 ± 1.6

与正常对照组比较 $^bP<0.05$;与模型对照组比较 $^cP<0.05$。
据张强等(2008)

表 1-12-16 咖啡酸对 Ara-C 致小鼠血小板计数(PLT)下降的影响($\bar{x}\pm S$，$\times 10^9$/L)

组别	剂量	给药后检测时间(d)			
		6	8	10	12
正常对照组	—	1 284±220	1 163±181	1 187±152	1 112±130
模型对照组	—	767±246[b]	440±230	739±218	1 402±307
复方阿胶浆组	25 mL/(kg·d)	484±118	422±188	969±327[e]	1 290±220
咖啡酸组	600 mg/(kg·d)	553±170	390±187	909±179[e]	1 338±224
咖啡酸组	300 mg/(kg·d)	550±124	478±143	1 056±135[f]	1 524±380
咖啡酸组	150 mg/(kg·d)	588±196	414±232	887±148	1 405±393

与正常对照组比较[b]$P<0.05$；与模型对照组比较[e]$P<0.05$，[f]$P<0.01$。
据张强等(2008)

表 1-12-17 咖啡酸对 Ara-C 致小鼠血小板体积(MPV)增大的影响($\bar{x}\pm S$，fL)

组别	剂量	给药后检测时间(d)			
		6	8	10	12
正常对照组	—	6.23±0.42	6.18±0.38	6.03±0.25	6.31±0.39
模型对照组	—	6.00±0.26	6.90±0.42[c]	6.90±0.38	6.40±0.28
复方阿胶浆组	25 mL/(kg·d)	6.00±0.28	6.80±0.32	6.50±0.31[e]	6.00±0.24[e]
咖啡酸组	600 mg/(kg·d)	6.10±0.30	6.70±0.27	6.90±0.38	6.00±0.23[e]
咖啡酸组	300 mg/(kg·d)	5.90±0.32	6.60±0.28[e]	6.60±0.27[e]	5.90±0.20[e]
咖啡酸组	150 mg/(kg·d)	5.82±0.21	6.60±0.44	6.74±0.37	6.03±0.21[e]

与正常对照组比较[c]$P<0.05$；与模型对照组比较[e]$P<0.05$。
据张强等(2008)

祝晓玲等(2013)研究了不同剂量咖啡酸对白细胞及血小板减少症模型小鼠外周血血小板膜糖蛋白 CD62p、CD41 及 CD61 表达水平的影响。试验中采用阿糖胞苷制备白细胞及血小板减少症小鼠模型，同时每天一次灌胃给予低(100 mg/kg)、中(150 mg/kg)、高(200 mg/kg)不同剂量咖啡酸，阴性对照组同法给予等量溶媒 0.5% 羧甲基纤维素钠，阳性对照组给予重组白细胞介素-11。结果(见表 1-12-18、表 1-12-19)：给药第 10 天，咖啡酸中剂量及高剂量组血小板膜糖蛋白 CD62p 的表达水平明显高于正常及模型阴性对照组；各模型组血小板膜糖蛋白 CD41 及 CD61 表达水平较正常明显降低；与阴性对照组比较，阳性对照组及咖啡酸各剂量组对 CD41 及 CD61 表达无明显影响。实验结果表明，咖啡酸中剂量及高剂组能明显升高模型小鼠血小板膜表面的 CD62p 表达水平，活化血小板，对于启动和扩大血栓形成，从而增强凝血功能具有重要意义。

表 1-12-18 咖啡酸对模型小鼠外周血血小板膜糖蛋白 CD41 及 CD61 表达水平的影响($\bar{x}\pm S$，$n=5$)

组别	剂量(mg/kg)	CD41(%)	CD61(%)
正常对照		10.32±1.18	12.51±2.88
模型阴性对照		2.84±1.38*	4.03±1.40*
模型 IL-11		2.55±0.76*	5.18±1.82*
咖啡酸	100	2.04±1.19*	3.85±2.30*
咖啡酸	150	1.30±0.76*	2.30±1.09*
咖啡酸	200	2.14±0.62*	2.80±0.52*

与正常对照组比较：*$P<0.05$。
据祝晓玲等(2013)

表 1-12-19　咖啡酸对模型小鼠外周血血小板膜糖蛋白 CD62p 表达水平的影响($\bar{x}\pm S$, $n=5$)

组别	剂量(mg/kg)	CD62P 平均荧光强度
正常对照		390.92±32.01
模型阴性对照		365.05±48.86
模型 IL-11		383.87±17.05
咖啡酸	100	388.30±60.42
咖啡酸	150	492.08±62.70*#
咖啡酸	200	641.56±79.13*#

与正常对照组比较:* $P<0.05$,# $P<0.05$。

据祝晓玲等(2013)

田秋生(2014)研究了咖啡酸对白血病化疗后血小板减少症的疗效。选 54 例急性白血病经化疗达完全缓解(CR)后巩固化疗中患者。化疗前血小板计数均≥100×10^9/L。将 54 例患者分为治疗组和对照组,治疗组 28 例患者在化疗开始前 3d 即口服咖啡酸片,0.3 g/次,3 次/d,至血小板恢复正常;对照组在化疗开始后不服用任何提升血小板药物。结果见表 1-12-20:服用咖啡酸可有效减少白血病患者化疗后血小板最低值、减少持续时间、输注血小板量。由此得出结论:咖啡酸能减轻白血病患者化疗后血小板降低程度,加速其恢复,无不良反应,安全性较好。

表 1-12-20　两组血小板最低值、减少持续时间、输注情况比较

	血小板最低值	血小板减少持续时间	血小板输注情况
治疗组	8×10^9/L	12.7 d	2.5 治疗量
对照组	4×10^9/L	18.5 d	4.2 治疗量

据田秋生(2014)

(五)预防心血管疾病

杨刚等(2006)报道,脂多糖(LPS)作为内毒素的主要毒性成分,可导致血管壁损伤,细胞渗出、水肿,甚至引起 DIC 或休克。血流中的 LPS 可通过损伤内皮细胞、血小板甚至直接作用于内皮损伤后暴露的血管平滑肌细胞(VSMC),使这些细胞释放某些活性因子,引起一系列心血管反应,进而导致动脉平滑肌细胞的异常增殖。细胞表达存活素(Survivin)是新近发现的 IAP 基因家族成员,是抗细胞凋亡能力很强的凋亡相关基因。研究表明,0.1～10.0 mg/L 的 LPS 能刺激 VSMC 生长并诱导细胞表达 Survivin(见表 1-12-21),而 5 mg/L、10 mg/L、20 mg/L、40 mg/L、80 mg/L CAPE 呈剂量依赖性地抑制激活的 VSMC 生长,同时降低细胞中 Survivin 的表达水平(见表 1-12-22)。由此可见,CAPE 可能通过降低激活的 VSMC 中表达的 Survivin,增加细胞的凋亡而抑制其增殖。

表 1-12-21　不同浓度 LPS 对 VSMC 表达 Survivin 蛋白阳性率和 mRNA 表达量的影响($\bar{x}\pm S$)

LPS 浓度(mg/L)	Survivin 蛋白阳性率(%)	Survivin mRNA 表达量
0	42.4±2.1	4.66
0.1	49.8±1.9*	6.81*
1	60.9±2.3**	7.53**
10	69.1±2.0**	8.13**

注:与对照组比较,* $P<0.05$,** $P<0.01$。

据杨刚等(2006)

表 1-12-22　CAPE 对 1 mg/L LPS 激活的 VSMC 中 Survivin 蛋白阳性率和 mRNA 表达量的影响

LPS 浓度(mg/L)	Survivin 蛋白阳性率(%)	Survivin mRNA 表达量
0	60.9±2.3	7.53
5	51.5±1.8*	6.21*
10	45.6±3.1**	4.70**
20	38.7±2.9**	4.21**
40	30.2±3.8**	3.34**
80	19.4±2.8**	<2.53**

注:与对照组比较,* $P<0.05$,** $P<0.01$。

据杨刚等(2006)

　　龚频等(2012)研究结果(见表 1-12-23)表明,镉的毒性作用能够引起小鼠阳性对照组心脏丙二醛 MDA 和蛋白羰基化 PCO 含量的增加,而 CAPE 保护组能够剂量依赖的抑制 MDA 和 PCO 的增加;在阳性对照组,超氧化物歧化酶 SOD 和过氧化氢酶 CAT 的活性增加,这可能与机体的适应性反应有关,而 CAPE 能够剂量依赖的抑制 SOD 和 CAT 的活性,可能是由于 CAPE 能够部分的起到 SOD 和 CAT 的作用;另外,阳性对照组谷胱甘肽 GSH 的含量明显减少,可能是由于镉对 GSH 的耗竭,而 CAPE 在高剂量时能够抑制 GSH 的减少,低剂量时没有明显作用。因此,镉对小鼠心脏的损伤作用可能是通过打破机体的氧化和抗氧化之间的平衡,增加氧化压力来实现的,而 CAPE 通过抗氧化以及抗炎作用协同保护心脏。

表 1-12-23　镉的毒性作用对小鼠氧化指标及抗氧化指标的影响和 CAPE 的保护作用

	MDA	PCO	SOD	CAT	GSH
阴性对照组	22 961±2 291	0.004 48±4.3E−4	333.8±33.9	7.49±0.827	105.1±29.26
阳性对照组	24 580±2 532*	0.004 61±7.3E−4*	395.8±53.4*	7.87±1.258*	83.3±6.72*
低剂量保护组	23 050±1 694#	0.003 96±4.3E−4#	273.8±28#	7.01±0.438#	94±20.08
中剂量保护组	22 978±1 457#	0.003 57±5.6E−4#	241.3±37.3##	6.53±0.495#	96.3±11.83
高剂量保护组	16 389±596###	0.003 28±4.349 07E−4###	209.1±25.7##	5.11±0.194##	105.7±16.72#

注:与阴性对照组相比,* $P<0.05$;与阳性对照组相比,# $P<0.05$,## $P<0.01$,### $P<0.001$,$n=7$(每组 7 只小鼠)。

据龚频等(2012)

　　何小燕等(2014)报道,心肌缺血-再灌注发生后,会出现自由基过量生成和细胞内抗氧化酶活性降低的情况。有研究表明,CAPE 能够减少氧自由基和一氧化氮 NO 的生成,以及阻止谷胱甘肽 GSH 的消耗,提高心肌超氧化物歧化酶 SOD 和过氧化氢酶 CAT 活性,表明 CAPE 能够通过清除自由基和抗氧化活性发挥心脏保护作用。缺血-再灌注可引起心肌收缩功能障碍、心律失常,CAPE 是一种潜在的抗心律失常物质,0.1 μg/kg、1 μg/kg 的 CAPE 不仅可降低心室心动过速和心室纤颤的威胁和持续,而且可降低心肌缺血和再灌注损伤期的死亡率。

(六)抗抑郁作用

　　马庆阳等(2012)研究了咖啡酸对慢性应激大鼠的抗抑郁作用。试验中采用各种慢性不可预见轻微刺激建立大鼠抑郁模型。21 d 后,灌胃给药(ig)给予大鼠咖啡酸 10 mg/kg、30 mg/kg 和 50 mg/kg,连续 21 d 通过旷场实验检测中央格停留时间、水平活动和垂直活动情况,通过强迫游泳实验检测大鼠静止不动行为百分比(PI);检测海马超氧化物歧化酶 SOD 活性与丙二醛 MDA 含量。结果:与正常对照组相比,模型组大鼠在旷场实验中央格停留时间增长,水平活动和垂直活动减少,强迫游泳静止不动状态增加,SOD 活性显著降低,MDA 含量显著升高($P<0.01$)。与模型组相比,咖啡酸 10~50 mg/kg 组能够显著缩短停留时间($P<0.05$),增加垂直活动($P<0.01$),但对水平活动无明显影响。模型组 PI 为(79.69±15.84)%,咖啡酸 10~50 mg/kg 组 PI 显著降低,分别为(16.00±2.11)%、(10.33±2.92)% 和(7.33±2.63)%。与正常对照组相比,模型组 SOD 酶活性显著降低,MDA 含量显著增加($P<0.01$),与模型组相比,咖啡酸 10~50 mg/kg 能够显著增加 SOD 酶活性,分别为模型组的 1.50 倍、2.46 倍和 2.59 倍($r=0.915$,$P<0.01$);MDA 含量显著降低,分别为模型组的 18.64%、11.37% 和 6.35%($P<0.01$),且呈剂量依赖性(r

＝0.982,$P<0.01$)。咖啡酸与舍曲林 5 mg/kg 的作用相似。由此可见,咖啡酸对慢性应激大鼠有一定的抗抑郁作用。

(七)免疫调节及抗炎作用

祝晓玲等(2014)研究了咖啡酸对化疗后骨髓抑制合并细菌脂多糖诱发肺组织急性损伤小鼠毛细血管通透性及免疫功能的影响。采用阿糖胞苷制备骨髓抑制小鼠模型,同时灌胃给予低(50 mg/kg)、中(100 mg/kg)、高(150 mg/kg)不同剂量咖啡酸,给药第 8～10 天,给予各模型组小鼠腹腔注射细菌脂多糖,造成小鼠肺组织急性损伤和炎症。结果:疗程结束次日即第 13 天,阳性对照组及高剂量组体重已恢复正常,且体重明显大于模型阴性对照组;给药第 9 天咖啡酸高剂量组白细胞数已恢复正常,明显高于模型阴性对照组,其余各模型组仍未恢复正常,见表 1-12-24;第 13 天咖啡酸高剂量组胸腺指数明显高于模型阴性对照组,已恢复正常,见表 1-12-25;中高剂量咖啡酸均能够明显降低合并肺组织急性炎症模型小鼠肺组织毛细血管通透性。由此可见,咖啡酸灌胃给药能够升高化疗后骨髓抑制小鼠体重、白细胞数、胸腺指数,降低炎症组织毛细血管通透性。

表 1-12-24　咖啡酸对阿糖胞苷所致骨髓抑制小鼠外周血白细胞数(×10^9/L)的影响($\overline{x}\pm S$, $n=10$)

组别	剂量(mg/kg)	给药后检测时间(天)			
		7	9	11	13
正常对照		10.5±2.2	10.1±1.1	10.4±0.8	10.4±2.2
模型对照		4.4±0.5*	5.3±0.6*	9.7±1.0	12.3±3.0
阳性对照组		5.1±0.6*#	9.4±2.1#	17.2±2.4*#	12.9±2.6
咖啡酸	50	4.3±0.7*	5.6±0.8*	10.3±1.0	12.1±2.6
咖啡酸	100	4.6±0.4*	5.8±0.5*	11.1±2.2	12.5±1.9
咖啡酸	150	4.9±0.4*#	8.8±1.4#	13.4±3.0*#	12.6±2.5

与模型对照组比较# $P<0.05$;与正常对照组比较* $P<0.05$,同表 1-12-25、表 1-12-26。
据祝晓玲等(2014)

表 1-12-25　咖啡酸对胸腺指数和脾指数的影响($\overline{x}\pm S$, $n=10$)

组别	剂量(mg/kg)	脾脏指数(%)	胸腺指数(%)
正常对照		0.51±0.13	0.26±0.03
模型对照		0.79±0.12*	0.20±0.03*
阳性对照组		0.67±0.05*	0.22±0.03*
咖啡酸	50	0.74±0.12*	0.19±0.02*
咖啡酸	100	0.72±0.10*	0.21±0.04*
咖啡酸	150	0.78±0.12*	0.24±0.03#

据祝晓玲等(2014)

(八)其他作用

熊丹等(2007)研究表明,不同浓度的咖啡酸对 H_2O_2 引起的人脐静脉内皮细胞(HUVEC-12)损伤有保护作用,并呈现一定的浓度依赖性和时效性,其机制可能与调节 NF-κB、P53 和 Bcl-2 蛋白的表达有关。

唐全勇等(2012)研究表明,甘薯提取物有效成分咖啡酸不仅能直接抑制破骨细胞的形成及分化,而且可显著抑制组织蛋白酶的表达,其可能是甘薯提取物抑制破骨细胞性骨吸收的作用机制。

咖啡酸还具有抗菌、促进伤口愈合等作用。

二、含咖啡酸和咖啡苯乙酯的农产品

据杨九凌(2013)等报道,在西红柿、胡萝卜、草莓、蓝莓、谷类、山楂、甘薯、木瓜、茶叶、金银花、枸杞子、紫丁香、薄荷、野菊花、蒲公英、马齿苋、薰衣草、连翘、阔叶箬竹叶、白英、紫苏等农产品以及中草药中广泛存在咖啡酸。表 1-12-26 列出了一些农产品中咖啡酸的含量。

表 1-12-26　若干农产品中咖啡酸的含量($\bar{x} \pm S$, $n=10$)

名称	咖啡酸含量(mg/g)	文献
连翘	3.377~7.457	付云飞等(2013)
蒲公英	6.500	张玲等(2013)
薄荷	0.273~0.337	徐海燕等(2014)
茶叶	0.240~0.410	凌姐思等(2010)
旋复花	0.221~0.405	杨斌等(2010)
金银花	0.120~0.250	李淼等(2014)
白英	0.066~0.442	聂波等(2009)
木瓜	0.050~0.510	陶君彦等(2007)
枸杞子	0.019~0.199	谭亮等(2013)
野菊花	0.017~0.036	郭巧生等(2010)
甘薯	0.260	杨常成(2008)
紫丁香	0.011	米宝丽等(2007)
山楂	0.010	孙忠思等(2008)

张红城等(2014)报道,蜂胶样品中含有包括黄酮、酚酸及酯类物质在内的大量多酚类成分,含量较高的酚酸及酯类成分有咖啡酸苯乙酯、P-香豆酸、咖啡酸、异阿魏酸。周萍等(2013)采用高效液相色谱法测定蜂胶中咖啡酸的含量,样品中咖啡酸的含量为 4.52~11.22 mg/g。李丽等(2014)采用高效液相色谱—串联质谱法测定蜂胶中咖啡酸苯乙酯,测得样品中咖啡酸苯乙酯的含量在 0.039 4~15.8 mg/g 之间。

第十三节　没食子酸

没食子酸(Gallic acid,GA)化学名称为 3,4,5-三羟基苯甲酸,分子式为 $C_7H_6O_5$,分子量为 170.12,其结构式如图 1-13-1 所示。没食子酸是可水解鞣质的组成部分,是天然存在的一种多酚类化合物,是植物体中的一类次生代谢产物。

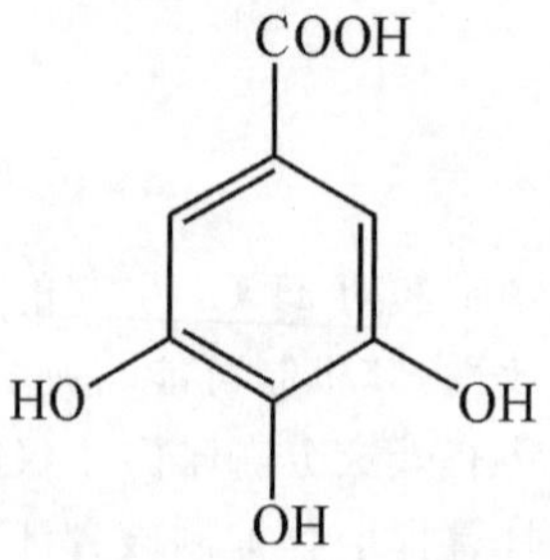

图 1-13-1　没食子酸的结构式

一、没食子酸的生理功能

(一)抗氧化作用

没食子酸具有较强的抗氧化能力。谢晓燕等(2011)研究证实,没食子酸在体外对不同自由基具有较强的清除能力。试验中采用分光光度比色法,分别测定没食子酸对 2,2-联苯-1-苦基肼(DPPH)自由基、过氧化氢和羟自由基的清除作用,以及对脂质过氧化的抑制作用,采用 Griess 法测定没食子酸对一氧化氮的清除作用。并与公认的自由基清除剂维生素 C(Vc)同时实验进行比较。结果:GA 在所选浓度范围内(5~50 $\mu g/mL$)对 DPPH 自由基就有明显的清除作用,清除率为(20.65±2.67)%~(87.98±4.12)%,明显高于 Vc 的清除作用,并呈一定的浓度依赖关系;对一氧化氮的清除率在所选浓度范围内 50~400 $\mu g/mL$ 达到(10.45±3.45)%~(40.43±2.76)%,其清除能力很强,只是略低于 Vc;对羟自由基的清除率在所选浓度范围内(50~400 $\mu g/mL$)为(47.32±3.26)%~(67.25±2.99)%,其清除作用明显,并且高于 Vc。而对过氧化氢清除作用并不明显。不同浓度的没食子酸(50~400 $\mu g/mL$)对脂质过氧化有抑制作用,抑制率为(48.65±5.21)%~(80.03±5.64)%,其抑制效应远远高于 Vc。

牛淑敏等(2006)从玫瑰花中分离鉴定出两种抗氧化成分,其中一种是 3,4,5-三羟基苯甲酸(没食子酸)。研究结果(见表1-13-1 至表1-13-3)表明,没食子酸的抑制小鼠红细胞溶血活性和抗小鼠组织匀浆脂质过氧化活性均高于玫瑰花粗品。

表 1-13-1　没食子酸、玫瑰花粗品、Vc 抑制小鼠红细胞溶血活性

样品	剂量($\mu g/mL$)	抑制率(%)
Vc	10	23.46
Vc	50	84.96
Vc	150	90.99
没食子酸	10	53.23
没食子酸	50	87.99
没食子酸	150	93.65
玫瑰花粗品	10	24.66
玫瑰花粗品	50	76.66
玫瑰花粗品	150	86.56

据牛淑敏等(2006)

表 1-13-2　没食子酸、玫瑰花粗品、丁基羟基茴香醚(BHA)抗小鼠肾匀浆脂质过氧化活性($\bar{x}\pm S$, $n=3$)

样品	浓度($\mu g/mL$)	MDA 含量 OD_{532}(nm)	抑制率(%)
对照		0.597±0.009	
BHA	25	0.145±0.007*	75.71
BHA	100	0.135±0.001*	77.33
BHA	500	0.121±0.005*	79.73
没食子酸	25	0.164±0.006	72.53
没食子酸	100	0.146±0.004*	75.49
没食子酸	500	0.122±0.006*	79.56
玫瑰花粗品	25	0.196±0.008	67.76
玫瑰花粗品	100	0.147±0.006	75.81
玫瑰花粗品	500	0.136±0.003	77.67

对照组比较:* $P<0.05$。
据牛淑敏等(2006)

表 1-13-3　没食子酸、玫瑰花粗品、丁基羟基茴香醚(BHA)抗小鼠脑匀浆脂质过氧化($\overline{x} \pm S$, $n=3$)

样品	浓度(μg/mL)	MDA 含量 OD_{532}(nm)	抑制率(%)
对照		0.676 ± 0.012	
BHA	50	$0.098 \pm 0.007^{**}$	85.55
BHA	250	$0.080 \pm 0.011^{**}$	88.12
BHA	500	$0.053 \pm 0.006^{**}$	92.11
没食子酸	50	0.193 ± 0.009	71.45
没食子酸	250	$0.119 \pm 0.030^{*}$	82.45
没食子酸	500	$0.075 \pm 0.008^{**}$	88.91
玫瑰花粗品	50	0.306 ± 0.007	52.04
玫瑰花粗品	250	0.197 ± 0.010	69.17
玫瑰花粗品	500	$0.127 \pm 0.017^{*}$	80.04

对照组比较:* $P<0.05$,** $P<0.01$。
据牛淑敏等(2006)

　　李晓明(2012)研究表明,山茱萸果核提取物含有大量的以没食子酸类相关化合物为主的多酚类物质,山茱萸果核提取物体外抗氧化活性试验结果表明:山茱萸果核六种提取物均显示较强的还原性;果核提取物对亚硝酸盐有一定的清除能力,30%甲醇洗脱物、正丁醇萃取相在浓度为 0.6 mg/mL 时对亚硝酸盐的清除率能高达 80%以上;果核六种提取物对 DPPH 自由基的清除能力都比 Vc 好。此外,还进行了山茱萸果核提取物的体内抗氧化活性测定,结果(见表 1-13-4 至表 1-13-8):山茱萸果核提取物灌胃后老年小鼠血浆和肝组织中 SOD、CAT、GSH-Px 酶活力与生理盐水组相比均明显提高,MDA 含量降低。说明山茱萸果核提取物中的没食子酸类化合物具有抗氧化活性。

表 1-13-4　对血浆中总超氧化物歧化酶(T-SOD)活力的影响($\overline{x} \pm S$, $n=10$)

组别	剂量(mg/mL)	T-SOD 活力(U/mL)
生理盐水组	—	133.85 ± 6.37
山茱萸提取物低剂量组	4.0	130.14 ± 2.14
山茱萸提取物中剂量组	8.0	166.21 ± 12.43^{①}
山茱萸提取物高剂量组	16.0	247.48 ± 14.91^{①}
Vc 溶液组	8.0	161.29 ± 8.49^{①}

注:^{①}与生理盐水组比较 $P<0.05$。
据李晓明(2012)

表 1-13-5　肝组织中总超氧化物歧化酶(T-SOD)活力的影响($\overline{x} \pm S$, $n=10$)

组别	剂量(mg/mL)	T-SOD 活力(U/mg)
生理盐水组	—	107.74 ± 10.41
山茱萸提取物低剂量组	4.0	176.16 ± 4.90^{①}
山茱萸提取物中剂量组	8.0	186.73 ± 8.35^{①}
山茱萸提取物高剂量组	16.0	219.71 ± 11.02^{①}
Vc 溶液组	8.0	190.52 ± 6.79^{①}

注:^{①}与生理盐水组比较 $P<0.05$。
据李晓明(2012)

表 1-13-6　肝组织中过氧化氢酶(Catalase CAT)活力($\overline{x} \pm S$, $n=10$)

组别	剂量(mg/mL)	CAT 活力(U/mg)
生理盐水组	—	21.52 ± 6.50
山茱萸提取物低剂量组	4.0	25.15 ± 2.78
山茱萸提取物中剂量组	8.0	30.40 ± 3.31^{①}
山茱萸提取物高剂量组	16.0	43.66 ± 6.60^{①}
Vc 溶液组	8.0	27.52 ± 2.56

注:^{①}与生理盐水组比较 $P<0.05$。
据李晓明(2012)

表 1-13-7 肝组织中谷胱甘肽过氧化物酶(GSH-Px)活力($\overline{x} \pm S$, $n=10$)

组别	剂量(mg/mL)	GSH-Px 活力(U/mg)
生理盐水组	—	67.16 ± 7.59
山茱萸提取物低剂量组	4.0	$89.72 \pm 7.51$①
山茱萸提取物中剂量组	8.0	$96.21 \pm 12.20$①
山茱萸提取物高剂量组	16.0	$138.77 \pm 10.47$①
Vc 溶液组	8.0	75.62 ± 8.33

注:①与生理盐水组比较 $P < 0.05$。
据李晓明(2012)

表 1-13-8 肝组织中丙二醛(MDA)含量($\overline{x} \pm S$, $n=10$)

组别	剂量(mg/mL)	MDA 含量(nmol/mg)
生理盐水组	—	5.14 ± 0.50
山茱萸提取物低剂量组	4.0	4.49 ± 0.68
山茱萸提取物中剂量组	8.0	$3.52 \pm 0.66$①
山茱萸提取物高剂量组	16.0	$2.98 \pm 0.97$①
Vc 溶液组	8.0	$3.63 \pm 0.81$①

注:①与生理盐水组比较 $P < 0.05$。
据李晓明(2012)

(二)抗肿瘤作用

没食子酸具有体内外抑制不同肿瘤细胞、癌细胞生长的作用,与一些化疗药物联合用药后起协同作用。没食子酸可通过直接杀伤肿瘤细胞、诱导肿瘤细胞凋亡、抑制肿瘤血管形成等机制达到抗肿瘤作用。

钟振国等(2009)研究了从余甘子叶提取分离得到的活性成分没食子酸的抗肿瘤作用。试验中采用 MTT 法和细胞集落形成法观察没食子酸对人肝癌细胞株 Bele7404、人胃癌细胞株 SGC7901、小鼠肝癌细胞株 H_{22} 和小鼠肉瘤细胞株 S_{180} 4 种肿瘤细胞的体外抑制作用。MTT 法测定的结果(见表 1-13-9 至表 1-13-12)和细胞集落形成法测定的结果(见表 1-13-13 至表 1-13-16)均显示,当没食子酸浓度在 2.5 $\mu g/mL$ 以上时,4 种肿瘤细胞株的生长均受到明显抑制。由此可见,余甘子叶提取成分没食子酸在体外对不同组织来源的肿瘤细胞增殖有明显的抑制作用,可直接杀伤肿瘤细胞。

表 1-13-9 没食子酸对 Bele7404 肿瘤细胞的抑制作用($\overline{x} \pm S$)

组别	药物浓度 C($\mu g/mL$)	OD 值	抑制率(%)
对照	—	0.524 ± 0.014	—
没食子酸	80	$0.054 \pm 0.012^*$	89.73
没食子酸	40	$0.141 \pm 0.010^*$	73.14
没食子酸	20	$0.210 \pm 0.006^*$	59.89
没食子酸	10	$0.246 \pm 0.009^*$	53.13
没食子酸	5	$0.279 \pm 0.018^*$	46.75
没食子酸	2.5	$0.316 \pm 0.009^*$	39.73

与对照组比较,$^* P < 0.01$;$n=4$。
据钟振国等(2009)

表 1-13-10　没食子酸对 SGC7901 肿瘤细胞的抑制作用($\overline{x}\pm S$)

组别	药物浓度 C(μg/mL)	OD 值	抑制率(%)
对照	—	0.524±0.008	—
没食子酸	80	0.094±0.008*	82.13
没食子酸	40	0.197±0.006*	62.34
没食子酸	20	0.217±0.007*	58.43
没食子酸	10	0.275±0.007*	47.38
没食子酸	5	0.303±0.005*	42.13
没食子酸	2.5	0.315±0.006*	39.84

与对照组比较,* $P<0.01$;$n=4$。
据钟振国等(2009)

表 1-13-11　没食子酸对 S_{180} 肿瘤细胞的抑制作用($\overline{x}\pm S$)

组别	药物浓度 C(μg/mL)	OD 值	抑制率(%)
对照	—	2.618±0.183	—
没食子酸	40	0.086±0.005*	96.73
没食子酸	20	0.625±0.075*	76.14
没食子酸	10	0.827±0.088*	68.43
没食子酸	5	1.233±0.070*	53.46
没食子酸	2.5	1.458±0.058*	44.39
没食子酸	1.25	1.533±0.097*	41.39

与对照组比较,* $P<0.01$;$n=4$。
据钟振国等(2009)

表 1-13-12　没食子酸对 H_{22} 肿瘤细胞的抑制作用($\overline{x}\pm S$)

组别	药物浓度 C(μg/mL)	OD 值	抑制率(%)
对照	—	2.240±0.127	—
没食子酸	40	0.105±0.008*	95.31
没食子酸	20	0.530±0.025*	76.36
没食子酸	10	0.818±0.022*	63.55
没食子酸	5	1.089±0.061*	51.39
没食子酸	2.5	1.272±0.019*	43.21
没食子酸	1.25	1.778±0.091*	38.47

与对照组比较,* $P<0.01$;$n=4$。
据钟振国等(2009)

表 1-13-13　没食子酸在浓度为 20 μg/mL 对 Bele7404 肿瘤细胞集落形成的影响($\overline{x}\pm S$)%

组别	集落形成率	抑制率
阴性对照	56.90±0.84	—
没食子酸	19.91±0.70*	65.07

与阴性对照组比较,* $P<0.01$;$n=4$。
据钟振国等(2009)

表 1-13-14　没食子酸在浓度为 20 μg/mL 对 SGC7901 肿瘤细胞集落形成的影响($\overline{x}\pm S$)%

组别	集落形成率	抑制率
阴性对照	53.40±0.84	—
没食子酸	21.62±0.63*	59.55

与阴性对照组比较,* $P<0.01$;$n=4$。
据钟振国等(2009)

表 1-13-15　没食子酸在浓度为 20 μg/mL 对 S$_{180}$肿瘤细胞集落形成的影响（$\overline{x}\pm S$）%

组别	集落形成率	抑制率
阴性对照	55.10±0.84	—
没食子酸	3.90±0.50*	59.55

与阴性对照组比较，* $P<0.01$；$n=4$。

据钟振国等（2009）

表 1-13-16　没食子酸在浓度为 20 μg/mL 对 H$_{22}$肿瘤细胞集落形成的影响（$\overline{x}\pm S$）%

组别	集落形成率	抑制率
阴性对照	54.90±5.03	—
没食子酸	3.24±0.36*	59.55

与阴性对照组比较，* $P<0.01$；$n=4$。

据钟振国等（2009）

李文等（2010）研究表明，没食子酸对卵巢癌 SKOV3 细胞的生长有明显抑制作用，且呈一定的浓度依赖性；IC_{50} 为 23.4 μg/mL。没食子酸与顺铂合用可以明显增加顺铂对卵巢癌 SKOV3 细胞的抑制作用，而与丁酸钠联合用药仅为单纯相加作用。随着没食子酸剂量增加，凋亡细胞数目增多。由此可见，没食子酸可抑制 SKOV3 细胞生长，其机制为诱导细胞凋亡；没食子酸与顺铂联用有协同作用。

何文飞等（2011）研究了没食子酸抑制小鼠模型中人神经母细胞瘤增殖的作用以及对化疗药物的协同作用。试验中建立人神经母细胞瘤 SK-N-SH 细胞株免疫活性 C57BL/6j 小鼠移植瘤模型，随机分配成 4 组，每组 10 只：①PBS 荷瘤对照组，按 PBS 0.5 mL/只，腹腔注射，作为阴性对照；②没食子酸组，按 250 mg/kg，1 次/2 d 给药，连续 2 周；③环磷酰胺组，按 75 mg/kg 给药，每周 2 次，连续 2 周，作为阳性对照；④没食子酸＋环磷酰胺组，没食子酸在环磷酰胺给药前 24 h 给药，没食子酸与环磷酰胺独立给药，剂量和时间同前。药物均 9:00 腹腔注射给药，每周监测相对肿瘤体积（RTV），治疗时间共 2 周，次日处死小鼠，称体质量和瘤质量（Wt）、计算抑瘤率（IR），BrdU 标记检测移植瘤细胞增殖。结果：没食子酸组、环磷酰胺组、没食子酸＋环磷酰胺组在 2 周的移植瘤瘤质量分别为（4559.0±677.7）mg、（2117.0±749.6）mg、（637.7±319.6）mg，平均抑瘤率分别为 36.94%、70.72%、91.18%，与 PBS 组比较差异有显著性（$P<0.01$），没食子酸＋环磷酰胺组瘤质量与环磷酰胺组比较差异有显著性（$P<0.01$）。各给药组肿瘤增殖指数分别为 0.122 9±0.021 9、0.107 6±0.015 6、0.041 3±0.013 0，与 PBS 组肿瘤增殖指数（0.230 8±0.075 9）比较差异有显著性（$P<0.01$），同时没食子酸＋环磷酰胺组与没食子酸组或环磷酰胺组比较差异有显著性（$P<0.01$）。由此可见，没食子酸具有小鼠体内抑制人神经母细胞移植瘤增殖、协同环磷酰胺抗肿瘤生长的作用。

血管内皮细胞的增殖与迁移是肿瘤血管生成的必要条件，抑制血管内皮细胞的增殖和迁移是控制肿瘤细胞浸润和转移的关键。郗艳丽等（2014）研究了没食子酸对人脐静脉血管内皮细胞（HUVECs）增殖的抑制作用。试验中采用 MTT 比色法检测没食子酸对 HUVECs 增殖的抑制作用；用 AO/EB 荧光双染色法检测细胞凋亡和坏死；激光共聚焦显微镜检测没食子酸对 F-actin 和细胞核的影响。结果：浓度为 40 μg/mL、60 μg/mL、80 μg/mL 和 100 μg/mL 的没食子酸明显抑制了 HUVECs 细胞增殖，与对照组相比差异有统计学意义（$P<0.05$），见表 1-13-17；荧光双染色法结果显示没食子酸诱导 HUVECs 发生凋亡和坏死，且随没食子酸浓度的增加，死亡细胞的比例显著增多；荧光染色显示细胞骨架蛋白 F-actin 的细丝发生断裂或重排，细胞核发生边集。由此可见，没食子酸具有显著抑制 HUVECs 增殖、诱导其凋亡和坏死的作用。此外，没食子酸还能破坏细胞骨架蛋白 F-actin，这与抑制细胞迁移密切相关。

表 1-13-17　没食子酸对 HUVECs 存活率的影响($\bar{x} \pm S$)

组别	n	细胞存活率($\mu mol/L$)
对照组	3	100.00 ± 0.00
20 $\mu mol/L$ 组	3	77.93 ± 6.36
40 $\mu mol/L$ 组	3	$51.90 \pm 4.68^*$
60 $\mu mol/L$ 组	3	$29.49 \pm 9.19^*$
80 $\mu mol/L$ 组	3	$22.34 \pm 1.30^*$
100 $\mu mol/L$ 组	3	$20.88 \pm 0.96^*$

与对照组比较,$^* P < 0.05$。
据郝艳丽等(2014)

还有相关研究表明,没食子酸可诱导肺癌细胞、乳腺癌细胞、胰腺癌细胞凋亡。

(三)保护肝脏作用

没食子酸属多酚化合物,有较强的清除自由基和降低脂质过氧化反应能力,能提高肝细胞对自由基损伤的抵抗能力,且比其他一些多酚化合物有更强的保护肝细胞的能力。

张欣等(2009)以 α-生育酚作为对照,研究茶多酚、没食子酸、槲皮素、山奈素、芹菜素五种多酚化合物对 H_2O_2 和 CCl_4 诱导的人肝细胞损伤的保护作用。结果表明,不同浓度的多酚化合物(5 mg/L、10 mg/L、20 mg/L)与肝细胞预先作用 1h,再进行诱导损伤,可以提高肝细胞的细胞活率和还原型谷胱甘肽 GSH 含量水平,降低乳酸脱氢酶 LDH 渗出率和丙二醛 MDA 生成量。显示它们对 H_2O_2 和 CCl_4 诱导的肝细胞损伤有保护作用,保护能力大小顺序为没食子酸>槲皮素>茶多酚>芹菜素>α-生育酚>山奈素。其保护作用可能与多酚化合物具有较强的清除自由基能力有关。

马少华(2010)研究结果表明,没食子酸 GA 预处理可对二甲基亚硝胺(DMN)引起的小鼠肝损伤产生保护作用,并呈现剂量依赖性,与损伤组相比:血清中转氨酶 AST、ALT 活性显著下降($P < 0.01$,$P < 0.01$)(见表 1-13-18)。组织损伤程度减轻,镜下观察可见出血减少,炎症细胞浸润较轻。肝脏抗氧化能力升高,脂质过氧化程度降低,表现为超氧化物歧化酶 SOD、谷胱甘肽过氧化物酶 GSH-Px 活性增强($P < 0.05$,$P < 0.05$),丙二醛 MDA 水平下降($P < 0.05$),还原型谷胱甘肽 GSH 含量增加($P < 0.05$)(见表 1-13-19至表 1-13-21)。肝脏解毒能力提高,体现在生物转化 II 相反应中重要的代谢酶谷胱甘肽巯基转移酶 GST 活性水平提高($P < 0.01$)(见表 1-13-22)。

表 1-13-18　没食子酸对小鼠血清转氨酶 ALT、AST 水平的影响(mean±SD)

组别	样本数(只)	ALT(IU/L)	AST(IU/L)
正常对照组	10	63.25 ± 10.43	174.07 ± 41.71
正常给药组(100 mg/kg)	10	57.38 ± 10.91	168.05 ± 45.26
DMN 肝损伤组	10	$327.38 \pm 49.66^*$	$522.53 \pm 149.87^*$
GA 预处理组(50 mg/kg)	10	$206.25 \pm 39.79^\#$	$303.32 \pm 58.28^\#$
GA 预处理组(100 mg/kg)	10	$93.38 \pm 15.06^\#$	$247.10 \pm 62.04^\#$

注:与正常对照组相比 $^* P < 0.01$,与 DMN 肝损伤组相比 $^\# P < 0.01$。
据马少华(2010)。

表 1-13-19　没食子酸对 MDA 水平的影响(mean±SD)

组别	样本数(只)	MDA(nmol/mg prot)
正常对照组	10	1.22 ± 0.27
正常给药组(100 mg/kg)	10	1.15 ± 0.19
DMN 肝损伤组	10	$1.50 \pm 0.26^*$
GA 预处理组(50 mg/kg)	10	$1.40 \pm 0.18^{\#\#}$
GA 预处理组(100 mg/kg)	10	$1.21 \pm 0.13^\#$

注:与正常对照组相比 $^* P < 0.01$,与 DMN 肝损伤组相比 $^{\#\#} P < 0.05$,$^\# P < 0.01$。
据马少华(2010)

表 1-13-20 没食子酸对肝脏抗氧化酶 SOD、GSH-Px 活性的影响(mean±SD)

组别	样本数(只)	SOD(U/mg prot)	GSH-Px(U/g prot)
正常对照组	10	143.21±15.13	293.18±45.20
正常给药组(100 mg/kg)	10	163.27±16.63[&]	360.98±69.63[&]
DMN 肝损伤组	10	124.65±17.78[*]	227.91±24.68[*]
GA 预处理组(50 mg/kg)	10	136.80±19.12[##]	284.57±42.22[##]
GA 预处理组(100 mg/kg)	10	146.61±14.47[##]	338.78±65.25[##]

注:与正常对照组相比[&] $P<0.01$,[*] $P<0.01$,与 DMN 肝损伤组相比[##] $P<0.05$。
据马少华(2010)

表 1-13-21 没食子酸对还原型 GSH 的影响(mean±SD)

组别	样本数(只)	GSH(mg GSH/g prot)
正常对照组	10	10.20±1.97
正常给药组(100 mg/kg)	10	12.26±1.27[&]
DMN 肝损伤组	10	7.73±1.07[*]
GA 预处理组(50 mg/kg)	10	9.66±1.51[##]
GA 预处理组(100 mg/kg)	10	10.87±1.44[##]

注:与正常对照组相比[&] $P<0.01$,[*] $P<0.01$,与 DMN 肝损伤组相比[##] $P<0.05$。
据马少华(2010)

表 1-13-22 没食子酸对肝脏总 GST 活性的影响(mean±SD)

组别	样本数(只)	GST(U/mg prot)
正常对照组	10	22.72±3.75
正常给药组(100 mg/kg)	10	30.79±6.16[&]
DMN 肝损伤组	10	19.87±3.27
GA 预处理组(50 mg/kg)	10	23.72±3.89
GA 预处理组(100 mg/kg)	10	28.66±2.23[#]

注:与正常对照组相比[&] $P<0.01$,与 DMN 肝损伤组相比[#] $P<0.01$。
据马少华(2010)

(四)抑菌作用

没食子酸对金黄色葡萄球菌、大肠杆菌、绿脓杆菌、鼠伤寒沙门氏菌、肠炎沙门氏菌、枯草芽孢杆菌等有抑制作用。王广娟(2010)研究表明,五倍子没食子酸纯化物可抑制金黄色葡萄球菌、大肠杆菌、鼠伤寒沙门氏菌和肠炎沙门氏菌,0.09 g/mL 五倍子没食子酸纯化物抑菌圈的平均直径分别为 4.98 cm、4.25 cm、3.28 cm、3.80 cm,最小抑菌浓度为 0.90 mg/mL、9.00 mg/mL、9.00 mg/mL、9.00 mg/mL,其抑菌效果显著高于五倍子粗提物。0.09 g/mL 没食子酸纯化物的抑菌效果显著低于 0.1 g/mL 青霉素,略低于 0.008 g/mL 庆大霉素,但差异不显著,但是要显著高于 0.1 g/mL 乙酰螺旋霉素。

韦建华等(2011)研究表明,草龙提取物没食子酸单体对金黄色葡萄球菌、表皮葡萄球菌、大肠埃希菌、绿脓杆菌均有很好的抑菌作用,见表 1-13-23。

表 1-13-23 没食子酸的抑菌作用

菌种	没食子酸浓度(mg/mL)							
	12.5	6.3	3.1	1.6	0.8	0.4	0.2	0.1
SA	-	-	+	+	+	+++	+++	+++
SE	-	-	+	+	+	+	+++	+++
EC	+	+	+	++	++	+++	+++	+++
PA			+	++	++	+++	+++	+++

"-"表示没有细菌生长;与空白对照"+"表示约有 30% 细菌生长,"++"表示约有 60% 细菌生长,"+++"表示约有 100% 细菌生长;"SA"表示金黄色葡萄球菌,"SE"表示表皮葡萄球菌,"EC"大肠埃希菌,"PA"表示绿脓杆菌。
据韦建华等(2011)

张雅丽等(2013)研究了没食子酸对常见食源性致病菌和腐败菌的抑菌作用。采用液体二倍稀释法和牛津杯法测定了没食子酸的最小抑菌浓度及抑菌活性;采用酶标仪测定了细菌生长曲线的变化;采用扫描电镜观察了单增李斯特菌的形态变化。结果表明,没食子酸对单增李斯特菌、大肠杆菌、金黄色葡萄球菌、枯草芽孢杆菌、蜡状芽孢杆菌、巨大芽孢杆菌最小抑菌浓度分别为 0.125 mg/mL、0.25 mg/mL、2 mg/mL、4 mg/mL、4 mg/mL、4 mg/mL(见表 1-13-24),抑菌圈分别为(24.03±0.17)mm、(20.67±0.28)mm、(17.17±0.64)mm、(14.43±0.10)mm、(14.77±0.04)mm、(15.07±0.03)mm。

表 1-13-24　没食子酸对各菌的最小抑菌浓度

供试菌	浓度(mg/mL)							对照
	4	2	1	0.5	0.25	0.125	0.0625	
大肠杆菌	-	-	-	-	-	-	+	+
金黄色葡萄球菌	-	-	+	+	+	+	+	+
单增李斯特菌	-	-	-	-	-	-	+	+
枯草芽孢杆菌	-	+	+	+	+	+	+	+
蜡状芽孢杆菌	-	+	+	+	+	+	+	+
巨大芽孢杆菌	-	+	+	+	+	+	+	+

注:- 表示液体澄清,与对照相比;+ 表示液体浑浊。
据张雅丽等(2013)

(五)对心肌缺血—再灌注损伤的保护作用

卜丽梅等(2010)研究了没食子酸 GA 对大鼠实验性缺血/再灌注损伤的保护作用,并初步揭示其作用机制。试验中将 wistar 大鼠 32 只,随机分成四组:假手术组、模型组、阳性药丹参组(DS)(100 mg/kg)、没食子酸组(GA)(20 mg/kg),每组 8 只;采用结扎大鼠左冠状动脉前降支法制备心肌缺血/再灌注损伤模型。测定缺血再灌注前给予 GA 对损伤大鼠血清中乳酸脱氢酶 LDH、肌酸磷酸激酶 CPK、谷草转氨酶 AST 生成的影响,并检测对大鼠心电图 ST 段的影响;同时以 TTC 染色检测心肌梗死面积变化、TUNNEL 法检测各组大鼠心肌细胞凋亡率,免疫组化法检测心肌细胞 Bax、Bcl-2 的蛋白表达。结果:与模型组比较,GA 抑制大鼠血清中 LDH、CPK、AST 生成($P<0.01$),GA 及阳性药 DS 给药组在缺血 10 min、40 min 和再灌注 10 min、120 min ST 段抬高明显降低($P<0.05$),心肌梗死面积明显降低($P<0.05$),减少损伤大鼠心肌细胞凋亡的发生($P<0.05$),免疫组化法检测结果显示,GA 可上调 Bcl-2 蛋白表达、下调 Bax 蛋白表达($P<0.05$),且心肌细胞 Bcl-2/Bax 比值高于模型组($P<0.05$)。由此得出结论,GA 可以抑制大鼠缺血/再灌注损伤后凋亡率,其作用机制可能与上调 Bcl-2/Bax 有关

于艳华等(2010)也研究了没食子酸 GA 对大鼠心肌缺血/再灌注(I/R)损伤的保护作用及其机制。试验中将 32 只雄性 Wistar 大鼠随机分为假手术组、缺血/再灌注组(模型组)、阳性药丹参组(DS)(100 mg/kg)组、GA(20 mg/kg)组,每组 8 只,结扎左冠状动脉前降支 40 min,松扎再灌注 120 min 制备大鼠心肌 I/R 损伤模型,检测 GA 对血清中 MDA 和 SOD 以及 NO 的影响,同时以光镜观察心肌细胞病理组织形态学变化,免疫组化法检测心肌细胞诱导型一氧化氮合酶(iNOS)的蛋白表达。结果见表 1-13-25、表 1-13-26:GA 组与模型组比较,MDA 含量明显降低($P<0.01$),SOD 活力增强($P<0.01$),NO 含量降低($P<0.01$)。HE 染色组织形态学观察显示,与模型组比较,GA 组心肌细胞形态明显改善,炎细胞浸润减轻。免疫组化法检测结果显示,GA 组心肌细胞 iNOS 表达量低于模型组($P<0.05$)。由此得出结论,GA 可能通过抑制 iNOS,减少氧自由基生成,对大鼠心肌 I/R 损伤产生保护作用。

表 1-13-25　GA 对 MDA、SOD 的影响（$n=8$，$\bar{x}\pm S$）

分组	SOD(U/mL)	MDA(nmol/mL)	NO(μmol/L)
假手术组	178.35±28.42	3.62±0.47	18.2±3.5
模型组	98.23±12.10[①②]	9.89±0.37[①②]	29.5±7.18[①②]
DS 组	135.46±10.45[①②]	6.36±0.31[①②]	23.4±4.1[①②]
GA 组	148.35±33.96[①②]	5.45±0.49[①②]	22.5±4.8[①②]

与假手术组比较：[①] $P<0.01$；与模型组比较：[②] $P<0.01$。

据于艳华等（2010）

表 1-13-26　GA 对 iNOS 蛋白表达的影响（$n=8$，$\bar{x}\pm S$）

分组	剂量	iNOS
假手术组	—	38.24±4.38
模型组	—	96.23±12.10[①②]
DS 组	100 mg/kg	75.38±10.28[①②]
GA 组	20 mg/kg	74.41±9.56[①②]

与假手术组比较：[①] $P<0.01$；与模型组比较：[②] $P<0.01$。

据于艳华等（2010）

（六）抗病毒作用

没食子酸具有抗乙肝病毒的作用。孔庚星等（1997）鉴定了青果（橄榄）提取物含有没食子酸，用 ELISA 法检测，抗 HBsAg/HBeAg 均有效，其效果与没食子酸对照品基本相同，认为没食子酸是青果中抗乙肝病毒有效成分之一。

二、含没食子酸的农产品

没食子酸是自然界存在的一种多酚类化合物，广泛存在于橄榄、石榴、龙眼、茶叶、烟叶、玫瑰花、板栗种仁、云实属植物、铁苋菜、牡丹皮、诃子、山茱萸、大花红景天、杧果核仁等农产品及中草药中。表 1-13-27 列出了若干农产品及中草药中没食子酸的含量。

表 1-13-27　若干农产品及中草药中没食子酸的含量

名称	没食子酸含量（%）	文献
橄榄	4.03	张亮亮等（2009）
板栗种仁	0.0467～0.0929	单舒筠等（2009）
石榴	0.013～1.026	魏立静等（2010）
大花红景天	0.30～0.56	林夏等（2013）
玫瑰	0.121～0.484	肖飞等（2010）
牡丹皮	0.18	赵光等（2013）
山茱萸	0.09～0.14	罗燕子（2010）
绿茶	0.0476～0.138	许丽等（2011）
烟叶	0.0107～0.02428	蔡国华等（2014）
杧果核仁	1.98～2.04	袁叶飞等（2013）

刘艳等（2012）采用 HPLC 方法测定了泸州龙眼肉、核、皮中没食子酸的含量，测定结果如表 1-13-28 所示。

表 1-13-28 泸州龙眼核、皮、肉中没食子酸含量测定(n=3)%

样品	没食子酸含量		
	丙酮提取	50%乙醇提取	水提取
龙眼核	1.056	1.961	1.49
龙眼皮	0.403	0.512	0.128
龙眼肉	0.162	0.387	0.001

据刘艳等(2012)

常安等(2014)采用 HPLC 法测定了诃子全果、果肉及果核中没食子酸的含量,测定结果见表1-13-29。

表 1-13-29 柯子全果、果肉及果核中没食子酸含量测定结果

样品号	没食子酸含量(%)		
	全果	果肉	果核
S1	1.431	2.037	0.500 2
S2	0.825	1.216	0.187 5
S3	1.464	2.170	0.610 8
S4	0.618 4	0.846	0.269 8
S5	1.599	1.783	0.157 5
S6	0.819	1.049	0.326 9
S7	1.298	1.715	0.497 2
S8	0.865	0.956	0.147 8

据常安等(2014)

代欣等(2010)采用 HPLC 法测定了国产云实属植物中没食子酸的含量,具体结果如表 1-13-30 所示。

表 1-13-30 国产云石属植物中没食子酸的含量测定结果(n=4)

种类	采集地点	没食子酸含量(%)
九羽见血飞	华南植物所	0.77
大叶云实	贵州安龙	2.81
鸡嘴筋	广西凌云	1.47
老虎刺	广东广州	2.87
华南云实	华南植物所	1.47
春云实	浙江缙云	8.42
含羞云实	华南植物所	1.53
金凤花	海南栽培	3.10
扭果苏木	西双版纳	28.33
肉荚云实	海南	38.03
塔拉(刺云实)	秘鲁	39.27
云实	贵州望谟、安龙	痕量
刺果苏木	海南三亚	痕量
喙荚云实	贵州册亨、广西龙州	痕量
苏木	广西、海南	痕量

据代欣等(2010)

第十四节　有机硫化物

有机硫化物(Organic sulfide)是指分子结构中含有硫元素的一类植物化学物质,它们以不同的化学形式存在于蔬菜或水果中,如硫辛酸、异硫氰酸盐、二烯丙基二硫化物等。洋葱中有机硫化物存在于挥发油中,主要分为硫醚类、硫醇类、硫代亚磺酸酯类、硫代磺酸酯类和噻吩类等杂环化合物,其中 R 基团为甲基、丙基、丙烯基和烯丙基等,硫化物中主要是二硫化物和三硫化物。已经在洋葱油中鉴别出 60 多种含硫化合物,主要成分有 16 种,其中二硫化丙烷含硫量占 80% 以上,二硫化丙烯是洋葱的主要香气来源。大蒜有机硫化物多达 30 多种,其中多数并不是大蒜中特有的成分。大蒜有机硫化物通过两种途径转化得到。第一种转化途径是 γ-谷氨酰半胱氨酸在 γ-谷氨酰转肽酶的作用下,生成水溶性的有机硫化物,如 S-烯丙基半胱氨酸(S-allylcysteine)和 S-烯丙基巯基半胱氨酸(S-allylmercaptocysteine)。第二种转化途径是 γ-谷氨酰半胱氨酸通过水解或氧化作用得到蒜氨酸(alliin),蒜氨酸在蒜氨酸酶(alliinase)的作用下转化成烷基硫代亚磺酸酯类,如性质非常不稳定的大蒜素(allicin),大蒜素很快就转变成油溶性的有机硫化物,包括二烯丙基一硫化物(diallyl sulfide,DAS)、二烯丙基二硫化物(diallyl disulfide,DADS)、二烯丙基三硫化物(diallyl trisulfide,DATS)、二烯丙基四硫化物(diallyl tetrasulfide,DAS_4)和阿焦烯(ajoene)等。

一、有机硫化物的生理功能

(一)抗肿瘤作用

张四清等(1998)从大蒜中分离得到了含硫的简单有机化合物阿焦烯(z-Ajoene),在体外以不同浓度的阿焦烯处理 3 种不同的肿瘤细胞,应用 MTT 法分析阿焦烯对肿瘤细胞生长的影响,采用光学显微镜、流式细胞仪和琼脂糖凝胶电泳等技术分析肿瘤细胞形态、DNA 含量和染色体 DNA 的断裂,使用 Western 蛋白印迹法测定蛋白表达。研究表明,阿焦烯对白血病细胞 HL-60、人胃癌细胞 MGc-803 和人 T 淋巴细胞 Molt-4 等 3 种肿瘤细胞均具有明显的致凋亡作用,其机制可能是通过抑制原癌基因 bcl-2 的表达而实现的。

袁静萍等(2004)研究了二烯丙基二硫化物 DADS 诱导人胃癌 MGC803 细胞凋亡和对细胞周期的影响。采用 MTT 法、丫啶橙染色、流式细胞仪等方法检测 DADS 对 MGC803 的增殖抑制,诱导凋亡以及细胞周期分布的影响。结果:MTT 法显示,DADS 对 MGC803 细胞的增殖有明显抑制作用,20 mg/L、30 mg/L、40 mg/L DADS 作用 MGC803 细胞 72 h 后,生长抑制率分别达 25.7%、58.6%、69%;经 30 mg/L DADS 作用 MGC803 细胞 48 h 后,用丫啶橙染色法观察到不同阶段的凋亡细胞形态学改变;流式细胞仪分析结果显示,DADS 对 MGC803 细胞有明显的 G_2/M 期阻滞作用,30 mg/L DADS 作用 MGC803 细胞 24 h,与对照组相比,可使 G_2/M 期细胞增加到 4 倍多,且 DADS 呈时间依赖性诱导 MGC803 细胞凋亡,30 mg/L DADS 作用 MGC803 细胞 48 h,凋亡率从对照组的 3.5% 升高到 39.5%。由此得出结论,DADS 引起 MGC803 细胞 G_2/M 期阻滞并诱导凋亡可能是其抗肿瘤的机制之一。

伍少雄等(2007)研究了大蒜素对小鼠膀胱肿瘤的抗肿瘤效果与机制。通过 MTT 实验评定了大蒜素的直接细胞毒活性,动物实验显示大蒜素在体内有明显的抗肿瘤效果,并用 LDH 释放法测细胞毒活性。结果:大蒜素对膀胱肿瘤有直接细胞毒作用。大剂量治疗组与对照组相比,肿瘤的生长速度明显受到抑制($P<0.01$)(见表 1-14-1、表 1-14-2),大蒜素治疗后产生了针对 B_{16} 肿瘤细胞的淋巴细胞。由此得出结论,大蒜素对膀胱肿瘤有明显的抗肿瘤作用,并且这种效果可能与直接细胞毒作用和免疫反应有关。

表 1-14-1　大蒜素对 B_{16} 肿瘤细胞体外生长的抑制($\bar{x}\pm S$)

大蒜素剂量 C(mg/mL)	OD 值	抑制率(%)
0.00	1.002±0.180	0
0.02	0.601±0.035	41.0
0.1	0.440±0.047	55.7
0.5	0.076±0.042	91.5
2.5	0.003±0.003	98.6

据伍少雄等(2007)

表 1-14-2　大蒜素治疗后肿瘤的面积($\bar{x}\pm S$)　　　　　　　　　　cm²

组别	第 2 天	第 5 天	第 9 天	第 12 天	第 16 天	第 19 天
对照	0	0	0.05±0.11	0.11±0.23	0.30±0.47	0.86±1.20
治疗 12.5 mg	0	0	0	0.05±0.14	0.27±0.41	0.73±1.06
治疗 25 mg	0	0	0	0	0.06±0.20	0.22±0.54*

大剂量大蒜素与对照组比较,* $P<0.01$。

据伍少雄等(2007)

赵谦(2012)研究表明,二烯丙基二硫化物 DADS 能够诱导白血病 K562 细胞凋亡,且 DADS 在作用浓度为 40 mg/L 时对细胞的诱导凋亡最明显。

研究表明十字花科蔬菜有抗肿瘤的作用,但还没有研究人员使用异硫氰酸盐(自然界中存在的异硫氰酸盐大多以硫代葡萄糖苷的形式存在于十字花科蔬菜中)单体进行过大规模的人群研究,一般受试物多为十字花科蔬菜。有学者回顾了 87 项十字花科蔬菜与肺癌关系的研究,发现有 67% 的实验证明了摄入十字花科蔬菜可以降低肺癌风险。55 个十字花科蔬菜与癌症关系的研究中,有 38 个结果显示十字花科蔬菜可以降低癌症风险。动物实验证明不同的异硫氰酸盐可以有效地阻断多种化学致癌物,抑制肺、胃、结肠、食管、膀胱、前列腺癌和乳腺癌的发生。关于异硫氰酸盐、十字花科蔬菜与癌症发生风险的研究总结见表 1-14-3。异硫氰酸盐、十字花科蔬菜与不同癌症发生风险前瞻性研究的具体数据见表 1-14-4。

表 1-14-3　异硫氰酸盐、十字花科蔬菜与不同癌症的研究总结

作者/年代	国家	研究对象	样本量(干预 T/对照 C)	研究期限	干预措施	干预结果	相对危险度(RR)(95%CI)或比值比(OR)
Hua Zhao, 2007	美国	膀胱癌	T:697 C:708	6 个月	T:ITC 摄入中位数 0.23 mg/(1 000 kcal·d) C:ITC 摄入中位数 0.33 mg/(1 000 kcal·d)	膀胱癌发病率↓	OR=0.68 (0.48～0.97) P=0.03
Li Tang, 2010	美国	肺癌	T:127 C:348	6 年	T:生十字花科蔬菜 2.5 份/月 C:生十字花科蔬菜 4.5 份/月	肺癌发病率↓	OR=0.45 (0.30～0.68) P=0.0002
Megumi Hara, 2003	日本	胃肠癌	T:21 C:74	4 年	T:西兰花<1 次/周 C:西兰花>3 次/周	结肠癌发病率↓	OR=0.18 (0.06～0.58) P=0.01
C.B. Ambros-one, 2004	美国	乳腺癌	T:64 C:78	5 年	T:西兰花<305g/月 C:西兰花 625～1024g/月	绝经前妇女乳腺癌发病率↓	OR=0.6 (0.40～1.01) P=0.058
Kolonel, 2000	美国	前列腺癌	T:1619 C:1618	4 年	T:十字花科蔬菜<8.8g/d C:十字花科蔬菜>72.9g/d	前列腺癌发病率↓	OR=0.78 (0.61～1.00) P=0.02

据中国营养学会(2014)

表 1-14-4　有关异硫氰酸盐、十字花科蔬菜与不同癌症发生风险的前瞻性研究汇总

作者/年代	研究类型国家	研究人群或队列数（病例数例）	随访时间（年）	摄入量	评估终点	相对危险度（RR）（95%CI）或比值比（OR）
A. Stein-brecher, 2009	德国前瞻性研究	11 405(328)	9.4	芥子油苷 11.9mg/d	临床确诊的前列腺癌	$RR=0.68$（0.48～0.97）$P=0.03$
V. A. Kir-sh, 2007	加拿大前瞻性研究	29 361(1 338)	4.2	西兰花>1 份/周	临床确诊的前列腺癌	$RR=0.76$（0.59～0.99）$P=0.03$
E. Giova-nnucci, 2003	美国前瞻性研究	47 365(2 969)	14	十字花科蔬菜>5 份/周	65 岁以下临床确诊的男性前列腺癌	$RR=0.81$（0.64～1.02）$P=0.02$
Thomso-n, 2011	美国前瞻性研究	1 765 名服用他莫昔芬的女性	6	十字花科蔬菜 0.8 份/d	临床确诊的乳腺癌	$RR=0.48$（0.32～0.70）$P\leqslant0.05$
L. E. Voo-rrips, 2000	荷兰前瞻性研究	3 500(375)	6	十字花科蔬菜 58 g/d	临床确诊的结肠癌	$RR=0.76$（0.51～1.13）$P=0.11$

据中国营养学会(2014)

（二）免疫调节作用

大蒜是一种含有多种有机硫化物的植物。顾兵等(2009)报道,大蒜具有很好的免疫调节作用,可增加实验动物的脾脏重量,增加吞噬细胞和 T 淋巴细胞数量,增强吞噬细胞的吞噬能力,提高淋巴细胞转化率。其活性成分大蒜素可以促进 T 淋巴细胞的增殖,提高自然杀死细胞(NK)的活性,促进 IL-2、TNF、IFN 等细胞因子的释放,从而加强免疫系统的防御和监视功能。

张志勉等(2003)研究了大蒜素对肿瘤患者细胞免疫功能的影响。试验中用红细胞 C_3b 受体花环试验(RCRR)、红细胞免疫复合物花环试验(RICR)、红细胞免疫黏附肿瘤细胞花环试验(TRCR)检测 30 例肿瘤患者服用大蒜素前后 1、2、3 月及 30 例正常对照组的红细胞免疫功能。用碱性磷酸酶－抗碱性磷酸酶(APAAP)法检测 30 例肿瘤患者服用大蒜素前后 1、2、3 月及 30 例正常对照组的淋巴细胞免疫功能。结果(见表 1-14-5):肿瘤患者服用大蒜素前,红细胞 C_3b 受体花环率及红细胞免疫黏附肿瘤细胞花环率显著低于对照组($P<0.05$),而红细胞免疫复合物花环率显著高于对照组($P<0.01$),淋巴细胞免疫功能显著低于对照组($P<0.05$);服用大蒜素后,红细胞 C_3b 受体花环率显著高于对照组($P<0.05$),淋巴细胞免疫功能接近或高于对照组。由此得出结论,大蒜素能提高肿瘤患者的细胞免疫功能。

表 1-14-5　肿瘤患者用药前、用药后 3 个月与对照组红细胞、淋巴细胞免疫指标的比较$(\%,\bar{x}\pm S)$

组别		n	红细胞免疫						淋巴细胞免疫			
			RCRR	RICR	TRCR	CD_3	CD_4	CD_8	CD_4/CD_8	CD_{20}	CD_{25}	CD_{57}
肿瘤组	用药前	30	15.84±3.32*	17.00±4.72**	27.09±5.27**	43.10±12.36**	25.56±12.90**	25.36±5.46**	1.09±0.34*	13.38±7.40*	9.12±8.20*	10.35±9.20**
	用药3月后	30	21.37±3.49**	10.33±4.26**	34.56±6.67**	49.96±12.01**	28.17±12.25*	19.96±5.73**	2.72±0.01**	18.25±7.71*	13.65±9.28*	12.08±10.26*
对照组		30	18.80±13.03	8.70±5.80	45.02±8.58	48.70±13.72	21.27±6.83	21.27±6.83	1.40±0.39	16.85±8.71	12.00±10.08	13.97±11.13

* $P<0.05$,** $P<0.01$ vs 对照组。

据张志勉等(2003)

(三)抗菌作用

陈晓月等(2008)研究证实,大蒜素在体外对大肠杆菌和金黄色葡萄球菌具有较好的抑菌和杀菌作用。大蒜素对大肠杆菌的最小抑菌浓度 MIC 和最小杀菌浓度 MBC 的范围分别为 $200 \sim 400$ mg/mL 和 $400 \sim 1\,600$ mg/mL;对金黄色葡萄球菌的 MIC 和 MBC 范围分别为 $12.5 \sim 25$ mg/mL 和 $25 \sim 50$ mg/mL。

彭光华(2009)采用滤纸片法研究了三种提取方法所得大蒜有机硫化物对枯草芽孢杆菌、金黄色葡萄球菌和啤酒酵母菌的抑菌试验。结果(见表 1-14-6 至表 1-14-8)表明:三种提取物 A、B、C 均有一定的抑菌性能,且存在剂量效应关系。柱层析法所得提取物 B 抑菌性能最强,乙醇提取物 C 次之,同时蒸馏提取物 A 较弱。这与提取物的成分组成有关,由于柱层析法提取物和乙醇提取物中分别含有较高量的大蒜素(二烯丙基硫代亚磺酸酯),而此种化合物有强于其他大蒜有机硫化物的抑菌效果,而同时蒸馏萃取含有极少量的大蒜素。因此,柱层析法提取物和乙醇提取物抑菌效果比同时蒸馏萃取提取物抑菌效果要强得多。

表 1-14-6　三种大蒜有机硫化物对枯草芽孢杆菌的抑制作用

抑菌浓度(%)	抑菌圈直径		
	A	B	C
10	1.01	1.58**	1.51*
1	0.95	1.48**	1.20*
0.1	0.94	1.06**	0.99
0.01	0.88	0.83*	0.99*
0.001	0.80	0.81	0.83
0.000 1	0.60	0.80**	0.72*

**$P<0.01$,*$P<0.05$。
据彭光华(2009)

表 1-14-7　三种大蒜有机硫化物对金黄色葡萄球菌的抑制作用

抑菌浓度(%)	抑菌圈直径		
	A	B	C
10	1.39	3.30**	3.15**
1	1.02	1.62**	1.42**
0.1	0.84	1.04**	1.30**
0.01	0.80	0.95**	0.87*
0.001	0.80	0.81	0.81
0.000 1	0.75	0.81**	0.81**

**$P<0.01$,*$P<0.05$。
据彭光华(2009)

表 1-14-8　三种大蒜有机硫化物对金黄色葡萄球菌的抑制作用

抑菌浓度(%)	抑菌圈直径		
	A	B	C
10	1.47	4.70**	3.97**
1	0.80	1.79**	1.20*
0.1	0.79	1.01**	0.82
0.01	0.75	0.85*	0.81
0.001	0.71	0.80*	0.74
0.000 1	0.60	0.68**	0.68**

**$P<0.01$,*$P<0.05$。
据彭光华(2009)

唐远谋等(2012)对洋葱中有机硫化物的提取及其抑菌作用进行了研究。试验中研究了有机硫化物对金黄色葡萄球菌、枯草芽孢杆菌和蜡状芽孢杆菌的抑菌效果,结果表明,洋葱有机硫化物粗提物浓度在 0.414 g/mL 时抑制最为显著,对应的抑菌圈直径分别为 1.10 cm、1.15 cm 和 1.05 cm,最小抑菌浓度 MIC 分别为 0.103 g/mL、0.207 g/mL、0.207 g/mL。

(四)防治心脑血管疾病的作用

于光允等(2013)报道,大蒜有机硫化物对心脑血管疾病的治疗与降低血浆总胆固醇、降血压、抗血小板凝集以及清除氧自由基有关。

Singh 等(2006)研究发现,大蒜提取物对胆固醇合成的抑制率可达 75%,且无明显细胞毒性。进一步研究发现,大蒜提取物多种成分中仅二烯丙基二硫化物、二烯丙基三硫化物和烯丙硫醇对抑制胆固醇合成起到了重要的作用,其抑制胆固醇合成主要是通过抑制胆固醇 4α-甲基氧化酶的活性来实现的。

王琳等(2012)报道,大蒜素通过抑制血小板内的过氧化酶系统,使花生四烯酸沿血小板的脂氧化酶系统进行代谢,从而抑制了血小板的聚集,阻断了血栓素的合成。

超氧化物歧化酶 SOD 是一种广泛存在于生物体内,能催化超氧负离子发生歧化反应的金属酶。由于该酶能有效清除机体内的超氧自由基,预防活性氧对生物体的毒害作用。因此具有抗辐射和延缓机体衰老等功能。刘浩等(2006)研究发现,大蒜素显著提高了机体内 SOD 活性,有效清除致病致老的自由基,同时大蒜素显著降低了体内 MDA 含量,大蒜素能稳定细胞膜结构,具有抗氧化延缓衰老的功能,可以减轻脂质过氧化对内皮细胞的损伤,而且这种作用有一定的量效关系。

李睿坤等(2007)研究了大蒜素对动脉粥样硬化模型小鼠血脂代谢以及动脉粥样硬化发展的影响。将小鼠分 6 组,分别为普通饮食组(G_1、G_2 组)、高脂高胆固醇组(G_3、G_4 组)和高脂高胆固醇/高糖组(G_5、G_6 组),其中偶数组同时给予大蒜素灌胃处理。分别于小鼠 3、5、7、11 和 15 周龄,检测血清总胆固醇 TC、甘油三酯 TG、低密度脂蛋白胆固醇 LDL-C 以及高密度脂蛋白胆固醇 HDL-C($n=6$),并同时取小鼠肝脏及主动脉进行形态学观察($n=6$)。结果:高脂高胆固醇以及高脂高胆固醇/高糖喂养组小鼠较同龄普通饮食喂养组小鼠的血脂 TC、TG、HDL-C 和 LDL-C 水平明显增高,大蒜素处理组除 HDL-C 外,其他血生化指标均有不同程度的降低(如 TC,G_2/G_1,42.40 ± 2.57 vs. 45.40 ± 6.72;G_4/G_3,106.90 ± 5.37 vs. 109.20 ± 2.35;G_6/G_5,115.45 ± 1.27 vs. 121.76 ± 5.12)。大蒜素处理组小鼠肝脏和主动脉内膜病理学改变相对较轻。由此可见,大蒜素对于动脉粥样硬化模型小鼠的 TC、TG、LDL-C 水平均有一定程度的降低作用,而对 HDL-C 没有明显影响;对肝脏脂肪沉积以及主动脉动脉粥样硬化病变的发展均有一定程度的抑制作用。

中国营养学会(2014)报道,1982 年,在我国山东的一项流行病学研究中,山东省苍山县居民心血管病死亡率及冠心病死亡率均显著低于崂山县($P<0.01$),同时苍山县居民有常年食用大蒜的习惯。因此大蒜被认为具有潜在降低血脂的作用。2013 年的研究证实补充大蒜素可降低总胆固醇和低密度脂蛋白,同时升高高密度脂蛋白,但甘油三酯的含量无显著性变化。大蒜素降血脂的相关研究见表 1-14-9 至表 1-14-11。

表 1-14-9 大蒜素降血脂的临床研究

作者/年代	国家	研究对象	样本量(干预 T/对照 C)	研究期限	干预措施	干预结果	相对危险度(RR)(95%CI)或比值比(OR)
Neil H A,1996	英国	高脂血症	T:57 C:58	6 周	T:11.7 mg/d C:0	与对照组相比,胆固醇改变无统计学意义	0.65 (0.53~0.76)
Seo,2012	澳大利亚	绝经妇女	T:8 C:6	12 周	T:80 mg/d C:0	与对照组相比,心血管疾病风险↓	

据中国营养学会(2014)

表 1-14-10　大蒜素降低血脂相关的 Meta 分析

作者/年代	国家	纳入文献数量	纳入文献类型	活性成分为大蒜素的剂量	分析结果
Ried,2013	韩国	39	RCT	最低 5 mg/d,最高 22.4 mg/d	总胆固醇↓,低密度脂蛋白↓,高密度脂蛋白↑,甘油三酯变化无显著性

据中国营养学会(2014)

表 1-14-11　大蒜素食用量相关的流行病学调查

作者/年代	国家	观察人群	样本量	研究期限	摄入量	评估终点
王美岭,1982	中国	一般人群			苍山县居民:60 mg/d 崂山县居民:12 mg/d	心血管与冠心病死亡率↓

据中国营养学会(2014)

(五)降血糖作用

于光允等(2013)报道,大蒜素通过促进胰腺泡心细胞转化和胰岛 β 细胞增殖,从而使内源性胰岛素分泌增加而发挥降血糖作用。

刘浩等(2006)研究表明,大蒜素能够降低 2 型糖尿病大鼠的血糖,降低效果与给药剂量呈正相关。见表 1-14-12。

表 1-14-12　大蒜素对糖尿病大鼠血糖的影响($\bar{x}\pm S$, mmol/L)

组别	n	实验前	实验后
空白对照组	10	4.32±0.55	4.28±0.55
阳性对照组	12	24.68±3.85	22.35±3.45
2 型糖尿病模型组	11	24.65±3.67	25.66±3.42
大蒜素组 60 mg/(kg·d)	11	24.76±3.66	10.80±3.24[ac]
大蒜素组 40 mg/(kg·d)	11	24.70±3.25	15.80±2.04[a]
大蒜素组 30 mg/(kg·d)	11	23.30±3.90	18.78±3.88[b]

与实验前比较,[a]$t=9.48,7.70,P<0.01$;[b]$t=2.35,P<0.05$;与阳性对照组比较,[c]$t=8.11,P<0.01$。
据刘浩等(2006)

硫辛酸在糖代谢中发挥重要作用。近年来研究表明,硫辛酸能够增强非胰岛素依赖型糖尿病动物骨骼肌和红细胞对葡萄糖的吸收,从而降低血糖。通过对肌细胞和脂肪细胞的培养发现,硫辛酸通过增强胰岛素受体激酶、胰岛素受体基质-1、磷脂酰肌醇激酶和蛋白激酶 B 等的活性,经胰岛素信号通路介导,作用于葡萄糖转运载体 GLUT1 和 GLUT4,促进葡萄糖向胞膜转运,从而增强葡萄糖的代谢,发挥增加胰岛素敏感性和维护血糖水平作用。

(六)减肥作用

陈爱云等(2004)研究了大蒜素(二烯丙基三硫化物)的减肥作用。将高脂造模成功的 SD 大鼠随机设三个剂量组和一个对照组,低、中、高剂量分别为 0.2 g/kg、0.4 g/kg、1.2 g/kg,相当于人体推荐摄入量的 5 倍、10 倍和 30 倍。再予高脂饲养 30 天,处死后称体重及体内脂肪湿重,计算脂体比。结果(见表 1-14-13、表 1-14-14):低、中、高三剂量组大鼠体重、增重和体内脂肪湿重与对照组比较均明显下降;低、中剂量组大鼠脂体比与对照组比较亦明显降低($P<0.05$)。由此可见,大蒜素具有减肥作用。

表 1-14-13　蒜素对模型大鼠体重的影响($\bar{x} \pm S$, g)

组别	n（只）	实验前体重	试验后体重	增重
对照组	10	294.4±12.7	391.2±21.2	96.7±13.7
低剂量组	10	297.4±14.7	329.6±21.2△	32.2±15.6△
中剂量组	10	297.3±12.5	325.5±18.9△	28.2±23.1△
高剂量组	10	296.9±12.5	318.0±14.9△	21.2±14.5△

与对照组比较，△$P < 0.05$。
据陈爱云等（2004）

表 1-14-14　蒜素对模型大鼠体内脂肪的影响($\bar{x} \pm S$)　　　　　　g

组别	n（只）	实验后体重	体内脂肪湿重	脂体比（脂肪/100 g 体重）
对照组	10	391.2±21.2	8.01±1.03	2.04±0.20
低剂量组	10	329.6±21.2△	5.29±1.56△	1.59±0.39
中剂量组	10	325.5±18.9△	5.20±0.85△	1.59±0.19△
高剂量组	10	318.0±14.9△	6.39±1.63△	2.01±0.52

与对照组比较，△$P < 0.05$。
据陈爱云等（2004）

（七）改善阿尔茨海默病的作用

胡昔奇（2010）研究了大蒜素对阿尔茨海默病（AD）小鼠学习记忆能力和脑组织抗氧化能力的影响。试验中采用 D-半乳糖建立 AD 小鼠模型，大蒜素治疗组在造模的同时皮下注射大蒜素。通过行为学方法，观察大蒜素对 AD 小鼠记忆能力的影响；测定各组脑组织中丙二醛 MDA 含量和超氧化物歧化酶 SOD 的活性；常规 HE 和镀银改良法染色观察小鼠海马及皮质的形态学改变。结果：模型组与对照组、大蒜素治疗组比较，小鼠记忆功能明显减退，神经细胞破坏明显，海马和皮质出现 β-淀粉样蛋白沉积及老年斑；大蒜素治疗组和对照组的丙二醛 MDA 含量较模型组显著降低（$P < 0.05$），SOD 活性明显高于模型组（$P < 0.05$）（见表 1-14-15）。由此得出结论，大蒜素在清除自由基和抗氧化损伤方面有显著功效，可以有效改善 AD 小鼠空间学习记忆能力损害。

表 1-14-15　大蒜素对 AD 模型小鼠脑组织 SOD 活性和 MDA 含量比较($\bar{x} \pm S$)

组别	n	MDA(nmol/mg prot)	SOD(U/mL)
AD 模型组	10	71.08±11.69	4.4±2.53
大蒜素治疗组	10	58.34±14.17[①②]	8.29±1.45[①②]
阴性对照组	10	47.81±17.60	5.34±0.54

与 AD 模型组比较：①$P < 0.05$；与模型组比较：②$P < 0.01$。
据胡昔奇（2010）

（八）其他作用

朱振平等（2012）研究表明，二烯丙基一硫化物 DAS 对急性酒精肝损伤有保护作用，试验结果表明，与模型组比较，对照组、DAS 干预组和 DAS 对照组小鼠血清转氨酶 ALT、AST 活力和肝组织匀浆中丙二醛 MDA 含量均较低，肝组织匀浆中谷胱甘肽 GSH 含量和超氧化物歧化酶 SOD、谷胱甘肽过氧化物酶 GSH-Px、谷胱甘肽还原酶（GR）活力均较高，差异有统计学意义（$P < 0.05$ 或 $P < 0.01$）。由此可见，DAS 对小鼠急性酒精性肝损伤的保护作用的机制可能与其具有的抗氧化活性有关。

朱桂军（2006）研究表明，二烯丙基三硫化物对脂多糖诱导肺损伤小鼠有防治作用。

硫辛酸可以透过血脑屏障，保护神经系统免受氧化损伤，并能改善糖尿病周围神经病症状，见表 1-14-16。

表 1-14-16　硫辛酸用于改善糖尿病患者周围神经病症状 RCT 研究

作者/年代	国家	研究对象	样本量（干预 T/对照 C）	研究期限	干预措施	干预结果
ALANDIN Ⅱ（Reljanovic, Reichel et al., 1999）	德国	糖尿病	T1:27 T2:18 C:20	2 年	T1:600 mg/d, iv×5 d＋600 mg/d T2:600 mg/d, iv×5 d＋1 200 mg/d C:0	干预前后 NDS 改变无统计学意义；胫神经传导速度↑
ALADIN Ⅲ（Ziegler, Hanefeldet al., 1999）	德国	糖尿病	T-T:167 T-C:174 C-C:168	6 月	T-T:600 mg/d, iv×3 周＋1 800 mg/d×6 月 T-C:600 mg/d, iv×3 周＋0×6 月 C-C:600 mg/d, iv×3 周＋0×6 月	干预前后 TSS↓,但与安慰剂组比较差异无统计学意义
ORPIL（Ruhnau, Meissner et al., 1999）	德国	糖尿病	T:12 C:12	3 周	T:1800 mg/d C:0	干预前后 TSS↓；干预前后 NDS↓
SYDNEY Ⅱ（Ziegler, Ametov et al., 2006）	德国	糖尿病	T1:45 T2:47 T3:46C:43	4 周	T1:600 mg/d T2:1 200 mg/d T3:1 800 mg/d C:0	T1:干预前后 TSS↓51% T2:干预前后 TSS↓48% T3:干预前后 TSS↓52% C:干预前后 TSS↓32% 各干预组与对照组 P<0.05

注：表中未特别标注的给药途径均为口服；ALADIN＝Alpha－lipoic Acid in Diabetic Neuropathy；ORPIL＝Oral Pilot；SYDNEY＝Symptomatic Diabetic Neuropathy；NDS：Neuropathy Disability Score 神经病变缺损评分；TSS＝Total Symptom Score 症状总评分。
据中国营养学会（2014）

　　有机硫化物的多种生理功能之间并不是孤立的,而是相互联系、相互促进的,如抗氧化和治疗心血管疾病、阿尔茨海默病之间相互协调的发挥作用。

二、含有机硫化物的农产品

　　植物中的有机硫化物主要存在于十字花科植物和百合目石蒜科植物中。异硫氰酸盐以硫代葡萄糖苷（简称硫苷）的形式主要存在于十字花科蔬菜中,如卷心菜、球芽甘蓝、西兰花和菜花等,一般认为蔬菜中的硫苷含量从 10～250 mg/100 g 不等,十字花科蔬菜中硫苷含量见表 1-14-17。含烯丙基硫化物的农产品主要存在于青蒜、大头蒜、洋葱、藠头等葱属植物中。

表 1-14-17　十字花科蔬菜中硫苷含量[mg/(100 g 可食部)]

食物	硫苷含量	
	平均值	范围
中国大白菜	20.6	8.9～54.1
花椰菜（生）	43.2	11.7～78.6
西兰花（冻,生）	50.7	—
卷心菜（生）	58.9	42.7～108.9
西兰花（生）	61.7	19.3～127.5
萝卜（生）	93.0	20.4～140.5
球芽甘蓝（生）	236.6	80.1～445.5
水芹	389.5	—

据中国营养学会（2014）

　　硫辛酸广泛分布于动植物组织中,动物体内肝脏和肾脏组织含量丰富。在植物中含量较少,其中含量较高的是菠菜和土豆,其次为花椰菜、番茄、豌豆、甘蓝和米糠等。硫辛酸在植物的花中含量高于根部。常见农产品硫辛酸含量见表 1-14-18。

表 1-14-18 常见食物中硫辛酸含量[μg/(100 g 可食部)]

表 1-14-18 常见食物中硫辛酸含量[μg/(100 g 可食部)]

食物	含量	食物	含量
鸡肝	500～1 000	牛心	70～100
牛肉	236	羊肝	70～80
菠菜	170	牛肝	60～110
土豆	150～420	猪肝	60～80
鸡蛋黄	124	墨鱼	55
猪心	110～160	羊心	50～70
猪肉	107	养肾	50～70
鸡肉	91	猪肾	40～70
牛肾	90～130	小麦	10

据中国营养学会(2014)

第十五节　吲哚-3-甲醇

　　吲哚-3-甲醇又称吲哚-3-原醇(Indole-3-carbinol,I3C),它是硫代葡萄糖苷的水解产物之一,是十字花科蔬中的主要抑癌成分,分子式:C_9H_9NO,分子量:147.18,其化学结构式如图 1-15-1 所示。I3C 在酸性水溶液中(胃液中)可发生缩合反应,产生多聚体衍生物,如二聚体衍生物 3,3′-二吲哚甲烷(3,3′-Diin-dolymethane,DIM),环状三聚体 CTI 及非环状三聚体 BII。

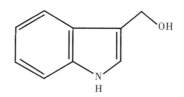

图 1-15-1　吲哚-3-甲醇的化学结构式

一、吲哚-3-甲醇的生理功能

(一)抗肿瘤作用

　　戈畅等(2009)报道,自 1978 年 Wattenberg 和 Loub 首次报道了吲哚-3-甲醇可以抑制多环芳烃诱导的大鼠肿瘤,随后多项动物试验模型证实了吲哚-3-甲醇具有抑制自发形成的或由化学物质诱导的癌症的作用,人体实验也证实吲哚-3-甲醇的抗肿瘤功效。实验研究表明:吲哚-3-甲醇可以通过抑制致癌物-DNA 加合物形成、诱导癌细胞 G_1 期阻滞、诱发细胞凋亡、影响 DNA 损伤修复、抗新生血管生成和细胞的转移和浸润、抑制某些雌激素依赖性的肿瘤等方面发挥其抗肿瘤作用和功效。

　　魏玺等(2007)研究了十字花科植物中的有效成分吲哚-3-甲醇 I3C 对大鼠乳腺癌的预防作用以及对大鼠乳腺肿瘤中雌激素(ER)受体表达抑制作用。试验中将 40 只 43 d 龄 SD 大鼠 40 只按体重分层后随机分为不预防给药组(DMBA 灌胃)、高剂量给药组(I3C,100 mg/d)、低剂量给药组(I3C,50 mg/d)、溶剂对照组,每组各 10 只。高剂量给药组与低剂给药量组预防性给予吲哚-3-甲醇 1 周,1 周后不预防给药组、高剂量给药组与低剂量给药组分别 30 mg/mL DMBA 致癌剂一次性灌胃造模(1 mL/只),之后高剂量给药组与低剂量给药组分别给予吲哚-3-甲醇 100 mg/d,与 50 mg/d 至实验结束(共 100 d),观察各组乳腺肿瘤发生时间,记录数目并计算肿瘤体积,光镜下对乳腺肿瘤进行病理分类。还对各组大鼠乳腺肿瘤用免疫组化 S-P 方法测定 ERα 及 ERβ 的表达情况。结果:各组大鼠乳腺肿瘤数目及体积均值($\bar{x}\pm S$):高剂量给药组荷瘤大鼠 3 只,低剂量给药组荷瘤大鼠 3 只,与不预防给药组荷瘤大鼠 9 只比较,差异有显著性($P<0.05$);高剂量给药组荷瘤 7 个,平均肿瘤体积$(8\pm5)\times10^2$ mm³,低剂量给药组荷瘤总数 13 个,平均肿瘤体积$(23\pm4)\times10^2$ mm³,与不预防给药组荷瘤总数 21 个,平均肿瘤体积$(31\pm5)\times10^2$ mm³,差异有显著性($P<0.05$);而高剂量给药组与低剂量给药组之间进行比较 $P>0.05$,差异无显著性。光镜下组织学观察,高剂量给药组与低剂量给药组的乳腺肿瘤浸润性导管癌发生,分化程度高,侵袭性均明显低于不预防给药组。ER 受体在各组乳腺肿瘤中的表达:吲哚-3-甲醇高剂量给药组和低剂量给药组(高剂量给药组+低剂量给药组)ER 受体阳性表达率为 50%(10/20),不预防给药组 ER 受体阳性表达率 85.7%(18/21);而高剂量给药组和低剂量给药组 ER 受体阴性表达率 50%(10/20),不预防给药组的 14.2%(3/21),它们之间比较均有显著差异($\chi^2=6.0341,P<0.05$)。其中 ERα 与 ERβ 在高剂量给药组和低剂量给药组中的阳性表达亦明显低于不预防给药组($P<0.05$),有显著差异。由此得出结论:吲哚-3-甲醇在抑制乳腺肿瘤发生中有明显效果,但高剂量与低剂量之间并没有显著差异;并且能够有效阻断肿瘤中 ER 受体的表达,使其表达下调。

刘远等(2012)采用人肝癌细胞株 SMMC-7721 制备荷瘤裸鼠;通过测量肿瘤大小和病理学检测,观察 I3C 对肿瘤细胞的抑制作用;采用流式细胞仪检测肿瘤细胞周期、线粒体膜电位;采用 Western blot 法检测相关蛋白的表达。实验结果表明,经 I3C 作用后 SMMC-7721 细胞生长变慢,细胞周期、线粒体膜电位相关蛋白的表达改变。因此,I3C 能够抑制 SMMC-7721 细胞生长,细胞周期和细胞凋亡相关信号分子可能在其中发挥了一定作用。

杨勇超(2012)研究表明,I3C 通过抑制信号通路蛋白 NF-κB 的表达,来对人胰腺癌细胞 BXPC-3 uPA 和 uPAR 蛋白表达产生抑制作用,同时 I3C 对人胰腺癌细胞 BXPC-3 增殖有直接抑制作用。

王亚秋(2013)研究表明,I3C 在体外试验及体内试验中,均可有效发挥抗喉癌 Hep-2 细胞作用。I3C 发挥抑瘤作用,可能是通过下调 PI3K/Akt 信号通路关键蛋白及下游蛋白的表达来实现的。I3C 对正常组织无损伤。因其高效无毒,I3C 可作为喉癌的靶向治疗和新药筛选的对象。

此外,宋文(2002)专门研究了 I3C 对血液成分及动脉血管壁的影响。实验结果表明,I3C 不能引起血液成分的明显改变及动脉血管壁内膜的病变,对心血管系统的副作用较小。由此可见,I3C 因其副作用小,在抗肿瘤治疗方面存在巨大的潜力。

DIM 是 I3C 在酸性条件下重要的衍生物,近年的研究发现,DIM 具有抗宫颈癌、卵巢癌等肿瘤作用。

李源等(2012)研究了 DIM 对宫颈癌 SiHa 细胞增殖和凋亡的影响。研究结果表明,DIM 对 SiHa 细胞的抑制作用呈时间-剂量依赖性,DIM 对 SiHa 细胞干预 48 h 的半数抑制浓度 IC_{50} 为 44.44 μmol/L 分别以 25 μmol/L、50 μmol/L、100 μmol/L 的 DIM 处理 48 h 后,SiHa 细胞的凋亡率分别为(10.09 ± 1.32)%、(21.11 ± 3.36)%和(55.46 ± 6.33)%,阴性对照组为(4.56 ± 0.52)%,组间差异有统计学意义($P<0.05$)。不同浓度 DIM 处理 48 h 后,荧光显微镜下 SiHa 细胞呈现皱缩、变圆,并形成明显的凋亡小体。Western blotting 显示随着 DIM 浓度的增加,SiHa 细胞中 MAPK 家族的 ERK、p38 和 p-p38 蛋白的表达水平受抑制,JNK、p-JNK 蛋白的表达水平上调,PI3K 家族的 Akt、p-Akt、PI3K p110α、PI3K p110β、PI3K class Ⅲ、GSK3-β、p-PDKI 和 p-c-Raf 蛋白的表达也受到抑制。由此可见,DIM 能抑制 SiHa 细胞的生长并诱导细胞凋亡,其作用机制是通过对 MAPK 家族和 PI3K 家族凋亡相关蛋白表达的调控实现的,并将有可能成为一种有效的抗宫颈癌药物。

徐长华等(2014)研究表明,DIM 对体外培养的人卵巢癌细胞 SKOV3、A2780 增殖具有明显的抑制作用,与对照组相比具有显著性差异($P<0.05$ 或 $P<0.01$),并呈现时间和剂量依赖性。分别以 100 μmol/L、150 μmol/L DIM 作用于 SKOV3 细胞 48 h 后,凋亡率分别为(16.41 ± 3.58)%和(31.58 ± 12.35)%,对照组的凋亡率为(5.16 ± 2.07)%,3 组间差异有统计学意义($P<0.05$)。75 μmol/L DIM 作用于 A2780

细胞 24 h 后，G_1、G_2 期细胞比例增加，S 期细胞比例降低。DIM 能上调 caspase-3 蛋白表达（$P<0.05$），下调 mcl-1、survivin 及 p-STAT3 蛋白的表达（$P<0.05$），但对 STAT3 总蛋白的表达则无明显影响。由此可见，DIM 能显著抑制卵巢癌 SKOV3、A2780 细胞的增殖、诱导其凋亡。上述作用可能是通过抑制 STAT3 的活化，进而下调 mcl-1、survivin 蛋白的表达并上调 caspase-3 蛋白表达而起作用的，DIM 有可能成为一种有效的抗卵巢癌药物。

（二）保护肝细胞作用

张春等（2004）采用精密肝切片技术，研究了十字花科类蔬菜提取物吲哚-3-原醇 I3C 对乙醇肝损伤的作用及机制。研究结果表明，乙醇 50 mmol/L 作用肝切片 4h 时，培养液谷丙转氨酶、谷草转氨酶、乳酸脱氢酶和谷胱甘肽 S-转移酶活性明显升高，同时肝细胞浆苯胺羟化酶（ANH）活性升高、乙醇脱氢酶（ADH）活性降低；加入 $100\sim400$ μmol/L 的 I3C 后，培养液中各酶活性降低的同时，肝细胞 ANH 和 ADH 活性恢复正常。肝切片病理学检查也证实 I3C 的保护作用。由此可见，I3C 能有效拮抗乙醇所致的肝损伤，其机制与改变乙醇代谢途径有关。

平洁等（2011）研究了吲哚-3-原醇 I3C 对猪血清诱导大鼠肝纤维化的治疗作用及其机制。腹腔注射猪血清制备大鼠肝纤维化模型，造模成功后用 I3C 治疗 17 天。采用 HE 和 Masson 三色染色法分别观察肝脏病理学和胶原含量改变；生化比色法测定肝组织羟脯氨酸（Hyp）含量；免疫组织化学法观察肝脏中 α-平滑肌肌动蛋白（α-SMA）的表达。进一步培养大鼠肝星状细胞株 HSC-T6，用 I3C 处理 24 h 后，FITC-Annexin V/Pl 双重染色法检测细胞凋亡；实时荧光定量 PCR 法检测细胞凋亡相关蛋白 Bax 和 Bcl-2 的 mRNA 表达。结果显示，与模型对照组比较，各 I3C 治疗组的肝组织 Hyp 含量不同程度降低，肝细胞损伤减轻，胶原纤维沉积减少（$P<0.01$），α-SMA 表达降低（$P<0.01$）。细胞实验显示，I3C 可明显增加 HSC-T6 细胞凋亡率，升高 Bax/Bcl-2 的 mRNA 表达（$P<0.05$）。以上结果说明，I3C 对猪血清诱导大鼠肝纤维化有一定治疗作用，可能与其诱导活化 HSC 凋亡继而促进基质胶原降解有关。

（三）抗肺纤维化作用

毛新妍（2013）研究表明，I3C 对博来霉素（BLM）致肺纤维化小鼠/大鼠可提高机体总抗氧化能力、减少炎症因子产生、减少细胞间质胶原沉积，具有一定的抗肺纤维化作用，该作用机制可能与其调控 TGF-β1/Smad 信号通路有关。

二、含吲哚-3-甲醇的农产品

吲哚-3-甲醇是十字花科蔬菜的主要抑癌成分之一，含有吲哚-3-甲醇的十字花科蔬菜，包括卷心菜、甘蓝、花菜、白菜、芥菜、萝卜等。

李占省等（2011）采用反相高效液相色谱法对中国农业科学院蔬菜花卉研究所甘蓝青花菜课题组选用的 15 份甘蓝叶球中的抗癌活性成分吲哚-3-甲醇的含量进行了测定，15 份甘蓝材料中吲哚-3-甲醇含量为 $6.62\sim87.88$ mg/kg DW，各材料间差异达到了极显著水平（$P<0.01$），平均含量为 28.85 mg/kg DW。

第十六节　聚乙炔醇

聚乙炔醇（polyacetylene）简称炔醇，是一类具有多种生物活性的亲脂性植物成分。近几年，我国研究较多的聚乙炔醇主要有人参炔醇（panaxynol）、人参环氧炔醇（panaxydol）、人参炔三醇（panaxytriol）和镰叶芹二醇（发卡二醇，falcarindiol）等。

一、聚乙炔醇的生理功能

（一）抗肿瘤作用

王泽剑等（2003）采用台盼蓝染色及细胞计数法测定细胞存活量，流式细胞仪检测人参炔醇对细胞周期和分子标志表达的影响，观察了信号通路阻断剂对人参炔醇诱导细胞分化的影响。结果（见表1-16-1至表1-16-4）表明人参炔醇可使体外培养的白血病细胞（HL-60）增殖数量下降，倍增时间延长，对HL-60细胞生长有明显抑制作用。人参炔醇还能诱导HL-60向单核细胞分化，并具有剂量、时间分化作用，细胞被阻滞于G_0/G_1期和G_2/M期，显著上调细胞表面CD14分子表达，并中度上调CD11b分子表达。CD11b是细胞表面β2整合素的α亚基，是HL-60细胞分化早期的分子标志，为粒细胞和单核细胞所共有。CD14是镶嵌在细胞膜蛋白上的磷脂成分，随单核细胞的成熟其表达相应增加，被认为是单核/巨噬细胞的标志。RpcAMPS（cAMP依赖蛋白激酶的特异性阻断剂）及H7（蛋白激酶C阻断剂）均可使人参炔醇诱导的HL-60细胞NBT（硝基四氮唑蓝还原试验）阳性率降低。此实验结果提示了人参炔醇对HL-60细胞的诱导分化作用与细胞内cAMP与蛋白激酶C（PKC）通路的活化有关，以cAMP依赖的蛋白激酶系统活化为主。

表1-16-1　人参炔醇对HL-60细胞倍增时间的影响（$\bar{x} \pm S, n=3$）

组别	剂量（μmol/L）	细胞倍增时间（h）		
		24	48	72
对照	—	23.6±4.41	23.1±2.35	25.4±4.27
维甲酸	0.1	33.4±4.37*	39.0±2.47**	54.8±8.54**
人参炔醇	4	30.8±4.54	37.2±4.42*	39.8±2.23*
人参炔醇	8	38.3±6.47*	54.4±4.54**	64.2±6.27**
人参炔醇	16	40.4±2.27**	54.0±6.28**	68.7±10.47**

与对照组比较：* $P<0.05$　** $P<0.01$。
据王泽剑等（2003）

表1-16-2　人参炔醇对HL-60细胞NBT反应阳性率的作用（$\bar{x} \pm S, n=3$）

组别	剂量（μmol/L）	反应阳性率（%）		
		24 h	48 h	72 h
对照	—	2.4±1.41	4.2±2.47	2.5±1.07
维甲酸	0.1	12.2±3.43*	31.7±4.75**	55.2±8.47**
人参炔醇	4	12.5±4.07*	16.7±5.84*	30.4±8.79**
人参炔醇	8	12.7±4.85*	23.5±5.46*	47.4±4.58**
人参炔醇	16	14.8±4.25**	38.4±9.28**	58.3±6.35**

与对照组比较：* $P<0.05$　** $P<0.01$。
据王泽剑等（2003）

表1-16-3　人参炔醇对HL-60细胞周期的影响（$\bar{x} \pm S, n=3$）

组别	剂量（μmol/L）	细胞周期分布（%）		
		G_0/G_1	S	G_2/M
对照	—	29.2±4.4	64.1±2.4	1.5±4.3
维甲酸	0.1	43.7±4.7*	54.8±8.4**	1.7±2.4
人参炔醇	4	30.8±4.5	41.2±4.5**	27.8±2.2**
人参炔醇	8	45.3±6.7*	37.2±4.4**	17.4±6.7**
人参炔醇	16	65.3±2.2**	18.4±6.2**	15.1±4.4**

与对照组比较：* $P<0.05$　** $P<0.01$。
据王泽剑等（2003）

表 1-16-4　人参炔醇对 HL-60 细胞 CD 分子表达的影响($\bar{x}\pm S$, $n=3$)

组别	剂量(μmol/L)	细胞表面分子(%)		
		CD11b	CD13	CD14
对照	—	6.2 ± 2.1	84.8 ± 9.3	12.4 ± 1.8
维甲酸	0.1	$60.2\pm6.5^{**}$	$51.5\pm7.7^{**}$	17.1 ± 3.5
人参炔醇	4	$15.8\pm4.5^{*}$	$58.5\pm6.5^{*}$	$35.5\pm3.4^{**}$
人参炔醇	8	$21.3\pm3.7^{**}$	$29.7\pm4.8^{**}$	$64.4\pm4.5^{**}$
人参炔醇	16	$25.4\pm8.2^{**}$	$16.5\pm2.4^{**}$	$78.2\pm4.2^{**}$

与对照组比较：$^{*}P<0.05$ $^{**}P<0.01$。
据王泽剑等(2003)

Kim J(2002)分别采用鼠淋巴癌细胞系 P388D1、人直肠癌细胞系 SNU-C2A 等 9 种肿瘤细胞,用 MTT 法检测人参炔三醇的细胞毒性,同时观察人参炔三醇对 P388Dl 和 SNU-C2A 2 种细胞系 DNA 合成的抑制作用,采用流式细胞仪分析人参炔三醇对细胞周期的影响。结果表明,人参炔三醇对多种肿瘤细胞具有细胞毒性作用,并抑制其 DNA 合成,作用呈时间和剂量依赖关系。其中对 P388D1 的细胞毒性和抑制 DNA 合成的半数抑制浓度 IC_{50} 分别为 3.1 μg/mL 和 0.7 μg/mL,并诱导 P388D1 的细胞周期停止于 G_2/M 期。

(二)神经保护作用

王泽剑等(2003)研究了人参炔醇对代谢障碍、兴奋性氨基酸、氧自由基三种脑片损伤模型的作用。通过大鼠皮质和海马脑片孵育技术,建立缺氧缺糖、谷氨酸和过氧化氢三类损伤模型,采用新鲜脑片 TTC 染色酶标仪比色法,定量考察人参炔醇对不同类损伤的保护作用。结果:与对照组相比,缺氧缺糖、谷氨酸和过氧化氢均能明显降低皮质和海马脑片 TTC 染色 OD_{490} 值,2~4 μmol/L 人参炔醇可显著减轻缺氧缺糖及过氧化氢所致的脑片组织损伤($P<0.01$),对谷氨酸所致损伤无作用。3 μmol/L cAMP 阻断剂 Rp cAMPS 可显著减弱 4 μmol/L 人参炔醇对缺氧缺糖和过氧化氢所致损伤的保护作用。由此可见,人参炔醇能够保护大鼠脑片对缺氧缺糖和过氧化氢所致损伤作用,但对谷氨酸所致损伤无保护作用,其保护活性可能与提高神经细胞内 cAMP 含量有关。

王泽剑等(2005)还研究了人参炔醇对原代神经细胞氧化应激的保护作用。通过 MTT 法、流式细胞术观察人参炔醇对神经细胞氧化应激的影响;并观察人参炔醇体外对自由基的清除作用及对细胞内超氧化物歧化酶 SOD、谷胱甘肽过氧化物酶 GSH-Px 活性与丙二醛 MDA 含量的影响。结果(见表 1-16-5 至表 1-16-8):2~16 μmol/L 人参炔醇对 H_2O_2 损伤神经细胞有一定的保护作用,可剂量依赖性地促进细胞存活,8 μmol/L 人参炔醇可显著减少细胞的坏死率及凋亡率($P<0.01$)。30~100 μmol/L 人参炔醇对自由基有一定的清除作用,2~8 μmol/L 人参炔醇还可显著提高 H_2O_2 损伤细胞内 SOD、GSH-Px 活性并抑制 MDA 的生成($P<0.01$)。由此可见,人参炔醇具有保护神经细胞对抗氧化应激的活性,该活性与细胞内 SOD 活性增高有关。

表 1-16-5　人参炔醇对原代培养的神经细胞 H_2O_2 损伤的影响($\bar{x}\pm S$, $n=6$)

组别	剂量(μmol/L)	A_{570}	LDH(U/L)
对照	—	$0.69\pm0.16^{**}$	$2\,037\pm237^{**}$
H_2O_2	—	0.37 ± 0.07	$7\,448\pm694$
人参炔醇	2	0.41 ± 0.04	$7\,047\pm595$
人参炔醇	4	$0.42\pm0.09^{*}$	$5\,758\pm867^{*}$
人参炔醇	8	$0.59\pm0.14^{**}$	$5\,279\pm602^{**}$
人参炔醇	16	$0.57\pm0.09^{**}$	$5\,056\pm872^{**}$
维生素 E	10	$0.54\pm0.09^{**}$	$5\,271\pm657^{**}$

与 H_2O_2 组比较：$^{*}P<0.05$, $^{**}P<0.01$。
据王泽剑等(2005)

表 1-16-6　人参炔醇对 H_2O_2 损伤的原代培养的神经细胞凋亡和坏死的影响($\bar{x} \pm S, n=3$)

组别	剂量($\mu mol/L$)	坏死率(%)	凋亡率(%)
对照	—	2.5±1.2**	3.2±1.0**
H_2O_2	—	37.5±3.4	15.9±2.4
人参炔醇	2	21.6±4.8*	16.6±1.6
人参炔醇	4	13.8±5.8**	11.5±2.0*
人参炔醇	8	10.2±6.9**	9.6±1.5**
维生素 E	10	11.5±2.4**	10.1±2.5**

与 H_2O_2 组比较:* $P<0.05$,** $P<0.01$。
据王泽剑等(2005)

表 1-16-7　人参炔醇清除羟自由基及超氧阴离子的作用($\bar{x} \pm S, n=6$)

组别	剂量($\mu mol/L$)	羟自由基		超氧阴离子	
		A_{532}	抑制率(%)	A_{560}	抑制率(%)
对照	—	0.630±0.048	—	0.817±0.016	—
人参炔醇	10	0.627±0.003	0.47	0.804±0.015	1.6
人参炔醇	30	0.517±0.008*	17.9	0.753±0.021*	7.8
人参炔醇	100	0.038±0.006**	93.9	0.692±0.026**	15.3
维生素 E	100	0.032±0.005**	94.9	0.610±0.010**	25.3

与 H_2O_2 组比较:* $P<0.05$,** $P<0.01$。
据王泽剑等(2005)

表 1-16-8　人参炔醇对 H_2O_2 损伤的原代培养的神经细胞 SOD 和 GSH-Px 活性及 MDA 水平的影响($\bar{x} \pm S, n=6$)

组别	剂量($\mu mol/L$)	SOD(U/mg)	GSH-Px(U/mg)	MDA(nmol/mg)
对照	—	92.0±6.8**	44.6±7.2**	0.1±0.0**
H_2O_2	100	74.3±6.4	16.5±4.6	7.2±1.1
人参炔醇	2	81.5±4.2	16.6±4.8	6.0±1.9
人参炔醇	4	109.0±6.2**	25.4±5.2*	4.5±0.2*
人参炔醇	8	121.3±8.8**	29.1±5.0**	2.2±0.2**
维生素 E	10	95.0±8.2*	26.2±8.1*	2.1±0.0**

与 H_2O_2 组比较:* $P<0.05$,** $P<0.01$。
据王泽剑等(2005)

(三)预防心血管疾病的作用

血管平滑肌细胞(VSMCs)异常增生是许多心血管疾病的重要发病因素,抑制 VSMCs 异常增生对心血管疾病的防治具有重要意义。卢慧敏(2004)研究了人参炔醇对血清诱导大鼠胸主动脉平滑肌细胞(RASMCs)增殖的影响。结果:与正常对照组相比,人参炔醇显著降低 RASMCs 细胞计数值,呈浓度依赖性,倍增时间显著延长,提示人参炔醇对血清刺激 RASMCs 增殖有明显的抑制作用。苔盼蓝拒染实验中,各组均未发现死亡细胞。DMSO 溶剂对照组与正常对照组无显著差异。与正常对照组相比,不同浓度人参炔醇作用 72 h 后,吸光值显著降低,提示人参炔醇显著降低 RASMCs 线粒体琥珀酸脱氢酶(SDH)活性。人参炔醇不同浓度组使各孔的分钟放射脉冲数(CPM)显著降低,提示人参炔醇显著抑制 RASMCs 氚标胸腺嘧啶脱氧核苷(^{3}H-TdR)掺入及 DNA 合成。不同浓度人参炔醇处理后,上清液乳酸脱氢酶(LDH)活性不变或略降低,各组间无统计学差异。流式细胞术实验结果显示,不同浓度人参炔醇处理后,G_0/G_1 期细胞比例升高,G_2/M 期细胞比例降低,RASMCs 增殖率显著降低,各组均未见凋亡峰。由此可见,人参炔醇对血清刺激 RASMCs 增殖有明显的抑制作用,具剂量依赖性。其机制可能与抑制线粒体功能、影响细胞代谢有关。

(四)其他作用

Rollinger JM(2003)在实验中发现福尔卡烯炔二醇有显著的抗菌活性,而人参炔醇和人参环氧炔醇对金黄色葡萄球菌有强烈的抑制作用。

Yoshikawa Kitagaua M 等(2006)研究发现植物 Angelica furcijuga Kitagaua 根中的发卡二醇对 D-氨基半乳糖或 LPS 诱导小鼠肝损伤有保护作用,体外实验发现其可显著抑制 LPS 引起的小鼠腹膜巨噬细胞中 NO 肿瘤坏死因子 α(TNF-α)的产生,抑制 D-氨基半乳糖对原代培养肝细胞的毒性。

二、含聚乙炔醇的农产品

含聚乙炔醇的植物广泛分布于五加科(Araliaceae)、桔梗科(Campanulaceae)、菊科(Compositae)、海桐花科(Pittosporaceae)、木樨科(Oleaceae)、檀香科(Santalaceae)、伞形科(Umbelliferae,Apiaceae)和十字花科(Cruciferae)等。

梁臣艳等(2012)对 10 个不同产地的防风挥发油中人参炔醇的含量进行测定,见表 1-16-9。

表 1-16-9　不同产地的防风挥发油中人参炔醇的含量

NO.	产地	来源	含量(%)
1	安徽	玉林银丰国际中药港	9.61
2	云南	昆明中医院	59.15
3	云南	昆明一心堂	27.91
4	河北	玉林银丰国际中药港	50.78
5	河北	广西万华中药店	35.19
6	河北	四川荷花池药材市场	37.67
7	内蒙古	桂林兴安县鑫鑫中药有限公司	54.02
8	内蒙古	广西贵港市百草坊中药饮片厂	6.69
9	内蒙古	苏州市天灵中药饮片有限公司	39.94
10	黑龙江	南宁市德洲普泰大药房	60.87

据梁臣艳等(2012)

冯子晋等(2014)对不同产地的北沙参中人参炔醇的含量进行测定,见表 1-16-10。

表 1-16-10　不同产地的北沙参中人参炔醇的含量

产地	含量	产地	含量
安国	0.872 84	安国	0.800 28
广东	0.791 26	山东	0.414 57
山东	0.173 11	辽宁	0.694 39
河北	0.591 98	安国	0.276 92
安徽	0.470 99	菏泽	0.369 61
辽宁	0.836 39	莱阳	0.201 58
赤峰	0.936 55	赤峰	1.480 05
赤峰	1.408 04		

据冯子晋等(2014)

第十七节　胆碱

胆碱(choline)是一种有机碱,是磷脂酰胆碱(phosphatidyl choline,PC,又称卵磷脂)和神经鞘磷脂(sphingomyelin)的关键组成成分,作为机体甲基(或一碳单位)的来源参与甲基供体的合成与代谢。此外,胆碱还是神经递质乙酰胆碱(acetylcholine)的前体。

胆碱于 1849 年被 Strecker 首次从猪胆中分离出来,于 1862 年首次被命名胆碱并于 1866 年被化学合成。人类及动物不仅可以从食物中获得所需胆碱,也可以通过内源性的途径合成胆碱。1940 年 Sura 和 Cyorgy Coldblatt 报道胆碱对大鼠生长必不可少,表明它具有维生素特性,因此,营养学家把它列入维生素类之中。

胆碱是各种含 N,N,N-三甲基乙醇胺阳离子的季铵盐类的总称。其分子式为 $HOCH_2CH_2N^+(CH_3)_3$,结构式如图 1-17-1 所示。

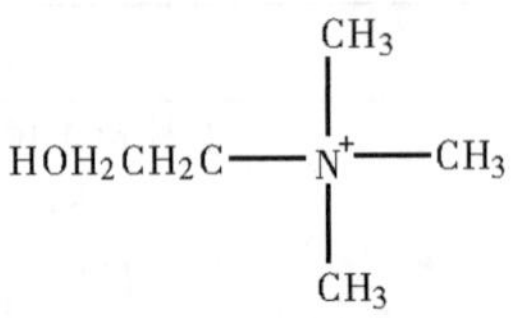

$$HOH_2CH_2C \!-\!\!-\!\!- \overset{\overset{\displaystyle CH_3}{|}}{\underset{\underset{\displaystyle CH_3}{|}}{N^+}} \!-\!\!-\!\!- CH_3$$

图 1-17-1　胆碱的结构式

胆碱呈无色味苦的水溶性白色浆液,有很强的吸湿性,暴露于空气中易吸水。胆碱容易与酸反应生成更稳定的结晶盐,在强碱条件下不稳定。胆碱耐热,在加工和烹调过程中的损失率很低。干燥环境下即使长时间储存,食物中胆碱含量也几乎没有改变。

一、胆碱的生理功能

胆碱及其代谢物对维持所有细胞的正常功能起着重要的作用。胆碱主要从以下两方面来发挥生理功能,一方面胆碱本身及其作为合成其他物质所需要的胆碱基团发挥生理作用,另一方面是作为甲基供体发挥生理功能(Corbin and Zeisel,2012)。胆碱在神经递质合成、细胞膜信号转导、脂质转运以及甲基供体代谢等生理过程是必需的(Innis et al.,2011)。

(一)构成生物膜的重要成分

在生物膜中,磷脂排列成双分子层构成膜的基本骨架,维持生物膜的基本结构和功能的完整。生物膜的磷脂主要是磷脂酰胆碱、磷脂酰乙醇胺、磷脂酰丝氨酸和鞘磷脂等,而磷脂酰胆碱是大多数哺乳动物细胞膜的主要磷脂(>50%),胆碱是磷脂酰胆碱的主要组成部分。

(二)参与信息传递

细胞膜受体接受刺激可激活相应的磷脂酶(如磷脂酶 C 或 D),催化胆碱酯类形成胆碱和产生重要的脂类第二信使－甘油二酯(DAG),继而激活蛋白激酶(PKC)。正常情况下,PKC 处于折叠状态,它的催化部位被一个内源性的"假性底物"结合,从而抑制了其活性。甘油二酯使 PKC 构象发生改变,使其释放"假性底物"开放催化部位并引起级联反应,进行细胞的应答并完成信息传递(Corbin and Zeisel,2012)。

(三)调控细胞凋亡

凋亡(apoptosis)是细胞的一种受调控形式的自毁过程。胆碱缺乏不仅引起肝细胞凋亡,同时对神经细胞也是一种潜在的凋亡诱导因素,从而引起肝脏和神经系统的损害。胆碱缺乏导致的凋亡是由于胆碱组分缺乏造成的还是由于甲基基团供应缺乏造成的目前还难以区分,因为胆碱缺乏减少了甲基的供应,但是以甜菜碱、蛋氨酸、叶酸等作为甲基供体时并不能避免肝细胞由胆碱缺乏所诱导的凋亡,因此,胆碱对调控细胞凋亡具有其他甲基供体所不能替代的重要的特异性功能。胆碱缺乏诱导细胞凋亡可能与其诱导DNA链的断裂有关(da Costa et al.,2006a)。

(四)保证大脑和神经系统发育

人类的大脑在孕晚期开始迅速增长并一直持续到5岁左右(Zeisel and da Costa,2009)。在这个时期,神经组织中含有丰富的鞘磷脂和磷脂酰胆碱,供给神经纤维(轴突)髓鞘化所需。髓鞘的形成有利于神经纤维快速定向传导信号,保护和绝缘神经纤维,对大脑神经系统的正常运作至关重要(Oshida et al.,2003)。

在孕期,胎盘可调节胆碱从母体向胎儿运输,羊水中胆碱浓度为母血中的10倍;此外,新生儿阶段大脑从血液中获取胆碱的能力极强。大脑的磷脂酰乙醇胺-N-甲基转移酶的活性也非常高,有利于把S-腺苷蛋氨酸转变为磷脂酰胆碱,供脑细胞的分裂和生长,有利于大脑的发育和功能的形成。此外,乳汁可为新生儿提供大量胆碱,保证新生儿获得足够的胆碱(Zeisel,2011)。

(五)促进肝脏脂肪代谢

肝脏能合成甘油三酯(triglyceride,TG),但不能储存,TG在肝脏内质网合成以后,与载脂蛋白B100以及磷脂等结合生成极低密度脂蛋白(VLDL),由肝细胞分泌入血,把合成的TG运输至肝外供其他组织利用。因此VLDL是肝脏向外周输出脂肪的唯一载体。VLDL颗粒外膜上含有磷脂,磷脂酰胆碱(PC)是磷脂最主要的成分,PC是合成VLDL所必需的,PC缺乏使VLDL的合成受到限制,肝内TG不能通过VLDL运送到肝外因而沉积在肝细胞从而形成脂肪肝。在体内,由胆碱合成的PC占机体PC总合成量的70%～80%(Vance,2008),因此充足的胆碱便可以产生足够的PC来合成VLDL,从而分泌充足的VLDL来转运肝脏TG,预防和减少过量的TG在肝脏沉积。

(六)参与体内转甲基代谢

机体内,能从一种化合物转移到另一种化合物上的甲基称为不稳定甲基。胆碱不仅是不稳定甲基的一个主要供体,而且还参与机体甲基的代谢。一方面,胆碱通过不可逆氧化反应生成甜菜碱后,通过甲基途径,提供甲基使同型半胱氨酸再甲基化为蛋氨酸来发挥甲基供体的作用;另一方面,在维生素B12和叶酸作为辅酶因子参与下,胆碱可以在体内由丝氨酸和蛋氨酸的甲基代谢。机体甲基供体不仅来源于胆碱,也可以来源于叶酸、蛋氨酸和甜菜碱,但相互之间不能替代,在全胃肠外营养中,如果没有添加胆碱,即使蛋氨酸和叶酸充足,也会导致脂肪肝等损害(da Costa et al.,2005)。

(七)胆碱缺乏的危害

由于胆碱可以再机体内源性合成,故在人体未观察到特异的胆碱缺乏症状,但长期摄入缺乏胆碱的膳食可能与以下疾病或症状有关。

1.肝脏脂肪变性

胆碱缺乏导致肝脏功能异常,肝脏出现脂肪变性,甘油三酯积累并充满整个肝细胞。人群研究发现,膳食中缺乏胆碱会引起肝脏的脂肪变性,补充胆碱可明显逆转这一过程;胆碱缺乏时,男性可见血浆胆碱、磷脂、总胆固醇和低密度脂蛋白胆固醇浓度降低,而谷丙转氨酶(ALT)的浓度却升高(Fischer et al.,

2007)。其原因可能是胆碱缺乏时,使磷脂酰胆碱的合成受限,不能合成足够的 VLDL 来转运肝脏合成的脂质从而引起肝脏的脂肪蓄积。此外,用胆碱对非酒精性脂肪肝患者进行干预,患者的血清谷草转氨酶(AST)和谷丙转氨酶(ALT)水平大大降低,肝脏脂肪变性也显著改善(Abdelmalek et al.,2001)。

2.影响神经发育

缺乏胆碱可引起胎儿神经管畸形(NTDs)。其原因可能是由于胆碱(包括甜菜碱)在蛋氨酸循环过程中参与了磷脂酰胆碱的合成,磷脂酰胆碱是神经细胞膜的必要成分,因此缺乏时不利于神经系统的发育。此外,充足的胆碱参与蛋氨酸循环可以节约叶酸,供胎儿生长发育时期核苷酸合成的需要(Hollenbeck,2010)。在一个病例对照研究中,对 424 名正常婴儿和神经管畸形婴儿进行回顾性分析后发现围孕期增加胆碱摄入可以大大降低神经管畸形的危险性。此外,在另一项前瞻性研究中也发现,孕中期血清胆碱水平较高的孕妇,胎儿出现神经管畸形的危险性比孕中期血清胆碱水平较低的孕妇要低得多(Shaw et al.,2009)。

3.老年认知功能受损

研究发现,乙酰胆碱摄取、合成以及释放异常与阿尔茨海默氏病和帕金森氏痴呆密切相关,同时发现胆碱在记忆功能中的重要性,增加卵磷脂摄入量能有效提高集中力障碍者的注意力(Hollenbeck,2010)。但近年来也有研究不支持这个假说。因此,胆碱对防治阿尔茨海默氏症、老年痴呆症以及对增强记忆的作用还需要更多的证据来支持。

(八)胆碱过量的危害

目前还没有确凿的证据表明,膳食中过量摄入的胆碱会对人类产生明显的有毒有害作用。毒理学资料表明胆碱属于低毒性,大量摄入对动物有生长抑制的作用。通过静脉和腹腔注射等非膳食途径过量摄入胆碱可能与人类出现体臭、出汗、流涎、低血压以及肝脏毒性有关。

当用 $150\sim220$ mg/(kg·bw)的氯化胆碱(相当于 $10\sim15$ g/d)治疗迟发性运动障碍或小脑性共济失调患者时,患者不仅出现呕吐、流涎、出汗以及胃肠道不适等不良反应,而且身体出现鱼腥味,其原因是过量胆碱在机体被细菌作用后转变成的三甲胺通过皮肤排泄出来所致。由于胆碱可以增强心脏迷走神经的张力和舒张小动脉,因此过量摄入胆碱,如每日口服 10 g 氯化胆碱(相当于 7.5 g 的胆碱)会引起人类的轻度低血压。虽然增加胆碱摄入可以引起乙酰胆碱的释放增加,但并未观察到过量摄入胆碱对心率的影响。另有研究表明口服大量氯化胆碱(每日 6 g,连续 4 周)并未发现肝脏毒性。

中国营养学会(2014)提出了各年龄组的膳食胆碱的参考摄入量,见表 1-17-1。

表 1-17-1　中国居民膳食胆碱参考摄入量(mg/d)

人群	适宜摄入量(AI)		可耐受最高摄入量(UL)
	男	女	
0 岁~	120		—
0.5 岁~	150		—
1 岁~	200		1 000
4 岁~	250		1 000
7 岁~	300		1 500
11 岁~	400		2 000
14 岁~	500	400	2 500
18 岁~	500	400	3 000
50 岁~	500	400	3 000
孕妇	—	+20	3 000
乳母	—	+120	3 000

据中国营养学会(2014)

二、含胆碱的农产品

胆碱广泛存在于各种农产品中,它在农产品中主要以卵磷脂的形式存在于各类食物的细胞膜中。在肝脏、肉类、蛋类、花生、豆制品、乳类中含量很丰富。一些常见农产品中胆碱含量见表1-17-2。

表1-17-2　一些常见农产品中胆碱含量(mg/100 g可食部)

食物	含量	食物	含量
猪肝	359	全脂奶粉	48
牛肉干	179	腰果(熟)	46
牛肝菌(干)	139	小麦面粉(标准粉)	42
豆腐皮	137	牛肉(背部肉)	39
鸡蛋(红皮)	124	挂面	37
带鱼	108	花生(烤)	36
葵瓜子(熟)	103	腐竹	34
鸡腿菇(干)	94	茶树菇(干)	27
开心果(熟)	90	豆腐(北豆腐)	27
松子(熟)	69	玉米粒(黄、干)	23
猪肉(里脊)	60	牛奶	22
虾仁(红)	59	籼米	22
蜂蜜(槐花)	58	饺子(猪肉馅)	20
燕麦片	54	鸡胸脯肉	14
小米(黄)	51	豆浆	6

据杨月欣等(2005)

第十八节　花色苷

花色苷(anthocyanin)是具有2-苯基苯并吡喃结构的一类糖苷衍生物,为植物界广泛分布的一种水溶性色素。花色苷的基本结构是它的糖苷配基,即黄烊盐(flavylium salt)阳离子苷元,见图1-18-1,称作花色素或花青素(anthocyanidin),包含2个苯环,并由1个3碳的单位连接(C_6—C_3—C_6),其含有的共轭双键在465~560 nm和270~280 nm有最大光吸收,从而呈现一定的色泽。花色苷的颜色会随周围介质的pH改变而变化,在强酸性条件下(pH≤3))呈稳定的红色,随着pH的升高花色苷的红色减弱,在碱性条件下会失去C环氧上的阳离子变成现醌型碱,呈蓝紫色。

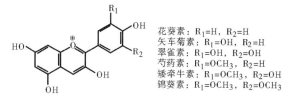

花葵素：R_1=H, R_2=H
矢车菊素：R_1=OH, R_2=H
翠雀素：R_1=OH, R_2=OH
芍药素：R_1=OCH$_3$, R_2=H
矮牵牛素：R_1=OCH$_3$, R_2=OH
锦葵素：R_1=OCH$_3$, R_2=OCH$_3$

图1-18-1　六种常见的花色苷元的化学结构

尽管在植物中已经分离出了数百种花色苷,然而其苷元只有17种,植物性食物中最常见的有6种(图1-18-1)。根据Kong等(2003)的估算,花青素分布量从高到低依次为矢车菊素(cyanidin)、花葵素(又称天竺葵素,pelargonidin)、芍药素(peonidin)、翠雀素(又称飞燕草素,delphinidin)、矮牵牛素(又称碧冬茄素,petunidin)和锦葵素(malvidin)。由于黄烊盐阳离子缺乏电子,使得游离的花色素苷元很不稳定,因此在自然界中一般与糖结合形成糖苷化合物,即花色苷的形式存在。常见糖苷包括单糖苷,双糖苷和酰基衍生物,最为典型的糖苷形式为3-O-β-葡萄糖苷,所以天然花色苷以矢车菊素 3-O-β-葡萄糖苷(cyanidin 3-O-β-glucoside,Cy-3-G)的分布最为广泛,食物中的总花色苷含量一般可以折算为 Cy-3-G 进行定量(He and Giusti,2010)。

一、花色苷的生理功能

花色苷最早引起人们注意的是其良好的抗氧化作用,随着研究的深入流行病学和人群干预研究发现,花色苷还具有抑制炎症反应、预防慢性病以及改善视力等作用。

(一)抗氧化作用

花色苷分子结构上有多个酚羟基,可以通过自身氧化释放电子,直接清除各种自由基,保持氧化还原系统与游离自由基之间的平衡。体外试验条件下,花色苷对自由基的清除能力甚至大于常见的抗氧化剂包括丁基羟基茴香醚、维生素 E、儿茶素和槲皮素(He and Giusti,2010)。此外,花色苷可以通过升高细胞内超氧化物歧化酶和谷胱甘肽转化酶的活性,减轻氧化应激损伤。一项人群干预试验研究显示,正常人服用富含花色苷的血橙果汁 3 周后,血浆丙二醛的含量及淋巴细胞 DNA 氧化损伤程度均有明显降低(Riso et al.,2005)。另一研究报道健康志愿者摄入高脂膳食的同时,服用含有 1.2 g 花色苷的蓝莓冻干粉,观察到餐后 4 h 受试者血清氧自由基吸收容量(oxygen radical absorbance capacity,ORAC)和花色苷浓度呈明显正相关,说明花色苷能够直接清除人体代谢产生的自由基,发挥抗氧化作用(Mazza et al.,2002)。

(二)抑制炎症反应

炎症反应与多种慢性病发生发展关系密切,如肥胖、动脉粥样硬化和恶性肿瘤。除减轻氧化应激损伤之外,花色苷还可以通过抑制炎症反应信号途径减少炎症因子的表达发挥抗炎作用。体外试验研究结果显示,花色苷 Cy-3-G 可明显抑制脂多糖刺激条件下人 THP-1 巨噬细胞内诱生型一氧化氮合成酶(inducible nitric oxide synthase,iNOS)和环氧化酶-2(cyclooxygenase-2,COX-2)的表达;阻断人静脉内皮细胞内 CD40 介导的核转录因子-kappaB(nuclear factor-kappaB,NF-κB)炎症信号通路,降低白细胞介素-6(interleukin-6,IL-6)和单核细胞趋化蛋白-1(monocyte chemotactic protein 1,MCP-1)等多个炎症因子的分泌(Xia et al.,2007)。与体外试验一致,膳食补充花色苷可以有效减轻不同人群的机体炎性反应。对于健康志愿者,高剂量的花色苷(300 mg/d)摄入,调后就能够减少血浆中与 NF-κB 相关的多种炎症因子的释放(Karlsen et al.,2007)。稳定型冠心病患者每天补充富含花色苷的黑米皮 6 个月后,血浆中血管细胞黏附因子(vascular cell adhesion molecule-1,VCAM-1)、可溶性 CD40 配体(soluble CD40 ligand,sCD40L)和超敏-C 反应蛋白(high sensitive C-reactive protein,hs-CRP)等炎症因子的水平均有显著降低(Wang et al.,2007)。

(三)花色苷与慢性疾病预防

人群队列和干预研究显示花色苷具有治疗慢病的作用,主要表现为降低 2 型糖尿病和心血管疾病的风险。在流行病学前瞻性研究发现,花色苷的摄入量与 2 型糖尿病和心血管疾病的风险呈负相关,见表1-18-1和表 1-18-2(Cassidy et al.,2013;Wedick et al.,2012),较高的花色苷摄入量可以显著降低冠心病的发生率和死亡率(Mink et al.,2007)。对于心血管疾病高危人群或心血管病患者,膳食补充花色苷可以改善患者的危险因素(见表 1-18-3)。冠心病患者每日服用富含花色苷的越橘果汁 4 周,改善了动脉血管的硬度(Dohadwala et al.,2011)。血脂异常患者膳食补充花色苷(320 mg/d)6 个月可以升高血浆

HDL-C,降低 LDL-C,作用机制与抑制胆固醇酯转运蛋白(cholesteryl ester transfer protein,CETP)的活性有关(Qin et al.,2009)。同样的花色苷预防方式可通过激活"一氧化氮－环磷酸鸟苷"通路促进血管内皮舒张的功能,降低高胆固醇血症患者心血管疾病的风险(Zhu et al.,2011)。

表 1-18-1　花色苷与 2 型糖尿病发生风险研究

作者/年代	国家/研究类型	观察人群	样本量	研究期限(年)	摄入量(mg/d)	评估终点	相对危险度(RR)(95%CI)或比值比(OR)
Wedick et al.,2012	美国前瞻性研究	女性护士	70 359	25	22.3	2 型糖尿病发病率↓	0.69(0.64,0.74)
Wedick et al.,2012	美国前瞻性研究	女性护士	89 201	15	24.3	2 型糖尿病发病率↓	0.68(0.61,0.76)
Wedick et al.,2012	美国前瞻性研究	成年男性	41 334	20	24.2	2 型糖尿病发病率↓	0.80(0.70,0.90)

据中国营养学会(2014)

表 1-18-2　花色苷与心血管疾病发生风险研究

作者/年代	国家/研究类型	观察人群	样本量	研究期限	摄入量(mg/d)	评估终点	相对危险度(RR)(95%CI)或比值比(OR)
Cassidy et al.,2013	美国前瞻性研究	女性护士	93 600	15 年	25.1	心肌梗塞的发病率↓	0.62(0.45,0.86)
Jennings et al.,2012	英国横断面调查	成年孪生姐妹	1 898	—	23.6	收缩压↓;平均动脉压↓;脉搏波速度↓	与下四分位相比 $P=0.02$;$P=0.04$;$P=0.04$
Li et al.,2013	中国横断面调查	一般人群	1 393	—	52.5	血浆 HDL-C↑	与下三分位相比 $P<0.001$

据中国营养学会(2014)

表 1-18-3　花色苷对高危人群慢病风险影响的 RCT 研究

作者/年代	国家	研究对象	样本量	研究期限	干预措施	干预结果	相对危险度(RR)(95%CI)或比值比(OR)
Dohadwala et al.,2011	美国	冠心病患者	T:47 C:47	4 周	T:越橘汁(94 mg 花色苷/d) C:对照饮料	中央主动脉硬度↓	$P=0.003$
Wang et al.,2007	中国	冠心病患者	T:30 C:30	6 个月	T:黑米皮(230 mg 花色苷/d) C:白米皮	血浆血管细胞黏附因子↓ 可溶性 CD40 配体↓ 超敏-C 反应蛋白↓	$P=0.03$ $P<0.01$ $P<0.01$
Qin et al.,2009	中国	血脂异常患者	T:60 C:60	12 周	T:320 mg 花色苷/d C:安慰剂	血浆 HDL-C↑ LDL-C↓ 胆固醇酯转运蛋白活性↑	$P<0.001$ $P<0.001$ $P=0.001$
Zhu et al.,2011	中国	高胆固醇血症患者	T:75 C:75	12 周	T:320mg 花色苷/d C:安慰剂	肱动脉血流介导的舒张功能↑ 血浆 HDL-C↑ LDL-C↓	$P=0.006$ $P=0.028$ $P=0.045$
Stull et al.,2010	美国	肥胖症患者	T:15 C:17	6 周	T:蓝莓果沙(668mg 花色苷/d) C:等热量对照果沙	胰岛素敏感性↑	$P=0.02$

据中国营养学会(2014)

　　徐惠龙、郑金贵(2013)以课题组选育的高花色苷黑米良种"福紫681"的糙米皮(黑米皮)和红米良种"福红819"的糙米皮(红米皮),以及从多种食用菌中筛选出具有调血脂功效的红菇、灵芝、竹荪等为材料,研究比较这五种农产品对高脂饮食大鼠血脂水平的影响。研究结果表明,辛伐他汀(阳性对照药)、黑米皮、红菇、灵芝、竹荪均能不同程度降低高脂血症(HLP)大鼠血清的总胆固醇(TC)、甘油三酯(TG)含量,其中TC分别下降了18.97%、17.82%、35.06%、27.41%、36.78%,TG分别下降52.00%、57.33%、8%、10.06%、54.67%,见表1-18-4。并得出结论,高花色苷黑米皮对大鼠血脂水平的综合调制效果最为显著。

表1-18-4　不同给药组对高脂饲料诱导大鼠血清TC和TG的影响($\bar{x}\pm$S)

组别	n	TC(mmol/L)	TG(mmol/L)
正常组	10	1.12±0.26[#]	0.50±0.18[#]
模型组	10	1.74±0.42[*]	0.75±0.14[*]
阳性组	10	1.39±0.19[*][#]	0.36±0.14[#]
黑米皮组	10	1.43±0.17[*][#]	0.32±0.13[#]
红米皮组	10	1.95±0.24[*]	0.89±0.22[*]
红菇组	10	1.13±0.22[#]	0.69±0.14[*]
灵芝组	10	1.31±0.29[#]	0.67±0.16
竹荪组	10	1.10±0.25[#]	0.34±0.13[#]

注:与正常组比较,[*] $P<0.05$;与模型组比较,[#] $P<0.05$,n 表示大鼠数量。
据徐惠龙、郑金贵(2013)

(四)改善视力作用

　　早在1964年,法国学者Jayle就注意到黑果越橘(vaccinium myrtillus)中的花色苷有助于改善人们在夜间的视力。Sole医生(1984)选择31名具有暗视力障碍的病人进行了临床对照试验,利用视网膜电描记法比较了矢车菊素糖苷氯化物和堆心菊素(heleniene,叶黄素二软酸酯)对视力的改善作用,而只有矢车菊素糖苷氯化物可以改善患者的中间视力和暗视力。Nakaishi等(2000)通过招募健康志愿者对黑醋栗花色苷是否具有改善视疲劳作用进行了随机双盲对照试验研究,发现补充花色苷有助于降低受试者的暗适应阈值,效应呈剂量依赖性。

二、含花色苷的农产品

　　尽管大多数高等植物体内都有花色苷合成,人类摄入的花色苷主要来源于深色浆果、蔬菜和谷薯类等富含花色苷的农产品及其加工制品。在美国和欧盟已经分别建立了本地区常见花色苷含量较高的食物数据库。我国2009—2010年,凌文华负责的课题组对包括花色苷在内的主要植物化学物的食物来源和摄入量也进行了系统的研究,探明了我国不同地区常见农产品的花色苷种类及含量,其中可食部花色苷含量≥1.0 mg/100 g的水果有23种、蔬菜有15种、谷薯类和豆类分别有5种(表1-18-5)。

表1-18-5　常见农产品中花色苷的含量[mg/(100 g可食部)]

食物	花色苷含量	食物	花色苷含量
水果类			
桑葚	668.05	杨梅(黑)	147.54
黑布林	86.95	黑加仑	71.21
杨梅(红)	49.48	三华李	47.62
山楂	38.55	巨峰葡萄	13.58
红柿	8.78	莲雾	8.67
石榴	6.79	李子	6.45

续表

食物	花色苷含量	食物	花色苷含量
水果类			
红肉番石榴	4.68	番石榴	3.86
皇帝蕉	3.75	杨桃	2.77
青提	2.42	苹果皮（红富士）	2.38
草莓	2.17	桃子（黄肉）	2.02
海棠果	1.83	胭脂红石榴	1.75
山竹	1.72		
蔬菜类			
紫包菜	256.06	茄子皮	145.29
紫苏	80.66	红菜薹	28.86
花豆角	24.83	紫芋头	19.71
紫马铃薯	12.55	樱桃水萝卜	12.25
长豆角	9.29	茄瓜	8.04
洋葱	7.26	粉莲藕	4.9
鲜菱角	3.74	荷兰豆	3.13
四季豆	1.78		
谷薯类			
黑米	622.58	红米	20.92
紫甘薯	10.29	紫玉米（鲜）	4.1
紫玉米（干）	3.72	红高粱	2.66
豆类			
黑豆	125.00	红豆	63.64
绿豆	32.59	赤小豆	20.56
眉豆	2.32		

据中国营养学会（2014）

2010—2013 年，郑金贵教授带领的课题组对高花色苷含量黑米品种进行了筛选和选育。

李晶晶、郑金贵（2010）以黑米花色苷色价为指标，以推广品种 9A751 作对照品种（CK），对 48 种不同基因型黑米品种进行了筛选。测得不同基因型黑米品种的花色苷色价变幅为（1.21±0.09）～（30.71±1.76），筛选得到花色苷含量最高品种为 9A721，是含量最低品种的 25.38 倍，是 CK 含量的 2.6 倍，见表 1-18-6。

表 1-18-6 48 种不同基因型黑米品种的花色苷含量的比较

序号	品种代号	花色苷色价	序号	品种代号	花色苷色价
1	9A751(CK)	11.85±1.00	25	9A518	2.49±0.10
2	9A20	5.71±0.12	26	9A528	7.77±0.18
3	9A706	12.22±1.03	27	9A512	13.2±0.62
4	9A527	6.66±0.12	28	9A525	17.13±0.64
5	9A142	3.88±1.19	29	9A524	26.45±1.36
6	9A15	19.08±0.53	30	9A515	18.77±0.88
7	584	11.81±0.99	31	9A511	18.66±0.86
8	9A119	7.81±0.09	32	9A521	23.26±1.51
9	9A113	5.82±0.05	33	9A510	13.86±1.33
10	9A207	4.14±0.12	34	9A536	4.63±0.13
11	9A213	4.54±0.07	35	9A507	9.2±0.11
12	9A344	3.77±0.08	36	9A513	2.65±0.13
13	9A782	5.42±0.03	37	9A514	1.21±0.09
14	9A200	10.13±0.31	38	9A721	30.71±1.76

续表

序号	品种代号	花色苷色价	序号	品种代号	花色苷色价
15	9A615	4.41±0.18	39	9A531	6.07±0.18
16	9A121	15.18±0.46	40	9A516	2.43±0.07
17	9A220	3.41±0.07	41	9A520	4.46±0.14
18	9A188	1.32±0.06	42	9A519	2.48±0.07
19	9A625	4.5±0.15	43	9A522	2.85±0.09
20	9A712	16.16±1.00	44	9A529	5.23±0.19
21	9A139	6.36±0.13	45	9A530	9.65±0.23
22	587	5.79±0.11	46	9A534	7.15±0.13
23	581	6.75±0.13	47	9A537	6.96±0.11
24	9A523	3.3±0.05	48	580	10.54±0.22

据李晶晶、郑金贵(2010)

　　卓学铭、郑金贵(2012)测定了100种不同基因型黑米提取物的花色苷含量、总黄酮含量、总抗氧化能力、抑制羟自由基能力,筛选出了花色苷含量较高的黑米品种。检测结果显示,不同基因型黑米品种在花色苷含量、总黄酮含量、总抗氧化能力、抑制羟自由基能力之间均存在极显著差异。黑米的花色苷含量与总黄酮含量、总抗氧化能力、羟自由基能力之间均存在正相关性。其中,黑米品种1A882的花色苷含量、总黄酮含量、总抗氧化能力、抑制羟自由基能力分别为:43.14±0.14 g/100g、5.64±0.13 g/100g、654.67±2.76 U/g、392.86±1.26 U/g,是对照黑米品种1A887(黑珍米)的5.78倍、2.02倍、3.25倍、2.86倍,均为含量最高的品种,见表1-18-7。

表 1-18-7　不同基因型黑米的花色苷含量、总黄酮含量、总抗氧化能力、抑制羟自由基能力的比较

序号	品种代号	花色苷含量(色价E)	总黄酮含量(g/100 g)	总抗氧化能力(U/g)	抑制羟自由基能力(U/g)
1	1A842	23.04±0.46	3.79±0.05	334.40±2.81	298.56±1.96
2	1A843	23.14±0.74	4.02±0.07	483.73±3.14	312.46±1.75
3	1A845	4.00±0.34	2.79±0.15	264.53±3.81	138.49±2.60
4	1A848	27.90±0.68	4.57±0.11	560.00±2.38	372.13±2.87
5	1A849	31.08±0.76	5.02±0.13	506.67±2.31	327.13±1.57
6	1A850	9.60±0.06	3.00±0.06	310.13±2.22	101.45±1.77
7	1A851	9.42±0.08	3.36±0.01	339.47±2.03	164.64±1.48
8	1A852	9.82±0.08	2.87±0.14	304.00±2.10	149.06±1.69
9	1A853	8.22±0.36	3.26±0.01	238.13±2.91	135.07±1.41
10	1A854	10.30±0.34	2.98±0.11	319.20±2.67	120.84±2.53
11	1A855	7.30±0.30	3.36±0.10	262.40±2.34	122.39±2.05
12	1A856	11.76±0.92	3.21±0.09	286.67±2.26	192.20±1.57
13	1A857	15.76±0.76	3.31±0.12	292.80±1.93	183.99±1.52
14	1A858	18.28±0.06	3.62±0.12	342.40±2.22	271.12±1.93
15	1A859	5.02±0.08	2.38±0.06	232.00±1.81	73.08±1.71
16	1A860	19.92±1.16	3.79±0.09	461.07±2.12	287.38±0.80
17	1A861	4.74±0.40	3.07±0.15	232.00±1.98	86.05±0.76
18	1A862	11.20±0.76	3.00±0.04	262.40±2.36	149.39±0.91
19	1A864	6.78±0.22	3.25±0.12	264.53±2.38	123.73±1.01
20	1A866	38.08±0.86	4.93±0.08	524.80±2.41	338.80±1.21
21	1A868	10.58±1.22	2.91±0.13	272.53±2.57	183.49±1.17
22	1A870	22.50±6.36	4.44±0.13	344.53±1.24	313.42±0.89
23	1A871	21.08±1.00	4.47±0.12	342.40±2.83	291.19±0.66
24	1A872	12.24±0.48	3.74±0.02	267.47±2.24	105.15±0.85
25	1A873	7.20±0.70	3.24±0.15	226.93±2.22	134.80±0.86
26	1A874	10.68±0.34	3.05±0.07	324.27±2.50	174.31±0.75

续表

序号	品种代号	花色苷含量(色价 E)	总黄酮含量(g/100 g)	总抗氧化能力(U/g)	抑制羟自由基能力(U/g)
27	1A875	10.98±0.14	3.70±0.07	268.53±2.19	158.31±1.00
28	1A876	25.40±0.08	4.21±0.03	430.67±2.62	336.31±0.90
29	1A877	6.76±0.26	2.81±0.06	228.00±2.43	100.67±0.47
30	1A878	10.32±0.54	3.26±0.14	291.73±2.12	140.59±0.90
31	1A879	15.24±0.08	3.17±0.07	321.33±2.31	243.89±1.18
32	1A880	23.72±0.20	4.12±0.09	353.60±2.26	342.95±1.14
33	1A881	14.24±1.08	3.26±0.10	292.80±2.30	213.12±1.62
34	1A882	43.14±0.14	5.64±0.13	654.67±2.76	392.86±1.26
35	1A884	7.72±0.07	3.26±0.01	309.07±1.05	153.37±1.60
36	1A885	22.64±0.60	3.74±0.09	380.00±2.17	339.16±1.59
37	1A886	8.92±0.58	3.12±0.04	309.07±2.81	110.45±1.10
38	1A887	7.46±0.28	2.79±0.02	201.60±2.79	137.36±0.85
39	1A888	11.06±0.80	3.55±0.11	299.20±2.88	171.58±1.14
40	1A889	32.44±0.68	4.91±0.13	440.80±2.60	328.40±1.32
41	1A890	9.32±0.74	3.45±0.05	312.00±1.48	127.03±1.04
42	1A893	25.38±0.66	4.47±0.11	387.47±1.74	307.41±1.13
43	1A894	12.48±0.64	3.71±0.13	257.33±1.05	113.39±1.14
44	1A897	27.26±0.04	4.29±0.05	426.67±1.02	348.53±1.03
45	1A898	22.22±0.70	3.69±0.04	327.20±2.09	308.92±1.60
46	1A899	26.72±0.66	4.21±0.01	456.80±2.90	357.29±1.63
47	1A900	2.58±0.06	2.41±0.02	263.47±1.67	85.03±1.93
48	1A901	14.30±0.70	3.10±0.03	322.67±1.52	247.17±1.88
49	1A902	15.34±0.76	3.83±0.01	372.00±1.57	259.46±1.24
50	1A903	12.88±0.32	3.38±0.11	370.93±2.12	211.88±1.55
51	1A904	22.04±0.28	4.27±0.02	472.27±2.28	347.68±1.33
52	1A905	16.24±0.20	4.05±0.02	356.80±2.40	247.68±2.62
53	1A906	15.42±0.82	3.70±0.04	331.47±2.93	224.95±1.94
54	1A907	16.94±0.16	4.02±0.03	397.33±1.40	248.63±1.55
55	1A908	22.68±0.06	3.88±0.10	392.27±2.02	316.42±1.57
56	1A909	30.82±0.58	4.74±0.02	561.60±1.95	368.52±1.85
57	1A911	7.28±0.46	3.23±0.01	268.53±2.09	187.56±1.48
58	1A912	19.80±0.45	4.19±0.14	358.67±1.14	275.45±1.73
59	1A913	17.16±0.12	4.00±0.06	362.67±1.91	198.04±1.75
60	1A914	15.46±0.38	3.82±0.12	372.53±1.33	222.42±1.05
61	1A915	17.88±0.98	3.86±0.07	348.53±1.49	266.95±1.12
62	1A916	11.40±0.64	3.21±0.09	341.07±2.72	183.02±1.28
63	1A918	2.16±0.12	2.25±0.04	263.47±1.71	104.30±2.09
64	1A919	1.90±0.10	2.24±0.09	232.00±0.91	115.47±1.19
65	1A923	3.16±0.44	2.46±0.03	253.33±1.43	96.30±1.00
66	1A924	20.12±0.45	3.93±0.02	426.13±1.11	307.56±1.08
67	1A927	19.02±0.62	4.30±0.07	454.40±1.01	307.29±1.33
68	1A928	22.48±0.30	4.36±0.04	471.20±2.36	369.40±1.21
69	1A929	22.06±0.56	4.30±0.11	411.47±3.06	370.91±1.04
70	1A930	7.38±0.16	2.84±0.14	226.93±2.19	146.80±0.77
71	1A931	1.72±0.02	2.27±0.03	206.67±2.43	117.58±1.08
72	1A932	2.38±0.23	2.61±0.12	221.87±2.59	81.63±0.93

续表

序号	品种代号	花色苷含量(色价 E)	总黄酮含量(g/100 g)	总抗氧化能力(U/g)	抑制羟自由基能力(U/g)
73	1A933	10.90±0.20	2.79±0.12	297.33±1.73	171.70±1.80
74	1A934	16.88±0.24	4.08±0.14	318.13±1.36	220.27±1.33
75	1A935	6.67±0.48	2.60±0.12	238.13±2.34	85.87±1.69
76	1A936	21.72±0.74	3.71±0.10	333.33±2.10	357.29±2.33
77	1A938	11.30±0.70	3.21±0.03	315.20±2.47	154.22±1.87
78	1A939	3.88±0.06	3.06±0.03	264.00±1.73	98.04±1.56
79	1A940	9.36±0.81	3.24±0.03	304.00±0.74	174.53±2.14
80	1A941	20.60±0.14	3.67±0.05	440.80±2.47	211.79±1.73
81	1A943	27.36±0.81	4.59±0.07	471.20±1.36	276.97±1.23
82	1A945	19.56±0.38	4.31±0.12	405.33±1.85	313.94±1.55
83	1A946	18.56±0.31	3.88±0.08	394.40±1.85	295.13±1.28
84	1A947	17.68±0.22	3.69±0.01	386.13±1.11	304.54±1.02
85	1A948	13.24±0.03	3.48±0.02	334.40±3.16	224.52±0.72
86	1A949	8.04±0.10	3.45±0.03	202.67±2.81	136.92±0.91
87	1A950	21.22±0.91	3.88±0.02	427.73±3.21	343.66±2.50
88	1A951	11.38±0.67	3.17±0.04	286.67±1.19	105.15±1.63
89	1A953	11.64±0.34	2.79±0.10	319.20±1.52	124.27±1.12
90	1A954	11.04±0.26	2.72±0.12	282.67±1.75	146.67±1.53
91	1A956	7.46±0.32	2.50±0.07	261.33±2.61	127.97±1.51
92	1A957	8.72±0.22	2.69±0.06	267.47±1.56	84.09±1.63
93	1A958	12.56±0.81	2.81±0.11	285.60±1.86	173.08±1.60
94	1A959	12.96±0.12	3.21±0.13	322.13±1.93	166.95±1.08
95	1A960	3.30±0.20	2.60±0.14	225.07±1.78	96.24±0.74
96	1A961	12.26±0.36	3.34±0.10	301.87±1.89	176.99±1.47
97	1A962	26.82±0.38	4.45±0.02	521.87±2.28	327.01±0.96
98	1A963	36.24±0.41	4.61±0.11	499.47±1.55	321.06±0.66
99	1A964	15.70±0.57	3.69±0.12	361.87±2.11	240.63±1.84
100	1A967	5.62±0.24	2.96±0.10	232.00±1.22	87.42±1.25

据卓学铭、郑金贵(2012)

卓学铭、郑金贵(2012)还对在相同种植条件下的 20 个黑米品种、20 个红米品种和 2 个白米对照品种的花色苷含量进行了比较,由表 1-18-8 中的测定数据可以看出,黑米品种的花色苷含量和总抗氧化能力均高于红米品种。

表 1-18-8　黑米和红米的花色苷含量的比较

序号	品种代号	稻米类型	花色苷含量(色价 E)	序号	品种代号	稻米类型	花色苷含量(色价 E)
1	1C100	黑米	45.08	22	1C634	红米	2.72
2	1C101	黑米	49.48	23	1C635	红米	4.58
3	1C102	黑米	45.64	24	1C639	红米	3.92
4	1C108	黑米	47.08	25	1C640	红米	3.00
5	1C115	黑米	26.78	26	1C656	红米	3.76
6	1C183	黑米	39.16	27	1C657	红米	2.98
7	1C236	黑米	47.70	28	1C658	红米	3.64
8	1C286	黑米	49.50	29	1C659	红米	3.76
9	1C294	黑米	47.08	30	1C660	红米	3.36
10	1C307	黑米	58.36	31	1C661	红米	3.62
11	1C308	黑米	56.62	32	1C662	红米	4.44

续表

序号	品种代号	稻米类型	花色苷含量（色价 E）	序号	品种代号	稻米类型	花色苷含量（色价 E）
12	1C312	黑米	41.62	33	1C663	红米	2.66
13	1C331	黑米	18.68	34	1C664	红米	3.30
14	1C674	黑米	18.38	35	1C665	红米	2.38
15	1C675	黑米	26.42	36	1C666	红米	3.78
16	1C681	黑米	27.44	37	1C667	红米	3.66
17	1C732	黑米	40.70	38	1C669	红米	4.96
18	1C741	黑米	10.12	39	1C676	红米	2.68
19	1C748	黑米	57.34	40	1C678	红米	2.30
20	1C749	黑米	52.66	41	1C104	白米	1.44
21	1C633	红米	3.88	42	1C105	白米	0.84

据卓学铭、郑金贵（2012）

　　谢翠萍、郑金贵（2013）研究了 120 份不同杂交稻组合糙米和 106 份不同杂交稻精米的花色苷含量、总黄酮含量、总抗氧化能力、抑制羟自由基能力，研究结果表明，不同杂交稻组合糙米和精米的花色苷含量、总黄酮含量、总抗氧化能力（T-AOC）、抑制羟自由基能力（SFRC）的检测存在极显著性差异，花色苷及黄酮类化合物主要存在于种皮中，糙米的抗氧化作用比精米强（见表 1-18-6 和表 1-18-7）。研究筛选出了强抗氧化能力的杂交稻组合 1C429，其糙米的花色苷含量（色价）为 25.14±0.03，是对照"甬优 9 号"的 139.67 倍；总黄酮的含量为 4.42%±0.04%，是对照"甬优 9 号"的 1.63 倍；总抗氧化能力为（1 246.63±8.89）U/g，是对照"甬优 9 号"的 2.67 倍；抑制羟自由基能力为（228.47±2.96）U/g，是对照"甬优 9 号"的 1.09 倍，见表 1-18-9。

表 1-18-9　不同杂交稻组合糙米的花色苷含量、总黄酮含量总抗氧化能力和抑制羟自由基能力的比较

序号	杂交稻组合	糙米率（%）	花色苷含量（色价）	总黄酮含量（%）	T-AOC（U/g）	SFRC（U/g）
1	1B415（CK）	65.00	0.18±0.04	2.70±0.03	466.51±2.66	209.81±1.52
2	OC01	76.12	5.01±0.01	3.55±0.04	171.85±1.04	634.10±4.45
3	OC02	77.35	10.71±0.18	3.85±0.06	355.56±2.60	209.52±3.27
4	OC03	77.25	9.47±0.08	3.86±0.06	481.57±4.12	185.96±2.72
5	OC10	76.40	7.97±0.01	3.55±0.09	511.89±3.76	579.37±2.53
6	OC11	76.40	4.15±0.09	3.18±0.13	481.89±3.43	559.98±7.87
7	OC12	77.86	5.12±0.05	3.13±0.08	642.45±4.63	1 741.86±7.10
8	OC25	80.11	3.85±0.03	3.33±0.06	1 052.71±5.20	1 163.19±5.02
9	OC26	75.62	9.31±0.06	3.50±0.10	659.80±4.04	904.20±6.37
10	OC44	77.78	4.78±0.05	2.57±0.09	404.34±3.77	324.56±6.79
11	OC47	75.91	5.61±0.07	2.78±0.04	98.36±1.15	295.18±2.35
12	OC48	78.28	2.80±0.11	2.59±0.05	650.13±5.55	355.81±5.51
13	OC56	78.66	0.44±0.05	2.66±0.04	233.04±4.93	913.31±5.75
14	OC57	79.25	4.66±0.06	3.07±0.05	511.54±5.18	487.86±4.84
15	OC58	78.82	3.91±0.03	2.52±0.04	499.55±4.53	213.26±4.87
16	OC59	78.98	3.59±0.04	2.84±0.02	410.00±3.46	217.36±2.01
17	OC63	78.16	0.37±0.04	3.57±0.05	409.88±3.21	1 710.95±5.07
18	OC64	78.81	5.30±0.03	3.01±0.07	586.35±7.06	238.46±4.88
19	OC65	72.59	11.86±0.05	2.59±0.04	624.46±4.89	510.33±2.00
20	OC66	75.32	23.71±0.05	3.09±0.05	869.71±6.52	195.39±5.97
21	OC68	77.16	18.87±0.06	2.85±0.05	831.19±6.22	367.89±2.77
22	OC69	78.18	4.74±0.05	2.75±0.05	525.19±5.86	553.08±1.73
23	ZF-1	74.95	12.30±0.00	3.61±0.02	519.06±5.33	268.36±6.93
24	ZF-2	70.48	11.63±0.03	3.43±0.14	699.65±5.29	212.11±5.43
25	ZF-3	75.59	14.00±0.03	3.83±0.04	621.24±5.29	228.30±3.01
26	ZF-4	74.53	0.26±0.03	2.83±0.02	310.39±4.11	2 199.46±6.45

续表

序号	杂交稻组合	糙米率(%)	花色苷含量(色价)	总黄酮含量(%)	T-AOC (U/g)	SFRC (U/g)
27	ZF-5	74.09	1.17±0.01	3.49±0.13	898.70±8.17	244.67±5.14
28	1A1808	64.93	0.84±0.05	2.42±0.03	354.80±2.36	199.73±5.70
29	1A1809	61.25	0.58±0.01	2.53±0.07	343.70±7.91	259.29±6.36
30	1A1814	75.86	3.56±0.03	2.83±0.06	612.69±8.29	221.17±4.94
31	1A1815	72.29	3.69±0.04	2.76±0.10	557.25±6.30	179.39±2.99
32	1A1821	57.18	1.06±0.01	2.74±0.08	913.45±6.44	445.88±4.80
33	1A1823	61.92	0.64±0.01	2.74±0.10	687.42±3.66	261.81±4.08
34	1A1826	70.25	0.54±0.03	2.88±0.03	483.01±8.43	221.64±2.73
35	1A1827	63.58	1.30±0.01	2.85±0.06	499.84±6.29	533.36±5.07
36	1A1828	61.21	1.02±0.02	3.09±0.04	565.71±7.06	311.64±6.49
37	1A1836	71.66	0.71±0.01	3.15±0.08	581.24±2.40	261.68±4.13
38	1A1837	67.29	1.54±0.05	2.71±0.08	540.13±7.20	280.46±3.61
39	1A1847	67.11	1.63±0.04	2.39±0.04	441.57±7.40	550.95±5.36
40	1A1848	71.45	1.73±0.02	3.19±0.06	413.24±5.18	308.81±3.36
41	1A1849	70.03	1.95±0.04	2.71±0.02	421.46±7.19	735.43±4.49
42	1A1850	73.33	2.28±0.02	3.15±0.04	595.15±6.75	331.05±2.59
43	1A1851	69.44	2.87±0.01	2.75±0.05	577.62±7.30	144.01±5.52
44	1A1852	65.40	2.42±0.02	3.06±0.15	401.60±6.47	209.92±5.19
45	1A1853	64.90	0.73±0.01	2.51±0.05	396.40±4.84	211.88±5.99
46	1A1854	64.46	0.43±0.04	2.31±0.03	163.79±7.78	195.64±4.85
47	1A1855	62.11	0.50±0.03	2.26±0.15	377.69±7.46	191.56±4.61
48	1A1856	66.18	0.52±0.02	2.19±0.10	359.15±4.30	246.86±4.77
49	1A1857	62.08	0.50±0.05	2.05±0.06	233.20±3.17	195.50±6.93
50	1A1859	58.06	1.86±0.03	2.40±0.03	408.73±5.90	226.15±5.16
51	1A1862	58.40	0.36±0.02	2.24±0.03	274.24±3.99	146.19±4.63
52	1A1963	68.15	0.57±0.03	2.51±0.04	344.07±8.38	245.32±5.27
53	1A1864	60.62	1.26±0.03	2.28±0.05	163.81±6.55	148.72±5.80
54	1A1865	60.67	0.88±0.02	2.34±0.07	400.83±7.42	214.47±4.41
55	1A1867	68.36	0.19±0.01	2.24±0.11	331.76±5.88	214.77±6.73
56	1A1868	69.21	0.98±0.02	2.77±0.10	432.03±4.30	1 014.27±8.60
57	1A1869	58.19	1.34±0.04	2.43±0.06	401.70±4.00	247.93±3.61
58	1A1870	66.76	0.59±0.05	2.43±0.03	351.38±6.96	244.89±6.79
59	1A1871	73.31	0.73±0.03	2.52±0.09	543.92±3.43	139.00±3.66
60	1A1873	60.12	0.32±0.02	2.54±0.08	490.07±4.07	275.14±4.17
61	1A1874	59.64	1.30±0.02	2.61±0.06	614.28±5.29	193.34±1.46
62	1C420	66.92	3.36±0.03	3.98±0.11	1 011.48±6.82	249.11±1.18
63	1C423	71.22	4.15±0.02	3.62±0.04	1 030.39±7.16	223.88±5.19
64	1C424	72.95	3.35±0.01	3.91±0.07	1 115.18±3.59	251.72±3.45
65	1C428	76.55	18.53±0.02	3.74±0.04	809.98±7.62	219.14±4.26
66	1C429	73.28	25.14±0.03	4.42±0.04	1 246.63±8.89	228.47±2.96
67	1C485	75.50	24.41±0.04	4.28±0.02	1 076.56±8.38	191.03±4.32
68	1C486	76.24	20.74±0.03	3.70±0.19	691.72±8.00	99.01±4.82
69	1C49	73.57	10.00±0.01	3.99±0.17	514.76±6.02	115.31±2.15
70	1C491	76.45	20.16±0.01	3.86±0.14	674.12±4.82	98.84±3.85
71	1C493	72.37	18.44±0.04	3.65±0.04	693.65±5.95	392.82±3.17
72	1C499	78.86	0.25±0.01	3.38±0.04	282.18±6.47	2 753.68±4.68
73	1C501	76.56	21.73±0.02	4.02±0.11	853.23±5.58	188.14±6.87
74	1C504	74.58	23.17±0.01	4.24±0.04	1 065.10±9.32	257.22±4.52
75	1C505	75.58	20.56±0.09	3.60±0.04	733.38±4.23	141.59±1.88
76	1C506	70.73	21.45±0.06	3.64±0.08	733.20±4.29	115.60±1.98
77	1C508	75.23	19.25±0.08	3.29±0.07	685.80±5.83	178.73±2.79
78	1C509	75.90	5.76±0.03	3.55±0.03	581.61±6.50	198.07±4.52

续表

序号	杂交稻组合	糙米率(%)	花色苷含量(色价)	总黄酮含量(%)	T-AOC (U/g)	SFRC (U/g)
79	1B419	78.72	0.22±0.02	3.60±0.06	343.16±2.46	326.87±2.89
80	1B422	60.40	0.13±0.03	1.88±0.07	443.14±2.63	241.05±2.63
81	2B691	76.62	2.85±0.03	4.21±0.03	1 550.34±8.45	226.13±6.50
82	2B692	75.82	3.45±0.03	4.83±0.10	1 956.03±8.79	160.29±6.79
83	2B693	76.39	3.32±0.00	4.71±0.04	1 640.62±8.98	179.57±5.94
84	2B694	76.60	3.01±0.06	4.32±0.03	1 431.64±9.01	195.59±2.97
85	2B695	78.78	3.55±0.04	4.53±0.07	1 784.69±6.83	219.32±3.19
86	2B701	74.64	2.84±0.07	4.27±0.04	1 363.08±8.90	242.50±5.79
87	2B702	73.95	2.37±0.08	3.92±0.08	1 432.37±2.79	212.78±5.08
88	2B708	76.22	2.98±0.03	4.33±0.07	1 543.63±7.30	226.48±3.69
89	2B709	72.13	2.18±0.04	3.44±0.06	1 026.75±6.39	271.04±5.67
90	2B710	80.68	3.70±0.04	4.50±0.01	1 433.61±5.27	238.32±2.44
91	2B711	73.53	2.16±0.04	3.78±0.03	1 312.05±8.45	281.07±3.71
92	2B712	72.21	2.88±0.03	4.22±0.03	1 462.62±8.99	155.77±3.41
93	2B713	75.98	3.07±0.04	4.11±0.04	1 419.43±8.89	351.01±3.16
94	2B714	74.48	2.98±0.01	3.93±0.02	1 477.71±4.31	160.33±4.72
95	2B715	74.50	3.04±0.04	4.18±0.02	482.83±7.59	195.64±5.54
96	2B716	77.07	3.72±0.02	4.31±0.07	355.83±5.03	773.59±4.92
97	2B719	76.78	2.43±0.02	3.72±0.04	397.45±6.91	254.88±2.18
98	2B720	72.60	2.18±0.02	3.75±0.03	470.95±5.53	228.83±2.77
99	2B723	75.50	2.53±0.02	4.18±0.09	574.64±7.06	742.02±5.80
100	2B724	76.67	2.33±0.03	4.26±0.04	491.37±8.08	724.15±5.58
101	2B727	75.46	2.73±0.04	3.94±0.10	403.49±1.04	2 125.91±7.48
102	2B728	74.40	2.70±0.01	3.95±0.01	434.19±2.25	1 217.11±3.71
103	2B729	77.30	1.68±0.03	4.01±0.04	533.79±6.85	328.80±4.91
104	2B730	73.70	1.71±0.01	3.73±0.08	1 200.20±8.17	330.41±6.33
105	2B731	76.85	1.55±0.11	3.63±0.09	1 077.99±5.85	219.59±5.07
106	2B732	75.25	1.76±0.04	3.64±0.05	1 304.06±7.83	178.97±3.35
107	2B733	76.57	1.68±0.08	3.46±0.11	1 243.22±6.18	212.69±4.93
108	2B735	74.91	1.74±0.03	3.49±0.04	1 364.40±7.93	493.61±4.75
109	2B736	60.04	0.83±0.02	2.80±0.09	798.22±5.16	231.11±4.12
110	2B737	76.18	1.83±0.02	3.73±0.03	1 330.97±8.54	1 078.09±4.56
111	2B738	78.02	1.55±0.03	3.71±0.02	1 713.40±9.34	212.02±4.35
112	2B739	67.63	1.39±0.04	3.92±0.09	1 989.34±7.15	186.29±4.43
113	2B931	77.19	8.24±0.01	3.13±0.04	736.52±2.34	1 083.40±7.79
114	2B932	76.41	5.16±0.03	2.93±0.05	403.92±4.92	803.67±3.78
115	2B934	78.63	11.96±0.10	3.12±0.09	143.65±3.71	427.98±4.48
116	2B935	78.82	0.87±0.01	2.64±0.10	226.30±2.83	1 764.70±6.82
117	2B936	78.03	6.25±0.04	2.73±0.05	416.88±3.05	242.42±4.77
118	2B937	79.95	0.55±0.02	3.07±0.07	399.77±5.87	1 081.09±8.06
119	2B948	76.05	4.91±0.07	4.44±0.07	800.72±7.53	705.57±6.67
120	9311	75.84	0.20±0.02	3.79±0.08	167.75±3.96	753.88±3.82

据谢翠萍、郑金贵(2013)

表 1-18-10 不同杂交稻组合精米的花色苷含量、总黄酮含量、总抗氧化能力和抑制羟自由基能力的比较

序号	杂交稻组合	精米率(%)	花色苷含量(色价)	总黄酮含量(%)	T-AOC (U/g)	SFRC (U/g)
1	1B415(CK)	51.2	0.13±0.01	1.10±0.03	212.60±2.48	595.53±11.40
2	OC01	65.79	1.49±0.05	1.24±0.04	184.12±3.16	5 576.17±6.34
3	OC02	66.39	2.33±0.03	1.15±0.05	93.81±7.14	5 406.00±8.49
4	OC03	68.34	2.88±0.04	1.18±0.07	216.89±3.93	5 046.72±12.70
5	OC10	62.99	2.34±0.04	1.10±0.05	244.26±3.04	5 729.15±7.74
6	OC11	64.17	1.19±0.04	1.06±0.02	208.72±2.35	5 624.34±9.75

续表

序号	杂交稻组合	精米率(%)	花色苷含量(色价)	总黄酮含量(%)	T-AOC (U/g)	SFRC (U/g)
7	OC12	65.01	1.08±0.03	1.11±0.02	220.45±7.54	5 723.69±3.83
8	OC26	66.08	3.08±0.03	1.16±0.05	257.47±4.82	4 576.68±3.66
9	OC44	67.09	0.69±0.02	0.75±0.02	400.71±4.77	3 990.63±9.91
10	OC56	70.73	0.36±0.04	0.65±0.01	110.59±0.25	4 962.67±9.07
11	OC57	70.26	1.15±0.04	1.08±0.02	94.14±3.42	4 147.25±13.20
12	OC58	69.31	0.90±0.06	0.89±0.02	94.00±6.72	4 056.81±12.88
13	OC59	69.85	0.82±0.03	0.87±0.02	94.05±4.52	4 847.44±13.32
14	OC66	64.34	9.43±0.04	1.25±0.05	70.27±3.21	4 644.39±5.33
15	OC68	66.06	5.87±0.11	1.04±0.03	73.61±2.49	2 795.27±12.45
16	OC69	67.71	1.14±0.02	0.86±0.02	53.24±3.86	3 481.75±15.35
17	ZF-1	64.61	3.66±0.07	1.16±0.03	126.96±6.84	1 221.60±5.81
18	ZF-2	63.67	3.93±0.02	1.25±0.03	65.37±3.91	2 758.79±7.46
19	ZF-3	66.49	4.79±0.08	1.23±0.03	167.42±8.13	3 663.20±10.44
20	ZF-4	66.91	0.44±0.04	0.64±0.01	49.19±4.17	1 831.23±10.01
21	ZF-5	65.99	4.86±0.02	1.51±0.03	179.86±7.63	414.70±5.54
22	1A1808	58.16	0.22±0.03	1.01±0.03	167.29±4.54	3 797.73±12.23
23	1A1809	55.39	0.23±0.02	0.93±0.07	126.79±6.03	2 457.98±9.40
24	1A1814	63.03	0.54±0.02	0.64±0.00	163.90±4.21	1 342.82±10.04
25	1A1815	59.78	0.66±0.02	0.76±0.01	167.82±4.14	3 748.03±9.50
26	1A1821	50.95	0.24±0.01	0.63±0.02	143.42±4.32	738.87±2.47
27	1A1823	51.87	0.37±0.02	0.94±0.01	208.63±3.48	1 169.42±7.51
28	1A1826	57.79	0.41±0.04	0.91±0.02	126.86±7.39	1 880.99±10.16
29	1A1827	56.74	0.45±0.02	0.96±0.07	249.24±5.60	1 289.83±11.49
30	1A1828	52.61	0.22±0.02	0.66±0.03	110.35±6.07	675.59±5.62
31	1A1836	59.58	0.58±0.01	0.66±0.01	192.39±5.60	4 290.58±9.68
32	1A1847	57.3	0.51±0.06	0.64±0.01	241.27±8.53	3 362.03±8.71
33	1A1848	60.96	0.73±0.04	0.93±0.04	192.51±5.48	1 946.71±10.01
34	1A1849	57.94	0.97±0.03	0.55±0.05	106.25±2.69	5 140.30±9.27
35	1A1850	61.42	1.05±0.02	0.92±0.05	85.86±4.57	4 761.56±13.65
36	1A1851	58.95	0.66±0.01	0.80±0.03	114.38±6.91	3 904.19±7.62
37	1A1852	57.65	0.61±0.01	0.84±0.02	167.57±5.81	4 265.64±10.68
38	1A1853	52.12	0.45±0.02	0.60±0.02	73.73±2.27	4 061.21±10.48
39	1A1855	52.92	0.22±0.01	0.87±0.01	73.53±4.48	4 033.45±9.66
40	1A1856	49.96	0.45±0.03	0.61±0.03	114.44±7.38	3 875.07±13.01
41	1A1857	49.61	0.26±0.02	0.71±0.02	94.09±3.78	3 876.24±7.38
42	1A1859	50.31	0.86±0.06	0.92±0.03	188.33±3.88	4 256.24±5.74
43	1A1862	48.66	0.26±0.03	0.94±0.01	191.95±4.35	3 682.00±10.44
44	1A1963	54.79	0.53±0.03	0.86±0.03	209.11±3.95	4 060.31±9.49
45	1A1864	49.08	0.76±0.06	0.69±0.02	151.62±3.81	4 539.22±12.88
46	1A1865	52.78	1.04±0.08	0.83±0.02	180.67±3.08	2 961.12±11.07
47	1A1867	53.16	0.48±0.02	0.71±0.04	147.57±4.40	3 171.00±9.44
48	1A1869	51.36	0.57±0.03	0.84±0.03	233.41±4.24	4 747.88±9.68
49	1A1871	53.62	0.32±0.03	0.66±0.04	73.42±2.13	4 951.90±13.84
50	1A1873	50.85	0.35±0.03	0.72±0.01	135.03±4.93	2 700.70±8.54
51	1A1874	51.08	0.35±0.03	0.72±0.05	118.69±3.33	4 536.63±9.65
52	1C420	60.44	1.43±0.04	1.09±0.05	180.36±3.99	3 841.51±13.30

续表

序号	杂交稻组合	精米率(%)	花色苷含量(色价)	总黄酮含量(%)	T-AOC（U/g）	SFRC（U/g）
53	1C423	62.65	1.03±0.05	1.22±0.01	151.17±5.71	4 567.97±9.05
54	1C424	62.79	0.56±0.04	0.61±0.01	57.22±3.45	4 674.25±8.24
55	1C428	68.81	1.76±0.01	0.74±0.02	114.66±3.85	5 110.88±7.90
56	1C429	66.11	2.84±0.01	0.75±0.04	179.74±1.74	4 233.58±12.05
57	1C485	63.76	1.86±0.06	0.76±0.01	114.58±3.83	4 914.78±9.59
58	1C486	64.38	2.54±0.02	0.74±0.03	131.59±1.18	4 144.56±6.55
59	1C49	52.64	0.72±0.04	0.66±0.03	123.01±2.36	4 806.51±9.78
60	1C491	65.89	2.38±0.01	0.81±0.03	151.50±4.16	4 717.53±8.82
61	1C493	62.16	1.60±0.01	0.68±0.03	110.18±4.43	3 984.91±13.85
62	1C499	70.12	0.31±0.02	0.66±0.05	81.73±1.82	4 773.45±10.61
63	1C501	61.88	0.83±0.01	0.60±0.02	85.91±4.57	5 125.23±13.24
64	1C505	64.82	3.04±0.02	0.85±0.04	183.95±2.00	3 715.90±9.99
65	1C506	64.16	2.86±0.01	0.95±0.02	184.20±2.21	4 751.35±12.65
66	1C508	52.58	2.26±0.02	1.00±0.02	204.74±1.77	5 345.01±7.54
67	1C509	62.69	0.69±0.03	1.03±0.04	159.73±4.89	4 703.51±9.86
68	1B422	50.32	0.10±0.03	1.35±0.03	221.41±2.35	252.63±9.18
69	2B691	68.16	1.20±0.00	1.10±0.02	233.25±4.67	5 511.27±13.85
70	2B692	67.43	0.93±0.07	1.07±0.02	156.16±5.95	5 364.59±11.29
71	2B693	63.71	0.55±0.03	0.65±0.01	131.38±5.60	5 709.28±6.88
72	2B694	64.61	0.60±0.01	0.73±0.02	90.44±7.12	5 636.37±7.97
73	2B695	65.62	0.51±0.02	0.85±0.02	135.67±2.33	5 643.48±8.27
74	2B701	63.08	0.80±0.02	0.82±0.02	102.50±7.07	5 597.77±5.67
75	2B702	64.16	0.72±0.05	0.86±0.03	184.82±2.43	5 559.73±9.63
76	2B708	61.96	0.89±0.02	0.87±0.02	118.78±3.75	5 448.23±5.23
77	2B709	62.97	0.62±0.28	0.90±0.04	139.74±3.81	3 934.74±7.85
78	2B710	66.02	0.85±0.03	1.13±0.03	204.93±6.58	4 710.71±13.59
79	2B711	61.74	0.58±0.07	0.79±0.02	127.10±2.39	4 879.74±12.26
80	2B712	64.78	0.92±0.05	1.11±0.03	245.41±5.67	3 605.27±10.63
81	2B713	64	0.90±0.03	0.85±0.01	139.56±3.50	5 328.46±8.36
82	2B714	65.86	1.16±0.03	1.37±0.05	323.48±6.53	3 882.71±7.83
83	2B715	64.69	1.16±0.03	1.33±0.03	368.31±5.11	3 955.35±5.68
84	2B716	64.1	0.93±0.02	0.89±0.02	143.37±3.53	5 474.61±9.74
85	2B719	69.12	0.67±0.05	1.02±0.02	208.77±2.50	5 463.51±8.40
86	2B720	65.97	0.70±0.02	1.14±0.02	233.45±3.45	3 409.45±3.93
87	2B723	64.23	0.36±0.06	0.56±0.03	65.41±3.72	5 771.83±8.84
88	2B724	65.12	0.38±0.02	0.64±0.01	65.52±3.09	5 644.64±2.77
89	2B727	62.94	0.23±0.02	0.46±0.01	32.84±3.77	6 000.65±9.86
90	2B728	59.4	0.21±0.01	0.47±0.02	102.68±3.87	5 947.77±4.20
91	2B729	62.88	0.23±0.02	0.52±0.01	57.44±3.83	5 865.83±14.01
92	2B730	61.97	0.28±0.01	0.53±0.01	61.54±2.41	5 781.55±7.87
93	2B731	64.35	0.42±0.02	0.46±0.01	20.54±1.17	5 689.86±11.18
94	2B732	64.72	0.48±0.04	0.51±0.02	32.86±1.79	5 980.47±13.14
95	2B733	60.4	0.62±0.05	0.42±0.01	28.74±1.90	6 054.58±7.12
96	2B735	63.06	0.65±0.05	0.58±0.02	102.51±5.57	5 189.14±4.17
97	2B736	63.42	0.41±0.01	0.48±0.02	61.54±0.06	5 346.24±11.94
98	2B737	66.85	0.46±0.02	0.68±0.02	86.16±2.27	5 899.30±9.07

续表

序号	杂交稻组合	精米率(%)	花色苷含量(色价)	总黄酮含量(%)	T-AOC (U/g)	SFRC (U/g)
99	2B738	63.61	0.36±0.02	0.49±0.01	69.77±4.95	5 395.29±8.42
100	2B739	54.58	0.44±0.03	0.60±0.01	102.37±3.88	5 196.41±6.76
101	2B931	67.53	3.41±0.04	1.28±0.01	282.60±1.14	4 086.97±12.61
102	2B932	62.14	0.77±0.01	0.86±0.01	143.14±3.65	5 229.65±8.45
103	2B934	64.24	0.47±0.04	0.66±0.03	89.88±3.44	5 808.02±8.40
104	2B935	69.08	0.29±0.01	0.92±0.02	94.15±7.14	5 482.43±11.96
105	2B936	69.14	0.36±0.02	0.45±0.03	106.40±7.30	5 801.16±7.91
106	2B937	70.14	0.17±0.03	0.57±0.02	155.55±7.18	5 708.80±5.09

据谢翠萍、郑金贵(2013)

花色苷可作为天然色素类食品添加剂,因此,郑金贵教授带领的课题组还对黑米花色苷提取工艺进行了优化。

李晶晶、郑金贵(2010)研究优化了黑米花色苷提取工艺,通过正交试验确定黑米花色苷的最佳提取工艺为:料液比1∶100,浸提温度40 ℃,浸提时间15 h,提取剂为1.5%盐酸甲醇(V∶V);花色苷含量L9(3⁴)正交试验因素水平表见表1-18-11,黑米花色苷提取工艺的正试验结果见表1-18-12。

表 1-18-11　花色苷含量 L9(3⁴)正交试验因素水平表

因素		水平		
		1	2	3
A	料液比	1∶100	1∶80	1∶50
B	浸提温度	30 ℃	40 ℃	50 ℃
C	浸提时间	10 h	15 h	20 h
D	盐酸甲醇浓度	1%	1.5%	2%

据李晶晶、郑金贵(2010)

表 1-18-12　黑米花色苷提取工艺的正交试验结果

试验号	因素				花色苷色价			
	A	B	C	D	Ⅰ	Ⅱ	Ⅲ	平均
1	1	1	1	1	17.28	18.19	19.22	18.23
2	1	2	2	2	19.78	21.74	20.82	20.78
3	1	3	3	3	18.40	20.38	19.33	19.37
4	2	1	2	3	16.52	18.57	17.53	17.54
5	2	2	3	1	18.81	17.85	19.89	18.85
6	2	3	1	2	18.14	20.17	19.14	19.15
7	3	1	3	2	17.02	18.00	15.95	16.99
8	3	2	1	3	15.13	17.13	16.16	16.14
9	3	3	2	1	16.35	17.42	15.37	16.38
均值1	19.460	17.587	17.840	17.820				
均值2	18.513	18.590	18.233	18.973				
均值3	16.503	18.300	18.403	17.683				
极差	2.957	1.003	0.563	1.290				

据李晶晶、郑金贵(2010)

第十九节　　氨基葡萄糖

氨基葡萄糖(glucosamine)俗称氨基糖,又称氨基葡糖、葡萄糖胺或葡糖胺,1876 年由德国外科医生兼药剂学家奥尔格·莱德豪斯(Georg Ledderhose)首次从甲壳素的水解产物中分离获得,1939 年,诺贝尔化学奖得主沃尔特·霍沃思(Walter Haworth)确定了氨基葡萄糖的立体结构。氨基葡萄糖对软骨具有保护功能,并显示出抗炎和促进创面愈合的积极作用。

氨基葡萄糖是葡萄糖的一个羟基被氨基取代后的化合物,即 2-氨基-2-脱氧-D-葡萄糖,分子式是 $C_6H_{13}O_5N$,相对分子质量为 179.17,其结构如图 1-19-1 所示。

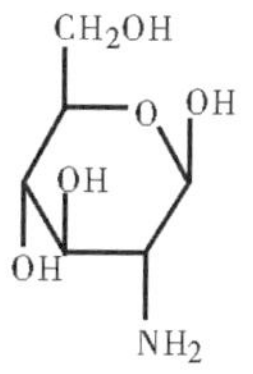

图 1-19-1　氨基葡萄糖化学结构式

氨基葡萄糖主要存有三种,分别是盐酸氨基葡萄糖、硫酸氨基葡萄糖和 N-乙酰氨基葡萄糖。体内自身合成的 D-氨基葡萄糖以 6-磷酸酯的形式存在。自然界多以壳聚糖(Chitosan)形式存在壳聚糖,是一种线性多糖,由氨基葡萄糖和 N-乙酰葡萄糖胺随机分布,并透过 β-(1-4)-糖苷键组合而成。

氨基葡萄糖为白色或浅黄色结晶或粉末,极易溶于水,微溶于冷甲醇或乙醇,几乎不溶于乙醚和氯仿。带有活性氨基基团,呈弱碱性,与硫酸、盐酸复合成盐较为稳定。

一、氨基葡萄糖的生理功能

(一)维持关节软骨的正常功能

氨基葡萄糖是软骨组织的主要组成成分,以氨基聚糖聚合物的形式存在,具有渗透性,可吸纳水分,使软骨膨胀以抵抗软骨所受的压缩力。氨基葡萄糖聚合物含量不足,可破坏软骨的完整性导致骨关节炎(Roughley,2006)。

(二)抗炎、缓解骨关节炎症

氨基葡萄糖能抑制某些炎性因子的合成,起到抗炎或促进合成代谢的作用。软骨细胞外基质代谢过程中,如果降解超过合成,降解产物会引起滑膜细胞和软骨细胞分泌炎性因子,如白细胞介素-1β、前列腺素 2 和一氧化氮等,而引起滑膜炎症反应,氨基葡萄糖能有效拮抗白细胞介素-1β 的炎性作用,促进软骨蛋白聚糖的合成,也可以抑制前列腺素 2 和一氧化氮的合成,从而发挥抗炎活性(Chan et al.,2005)。

据世界卫生组织(WHO)报道,膝关节骨关节炎是女性致残的第 4 位原因,男性致残的第 8 位原因。中国人膝外侧骨关节炎发病率高于美国高加索人,北京 60 岁以上老年女性骨关节炎发病率明显高于美国白人。

目前氨基葡萄糖对关节软骨的保护和对骨关节炎的治疗作用机制尚不清楚,可能与氨基葡萄糖能促进软骨组织中蛋白聚糖的合成和具有抗炎作用有关。

(三)组成透明质酸成分

氨基葡萄糖是透明质酸的组成成分,透明质酸在结缔组织和皮肤中含量丰富,在关节滑膜液、眼球玻璃体和皮下组织基质中存在,有润滑及填充作用。临床研究显示,外用透明质酸能促进伤口愈合,特别是急性放射性上皮炎、下肢静脉溃疡、糖尿病足损伤(Kimball et al.,2010)。外用 2% 的 N-乙酰氨基葡萄糖,可以减少面部色素沉着(Weindl et al.,2004)。

二、含氨基葡萄糖的农产品

氨基葡萄糖主要存在于虾、蟹等壳中,在日常饮食中,氨基葡萄糖的摄入量极微甚至没有,主要以膳食补充剂的形式摄入。中国健康人体内本底氨基葡萄糖浓度为 $(4.2 \pm 2.5)\mu g/L$。

大部分的氨基葡萄糖由虾、龙虾和螃蟹的外壳加工制备,也可以从微生物中提取。

壳聚糖是由氨基葡萄糖和 N-乙酰葡萄糖胺随机分布,并通过 β-(1-4)-糖苷键组合而成。在菇类的骨架部分存在丰富的壳聚糖或 N-几丁质(Janos V,2006),在 $4.35\% \sim 9.66\%$ 干物质之间。

第二十节　熊果酸

熊果酸(Ursolic acid,UA),又名乌索酸、乌苏酸,是一种存在于许多植物中的天然五环三萜类化合物,分子式为 $C_{30}H_{48}O_3$,结构式见图 1-20-1,分子量为 456.68。熊果酸与齐墩果酸(Oleanolic acid)互为三萜酸类同分异构体,性质相似,往往在植物中同时存在。

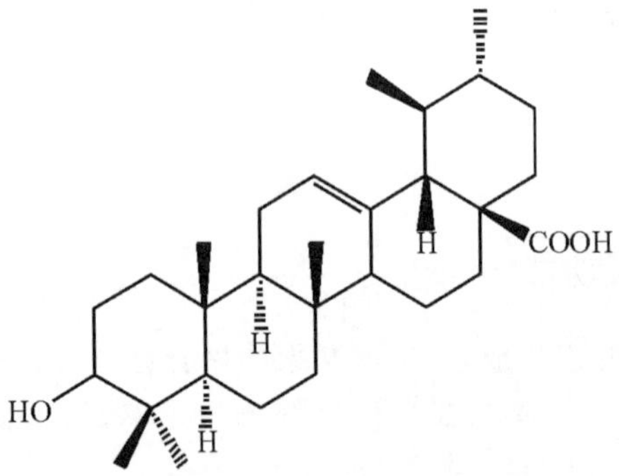

图 1-20-1　熊果酸的分子结构式

一、熊果酸的生理功能

近年来研究发现,熊果酸具有广泛的生理功能,其生理功能可涉及抗肿瘤、护肝、心血管、糖尿病、抗炎、抗病毒等多个领域。

(一)抗肿瘤

熊果酸抗肿瘤作用是多方面和全方位的。其主要通过以下几方面进行作用:①熊果酸能抗 DNA 突变、抑制癌变的启动;②熊果酸能直接杀伤肿瘤细胞;③熊果酸具有肿瘤逆转作用及抗侵袭性;④诱导肿瘤细胞凋亡;⑤抑制肿瘤血管形成。

毛文超等(2012)研究了熊果酸和熊果酸联合枸杞对小鼠肝癌前病变的防护作用。试验中将40只小鼠分为4组:正常组、模型组、熊果酸组和联合用药组,每组10只。除正常组外其余3组小鼠均每周腹腔注射1次二乙基亚硝胺复制小鼠肝癌前病变模型,同时正常和模型组小鼠每天灌胃生理盐水,熊果酸组小鼠每天灌胃熊果酸,联合用药组小鼠每天灌胃熊果酸和枸杞子,均连续10周。腹主动脉取血检测血清肝功能指标,固定光镜观察肝组织学变化。研究结果显示:与对照组比较,模型组小鼠肝脏同时存在变质与修复性病变,增生肝细胞具有异型性,血清ALT、AST、ALP明显升高($P<0.01$),GST升高($P<0.05$)。熊果酸组小鼠肝损伤较轻,增生肝细胞轻度异型性,ALT、AST、GST较模型组显著降低($P<0.01$),ALP降低($P<0.05$);联合用药组小鼠ALT、AST较模型组显著降低($P<0.01$),GST降低($P<0.05$),ALP有降低的趋势($P>0.05$)。由此可见,熊果酸对诱导性小鼠肝癌前病变具有防治作用;熊果酸与枸杞联合应用疗效更好。

熊果酸对多种肿瘤的抑制和杀伤作用主要是通过影响细胞周期及癌相关基因的表达来实现的。Dai Z等(2010)研究表明熊果酸具有时间剂量依赖地抑制鼠乳腺癌细胞系(WA4)的增殖,可使细胞周期停滞在G0/G1期,也能增加细胞凋亡蛋白酶3(Caspase-3)激酶的活性,在乳腺癌的治疗和预防中起着重要的作用,并能通过抑制转录因子(NF-κB)的活化、下调环氧合酶-2(COX-2)及基质金属蛋白酶-9(MMP-9)的表达来阻止肿瘤的入侵及转移。虞燕霞等(2011)研究表明熊果酸对人肝癌SMMC-7721细胞的生长有显著的抑制作用,且此作用呈明显的时间、剂量依赖性;研究还表明熊果酸可以诱导肝癌SMMC-7721细胞阻滞在S期,RT-PCR结果显示其能够上调p21和p53基因,下调PCNA基因。

Zhang Y等(2010)体外研究表明,熊果酸通过诱导凋亡来有效地抑制人前列腺癌细胞系(PC-3)的活性,并能触发细胞所有的凋亡途径,还能通过Bcl-2的磷酸化和Caspase-9的活化来激活c-Jun氨基端激酶(c-jun N-terminal kinase,JNK);另一方面,熊果酸抑制AKT途径后,能上调Fas配体,导致死亡受体介导的PC-3的凋亡,熊果酸通过在PC-3细胞中抑制AKT途径下调MMP-9也能抑制肿瘤细胞的侵入,可用于治疗进展期的前列腺癌。

贺玲等(2013)报道,熊果酸不但能抑制肿瘤细胞生长,而且还能抑制肿瘤新生血管的形成。在体外实验中,熊果酸抑制体外血管内皮细胞增殖、迁移和分化,亦可显著抑制脐静脉内皮细胞的增殖、迁移和分化,对体外培养增殖期血管内皮细胞的血管形成具有较强的抑制作用,抑制程度与熊果酸的作用浓度呈正相关。因此,熊果酸具有很强的血管生成抑制作用,其抑制新生血管的形成是多方面的,如抑制内皮细胞的增殖、迁移、分化及小管形成等。

(二)护肝作用

熊果酸具有明显的护肝作用,它降低丙氨酸和天冬氨酸的同时能显著逆转多种过氧化物酶,增加维生素C、维生素E等抗氧化剂的水平,熊果酸的护肝作用很大程度上归因于它的抗氧化活性。Shyu MH等(2008)研究结果显示:在大鼠活化的肝星状细胞(hepatic stellate cells,HSC-T6)中用10 μmol/L熊果酸治疗后会导致MMP-2和α-平滑肌肌动蛋白的降低,表明熊果酸能明显抑制四氯化碳介导的鼠肝纤维化,提示熊果酸可能会成为一个预防肝纤维化很好的药物。临床实验表明,熊果酸能显著而迅速降低丙氨酸转氨酶的水平,消退黄疸,恢复肝功能。欧阳灿晖等(2009)体内实验也证实了熊果酸能明显改善肝纤维化大鼠的肝组织结构,减轻肝纤维化的程度,疗效优于秋水仙碱。

(三)对心血管的影响

NO是由人内皮型一氧化氮合酶(endothelial nitric oxide synthase,eNOS)产生的,对血管内皮具有重要的保护作用,NO是一个强有力的血管舒张剂,可以保护血管避免血栓及动脉粥样硬化的形成。基于这个观点,eNOS的抑制剂或者eNOS的不足,会促进动脉粥样硬化的进展,NO受eNOS的活性或eNOS基因表达的调控。Steinkamp-Fenske K等(2007)的研究表明10 μmol/L的熊果酸处理EA. hy926细胞18 h

后,会对 eNOS 蛋白起明显的诱导作用。熊果酸能促进 eNOS 的活性、eNOSmRNA 以及蛋白的表达。eNOS 保护心脑血管还和它能下调还原型烟酰胺腺嘌呤二核苷酸磷酸氧化酶(NADPH oxidase,NOX)的亚基 NOX4 的表达,NOX4 是内皮细胞中活性氧簇(reactive oxygen species,ROS)的主要来源,从而可以减少氧化应激。由于 eNOS 在调节血管内皮功能方面具有非常重要的作用,因此是机体抗动脉粥样硬化的第一道屏障。Lin Y 等(2009)研究表明熊果酸还能通过抑制酰基辅酶 A-胆固醇酰基转移酶的活性,降低血浆胆固醇浓度,可用于治疗高胆固醇血症和动脉粥样硬化。Azevedo MF 等(2010)报道,熊果酸能明显降低血浆胆固醇总量和低密度脂蛋白水平,此外,也能升高血浆高密度脂蛋白水平,对预防心血管疾病有一定的作用。刘志芳等(2009)研究也表明,熊果酸对胰脂肪酶的活性和构象产生影响,从而抑制了外源脂肪的吸收。以上表明,熊果酸在心血管疾病方面的治疗和预防中发挥着重要的作用。

(四)治疗糖尿病

熊果酸能通过糖原合成酶 3 的磷酸化增加肝糖原形成,从而降低血糖水平。Lee J 等(2010)实验表明,用不同的熊果酸剂量(0.01% 和 0.05%)和 0.5% 的二甲双胍治疗 4 周后,和未进行治疗组相比,熊果酸和二甲双胍均可明显改善血糖、糖化血红蛋白及胰岛素的耐受性,也能改善转氨酶的活性。熊果酸的不同剂量都可以降低脾白细胞介素 6(IL-6)水平。研究还发现在非肥胖性 2 型糖尿病中,熊果酸和二甲双胍在增加胰岛素浓度的同时还增加了血浆瘦素的水平,两者具有相关性。在非肥胖性的 2 型糖尿病中,小剂量的熊果酸能促进血浆和胰脏的胰岛素水平,将会是一个有效的抗糖尿病因素。Jang SM 等(2010)报道,熊果酸还能通过改善多元醇途径以及脂类代谢来预防糖尿病并发症,它可作为一个潜在的肝葡萄糖生成的介质,这些部分是通过促进肝内葡萄糖的利用和糖原贮积以及减少糖原异生来介导的。Jang SM 等(2009)报道,在高脂饮食喂养的 1 型糖尿病的鼠模型中,熊果酸通过保护胰岛 β 细胞、调整血糖的水平、T 细胞的增殖以及淋巴细胞产生的细胞因子而增加了胰岛素水平,表现出治疗糖尿病和免疫调节的潜在特性。Zhou Y 等(2010)研究表明用小剂量熊果酸治疗链唑霉素诱导的糖尿病鼠 3 个月后,其肾小球肥大和肾中沉积的 IV 型胶原会得到明显改善,进一步的研究证实熊果酸能抑制糖尿病诱导的信号转导和转录激活因子(signal transducers and activators of transcription,STAT-3),ERK1/2 和 JNK 信号通路,但不抑制其 p38MAPK 途径。此外,熊果酸也能抑制糖尿病诱导肾皮质中的诱导型一氧化氮合成酶(inducible nitric oxide synthase,iNOS)的过表达,因此,还可用来治疗糖尿病性肾病变。

(五)抗氧化作用

熊果酸是一个较强的抗氧化剂,研究证明熊果酸能强有力地抑制细胞中活性氧 ROS 产生。Ali MS 等(2007)报道,熊果酸能上调 eNOS 的表达从而促进内源性 NO 的产生,并降低 NOX 亚基 NOX4 的表达,抑制 ROS 的产生,这可能是熊果酸抑制 ROS 产生的最重要机制。也有可能是抑制肝细胞的细胞色素 P450 一氧化物酶产生的 ROS。纪晓花(2013)研究表明乌梅熊果酸具有抑制猪油自动氧化的能力,也具有清除 DPPH· 和 ·OH 自由基的能力。

(六)抗炎、抗病毒

张新华等(2011)报道,熊果酸具有杀菌或抑菌活性,所以有很强的抗炎作用,熊果酸对耐万古霉素肠球菌有抗菌作用,也可抑制金黄色葡萄球菌的生长,在体内熊果酸能降低易受单纯疱疹病毒感染的细胞的病理学活性,熊果酸还能抗其他的革兰氏阳性和阴性细菌,其抗革兰氏阴性菌的作用更强。熊果酸能抑制 IL-6 释放的脂多糖(lipopolysaccharide,LPS)。也能抑制 LPS 炎症反应的信号转导途径,其可能的机制与其抑制 NF-κB 活性,从而降低 COX-2 的表达有关。临床研究表明熊果酸可以改善泌尿系感染患者的临床症状。熊果酸能抑制 RAW 264.7 细胞内由刺激 LPS 产生的 NO,前列腺素 E2 和细胞内 ROS。也能抑制 iNOS 的 mRNA 和蛋白的表达以及细胞内 LPS 刺激的 COX-2 的产生。另有研究表明,熊果酸能从转录、翻译和翻译后水平增加鼠腹膜巨噬细胞 IL-1β 和 IL-6 的释放,但不增加肿瘤坏死因子蛋白,熊果酸也能诱导细胞内 ROS 的产生以及激活 p38MAPK、ERK1/2 信号通路。熊果酸对 D-半乳糖诱导的炎症反应具有保护效应,还能抑制额前皮质 NF-κBp65 的核转位,可以减弱大脑的炎症反应。Shen D 等(2010)发现熊果酸能抑制 COX-2 蛋白的表达,其抗炎活性可以和公认的 COX 的抑制剂消炎痛相提并论。Lee JS 等(2008)发现熊果酸也有抗分枝杆菌及 HIV-1 蛋白酶的活性。Kazakova OB 等(2010)研究表明熊果酸通过抑制人乳头瘤病毒(human papilloma virus,HPV)的生长,在抗 HPV 11 型和流感病毒 A 型中能发挥很好的作用。尽管熊果酸具有很强的抗炎作用,但也有研究显示熊果酸有时也会对正常的细胞和组织有促炎症作用,因此熊果酸被认为是一把双刃剑。

(七)其他方面

其他方面目前有关熊果酸与中枢神经系统的研究日渐增多。熊果酸能抑制乙酰胆碱酯酶的活性,也可抑制中枢神经系统起到镇静和催眠作用。Shih YH 等(2004)研究表明熊果酸能随剂量增加而明显减弱红藻氨酸盐诱导的大鼠海马神经元的损害,同时也能延缓线粒体膜电位的下降及抑制自由基的产生,因此具有神经保护作用。γ-氨基丁酸(γ-aminobutyric acid,GABA)是哺乳动物中枢神经系统内的主要抑制性递质。GABA 的降解主要由 GABA 转氨酶(GABA transaminase,GABA-T)催化。Awad R 等(2009)研究表明熊果酸可通过调控 GABA-T 的活性,提升脑内氨基丁酸的水平,适度地缓解压力,起到抗焦虑、抗惊厥和止痛作用。Wang YJ 等(2011)研究表明熊果酸还能明显改善小鼠 LPS 诱导的认知缺陷,这些取决于熊果酸能降低 LPS 诱导的小鼠脑内促炎症介质的产生,熊果酸能显著抑制 LPS 诱导的 IKBα 的磷酸化和降解,NF-κBp65 核核转位和 p38 的活化,表明熊果酸通过阻断 p38/NF-κB 信号通路,抑制促炎症介质的产生来减轻炎症相关的大脑功能障碍。综上所述,熊果酸可以改善大脑的认知能力,还通过 GABA 系统发挥镇静、催眠等功效。

二、含熊果酸的农产品

熊果酸在自然界中分布广泛,如苦丁茶、蔓越莓(蔓越橘)、蓝莓、山楂、夏枯草、红枣、木瓜、蛇莓、乌梅、芦笋、野蔷薇果、山茱萸、车前草、女贞子等植物农产品中均含有。熊果酸植物资源可以大致分为高含量型、中含量型和低含量型 3 类,见表 1-20-1。高含量型,即全植株(全草)或某些部位熊果酸含量≥10 mg/g 的植物;中含量型,即全植株(全草)或某些部位熊果酸含量在 5～10 mg/g 之间的植物;低含量型,即全植株(全草)或某些部位熊果酸含量≤5 mg/g 的植物。

表 1-20-1　含熊果酸的植物农产品

类型	植物	部位	质量分数(mg/g)
	希腊鼠尾草	全草	74.50
	夹竹桃	全草	43.00
	迷迭香	全草	41.00
	西班牙鼠尾草	全草	40.20
	长春花	叶	37.00
		全草	13.40
高含量型	六座大山荆芥	全草	29.20
	小冠薰	叶	20.20
	长穗薰衣草	叶	19.00
	百里香	全草	18.80
	苦丁茶	叶	5.20～17.70
	冬季香薄荷	全草	16.00
	连翘	叶	13.30
		全草	4.02

续表

类型	植物	部位	质量分数(mg/g)
高含量型	枇杷	叶	5.83～12.30
	枸骨	叶	7.60～10.60
	白花蛇舌草	全草	3.80～10.07
	月桂樱桃	叶	10.00
中含量型	泽兰	茎/叶	2.30～9.70
	匍匐百里香	全草	9.10
	熊果	全草	7.50
	越橘	果	7.50
	英国薰衣草	叶	7.00
	欧洲龙牙草	全草	6.00
	山楂	果	3.40～5.34
	黄毛耳草	全草	5.21
	伞房花耳草	全草	5.01
低含量型	牛膝草	全草	4.90
	陆英	叶	4.20～4.82
	杜鹃	花	4.10
	石楠	叶	4.10
	地榆	全草	3.98
	夏枯草	全草	3.50
	女贞	叶/籽	2.90～3.40
	猫须草	全草	2.62～3.57
	柿	叶	3.40
	毛泡桐	叶/花	3.16
	紫苏	叶	3.09
	山茱萸	果皮	2.87

据陶渊博等(2012)

本章参考文献

[1] 安建博,张瑞娟.芝麻素对高脂血症大鼠脂代谢的作用[J].西安交通大学学报(医学版),2010,01:67～70

[2] 白建江,朱辉明,李丁鲁,等.高抗性淀粉稻米对GK糖尿大鼠的血糖和血脂代谢的影响[J].中国食品学报,2012,09:16～20

[3] 毕跃峰,贾陆,孙孝丽,等.野菊花化学成分的研究(Ⅱ)[J].中国药学杂志,2010,13:980～983

[4] 卜丽梅,关凤英,乔萍,等.没食子酸对大鼠缺血再灌注损伤后细胞凋亡的保护作用及机制研究[J].中国实验诊断学,2010,11:1693～1697

[5] 蔡国华,谢卫.HPLC测定不同部位烟叶中没食子酸的含量[J].江西农业学报,2014,06:81～83

[6] 蔡锦贤,荆晶,陆阳.天然聚乙炔醇的研究进展[J].中草药,2007,04:620～623

[7] 蔡宇,陈冰,张荣华,等.补骨脂素对HL60细胞凋亡及细胞内Ca²⁺浓度影响的探讨[J].中国肿瘤临床,2006,02:64～66

[8] 曹慧,张玉宵,王佳倩.苹果果实中阿魏酸和儿茶素的毛细管电泳分离测定研究[J].实验技术与管理,2012,01:33～35

[9] 曹晓淬,王卉,张红梅,等.白花丹醌对人肝癌SK-hep-1细胞增殖及侵袭的影响[J].中国癌症杂志,2013,09:721～727

[10] 曹秀明,高越,徐德林.虾青素保护活性氧所致线粒体损伤的作用[J].食品与药品,2010,11:412～414

[11] 曹秀明,祁小倩,王珊珊.虾青素对活性氧所致海马神经细胞氧化损伤的保护作用[J].中国海洋药物,2012,06:45～49

[12] 曹秀明,王宗利,杨贵群.虾青素对过氧化氢所致质膜氧化损伤的保护作用[J].中国海洋药物,2009,05:44～50

[13] 曾荣,张健,谭向红,等.分光光度法测定尤曼桉中的芦丁含量[J].四川农业大学学报,2005,02:186～188

[14] 晁晓东.缺血再灌注脑损伤后蛇床子素的作用及机制研究[D].第四军医大学,2011

[15] 陈爱华,赵维中.芸香苷对急性胰腺炎大鼠胰腺毛细血管通透性的影响[J].军医进修学院学报,2010,04:358～359,362

[16] 陈爱云,竹剑平.蒜素减肥作用的实验研究[J].浙江中西医结合杂志,2004,08:28～29

[17] 陈达.2,3-吲哚醌抗病毒作用研究[D].青岛大学,2006

[18] 陈东方,王海玉,张聪恪,等.天然虾青素软胶囊对人体抗氧化功能试验研究[J].现代预防医学,2011,04:624～626

[19] 陈凤香,曹文明,曹国武,等.芝麻木脂素研究进展[J].粮食与油脂,2012,06:1～6

[20] 陈红惠,彭光华.反相高效液相色谱法测定雪莲果叶中的绿原酸[J].食品科学,2010,02:224～227

[21] 陈华,周利凯,李帅,等.3,4-二苯基香豆素衍生物的合成及其促自然杀伤细胞活性研究[J].有机化学,2013,01:164～168

[22] 陈进军,王思明,李存芳,等.冷蒿中五种倍半萜内酯化合物抑制人肿瘤细胞增殖活性及构效关系研究[J].中药药理与临床,2011,02:24～26

[23] 陈立军,靳秋月,王瑞珉,等.芸香苷诱导 K562 细胞凋亡机制[J].中草药,2006,05:738～741

[24] 陈立武,曾维铨.虾青素抗肝肿瘤生长的实验研究[J].中国医药导报,2012,04:21～23

[25] 陈丽,张建,汪思应,等.胡桃醌对小鼠黑色素瘤细胞 B16F10 体内迁移的影响[J].中国临床药理学与治疗学,2012,09:978～982

[26] 陈敏,李逐波.大蒜中有机硫化物抗肿瘤的研究进展[J].生命科学,2011,05:487～491

[27] 陈少洲,吕飞杰,东惠茹,等.向日葵仁中绿原酸和咖啡酸的反相高效液相色谱法测定[J].分析测试学报,2003,02:100～102

[28] 陈晓琼,张红宇,徐培洲,等.有色稻中花色素、原花色素以及黄酮含量的分析[J].分子植物育种,2008,02:245～250

[29] 陈晓月,赵承辉,刘爽,等.大蒜素体外抗菌活性研究[J].沈阳农业大学学报,2008,01:108～110

[30] 陈勇,李德发,陆文清,等.测定雨生红球藻中虾青素及其他色素含量的高效液相色谱法[J].分析测试学报,2003,04:28～31

[31] 陈勇,李艳苓,李立,等.HPLC 法测定山绿茶不同炮制品种中绿原酸和芦丁的含量[J].广西科学院学报,2006,S1:416～418,421

[32] 陈玉琴.洋葱阿魏酸提取工艺的优化[J].河南农业科学,2013,07:157～160

[33] 陈毓.高效液相色谱法测定小蓟中芦丁含量[J].中国中医药信息杂志,2007,12:45～46

[34] 陈志强,任璐,王昌禄,等.虾青素对四氧嘧啶致糖尿病小鼠降血糖作用研究[J].天然产物研究与开发,2008,06:1064～1066,1087

[35] 谌立巍,刘静,赵波,等.紫外分光光度法测定川明参中总香豆素类成分含量[J].成都医学院学报,2008,03:188～190

[36] 程振玉,杨英杰,刘治刚,等.高效液相色谱法测定北五味子中 5 种木脂素含量[J].理化检验(化学分册),2014,05:575～578

[37] 代欣,叶世芸,何顺志,等.HPLC 测定国产云实属植物中没食子酸的含量[J].西北药学杂志,2010,02:99～100

[38] 单舒筠,孙博航,高慧媛,等.UV 和 HPLC 法分别测定板栗种仁中总多糖和没食子酸的含量[J].沈阳药科大学学报,2009,12:983～986,1003

[39] 邓茂芳,廖丽娜,张敏敏,等.葡萄籽原花青素及其组合物对家兔实验性动脉粥样硬化的抑制作用[J].中国现代应用药学,2013,12:1285～1289

[40] 董建辉,华卡.高效液相色谱法同时测定天山雪莲中绿原酸和芦丁的含量[J].中南药学,2007,04:333～335

[41] 段红,翟科峰,曹稳根,等.稻谷芒中羟甲香豆素的鉴定及总香豆素提取工艺[J].食品工业科技,2014,05:192～195

[42] 樊金玲,丁霄霖,徐德平.沙棘籽中的原花色素化合物[J].中草药,2006,04:514～517

[43] 范才文,王建红,田晶,等.鞣花酸抑制鼻咽癌 CNE2 细胞的作用及作用分子探讨[J].安徽医科大学学报,2013,10:1156～1158

[44] 范国婷.亚麻籽木脂素的提取纯化及抗氧化性的研究[D].吉林农业大学,2013

[45] 范金波,蔡茜彤,冯叙桥,等.5 种天然多酚类化合物抗氧化活性的比较[J].食品与发酵工业,2014,07:77～83

[46] 封伟亮,杨红健,谢尚闹.百里醌对体内外乳腺癌细胞生长和凋亡的作用[J].医学研究杂志,2013,06:94～97

[47] 冯福应,邵金旺,张少英,等.甜菜抗丛根病生理基础的研究之七 甜菜抗(耐)丛根病性不同的品种绿原酸和阿魏酸研究[J].中国甜菜糖业,2001,04:1～5

[48] 冯敏,张鹏,郑朝晖.咖啡酸对老年性痴呆模型大鼠脑损伤的保护作用[J].四川医学,2009,10:1518～1520

[49] 冯子晋,卢小玲,张建鹏,等.北沙参中香豆素类与聚炔类成分的含量测定研究[J].中国海洋药物,2014,03:20～26

[50] 付云飞,李清,毕开顺.RP-HPLC 法同时测定不同产地连翘中的 7 种成分[J].中草药,2013,08:1043～1046

[51] 戈畅,樊赛军.吲哚-3-甲醇(I3C)抗肿瘤作用的研究进展[J].中国肺癌杂志,2009,09:1044～1046

[52] 葛跃伟,高慧敏,王智民.姜黄属药用植物研究进展[J].中国中药杂志,2007,23:2461～2467

[53] 耿旦,马雯芳,甄汉深,等.RP-HPLC 测定桑葚中芦丁的含量[J].中国实验方剂学杂志,2011,14:63～65

[54] 龚频,陈福欣,王静,等.咖啡酸苯乙酯保护镉介导的小鼠大脑氧化损伤的研究[J].时珍国医国药,2012,06:1446～1448

[55] 龚频,陈福欣,王静,等.咖啡酸苯乙酯对镉诱导的心脏损伤的保护作用[J].毒理学杂志,2012,03:197～200

[56] 顾兵,李华南,李玉萍,等.大蒜的免疫增强作用[J].中药材,2009,07:1164～1168

[57] 顾源远,陈建伟.紫外分光光度法测定明党参中总香豆素类成分的含量[J].现代中药研究与实践,2010,02:58～60

[58] 关丽萍,金晴昊,郑云花,等.反相高效液相色谱法测定珍珠梅中芦丁的含量[J].时珍国医国药,2005,08:717～718

[59] 光琴,周亚球,王先荣,等.不同产地罗布麻叶中原花色素的含量测定[J].中国实验方剂学杂志,2009,02:20～22

[60] 郭巧生,房海灵,申海进.不同产地野菊花中绿原酸、咖啡酸和蒙花苷含量[J].中国中药杂志,2010,09:1160～1163

[61] 郭伟琳,冷红琼,邓亮,等.UPLC 法同时测定旋覆花属植物中 2 种倍半萜内酯成分的含量[J].昆明医科大学学报,2012,12:4～6,10

[62] 郭增军,谭林,徐颖,等.鞣花酸类化合物在植物界的分布及其生物活性[J].天然产物研究与开发,2010,03:519～524,540

[63] 韩凤梅,张晓雷,陈勇.齐墩果酸、鞣花酸与拉米夫定体外联合抗 HBV 作用研究[J].湖北大学学报(自然科学版),2009,04:426～429

[64] 韩立宏,刘立红.木脂素类化合物功能活性研究进展[J].宁夏师范学院学报,2010,06:36～39

[65] 好桂新,王峥涛,徐珞珊,等.乌药的化学成分及药理作用[J].中国野生植物资源,1999,03:7～12

[66] 郝惠惠,汤道权.芦丁对糖尿病肾病大鼠氧化应激及醛糖还原酶的影响[J].江苏医药,2013,21:2520～2522

[67] 何佳声,黄学锋.原花青素对人结肠癌细胞 SW620 增殖和凋亡的影响[J].中国中西医结合外科杂志,2010,04:439～442

[68] 何雷,杨顺丽,吴德松,等.乔木茵芋中的香豆素类化合物及其抗炎活性研究[J].中国中药杂志,2012,06:811～813

[69] 何小燕,郝春芝.咖啡酸苯乙酯对缺血—再灌注氧化应激损伤保护作用的研究进展[J].中国药房,2014,15:1426～1429

[70] 何晓梅,谷仿丽,张颖,等.芝麻木脂素超声提取工艺优化及其抗氧化性能[J].生物加工过程,2013,06:53～57

[71] 何旭.香豆素类化合物的化学成分及用途[J].时代教育(教育教学版),2009,01:95

[72] 何渝军.咖啡酸苯乙酯对大肠癌细胞抑制作用及对 β-catenin 通路相关基因的影响[D].第三军医大学,2004

[73] 何远景,陈国彪,张金花.高效液相色谱法测定牛耳枫中芦丁的含量[J].中国热带医学,2007,11:2105～2106

[74] 何运智,冯健雄,熊慧薇.藠头的营养价值和生理活性[J].绿色大世界,2007,Z1:54～55

[75] 何泽民,朱俊玲.木脂素的生理功能研究进展[J].安徽农业科学,2011,05:2541～2542

[76] 胡昔奇,李先辉,郑尧帆,等.大蒜素对阿尔茨海默病小鼠学习记忆能力和脑组织抗氧化能力的影响[J].中国老年学杂志,2010,07:944～945

[77] 胡艳艳.PI3K/Akt/GSK-3β 和线粒体 ATP 敏感钾通道介导原花青素对心肌缺血再灌注损伤的保护作用[D].山东大学,2013

[78] 胡志国,王远兴,陈振桂,等.反相高效液相色谱法测定山楂中绿原酸的含量[J].食品科学,2007,11:407～410

[79] 黄国霞,阎柳娟,李军生,等.电泳法研究两种醌类化合物的抑菌作用机理[J].时珍国医国药,2013,06:1359～1360

[80] 黄敬群,宋扬,赵鹏,等.芦丁治疗急性痛风性关节炎的实验研究[J].华南国防医学杂志,2013,08:533～535,539

[81] 黄秀明,叶和珏,谢文龙.倍半萜化合物对有机磷中毒小鼠的实验治疗[J].中国公共卫生,2001,01:19～20

[82] 黄志强,唐健,白永亮,等.抗性淀粉及其防治肥胖症的研究进展[J].食品与机械,2012,04:250～253

[83] 霍洪楠.秦皮素抗乳腺癌作用机制及其对免疫的调节作用[D].辽宁师范大学,2013

[84] 纪淑娟,于子君,王颜红,等.富含抗性淀粉的营养金玉米制备工艺参数的优化[J].食品科学,2010,14:132～135

[85] 贾宝珠,鲍金勇,郑晓仪,等.香蕉皮原花色素提取工艺的研究[J].食品工业科技,2014,06:251～255

[86] 姜成哲,张乾坤,金庆日,等.鞣花酸对脾淋巴细胞增殖、自然杀伤细胞活性和 Th1/Th2 细胞因子的影响[J].中草药,2010,02:275～277

[87] 姜恩平,王帅群,王卓,等.北五味子总木脂素对脑缺血模型大鼠神经细胞凋亡及 p-AKT 表达的影响[J].中国中药杂志,2014,09:1680～1684

[88] 蒋雷,王国荣,姚庆强.苦苣菜属植物化学成分及药理活性研究进展[J].齐鲁药事,2007,11:670～672

[89] 解思友,逢美芳,孙艳,等.马齿苋的化学成分与药理作用最新研究进展[J].现代药物与临床,2011,03:212～215

[90] 金蓓蓓,陈勤,陈庆林.阿魏酸对拟痴呆小鼠学习记忆和海马胶质纤维酸性蛋白表达的影响[J].激光生物学报,2011,04:484～489

[91] 金月,李江.RP-HPLC 法测定川芎药材中阿魏酸的含量[J].西北药学杂志,2010,02:85～87

[92] 晋艳曦.葡萄汁中鞣花酸的定性与定量分析[J].饮料工业,1999,05:33～36

[93] 鞠家星,徐朝晖,冯怡.牛蒡子总木脂素对自发性糖尿病大鼠肾脏病变的影响[J].中国新药与临床杂志,2012,07:397～401

[94] 孔庚星,张鑫,陈楚城,等.青果抗乙肝病毒成分研究[J].解放军广州医高专学报,1997,02:84～86

[95] 孔令义.香豆素化学[M].化学工业出版社,2008

[96] 邝军,张立波,朱建勇,等.鞣花酸对肺心病患者免疫功能作用的研究[J].中国老年保健医学,2011,06:23

[97] 兰志琼,卢先明,蒋桂华,等.药用大黄叶泻下、止血作用的实验研究[J].中药材,2005,03:204～206

[98] 李成义,王延惠,魏学明,等.HPLC 测定不同产地当归中阿魏酸的含量[J].西部中医药,2012,01:34～36

[99] 李春艳,阮冠宇,倪碧莲.金线莲中阿魏酸和肉桂酸的提取及 HPLC 测定[J].福建中医学院学报,2009,05:13～16

[100] 李汉浠,任赛赛,李勇,等.枫杨萘醌对常见菌的抗菌谱、最低抑菌浓度和最低杀菌浓度研究[J].时珍国医国药,2012,06:1422～1424

[101] 李红国,刘双萍,崔银姬,等.木脂素促进人胃癌 MGC-803 细胞凋亡[J].基础医学与临床,2014,05:704～706

[102] 李慧义,罗淑荣.RP-HPLC 法测定牛蒡子中木脂素的含量[J].药学学报,1995,01:41～45

[103] 李晶晶.黑米抗氧化作用的基因型差异及抑制动物肿瘤研究[D].福建农林大学,2010

[104] 李磊,周昇昇.抗性淀粉的健康声称[J].中国食品添加剂,2012,03:190～194

[105] 李丽,吴俐勤,章虎,等.高效液相色谱—串联质谱法测定蜂胶中咖啡酸苯乙酯[J].理化检验(化学分册),2014,01:54～57

[106] 李利华.HPLC 测定鱼腥草不同部位绿原酸和芦丁的含量[J].中国实验方剂学杂志,2012,19:94～97

[107] 李利敏,沈建福,吴晓琴.8 种油茶蒲提取物中活性物质含量及其抗氧化能力的比较研究[J].中国粮油学报,2013,01:41～47

[108] 李玲.杜仲木脂素对高血压肾损害的保护作用及机制研究[D].中南大学,2011

[109] 李森,王永香,孟谨,等.HPLC 法测定金银花中新绿原酸等 8 种成分的量[J].中草药,2014,07:1006～1010

[110] 李明,刘霞,郭书翰,等.土木香和冷蒿中倍半萜内酯化合物抑制人乳腺癌细胞增殖活性及构—效关系研究[J].天然产物研究与开发,2013,04:555～557,529

[111] 李娜,谢谊,侯雅明,等.HPLC 法测定清香藤中阿魏酸的含量[J].湖南中医杂志,2013,05:123～124

[112] 李庆,谭敏.新型天然抗氧化剂——鞣花酸[J].四川食品与发酵,2001,04:10～14

[113] 李瑞峰,杨福军,吕丽娟,等.大黄素型羟基蒽醌类化合物对宫颈癌 HeLa 细胞放射敏感性的影响[J].中国药房,2011,15:1353～1356

[114] 李瑞玲,崔运启,刘奇森.HPLC 法测定不同产地鱼腥草中不同部位芦丁的含量[J].天然产物研究与开发,2013,06:799～801

[115] 李睿坤,尹苗,张晾,等.大蒜素对动脉粥样硬化小鼠血脂代谢的影响[J].中华临床医师杂志(电子版),2007,01:29～33

[116] 李顺林,李亚婷,郝小江,等.三裂蟛蜞菊中的倍半萜内酯在制备抗烟草花叶病毒药物中的应用[P].云南:CN103109812A,2013-05-22

[117] 李田田,王飞.超声波辅助提取黑荆树皮原花色素工艺优化[J].林产化学与工业,2012,05:56～62

[118] 李望,崔国贤,祖文华,等.栽培植物的绿原酸研究进展[J].作物研究,2008,22(5):323～327

[119] 李伟,程超,张应团,等.不同火棘果实功效成分的聚类分析[J].食品科学,2008,09:207~210

[120] 李文,侯华新,吴华慧,等.没食子酸对卵巢癌 SKOV3 细胞的生长抑制作用及机制[J].山东医药,2010,15:43~44

[121] 李文仿,欧琴,张丹峰,等.鞣花酸对乳腺癌细胞 MDA-MB-231 增殖及 SDF1α/CXCR4 信号通路的影响[J].中华乳腺病杂志(电子版),2013,06:415~418

[122] 李小萍,梁琪,辛秀兰,等.红树莓果中鞣花酸提取物的抗氧化性研究[J].食品科技,2010,05:182~185

[123] 李小萍.红树莓果中鞣花酸的提取、纯化及抗氧化性和抑菌活性的初步研究[D].甘肃农业大学,2010

[124] 李晓明.山茱萸果核抗氧化活性的相关研究[D].河南科技大学,2012

[125] 李秀莲,赵雪英,张耀文,等.中国栽培养麦高芦丁品种的筛选[J].作物杂志,2003,06:42~43

[126] 李岩,赵剑璞,王燕妮,等.胡桃醌含药血清体外抗肿瘤实验研究[J].北京理工大学学报,2013,05:545~550

[127] 李艳丽,许亮,杨燕云,等.HPLC 测定不同产地牛蒡草中绿原酸含量[J].中国实验方剂学杂志,2012,23:117~119

[128] 李英霞,侯立静.HPLC 法测定不同产地香附中阿魏酸[J].中成药,2013,11:2548~2550

[129] 李勇,丛斌,董玫,等.土木香中倍半萜内酯抗肿瘤活性及构效关系研究[J].中草药,2010,08:1336~1338

[130] 李玉山.芦丁的资源、药理及主要剂型研究进展[J].氨基酸和生物资源,2013,03:13~16

[131] 李源,朱俊勇,陈祖华,等.3,3′-二吲哚甲烷对宫颈癌 SiHa 细胞增殖抑制的实验研究[J].临床肿瘤学杂志,2012,09:775~779

[132] 李在留,李凤兰,郑永唐,等.文冠果种皮中的香豆素类化合物及抗 HIV-1 活性研究[J].北京林业大学学报,2007,05:73~83

[133] 李占省,刘玉梅,方智远,等.反相高效液相色谱法测定甘蓝叶球中的抗癌活性成分吲哚-3-甲醇[A].中国园艺学会(Chinese Society for Horticultural Science)、中国农业科学院蔬菜花卉研究所(Institute of Vegetables and Flowers,Chinese Academy of Agricultural Sciences).中国园艺学会 2011 年学术年会论文摘要集[C].中国园艺学会(Chinese Society for Horticultural Science)、中国农业科学院蔬菜花卉研究所(Institute of Vegetables and Flowers,Chinese Academy of Agricultural Sciences),2011:1

[134] 李正国,刘桂银,常虹.白扁豆花中芦丁含量测定方法的研究[J].中国药事,2013,03:308~311

[135] 李志强,邹飒枫.蛇床子素在神经系统药理作用的研究进展[J].国际神经病学神经外科学杂志,2012,05:479~482

[136] 李志勇,郭勇,罗焕亮.香豆素类化合物——抗 HIV 天然药物[J].生命的化学,1999,04:51~52

[137] 连喜军,罗庆丰,沈水芳,等.微波对马铃薯回生抗性淀粉生成的作用[J].农产品加工(学刊),2009,10:97~98,118

[138] 梁臣艳,覃洁萍,陈玉萍,等.不同产地防风挥发油的 GC-MS 分析[J].中国实验方剂学杂志,2012,08:80~83

[139] 梁俊,李建科,刘永峰,等.石榴皮多酚对脂变 L-02 肝细胞胆固醇合成的影响及机制探究[J].食品与生物技术学报,2013,05:487~493

[140] 梁俊,李建科,赵伟,等.石榴皮多酚体外抗脂质过氧化作用研究[J].食品与生物技术学报,2012,02:159~165

[141] 梁侨丽,龚祝南,绪广林,等.地胆草倍半萜内酯化合物体外抗肿瘤作用的研究[J].天然产物研究与开发,2008,03:436~439

[142] 廖律,周明达,肖劲,等.米糠中阿魏酸的提取及高效液相色谱法测定[J].食品工业科技,2007,02:217~219,229

[143] 林生,刘明韬,王素娟,等.小蜡树香豆素类成分及其抗氧化活性[J].中国中药杂志,2008,14:1708~1710

[144] 林夏,胡军华,崔培超.HPLC 同时测定大花红景天提取物中没食子酸、红景天苷、酪醇、对香豆酸的含量[J].中国实验方剂学杂志,2013,10:102~105

[145] 林玉芳,谢倩,陈清西.橄榄多酚类化合物组分分析[J].热带作物学报,2014,03:460~465

[146] 林子洪,吴敬勋,肖梓栋,等.芦荟对小鼠便秘的作用及其机制初探[J].广东医学,2005,10:36~38

[147] 凌姐思,何友昭,谢海洋,等.双向电堆积与毛细管电泳联用对茶叶中咖啡酸及没食子酸的测定[J].分析测试学报,2010,04:368~371

[148] 刘大川,刘强,吴波,等.花生红衣中白藜芦醇、原花色素提取工艺的研究[J].食品科学,2005,07:144~148

[149] 刘丹萍,张立钦,陈安良,等.山核桃外果皮中胡桃醌含量测定及抑菌活性[J].农药,2010,09:686~688,701

[150] 刘栋,潘小钢,李雅琳.鞣花酸抑制黑素细胞黑素合成及黑素传递的实验研究[J].天津医药,2014,03:208~210

[151] 刘浩,崔美芝,李春艳.大蒜素对Ⅱ型糖尿病大鼠血糖的干预效应[J].中国临床康复,2006,31:73~75

[152] 刘景东,钱彦丛,王志玲,等.薄层扫描法测定槐叶中的芦丁含量[J].黑龙江医药,2003,01:17~18

[153] 刘良忠,张民,王海滨,等.天然红心鸭蛋中的类胡萝卜素及对 $S_{(180)}$ 肿瘤抑制作用的初步研究[J].食品科学,2003,11:133~136

[154] 刘全德,唐仕荣,宋慧,等.芦荟蒽醌类化合物的超声提取及其抗氧化性研究[J].食品与机械,2011,05:68～71

[155] 刘卫根,王亮生,周国英,等.羌活不同部位有机酸和香豆素类化合物含量的比较研究[J].药物分析杂志,2012,11:1950～1956,1967

[156] 刘霞,于红梅,李东花.关于抗 HIV 活性香豆素类化合物进展的探究[J].中国伤残医学,2014,06:326～327

[157] 刘艳,熊伟,田吉,等.可变波长同时测定泸州龙眼没食子酸和鞣花酸的含量[J].中国实验方剂学杂志,2012,06:84～86

[158] 刘以娟,杨晓惠,王芳兵,等.压热法制备绿豆抗性淀粉工艺的优化[J].食品与发酵工业,2011,04:139～144

[159] 刘玉革,刘丽琴,刘胜辉,等.高效液相色谱法测定成熟龙眼各部位游离鞣花酸含量[J].食品科学,2012,14:181～183

[160] 刘玉革,王松标,刘胜辉,等.高效液相色谱法测定杧果果皮中游离鞣花酸含量[J].广东农业科学,2011,18:128～129

[161] 刘远,蒋力云,李文学,等.吲哚-3-甲醇抑制人肝癌细胞株 SMMC-7721 生长作用及机理探讨[J].江苏预防医学,2012,03:1～4

[162] 卢慧敏.人参炔醇对血清刺激大鼠胸主动脉平滑肌细胞增殖的影响[D].江西医学院,2004

[163] 鲁懔莉,李伟杰,侯文睿,等.红活麻总香豆素对葡聚糖硫酸钠所致小鼠结肠炎的作用研究[J].中国中药杂志,2012,21:3316～3320

[164] 陆晶晶,丁轲,杨大进.保健品功能因子鞣花酸研究进展[J].食品科学,2010,21:451～454

[165] 陆楷,李亮萍,李明松,等.鞣花酸对血管内皮生长因子介导的新生血管过程的抑制作用及机制研究[J].数理医药学杂志,2012,04:403～406

[166] 陆亚鹏,刘思园,朱俐.虾青素对 $A\beta_{(25～35)}$ 诱导小鼠皮层神经元损伤的保护作用[J].中国老年学杂志,2011,21:4161～4163

[167] 陆阳主编.醌类化学.化学工业出版社,2009

[168] 罗喜荣,龙庆德,杨军,等.紫外分光光度法测定瑞香狼毒中总香豆素类成分的含量[J].广东农业科学,2012,06:98～99

[169] 罗燕子.HPLC 法测定山茱萸中没食子酸的含量[J].亚太传统医药,2010,04:18～19

[170] 骆杨丽,曲玮,梁敬钰.柑橘属植物化学成分和药理作用研究进展[J].海峡药学,2013,07:1～6

[171] 吕梁.咖啡酸苯乙酯对自由基诱导的氧化性溶血以及脂质过氧化损伤的保护作用[D].兰州大学,2007

[172] 马波.世界首例富含虾青素超级营养番茄问世[J].农家参谋(种业大观),2012,04:29

[173] 马敏,阮金兰.三白脂素-8 的抗炎作用[J].中药材,2001,01:42～43

[174] 马庆阳,杨俊卿,罗文,等.咖啡酸对慢性应激大鼠的抗抑郁作用[J].中国药理学与毒理学杂志,2012,02:173～176

[175] 马少华.没食子酸对二甲基亚硝铵致小鼠急性肝损伤的保护作用及其机制研究[D].大连医科大学,2010

[176] 马逾英,钟世红,贾敏如,等.紫外分光光度法测定川白芷中总香豆素类成分的含量[J].华西药学杂志,2005,02:159～160

[177] 毛杰,于能江,张杨,等.7-羟基双苄基丁内酯类木脂素的合成及抗炎活性研究[J].解放军药学学报,2014,01:1～9

[178] 毛丽哈·艾合买提,吐力吾汗·阿米汗,阿布都拉·艾尼瓦尔.虾壳虾青素的提取及其稳定性研究[J].食品安全质量检测学报,2013,03:905～910

[179] 毛新妍.吲哚-3-原醇对博莱霉素致小鼠/大鼠肺纤维化的干预作用及其机制研究[D].苏州大学,2013

[180] 孟实,张晓书,赵余庆.树莓与蓝莓中多酚类成分的 HPLC 测定[J].食品研究与开发,2014,03:81～84

[181] 孟现成,雷剑.虾青素在鱼类饵料中的应用研究进展[J].河北渔业,2008,11:1～4,9

[182] 孟妍,陈立勇.抗性淀粉对氧化偶氮甲烷诱导的大鼠结(直)肠癌前病变预防作用研究[J].营养学报,2013,02:158～161,166

[183] 米宝丽,张振秋.RP-HPLC 法测定紫丁香叶中咖啡酸的含量[J].中国实用医药,2007,28:22～23

[184] 牟志春,张明,张艺兵,等.高效液相色谱法快速鉴别人工合成虾青素养殖的三文鱼[J].食品科学,2009,22:318～320

[185] 聂波,刘勇,石晋丽,等.高效液相色谱法同时测定泽兰中咖啡酸和迷迭香酸[J].精细化工,2009,03:258～261

[186] 聂凌鸿,侯莉阳.酶解—压热法制备淮山药抗性淀粉[J].食品研究与开发,2009,10:27～31

[187] 牛淑敏,李巍,李乐,等.玫瑰花中两种抗氧化成分的分离鉴定与活性测定[J].南开大学学报(自然科学版),2006,01:90～94,112

[188] 牛迎凤,邵赟,赵晓辉,等.几种花类药材中芦丁含量的测定[J].分析试验室,2008,S1:26～28

[189] 欧仕益,罗艳玲,张宁,等.利用粉末活性炭分离阿魏酸的研究[J].食品科学,2006,04:41～43

[190] 潘苗苗,谢巧奇,王超.葛根抗性淀粉加工工艺优化[J].食品工业,2012,11:62~66

[191] 潘亚磊,翟远坤,牛银波,等.响应面分析法优化杜仲总木脂素提取工艺[J].中成药,2014,01:182~185

[192] 裴凌鹏,惠伯棣.虾青素对小鼠急性乙醇肝损伤的保护作用[J].江苏大学学报(医学版),2008,04:303~306,271

[193] 裴凌鹏.虾青素体内抗肿瘤及其免疫调节作用的实验研究[J].上海中医药杂志,2009,06:68~69

[194] 裴媛,马贤德,易杰,等.独活香豆素对帕金森病模型大鼠抗氧化功能及谷氨酸含量的影响[J].中国老年学杂志,2014,05:1272~1274

[195] 彭光华.三种大蒜有机硫化物抑菌性能的比较[J].西藏科技,2009,04:10~12

[196] 彭亮,赵鹏,李彬,等.虾青素的抗氧化作用及对人体健康的影响[J].中国食品卫生杂志,2011,04:313~316

[197] 平洁,高爱梅,徐丹,等.吲哚-3-原醇对猪血清诱导大鼠肝纤维化的治疗作用[J].药学学报,2011,08:915~921

[198] 朴英花,朴惠顺.倍半萜类化合物生物活性研究进展[J].职业与健康,2012,18:2291~2293

[199] 戚晓渊,史秀灵,高银辉,等.绿原酸抗肝纤维化作用的研究[J].中国实验方剂学杂志,2011,15:139~143

[200] 秦杨,桂明玉,于力娜,等.RP-HPLC法测定桃儿七中木脂素成分的含量[J].药物分析杂志,2009,09:1490~1492

[201] 丘秀珍,郭会时,王少玲,等.百香果中绿原酸含量的高效液相色谱法测定[J].食品研究与开发,2013,06:80~83

[202] 邱婧然,王志祥,戈振凯,等.超临界CO_2萃取白芷中香豆素类成分工艺研究[J].辽宁中医药大学学报,2014,02:59~62

[203] 邱秀芹,刘春亮,徐岚,等.吡咯喹啉醌对γ射线照射后AGS细胞抗氧化力的影响[J].江苏大学学报(医学版),2009,04:293~295,301

[204] 全炳武,李翔国,玄伟,等.胡桃醌及其衍生物5,8-二羟基-1,4-萘醌抑菌活性研究[J].植物保护,2007,02:81~84

[205] 邵微微.温郁金中四个倍半萜类化合物的抗炎机制研究[D].温州医学院,2013

[206] 沈倩.雷公藤免疫抑制活性成分研究[D].天津医科大学,2008

[207] 石斌,杨俊卿,姜蓉,等.咖啡酸对全脑缺血再灌注模型大鼠脑损伤的保护作用研究[J].中国药房,2011,09:795~798

[208] 石建功主编.木脂素化学.化学工业出版社,2010

[209] 史丹丹,陈朝银,赵声兰,等.核桃相关多酚及其与血清白蛋白的互作研究[J].食品工业科技,2014,02:375~379

[210] 史秀玲,高银辉.绿原酸对小鼠急性肝损伤的保护作用[J].中国实验方剂学杂志,2011,19:199~202

[211] 史彦斌,薛明,罗永江,等.消炎醌的抗炎实验研究[J].中兽医医药杂志,2000,01:12~13

[212] 史燕华,赵国建,梁秀丽.花生壳原花色素提取工艺优化研究[J].现代农业科技,2013,23:288~289,291

[213] 史志勇.葡萄籽原花青素抗人胰腺癌细胞的实验研究[D].山西医科大学,2011

[214] 司亚茹,李珊珊,姜霞,等.3种倍半萜化合物抑制妇科肿瘤细胞增殖活性及其作用机制探讨[J].癌变.畸变.突变,2010,01:28~31

[215] 宋文.吲哚-3-甲醇对小鼠实验性心血管系统的影响[D].中国医科大学,2002

[216] 宋文刚,孔祥宇,韩中波,等.茜草素在体外抗菌活性的研究[J].中国地方病防治杂志,2007,01:69~70

[217] 宋晓冬,王美蓉,张瑾锦,等.虾青素对大鼠肝癌CBRH-7919细胞骨架和nm23蛋白的影响[J].滨州医学院学报,2010,05:321~324

[218] 孙波,黄秀英,高海梅,等.芦丁对STZ诱发大鼠糖尿病心肌病ROCKI蛋白的影响[J].实验动物科学,2014,01:22~26

[219] 孙晶,徐俭.木脂素对小鼠免疫功能的影响[J].哈尔滨医科大学学报,2010,05:467~470

[220] 孙墨珑,宋湛谦,方桂珍.核桃楸总黄酮及胡桃醌含量测定[J].林产化学与工业,2006,02:93~95

[221] 孙佩,李敏,杨小多,等.HPLC法测定大黄药材和饮片中番泻苷A和番泻苷B的含量[J].成都中医药大学学报,2008,03:51~53

[222] 孙秀燕,郑艳萍,刘志峰,等.温莪术环状含氧倍半萜类化学成分的研究[J].分析测试学报,2006,06:27~30,34

[223] 孙英英,崔永霞,刘伟.HPLC对不同品种菊花中绿原酸含量的测定[J].中国实验方剂学杂志,2011,24:83~84

[224] 孙忠思,苏豫梅,魏忠环,等.超声波法提取山楂中咖啡酸的工艺研究[J].农产品加工,2008,10:70~72

[225] 覃江江.四种旋覆花属药用植物中新型倍半萜的发现及生物活性研究[D].上海交通大学,2011

[226] 谭亮,董琦,肖远灿,等.RP-HPLC法同时测定枸杞子中5个酚酸类成分的含量[J].药物分析杂志,2013,03:376~381,394

[227] 檀东飞,强承魁,柯崇榕,等.1,4-苯醌抑菌作用的测定方法及其抑菌效果的研究[J].海峡药学,2005,02:128~132

[228] 唐昌莉.HPLC法测定珍珠菜提取物中芦丁的含量[J].医学信息,2010,07:2459~2460

［229］唐晓明.香豆素对秀丽隐杆线虫抗氧化作用研究［D］.长春理工大学,2012

［230］唐远谋,焦士蓉,罗杰,等.洋葱有机硫化物的提取及抑菌性研究［J］.中国调味品,2012,01:17～21

［231］陶君彦,张晓昱,黄志军,等.HPLC法同时测定木瓜中绿原酸、咖啡酸的含量［J］.中国药房,2007,12:912～914

［232］陶黎明,熊建萍,刘同欣,等.小剂量番泻叶浸液预防治疗化疗后便秘自身交叉对照研究［J］.中国中西医结合杂志,2012,01:47～49

［233］陶姝颖,明建.虾青素的功能特性及其在功能食品中的应用研究进展［J］.食品工业,2012,08:110～115

［234］田洁,宋少刚,王宇翎,等.芸香苷对急性胰腺炎大鼠磷脂酶A2和Ca^{2+}浓度的影响［J］.安徽医药,2006,02:88～90

［235］田秋生.咖啡酸对白血病化疗后血小板减少症疗效观察［J］.中国实用医药,2014,07:163

［236］万丽,叶娉,周立,等.茵陈中总香豆素的含量测定［J］.成都中医药大学学报,2009,02:75～77

［237］王彬,贾正平,蔡文清,等.瑞香狼毒总木脂素的体外抗肿瘤活性［J］.兰州大学学报(自然科学版),2008,02:63～65

［238］王春梅,崔新颖,李贺.白芷香豆素的抗炎作用研究［J］.北华大学学报(自然科学版),2006,04:318～320

［239］王丹.旋覆花倍半萜内酯类成分与TNF-α的相互作用及其抗炎活性研究［D］.第二军医大学,2013

［240］王德才,李珂,徐晓燕,等.杭白芷香豆素组分解热镇痛抗炎作用的实验研究［J］.中国中医药信息杂志,2005,11:36～37,52

［241］王德才,马健,孔志峰,等.白花前胡总香豆素解热镇痛抗炎作用的实验研究［J］.中国中医药信息杂志,2004,08:688～690

［242］王德才,张显忠,冯蕾.白花前胡香豆素组分体外抗氧化活性研究［J］.医药导报,2008,08:899～901

［243］王东东,侯旭杰,田树革.RP-HPLC法测定新疆6种红枣中芦丁的含量［J］.新疆医科大学学报,2010,08:894～896

［244］王广娟.五倍子没食子酸的提取、纯化及抑菌效果研究［D］.河北农业大学,2010

［245］王珲,张振秋.HPLC波长切换法同时测定迷迭香中咖啡酸、阿魏酸和迷迭香酸的含量［J］.中国实验方剂学杂志,2011,05:116～118

［246］王建红,范才文,田晶,等.五倍子提取物鞣花酸抗乳腺癌MCF-7细胞［J］.时珍国医国药,2012,08:1905～1906

［247］王建红,赵宁,田晶,等.鞣花酸抗肝癌作用的相关分子［J］.中国现代医学杂志,2013,11:36～39

［248］王建华,郭敏,郑丽,等.补骨脂素干预大鼠成骨细胞骨保护素/核因子κB受体激活因子配体mRNA的表达［J］.中国组织工程研究与临床康复,2010,37:6927～6930

［249］王娟,刘泽翰,张凯,等.小麦抗性淀粉的理化性质研究［J］.现代食品科技,2012,04:374～377,472

［250］王珏,王锡昌,刘源.蟹类综合利用研究进展［J］.食品工业,2013,10:207～210

［251］王蕾,徐宗荣,李静,等.2,3-吲哚醌对大鼠脑内单胺类神经递质含量与释放的影响［J］.中国海洋药物,2005,04:28～30

［252］王丽凤.鞣花酸对3T3-L1细胞成脂作用的影响及机理研究［D］.新疆医科大学,2012

［253］王潞,赵烽,何恩其,等.18种木香倍半萜对6种人源肿瘤细胞增殖的影响［J］.天然产物研究与开发,2008,05:808～812

［254］王萌,陈建伟,李祥.明党参根皮中5种呋喃香豆素类成分的体外抗肿瘤活性［J］.中国实验方剂学杂志,2012,06:203～205

［255］王淑英.牡竹属竹叶化学成分研究［D］.中国林业科学研究院,2013

［256］王涛,夏其乐,陈剑兵,等.芦荟有效成分的提取、分离纯化及生物活性研究进展［J］.食品与发酵科技,2012,04:7～11,51

［257］王婷.咖啡酸苯乙酯抗氧化、促氧化及抗血管生成相关机制的研究［D］.兰州大学,2007

［258］王威,陈景红,王新宁,等.葡萄籽原花青素诱导人肝癌HepG2细胞凋亡及自噬性死亡［J］.暨南大学学报(自然科学与医学版),2011,02:181～187

［259］王维,陈锡林.不同产地前胡栽培品和野生品的总香豆素含量测定［J］.海峡药学,2009,03:61～63

［260］王伟,刘哲洁,于志红,等.亚麻木脂素对鹅生长性能及免疫功能的影响［J］.东北农业大学学报,2008,02:227～230

［261］王小玲.没药倍半萜化合物抑制前列腺癌细胞增殖的作用机制研究［D］.山东大学,2008

［262］王晓东.雷公藤免疫抑制活性成分研究［D］.天津大学,2005

［263］王亚秋.I3C下调PI3K/AKT通路抑制喉癌Hep-2细胞增殖并诱导凋亡的研究［D］.武汉大学,2013

［264］王艳红,杨孝来,王莉,等.葡萄籽原花青素对复发性结肠炎大鼠血清抗氧化能力及NO含量的影响［J］.中国临床药理学与治疗学,2010,01:47～52

[265] 王耀辉,强毅,鲁秀兰,等.费菜不同部位原花色素含量分析[J].光谱实验室,2013,05:2529~2534

[266] 王颖,姜生,孟大利,等.文冠果的化学成分与生物活性研究进展[J].现代药物与临床,2011,04:269~273

[267] 王跃.7,8-二羟基香豆素抑制 A549 人肺腺癌细胞作用的研究[D].吉林大学,2013

[268] 王泽剑,陈红专,薛庆生,等.人参炔醇对大鼠原代培养的神经细胞过氧化氢损伤的影响[J].中草药,2005,01:72~75

[269] 王泽剑,陆阳,陈红专.人参炔醇对大鼠脑片不同类型损伤的影响[J].上海第二医科大学学报,2003,06:485~488,507

[270] 王泽剑,吴英理,林琦,等.人参炔醇对 HL-60 细胞体外诱导分化作用的研究[J].中草药,2003,08:67~69

[271] 韦建华,卢汝梅,周媛媛.草龙提取物及化学成分的抗菌活性研究[J].时珍国医国药,2011,06:1449~1450

[272] 韦燕飞,张园,李景强,等.HPLC 测定不同采收途径及不同部位白花丹中白花丹醌的含量[J].辽宁中医杂志,2012,10:2023~2025

[273] 魏岚,颜振敏.高效液相色谱法测定小麦中阿魏酸的含量[J].安徽农业科学,2012,28:13693,13728

[274] 魏立静,吴远远,孙汉文.在线扫集—毛细管胶束电动色谱法对石榴与石榴叶中没食子酸含量的测定[J].分析测试学报,2010,03:298~301

[275] 魏玺,黄焰,尉承泽,等.吲哚-3-甲醇对 DMBA 诱导大鼠乳腺肿瘤的预防效果[J].中国癌症杂志,2007,12:920~924

[276] 魏学军,陈明,余跃生,等.正交试验优选黔产铁苋菜中没食子酸的提取工艺[J].中国实验方剂学杂志,2013,21:27~29

[277] 邬应龙,王文婷.RS4 型抗性淀粉对高脂饮食 C57BL/6J 小鼠肠绒毛形态及肠道菌群的影响[J].食品科学,2013,21:333~338

[278] 吴迪,骆丹.阿魏酸保护人成纤维细胞光源性氧化损伤的研究[J].中国中西医结合皮肤性病学杂志,2009,06:331~334

[279] 吴殿星主编.稻米淀粉品质研究与利用.中国农业出版社,2009

[280] 吴冬梅,陈箔鸿,汪咏梅,等.超声波辅助提取毛杨梅树皮原花色素工艺研究[J].林产化学与工业,2009,29:105~109

[281] 吴红菱,黄良永,刘先林,等.银杏叶提取物中的芦丁含量测定[J].郧阳医学院学报,1995,02:68~69

[282] 吴疆,魏巍,袁永兵.补骨脂的化学成分和药理作用研究进展[J].药物评价研究,2011,03:217~219

[283] 吴龙火,刘昭文,曾靖,等.九里香叶中香豆素类化合物的抗炎镇痛活性[J].光谱实验室,2011,06:2999~3003

[284] 吴龙奇,朱文学,张玉先,等.杜仲中绿原酸含量及提取检测方法分析[J].食品科学,2005,S1:187~192

[285] 吴石磊.桑叶中东莨菪素提取分离、含量分析及体外抗菌活性研究[D].西南大学,2009

[286] 吴涛,杨建雄,李宝茹,等.芦丁抗疲劳作用的实验研究[J].临床医学,2013,03:90~92

[287] 吴文龙,赵慧芳,方亮,等.南京地区蓝莓品种(系)果实品质分析与评价[J].经济林研究,2013,04:87~92

[288] 吴志豪,胡丽萍,沈跃,等.百里醌对大肠癌生长和转移的抑制作用[J].医学研究杂志,2011,09:97~102

[289] 伍少雄,黄冬,周飞.大蒜素对小鼠膀胱癌的体内及体外抗肿瘤效果的实验研究[J].时珍国医国药,2007,07:1667~1668

[290] 武万强,刘学波.虾青素生物功能的研究进展[J].农产品加工(学刊),2012,09:91~96

[291] 武玉清,王静霞,周成华,等.番泻苷对小鼠肠道运动功能的影响及相关机制研究[J].中国临床药理学与治疗学,2004,02:162~165

[292] 郗艳丽,张洋婷,马洪波,等.没食子酸抑制人脐静脉血管内皮细胞增殖作用研究[J].吉林医药学院学报,2014,01:1~4

[293] 夏国华,童馨苇,丁妍,等.RP-HPLC 测定香椿叶中芸香苷的含量[J].南京中医药大学学报,2011,06:587~588

[294] 夏云麒.樟叶中木脂素的提取及活性研究[D].福建农林大学,2011

[295] 向桂琼,卢馥荪.中国特有植物珙桐化学成分研究[J].Journal of Integrative Plant Biology,1989,07:540~543

[296] 肖冬光,李贤宇,郝玥,等.应用高效液相色谱检测红法夫酵母胞内虾青素的含量[J].食品与发酵工业,2005,01:133~135

[297] 肖飞,向阳,杨友玲,等.HPLC 测定玫瑰花中槲皮素、没食子酸的含量[J].中国药师,2010,08:1145~1147

[298] 肖红梅,孟凡华,王光霞.番茄不同组织原花色素含量研究[J].内蒙古大学学报(自然科学版),2009,03:352~355

[299] 肖爽,高世勇,季宇彬.虾青素诱导人胃癌细胞 SGC-7901 凋亡的研究[J].中草药,2009,S1:197~200

[300] 肖素荣,李京东.虾青素的特性及应用前景[J].中国食物与营养,2011,17(5):33~35

[301] 谢潮鑫,孟猛,殷先锋,等.天然虾青素对抗肾纤维化及细胞凋亡的作用[J].南方医科大学学报,2013,02:305~308

[302] 谢晓艳,刘洪涛,张吉,等.没食子酸体外抗氧化作用研究[J].重庆医科大学学报,2011,03:319～322

[303] 熊丹,严奉祥,欧和生.咖啡酸抗 H_2O_2 诱导的人脐静脉内皮细胞凋亡及机制探讨[J].中国临床药理学与治疗学,2007,12:1367～1371

[304] 徐海燕,李子鸿,刘东文,等.高效液相色谱法测定薄荷中咖啡酸与蒙花苷的含量[J].中国药物经济学,2014,03:16～18

[305] 徐惠龙.黑米糙米皮对大鼠脂代谢的影响及其分子机制研究[D].福建农林大学,2013

[306] 徐继红,楼亚敏.吲哚-3-甲醇防癌作用研究进展[J].浙江医科大学学报,1998,06:284～286

[307] 徐魁,孙兆伟,蔡艳丽.荷花中芦丁含量测定方法研究[J].药学研究,2013,08:452～454

[308] 徐磊,张海军,武书庚,等.吡咯喹啉醌对蛋鸡生产性能、蛋品质及抗氧化功能的影响[J].动物营养学报,2011,08:1370～1377

[309] 徐曼,汪咏梅,张亮亮,等.毛杨梅、余甘子、落叶松树皮原花色素抗氧化能力研究[J].林产化学与工业,2011,06:41～45

[310] 徐长华,邹明花,张献全.3,3′-二吲哚甲烷阻断 STAT3 通路影响卵巢癌细胞增殖、凋亡的实验研究[J].第三军医大学学报,2014,16:1674～1678

[311] 许丽,周光明,余娜,等.电导检测离子排斥色谱法测定绿茶中的没食子酸[J].食品科学,2011,18:253～255

[312] 薛明,史彦斌,周宗田,等.鼠尾草二萜醌及其衍生物的抗菌构效关系研究[J].中国农业科学,2000,03:88～93

[313] 薛茗月,罗星晔,湛志华,等.甜茶中鞣花酸抗过敏性实验研究[J].食品研究与开发,2012,11:208～211

[314] 晏媛,刘世霆,许重远,等.高效液相色谱法同时测定蒲公英中咖啡酸和阿魏酸的含量[J].中国现代应用药学,2006,03:229～231

[315] 杨斌,李耘胜.高效液相色谱法测定旋复花中咖啡酸含量[J].中国药业,2010,21:13～14

[316] 杨常成.高效液相梯度洗脱法测定甘薯中 2 组分含量[J].中南药学,2008,05:555～557

[317] 杨刚,王裕勤,常超,等.血管平滑肌细胞中 Survivin 的表达和咖啡酸苯乙酯的干预效应[J].中国心血管病研究杂志,2006,11:845～847

[318] 杨国玉,王彩霞,黄立挺,等.新型香豆素类衍生物的合成及其抗菌活性[J].合成化学,2011,03:337～340

[319] 杨海花.杨梅叶原花色素的研究[D].浙江大学,2012

[320] 杨洪亮,张翼鹜,王晓芳,等.鞣花酸对肿瘤细胞增殖抑制和诱导凋亡作用的初步研究[J].赤峰学院学报(自然科学版),2010,10:49～51

[321] 杨九凌,祝晓玲,李成文,等.咖啡酸及其衍生物咖啡酸苯乙酯药理作用研究进展[J].中国药学杂志,2013,08:577～582

[322] 杨琨,何葵,李鹏,等.咖啡酸苯乙酯对人结肠癌 PI3K/AKT 信号通路的影响[J].社区医学杂志,2013,06:1～3

[323] 杨文,廖国玲.RP-HPLC 法测定不同产地枸杞中绿原酸含量[J].中国现代药物应用,2008,01:51～53

[324] 杨秀伟,徐波,冉福香,等.40 种香豆素类化合物对人表皮癌细胞系 A432 细胞株和人乳腺癌细胞系 BCAP 细胞株增殖抑制活性的筛选[J].中国现代中药,2006,12:9～10,18

[325] 杨秀伟,徐波,冉福香,等.40 种香豆素类化合物对人胃癌细胞株 BGC 和人肝癌细胞株 BEL-7402 细胞生长抑制活性的筛选[J].中国现代中药,2006,11:7～9,24

[326] 杨雪,陈璇,白小红.液相微萃取—高效液相色谱法测定槐花米及其制剂中芦丁含量[J].长治医学院学报,2010,03:164～167

[327] 杨艳,周宇红,徐海滨,等.虾青素抗氧化作用动物实验研究[J].现代预防医学,2009,13:2432～2433

[328] 杨洋,谭亮,陈晓辉,等.RP-HPLC 法同时测定旱芹中绿原酸和咖啡酸的含量[J].药物分析杂志,2010,05:819～822

[329] 杨勇超.I3C 介导的 NF-kB 沉默抑制人胰腺癌细胞 uPA 表达的实验研究[D].大连医科大学,2012

[330] 杨月欣主编.中国食物成分表 2004(第 2 册).北京:北京大学医学出版社,2005

[331] 姚萍,葛新,董小青,等.芸香苷的体外抑菌作用[J].中国卫生检验杂志,2013,02:335～337

[332] 姚莹,寿迪文,崔勤敏.南、北五味子中木脂素对急性肝损伤小鼠保护作用的比较[J].中华中医药学刊,2014,06:1465～1467,1546

[333] 叶俊,章宏伟.白花丹醌对人黑色素瘤 A375 细胞增殖和凋亡的影响及其机制[J].江苏医药,2013,18:2123～2125

[334] 叶利谢耶夫,沙棘的生物学化学引种育种[M].张哲民,邱德明,高凯译.北京:科学技术文献出版社,1989.162

[335] 叶晓林,刘艳,邱果,等.绿原酸对小鼠 EMT-6 乳腺癌抑制作用研究[J].中药药理与临床,2012,01:51～52

[336] 刘米达夫.植物化学[M].杨本文译.北京:科学出版社,1985.135

[337] 尹蕾,尚小玉,张泽生.虾青素制品抗炎作用及机制研究[J].中草药,2010,02:267~269

[338] 尤新.植物种子皮壳中抗氧化剂阿魏酸与人体健康[J].食品与生物技术学报,2012,07:673~677

[339] 于光允,龙伟,张浩,等.大蒜有机硫化合物药理活性的研究进展[J].药学服务与研究,2013,05:357~360

[340] 于淼,邬应龙.甘薯抗性淀粉对高脂血症大鼠降脂利肝作用研究[J].食品科学,2012,01:244~247

[341] 于艳华,卜丽梅,赵丽红,等.没食子酸对缺血再灌注损伤大鼠的保护作用[J].中国老年学杂志,2010,20:2935~2937

[342] 于志红,张密利,王伟,等.亚麻木脂素对小鼠淋巴细胞、巨噬细胞、IL-2免疫功能的影响[J].东北农业大学学报,2008,03:80~83

[343] 余绍蕾,白莉,蔡宇.补骨脂素对肿瘤血管内皮细胞抑制作用的实验研究[J].数理医药学杂志,2013,04:458~459

[344] 袁静萍,凌晖,张孟贤,等.二烯丙基二硫诱导人胃癌MGC803细胞凋亡及细胞周期阻滞的研究[J].中国药理学通报,2004,03:299~302

[345] 袁叶飞,胡祥宇,黄光平,等.杜果核仁中没食子酸及总多酚的测定[J].中成药,2013,10:2298~2301

[346] 袁卓,张军平,杨萃.阿魏酸对血管内皮细胞生长因子诱导的血管平滑肌细胞迁移的影响[J].中国中西医结合杂志,2012,02:229~233

[347] 原江锋,邱智军,何灵美,等.连翘叶活性成分不同提取方法的研究[J].安徽农业科学,2013,31:12289~12290,12302

[348] 臧志和,曹丽萍,钟铃.芦丁药理作用及制剂的研究进展[J].医药导报,2007,07:758~760

[349] 张丙云,孙莉,黄艳,等.响应面法优化竹叶椒总木脂素的超声提取工艺[J].食品工业科技,2014,07:198~201,206

[350] 张炳文,张桂香,沈蕊,等.中国粉丝与日常食品中抗性淀粉含量的比较研究[J].食品科学,2012,11:62~65

[351] 张春,汪晖.吲哚-3-原醇对乙醇损伤性大鼠肝切片的保护作用[J].中国药理学通报,2004,06:660~663

[352] 张东明主编.酚酸化学.北京:化学工业出版社,2009

[353] 张飞,田粟,吕明霞,等.HPLC同时测定连翘花及叶中绿原酸等活性成分的含量[J].中国实验方剂学杂志,2011,09:103~106

[354] 张恭孝,李聚仓,王德才.独活中总香豆素组分的含量测定[J].中华中医药学刊,2010,12:2647~2648

[355] 张国辉,王赞,邢军,等.五味子木脂素的抗癫痫作用及神经保护研究[J].中国现代药物应用,2014,04:247

[356] 张红城,赵亮亮,胡浩,等.蜂胶中多酚类成分分析及其抗氧化活性[J].食品科学,2014,13:59~65

[357] 张建华,金黎平,谢开云,等.高效液相色谱法测定马铃薯块茎的绿原酸含量[J].食品科学,2007,05:301~304

[358] 张开臣,李梅.蛇床子总香豆素组分的含量测定[J].中国中医药信息杂志,2010,05:45~46

[359] 张亮亮,林益明.橄榄果实提取物中没食子酸含量及自由基清除能力的研究[J].林产化学与工业,2009,S1:192~194

[360] 张亮亮,徐曼,汪咏梅,等.响应面优化化香树果序中鞣花酸超声波提取的研究[J].林产化学与工业,2011,02:19~24

[361] 张玲,李继昌,许薇,等.响应曲面法优化蒲公英中咖啡酸的提取工艺[J].饲料研究,2013,05:83~86

[362] 张宁,孙健,熊海铮,等.高抗性淀粉含量糖尿病专用粳稻的选育及其特征特性[J].中国稻米,2011,06:63~65

[363] 张琪,王勤,陈正山.盘花垂头菊倍半萜的体外抗菌、抗肿瘤活性[J].中国药理学通报,2002,05:597~598

[364] 张强,胡志力,王福文,等.咖啡酸对阿糖胞苷致小鼠白细胞、血小板减少及血小板体积变化的预防和治疗作用[J].中国临床药理学与治疗学,2008,05:508~511

[365] 张巧艳.中药蛇床子的植物资源、种内变异和抗骨质疏松研究[D].第二军医大学,2001

[366] 张韶瑜,孟林,高文远,等.香豆素类化合物生物学活性研究进展[J].中国中药杂志,2005,06:410~414

[367] 张四清,赵嵩,闵吉梅,等.阿霍烯(Z-Ajoene)诱导肿瘤细胞凋亡[J].科学通报,1998,09:961~965

[368] 张维库,绫洁珉,赵莹,等.高效液相色谱法测定燕麦麸皮芦丁的含量[J].亚太传统医药,2010,10:40~41

[369] 张文太,郭成吉,夏传玉.虾青素应用于体育运动综述[J].内江科技,2012,04:32

[370] 张欣,赵新淮.几种多酚化合物对H_2O_2和CCl_4诱导人肝细胞损伤的保护[J].食品科学,2009,03:262~266

[371] 张雅丽,李建科,刘柳,等.五倍子没食子酸研究进展[J].食品工业科技,2013,10:386~390

[372] 张雅丽,李建科,刘柳.没食子酸的体外抑菌作用研究[J].食品工业科技,2013,11:81~84

[373] 张有金.没食子酸通过大鼠GST促进卤代芳烃类毒物的代谢[D].重庆医科大学,2013

[374] 张玉梅,王家晓.石榴皮鞣花酸对4T1乳腺癌小鼠免疫功能的影响[J].现代中西医结合杂志,2014,15:1597~1599,1602

[375] 张长贵,董加宝,王祯旭.原花色素及其开发应用[J].四川食品与发酵,2006,01:8~12

[376] 张长贵,谢伍容,董加宝.蚕豆种皮中原花色素的提取研究[J].粮油加工,2010,08:120~123

[377] 张真,扶艳,梁信芳,等.虾青素对对乙酰氨基酚所致小鼠肝损伤的保护作用[J].中国新药与临床杂志,2010,06:433～436

[378] 张志勉,高海青,魏瑗.大蒜素对肿瘤患者细胞免疫功能的影响[J].山东大学学报(医学版),2003,02:148～150

[379] 张志祖,胡晓,周俐,等.蛇床子总香豆素的抗炎作用[J].赣南医学院学报,1995,02:87～89

[380] 赵爱华,魏均娴.倍半萜类化合物生理活性研究进展[J].天然产物研究与开发,1995,04:65～70

[381] 赵光,李珺,杜雪静.液相色谱—质谱联用法测定牡丹皮中没食子酸的含量[J].中国医学装备,2013,12:8～10

[382] 赵国建,李桂峰,刘兴华,等.石榴籽原花色素提取新工艺及其结构鉴定研究[J].中国食品学报,2010,01:140～145

[383] 赵红艳,李慧,刘洋,等.甘薯不同器官中绿原酸总黄酮含量的测定[J].江苏农业科学,2012,10:299～300

[384] 赵金娟,戴雪梅,曲永胜,等.绿原酸药效学研究进展[J].中国野生植物资源,2013,04:1～5

[385] 赵立宁,臧巩固,李育君,等.苎麻(Boehmeria)绿原酸和黄酮含量测定[J].中国麻业,2003,02:10～12

[386] 赵谦.Bag-1 and Bax 在二烯丙基二硫诱导人白血病 K562 细胞凋亡中的作用[D].南华大学,2012

[387] 赵文红,邓泽元,范亚苇,等.阿魏酸体外抗氧化作用研究[J].食品科学,2010,01:219～223

[388] 赵秀梅,胡人杰.天然炔类化合物的研究现况[J].天津药学,2007,01:60～63

[389] 赵雪梅,叶兴乾,朱大元.柑橘属植物中香豆素类化合物研究进展[J].天然产物研究与开发,2007,04:718～723

[390] 赵昱,刘光明,于荣敏,等.一类对映桉烷醇类倍半萜抑制乙肝病毒的医药用途[P].浙江:CN1935762,2007-03-28

[391] 赵战利,宁占国,李宁,等.玉米皮中阿魏酸的提取工艺研究[J].食品工业,2014,03:37～40

[392] 郑玲,赵挺,孙立新.香豆素类化合物的药理活性和药代动力学研究进展[J].时珍国医国药,2013,03:714～717

[393] 郑晓珂,郭永慧,王彦志,等.正交设计优选马尾松松针中总木脂素提取工艺[J].中药材,2010,03:467～469

[394] 郑雪花,刘塔斯,陈迪钊.反相高效液相色谱法测定不同产地桑叶中芦丁的含量[J].中南药学,2007,06:507～509

[395] 郑言博,马卓.蒽醌类化合物抗菌与抗肿瘤活性的研究进展[J].湖北中医杂志,2012,02:74～76

[396] 郑英俊,阳宁,彭荣章,等.鞣花酸对前列腺癌 PC-3 细胞生长和凋亡的影响[J].湖北职业技术学院学报,2009,02:101～105

[397] 郑运亮,栾连军,甘礼社,等.HPLC 法同时测定乌药中 3 种倍半萜内酯的含量[J].中国中药杂志,2009,21:2777～2780

[398] 郑重飞.金银花和鸡桑的化学成分与生物活性研究[D].北京协和医学院,2010

[399] 中国营养学会编著.中国居民膳食营养素参考摄入量(2013 版).科学出版社,2014

[400] 钟静娴,闵江,肖浩松,等.枸杞子芦丁微波提取—高效液相含量测定法研究[J].临床医学工程,2010,04:49～51

[401] 钟平,黄建军.微波辐射法从芹菜中提取香豆素[J].食品研究与开发,2008,07:56～58

[402] 钟振国,梁红,钟益宁,等.余甘子叶提取成分没食子酸的体外抗肿瘤实验研究[J].时珍国医国药,2009,08:1954～1955

[403] 周斌,崔小弟,程丹,等.半边莲的化学成分和药理作用研究进展[J].中药材,2013,04:679～681

[404] 周兰,王强,丛佩华.苹果果实发育过程中绿原酸和总黄酮含量的变化[J].延边大学农学学报,2013,01:6～10

[405] 周萍,邵巧云,徐权华,等.高效液相色谱法测定蜂胶中咖啡酸及 8 种黄酮类化合物的含量[J].蜜蜂杂志,2013,04:4～6

[406] 周倩,孙立立,戴衍朋,等.石榴皮、石榴瓤及石榴籽的化学成分比较研究[J].中国中药杂志,2013,13:2159～2162

[407] 周莎,吴小东,刘静,等.不同来源茶叶中绿原酸含量的比较[J].华西药学杂志,2008,02:190～192

[408] 周天罡,张爱元,卢剑涛.松针原花青素对高脂大鼠血清中 SOD 活性、MDA 含量的影响[J].青岛医药卫生,2013,03:182～184

[409] 周炜,王国杰,韩正康.亚麻籽木脂素研究进展[J].动物医学进展,2007,03:89～94

[410] 周雪晴,冯玉红,谢艳丽,等.超临界 CO_2 萃取—反相高效液相色谱测定海南对虾壳中虾青素的含量[J].海南大学学报(自然科学版),2011,01:29～32

[411] 周则卫,沈秀,吴小霞,等.天然蛇床子素的抗肿瘤活性实验研究[J].癌变.畸变.突变,2007,02:119～121

[412] 朱泓,赵慧芳,吴文龙,等.黑莓、蓝莓冻干粉的抑菌抗炎活性研究[J].现代食品科技,2013,10:2410～2414,2430

[413] 朱立华,孙萍,曹国红,等.反相高效液相色谱法测定芦笋各段芦丁的含量[J].济南大学学报(自然科学版),2007,01:53～55

[414] 朱艺峰,麦康森.鱼饲料着色剂类胡萝卜素研究进展[J].水生生物学报,2003,02:196～200

[415] 朱玉强.花卉中醌类及苯丙素类化合物与食疗[J].四川食品与发酵,2008,04:34～38

［416］朱振平,曾涛,邵晓颖,等.二烯丙基一硫化物对小鼠急性酒精性肝损伤的保护作用[J].环境与健康杂志,2012,09：789～792,865

［417］祝晓玲,陆阳,李成文,等.咖啡酸对化疗后骨髓抑制合并肺组织急性损伤小鼠毛细血管通透性及免疫功能的影响[J].中药药理与临床,2013,01:23～25

［418］祝晓玲,潘秀芝,任海义,等.咖啡酸对白细胞及血小板减少症小鼠外周血血小板膜糖蛋白表达水平的影响[J].中药药理与临床,2013,02:24～26

［419］祝兆怡.2,3-吲哚醌对人神经母细胞瘤细胞 SH-SY5Y 的抗肿瘤作用研究[D].青岛大学,2006

［420］卓学铭.黑米花色苷组分的基因型差异及调节血脂和血糖作用的研究[D].福建农林大学,2012

［421］贺玲,郑晓龙.熊果酸抑制新生血管研究进展[J].新乡医学院学报,2013,03:230～232

［422］纪晓花.乌梅熊果酸抑菌活性和抗氧化性研究[J].食品工业,2013,09:142－144

［423］刘志芳,田萌,马跃文,等.熊果酸和齐墩果酸对胰脂肪酶活性及构象的影响[J].时珍国医国药,2009,20(10):2600～2602

［424］毛文超,宋艺君,张健,等.熊果酸对二乙基亚硝胺诱发小鼠肝癌前病变的防护作用[J].中西医结合肝病杂志,2012,05:287～289,292,325

［425］欧阳灿晖,朱萱,张焜和,等.熊果酸对肝纤维化大鼠肝组织 TGF-β1 和 α-SMA 表达的影响[J].世界华人消化杂志,2009,17(22):2237～2243

［426］陶渊博,邢雅丽,方芝娟,等.生物活性物质熊果酸资源分布状况研究进展[J].林产化学与工业,2012,01:119～126

［427］虞燕霞,顾振纶,殷江临,等.熊果酸对人肝癌 SMMC-7721 细胞周期的影响[J].苏州大学学报(医学版),2011,01:71～74

［428］张新华,朱萱.熊果酸药理学的最新研究进展[J].中国中西医结合杂志,2011,09:1285～1289

［429］Abdelmalek M F,Angulo P,Jorgensen R A,*et al*.Betaine,a promising new agent for patients with nonalcoholic steato-hepatitis:results of a pilot study[J].*The American Journal of Gastroenterology*,2001,96(9):2711～2717

［430］Aoi W, Naito Y, Sakuma K, *et al*. Astaxanthin limitsexercise-induced skeletal and cardiac muscle damage inmice [J]. *Antioxid. Redox Signal*,2003,5:139～144

［431］Aoi W, Naito Y, Takanami Y, *et al*. Astaxanthin improves muscle lipid metabolism in exercise via inhibitoryeffect of oxidative CPT I modification [J]. *Biochem Biophys Res Commun*,2008,366(4):892～897

［432］Ashakumary L, Rouyer I, Takahashi Y, *et al*. Sesamin, a sesame lignan, is a potent inducer o f hepatic fatty acid oxidation in the rat [J]. *Metabolism*, 1999, 48(10): 1303～1313

［433］Camera E,Mastrofrancesco A,Fabbri C,*et al*. Astaxanthin,canthaxanthin and bcarotene differently affect UVA-induced oxidative damage and expression of oxidativestress-responsive enzymes [J]. *Exp. Dermatol*,2009,18:222～231

［434］Cassidy A,Mukamal K J,Liu L,*et al*. High anthocyanin intake is associated with a reduced risk of myocardial infarction in young and middle-aged women[J]. *Circulation*,2013,127(2):188～196

［435］Chan K C,Mong M C,Yin A C. Antioxidative and anti-inflammatory neuroprotective effects of astaxanthin and canthax-anthin in nerve growth factor differentiated PC12 cells [J]. *J. Food Sci*,2009,74:225～231

［436］Chan P S,Caron J P,Rosa G J,*et al*. Glucosamine and chondroitin sulfate regulate gene expression and synthesis of nitric oxide and prostaglandin E(2) in articular cartilage explants[J].*Osteoarthritis Cartilage*,2005,13(5):387～394

［437］CHEW B P, WONG M W, PARK J S, *et al*. Dietary β-Carotene and Astaxanthin but Not Canthaxanthin Stimulate Splenocyte Function in Mice [J]. *Anticancer Research*, 1999, 19(6B)：5223～5227

［438］Corbin K D,Zeisel S H. Choline metabolism provides novel insights into non-alcoholic fatty liver disease and its progression[J].*Curr Opin Gastroenterol*,2012,28(2):159～165

［439］Cort A,Ozturk N,Akpinar D,*et al*. Suppressive effect ofastaxanthin on retinal injury induced by elevated intraocularpressure [J]. *Regul. Toxicol. Pharmacol*,2010,58:121～130

［440］Curek G D,Cort A,Yucel G,*et al*. Effect of astaxanthin onhepatocellular injury following ischemia/reperfusion [J]. *Toxicology*,2010,267:147～153

［441］Da Costa K A,Gaffney C E,Fischer L M,*et al*.Choline deficiency in mice and humans is associated with increased plasma homocysteine concentration after a methionine load[J].*The American Journal of Clinical Nutrition*,2005,81

(2):440~444

[442] Da Costa K A,Niculescu M D,Craciunescu C N,*et al*. Choline deficiency increases lymphocyte apoptosis and DNA damage in humans[J]. *The American Journal of Clinical Nutrition*,2006a,84(1):88~94

[443] DI M P, DEVASAGAYAM T P, KAISER S, *et al*. Carotenoids, Tocopherols and Thiols as Biological Singlet Molecular Oxygen Quenchers [J]. *Biochemical Society Transactions*, 1990, 18(6): 1054~1056

[444] Dohadwala M M,Holbrook M,Hamburg N M,*et al*. Effects of cranberry juice consumption on vascular function in patients with coronary artery disease[J]. *Am J Clin Nutr*,2011,93(5):934~940

[445] Earnest C P, Lupo M, White K M, *et al*. Effect of astaxanthin on cycling time trial performance [J]. *Int. J. SportsMed*,2011,32:882~888

[446] Eng ET, Ye J, Williams D, Phung S, *et al*. Suppression of estrogen biosynthesis by procyanidin dimemin red wine and grape seeds [J]. *Cancer Res*, 2003, 63:8516~ 8522

[447] Ferreira ME,de Arias AR,Yaluff G,*et al*. Antileishmanial activity of furoquinolines and coumarins from Helietta apiculata[J]. *Phytomedicine*,2010,17 (5) : 375

[448] Fischer L M,Ann Da Costa K,Kwock L,*et al*. Sex and menopausal status influence human dietary requirements for the nutrient choline[J]. *The American Journal of Clinical Nutrition*,2007,85(5):1275~1285

[449] González-Aragón D,Ariza J,Villalba JM. Dicoumarol impairs mitochondrial electron transport and pyrimidine biosynthesis in human myeloid leukemia HL-60 cells[J]. *Biochemical Pharmacology*,2007,73(3) :427

[450] Gradelet S, Le Bon A M, Berge's R, *et al*. Dietarycarotenoids inhibit aflatoxin B1-induced liver preneoplasticfoci and DNA damage in the rat:role of the modulation of aflatoxin B1 metabolism [J]. *Carcinogenesis*,1998,19:403~411

[451] GRADELET S, LEBON A M, BERGES R, *et al*. Dietary Carotenoids Inhibit Aflatoxin B1-induced Liver Preneoplastic Foci and DNA Damage in the Rat [J]. *Carcinogenesis*, 1998, 19(3): 403~411

[452] Gross G J,Lockwood S F. Acute and chronic administra-tion of disodium disuccinate astaxanthin (Cardax) produces marked cardioprotection in dog hearts [J]. *Mol. Cell. Biochem*,2005,272:221~227

[453] Gross G J,Lockwood S F. Cardio protection and myocardial salvage by a disodium disuccinate astaxanthin derivative (Cardax) [J]. *Life Sci*,2004,75:215~224

[454] He J,Giusti M M. Anthocyanins:natural colorants with health-promoting properties[J]. *Annu Rev Food Sci Technol*, 2010,1(1):163~187

[455] Hirose N,Inoue T,Nishihara K,*et al*. Inhibition of cholesterol absorption and synthesis inrats by sesamin [J]. *Journal of Lipid Research*,1991,32(4):629~638

[456] Hollenbeck C B. The importace of being choline[J]. *Journal of the American Dietetic Association*,2010,110(8):1162 ~1165

[457] Hu C. Yuan Y V, Kitts D D. Antioxidant activities of the flaxseed lignan secoisolariciresinol diglucoside, its aglycone secoisolariciresinol and the mammalian lignans enterodiol and enterolactone invitro[J]. *Food and Chemical Toxicology*, 2007, 45(11): 2219~2227

[458] HU H, QINY M. Grape seed proanthoeyanidin extract induced mitochond fi...associated apeptosis in human acute myeloid leukaemia 14. 3 D10 cells [J]. *Chinese Med J*, 2006, 119 (5):417~ 421

[459] Hussein G, Nakagawa T, Goto H, *et al*. Astaxanthin ameliorates features of metabolic syndrome in SHR/ND mcr-cp [J]. *Life Sci*,2007,80 (6):522~29

[460] Hussein G,Goto H,Oda S,*et al* . Antihypertensive potential and mechanism of action of astaxanthin: II. Vascularreactivity and he norheology in spontaneously hypertensiverats [J]. *Biol Pharm Bull*,2005;28 (6):967~971

[461] Hussein G,Goto H,Oda S,*et al*. Antihypertensive potential and mechanism of action of astaxanthin: III. Antioxidant and histopathological effects in spontaneously hyperten-sive rats [J]. *Biol Pharm Bull*,2006,29 (4):684~688

[462] Ikeda Y, Tsuji S, Satoh A, *et al*., Protective effects of astaxanthin on 6-hydroxydopamine-induced apoptosis inhuman neuroblastoma SH-SY5Y cells [J]. *J. Neurochem*,2008,107:1 730~1 740

[463] Innis S M,Davidson A G F,Bay B N,*et al*.Plasma choline depletion is associated with decreased peripheral blood leukocyte acetylcholine in children with cystic fibrosis[J]. *The American Journal of Clinical Nutrition*,2011,93(3):564 ~568

[464] Izumi-Nagai K,Nagai N,Ohgami K,et al. Inhibition ofchoroidal neovascularization with an anti-inflammatorycarotenoid astaxanthin [J]. *Invest. Ophthalmol. Vis. Sci.*,2008,49:1 679~1 685

[465] Jacquot Y,Laios I,Cleeren A,et al. Synthesis,structure,and estrogenicactivity of 4-amino-3-(2-methylbenzyl) coumarins on humanbreast carcinoma cells[J]. *Bioorganic & Medicinal Chemistry*,2007,15(6):2269

[466] Janos V. Chitin content of cultivated mushrooms agaricus bisporus,pleurotus ostreatus and lentinula edodes[J]. *Food Chem*,2007,102(1):6~9

[467] Jyonouchi H, Sun S, Tomita Y, et al. Astaxanthin, a Carotenoid without Vitamin A Activity, Augments Antibody Responses in Cultures Including T-Helper Cell Clones and Suboptimal Doses of Antigen [J]. *Journal of Nutrition*, 1995, 125(10): 2483~2492

[468] Jyonouchi H, Sun S, Iijima K, et al. Antitumor Activity of Astaxanthin and Its Mode of Action [J]. *Nutrition and Cancer*, 2000, 36(1): 59~65

[469] Jyonouchi H, Zhang L, Gross M, et al. Immunomodulating Actions of Carotenoids: Enhancement of in vivo and in vitro Antibody Production to T-Dependant Antigens [J]. *Nutrition and Cancer*, 1994, 21(1): 47~58

[470] Kang J O,Kim S J,Kim H. Effect of astaxanthin on thehepatotoxicity lipid peroxidation and antioxidative enzymesin the liver of CCl4-treated rats [J]. *Methods Find. Exp.Clin. Pharmacol.*,2001,23:79~84

[471] Karlsen A,Retterstol L,Laake P,et al. Anthocyanins inhibit nuclear factor-kappaB activation in monocytes and reduce plasma concentrations of pro-inflammatory mediators in healthy adults[J]. *J Nutr*,2007,137(8):1951~1954

[472] Keuchi M,Koyama T,Takahashi J,et al. Effects of as-taxanthin in obese mice fed a high-fat diet [J]. *BioscBiotechnol Biochem.*,2007,71(4):893~899

[473] Khan S K,Malinski T,Mason R P,et al. Novel astaxanthin prodrug (CDX-085) attenuates thrombosis in a mousemodel [J]. *Thromb. Res.*,2010,126:299~305

[474] Kim J H, Choi W, Lee J H, et al. Astaxanthin inhibits H_2O_2-mediated apoptotic cell death in mouse neuralprogenitor cells via modulation of P38 and MEK signalingpathways [J]. *J. Microbiol. Biotechnol*,2009,19:1 355~1 363

[475] Kim Y W, Lee S M, Shin S M, et al. Efficacy of sauchinone as a novel AMPK-activating lignan for preventing iron-induced oxidative stress and liver injury[J]. *Free Radical Biology and Medicine*, 2009, 47(7): 1082~1092

[476] Kimball A B,Kaczvinsky J R,Li J,et al.Reduction in the appearace of facial hyperpigmentation after use of moisturizers with a combination of topical niacinamide and N-acetyl glucosamine results of a randomized,double-blind, vehiclecontrolled trial[J]. *Br J Dermatol*,2010,85(5):1275~1285

[477] Kishimoto Y,Tani M,Uto-Kondo H,et al. Astaxanthinsuppresses scavenger receptor expression and matrix metal-loproteinase activity in macrophages [J]. *Eur J Nutr*,2010,49:119~126

[478] Kitts D D, Yuan Y V, W ijew ickrem e A N, et al. Antioxidant activity of the flaxseed lignan secoisolaricires-inoldiglycoside and its mammalian lignan metabolites enterodiol and enterolactone[J]. *Molecular and Cellular Biochemistry*,1999,202(1~2):91~100

[479] Kostova I,Momekov G. New cerium (III) complexes of coumarins-synthesis,characterization and cytotoxicity evaluation[J]. *EuropeanJournal of Medicinal Chemistry*,2008,43(1) : 178

[480] Kushiro M, Masaoka T, Hageshita S, et al Comparative effect of sesam in and episesam in on the activity and gene expression of enzymes in fatty acid oxidation and synthesis in rat liver[J]. *The Journal of Nutritional Biochemistry*, 2002, 13(5): 289~295

[481] Kushiro M,Masaoka T,Hageshita S,et al. Comparative effect of sesamin and episesamin on the activity and gene expression of enzymes in fatty acid oxidation and synthesis in rat liver [J]. *Journal of Nutritional Biochemistry*,2002, 13(5):289~295

[482] Lauver D A, Lockwood S F, Lucchesi B R. Disodiumdisuccinate astaxanthin (Cardax) attenuates complementactivation and reduces myocardial injury following ischemia/reperfusion [J]. *J. Pharmacol. Exp. Ther*, 2005, 314:686~692

[483] Lavola A, Julkunen-Tiitto R, Aphalo P, et al. The effect of UV-B radiation on UV absoubinhg secondary metabolites in birch seeding grown under simulated forest soil conditions[J]. *New Phytol*, 1997, 137(4):617~621

[484] LEE J M, JING S G, LEVINE N, et al. Carotenoid Supplement Reduces Erythema in Human Skin after Simulated

194

Solar Radiation Exposure [J]. *Experimental Biology and Medicine*, 2000, 223(2): 170~174

[485] Lee S H, Min D B. Effects of Quenching Mechanism and Kinetics of Carotenoids in Chlorophyll-Sensitized Photo-oxidation of Soybean Oil [J]. *Journal of Agricultural and Food Chemistry*, 1990, 38(8): 1630~1634

[486] Lee S J, Bai S K, Lee K S, *et al*. Astaxanthin inhibitsnitric oxide production and inflammatory gene expression by suppressing IκB kinase-dependent NF-κB activation [J]. *Mol Cells*, 2003, 16 (1): 97~105

[487] Li W, Hellsten A, Jacobsson L S. Alpha-tocopherol andastaxanthin decrease macrophage infiltration, apoptosis andvulnerability in atheroma of hyperlipidaemic rabbits [J]. *J Mol Cell Cardiol*, 2004, 37: 969~978

[488] Liao J H, Chen C S, Maher T J, *et al*. Astaxanthin interacts with selenite and attenuates selenite-induced cataractogenesis [J]. *Chem. Res. Toxicol*, 2009, 22: 518~525

[489] Lin T Y, Lu C W, Wang S J. Astaxanthin inhibits gluta-mate release in rat cerebral cortex nerve terminals via suppression of voltage-dependent Ca^{2+} entry and mitogen-activated protein kinase signaling pathway [J]. *J. Agric. FoodChem.*, 2010, 58: 8 271~8 278

[490] Liu X B, Shibata T, Hisaka S, *et al*. Astaxanthin inhibitsreactive oxygen species-mediated cellular toxicity indopaminergic SH-SY5Y cells via mitochondria-targetedprotective mechanism [J]. *Brain Res*, 2009, 1 254: 18~27

[491] Lu CL, Li YM, Fu GQ, *et al*. Extraction optimisation of daphnoretin fromroot bark of Wikstroemia indica (L.) C. A. and its anti-tumour activity tests[J]. *Food Chemistry*, 2011, 124(4) : 1500

[492] Lu Ya-Peng, Liu Si-Yuan, Sun Hua. Neuroprotective effect of astaxanthin on H_2O_2-induced neurotoxicity in vitro and on focal cerebral ischemia *in vivo* [J]. *BrainRes*, 2010, 1 360: 40~48

[493] Lyons N M, O'Brien N M. Modulatory effects of an algalextract containing astaxanthin on UVA-irradiated cells inculture [J]. *J. Dermatol. Sci*, 2002, 30: 73~84

[494] Manabe E, Handa O, Naito Y, *et al*. Astaxanthin protects mesangial cells from hyperglycemia-induced oxidative signaling [J]. *J. Cell. Biochem.*, 2008, 103: 1 925~1 937

[495] Mao WW, Wang TT, Zeng HP, *et al*. Synthesis and evaluation of novelsubstituted 5-hydroxycoumarin and pyranocoumarin derivatives exhibiting significant antiproliferative activity against breast cancer cell lines[J]. *Bioorganic & Medicinal Chemistry Letters*, 2009, 19(6): 4570

[496] Matsuda H, Morikawa T, Ninomiya K, *et al*. Hepatoprotective constituents from Zedoariae Rhizoma: absolute stereostructures of three new carabrane-type sesquiterpenes, curcum enolactones A, B, and C[J]. *Bioorgan Med Chem*, 2001, 9(4): 909

[497] Matsuda H, N inomiya K, Morikawa T, *et al*. Inhibitory effect and action mechanism of sesquiterpenes from Zedoariae rhizoma on D-galactosamine/ lipopolysaccharide-induced liver injury[J]. *Bioor-gan Med Chem Lett*, 1998, 8(4): 339

[498] Mayumi *et al*. Effects of Astaxanthin Supplementation on Exercise-Induced Fatigue in Mice[J]. *Biol. Pharm. Bull*, 2006, 29(10): 2106~2110

[499] Mazzag, Kay C D, Cottrell T, *et al*. Absorption of anthocyanins from blueberries and serum antioxidant status in human subjects[J]. *J Agric Food Chem*, 2002, 50(26): 7731~7737

[500] MIKI W. Biochemical Functions and Activities of Animal Carotenoids [J]. *Pure and Applied Chemistry*, 1991, 63 (1): 141

[501] Mink P J, Scrafford C G, Barraj L M, *et al*. Flavonoid intake and cardiovascular disease mortality: a prospective study in postmenopausal women[J]. *Am J Cli Nutr*, 2007, 85(3): 895~909

[502] Nagaki Y, Mihara M, Tsukahara H. The supplementationeffect of astaxanthin on accommodation and asthenopia [J]. *J. Clin. Ther. Med.*, 2006, 22: 41~54

[503] Naito Y, Uchiyama K, Aoi W, *et al*. Prevention of diabetic nephropathy by treatment with astaxanthin in diabeticdb/ db mice [J]. *Biofactors*, 2004, 20: 49~59

[504] Nakaishi H, Matsumoto H, Tominaga S, *et al*. Effects of black current anthocyanoside intake on dark adaptation and VDT work-induced transient refractive alteration in healthy humans[J]. *Altern Med Rev*, 2000, 5(6): 553~562

[505] Nakajima Y, Inokuchi Y, Shimazawa M, *et al*. Astaxan-thin, a dietary carotenoid, protects retinal cells against oxidative stress in vitro and in mice in vivo [J]. *J. Pharm. Pharmacol.*, 2008, 60: 1 365~1 374

[506] Nakao R,Nelson O L,Park J S,et al. Effect of astaxan-thin supplementation on inflammati on and cardiac functionin BALB/c mice [J]. Anticancer Res,2010,30:2 721~2 725

[507] NISHINO H. Cancer Prevention by Carotenoids [J]. Mutation Research, 1998, 402(1): 159~163

[508] O'CONNOR I, O'BRIEN N. Modulation of UVA Light-Induced Oxidative Stress by β-Carotene, Lutein and Astaxanthin in Cultured Fibroblasts [J]. Journal of Dermatological Science, 1998, 16(3): 226~230

[509] Oshida K,Shimizu T,Takase M,et al. Effects of dietary sphingomyelin on central nervous system myelination in developing rats [J]. Pediatric Research,2003,53(4):589~593

[510] PAPAS A M. Antioxidant Status, Diet, Nutrition, and Health [M]. CRC Press, 1999

[511] Qin Y,Xia M,MA J,et al. Anthocyanin supplementation improves serum LDL-and HDL-cholesterol concentrations associated with the inhibition of cholesteryl ester transfer protein in dyslipidemic subjects[J]. Am J Clin Nutr,2009, 90(3):485~492

[512] Riso P,Visioli F,Gardana C,et al. Effects of blood orange juice intake on antioxidant bioavailability and on different markers related to oxidative stress[J]. J Agric Food Chem,2005,53(4):941~947

[513] Roughley P J. The structure and function of cartilage proteoglycans[J]. Eur Cell Mater,2006,30(12):92~101

[514] SAVOURE N, BRIAND G, AMORY T M C, et al. Vitamin A Status and Metabolism of Cutaneous Polyamines in the Hairless Mouse After UV Irradiation: Action of β-Carotene and Astaxanthin [J]. International Journal for Vitamin and Nutrition Research, 1995, 65(2): 79~86

[515] SAWAKI et al. Sports Performance Benefits from Taking NaturalAstaxanthin Characterized by Visual Acuity and Muscle Fatigue Improvement inHumans[J]. Journal of Clinical Therapeutics & Medicines, 2002, 18(9):1085~ 1100

[516] Shaw G M,Finnell R H,Blom H J,et al. Choline and risk of neural tube defects in a folate-fortified population[J]. Epidemiology,2009,20(5):714~719

[517] Smyth T,Ramachandran VN,Smyth WF. A study of the antimicrobialactivity of selected naturally occurring and synthetic coumarins[J]. International Journal of Antimicrobial Agents,2009,33(5):421

[518] Sole P,Rigal Dpeyresblanques J. Effects of cyaninoside chloride and Heleniene on mesopic and scotopic vision in myopia and night blindness[J]. J Fr Ophtalmol,1984,7(1):35~39

[519] Su CR,Yeh SF,Liu CM,et al. Anti-HBV and cytotoxic activities of pyranocoumarin derivatives[J]. Bioorganic & Medicinal Chemistry,2009,17(16):6137

[520] Suganuma K,Nakajima H,Ohtsuki M,et al. Astaxanthinattenuates the UVA-induced up-regulation of matrixmetal-loproteinase-1 and skin fibroblast elastase in human dermalfibroblasts [J]. J. Dermatol. Sci,2010,58:136~142

[521] Suzuki Y,Ohgami K,Shiratori K,et al. Suppressive effects of astaxanthin against rat endotoxin induced uveitis byinhibiting the NF-κB signaling pathway [J]. Exp. EyeRes,2006,82:275~281

[522] TANAKA T, MAKITA H, OHNISHI M, et al. Chemoprevention of Rat Oral Carcinogenesis by Naturally Occurring xanthophylls, Astaxanthin and Canthaxanthin [J]. Cancer Research, 1995, 55(18):4059~4064

[523] TANAKA T, MORISHITA Y, SUZUI M, et al. Chemoprevention of Mouse Urinary Bladder Carcinogenesis by the Naturally Occurring Carotenoids Astaxanthin [J]. Carcinogenesis, 1994, 15(1): 15~19

[524] Thati B,Noble A,Creaven BS,et al. In vitro anti-tumour and cyto-selective effects of coumarin-3-carboxylic acid and three of its hydroxylated derivatives, along with their silver-based complexes, usinghuman epithelial carcinoma cell lines[J]. Cancer Letters,2007,248(2):321

[525] Thati B,Noble A,Creaven BS,et al. Role of cell cycle events and apoptosis in mediating the anti-cancer activity of a silver (I) complex of 4-hydroxy-3-nitro-coumarin-bis (phenanthroline) in human malignant cancer cells[J]. European Journal of Pharmacology,2009,602(2~3):203

[526] Thati B, Noble A, Rowan R,et al. Mechanism of action of coumarin andsilver(I)-coumarin complexes against the pathogenic yeast Candidaalbicans[J]. Toxicology in Vitro,2007,21 (5) : 801

[527] Vance D E. Role of phosphatidylcholine biosynthesis in the regulation of lipoprotein homeostasis[J]. Current Opinion in Lipidology,2008,19(3):229~234

[528] Vayalil PK, Mittal A, Katiyar SK. Proanthocyanidins from Grape Seeds Inhibit Expression of Matrix Metalloprotein-

ases in Human Prostate Carcinoma Cells, which is Associated With the Inhibition of Activation of MAPK and NF kappa B [J]. *Carcinogen*, 2004, 25(6):987～995

[529] Wang Q, Han P, Zhang M, *et al*. Supplementation of black rice pigment fraction improves antioxidant and anti-inflammatory status in patients with coronary heart disease[J]. *Asia Pac J Clin Nutr*, 2007, 16(Suppl 1):295～301

[530] Wang X, Shi H, Zhang L, et a.1 A new chalcone glycoside, a new tetrahydrofuranoid lignan, and antioxidative constituents from the stems and leaves of Viburnum propinquum[J]. *Planta Medica*, 2009, 75(11):1262～1265

[531] Wang X, Willen R, Wadstrom T. Astaxanthin-rich algalmeal and vitamin C inhibit Helicobacter pylori infection in BALB/cA mice [J]. *Antimicrob Agents Ch*, 2000, 44:2 452～2 457

[532] Wataru Aoi, *et al*. Astaxanthin improves muscle lipid metabolism inexercise via inhibitory effect of oxidative CPT I modification [J]. *Biochemicaland Biophysical Research Communications*, 2008, 366:892～897

[533] Wedick N M, Pan A, Cassidy A, *et al*. Dietary flavonoid intakes and risk of type 2 diabetes in US men and women[J]. *Am J Clin Nutr*, 2012, 95(4):925～933

[534] Weindl G, Schaller M, Schafer-korting M, *et al*. Hyaluronic acid in the treatment and prevetion of skin diseases:molecular biological, pharmaceutical and clinical aspects [J]. *Skin Pharmacol Physiol*, 2004, 17(5):207～213

[535] Wo′jcik M, Bobowiec R, Martelli F. Effect of carotenoidson in vitro proliferation and differentiation of oval cells during neoplastic and non-neoplastic liver injuries in rats [J]. *J. Physiol. Pharmacol.*, 2008, 59:203～213

[536] Wu T H, Liao J H, Hou W C, *et al*. Astaxanthin protectsagainst oxidative stress and calciuminduced porcine lensprotein degradation [J]. *J. Agric. Food Chem*, 2006, 54:2 418～2 423

[537] Xia M, Ling W, Zhu H, *et al*. Anthocyanin prevents CD40-acticated proinflammatory signaling in endothelial cells by regulating cholesterol distribution [J]. *Arterioscler Thromb Vasc Biol*, 2007, 27(3):519～524

[538] YAMASHITA E. The Effects of a Dietary Supplement Containing Astaxanthin on Skin Condition [J]. *Carotenoid Science*, 2006, 10: 91～95

[539] Zeisel S H, Da Costa K A. Choline:an essential nutrient for public health [J]. *Nutrition Reviews*, 2009, 67(11):615～623

[540] Zeisel S H. Choline:clinical nutrigenetic/nutrigenomic approaches for identification of functions and dietary requirements [J]. *Journal of Nutrigenetics and Nutrigenomics*, 2011, 3(4～6):209～219

[541] Zhu Y, Xia M, Yang Y, *et al*. Purified anthocyanin supplementation improves endothelial function via NO-cGMP activation in hypercholesterolemic individuals [J]. *Clin Chem*, 2011, 57(11):1524～1533

[542] Ali MS, Ibrahim SA, Jalil S, *et al*. Ursolic acid:a potentinhibitor of superoxides produced in the cellular system [J]. *Phytother Res*, 2007, 21(6):558～561

[543] Awad R, Muhammad A, Durst T, *et al*. Bioassay-guidedfractionation of lemon balm (Melissa officinalis L.) using an *in vitro* measure of GABA transaminase activity[J]. Phytother Res, 2009, 23(8):1075～1081

[544] Azevedo MF, Camsari C, Sá CM, *et al*. Ursolic acid andluteolin-7-glucoside improve lipid profiles and increase liverglycogen content through glycogen synthase kinase-3 [J]. *Phytother Res*, 2010, 24(Suppl 2):S220～S224

[545] Dai Z, Nair V, Khan M. Pomegranate extract inhibits theproliferation and viability of MMTV-Wnt-1 mouse mammarycancer stem cells *in vitro* [J]. *Oncol Rep*, 2010, 24(4):1087～1091

[546] Jang SM, Kim MJ, Choi MS, *et al*. Inhibitory effects of ur-solic acid on hepatic polyol pathway and glucose productionin streptozotocin-induced diabetic mice[J]. *Metabolism*, 2010, 59(4):512～519

[547] Jang SM, Yee ST, Choi J, *et al*. Ursolic acid enhances thecellular immune system and pancreatic beta-cell function instreptozotocin-induced diabetic mice fed a high-fat diet[J]. *Int Immunopharmacol*, 2009, 9(1):113～119

[548] Kazakova OB, Giniyatullina GV, Yamansarov EY, *et al*. Betulin and ursolic acid synthetic derivatives as inhibitors of papilloma virus[J]. *Bioorg Med Chem Lett*, 2010, 20(14):4088～4090

[549] Lee J, Yee ST, Kim JJ, *et al*. Ursolic acid amelioratesthymic atrophy and hyperglycemia in streptozotocin-nicotin-amide-induced diabetic mice[J]. *Chem Biol Interact*, 2010, 188(3):635～642

[550] Lee JS, Miyashiro H, Nakamura N, *et al*. Two new triterpenes from the Rhizome of Dryopteris crassirhizoma, and inhibitory activities of its constituents on human immunodefi-ciency virus-1 protease[J]. *Chem Pharm Bull (Tokyo)*, 2008, 56(5):711～714

197

[551] Lin Y,Vermeer MA,Trautwein EA. Triterpenic acidspresent in hawthorn lower plasma cholesterol by inhibitingintestinal ACAT activity in Hamsters[J]. *Evid-Based Complement Altern Med*,2009,(11):1~9

[552] Shen D,Pan MH,Wu QL,*et al*. LC-MS method for thesimultaneous quantitation of the anti-inflammatory constituents in oregano (Origanum species)[J]. *J Agr FoodChem*,2010,58(12):7119~7125

[553] Shih YH,Chen YC,Wang JY,et al. Ursolic acid protectshippocampal neurons against kainate-induced excitotoxicityin rats[J]. *Neurosci Lett*,2004,362(2):136~140

[554] Shyu MH,Kao TC,Yen GC. Hsian-tsao (Mesona procum-bens Heml.) prevents against rat liver fibrosis induced by CCl4 via inhibition of hepatic stellate cells activation[J]. *Food Chem Toxicol*, 2008,46(12):3707~3713

[555] Steinkamp-Fenske K,Bollinger L,Vller N,*et al*. Ursolicacid from the Chinese herb danshen (Salvia miltiorrhizaeL.) up-regulates eNOS and down-regulates NOX4 expression in human endothelial cells[J]. *Atherosclerosis*,2007,195 (1):e104~e111

[556] Wang YJ,Lu J,Wu DM,*et al*. Ursolic acid attenuates li-popolysaccharide induced cognitive deficits in mouse brainthrough suppressing p38/NF-κB mediated inflammatory pathways[J]. *Neurobiol Learn Mem*,2011,96(2):156 ~165

[557] Zhang Y,Kong C,Zeng Y,*et al*. Ursolic acid inducesPC-3 cell apoptosis via activation of JNK and inhibition of Akt pathways *in vitro*[J]. *Mol Carcinog*,2010,49(4):374~385

[558] Zhou Y,Li JS,Zhang X,*et al*. Ursolic acid inhibits early lesions of diabetic nephropathy[J]. *Int J Mol Med*,2010,26 (4):565~570

第二章

食用农产品品质成分的科学利用

食用农产品就是供人类食用的食物。人类为了维护生命与健康,保证生长发育和从事劳动及各种社会活动的需要,每天必须摄入一些食物。对于人体摄入的食物来说,其营养成分在理论上最好与人体所需要的相一致,但至今未发现哪一种单一的食物是这样的理想食物。

人类营养学告诉我们,人体在不同生育阶段需要的营养素的种类和数量是各不相同的,食物中含有的营养素的种类和数量也是不相同的,同一营养素(如蛋白质)来源于不同的食物,其内含(如氨基酸)的种类和含量也是不同的,详见杨月欣《中国食物成分表》(2009)。中国营养学会(2014)通过深入的研究,提出了中国居民膳食营养素参考摄入量(DRIs)(见本章第七节)。必须指出的是,该推荐量是根据一个群体制定的参考值。对某一个体其需要量可能在平均值的上面或下面,即常态分布曲线的左边或右边都有可能。某一个体特别是有代谢异常状态的人,必须根据个体的差异、本人的不同适应性,请营养师、医师指导,适当调整,科学利用。

以下介绍若干相关知识,以利于人们更好地应用食物营养成分含量,科学地利用食物的品质成分,促进人体健康。

第一节　营养素摄入不足和过量的危害

如果没有科学利用食物中的营养成分,无论是摄入不足还是过量,对身体都是很不利的。因为机体所需要的各种营养素之间存在一定范围的配比关系,超出这个范围就会发生干扰,甚至引发疾病。

一、热能摄入不足与过量的危害

若热能长期供应不足,体内贮存的糖原和脂肪将被动用,发生饮食性营养不良,临床表现为基础代谢降低,消瘦,贫血,精神萎靡,神经衰弱,皮肤干燥,骨骼肌退化,脉搏缓慢,体温降低,抵抗力弱,成为传染病易感者,严重的影响健康。

热能不足时,需要由蛋白质氧化供给,进一步加重蛋白质缺乏。临床上把它叫作"蛋白质－热能营养不良"(PEM)。

若热能摄入过多,其过剩部分在体内转变为脂肪沉积,形成肥胖。轻度肥胖可无任何症状。如不加以控制,则逐渐发展成体态臃肿、动作缓慢,加重机体负担。极度肥胖者由于肺泡换气不足而发生缺氧,易困倦,劳动效率低,并可因血容量和心搏出量增加,引起左心室肥大,易发生高血压、冠心病、脂肪肝、糖尿病、胆石症、痛风症等。热能入超对于中、老年尤其不利。

医学研究表明,总热量过多会给身体造成一个有利于癌肿生长的环境。体重大大超标的人,他们患子宫体癌、胆囊癌、乳腺癌的机会要比体重正常的人高得多。(杨洁彬等,2013)

二、碳水化合物摄入不足与过量的危害

人体每天要摄入一定量的碳水化合物，所提供的热能必须占总热能的 55%～65%。如果碳水化合物摄入不足，就会发生酮病。这是因为蛋白质、脂肪和碳水化合物的分解代谢都须通过三羧酸循环进行彻底氧化放出能量。缺乏碳水化合物，脂肪代谢就不完全而形成丙酮、β-羟丁酸和乙酰乙酸（即所谓"酮体"），这些在血液内达到一定浓度即发生酮病。

碳水化合物摄入过量，会导致肥胖症，还会引发其他疾病。高碳水化合物和低脂膳食，可提高血脂含量 13%，增加心血管疾患发生的危险（刘霞等，2009；Mente et al.，2009）。一般认为，过量的碳水化合物摄入，引起机体碳水化合物氧化率增加（Schwarz et al.，1995）。长期的高碳水化合物摄入对糖尿病发生和发展不利。

三、脂肪摄入不足与过量的危害

若脂肪摄入过少，不能提供适宜的热量，同时也意味着脂溶性维生素缺乏，对健康不利。

脂肪是高能营养素，摄入过多会引起肥胖，肥胖是引起代谢综合征和诸多慢性非传染性疾病的重要危险因素。肥胖人群的 BMI 均值每相差 1 个单位，冠心病发病率相差 14/10 万，脑卒中发病率可相差 40.5/10 万，肥胖者耐糖量低减可达到 15.9%，肥胖者糖尿病患病率比体重正常者高 3～5 倍。（中国营养学会，2014）

不恰当地进食过多脂肪会引起肠道菌群组成的改变，使胆汁分泌增加，胆汁经代谢后的一些产物有致癌性。据大量的资料报道，脂肪进食过多与乳腺癌、大肠癌、胰腺癌、卵巢癌、前列腺癌肿瘤的发病有关。（杨洁彬等，2013）

动物性脂肪进食太多对人体有害，植物性油脂摄入太多也不好。植物性油脂内主要含不饱和脂肪酸，不饱和脂肪酸可以引起人体免疫功能的下降。不饱和脂肪酸极易氧化，可以在体内形成过氧化物，具有一定的致癌性。医学研究证实：多不饱和脂肪酸可促进肿瘤的发生。有人认为多不饱和脂肪酸在自由基作用下进行过氧化反应，形成脂质过氧化物，这种物质对细胞膜、细胞核进行作用，使 DNA 断裂、畸形而导致细胞突变，形成肿瘤。（杨洁彬等，2013）

四、蛋白质摄入不足与过量的危害

蛋白质是生命存在的形式，是生命的物质基础。蛋白质是构成一切细胞和组织结构的重要成分，是生命现象中起决定性作用的物质。若蛋白质摄入不足，影响儿童的生长发育，使得成年人体质下降、身体衰弱，患病率增高。蛋白质缺乏的临床表现为疲倦、体重减轻、贫血、免疫和应激能力下降、血浆蛋白质含量下降，尤其是白蛋白降低，并出现营养性水肿。蛋白质缺乏在成人和儿童中都有发生，但处于生长阶段的儿童更为敏感，易患蛋白质-能量营养不良（protein-energy malnutrition，PEM）。一般分为消瘦型（marasmus）、水肿型（kwashiorkor）和混合型。消瘦型主要由能量严重不足所致，临床表现为消瘦、皮下脂肪消失、皮肤干燥松弛、体弱无力等；水肿型是指能量摄入基本满足而蛋白质严重不足，以全身水肿为其特点，患者虚弱、表情淡漠、生长滞缓、头发变色变脆易脱落、易感染其他疾病；混合型是指蛋白质和能量同时缺乏，临床表现为上述两型之混合。轻度的蛋白质缺乏主要影响儿童的体格生长，导致体重和生长发育迟缓（中国营养学会，2014）。

最新动物试验结果表明，若蛋白质摄入过量，会增加钙的损失（杨洁彬等，2013）。若健康成人摄入 1.9～2.2 g/(kg·d)蛋白质膳食一段时期，会产生胰岛素敏感性下降、尿钙排泄量增加、肾小球滤过率增加、血浆谷氨酸浓度下降等代谢变化（Metges and Barth，2000）。有人在猪的实验中发现与正常组（蛋白

质供能比15%)相比,摄入蛋白质供能35%的高蛋白膳食8个月后出现肾脏损害,表现为肾小球溶剂增大60%~70%,组织性纤维化增加55%,肾小球硬化增加30%(Jia et al.,2010)。

任何一种营养素缺乏或几种营养素同时缺乏均会构成营养缺乏病。除了已介绍的蛋白质热能营养不良症外,碘缺乏症、维生素 A 缺乏症、铁缺乏症是世界范围内的四大营养缺乏病。

五、碘缺乏与过量的危害

全世界有8亿人碘缺乏,1.9亿人患甲状腺肿,300万人患克汀病,400万人智能低下。我国有3亿人受碘缺乏威胁,1.2千万人甲状腺肿(其中15%有亚克汀病及甲状腺机能低下)。

碘缺乏的症状有以下几方面:

(1)克汀病:智力下降,身材矮小。神经型克汀病会发生智力低下、聋哑、痴呆及运动障碍;粘肿型克汀病会有粘液性甲状腺水肿、甲状腺机能下降;混合型克汀病表现为身体发育不正常,上身长,下身短;

(2)亚克汀病:表现为智力下降,甲状腺功能低下,体格发育障碍;

(3)新生儿甲状腺机能低下;

(4)甲状腺肿;

(5)甲状腺癌。

碘摄入太多也会危害健康,若每天摄入 500~1 000 µg,连续几周、几月、几年均可导致高碘疾病。高碘疾病表现为:高碘甲状腺肿和甲状腺功能亢进。一般女性多于男性,沿海地区 30%~40%的发病率。碘过高会抑制蛋白质水解酶。

六、铁不足与过量的危害

铁缺乏会对身体造成危害:

(1)肌肉能力下降,作功能力下降;

(2)脑功能下降,注意力、记忆力、动物反应、眼手协调等均有异常,甚至有异食癖;

(3)免疫功能下降,易疲劳。

缺铁是造成缺铁性贫血的重要原因。婴幼儿、学龄前儿童、育龄妇女及孕妇较为多见。缺铁性贫血表现为乏力、面色苍白、头晕、心悸、指甲脆薄、食欲不振等,儿童易于烦躁、智能发育差。

铁摄入量过多会影响铬的吸收。

七、维生素 A 缺乏与过量的危害

全世界有4 000万儿童患有不同程度的维生素 A 缺乏病,也包括我国在内。主要症状为:血浆维生素 A 浓度低于正常值,眼睛的暗适应能力下降,干眼病、夜盲症、生长发育障碍、易感染及免疫力下降、皮肤角质化、脱屑、上呼吸道感染等。

维生素 A 易受氧化、强光、紫外线破坏,但在普通烹调中较为稳定。脱水食品在贮存时维生素 A 和胡萝卜素的活性最容易损失,传统的空气干燥比冷冻真空干燥的损失大得多。

维生素 A 需要量随劳动条件、精神紧张程度以及机体状态而异。需要视力集中、经常接触粉尘或对黏膜有持续性刺激的作业,以及在夜间或弱光下工作的人,如装配精密仪器、飞行员、驾驶员、矿工、夜行军的战士,特别是缺氧环境、酷寒或炎热季节中工作的人,需要维生素 A 的量大。长期发烧、腹泻及患肝胆疾病时,维生素 A 的需要量显著增加。如不及时适当补充,则可引起继发性维生素 A 缺乏。

在预防和治疗维生素 A 缺乏病的同时应注意维生素 A 过量的问题。维生素 A 的摄入量如果成人一次摄入大于 200 万 IU,婴儿一次服用 35 万 IU,就会发生急性中毒;如果儿童每日服用 18 500 IU,成人每日摄入 2.5 万～5.0 万 IU,连续摄入几个月就会发生慢性中毒。一般饮食维生素 A 不致过量。中毒多发生在长期误服过量的维生素 A 浓缩制剂的儿童。

八、维生素 B_1 缺乏的危害

人体缺乏维生素 B_1 会得脚气病。脚气病又称周围神经炎,因为从病人死后的尸体解剖中,发现神经末梢有特殊的枯萎现象。其特征是开始时两脚麻木,渐渐地觉得小腿肌肉疼痛,有些人在脚部还发生水肿的现象,最后全身瘫痪无力、呼吸困难、心脏衰弱。

脚气病并不限于东方的食米国家。在西方国家,以白面包为主食的人也常会患脚气病。食用糙米和全麦粉就能避免维生素 B_1 缺乏,因为医学家已于 1932 年在米糠中发现有维生素 B_1 的存在,并研究出它的结构,还能以人工合成的方式制造维生素 B_1。

轻微的维生素 B_1 缺乏,并不会引起脚气病,但却会有食欲不振、大便秘结、思维不敏捷、容易疲劳,因此,维生素 B_1 被称为“与疲劳有关的维生素”。

维生 B_1 缺乏还会引起精神消沉、健忘症,也会导致消化不良、心脏异常。

九、维生素 B_2 缺乏的危害

维生素 B_2 缺乏的典型症状是口角炎、舌炎、脂溢性皮炎或怕光、眼睛布满血丝。

营养学家曾做过如下的实验:给予参加实验者以丰富的饮食,唯独缺乏维生素 B_2,结果发现受试者之间有一普遍的现象产生:即舌头表面的味蕾因瘀血而变红或发紫,舌头下层出现皱纹,嘴唇干燥,有要裂开的感觉,情况严重时,嘴角会破裂,这就是口角炎;此外脸颊上也出现脂溢性皮炎。这些现象在给予维生素 B_2 后会有所改善,但治愈的时间则须视情况的严重性、维生素 B_2 的供应数量及被吸收的程度而定。

怕光也是维生素 B_2 缺乏的症状,患者像缺乏维生素 A 的患者一样,需要戴上太阳镜才觉得舒适,不同的是他们夜间的视力仍属正常。如果维生素 B_2 缺乏严重时,双眼会时常流泪水,并觉得眼球发热、刺痛,像有砂子进了眼睛一样,不得不经常以手擦拭眼睛,这些现象,在给予维生素 B_2 以后,就会完全消失。经常熬夜或极度疲劳时,维生素 B_2 被大量使用,所以眼睛只好形成微血管,来供应氧气给角膜细胞,这种血丝漫布的眼睛在给予充足的维生素 B_2 后,能很快地恢复正常。但以后若再发生维生素 B_2 缺乏时,还会发生血丝漫布眼睛的情况。有观点认为,老年人视力的减退与缺乏维生素 B_2 有关,保持充分的维生素 B_2,可很好地保持老年人的视力。

十、烟酸缺乏的危害

食物中烟酸供应不足常会导致烟酸缺乏。烟酸缺乏不仅可生癞皮病,还有神经和消化系统的异常。

轻度的烟酸缺乏会体重减轻,全身无力,眩晕,耳鸣,思想不能集中,常有幻觉;随后出现皮肤症状:两手、两颊、颈部、脚背被裸露部位出现对称性皮炎,皮肤变厚、色素沉着,边缘清楚,还会有食欲不振、恶心、呕吐、消化不良、腹泻或便秘等胃肠功能失调症。舌头发红和肿疼、口腔黏膜有浅溃疡。更加严重者可出现精神症状:紧张、过敏、抑郁、失眠、记忆力减退、甚至语无伦次。

癞皮病的发生不仅表明缺乏烟酸,也表明 B 族维生素与蛋白质的缺乏。

长期以玉米为主食的地区癞皮病的发病率较高,但研究发现,玉米中含有结合型的烟酸,不经分解,不能为人体利用。用碱或小苏打处理,可使烟酸释放。色氨酸是烟酸的潜在来源,但由色氨酸转变为烟酸需要维生素 B_2 和 B_6 参加。因此,应充足供应 B 族维生素。凡是在缺氧条件下生活或劳动的人,如登山、高空飞行、潜水等工作,都需要增加烟酸的供给量。

十一、维生素 B_6 缺乏的危害

维生素 B_6 缺乏会引起湿疹、精神紧张、神经过敏,孕妇缺乏维生素 B_6 还会严重影响胎儿的正常发育。口服避孕药的妇女易缺乏维生素 B_6。

营养学家研究发现,缺乏维生素 B_6 的患者都会发生皮肤上、口腔、舌头、嘴唇糜烂的现象,并感到疲劳、神经过敏、昏眩、恶心、呕吐,而且都有湿疹出现。湿疹首先出现在头皮和眉毛附近,然后蔓延到鼻子及耳后的地方。若给予服用维生素 B_6 后,这些患者能很快地恢复正常。湿疹是一种皮脂溢出而形成的皮肤炎,通常它和食物中的亚麻油酸、维生素 B_6 有关。因为维生素 B_6 是人体利用蛋白质和脂肪所必需的酶素。亚麻油酸与湿疹也有很密切的关系,如果病人缺乏维生素 B_6,但却有充足的亚麻油酸,湿疹也不会出现。

动物实验研究发现,动物缺乏维生素 B_6 时,常会发生颤抖及类似癫痫发作的现象,精神显得紧张、极度过敏并会失眠。

在保持人体大脑的正常功能上,维生素 B_6 是不可缺少的。癫痫的病人并不多见。可是,经常感到忧虑、神经过敏、易受刺激的人为数却不少,这样的人群应增加摄入维生素 B_6 以减轻症状,维持健康。维生素 B_6 被称为与生长、精神安定有关的维生素。

十二、叶酸和维生素 B_{12} 缺乏的危害

人体缺乏叶酸,常会发生巨球性贫血,疲乏、苍白、晕眩、精神不振、呼吸短促、皮肤变成棕色。怀孕的妇女,缺乏叶酸时,导致早产、流产、出血,或造成新生儿神经管畸形。

缺乏维生素 B_{12} 会引起恶性贫血。恶性贫血是潜伏性的,不易被发现。其主要症状为身体经常感到虚弱、舌头感到酸和疼痛、四肢感到麻木和刺痛。恶性贫血所引起的病变,主要是在消化道、骨髓和神经系统方面,除了神经细胞死亡无法挽救外,其他的变化均可在给予维生素 B_{12} 后恢复正常。

十三、维生素 C 缺乏的危害

维生素 C 缺乏会患坏血病。坏血病是因为血管壁内的胶原形成不好,以致于容易出血,而维生素 C 的功用之一就是协助胶原的制造及维持其存在。

青肿的皮肤和刷牙的牙龈出血是维生素 C 缺乏的早期症状。如果稍有碰撞皮肤就出现青青的一块,也揭示应增加维生素 C 的摄入量,严重的维生素 C 缺乏会有紫癜产生。

缺乏维生素 C 的人在工作中易产生疲劳感,因此,营养学家建议每天早餐中摄入一定量的维生素 C。

有文献认为缺乏维生素 C 的人易感冒,认为维生素 C 有预防感冒的作用,但也有人反对这一观点,不论是哪种观点,维生素 C 可缓解感冒症状却得到了共识,即维生素 C 缺乏时感冒症状会加重。

十四、维生素 D 缺乏的危害

维生素 D 缺乏,人体会患软骨症。软骨症最初在英国发现,所以软骨症又叫英国病,1950 年英国剑桥大学首次报道,软骨症的特征是骨骼弯曲、低胸、驼背、凸肚、牙床不正等。

缺乏维生素 D 容易使婴幼儿血中钙、磷降低,骨骼生长发生障碍,影响肌肉和神经系统的正常功能,患儿烦躁、夜惊、手足搐搦、多汗、头部常在枕上转动摩擦形成"枕秃"。由于维生素 D 对钙吸收具有影响,对牙齿的正常生长发育也有影响,如出牙较晚,且牙齿排列不整齐,易生成蛀牙,严重者下肢内弯或外弯、脊柱侧弯或形成驼背。

　　成人(特别是孕妇、乳母)每日膳食摄入少于 70 IU 的维生素 D,或完全不吃脂肪,不晒太阳,膳食中植酸太多或严格素食者可因缺乏维生素 D 引起骨质软化症。

　　防止维生素 D 缺乏,除增加膳食中维生素 D 之外,最简单的改善办法是多晒太阳。科学家研究发现,阳光中的紫外线可以将人体皮肤里面的原维生素 D_3 转变成维生素 D_3,这种维生素能够帮助小肠壁吸收食物中的钙与磷,变成造骨的原料,避免软骨病。

十五、维生素 E 缺乏的危害

　　维生素 E 在体内的贮存能力很大,所以发生维生素 E 缺乏要经过相当的时间。临床研究和营养学研究表明:贫血、狭心症、心肌梗塞、静脉曲张、肌肉疾患、衰老及中风的发生与维生素 E 缺乏有直接的关系。

　　有文献报道,烧伤手术或皮肤移植后的病人,常常损坏了血管,减少了氧气对受伤部位的供应,而受伤的肌肉比正常肌肉需要更多的氧气,所以,容易留下疤痕。如果每天给予 600 IU 或更多的维生素 E,这些受伤部位就不会留下疤痕。

　　维生素 E 的最重要功能是防止不饱和脂肪酸在体内被破坏。这类物质不仅是不饱和脂肪酸,还有维生素 A、肾上腺、性激素等,它们几乎和全身细胞都有密切的关系。因此如果缺乏维生素 E,脂肪酸会被破坏,细胞也因此而崩溃,维生素 A 的作用也得不到发挥。

　　维生素 E 缺乏会导致婴幼儿贫血是近年来的研究成果,这种贫血是由于红血球的细胞膜上的不饱和脂肪酸被氧化破坏,因而红血球破裂,造成溶血性贫血,阿波罗十号的太空人在做 8 d 的太空飞行后,失去了 20％ 的红血球,以致于他们在到达地面时出现贫血、疲乏及心脏衰弱等症状。医生研究的结果认为,太空船里充满氧气,在维生素 E 不足的情况下,他们的呼吸足以破坏体内细胞的不饱和脂肪酸。在以后的太空人饮食中加入大量的维生素 E,再也没有发生贫血的现象。

　　缺乏维生素 E 会导致孕妇流产和出现静脉曲张,老年人发生中风也可以用维生素 E 加以治疗。维生素 E 虽然被称为生育酚,但它只能增加生殖作用,对人类尚未发现有因其缺乏而引起的不育症。另外,维生素 E 缺乏会加速衰老过程、降低免疫力,细胞出现棕色的色素颗粒。因此,膳食中必须保证充足的维生素 E,才能保证预防这些症状的出现。

十六、维生素 K 缺乏的危害

　　由膳食供应不足产生维生素 K 缺乏极为少见,因为维生素 K 广泛存在于食物中,而且大肠内的细菌也能合成。发生维生素 K 缺乏多是继发性的,如胆汁分泌有障碍、肠道菌群不正常或失衡以及肝脏有疾病的人均易发生维生素 K 缺乏。因为维生素 K 的吸收依赖于胆盐,在体内合成依赖于正常的肠道菌、通过肝脏发挥作用。

　　缺乏维生素 K 的症状是出血时凝血时间延长或有显著出血不止情况:皮下可出现紫癜或瘀斑、鼻衄、齿龈出血,创伤后流血不止,有时还会出现肾脏或胃肠道出血;肌肉中的三磷酸腺苷和磷肌酸都减少,三磷酸腺苷酶活力下降;平滑肌张力及张缩减弱。

　　维生素 K 被称为"与凝血有关的维生素",手术病人或有外伤时,一般测定其凝血酶元时间,以适时补充维生素 K 制剂。尤其是有胆管疾病的人常常发生维生素 K 缺乏的现象,凝血酶元比平常人低,如需手术,更应在手术前给予相当数量的维生素 K,使其肝脏制造出多量的凝血酶元,以确保手术后不发生流血不止的现象。孕妇在临产前数日可用维生素 K 作预防注射。

十七、钙缺乏的危害

　　钙是人体中矿物质最多的一种,占人体体重的 1.5％,其中 95％ 与磷形成骨盐存在于骨骼和牙齿中。

当人体缺钙时,骨骼与牙齿首先受到影响,长期缺钙,儿童可产生佝偻病,成人可发生骨质软化症。有研究表明,缺乏钙质的人变得紧张,脾气也变得暴躁,他们常常无法轻松,并且发生与工作无法成比例的疲劳。如果给予他们适量的钙质,则能避免上述现象。因此,医生们常把钙质当作一种"催眠剂"来推荐给那些失眠者,或建议失眠者在睡前饮用一杯牛奶。

缺钙的人常易发生肌肉痉挛现象,通常发生在腿部,这是缺钙的明显表现。

钙的缺乏与钙在吸收过程中受诸多因素影响有直接关系,含钙的食物很多,如鸡蛋、谷类、牛奶、扁豆、坚果等,而植物中的钙有一部分不为人类吸收。所有食物中,牛奶是钙质的最好来源。食物中的钙、磷比例也影响钙是否吸收,如果比例适当,将有利于吸收利用。一般认为人体钙、磷比为 1∶1,但婴儿为 2∶1,因为母乳中钙、磷比是 2∶1。牛奶中钙磷比是 2∶1.6,较适合于较大婴儿。

十八、其他矿物质缺乏的危害

其他矿物质还有很多,这里只简要介绍几种功能和缺乏后症状已知的矿物质,有些矿物质没有明显的缺乏症,只是缺乏后与某些疾病有着一定的联系。

钾是血液中重要的成分,它的改变可以造成骨骼肌的麻痹和心脏肌肉的传导不正常,血液中钾的不正常也可以影响心率的变快或变慢,导致死亡。肾脏是钾的主要排泄器官,肾脏功能健全的人不会发生高血钾症,而肾脏功能不好,则容易发生高血钾症,症状是心脏和中枢神经系统压抑、心跳速率减慢、心音变小,最后心脏停止跳动。因此钾在人体中对心脏具有直接的影响。

单纯由食物供应不足而致的缺钾并不多见,一般是继发性的,如患高血压的病人在用利尿剂进行降压的过程中,造成了钾的大量排出,病人常觉得全身无力、不安、肌肉麻痹,有时还会有心跳加快的现象,这就是缺钾的症状;发生痢疾的病人也会发生缺钾的现象。

锌是人体正常生长发育所必需的微量元素,轻度缺锌状态比较常见,可从患者毛发含锌量作出诊断。锌是许多酶的功能成分或活化剂,与核酸、蛋白质的合成、碳水化合物、维生素 A 的代谢、以及胰腺、性腺和脑下垂体的活动都有密切关系。缺锌时,生长发育停滞、食欲减退、味觉、嗅觉异常或有异食癖,伤口愈合不良。孕妇缺锌,胎儿可发生中枢神经系统先天性畸形。

钴是维生素 B_{12} 的组成成分,在造血过程中起重要作用,它能促进铁的吸收,加速红细胞再生和合成血色蛋白。钴缺乏时,引起维生素 B_{12} 缺乏,产生恶性贫血,目前已经有不少的贫血病例是用钴来治愈的。

综上所述,营养素的摄入必须科学,不能不足,也不能一味追求高。某种营养素过高会干扰其他营养素的吸收与利用。任何合理的、科学的膳食结构都是在一定量的基础上保持平衡,在保证营养需求的前提下不为身体增加负担,不为疾病创造条件。健康的物质基础是膳食中的各营养素,平衡的膳食要求不仅要营养全面,而且还要有一定的比例;不仅要达到营养需求,而且还要有量的限制;不仅要满足口感,更要有营养价值。

第二节　不同食物来源营养素的内含具有差异性

DRIs 的推荐量所指的是营养素,例如蛋白质或维生素,但提供给人体的都是食物。某一特定的营养素的食物来源是多种多样的。比如,不同食物的蛋白质中氨基酸的组成不同,不同食物中的脂类也由不同的脂肪酸所构成,不同食物中的碳水化合物也由不同的多糖、双糖、单糖等构成。同一营养素不同来源的食物在人体内的生物利用率也不同,比如,畜肉中的铁吸收率较高,而植物性食物谷物中的吸收率仅在 5％左右(何志谦,2005)。

一、不同来源的蛋白质其氨基酸组成和含量不同

从 DRIs 可以看出,人体每日约需要蛋白质 70 g 左右。但不同食物来源的蛋白质其氨基酸含量和比例(氨基酸模式)是不同的(见表 2-2-1),其生理价值也不同(见表 2-2-2),而且有互补作用。比如,不同食物来源的蛋白质有互补作用,是指两种或两种以上的食物蛋白混合食用,能以一种食物所含的必需氨基酸弥补另一种食物中的的不足。如面粉与大豆混食,黄豆中所含的赖氨酸可以弥补面粉中赖氨酸的不足,使混合膳食蛋白质生理价值提高。谷类与豆类混食后,生理价值提高,再混食肉类,则生理价值提高得更多(见表 2-2-3)。

表 2-2-1 几种食物和人体蛋白质氨基酸模式

氨基酸	人体	全鸡蛋	鸡蛋蛋白	牛乳	猪瘦肉	牛肉	大豆	面粉	大米
异亮氨酸	4.0	2.5	3.3	3.0	3.4	3.2	3.0	2.3	2.5
亮氨酸	7.0	4.0	5.6	6.4	6.3	5.6	6.1	4.4	5.1
赖氨酸	5.5	3.1	4.3	5.4	5.7	5.8	4.4	2.6	2.3
甲硫氨酸+半胱氨酸	3.5	2.3	3.9	2.4	2.5	2.8	1.7	2.7	2.4
苯丙氨酸+酪氨酸	6.0	3.6	6.3	6.1	6.0	4.9	6.4	5.1	5.8
苏氨酸	4.0	2.1	2.7	2.7	3.5	3.0	2.7	1.8	2.3
缬氨酸	5.0	2.5	4.0	3.5	3.9	3.2	3.5	2.7	3.4
色氨酸	1.0	1.0	1.0	1.0	1.0	1.0	1.0	1.0	1.0

据王际辉(2013)

表 2-2-2 常用食物的蛋白质的生理价值

食物	生理价值	食物	生理价值	食物	生理价值
鸡蛋	94	牛肉	76	小麦	67
牛奶	85	猪肉	74	大豆	64
鱼类	83	扁豆	72	玉米	60
大米	77	红薯	72	花生	59
白菜	76	羊肉	69	高粱	56

据郑金贵(1998)

表 2-2-3 几种食物混食后蛋白质的生理价值

蛋白质来源	混合食用所占份数	生理价值	
		单独食用	混合食用
小麦	7	67	
小米	6	57	74
大豆	3	64	
豌豆	3	38	
玉米	2	60	
小米	2	57	73
大豆	1	64	
小米	4	57	
小麦	6	67	
牛肉	2	76	89
大豆	1	64	

据郑金贵(1998)

人体蛋白质以及不同食物的蛋白质在必需氨基酸的种类和含量上存在差异,在营养学上常用氨基酸模式(Amino Acid Pattern)来反映这种差异。氨基酸模式是指某种蛋白质中各种必需氨基酸的构成比例。其计算方法是将该种蛋白质中的色氨酸含量定为1,分别计算出其他必需氨基酸的相应比值,这一系列比值就是该种蛋白质的氨基酸模式。食物蛋白质氨基酸模式与人体蛋白质越接近,机体利用氨基酸的程度就越高,即食物蛋白质的营养价值相对越高,反之,食物蛋白质中限制氨基酸种类多时,营养价值相对较低。表2-2-1为几种常见食物的人体蛋白质的氨基酸模式。

蛋白质的生理价值是反映蛋白质吸收后被机体利用的程度。

蛋白质的生理价值=蛋白质保留量/蛋白质吸收量

保留量=摄入量－粪和尿中的排出量

吸收量=摄入量－粪中的排出量

生理价值越高,表示蛋白质在体内的利用率越高,则该食物的营养价值越大。

二、不同来源的脂肪其脂肪酸组成和含量不同

食用脂肪主要来源于动物的脂肪组织和肉类以及坚果和植物的种子,不同来源的脂肪其脂肪酸构成差异很大,见表2-2-4。

表 2-2-4　常用食用油脂中主要脂肪酸构成(占总脂肪酸的质量百分数/%)

食用油脂	饱和脂肪酸	不饱和脂肪酸		
		油酸	亚油酸	α-亚麻酸
椰子油	92.0	0.0	6.0	—
牛油	61.8	28.8	1.9	1.0
羊油	57.3	33.0	2.9	2.4
棕榈油	43.4	44.4	12.1	—
猪油(炼)	43.2	44.2	8.9	—
辣椒油	38.4	34.7	26.6	—
鸭油(炼)	29.3	51.6	14.2	0.8
棉籽油	24.3	25.2	44.3	0.4
混合油(菜+棕)	20.2	54.0	18.0	6.4
花生油	18.5	40.4	37.9	0.4
豆油	15.9	22.4	51.7	6.7
玉米油	14.5	27.4	56.4	0.6
色拉油	14.4	39.2	34.3	6.9
芝麻油(香油)	14.1	39.2	45.6	0.8
葵花子油	14.0	19.1	63.2	4.5
菜籽油(青油)	13.2	20.2	16.3	8.4
亚麻子油	13.0	22.0	14.0	49.0
茶油	10.0	78.8	10.0	1.1
胡麻油	9.5	17.8	37.1	35.9
紫苏油	6.0	17.0	16.0	61.0

据中国营养学会(2014)

其他营养素若食物来源不一样,也存在差异,比如,稻米是提供热能的主要食物,其中黑米不仅能提供与白米相当的能量,每100 g黑米还含有622.58 mg的花色苷,花色苷具有降低Ⅱ型糖尿病风险的作用,还有降低心血管疾病的发病和死亡的风险(中国营养学会,2014)。可见,选择黑米作为提供热能的食物,

还具有保健治病的功能。

综上所述,要做好食物营养成分地科学利用,必须高度重视营养素的食物来源。

第三节　食物营养成分在体内的
转化、协同和拮抗作用

要做好食物营养成分的科学利用,还必须明确并重视营养成分在体内的转化作用、协同作用和拮抗作用。

食物本身具有复杂的化学成分,人体本身是一个极其复杂的生化有机体。因此,食物进入人体后,营养素在吸收代谢过程中各成分之间相互联系、彼此制约,出现三种情况:

(一)食物的转化作用,是指在特定条件下或由于酶的作用,一种营养物质转化为另一种营养物质。如碳水化合物转变为脂肪,在核黄素参与下色氨酸转变为烟酸等。

(二)食物的协同作用,是指一种营养物质促进另一种营养物质在体内的吸收或存留,从而减少另一种营养物质的需要量以有益于机体健康。如维生素 A 促进蛋白质合成,维生素 C 促进铁的吸收,维生素 E 和微量元素硒都能保护体内的易氧化物质等。

(三)食物的拮抗作用,是指在吸收代谢中由于两种营养物质间的性能或数量比例不当,使一方阻碍另一方吸收或存留的现象。如钙与磷、钙与锌、钙与草酸、纤维素与锌、草酸与铁等。有些情况还会产生有毒有害物质,如维生素 C 含量高的食物与含砷的虾等食物。

下面详细介绍协同作用和拮抗作用。

一、协同作用

营养素间的协同,可以提高营养价值,促进机体健康,有益于机体营养和生理平衡。

(一)产热营养素之间的协同

在维持人体生命活动的基础物质蛋白质、脂肪、碳水化合物、维生素、无机盐、水和膳食(物)纤维七大营养素中,蛋白质、脂肪和碳水化合物是产热营养素。因为它们是参与人体内生物氧化的基本物质,是机体热能的主要来源,它们三者之间在某些情况下可以互相转化,在碳水化合物和脂肪供应不足时,蛋白质也可供给热量。

碳水化合物、脂肪和蛋白质这三大类营养物质,在人体内代谢过程中有着密切的协同关系。如碳水化合物对蛋白质在体内的代谢甚为重要,因蛋白质在消化过程中被分解为游离氨基酸,而氨基酸在体内重新组合成为机体需要的蛋白质以及进一步代谢,都需要较多的能量,而这些能量主要由碳水化合物提供。所以摄入蛋白质并同时摄入糖类,可以增加 ATP 的形成,有利于氨基酸活化与蛋白质的合成。这就是碳水化合物与蛋白质的协同作用而使营养价值增效。碳水化合物与脂肪的协同作用,则表现在碳水化合物与脂肪在三羧酸循环中,脂肪在人体内代谢所产生的乙酰基必须与草酰乙酸结合进入三羧酸循环,才能彻底氧化燃烧,而草酰乙酸的形成,正是葡萄糖在体内氧化燃烧的结果。以上从组织结构角度看,也可以理解为三大营养素之间的协同作用。

(二)维生素之间的协同

维生素大都存在于天然食物中,一般在人体内不能合成,有些在人体内合成数量也甚少,不能满足机体需要,所以必须经常从食物中摄取。各种食物维生素之间既有协同关系,也有拮抗(相克)关系。如维生素搭配(配伍)科学、协调,则会形成协同关系,其营养效应增值。

1.维生素 E 与维生素 A 的协同关系

维生素 E 的主要功能是拮抗氧化作用,它与硒合作,保护不饱和脂肪酸,使其不受氧化破坏,从而维持人体细胞膜的正常脂质结构和生理功能。它也是脂肪最好的抗氧剂。能够抗衰老。在人体肠道内维生素 E 能保护维生素 A 免遭氧化破坏,所以也就能促进维生素 A 在肝脏内贮存。

2.维生素 B_1 和 B_2 的协同关系

维生素 B_1 和 B_2 对有机体能量代谢有协同作用。B_1 和 B_2 在人机体的生物氧化与能量代谢中,是相辅相成的,互相协同的。它们在人体中的需要量与能量代谢密切相关,并彼此保持平衡。维生素 B_1 和 B_2 在人体内都不贮存,达到需要量的平衡以后,多余的排出体外。

3.维生素 B_1、B_2 和维生素 C 的协同关系

维生素 B_1、B_2 能促进维生素 C 的合成。

4.维生素 B_1 和烟酸的协同关系

维生素 B_1 在糖代谢中起着主要作用,而烟酸也参与糖代谢,特别是果糖的代谢需要的烟酸更多,它们之间起到相辅相成的作用。

5.维生素 C 与叶酸的协同

维生素 C 在叶酸转化中有重要作用。叶酸进入人体后必须转化为四氢叶酸(FH_4)才具有生物活性,贮存于肝脏。在此过程中,需要相当量的维生素 C。

(三)维生素与产热营养素间的协同

1. B 族维生素和碳水化合物的协同

碳水化合物在体内转变成能量需要 B 族维生素的参与。

2.维生素 B_2、B_6、叶酸、生物素和蛋白质的协同

维生素 B_6 是氨基酸(蛋白质)代谢中多种辅酶的因子,与许多氨基酸正常代谢有关,对人机体的许多物质合成有重要影响。所以,进食高蛋白食物需要更多的维生素 B_6 以及 B_2。维生素 B_2 与蛋白质的代谢密切相关。

叶酸,在维生素 C 和叶酸还原酶的协同作用下,转变为四氢叶酸,它为人机体一碳单位的转移所必需,对氨基酸(蛋白质)代谢、核酸的合成、蛋白质的生物合成均有重要作用,这都是与蛋白质的协同关系。

生物素是蛋白质、糖和脂肪的中间代谢中的一个重要辅酶,它参与很多羧化反应,它在各种氨基酸分解代谢中(转羧基作用)起着重要作用。

3.维生素 A、D、E、K 和脂肪的协同

维生素 A、D、E、K 与脂肪在人机体的营养代谢中,有着不可分割的协同关系。首先,维生素 A 和胡萝卜素、维生素 D、E 和 K,都溶于脂肪,所以统称为脂溶性维生素,它们往往与油脂同时存在。油脂(脂肪)有帮助人体吸收这些维生素的作用。使用脂肪烹调的食品(物),其中的脂溶性维生素在人体内的吸收率均有明显的提高。如人体对维生素 A 原(胡萝卜素)的吸收率,新鲜萝卜为 1%、新鲜菠菜为 45%,加油烹调后进食,吸收率分别增加到 19% 和 58%。这说明脂肪能保护维生素,并增加其吸收率、提高其营养价值。

4.维生素 B_1、B_6 和油脂的协同关系

维生素 B_1、B_6 与油脂之间有较密切的协同关系。进食油脂较少,可减少维生素 B 的摄取量,油脂能节约维生素 B1 的消耗。另外,摄取了油脂可以节约 B_6 的需要量,这是因为维生素 B_6 在人体内与碳水化合物合成脂肪的作用有关。如果适量摄取油脂,还可使碳水化合物转化为脂肪的数量大大减少,降低了因维生素 B_6 缺乏而引起的脂肪肝的发病率。

（四）无机盐之间的协同

食物中的无机盐是人体内生命活动不可减缺的物质,在维持人机体的生命活动、促进机体的营养代谢过程中,无机盐各元素之间,都存在密切的协同关系。这些协同关系的表现形式大致为:①相互之间保持一定比例,达到量的平衡(如钾、钠、钙、镁等无机盐相互之间都有量的比例)。②相互之间有加强溶解或增进吸收的作用(如铜影响铁的吸收利用,锰能促进铜的吸收和利用等)。③共同参与组成具有主要生理功能的物质,如铜蓝蛋白含有的亚铁氧化酶等。

1.元素钾、钠、钙、镁的协同

食物中的钙、钾、钠、镁等无机盐,在保持机体环境的平衡、维持人体神经肌肉兴奋性和细胞膜通透性等重要的生理功能方面,有着密切的协同关系。

2.微量元素铜和铁的协同关系

微量元素铜和铁都参与人体造血过程,二者之间协同作用主要是铜影响铁的吸收和利用——合成血红蛋白和细胞色素系统。铜可促使铁由三价态变成二价态,即由无机铁变为有机铁;此外,铜还能促进铁由贮存场所进入骨髓,以加速幼稚红细胞的成熟和释放。

3.微量元素锰和铜的协同关系

锰是多种酶的激活剂(如磷酸酶、胆碱酯酶、三磷酸腺苷酶等),它对人体骨骼的生长发育、神经及内分泌系统均有重要影响,锰与铜的协同关系,在于它们共同参加造血过程。铜是人体造血过程(铁的吸收、利用、红细胞成熟和释放)的原料和调节因素,而锰能促进机体对铜的利用。

4.微量元素钴和铁的协同关系

微量元素钴和铁的协同作用在于促进人体胃肠道内铁的吸收,使之为骨髓所利用。钴是维生素 B_{12} 的主要成分,通过 B_{12} 参与核糖核酸和与造血有关的物质代谢而作用于造血过程。

（五）无机盐与营养素的协同

无机盐类广泛地参与人体的新陈代谢,维持着渗透压和酸碱平衡,在组织细胞的生命活动中发挥着极其重要的作用,这就决定了它们与各营养素之间存在着密切的协同关系。无机盐与蛋白质协同维持组织细胞的渗透压,在液体移动和储留过程中起着十分重要的作用。由于水是无机盐的溶剂,所以与水的关系更为密切,与维生素的关系也有极其密切的协同关系。

1.钙与蛋白质的协同关系

在日常饮食中,如果蛋白质供应充足,则有利于钙的吸收,这是因为蛋白质被消化后,所释放出的羧基可与钙结合成可溶性钙盐,所以能促进钙的吸收。

2.钙与乳糖的协同关系

乳糖属于双糖类,主要食物来源是奶类及奶制品。乳糖对钙的吸收也有促进作用。这是由于钙与乳糖产生螯合作用,能形成低分子量可溶性络合物,便于吸收。试验证明,同时给予钙和乳糖,可大大提高钙的吸收率,提高程度与乳糖数量成正比。

3.镁与蛋白质的协同关系

镁主要与蛋白质结合成络合物,它是细胞内阳离子,主要浓集于线粒体中,不仅对氧化磷酸化的酶系统的生物活性极为重要,而且对很多酶系统都有重要协同关系,而酶本身就是蛋白质。

4.钠与葡萄糖的协同关系

葡萄糖属于单糖类,广泛存在于生物体中,尤其是水果中葡萄糖含量较多,粮食淀粉也可转化为葡萄糖。葡萄糖的吸收必须有钠离子存在,而其他离子不能代替,因为葡萄糖在运转过程中与钠共用一个载体系统。葡萄糖须先在运转过程中与钠共用一个载体系统。葡萄糖须先在运载系统的一个结合点上与一个钠离子结合,然后才能在另一结合点与运载系统结合而被转运。如果运载系统上未结合钠离子,葡萄糖分子就不能与其结合,也就不能被运转和吸收。可以说,葡萄糖的吸收必须有钠离子的协同作用。

5.锌与蛋白质的协同关系

锌广泛存在于一切植物食品中,但含量有一定差异。含量丰富者主要有牡蛎、鲱鱼(每公斤在 1 000

mg 以上），其次为肉类、肝、蛋类、花生、核桃、杏仁、茶、可可、谷类。一般动物性食品内的锌生物活性大，较易吸收利用，植物性食品含锌量少且难吸收。由于人体有不少酶，酶的本身多是蛋白质，而锌与很多酶、核酸、蛋白质的合成密切相关，锌与蛋白质的协同关系，也就显而易见了。此外，锌的吸收、转运与贮存也都离不开蛋白质，因为人体内的锌大多是与蛋白质结合存在的。

6. 铁与蛋白质的协同关系

铁的吸收与运转过程离不开蛋白质。一般在人体内，铁参与血红蛋白、肌红蛋白、细胞色素氧化酶、过氧化物和触酶的合成，并与多种重要酶的活性有关。三羧酸循环中有 1/2 以上的酶和因素含铁或铁存在时才能发挥作用，完成生理功能。这实际上也是铁与蛋白质在能量代谢方面的协同作用。

7. 铜与蛋白质的协同关系

铜也是体内很多金属酶的组成成分，而这些酶也都是铜与蛋白质的结合。如血浆铜蓝蛋白（亚铁氧化酶）是一种多功能的氧化酶，它能把二价铁氧化成三价铁，从而有利于食物中铁的吸收和机体内储备铁的利用，因此，它对铁的代谢机制发生重要作用。铜蓝蛋白本身就体现了铜与蛋白质的结合与协同关系。

（六）无机盐与维生素的协同

无机盐与维生素之间的协同作用主要体现为两个方面：一是增加吸收，提高营养价值，如维生素 D 与钙、维生素 C 与铁；二是相互辅助，如维生素 E 与硒、维生素 A 与锌等。

1. 钙与维生素 D 的协同关系

维生素 D 主要食物来源是动物的肝脏、鱼肝油、蛋黄等。维生素 D，包括 D_2，D_3，都属于固醇类。维生素 D_2 对钙的吸收极为重要，它不仅促进钙和磷在肠道的吸收，还作用于骨骼组织，使钙磷最终成为骨质的基本结构。

2. 磷与维生素 D 的协同关系

磷的主要食物来源较广泛，较好的是蛋类、鱼类和肉类，动物性食品磷含量较多且易吸收。磷与维生素 D 有密切的协同关系，磷的吸收需要维生素 D，在人体内的吸收代谢过程与钙大致一样。没有维生素 D（D_3）磷的吸收、利用与排泄都将受到影响。维持机体中磷的正常代谢，发挥其生理功能，是在维生素 D_3 的协同下完成的。

3. 铁与维生素 C

食物中的铁在人体中的吸收运转过程中，维生素 C 发挥着重要的协同作用。试验证明，铁蛋白与维生素 C 同时服用，铁的吸收率可由平均增加到 2.6% 增加到 11.5%，在含铁食物与含维生素 C 食物之间，也存在着这种关系。

4. 硒与维生素 E 的协同关系

硒的主要食物来源是动物内脏、海产品、肉类及大米、谷类粮食。硒含量一般是动物内脏＞鱼类＞肉类＞谷类＞蔬菜。硒能加强维生素 E 的抗氧化作用，二者在这一功能上有密切的协同作用。

5. 锌与维生素 A 的协同关系

锌与维生素 A 的代谢密切相关。锌对维持人体血浆中维生素 A 的水平有一定作用。锌参与人肝脏及视网膜维生素 A 还原酶的组成，并影响其活性，此酶与视黄醛、视黄醇的合成及变构有关。所以在人眼的正常生理功能方面，锌与维生素 A 有着重要的协同关系。

二、拮抗作用

（一）含磷食物与含钙食物不宜同时食用

西方的方便快餐牛奶加三明治或牛奶加上热狗属于此类配膳。美国营养学家麦伦. 威尼克博士认为这样的配餐是不科学不合理的。因为牛奶里含有大量的钙，而瘦肉里则含磷，这两种营养素不能同时吸收，国外医学界称为钙磷相克。

(二)含草酸食物与含钙食物不宜同时食用

这种配餐的典型例子是豆腐不宜与菠菜同煮或同食。菠菜中含有草酸较多,易与豆腐中的钙结合成不溶性的钙盐,不能为人体吸收,以至在体内形成结石。另一个例子是含钙丰富的海米、发菜不宜与苋菜同食,因为苋菜中含草酸较多,二者混合食用则使钙的吸收率大幅度下降。

(三)含锌食物与含纤维素的食物不宜同时食用

牡蛎与蚕豆、玉米制品或黑面包不宜同食,因为牡蛎含锌非常丰富,接近于 1 280 mg/kg,锌被誉为人体生命火花的微量元素,而蚕豆、玉米和黑面包是高纤维食品,二者同食,会使人体对锌的吸收减少65%～100%。

(四)含纤维素、含草酸、含铁食物不宜同时食用

如肝脏、蛋黄和大豆等不宜与芹菜、萝卜、甘薯以及苋菜、菠菜同煮或同食。因为动物肝脏、蛋黄、大豆中均含有丰富的铁质,而芹菜、萝卜、甘薯等含纤维素多,菠菜、苋菜含草酸较多,纤维素与草酸均会影响人体对铁的吸收。

(五)含维生素 C 食物与虾不宜同时食用

虾含有五价砷,五价砷本身无毒,而与还原性很强的维生素 C 相遇,会发生氧化还原反应,维生素 C 被破坏,五价砷被还原成三价砷毒性极大,可引起中毒。

以上介绍的五个例子,轻则影响营养素的吸收,造成浪费,重则引起中毒。因此,食物间的搭配应趋利避害,科学膳食。

第四节　选择食物必须重视四个平衡

人体所需的能量和各种营养素,必须通过每天的膳食不断得到供应和补充。目前已知人体必需的物质约为 50 种左右,但没有一种食物能够按照人体所需要的数量和所希望的适合配比提供营养素。因此,为满足人体的需要,必须摄取多种多样的食物,找出最好的食物配比,以达到营养素间的平衡。人类在长期进化过程中,不断寻找和选择食物,改善膳食,因而在人体的营养生理需要和膳食之间建立了平衡关系,如果这种关系失调,即膳食不能适应人体的营养需要,就会发生不利于人体健康的影响,甚至导致某些营养性疾病。平衡膳食由多种食物构成,它不但要提供足够数量的热量和各种营养素,满足人体正常生理需要,而且还要保持各种营养素之间的数量平衡,以利于它们的吸收和利用,达到合理营养,以使人保持充分的工作能力和身体健康。

平衡膳食必须注意以下四个方面的平衡。

一、氨基酸平衡

蛋白质是构成生命的基本物质。人们吃进的含蛋白质的食物,不能直接构成人体各种组织的蛋白质,它们必须在人体内分解成 20 多种氨基酸,然后用不同的氨基酸再合成人体各种组织的蛋白质。其中有 8 种氨基酸(色氨酸、苯丙氨酸、赖氨酸、苏氨酸、蛋氨酸、亮氨酸、异亮氨酸、缬氨酸等)是在人体内不能合成而必须由食物提供的。因此对于膳食讲必需氨基酸是极为重要的,其他十几种氨基酸并非不重要,它可以在人体内自行合成,不受食物提供多少的影响。

　　食物蛋白质营养价值的高低,很大程度上取决于食物中所含这 8 种氨基酸的数量以及它们之间的比值。这是因为食物中 8 种氨基酸的比值与人体需要的比值接近时,才能合成人体组织的蛋白质;反之如果这 8 种必需氨基酸在供给时间上有间隔,比例不适宜,造某种过多或过低,均会影响食物中蛋白质的利用,这就是氨基酸不平衡所引起的。

　　人体所需要的氨基酸的比例,由世界卫生组织提出了一个参考数值(表 2-4-1)。蛋白质中所含的氨基酸数量与建议的比较值越接近,其营养价值越高。生理价值接近 100 时,即 100％的被利用。即称为全部氨基酸平衡,能达到氨基酸平衡的蛋白质称为完全蛋白。用此标准给各种食物的蛋白质进行评价称为氨基酸评分。评分接近 100 即表示能达到必需氨基酸平衡;评分低的则表示氨基酸比例不适宜不能达到平衡。下面列举几种食物蛋白质的评分。可见表 2-4-2。全蛋和乳的氨基酸比例与人体极为接近,因此可称为氨基酸平衡的食品,而多数植物性食物属氨基酸构成不平衡,故蛋白质的营养价值较低,如玉米中的亮氨酸过高,影响了异亮氨酸的利用;小米中精氨酸含量过高,影响了赖氨酸的利用,因此以植物性食品为主的我国,植物食品的合理搭配,纠正氨基酸构成比值的不平衡是合理膳食的重要任务。应将豆类和谷类混合食用,按科学的比例,达到食物蛋白质的氨基酸平衡,提高蛋白质的利用率和营养价值。

表 2-4-1　蛋白质氨基酸构成比例

必需氨基酸名称	在蛋白质中的含量(mg/g)	必需氨基酸名称	在蛋白质中的含量(mg/g)
异亮氨酸	40	亮氨酸	70
赖氨酸	55	蛋氨酸＋胱氨酸	35
苏氨酸	40	色氨酸	10
缬氨酸	50	苯丙氨酸＋酪氨酸	60

据冯蔼兰(1989)

表 2-4-2　几种食物蛋白质氨基酸构成评分

食物名称	氨基酸构成评分	食物名称	氨基酸构成评分
人乳	100	亮氨酸	70
赖氨酸	55	蛋氨酸＋胱氨酸	35
苏氨酸	40	色氨酸	10
缬氨酸	50	苯丙氨酸＋酪氨酸	60

据冯蔼兰(1989)

二、热能营养素平衡

　　碳水化合物、脂肪和蛋白质均能提供机体热能,故称为热能营养素。三种营养素除提供热能外,又各自有其对机体的特殊作用。只有当三者的摄入量适当时,其各自的特殊作用才能充分发挥,而提供热能方面又相互起到促进和保护作用,在这种情况下能够称为热能营养素平衡,反之将会对机体产生不利的影响。

　　如碳水化合物,主要提供机体热能,除此还有两个重要的特殊作用:即转化成肝糖元储存在肝脏中,有助于肝脏对细菌毒素的解毒作用,还可促使血液中氨基酸进入肌肉组织里合成蛋白质组织。脂肪除提供热能外,必需脂肪酸还可以防止血管壁脆性增加。蛋白质除提供热能外,主要的功能是促进机体的生长和修补组织。只有当三者的摄入量结构比例合理时,才能对机体提供热能,又能完成各自特殊的作用。通过动物试验和对人体的观察认为三者摄入的合适比例为:碳水化合物：蛋白质：脂肪为(6～7)：1：(0.7～0.8)。这样在体内经过生理燃烧,分别提供机体的热能为碳水化合物占 60％～70％,蛋白质占 10％～15％,脂肪占 20％～25％,这种情况可称为热能营养素平衡。如一名轻体力劳动的妇女,每日所需的热能为 2 400 千卡,便可分别计算出她三种营养素的摄入量:碳水化合物为 2 400 千卡×68％÷4 千卡/克＝408 克;脂肪为 2 400 千卡×20％÷9 千卡/克＝53 克;蛋白质为 2 400 千卡×12％÷4 千卡/克＝72 克。反之,如果摄入量不平衡,则会出现各种不同的后果,如果碳水化合物摄入过多,会起到体重过高,增加消化系统和肾脏的负担,减少摄入其他营养素的机会;脂肪的摄入量如果过多,会引起肥胖症、高血脂和心脏病。相反如果碳水化合物摄入不足时,就会由体内存储的脂肪和蛋白质来负责供给热量,影响体内氮储存量和氮平衡。如果碳水化合物和脂肪的摄入量合适,就会减少蛋白质单纯提供热量的分解作用,对蛋白质起到保护作用。可见三者之间是互相影响的。一是比例失调,出现不平衡,即会影响机体健康。

三、营养素之间的平衡

碳水化合物、脂肪和蛋白质在膳食中的比例是否适当,对维生素、无机盐也有影响。它们之间也存在着错综复杂的关系。如核黄素的需要量,就和膳食中的蛋白质、脂肪的摄入量有关,当脂肪摄入量高时,核黄素的摄入量也应随着增加,否则就会出现核黄素缺乏症如口角炎、脂溢性皮炎等。如果膳食中蛋白质的摄入量低时核黄素的需要量也应增加。再如硫胺素与膳食中热能的摄入量有着密切关系,当膳食热能摄入量高时,硫胺素摄入量则高,反之则低。无机盐之间也相互影响,如钙和磷之间,当膳食中磷酸盐含量过多时,会与钙结合成难溶于水的磷酸钙,反而降低钙的吸收率。蛋白质和脂肪对钙的吸收也有影响,膳食中脂肪含量过高时,会影响钙的吸收,当蛋白质缺乏时也会影响钙的吸收。各种维生素之间也存在着相互影响的问题。如硫胺素和核黄素可帮助维生素 C 的合成,当硫胺素缺乏时会影响核黄素的利用,核黄素缺乏也会引起硫胺素含量下降。因此必须保证各种营养素之间的量比例平衡。各国均对不同的人群提出了各种营养素的供给量标准,我国也提出了标准。当我们的膳食中所摄入的各种营养素的量,在标准的 ±100% 范围内,这种相互之间的比例,即可称为营养素之间的基本平衡。

四、酸碱平衡

正常情况下人的血液,由于自身的缓冲作用,其 pH 值均保持在 7.3~7.4 之间。人们食用适量的酸性或碱性食品后,非金属元素经体内氧化,生成阴离子酸根,在肾脏中与氨结合成铵盐,被排出体外。金属元素经体内氧化,生成阳离子碱性氧化物,与二氧化碳结合成各种碳酸盐,从尿中排出。这样仍能使人的血液 pH 保持在正常范围之内,在生理上达到酸碱平衡的要求。

如果饮食中各种食品搭配不当,即会引起生理上酸碱失调。一般来讲,酸性食品在饮食中容易超过所需的数量,导致血液偏酸性,这样不仅会增加钙、镁等碱性元素的消耗,引起机体缺钙症,血液色泽加深、黏度增加,还会引起各种酸中毒。所以饮食中必须注意酸性食品和碱性食品的适宜搭配,尤其应控制酸性食物的比例。

食品中含非金属元素较多,如磷、硫、氯等,在体内氧化后,生成带阴离子的酸根,如 PO_4^{3-}、SO_4^{2-}、Cl_6^- 等,在生理上称为酸性食品。另一类食品含金属元素较多,如钠、钙、镁等,在人体内氧化生成带阳性的碱性氧化物,如 Na_2O、Ka_2O、CaO 等,在生理上称它们为碱性食品。常见的酸、碱性食品见表 2-4-3 和表 2-4-4。

表 2-4-3 常见的酸性食品

食品名称	灰分的酸度	食品名称	灰分的酸度
蛋黄	-18.8	白米	-11.7
牡蛎	-10.4	糙米	-10.6
鸡肉	-7.7	鳗鱼	-6.6
面粉	-6.5	鲤鱼	-6.4
猪肉	-5.6	牛肉	-5.0
干鱿鱼	-4.8	啤酒	-4.8
花生	-3.0	大麦	-2.5
面包	-0.8	干紫菜	-0.6
芦笋	-0.2		

据冯蔼兰(1989)

表 2-4-4　常见的碱性食品

食品名称	灰分的碱度	食品名称	灰分的碱度
海带	+14.6	菠菜	+12.0
西瓜	+9.4	萝卜	+9.3
茶	+8.9	香蕉	+8.4
梨	+8.4	胡萝卜	+8.3
苹果	+8.2	草莓	+7.8
柿子	+6.2	莴苣	+6.3
南瓜	+5.8	四季豆	+5.2
黄瓜	+4.6	藕	+3.4
土豆	+5.2	黄豆	+2.2

据冯蔼兰(1989)

第五节　选择全食品

一、为什么要选择全食品

"全食品(whole food)"就是完整的食品,是未加工处理或以最小程度加工而保留食物原来营养素的食品,包括全谷物、全水果、全蔬菜等(王向龙,2013)。

"全食品"包含基础营养,还有辅助饮食成分、有条件的基础营养、人体内脏中健康菌落所需的物质,以及其他更多营养。

植物性全食品中有许多活性成分,如抗癌因子,包括 β-胡萝卜素、叶绿素、500 多种混合类胡萝卜素、600 多种不同生物类黄酮、叶黄素、茄红素和角黄素,因此,全食品在治愈癌症的探索中具有不可替代的作用,没有哪种维生素药片能取代美味、新鲜、未加工事物的天然宝库中的所含有的几千种有效抗癌因子。我们吃的食物应尽可能接近其自然状态,愈新鲜、愈是天然的愈好(Patrick Quillin and Noreen Quillin,2001)。

在《农产品品质学》第一卷第三章和第二卷第一章的各节中的第一部分我们逐一介绍了食用农产品(食品)中各种生物活性成分(功能成分)及其对人体健康的功能,第二部分分别介绍了含有该功能成分的农产品及其含有的数量,以供人们选择食用。这就是说人体若需要某种生物活性成分,必须在各节的第二部分找富含该活性成分的食用农产品,也就是要选择全食品!而不是只购买食用某一活性成分的提取物(纯品、保健品、膳食补充剂)。

造成现代疾病的主要原因是长期的饮食与生活失衡,加上环境污染与现代生活中的情绪、压力的摧残,使身体血液化学酸碱失衡、代谢失常,代谢废物在血液和组织中无法排除,造成身体生化失衡而引起的毒血症或组织缺氧症,这是全身系统性失衡而引起的疾病。治本之道,必须透过正确与适当的饮食调理,使体内的液体,诸如血液、胆汁、淋巴液、浆液、痰和黏液等产生化学变化、酸碱失衡、代谢恢复正常,身体即能恢复健康状态。每天摄取足够分量的完整植物,包括各种维生素、矿物质、纤维、抗氧化剂及其他天然植物化学因子,是加强代谢、均衡体液、调整与平衡化学酸碱值最佳的营养素。

当然,若膳食补充剂(保健品)是完整植物的原料去除纤维素及水分后,经提炼后便成为含有丰富植物化学因子的浓缩素,成分最接近天然,不但提供相应的活性成分,还提供纯天然的维生素、矿物质,更提供许多其他对人体有益的植物化学因子的协同成分。

纽约康奈尔大学食品科学系刘瑞海教授在 Nature 上发表了"营养——新鲜苹果的抗氧化剂活性

(Nutrition-Antioxidant Activity of Fresh Apples)"一文,文中提出了一个新的抗氧化研究理论,亦即,果蔬中植物化学物的联合应用是发挥其抗氧化功能和抗癌作用的关键因素。该文建议不能一味纯化单个化合物独自使用,食物整体才是人们身体所需,亦即,提倡食用全食品。此后,刘瑞海教授及其团队开展了动物实验,从新鲜的果蔬、谷物中提取植物化学物用于研究水果、蔬菜和谷物中植物化学物所带来的健康益处(朱海峰,2012)。2014 年刘瑞海教授对"全食品"促进健康的新理论和研究进展进行了介绍(谢玲,2014)。

单一营养素保健效果不理想。2014 年发布的美国居民疾病死因第一位是心血管疾病,第二位是肿瘤,第三位是脑血管疾病。在美国基本是每分钟有一个人死于肿瘤。很多研究认为,肿瘤等多种疾病与自由基的氧化损伤有关。

20 世纪 60～80 年代,国际上很多研究集中于单一营养素的抗氧化及健康功能,如维生素 C、维生素 E、维生素 A、n-3 脂肪酸等,形成了很大的膳食补充剂的市场。

1975 年,获得诺贝尔奖的科学家发表了吃大量维生素 C 可以防治肿瘤的研究成果,同时提到还可以降低心血管疾病风险,预防感冒。但是经过 30 多年的佐证研究发现,维生素 C 并没有预防肿瘤、降低心血管疾病、预防流感的作用。并且人体的吸收量也很难达到研究中说的大剂量水平,一天摄入 100 mg 维生素 C,体内就饱和了,超过 100 mg 尿里就能检测到维生素 C,过多的维生素 C 会排出体外。

β-胡萝卜素被认为是很好的抗氧化剂,但是用 β-胡萝卜素膳食补充剂预防男性抽烟者肺癌发生率的大规模人群研究试验得到了相反的结论,单一摄取 β-胡萝卜素不仅没有降低吸烟者的肺癌发生率,甚至略有上升。采用单一摄取维生素 E 预防前列腺癌的大样本的多年跟踪研究也证明,并没有预防肿瘤的效果。

全食品健康价值优于单一膳食补充剂。科学家不禁提出疑问,为什么用单一营养素对慢性病的干预研究都没什么作用而用食物的干预研究则具有健康价值？刘瑞海教授分析说,主要以下几点原因:

1.剂量非常关键,研究中可能用到的大剂量不是在临床试验中进行的,而人们可能不能真正吸收那么大的剂量。

2.单一化合物和平衡膳食中所有的抗氧化剂相加作用和协同作用,这也很关键,往往是单一膳食补充剂不能提供的。

如果从蔬菜、水果和谷类里提取植物活性物质,大致有 5 000 种以上,吃营养素补充剂可能只有一种、两种,复合维生素的维生素有十几种,没法模拟大自然中植物的相加的作用。

3.全食品对疾病的干预效果往往比单一营养素好的另一原因是全食品的抗氧化剂的活性很多来自于果实、种子的皮,比如全苹果抗氧化剂活性很高,如果把皮削了,抗氧化剂活性将损失将近一半。

二、全苹果试验证实全食品明显延缓衰老

刘海瑞教授主持的实验室以全苹果为案例,对全食品与肿瘤、衰老的健康影响做了大量深入研究,发表在《Nature》等权威学术期刊上。关于全苹果的抗氧化活性分析会发现,苹果中维生素 C 对抗氧化剂活性的贡献率不到 4%,而其他多种植物化合物如多酚、黄酮等的抗氧化活性贡献率要高得多。实验也表明,单一化合物几乎没什么作用,但化合物相加和交互作用后的抗氧化剂活性就很高了。

研究人员建立了诱导大鼠发生乳腺癌的实验模型,将实验鼠分为 5 组,一组为对照组,3 个组分别为低剂量组、中剂量组和高剂量组饲喂,看肿瘤的发生率,第五组观察发生肿瘤的大小。低、中、高剂量组分别相当于人每天吃 1 个、3 个和 6 个全苹果。对照显示,相当于 1 个苹果、3 个苹果、6 个苹果的剂量都降低了肿瘤的发生率,即使发生了肿瘤,长得速度也比较慢。实验室对全苹果预防肿瘤细发生的机理做了验证,发现全苹果是通过启动体内

肿瘤细胞的凋亡通道而发挥作用的。实验室分离分析发现,全苹果中有 80 多种化合物配合发挥这一作用,其中有一些是文献中没有报道过的新的化合物。从新药研究的角度,或许可以将这些化合物分离出来,进行组方,从预防保健的角度,日常食用全苹果就能达到健康效果。

实验室同时建立了动物衰老的实验模型,利用全苹果进行了深入研究。实验发现给予低剂量、中剂量

和高剂量的苹果,实验动物的平均寿命明显延长,低剂量组寿命延长了 20%,中剂量组延长了 25%,高剂量组延长了 40%。

刘海瑞教授表示,蔬菜水果中的植物活性物质不是单一的作用,并且不同化合物作用在不同的位点,起到相加、交互的作用。过去一百年中从食物里分离出来单纯活性物质,对预防营养缺乏病发挥了很好作用,今后,面对预防慢性病,侧重全食品研究,通过平衡膳食和全食品的交互作用,将成为新的研究重点。

在第三章第十八节,我们介绍了茶多酚核心成分 EGCG 具有很广泛、很强的生物活性,表现在防癌抗癌、抗氧化、抗突变、降血脂、降胆固醇、抑制细菌病毒等方面,尤其在防癌抗癌方面,EGCG 不仅能提高机体的免疫功能,而且在癌症形成的各个时期均有很强的抑制作用。EGCG 在癌症形成的启动期的抗癌机理为:①对致癌物的代谢途径的调控;②抗氧化作用和清除自由基的作用;③对正常细胞 DNA 的保护作用;EGCG 在癌症形成的促进期的抗癌机理为:①影响癌基因的表达;②抑制癌细胞 DNA 的合成;EGCG 在癌症形成的进展期的抗癌机理为:①抑制癌细胞生长周期;②诱导癌细胞凋亡;③抑制端粒酶的活性。需要特别指出的是,EGCG 强大的抗癌功效可能是茶叶中的 EGCG 与茶叶中的其他活性成分相加作用和协同作用的结果,EGCG 纯品的抗癌功效需在大剂量时才起作用,而人不可能吸收那么大的剂量。

三、高 EGCG 的全茶叶抑瘤效果比 EGCG 单体好

廖素凤、郑金贵(2015)研究比较了高 EGCG 茶叶(EGCG 含量比普通茶叶"黄旦"高一倍左右,即占茶叶干重的 12% 左右)、EGCG 单体(纯度 95%)和化疗药物体外对 11 种人癌细胞增殖的抑制作用。研究结果(见表 2-5-1 至表 2-5-4)表明,高 EGCG 茶叶体外抑制 11 种人癌细胞增殖的效果最佳,显著优于 EGCG 单体,亦优于化疗药物;高 EGCG 茶叶在较低浓度时就可起到体外抑癌作用,而 95% EGCG 单体产品需在大剂量时才能起到体外抑癌作用,随着剂量的减小,EGCG 单体的体外抑癌作用显著减弱甚至不起作用。

表 2-5-1 高 EGCG 茶叶和 EGCG 单体、5-氟尿嘧啶对人癌细胞增殖的抑制率

细胞株	高 EGCG 茶叶		EGCG 单体(纯度 95%)		5-氟尿嘧啶	
	给药浓度 $(\mu g/ml)$	抑制率 (%)	给药浓度 $(\mu g/ml)$	抑制率 (%)	给药浓度 $(\mu g/ml)$	抑制率 (%)
HCT116(人结肠癌细胞株)	0.025	99.64	80	66.98	80	99.49
	0.0125	59.55	40	34.52	40	97.87
	0.00625	34.63	20	−1.58	20	95.85
	0.003125	2.64	10	−4.12	10	91.89
	0.001563	−2.90	5	−7.91	5	89.94
	0.000781	16.51	2.5	10.74	2.5	88.54
	0.000391	13.72			1.25	86.38
	0.000195	22.59			0.625	82.39
	9.77E-05	37.55			0.3125	70.14
	$IC_{50}\,(\mu g/ml)$	0.0086	$IC_{50}\,(\mu g/ml)$	55.72	$IC_{50}\,(\mu g/ml)$	0.0493
A431(人皮肤鳞状细胞癌细胞株)	0.025	96.84	80	80.13	80	98.75
	0.0125	65.59	40	55.14	40	98.15
	0.00625	38.78	20	34.07	20	96.33
	0.003125	25.45	10	24.03	10	88.66
	0.001563	21.65	5	19.18	5	84.36
	0.000781	14.55	2.5	12.70	2.5	82.99
	0.000391	8.78	1.25	10.00	1.25	83.06
	0.000195	10.98	0.625	13.31	0.625	83.52
	9.77E-05	5.41	0.3125	7.79	0.3125	82.36
	$IC_{50}\,(\mu g/ml)$	0.0066	$IC_{50}\,(\mu g/ml)$	29.51	$IC_{50}\,(\mu g/ml)$	0.2721

续表

细胞株	高 EGCG 茶叶		EGCG 单体(纯度 95%)		5-氟尿嘧啶	
	给药浓度 ($\mu g/ml$)	抑制率 (%)	给药浓度 ($\mu g/ml$)	抑制率 (%)	给药浓度 ($\mu g/ml$)	抑制率 (%)
SMMC-7721 (人胃癌 细胞株)	0.0025	74.17	640	97.44	80	90.95
	0.00125	12.97	320	98.50	40	80.18
	0.000625	2.21	160	92.58	20	79.08
	0.0003125	−2.91	80	40.85	10	81.58
	0.001563	−3.12	40	6.33	5	84.29
	0.000781	−0.69	20	1.33	2.5	82.73
	0.000391	−3.45	10	3.45	1.25	80.97
	0.000195	1.36	5	3.31	0.625	62.43
	9.77E-06	−2.83	2.5	4.93	0.3125	28.55
	$IC_{50}(\mu g/ml)$	0.0195	$IC_{50}(\mu g/ml)$	77.41	$IC_{50}(\mu g/ml)$	0.383
BGC-823 (人胃腺 癌细胞)	0.1	99.39	640	97.03	5	62.75
	0.05	99.79	320	98.16	2.5	52.74
	0.025	95.39	160	97.87	1.25	40.90
	0.0125	43.34	80	60.53	0.625	23.86
	0.00625	−0.75	40	28.02	0.3125	11.58
	0.003125	−9.40	20	6.47	0.15625	0.92
	0.001563	−6.41	10	−0.64	0.078125	−1.41
	0.000781	−3.79	5	−1.06	0.039063	−4.99
	0.000391	−1.35	2.5	−0.82	0.019531	−5.82
	$IC_{50}(\mu g/ml)$	0.0159	$IC_{50}(\mu g/ml)$	62.94	$IC_{50}(\mu g/ml)$	2.5467

注:(1) IC_{50} 为对癌细胞增殖的抑制率达到 50% 时的给药浓度。

(2) $\lg IC_{50} = X_m - I(P - \dfrac{3 - P_m - P_n}{4})$,其中,$X_m$ 为 lg 最大剂量;I 为 lg(最大剂量/相临剂量);P 为阳性反应率之和;P_m 为最大阳性反应率;P_n 为最小阳性反应率。

表 2-5-2 高 EGCG 茶叶和 EGCG 单体、顺铂对人癌细胞增殖的抑制率

细胞株	高 EGCG 茶叶		EGCG 单体(纯度 95%)		顺铂	
	给药浓度 ($\mu g/ml$)	抑制率 (%)	给药浓度 ($\mu g/ml$)	抑制率 (%)	给药浓度 ($\mu g/ml$)	抑制率 (%)
SK-OV-3 (人卵巢 癌细胞)	0.025	99.53	80	99.42	16	83.65
	0.0125	99.77	40	81.73	8	88.36
	0.00625	83.56	20	36.88	4	81.38
	0.003125	46.28	10	4.47	2	65.87
	0.001563	9.56	5	6.15	1	51.93
	0.000781	5.18	2.5	5.54	0.5	28.16
	0.000391	1.07	1.25	3.64	0.25	13.36
	0.000195	4.60	0.625	3.98	0.125	6.86
	9.77E-05	−0.50	0.3125	2.20	0.0625	5.63
	$IC_{50}(\mu g/ml)$	0.0033	$IC_{50}(\mu g/ml)$	24.05	$IC_{50}(\mu g/ml)$	1.112
Hela (人宫颈 癌细胞)	0.025	93.22	80	36.66	16	98.98
	0.0125	14.06	40	−23.80	8	98.3
	0.00625	−5.09	20	−20.22	4	90.1
	0.003125	−4.62	10	−22.63	2	16.62
	0.001563	−2.29	5	−6.50	1	−29.75

续表

细胞株	高 EGCG 茶叶		EGCG 单体(纯度95%)		顺铂	
	给药浓度 (μg/ml)	抑制率 (%)	给药浓度 (μg/ml)	抑制率 (%)	给药浓度 (μg/ml)	抑制率 (%)
Hela (人宫颈 癌细胞)	0.000781	4.81	2.5	−8.94	0.5	−33.69
	0.000391	3.98	1.25	1.08	0.25	−11.93
	0.000195	0.46	0.625	−0.68	0.125	−7.31
	9.77E-05	−0.59	0.3125	4.13	0.0625	−3.05
	IC_{50}(μg/ml)	0.0166	IC_{50}(μg/ml)	101.2	IC_{50}(μg/ml)	2.656
A549 (人肺癌细胞)	0.025	99.64	80	60.18	16	97.45
	0.0125	67.96	40	35.39	8	88.98
	0.00625	34.92	20	23.21	4	57.57
	0.003125	15.36	10	9.62	2	36.60
	0.001563	7.60	5	6.76	1	29.60
	0.000781	4.94	2.5	7.85	0.5	14.21
	0.000391	3.50	1.25	5.92	0.25	8.55
	0.000195	4.67	0.625	6.69	0.125	6.73
	IC_{50}(μg/ml)	0.0081	IC_{50}(μg/ml)	59.74	IC_{50}(μg/ml)	2.503
U-87MG (人脑星形 胶质母细 胞瘤细胞)	0.025	45.58	80	19.69	16	76.01
	0.0125	19.31	40	22.63	8	85.10
	0.00625	18.61	20	25.69	4	63.60
	0.003125	19.10	10	17.86	2	43.00
	0.001563	15.53	5	10.88	1	20.84
	0.000781	17.11	2.5	10.72	0.5	2.72
	0.000391	14.75	1.25	8.24	0.25	0.10
	0.000195	11.52	0.625	3.99	0.125	1.91
	9.77E-05	10.88	0.3125	8.27	0.0625	2.27
	IC_{50}(μg/ml)	0.0262	IC_{50}(μg/ml)	0.1107	IC_{50}(μg/ml)	2.751

注:(1) IC_{50} 为对癌细胞增殖的抑制率达到 50% 时的给药浓度。

(2) $\lg IC_{50} = X_m - I\left(P - \dfrac{3 - P_m - P_n}{4}\right)$,其中,$X_m$ 为 lg 最大剂量;I 为 lg(最大剂量/相临剂量);P 为阳性反应率之和; P_m 为最大阳性反应率;P_n 为最小阳性反应率。

表 2-5-3　高 EGCG 茶叶和 EGCG 单体、表柔比星对人癌细胞增殖的抑制率

细胞株	高 EGCG 茶叶		EGCG 单体(纯度95%)		表柔比星	
	给药浓度 (μg/ml)	抑制率 (%)	给药浓度 (μg/ml)	抑制率 (%)	给药浓度 (μg/ml)	抑制率 (%)
BT-474 (人乳腺导 管癌细胞)	0.025	87.96	80	46.31	4	72.61
	0.0125	30.13	40	−10.43	2	53.54
	0.00625	−9.98	20	1.40	1	33.36
	0.003125	3.25	10	7.13	0.5	22.36
	0.001563	5.02	5	7.89	0.25	17.41
	0.000781	1.56	2.5	10.21	0.125	6.31
	0.000391	0.76	1.25	0.19	0.0625	2.50
	0.000195	8.48	0.625	4.32	0.03125	1.20
	9.77E-05	4.57	0.3125	3.92	0.015625	8.91
	IC_{50}(μg/ml)	0.0154	IC_{50}(μg/ml)	74.75	IC_{50}(μg/ml)	1.704

续表

细胞株	高 EGCG 茶叶		EGCG 单体(纯度 95%)		表柔比星	
	给药浓度 (μg/ml)	抑制率 (%)	给药浓度 (μg/ml)	抑制率 (%)	给药浓度 (μg/ml)	抑制率 (%)
PC-3 (人前列腺 癌细胞)	0.025	89.38	640	92.53	32	85.63
	0.0125	38.30	320	96.31	16	81.64
	0.00625	7.29	160	86.71	8	82.75
	0.003125	16.75	80	74.43	4	82.00
	0.001563	21.98	40	40.11	2	74.03
	0.000781	18.05	20	26.03	1	66.13
	0.000391	16.04	10	19.64	0.5	55.10
	0.000195	12.28	5	19.10	0.25	47.99
	9.77E-05	8.73	2.5	16.69	0.125	32.72
	IC_{50} (μg/ml)	0.0141	IC_{50} (μg/ml)	39.51	IC_{50} (μg/ml)	0.3336

注:(1) IC_{50} 为对癌细胞增殖的抑制率达到 50% 时的给药浓度。

(2) $\lg IC_{50} = X_m - I(P - \dfrac{3 - P_m - P_n}{4})$,其中,$X_m$ 为 lg 最大剂量;I 为 lg(最大剂量/相临剂量);P 为阳性反应率之和;P_m 为最大阳性反应率;P_n 为最小阳性反应率。

表 2-5-4　高 EGCG 茶叶和 EGCG 单体、依托泊苷对人白血病癌细胞 HL-60 增殖的抑制率

高 EGCG 茶叶		EGCG 单体(纯度 95%)		依托泊苷	
给药浓度 (μg/ml)	抑制率 (%)	给药浓度 (μg/ml)	抑制率 (%)	给药浓度 (μg/ml)	抑制率 (%)
0.025	88.35	640	91.13	32	100.46
0.0125	88.07	320	83.90	16	100.67
0.00625	38.05	160	73.03	8	100.08
0.003125	26.34	80	76.96	4	100.17
0.001563	22.11	40	44.21	2	100.27
0.000781	12.87	20	27.14	1	97.83
0.000391	16.44	10	16.22	0.5	82.91
0.000195	11.64	5	12.43	0.25	73.60
9.77E-05	11.62	2.5	5.10	0.125	62.36
IC_{50} (μg/ml)	0.0034	IC_{50} (μg/ml)	44.96	IC_{50} (μg/ml)	0.0855

注:(1) IC_{50} 为对癌细胞增殖的抑制率达到 50% 时的给药浓度。

(2) $\lg IC_{50} = X_m - I(P - \dfrac{3 - P_m - P_n}{4})$,其中,$X_m$ 为 lg 最大剂量;I 为 lg(最大剂量/相临剂量);P 为阳性反应率之和;P_m 为最大阳性反应率;P_n 为最小阳性反应率。

研究还比较了高 EGCG 茶叶中的 EGCG 和纯度为 95% EGCG 单体产品中的 EGCG 对 11 种人癌细胞增殖的半数有效抑制浓度 IC_{50}。结果(见表 2-5-5)显示,纯度为 95% EGCG 单体产品中的 EGCG 对 11 种人癌细胞增殖的半数有效抑制浓度 IC_{50} 是高 EGCG 茶叶中的 EGCG 的 110~240350 倍。结果表明,高 EGCG 茶叶体外抑制 11 种人癌细胞增殖的效果显著优于纯度为 95% EGCG 单体产品。

表 2-5-5　高 EGCG 茶叶中的 EGCG 和 95%EGCG 单体产品中的 EGCG 对人癌细胞增殖的 IC_{50}　　(μg/ml)

细胞株	高 EGCG 茶叶中 的 EGCG(A)	95%EGCG 单体 产品中的 EGCG(B)	B/A(倍)
HCT116(人结肠癌细胞株)	0.0010	52.93	52930
A431(人皮肤鳞状细胞癌细胞株)	0.0008	28.03	35038
SMMC-7721(人胃癌细胞株)	0.0023	73.54	31974
BGC-823(人胃腺癌细胞)	0.0019	59.79	31468

续表

细胞株	高 EGCG 茶叶中 的 EGCG(A)	95％EGCG 单体 产品中的 EGCG(B)	B/A(倍)
SK-OV-3(人卵巢癌细胞)	0.0019	22.85	12026
Hela(人宫颈癌细胞)	0.0004	96.14	240350
A549(人肺癌细胞)	0.0020	56.75	28375
U-87MG(人脑星形胶质母细胞瘤细胞)	0.0010	0.11	110
BT-474(人乳腺导管癌细胞)	0.0018	71.01	39450
PC-3(人前列腺癌细胞)	0.0017	37.53	22076
HL-60(人白血病癌细胞)	0.0004	42.71	106775

注：(1) IC_{50} 为对癌细胞增殖的抑制率达到 50％时的给药浓度。

(2) $\lg IC_{50} = X_m - I\left(P - \dfrac{3 - P_m - P_n}{4}\right)$，其中，$X_m$ 为 lg 最大剂量；I 为 lg(最大剂量/相临剂量)；P 为阳性反应率之和；P_m 为最大阳性反应率；P_n 为最小阳性反应率。

　　我们知道,高 EGCG 茶叶是属于全食品,其 EGCG 含量比普通茶叶高一倍左右,占茶叶干重 12％左右,该茶叶中还含有 EC、GC、C、EGC、ECG、咖啡因、茶氨酸、茶多糖、黄酮、花青素、酚酸类等辅助抑瘤成分,所以其抑瘤效果显著高于 EGCG 单体。

　　因而,我们特别强调,为了提高食物的营养价值,促进健康,人们应该选择全食物。

第六节　中国与美加欧日的膳食指南

一、中国居民膳食指南

　　中国营养学会(2007)制定了中国居民膳食指南,以下是该指南的基本内容：

(一)食物多样,谷类为主,粗细搭配

　　人类的食物是多种多样的。各种食物所含的营养成分不完全相同,每种食物都至少可提供一种营养物质。除母乳对 0～6 月龄婴儿外,任何一种天然食物都不能提供人体所需的全部营养素。平衡膳食必须由多种食物组成,才能满足人体各种营养需求,达到合理营养、促进健康的目的。因而提倡人们广泛食用多种食物。

　　食物可分为五大类：第一类为谷类及薯类,谷类包括米、面、杂粮,薯类包括马铃薯、甘薯、木薯等,主要提供碳水化合物、蛋白质、膳食纤维及 B 族维生素。第二类为动物性食物,包括肉、禽、鱼、奶、蛋等,主要提供蛋白质、脂肪、矿物质、维生素 A、B 族维生素和维生素 D。第三类为豆类和坚果,包括大豆、其他干豆类及花生、核桃、杏仁等坚果类,主要提供蛋白质、脂肪、膳食纤维、矿物质、B 族维生素和维生素 E。第四类为蔬菜、水果和菌藻类,主要提供膳食纤维、矿物质、维生素 C、胡萝卜素、维生素 K 及有益健康的植物化学物质。第五类为纯能量食物,包括动植物油、淀粉、食用糖和酒类,主要提供能量。动植物油还可提供维生素 E 和必需脂肪酸。

　　谷类食物是中国传统膳食的主体,是人体能量的主要来源。也是最经济的能源食物。随着经济的发展和生活的改善,人们倾向于食用更多的动物性食物和油脂。根据 2002 年中国居民营养与健康状况调查的结果,在一些比较富裕的家庭中动物性食物的消费量已超过了谷类的消费量,这类膳食提供的能量和脂肪过高,而膳食纤维过低,对一些慢性病的预防不利。坚持谷类为主,就是为了保持我国膳食的良好传统,

避免高能量、高脂肪和低碳水化合物膳食的弊端。人们应保持每天适量的谷类食物摄入，一般成年人每天摄入 250～400 g 为宜。

另外要注意粗细搭配，经常吃一些粗粮、杂粮和全谷类食物。每天最好能吃 50～100 g。稻米、小麦不要研磨得太精。否则谷类表层所含维生素、矿物质等营养素和膳食纤维大部分会流失到糠麸之中。

(二)多吃蔬菜水果和薯类

新鲜蔬菜水果是人类平衡膳食的重要组成部分，也是我国传统膳食重要特点之一。蔬菜水果是维生素、矿物质、膳食纤维和植物化学物质的重要来源，水分多、能量低。薯类含有丰富的淀粉、膳食纤维以及多种维生素和矿物质。富含蔬菜、水果和薯类的膳食对保持身体健康，保持肠道正常功能，提高免疫力，降低患肥胖、糖尿病、高血压等慢性疾病风险具有重要作用，所以近年来各国膳食指南都强调增加蔬菜和水果的摄入种类和数量。推荐我国成年人每天吃蔬菜 300～500 g。最好深色蔬菜约占一半，水果 200～400 g，并注意增加薯类的摄入。

(三)每天吃奶类、大豆或其制品

奶类营养成分齐全，组成比例适宜，容易消化吸收。奶类除含丰富的优质蛋白质和维生素外，含钙量较高，且利用率也很高，是膳食钙质的极好来源。大量的研究表明，儿童青少年饮奶有利于其生长发育，增加骨密度，从而推迟其成年后发生骨质疏松的年龄；中老年人饮奶可以减少其骨质丢失，有利于骨健康。2002 年中国居民营养与健康状况调查结果显示，我国城乡居民钙摄入量仅为 389 mg/标准人日，不足推荐摄入量的一半；奶类制品摄入量为 27 g/标准人日，仅为发达国家的 5% 左右。因此，应大大提高奶类的摄入量。建议每人每天饮奶 300 g 或相当量的奶制品，对于饮奶量更多或有高血脂和超重肥胖倾向者应选择减脂、低脂、脱脂奶及其制品。

大豆含丰富的优质蛋白质、必需脂肪酸、B 族维生素、维生素 E 和膳食纤维等营养素，且含有磷脂、低聚糖，以及异黄酮、植物固醇等多种植物化学物质。大豆是重要的优质蛋白质来源。为提高农村居民的蛋白质摄入量及防止城市居民过多消费肉类带来的不利影响，应适当多吃大豆及其制品，建议每人每天摄入 30～50 g 大豆或相当量的豆制品。

(四)常吃适量的鱼、禽、蛋和瘦肉

鱼、禽、蛋和瘦肉均属于动物性食物，是人类优质蛋白、脂类、脂溶性维生素、B 族维生素和矿物质的良好来源，是平衡膳食的重要组成部分。动物性食物中蛋白质不仅含量高，而且氨基酸组成更适合人体需要，尤其富含赖氨酸和蛋氨酸，如与谷类或豆类食物搭配食用，可明显发挥蛋白质互补作用；但动物性食物一般都含有一定量的饱和脂肪和胆固醇，摄入过多可能增加患心血管病的危险性。

鱼类脂肪含量一般较低，且含有较多的多不饱和脂肪酸。有些海产鱼类富含二十碳五烯酸(EPA)和二十二碳六烯酸(DHA)，对预防血脂异常和心脑血管病等有一定作用。禽类脂肪含量也较低，且不饱和脂肪酸含量较高，其脂肪酸组成也优于畜类脂肪。蛋类富含优质蛋白质，各种营养成分比较齐全，是很经济的优质蛋白质来源。畜肉类一般含脂肪较多，能量高，但瘦肉脂肪含量较低，铁含量高且利用率好。肥肉和荤油为高能量和高脂肪食物，摄入过多往往会引起肥胖，并且是某些慢性病的危险因素，应当少吃。

目前我国部分城市居民食用动物性食物较多，尤其是食人的猪肉过多，应调整肉食结构，适当多吃鱼、禽肉，减少猪肉摄入。相当一部分城市和多数农村居民平均吃动物性食物的量还不够，应适当增加。推荐成人每日摄入量：鱼虾类 50～100 g，畜禽肉类 50～75 g，蛋类 25～50 g。

(五)减少烹调油用量,吃清淡少盐膳食

脂肪是人体能量的重要来源之一，并可提供必需脂肪酸，有利于脂溶性维生素的消化吸收，但是脂肪摄入过多是引起肥胖、高血脂、动脉粥样硬化等多种慢性疾病的危险因素之一。膳食盐的摄入量过高与高血压的患病率密切相关。2002 年中国居民营养与健康状况调查结果显示，我国城乡居民平均每天摄人烹调油 42 g，已远高于 1997 年《中国居民膳食指南》的推荐量 25 g。每天食盐平均摄入量为 12 g，是世界卫

生组织建议值的 2.4 倍。同时相关慢性疾病患病率迅速增加。与 1992 年相比,成年人超重上升了 39%,肥胖上升了 97%,高血压患病率增加了 31%。食用油和食盐摄入过多是我国城乡居民共同存在的营养问题。

　　为此,建议我国居民应养成吃清淡少盐膳食的习惯,即膳食不要太油腻,不要太咸,不要摄食过多的动物性食物和油炸、烟熏、腌制食物。建议每人每天烹调油用量不超过 25 g 或 30 g;食盐摄入量不超过 6 g,包括酱油、酱菜、酱中的食盐量。

(六)食不过量,天天运动,保持健康体重

　　进食量和运动是保持健康体重的两个主要因素,食物提供人体能量,运动消耗能量。如果进食量过大而运动量不足,多余的能量就会在体内以脂肪的形式积存下来,增加体重,造成超重或肥胖;相反若食量不足,可由于能量不足引起体重过低或消瘦。体重过高和过低都是不健康的表现,易患多种疾病,缩短寿命。所以,应保持进食量和运动量的平衡,使摄入的各种食物所提供的能量能满足机体需要,而又不造成体内能量过剩,使体重维持在适宜范围。成人的健康体重是指体质指数(BMI)为 $18.5\sim23.9\ kg/m^2$ 之间。

　　正常生理状态下,食欲可以有效控制进食量,不过饱就可保持健康体重。一些人食欲调节不敏感,满足食欲的进食量常常超过实际需要.过多的能量摄入导致体重增加,食不过量对他们意味着少吃几口,不要每顿饭都吃到十成饱。

　　由于生活方式的改变,身体活动减少、进食相对增加,我国超重和肥胖的发生率正在逐年增加,这是心血管疾病、糖尿病和某些肿瘤发病率增加的主要原因之一。运动不仅有助于保持健康体重,还能够降低患高血压、中风、冠心病、2 型糖尿病、结肠癌、乳腺癌和骨质疏松等慢性疾病的风险;同时还有助于调节心理平衡,有效消除压力,缓解抑郁和焦虑症状,改善睡眠。目前我国大多数成年人体力活动不足或缺乏体育锻炼,应改变久坐少动的不良生活方式,养成天天运动的习惯,坚持每天多做一些消耗能量的活动。建议成年人每天进行累计相当于步行 6 000 步以上的身体活动,如果身体条件允许,最好进行 30 分钟中等强的运动。

(七)三餐分配要合理,零食要适当

　　合理安排一日三餐的时间及食量,进餐定时定量。早餐提供的能量应占全天总能量的 25%~30%,午餐应占 30%~40%,晚餐应占 30%~40%,可根据职业、劳动强度和生活习惯进行适当调整。一般情况下,早餐安排在 6:30—8:30,午餐在 11:30—13:30,晚餐在 18:00—20:00 进行为宜。要天天吃早餐并保证其营养充足,午餐要吃好,晚餐要适量。不暴饮暴食,不经常在外就餐,尽可能与家人共同进餐,并营造轻松愉快的就餐氛围。零食作为一日三餐之外的营养补充,可以合理选用,但来自零食的能量应计入全天能量摄入之中。

(八)每天足量饮水,合理选择饮料

　　水是膳食的重要组成部分,是一切生命必需的物质,在生命活动中发挥着重要功能。体内水的来源有饮水、食物中含的水和体内代谢产生的水。水的排出主要通过肾脏,以尿液的形式排出,其次是经肺呼出、经皮肤和随粪便排出。进人体内的水和排出来的水基本相等,处于动态平衡。水的需要量主要受年龄、环境温度、身体活动等因素的影响。一般来说.健康成人每天需要水 2 500 mL 左右。在温和气候条件下生活的轻体力活动的成年人每日最少饮水 1 200 mL(约 6 杯)。在高温或强体力劳动的条件下,应适当增加。饮水不足或过多都会对人体健康带来危害。饮水应少量多次,要主动,不要感到口渴时再喝水。饮水最好选择白开水。

　　饮料多种多样,需要合理选择,如乳饮料和纯果汁饮料含有一定量的营养素和有益膳食成分,适量饮用可以作为膳食的补充。有些饮料添加了一定的矿物质和维生素.适合热天户外活动和运动后饮用。有些饮料只含糖和香精香料,营养价值不高。多数饮料都含有一定量的糖。大量饮用特别是含糖量高的饮料,会在不经意间摄入过多能量,造成体内能量过剩。另外,饮后如不及时漱口刷牙,残留在口腔内的糖会在细菌作用下产生酸性物质,损害牙齿健康。有些人尤其是儿童青少年,每天喝大量含糖的饮料代替喝

水,是一种不健康的习惯,应当改正。

(九)如饮酒应限量

在节假日、喜庆和交际的场合,人们饮酒是一种习俗。高度酒含能量高,白酒基本上是纯能量食物,不含其他营养素。无节制的饮酒,会使食欲下降,食物摄入量减少,以致发生多种营养素缺乏、急慢性酒精中毒、酒精性脂肪肝,严重时还会造成酒精性肝硬化。过量饮酒还会增加患高血压、中风等疾病的危险;并可导致事故及暴力的增加。对个人健康和社会安定都是有害的,应该严禁酗酒。另外饮酒还会增加患某些癌症的危险。若饮酒尽可能饮用低度酒。并控制在适当的限量以下,建议成年男性一天饮用酒的酒精量不超过 25 g,成年女性一天饮用酒的酒精量不超过 15 g。孕妇和儿童青少年应忌酒。

(十)吃新鲜卫生的食物

一个健康人一生需要从自然界摄取大约 60 吨食物、水和饮料。人体一方面从这些饮食中吸收利用本身必需的各种营养素,以满足生长发育和生理功能的需要;另一方面又必须防止其中的有害因素诱发食源性疾病。

食物放置时间过长就会引起变质,可能产生对人体有毒有害的物质。另外,食物中还可能含有或混入各种有害因素,如致病微生物、寄生虫和有毒化学物等。吃新鲜卫生的食物是防止食源性疾病、实现食品安全的根本措施。

正确采购食物是保证食物新鲜卫生的第一关。一般来说,正规的商场和超市、有名的食品企业比较注重产品的质量,也更多地接受政府和消费者的监督,在食品卫生方面具有较大的安全性。购买预包装食品还应当留心查看包装标识,特别应关注生产日期、保质期和生产单位;也要注意食品颜色是否正常,有无酸臭异味,形态是否异常,以便判断食物是否发生了腐败变质。烟熏食品及有些加色食品,可能含有苯并芘或亚硝酸盐等有害成分,不宜多吃。

食物合理储藏可以保持新鲜,避免污染。高温加热能杀灭食物中大部分微生物,延长保存时间;冷藏温度常为 4~8 ℃,一般不能杀灭微生物,只适于短期贮藏;而冻藏温度低达 −12~−23 ℃,可抑止微生物生长,保持食物新鲜,适于长期贮藏。

烹调加工过程是保证食物卫生安全的一个重要环节。需要注意保持良好的个人卫生以及食物加工环境和用具的洁净,避免食物烹调时的交叉污染,对动物性食物应当注意加热熟透,煎、炸、烧烤等烹调方式如使用不当容易产生有害物质,应尽量少用,食物腌制要注意加足食盐,避免高温环境。

有一些动物或植物性食物含有天然毒素,例如河豚、毒蕈、含氰苷类的苦味果仁和木薯、未成熟或发芽的马铃薯、鲜黄花菜和四季豆等。为了避免误食中毒,一方面需要学会鉴别这些食物,另一方面应了解对不同食物进行浸泡、清洗、加热等去除毒素的具体方法。

二、美国膳食指南

美国膳食指南(1995,4 版)推荐的膳食建议:

(1)食物多样。

(2)摄入与消耗的能量要平衡以保持和改善体重。

(3)选择含有丰富谷物、蔬菜、水果的膳食。

(4)选择低脂肪、低饱和脂肪酸和低胆固醇的食物。

(5)膳食中的糖要适量。

(6)膳食中的盐和钠要适量。

(7)饮酒要适量。

美国国家研究理事会的膳食与健康报告进一步指出:

(1)减少脂肪摄入,摄入脂肪的能量应当占总热量的 30% 或更少。减少饱和脂肪酸的摄入,使其能量占总热量的 10% 或更少。每日摄入胆固醇量不超过 300 mg。多不饱和脂肪酸的摄入应当占总热量的

7%（不应当超过 10%）。对于普通人群不推荐浓缩鱼油。

（2）每天摄入 5 份或更多的蔬菜和水果（特别是绿色和黄色蔬菜和柑橘类水果），还要增加淀粉和复合碳水化合物的摄入，通过摄入 6 份或更多的面包、谷物食品和豆类食品。不推荐增加糖的摄入。

（3）维持适量蛋白质的摄入，即：少于 2 倍的 RDA。

（4）膳食摄入与身体活动能量要平衡，以维持合适的体重。腹部脂肪的增加比大腿和臀部脂肪的增加会带来患慢性病的更高的风险。所有的健康人群应当维持适当水平的身体活动。既不期望体重的大幅度波动，也不期望过分限制食物摄入。

（5）不推荐饮酒，对于饮酒者，应当限制在一天饮用两份标准量。孕妇和准备怀孕者禁止饮用含酒精的饮料。

（6）全天的食盐摄入量限制在 6 克或更少。

（7）维持充足的钙的摄入量，高于 RDA 的钙摄入量的潜在好处尚未见文献报道。

（8）避免超过 RDA 的膳食摄入量。

（9）维持足够的氟的摄入量，特别是在乳牙和恒牙的形成和生长阶段，即：氟化水或者氟摄入（如果不能获得氟化水）。

三、加拿大膳食指南

加拿大膳食指南（1990 年）推荐的膳食建议：

（1）提供与在推荐的范围内维持体重相一致的能摄。

（2）包括推荐数量的基本营养素。

（3）包括不多于 30% 的脂肪热量和不多于 10% 的饱和脂肪热量。

（4）提供来自多样来源的碳水化合物作为 55% 的热量。

（5）包括较少的钠盐。

（6）包括不多于 5% 的来自酒精的热量，或者每天饮酒 2 次或更少。

（7）包括不多于相当每天 4 标准杯咖啡的咖啡因。

（8）社区供水系统包括应达到每升 1 mg 的氟水平。

四、欧洲膳食指南

欧洲膳食指南（1988 年）推荐的膳食建议：

（1）复合碳水化合物（大于 40% 的能馒）大于 45%～55% 的能量。

（2）蛋白质占总热能的 12%～13%。

（3）糖为总热能的 10%。

（4）总脂肪占总热能的（35%）20%～30%，饱和脂肪酸占总热能的（15%）10%；$P:S$ 比为（量 0.5）羹 1.0。

（5）膳食纤维（30 g/d）≥30 g/d。

（6）盐（7～8 g/d）5 g/d。

（7）膳食胆固醇＜100 mg/4.2 MJ（1 000 kcal）。

（8）水中的氟 0.7～1.2 mg/L，在心血管疾病高危人群中，脂肪和饱和脂肪酸的中期目标与一般人群的最终目标相同。

五、日本膳食指南

日本膳食指南（1985）推荐的膳食建议：

（1）通过多样化的膳食获得平衡良好的营养；每天食用 30 种食品；主食，主菜和辅菜一起吃。

（2）摄取量相应于日常活动的能量。

（3）考虑所吃的脂肪和油的质和量；避免太多摄入。

（4）避免摄入太多的盐，一天不超过 10 g。

（5）吃得愉快有助于幸福的家庭生活；坐下来一起吃饭、交谈，珍视家庭口味和家常烹调。

六、WHO 研究组提出的大众营养目标

WHO 研究组对于全世界提出了大众营养目标（以范围来表示），包括：

（1）总脂肪占总能量的 15%（低限）～30%（中期目标）；饱和脂肪酸在 0%（低限）～10%（高限）；多不饱和脂肪酸占 3%～7%。

（2）蛋白质占 10%～15%。

（3）总碳水化合物占 55%～75%；"复杂"碳水化合物占 50%～70%；自由糖占 0%～10%。

（4）膳食纤维（以无淀粉的多糖表示）每天 16～24 g。

（5）水果和蔬菜（低限），每天 400 g；盐，每天 0～6 g。

第七节　根据 DRIs 科学制定平衡膳食

科学利用食物中的营养成分，必须根据中国营养学会（2014）提出的中国居民膳食营养素参考摄入量（DRIs）制定平衡膳食的食谱。

一、食谱编制的原则

食谱编制要在食物安全的前提下，满足就餐者对能量和营养素的需求，并保证各营养素之间达到平衡。同时要注意食物原料要求多样化，选择合理的烹调方法，尽量避免营养素在烹调过程中损失。在编制食谱时，要针对就餐者的年龄、生理特点、还要考虑饮食习惯、当地食物供应情况及经济承受能力等因素。

二、日食谱编制步骤

日食谱编制步骤：

（1）了解服务对象，确定他的年龄、性别、劳动强度和生理状况等基本情况。

（2）确定服务对象每日主食的种类和需求量。

（3）确定服务对象动物性副食的种类和需求量。

（4）确定服务对象蔬菜水果的种类和需求量。

（5）确定服务对象食用油以及补充食物的种类和需求量。

（6）对照推荐营养素摄入量调整食谱。

三、科学编制一日食谱实例

以一位 50 岁的男性，体重正常的轻体力劳动者为例，用计算法编制其一日食谱。

碳水化合物、脂肪和蛋白质是人体能量来源的三大产能营养素。其中以碳水化合物最为重要，占供能的 55%～65%，脂肪其次，占总能量的 20%～30%，其余为蛋白质的能量供给，约为 10%～15%。检索

《中国居民膳食营养素参考摄入 DRIs》,推荐 50 岁轻体力活动的男性中国居民能量需要量为 2 100 kcal。通过能量总需要量,计算三大产能营养素供给量如下:

产能营养素供给量=能量需要量×产能营养素所占总能量百分比÷生热系数

50 岁轻体力活动的中国居民三大产能营养素需要量分别以碳水化合物占能量供给的 63%,脂肪占能量供给的 22%,蛋白质占能量供给的 15% 计算,而碳水化合物、脂肪和蛋白质的生热系数分别是 4 kcal/g、9 kcal/g 和 4 kcal/g,则三大产能营养素的供给量分别为:碳水化合物=2 100×63%÷4=330.75 g,脂肪=2 100×22%÷9=51.33 g,蛋白质=2 100×15%÷4=78.75 g。

(一)确定每日主食的种类和需求量

按照我国南方居民饮食习惯,主食以稻米为主,考虑到服务对象的特殊性,主食中可适当推荐食用甘薯,约为 200 g/d。检索《中国食物成分表》(2009)可知每 100 g 稻米中含碳水化合物为 77.9 g,每 100 g 甘薯中含碳水化合物为 27.7 g,为满足服务对象碳水化合物摄入,则稻米的供给量=(330.75-27.7×2)÷77.9%=353.5 g。考虑到其他食物,特别是蔬菜和水果中也含有碳水化合物,因此将稻米供给量设定为 350 g。

(二)确定动物性副食的种类和需求量

动物性副食供给量根据"中国居民平衡膳食宝塔结构"中的要求和我们的生活习惯,设定为猪肉 25 g、鸡肉 25 g、鸡蛋一个约 50 g、牛奶一杯约 300 g、鲫鱼 40 g、沙丁鱼 40 g,计算出其蛋白质摄入总量,再加上主食稻米中蛋白质含量,可计算出蛋白质摄入量,不足的加豆制品补。

检索《中国食物成分表》(2009),查看主食与动物性副食营养成分,再根据每百克食物中营养成分含量,计算出设定食物中营养成分含量。以稻米为例,每百克稻米中含蛋白质 7.4 g,则主食稻米 250 g 中含蛋白质=7.4×2.5=18.5 g。以此类推计算出主食稻米 250 g、甘薯 200 g、动物性副食猪肉 25 g、鸡肉 25 g、鸡蛋 50 g、牛奶 300 g、鳕鱼 40 g 和沙丁鱼 40 g 中各个营养成分含量,见表 2-7-1。

表 2-7-1　主食和动物性副食营养素供给量

食物名称	重量(g)	蛋白质(g)	脂肪(g)	碳水化合物(g)	能量(kcal)	钙(mg)	磷(mg)	铁(mg)	维生素 A(μgRE)	胡萝卜素(μg)	硫胺素(mg)	核黄素(mg)	维生素 C(mg)	叶酸(μg)
稻米	250	18.5	2	194.75	867.5	32.5	275	2.75	—	—	0.29	0.14	—	9
甘薯	200	1.8	1	55.4	238	88	40	1.4	70	0.42	0.08	0.08	60	98
猪肉	25	3.3	9.25	0.6	98.75	1.5	40.5	0.35	4.5	—	0.06	0.04	—	0.75
鸡肉	25	4.8	2.35	0.33	41.75	2.25	39	0.35	12	—	0.02	0.03	—	0.75
鸡蛋	50	6.65	4.4	1.4	72	28	65	1	117	—	0.05	0.14	—	32.5
牛奶	300	9	9.6	10.2	162	312	219	0.9	72	—	0.10	0.12	3.0	1.7
鲫鱼	40	6.96	0.52	1	36.4	25.6	77.2	0.48	12.8	—	0.02	0.04	—	5.6
沙丁鱼	40	7.92	0.44	—	35.6	73.6	73.2	0.56	—	—	—	0.01	—	1
合计		58.93	29.56	263.68	1 552	563.45	828.9	7.79	288.3	0.42	0.62	0.6	63	149.3

(三)确定蔬菜水果的种类和需求量

根据"中国居民平衡膳食宝塔结构"中的要求,每日需要供给 300~500 g 蔬菜和 200~300 g 水果。为满足人们的要求,尽量定制多种蔬菜和水果,蔬菜中选择空心菜、白菜和茼蒿各 100 g,水果中选择苹果、香蕉和柑橘各 100 g,与表 2-7-1 计算方法相同,可得知蔬菜水果中营养素供给量,见表 2-7-2。

表 2-7-2　蔬菜水果中营养素供给量

食物名称	重量(g)	蛋白质(g)	脂肪(g)	碳水化合物(g)	能量(kcal)	钙(mg)	磷(mg)	铁(mg)	维生素 A(μgRE)	胡萝卜素(μg)	硫胺素(mg)	核黄素(mg)	维生素 C(mg)	叶酸(μg)
空心菜	100	2.2	0.3	2.2	20	99	38	2.3	253	1 520	0.03	0.08	25	120
白菜	100	1.5	0.1	3.2	18	50	31	0.7	20	120	0.04	0.05	31	14.8
茼蒿	100	1.9	0.3	2.7	21	73	36	2.5	252	1 510	0.04	0.09	18	190
苹果	100	0.2	0.2	13.5	54	4	12	0.6	3	20	0.06	0.02	4	6.3

续表

食物名称	重量(g)	蛋白质(g)	脂肪(g)	碳水化合物(g)	能量(kcal)	钙(mg)	磷(mg)	铁(mg)	维生素A(μgRE)	胡萝卜素(μg)	硫胺素(mg)	核黄素(mg)	维生素C(mg)	叶酸(μg)
香蕉	100	1.4	0.2	22	93	7	28	0.4	10	60	0.02	0.04	8	11.2
柑橘	100	0.7	0.2	11.9	215	35	18	0.2	148	890	0.08	0.04	28	4.5
合计		7.9	1.3	55.5	421	268	163	6.7	686	4 120	0.27	0.32	114	346.8

(四)确定食用油以及补充食物的种类和需求量

目前营养素供给量为主食和动物性副食以及蔬菜水果营养素的总和,营养素供给量与推荐摄入量对比见表 2-7-3。

表 2-7-3　目前营养素供给量与推荐摄入量对比

	蛋白质(g)	脂肪(g)	碳水化合物(g)	能量(kcal)	钙(mg)	磷(mg)	铁(mg)	维生素A(μgRE)	胡萝卜素(μg)	硫胺素(mg)	核黄素(mg)	维生素C(mg)	叶酸(μg)
合计	66.83	30.86	319.18	1 973	831.45	991.9	14.49	974.3	4 120.42	0.89	0.92	177	496.1
推荐摄入量	78.75	51.33	330.75	2 100.0	1 000.0	720.0	12.0	800.0	4 000	1.40	1.40	100	400.0

由表 2-7-3 中对比可知除了脂肪,膳食纤维和钙与标准摄入差距较大外,其他营养素基本能符合标准,脂肪摄入量由花生油补充,豆腐营养素较为全面,钙含量高,还可以适量补充硫胺素和核黄素,故通过食豆腐来补充营养素的不足。

花生油摄入量＝推荐脂肪摄入量－目前脂肪摄入量＝51.33－30.86＝20.47 g。

考虑到豆腐中也含有脂肪,需要摄入较多,因此可将花生油定为 18 g,剩下的通过食豆腐来补充。检索《中国食物成分表》(2009),确定豆营养成分,计算出需要食豆腐来补充蛋白质的量为 78.75－66.83＝11.92 g,则豆腐摄入量约为 100 g。

(五)调整食谱

根据服务对象的营养素需要,对照所选择的食物中营养素供给量进行调整。一日食物及营养素供给量见表 2-7-4。

表 2-7-4　一日食物及营养素供给量

食物名称	重量(g)	蛋白质(g)	脂肪(g)	碳水化合物(g)	能量(kcal)	钙(mg)	磷(mg)	铁(mg)	维生素A(μgRE)	胡萝卜素(μg)	硫胺素(mg)	核黄素(mg)	维生素C(mg)	叶酸(μg)
稻米	250	18.5	2	194.75	867.5	32.5	275	2.75	—	—	0.29	0.14	—	9
甘薯	200	1.8	1	55.4	238	88	40	1.4	70	0.42	0.08	0.08	60	98
豆腐	100	12.2	4.8	1.5	98	164	119	1.9	—	—	0.04	0.04	—	
花生油	18	—	17.98	—	161.82	2.16	2.7	0.74	—	—	—	—	—	—
猪肉	25	3.3	9.25	0.6	98.75	1.5	40.5	0.35	4.5	—	0.06	0.04	—	0.75
鸡肉	25	4.8	2.35	0.33	41.75	2.25	39	0.35	12	—	0.02	0.03	—	0.75
鸡蛋	50	6.65	4.4	1.4	72	28	65	1	117	—	0.05	0.14	—	32.5
牛奶	300	9	9.6	10.2	162	312	219	0.9	72	—	0.10	0.12	3.0	1.7
鲫鱼	40	6.96	0.52	1	36.4	25.6	77.2	0.48	12.8	—	0.02	0.04	—	5.6
沙丁鱼	40	7.92	0.44		35.6	73.6	73.2	0.56	—	—		0.01	—	1
空心菜	100	2.2	0.3	2.2	20	99	38	2.3	253	1 520	0.03	0.08	25	120
白菜	100	1.5	0.1	3.2	18	50	31	0.7	20	120	0.04	0.05	31	14.8
茼蒿	100	1.9	0.3	2.7	21	73	36	2.5	252	1 510	0.04	0.09	18	190
苹果	100	0.2	0.2	13.5	54	4	12	0.6	3	20	0.06	0.02	4	6.3
香蕉	100	1.4	0.2	22	93	7	28	0.4	10	60	0.02	0.04	8	11.2
柑橘	100	0.7	0.2	11.9	215	35	18	0.2	148	890	0.08	0.04	28	4.5
合计		79.03	53.64	320.68	2 232.82	997.61	1 113.6	17.13	974.3	4 120	0.93	0.96	177	496.1
推荐摄入量		78.75	51.33	330.75	2 100	1 000	720	12	800	4 000	1.4	1.4	100	400
百分比%		100.4	104.5	97.0	106.3	99.8	154.7	142.8	121.8	103.0	66.4	68.6	177.0	124.0
可耐受最高摄入量 UL						2 000	3 500	42	3 000				2 000	1 000

由表 2-7-4 可知,各个营养素摄入已基本满足服务对象的需求,其中磷和维生素 C 摄入量较多,都在推荐值的 1.5 倍以上,可进行适当的增减,比如可适当调减含磷量较高的稻米和牛奶,以减少磷的摄入量过高(陈学文、郑金贵,2015)。

四、中国居民膳食各营养素的参考摄入量

中国居民膳食各营养素的参考摄入量(见表 2-7-5 至表 2-7-20)。

表 2-7-5　中国居民膳食能量需要量(EER)

| 人群 | 能量(MJ/d) | | | | | | 能量(kcal/d) | | | | | |
| | 身体活动水平(轻) | | 身体活动水平(中) | | 身体活动水平(重) | | 身体活动水平(轻) | | 身体活动水平(中) | | 身体活动水平(重) | |
	男	女	男	女	男	女	男	女	男	女	男	女
0 岁～	—[a]	—	0.38 MJ/ (kg·d)	0.38 MJ/ (kg·d)	—	—	—	—	90 kcal/ (kg·d)	90 kcal/ (kg·d)	—	—
0.5 岁～	—	—	0.33 MJ/ (kg·d)	0.33 MJ/ (kg·d)			—	—	80 kcal/ (kg·d)	80 kcal/ (kg·d)		
1 岁～	—	—	3.77	3.35	—	—	—	—	900	800	—	—
2 岁～	—	—	4.60	4.18	—	—	—	—	1 100	1 000	—	—
3 岁～	—	—	5.23	5.02	—	—	—	—	1 250	1 200	—	—
4 岁～	—	—	5.44	5.23	—	—	—	—	1 300	1 250	—	—
5 岁～	—	—	5.86	5.44	—	—	—	—	1 400	1 300	—	—
6 岁～	5.86	5.23	6.69	6.07	7.53	6.90	1 400	1 250	1 600	1 450	1 800	1 650
7 岁～	6.28	5.65	7.11	6.49	7.95	7.32	1 500	1 350	1 700	1 550	1 900	1 750
8 岁～	6.90	6.07	7.74	7.11	8.79	7.95	1 650	1 450	1 850	1 700	2 100	1 900
9 岁～	7.32	6.49	8.37	7.53	9.41	8.37	1 750	1 550	2 000	1 800	2 250	2 000
10 岁～	7.53	6.90	8.58	7.95	9.62	9.00	1 800	1 650	2 050	1 900	2 300	2 150
11 岁～	8.58	7.53	9.83	8.58	10.88	9.62	2 050	1 800	2 350	2 050	2 600	2 300
14 岁～	10.46	8.37	11.92	9.62	13.39	10.67	2 500	2 000	2 850	2 300	3 200	2 550
18 岁～	9.41	7.53	10.88	8.79	12.55	10.04	2 250	1 800	2 600	2 100	3 000	2 400
50 岁～	8.79	7.32	10.25	8.58	11.72	9.83	2 100	1 750	2 450	2 050	2 800	2 350
65 岁～	8.58	7.11	9.83	8.16	—	—	2 050	1 700	2 350	1 950	—	—
80 岁～	7.95	6.28	9.20	7.32	—	—	1 900	1 500	2 200	1 750	—	—
孕妇(早)	—	+0	—	+0[b]	—	+0	—	+0	—	+0	—	+0
孕妇(中)	—	+1.26	—	+1.26	—	+1.26	—	+300	—	+300	—	+300
孕妇(晚)	—	+1.88	—	+1.88	—	+1.88	—	+450	—	+450	—	+450
乳母	0.00	+2.09	—	+2.09	—	+2.09	—	+500	—	+500	—	+500

[a]:未制定参考值者用"—"表示。

[b]"+"表示在同龄人人群参考值基础上额外增加量。

据中国营养学会(2014)

表 2-7-6　中国居民膳食蛋白质参考摄入量(DRIs)

| 人群 | EAR (g/d) | | RNI (g/d) | | 人群 | EAR (g/d) | | RNI (g/d) | |
	男	女	男	女		男	女	男	女
0 岁～	—[a]	—	9(AI)	9(AI)	10 岁～	40	40	50	50
0.5 岁～	15	15	20	20	11 岁～	50	45	60	55
1 岁～	20	20	25	25	14 岁～	60	50	75	60
2 岁～	20	20	25	25	18 岁～	60	50	65	55
3 岁～	25	25	30	30	50 岁～	60	50	65	55
4 岁～	25	25	30	30	65 岁～	60	50	65	55
5 岁～	25	25	30	30	80 岁～	60	50	65	55
6 岁～	25	25	35	35	孕妇(早)	—	+0[b]	—	+0
7 岁～	30	30	40	40	孕妇(中)	—	+10	—	+15
8 岁～	30	30	40	40	孕妇(晚)	—	+25	—	+30
9 岁～	40	40	45	45	乳母	—	+20	—	+25

[a] 未制定参考值者用"—"表示。

[b]"+"表示在同龄人人群参考值基础上额外增加量。

据中国营养学会(2014)

表 2-7-7　中国居民膳食碳水化合物、脂肪酸参考摄入量(DRIs)

人群	总碳水化合物(g/d)	亚油酸(%E[b])	α-亚麻酸(%E)	EPA+DHA(g/d)
	EAR	AI	AI	AI
0岁~	60(AI)	7.3(0.15 g[c])	0.87	0.10[d]
0.5岁~	85(AI)	6.0	0.66	0.10[d]
1岁~	120	4.0	0.60	0.10[d]
4岁~	120	4.0	0.60	—
7岁~	120	4.0	0.60	—
11岁~	150	4.0	0.60	—
14岁~	150	4.0	0.60	—
18岁~	120	4.0	0.60	—
50岁~	120	4.0	0.60	—
65岁~	—[a]	4.0	0.60	—
80岁~	—	4.0	0.60	—
孕妇(早)	130	4.0	0.60	0.25(0.20[d])
孕妇(中)	130	4.0	0.60	0.25(0.20[d])
孕妇(晚)	130	4.0	0.60	0.25(0.20[d])
乳母	160	4.0	0.60	0.25(0.20[d])

[a] 未制定参考值者用"—"表示。

[b] %E 为占能量的百分比。

[c] 为花生四烯酸。

[d] DHA

注:我国 2 岁以上儿童及成人膳食中来源于食品工业加工产生的反式脂肪酸的 UL 为<1%E。

据中国营养学会(2014)

表 2-7-8　中国居民膳食常量元素参考摄入量(DRIs)

人群	钙(mg/d)			磷(mg/d)			钾(mg/d)		钠(mg/d)		镁(mg/d)		氯(mg/d)
	EAR	RNI	UL	EAR	RNI	UL[c]	AI	PI	AI	PI	EAR	RNI	AI
0岁~	—[a]	200(AI)	1 000	—	100(AI)	—	350	—	170	—	—	20(AI)	260
0.5岁~	—	250(AI)	1 500	—	180(AI)	—	550	—	350	—	—	65(AI)	550
1岁~	500	600	1 500	250	300	—	900	—	700	—	110	140	1 100
4岁~	650	800	2 000	290	350	—	1 200	2 100	900	1 200	130	160	1 400
7岁~	800	1 000	2 000	400	470	—	1 500	2 800	1 200	1 500	180	220	1 900
11岁~	1 000	1 200	2 000	540	640	—	1 900	3 400	1 400	1 900	250	300	2 200
14岁~	800	1 000	2 000	590	710	—	2 200	3 900	1 600	2 200	270	320	2 500
18岁~	650	800	2 000	600	720	3 500	2 000	3 600	1 500	2 000	280	330	2 300
50岁~	800	1 000	2 000	600	720	3 500	2 000	3 600	1 400	1 900	280	330	2 200
65岁~	800	1 000	2 000	590	700	3 000	2 000	3 600	1 400	1 800	270	320	2 200
80岁~	800	1 000	2 000	560	670	3 000	2 000	3 600	1 300	1 700	260	310	2 000
孕妇(早)	+0[b]	+0	2 000	+0	+0	3 500	+0	3 600	+0	2 000	+30	+40	+0
孕妇(中)	+160	+200	2 000	+0	+0	3 500	+0	3 600	+0	2 000	+30	+40	+0
孕妇(晚)	+160	+200	2 000	+0	+0	3 500	+0	3 600	+0	2 000	+30	+40	+0
乳母	+160	+200	2 000	+0	+0	3 500	+400	3 600	+0	2 000	+0	+0	+0

[a] 未制定参考值者用"—"表示。

[b] "+"表示在同龄人群参考值基础上额外增加量。

[c] 有些营养素未制定可耐受最高摄入量,主要是因为研究资料不充分,并不表示过量摄入没有健康风险。

据中国营养学会(2014)

表2-7-9　中国居民膳食微量元素参考摄入量（DRIs）

人群	铁(mg/d) EAR 男	EAR 女	RNI 男	RNI 女	UL[c]	碘(μg/d) EAR	RNI	UL	锌(mg/d) EAR 男	EAR 女	RNI 男	RNI 女	UL	硒(μg/d) EAR	RNI	UL	铜(mg/d) EAR	RNI	UL	氟(mg/d) AI	UL	铬(μg/d) AI	锰(mg/d) AI	UL	钼(μg/d) EAR	RNI	UL
0岁~	—[a]		0.3(AI)		—	—	85(AI)	—	—		2.0(AI)		—	—	15(AI)	55	—	0.3(AI)	—	0.01	—	0.2	0.01	—	—	2(AI)	—
0.5岁~	7	7	10		—	—	115(AI)	—	2.8		3.5		—	—	20(AI)	80	—	0.3(AI)	—	0.23	—	4.0	0.7	—	—	15(AI)	—
1岁~	6	6	9		25	65	90	—	3.2		4.0		8	20	25	100	0.25	0.3	2	0.6	0.8	15	1.5	—	35	40	200
4岁~	7	7	10		30	65	90	200	4.6		5.5		12	25	30	150	0.30	0.4	3	0.7	1.1	20	2.0	3.5	40	50	300
7岁~	10	10	13		35	65	90	300	5.9		7.0		19	35	40	200	0.40	0.5	4	1.0	1.7	25	3.0	5.0	55	65	450
11岁~	11	14	15	18	40	75	110	400	8.2	7.6	10.0	9.0	28	45	55	300	0.55	0.7	6	1.3	2.5	30	4.0	8.0	75	90	650
14岁~	12	14	16	18	40	85	120	500	9.7	6.9	11.5	8.5	35	50	60	350	0.60	0.8	7	1.5	3.1	35	4.5	10	85	100	800
18岁~	9	15	12	20	42	85	120	600	10.4	6.1	12.5	7.5	40	50	60	400	0.60	0.8	8	1.5	3.5	30	4.5	11	85	100	900
50岁~	9	9	12	12	42	85	120	600	10.4	6.1	12.5	7.5	40	50	60	400	0.60	0.8	8	1.5	3.5	30	4.5	11	85	100	900
65岁~	9	9	12	12	42	85	120	600	10.4	6.1	12.5	7.5	40	50	60	400	0.60	0.8	8	1.5	3.5	30	4.5	11	85	100	900
80岁~	9	9	12	12	42	85	120	600	10.4	6.1	12.5	7.5	40	50	60	400	0.60	0.8	8	1.5	3.5	30	4.5	11	85	100	900
孕妇(早)	—	+0[b]	—	+0	42	+75	+110	600	—	+1.7	—	+2.0	40	+4	+5	400	+0.10	+0.1	8	+0	3.5	+1.0	+0.4	11	+7	+10	900
孕妇(中)	—	+4	—	+4	42	+75	+110	600	—	+1.7	—	+2.0	40	+4	+5	400	+0.10	+0.1	8	+0	3.5	+4.0	+0.4	11	+7	+10	900
孕妇(晚)	—	+7	—	+9	42	+75	+110	600	—	+1.7	—	+2.0	40	+4	+5	400	+0.10	+0.1	8	+0	3.5	+6.0	+0.4	11	+7	+10	900
乳母	—	+3	—	+4	42	+75	+110	600	—	+1.7	—	+2.0	40	+4	+18	400	+0.50	+0.6	8	+0	3.5	+7.0	+0.3	11	+3	+3	900

ᵃ 未制定参考值者用"—"表示。

ᵇ "+"表示在同龄人群参考值基础上额外增加量。

ᶜ 有些营养素未制定可耐受最高摄入量，主要是因为研究资料不充分，并不表示过量摄入没有健康风险。

据中国营养学会(2014)

表2-7-10 中国居民膳食脂溶性维生素参考摄入量(ERIs)

人群	维生素A(μgRAE/d)[c]					维生素D(μg/d)[d]			维生素E(mgα-TE/d)[d]		维生素K(μg/d)
	EAR		RNI		UL[f]	EAR	RNI	UL	AI	UL[e]	AI
	男	女	男	女							
0岁~	—[a]	—	300(AI)		600	—	10(AI)	20	3	—	2
0.5岁~	—	—	350(AI)		600	—	10(AI)	20	4	—	10
1岁~	220		310		700	8	10	20	6	150	30
4岁~	260		360		900	8	10	30	7	200	40
7岁~	360		500		1 500	8	10	45	9	350	50
11岁~	480	450	670	630	2 100	8	10	50	13	500	70
14岁~	590	450	820	630	2 700	8	10	50	14	600	75
18岁~	560	480	800	700	3 000	8	10	50	14	700	80
50岁~	560	480	800	700	3 000	8	10	50	14	700	80
65岁~	560	480	800	700	3 000	8	15	50	14	700	80
80岁~	560	480	800	700	3 000	8	15	50	14	700	80
孕妇(早)	—	+0[b]	—	+0	3 000	+0	+0	50	+0	700	+0
孕妇(中)	—	+50	—	+70	3 000	+0	+0	50	+0	700	+0
孕妇(晚)	—	+50	—	+70	3 000	+0	+0	50	+0	700	+0
乳母	—	+400	—	+600	3 000	+0	+0	50	+3	700	+5

a 未制定参考值者用"-"表示。

b "+"表示在同龄人群参考值基础上额外增加量。

c 视黄醇活性当量(RAE,μg)=膳食全反式视黄醇(μg)+1/2补充剂纯品全反式β-胡萝卜素(μg)+1/12膳食全反式β-胡萝卜素(μg)+1/24其他膳食维生素A原类胡萝卜素(μg)。

d α-生育酚当量(α-TE,mg),膳食中总α-TE当量(mg)=1×α-生育酚(mg)+0.5×β-生育酚(mg)+0.1×γ-生育酚(mg)+0.02×δ-生育酚(mg)+0.3×α-三烯生育酚(mg)。

e 有些营养素未制定可耐受最高摄入量,主要是因为研究资料不充分,并不表示过量摄入没有健康风险。

f 不包括来自膳食维生素A原类胡萝卜素。

据中国营养学会(2014)

表2-7-11　中国居民膳食水溶性维生素参考摄入量(ERIs)

人群	维生素B₁(mg/d) EAR 男	EAR 女	RNI 男	RNI 女	维生素B₂(mg/d) EAR 男	EAR 女	RNI 男	RNI 女	维生素B₆(mg/d) EAR	RNI	UL[f]	维生素B₁₂(μg/d) EAR	RNI	泛酸(mg/d) AI	叶酸(μgDFE/d) EAR	RNI	UL[d]	烟酸(mgNE/d)[e] EAR 男	EAR 女	RNI 男	RNI 女	UL	烟酰胺(mg/d) UL	胆碱(mg/d) AI 男	AI 女	UL	生物素(μg/d) AI	维生素C(mg/d) EAR	RNI	PI	UL
0岁~	—[a]	—	0.1(AI)		—	—	0.4(AI)		—	0.2(AI)	—	—	0.3(AI)	1.7	—	65(AI)	—	2(AI)				—	—	120		—	5	—	40(AI)	—	—
0.5岁~			0.3(AI)				0.5(AI)			0.4(AI)	—		0.6(AI)	1.9		100(AI)	—	3(AI)				—	—	150		—	9		40(AI)	—	—
1岁~	0.5		0.6		0.5		0.6		0.5	0.6	20	0.8	1.0	2.1	130	160	300	5	5	6	6	10	100	200		1000	17	35	40	—	400
4岁~	0.6		0.8		0.6		0.7		0.6	0.7	25	1.0	1.2	2.5	150	190	400	7	6	8	8	15	130	250		1000	20	40	50	—	600
7岁~	0.8		1.0		0.8		1.0		0.8	1.0	35	1.3	1.6	3.5	210	250	600	9	8	11	10	20	180	300		1500	25	55	65	—	1000
11岁~	1.1	1.0	1.3	1.1	1.1	0.9	1.3	1.1	1.1	1.3	45	1.8	2.1	4.5	290	350	800	11	10	14	12	25	240	400		2000	35	75	90	—	1400
14岁~	1.3	1.0	1.6	1.3	1.3	1.0	1.5	1.2	1.2	1.4	55	2.0	2.4	5.0	320	400	900	14	11	16	13	30	280	500	400	2500	40	85	100	200	1800
18岁~	1.2	1.1	1.4	1.2	1.2	1.0	1.4	1.2	1.2	1.4	60	2.0	2.4	5.0	320	400	1000	12	10	15	12	35	310	500	400	3000	40	85	100	200	2000
50岁~	1.2	1.0	1.4	1.2	1.2	1.0	1.4	1.2	1.3	1.6	60	2.0	2.4	5.0	320	400	1000	12	10	14	12	35	310	500	400	3000	40	85	100	200	2000
65岁~	1.2	1.0	1.4	1.2	1.2	1.0	1.4	1.2	1.3	1.6	60	2.0	2.4	5.0	320	400	1000	11	9	14	11	35	300	500	400	3000	40	85	100	200	2000
80岁~	1.2	1.0	1.4	1.2	1.2	1.0	1.4	1.2	1.3	1.6	60	2.0	2.4	5.0	320	400	1000	11	8	13	10	30	280	500	400	3000	40	85	100	200	2000
孕妇(早)	—	+0[b]	—	+0	—	+0	—	+0	+0.7	+0.8	60	+0.4	+0.5	+1.0	+200	+200	1000	+0	+0	—	+0	35	310	—	+20	3000	+0	+0	+0	—	2000
孕妇(中)	—	+0.1	—	+0.2	—	+0.1	—	+0.2	+0.7	+0.8	60	+0.4	+0.5	+1.0	+200	+200	1000	+0	+0	—	+0	35	310	—	+20	3000	+0	+10	+15	200	2000
孕妇(晚)	—	+0.2	—	+0.3	—	+0.2	—	+0.3	+0.7	+0.8	60	+0.4	+0.5	+1.0	+200	+200	1000	+0	+0	—	+0	35	310	—	+20	3000	+0	+10	+15	200	2000
乳母	—	+0.2	—	+0.3	—	+0.2	—	+0.3	+0.7	+0.3	60	+0.6	+0.5	+2.0	+130	+150	1000	+2	+2	—	+3	35	310	—	+120	3000	+10	+40	+50	200	2000

a 未制定参考值者用"—"表示。
b "+"表示在同龄人群参考值基础上额外增加量。
c 膳食叶酸当量(DFE, μg)=天然食物来源叶酸(μg)+1.7×合成叶酸(μg)。
d 指合成叶酸摄入量上限, 不包括天然食物来源的叶酸量。单位: μg/d。
e 烟酸当量(NE, mg)=烟酸(mg)+1/60色氨酸(mg)。
f 有些营养素未制定可耐受最高摄入量, 主要是因为研究资料不充分, 并不表示过量摄入没有健康风险。
摘自中国营养学会(2014)

表2-7-12　中国居民膳食微量营养素平均需要量(EAR)

人群	钙(mg/d)	磷(mg/d)	镁(mg/d)	铁(mg/d)男	铁(mg/d)女	碘(μg/d)	锌(mg/d)男	锌(mg/d)女	硒(μg/d)	铜(mg/d)	钼(μg/d)	维生素A(μgRAE/d)[b]男	维生素A(μgRAE/d)[b]女	维生素D(μg/d)	维生素B1(mg/d)男	维生素B1(mg/d)女	维生素B2(mg/d)男	维生素B2(mg/d)女	维生素B6(mg/d)	维生素B12(μg/d)	叶酸(μgDFE/d)[c]	烟酸(mgNE/d)[d]男	烟酸(mgNE/d)[d]女	维生素C(mg/d)
0岁~	—[a]	—	—	—	—	—	—	—	—	—	—	—	—	—	—	—	—	—	—	—	—	—	—	—
0.5岁~	—	—	—	7	—	—	2.8	—	—	—	—	—	—	—	—	—	—	—	—	—	—	—	—	—
1岁~	500	250	110	6	—	65	3.2	—	20	0.25	35	220	—	8	0.5	—	0.5	—	0.5	0.8	130	5	5	35
4岁~	650	290	130	7	—	65	4.6	—	25	0.30	40	260	—	8	0.6	—	0.6	—	0.6	1.0	150	7	6	40
7岁~	800	400	180	10	—	65	5.9	—	35	0.40	55	360	—	8	0.8	—	0.8	—	0.8	1.3	210	9	8	55
11岁~	1000	540	250	11	14	75	8.2	7.6	45	0.55	75	480	450	8	1.1	1.0	1.1	0.9	1.1	1.8	290	11	10	75
14岁~	800	590	270	12	14	85	9.7	6.9	50	0.60	85	590	450	8	1.3	1.1	1.3	1.0	1.2	2.0	320	14	11	85
18岁~	650	600	280	9	15	85	10.4	6.1	50	0.60	85	560	480	8	1.2	1.0	1.2	1.0	1.2	2.0	320	12	10	85
50岁~	800	600	280	9	9	85	10.4	6.1	50	0.60	85	560	480	8	1.2	1.0	1.2	1.0	1.3	2.0	320	12	10	85
65岁~	800	590	270	9	9	85	10.4	6.1	50	0.60	85	560	480	8	1.2	1.0	1.2	1.0	1.3	2.0	320	11	9	85
80岁~	800	560	260	9	9	85	10.4	6.1	50	0.60	85	560	480	8	1.2	1.0	1.2	1.0	1.3	2.0	320	11	8	85
孕妇(早)	+0	+0	+30	—	+0[e]	+75	—	+1.7	+4	+0.10	+7	—	+0	+0	—	+0	—	+0	+0.7	+0.4	+200	—	+0	+0
孕妇(早)	+160	+0	+30	—	+4	+75	—	+1.7	+4	+0.10	+7	—	+50	+0	—	+0.1	—	+0.1	+0.7	+0.4	+200	—	+0	+10
孕妇(早)	+160	+0	+30	—	+7	+75	—	+1.7	+4	+0.10	+7	—	+50	+0	—	+0.2	—	+0.2	+0.7	+0.4	+200	—	+0	+10
乳母	+160	+0	+0	—	+3	+75	—	+3.8	+15	+0.50	+3	—	+400	+0	—	+0.2	—	+0.2	+0.2	+0.6	+130	—	+2	+40

a 未制定参考值者用 "—" 表示。
b 视黄醇活性当量(RAE, μg)=膳食或补充剂来源全反式视黄醇(μg)+1/2补充剂纯品全反式β-胡萝卜素(μg)+1/12膳食全反式β-胡萝卜素(μg)+1/24其他膳食维生素A原类胡萝卜素(μg)。
c 膳食叶酸当量(DFE, μg)=天然植物来源叶酸(μg)+1.7×合成叶酸(μg)。
d 烟酸当量(NE, mg)=烟酸(mg)+1/60色氨酸(mg)。
e "+" 表示在同龄人群参考值基础上额外增加量。
据中国营养学会(2014)

表2-7-13　中国居民膳食矿物质推荐摄入量/适宜摄入量(RNI/AI)

人群	钙 (mg/d) RNI	磷 (mg/d) RNI	钾 (mg/d) AI	钠 (mg/d) AI	镁 (mg/d) RNI	氯 (mg/d) AI	铁 (mg/d) RNI 男	铁 (mg/d) RNI 女	碘 (μg/d) RNI	锌 (mg/d) RNI 男	锌 (mg/d) RNI 女	硒 (μg/d) RNI	铜 (mg/d) RNI	氟 (mg/d) AI	铬 (μg/d) AI	锰 (mg/d) AI	钼 (μg/d) RNI
0岁~	200(AI)	100(AI)	350	170	20(AI)	260	0.3(AI)	0.3(AI)	85(AI)	2.0(AI)	2.0(AI)	15(AI)	0.3(AI)	0.01	0.2	0.01	2(AI)
0.5岁~	250(AI)	180(AI)	550	350	65(AI)	550	10	10	115(AI)	3.5	3.5	20(AI)	0.3(AI)	0.23	4.0	0.7	15(AI)
1岁~	600	300	900	700	140	1 100	9	9	90	4.0	4.0	25	0.3	0.6	15	1.5	40
4岁~	800	350	1 200	900	160	1 400	10	10	90	5.5	5.5	30	0.4	0.7	20	2.0	50
7岁~	1 000	470	1 500	1 200	220	1 900	13	13	90	7.0	7.0	40	0.5	1.0	25	3.0	65
11岁~	1 200	640	1 900	1 400	300	2 200	15	18	110	10.0	9.0	55	0.7	1.3	30	4.0	90
14岁~	1 000	710	2 200	1 600	320	2 500	16	18	120	11.5	8.5	60	0.8	1.5	30	4.5	100
18岁~	800	720	2 000	1 500	330	2 300	12	20	120	12.5	7.5	60	0.8	1.5	30	4.5	100
50岁~	1 000	720	2 000	1 400	330	2 200	12	12	120	12.5	7.5	60	0.8	1.5	30	4.5	100
65岁~	1 000	700	2 000	1 400	320	2 200	12	12	120	12.5	7.5	60	0.8	1.5	30	4.5	100
80岁~	1 000	670	2 000	1 300	310	2 200	12	12	120	12.5	7.5	60	0.8	1.5	30	4.5	100
孕妇(早)	+0[b]	+0	+0	+0	+40	+0	—[a]	+0	+110	—	+2.0	+5	+0.1	+0	+1.0	+0.4	+10
孕妇(中)	+200	+0	+0	+0	+40	+0	—	+4	+110	—	+2.0	+5	+0.1	+0	+4.0	+0.4	+10
孕妇(晚)	+200	+0	+0	+0	+40	+0	—	+9	+110	—	+2.0	+5	+0.1	+0	+6.0	+0.4	+10
乳母	+200	+0	+400	+0	+0	+0	—	+4	+120	—	+4.5	+18	+0.6	+0	+7.0	+0.3	+3

a 未制定参考值者用"—"表示。
b "+"表示在同龄人群参考值基础上额外增加量。
据中国营养学会(2014)

表2-7-14 中国居民膳食维生素推荐摄入量/适宜摄入量（RNI/AI）

人群	维生素A (μgRAE/d)[c] RNI 男	女	维生素D (μg/d) RNI	维生素E (mgα-TE/d)[d] AI	维生素K (μg/d) AI	维生素B$_1$ (mg/d) RNI 男	女	维生素B$_2$ (mg/d) RNI 男	女	维生素B$_6$ (mg/d) RNI	维生素B$_{12}$ (μg/d) RNI	泛酸 (mg/d) AI	叶酸 (μgDEF/d)[e] RNI	烟酸 (mgNE/d)[f] RNI 男	女	胆碱 (mg/d) AI 男	女	生物素 (μg/d) AI	维生素C (mg/d) RNI
0岁~	300(AI)		10(AI)	3	2	0.1(AI)		0.4(AI)		0.2(AI)	0.3(AI)	1.7	65(AI)	2(AI)		120		5	40(AI)
0.5岁~	350(AI)		10(AI)	4	10	0.3(AI)		0.5(AI)		0.4(AI)	0.6(AI)	1.9	100(AI)	3(AI)		150		9	40(AI)
1岁~	310		10	6	30	0.6		0.6		0.6	1.0	2.1	160	6		200		17	40
4岁~	360		10	7	40	0.8		0.7		0.7	1.2	2.5	190	8		250		20	50
7岁~	500		10	9	50	1.0		1.0		1.0	1.6	3.5	250	11	10	300		25	65
11岁~	670	630	10	13	70	1.3	1.1	1.3	1.1	1.3	2.1	4.5	350	14	12	400		35	90
14岁~	820	630	10	14	75	1.6	1.3	1.5	1.2	1.4	2.4	5.0	400	16	13	500	400	40	100
18岁~	800	700	10	14	80	1.4	1.2	1.4	1.2	1.4	2.4	5.0	400	15	12	500	400	40	100
50岁~	800	700	10	14	80	1.4	1.2	1.4	1.2	1.6	2.4	5.0	400	14	12	500	400	40	100
65岁~	800	700	15	14	80	1.4	1.2	1.4	1.2	1.6	2.4	5.0	400	14	11	500	400	40	100
80岁~	800	700	15	14	80	1.4	1.2	1.4	1.2	1.6	2.4	5.0	400	13	10	500	400	40	100
孕妇(早)	–[a]	+0[b]	+0	+0	+0	–	+0		+0	+0.8	+0.5	+1.0	+200	–	+0	–	+20	+0	+0
孕妇(中)	–	+70	+0	+0	+0	–	+0.2		+0.2	+0.8	+0.5	+1.0	+200	–	+0	–	+20	+0	+15
孕妇(晚)	–	+70	+0	+0	+0	–	+0.3		+0.3	+0.8	+0.5	+1.0	+200	–	+0	–	+20	+0	+15
乳母	–	+600	+0	+3	+5	–	+0.3		+0.3	+0.3	+0.8	+2.0	+150	–	+3	–	+120	+10	+50

a 未制定参考值者用 "—" 表示。
b "+" 表示在同龄人群参考值基础上额外增加量。
c 视黄醇活性当量(RAE, μg)=膳食全反式视黄醇(μg)+1/2补充剂纯品全反式视黄醇(μg)+1/12膳食全反式β-胡萝卜素(μg)+1/24其他膳食维生素A原类胡萝卜素(μg)。
d α-生育酚当量(α-TE, mg)，膳食中总α-TE当量(mg)=1×α-生育酚(mg)+0.5×β-生育酚(mg)+0.1×γ-生育酚(mg)+0.02×δ-生育酚(mg)+0.3×α-三烯生育酚(mg)。
e 膳食叶酸当量(DFE, μg)=天然植物来源叶酸(μg)+1.7×合成叶酸(μg)。
f 烟酸当量(NE, mg)=烟酸(mg)+1/60色氨酸(μg)。
据中国营养学会(2014)

表2-7-15 中国居民膳食微量营养素可耐受最高摄入量(UL)

人群	钙(mg/d)	磷(mg/d)	铁(mg/d)	碘(μg/d)	锌(mg/d)	硒(μg/d)	铜(mg/d)	氟(mg/d)	锰(mg/d)	钼(μg/d)	维生素A[f](μgRAE/d)[b]	维生素D(μg/d)	维生素E(mgα-TE/d)[c]	维生素B6(mg/d)	叶酸[e](μg/d)	烟酸(mgNE/d)[d]	烟酰胺(mg/d)	胆碱(mg/d)	维生素C(mg/d)
0岁~	1 000	–[a]	–	–	–	55	–	–	–	–	600	20	–	–	–	–	–	–	–
0.5岁~	1 500	–	–	–	–	80	–	–	–	–	600	20	–	–	–	–	–	–	–
1岁~	1 500	–	25	–	8	100	2	0.8	3.5	200	700	20	150	20	300	10	100	1 000	400
4岁~	2 000	–	30	200	12	150	3	1.1	5.0	300	900	30	200	25	400	15	130	1 000	600
7岁~	2 000	–	35	300	19	200	4	1.7	8.0	450	1 500	45	350	35	600	20	180	1 500	1 000
11岁~	2 000	–	40	400	28	300	6	2.5	10	650	2 100	50	500	45	800	25	240	2 000	1 400
14岁~	2 000	–	40	500	35	350	7	3.1	11	800	2 700	50	600	55	900	30	280	2 500	1 800
18岁~	2 000	3 500	42	600	40	400	8	3.5	11	900	3 000	50	700	60	1 000	35	310	3 000	2 000
50岁~	2 000	3 500	42	600	40	400	8	3.5	11	900	3 000	50	700	60	1 000	35	310	3 000	2 000
65岁~	2 000	3 500	42	600	40	400	8	3.5	11	900	3 000	50	700	60	1 000	35	300	3 000	2 000
80岁~	2 000	3 500	42	600	40	400	8	3.5	11	900	3 000	50	700	60	1 000	30	280	3 000	2 000
孕妇(早)	2 000	3 500	42	600	40	400	8	3.5	11	900	3 000	50	700	60	1 000	35	310	3 000	2 000
孕妇(中)	2 000	3 500	42	600	40	400	8	3.5	11	900	3 000	50	700	60	1 000	35	310	3 000	2 000
孕妇(晚)	2 000	3 500	42	600	40	400	8	3.5	11	900	3 000	50	700	60	1 000	35	310	3 000	2 000
乳母	2 000	3 500	42	600	40	400	8	3.5	11	900	3 000	50	700	60	1 000	35	310	3 000	2 000

a 未制定参考值者用 "–" 表示。这些营养素未制定可耐受最高摄入量，主要因为研究资料不充分，并不表示过量摄入没有健康危险。
b 视黄醇活性当量(RAE, μg)=膳食或补充剂食物中全反式β-胡萝卜素(μg)+1/2补充剂纯品全反式β-胡萝卜素(μg)+1/12膳食全反式β-胡萝卜素(μg)+1/24其他膳食维生素A原类胡萝卜素(μg)。
c α-生育酚当量(α-TE, mg)，膳食中总α-TE当量(mg)=1×α-生育酚(mg)+0.5×β-生育酚(mg)+0.1×γ-生育酚(mg)+0.02×δ-生育酚(mg)+0.3×α-三烯生育酚(mg)。
d 烟酸当量(NE, mg)=烟酸(mg)+1/60色氨酸(mg)。
e 指合成叶酸摄入量上限，不包括天然食物来源的叶酸量。
f 不包括来自未维生素A原胡萝卜素的RAE。
据中国营养学会(2014)

表2-7-16 中国居民膳食宏量营养素可接受范围(AMDR)

人群	总碳水化合物(%E[a])	添加糖(%E)	饱和脂肪酸U-AMDR (%E)	n-6多不饱和脂肪酸(%E)	n-3多不饱和脂肪酸(%E)	EPA+DHA (g/d)
0岁~	–[b]	–	48(AI)	–	–	–
0.5岁~	–	–	40(AI)	–	–	–
1岁~	50~65	–	35(AI)	–	–	–
4岁~	50~65	<10	20~30	<8	–	–
7岁~	50~65	<10	20~30	<8	–	–
11岁~	50~65	<10	20~30	<8	–	–
14岁~	50~65	<10	20~30	<8	–	–
18岁~	50~65	<10	20~30	<10	2.5~9.0	0.25~2.0
50岁~	50~65	<10	20~30	<10	2.5~9.0	0.25~2.0
65岁~	50~65	<10	20~30	<10	2.5~9.0	0.25~2.0
80岁~	50~65	<10	20~30	<10	2.5~9.0	0.25~2.0
孕妇(早)	50~65	<10	20~30	<10	2.5~9.0	–
孕妇(中)	50~65	<10	20~30	<10	2.5~9.0	–
孕妇(晚)	50~65	<10	20~30	<10	2.5~9.0	–
乳母	50~65	<10	20~30	<10	2.5~9.0	–

[a] %E为占能量的百分比。
[b] 未制定参考值者用"–"表示。
据中国营养学会(2014)

表 2-7-17　中国居民膳食营养素建议摄入量(PI)

人群	钾(mg/d)	钠(mg/d)	维生素 C(mg/d)	人群	钾(mg/d)	钠(mg/d)	维生素 C(mg/d)
0 岁～	—[a]	—	—	50 岁～	3 600	1 900	200
0.5 岁～	—	—	—	65 岁～	3 600	1 800	200
1 岁～	—	—	—	80 岁～	3 600	1 700	200
4 岁～	2 100	1 200	—	孕妇(早)	3 600	2 000	200
7 岁～	2 800	1 500	—	孕妇(中)	3 600	2 000	200
11 岁～	3 400	1 900	—	孕妇(晚)	3 600	2 000	200
14 岁～	3 900	2 200	—	乳母	3 600	2 000	200
18 岁～	3 600	2 000	200				

[a] 未制定参考值者用"—"表示。
据中国营养学会(2014)

表 2-7-18　中国居民膳食水适宜摄入量(AI)

人群	饮水量[a](L/d)		总摄入量[b](mg/d)	
	男	女	男	女
0 岁～	—[d]		0.7[c]	
0.5 岁～	—		0.9	
1 岁～	—		1.3	
4 岁～	0.8		1.6	
7 岁～	1.0		1.8	
11 岁～	1.3	1.1	2.3	2.0
14 岁～	1.4	1.2	2.5	2.2
18 岁～	1.7	1.5	3.0	2.7
50 岁～	1.7	1.5	3.0	2.7
65 岁～	1.7	1.5	3.0	2.7
80 岁～	1.7	1.5	3.0	2.7
孕妇(早)	—	+0.2[e]	—	+0.3
孕妇(中)	—	+0.2	—	+0.3
孕妇(晚)	—	+0.2	—	+0.3
乳母	—	+0.6	—	+1.1

[a] 温和气候条件下,轻身体活动水平。如果在高温或进行中等以上身体活动时,应适当增加水摄入量。
[b] 总摄入量包括食物中的水及饮水中的水。
[c] 来着母乳。
[d] 未制定参考值者用"—"表示。
[e] "+"表示在同龄人群参考值基础上额外增加量。
据中国营养学会(2014)

表 2-7-19　中国成人其他膳食成分特定建议值(SPL)和可耐受最高摄入量(UL)

其他膳食成分	SPL	UL	其他膳食成分	SPL	UL
膳食纤维(g/d)	25(AI)	—[a]	大豆异黄酮[b](mg/d)	55	120
植物甾醇(g/d)	0.9	2.4	花色苷(mg/d)	50	—
植物甾醇酯(g/d)	1.5	3.9	氨基葡萄糖(mg/d)	1 000	—
番茄红素(mg/d)	18	70	硫酸或盐酸氨基葡萄糖(mg/d)	1 500	—
叶黄素(mg/d)	10	40	姜黄素(mg/d)	—	720
原花青素(mg/d)	—	800			

[a] 未制定参考值者用"—"表示。
[b] 指绝经后妇女。
据中国营养学会(2014)

第八节　食物营养素的计算机优化利用

前面已经阐述人体的正常生理活动和健康要求从外界摄入一定比例和数量的营养素。如果营养素比例不符合人体需要,超量营养素就无效,甚至对人体有害。由于食物的营养成分极其复杂,人体的营养需求又多种多样,为此,郑回勇、郑金贵(2002)设计了 3 个全价膳食营养优化数学模型 ,并以此为基础编制了一个基于 Windows 的计算机应用程序,用于家庭、单位食堂、宾馆及食品加工单位的食物营养品质优化利用。

一、食物营养成分优化数学模型

(一)营养最优模型

营养最优,即从指定食物中找出各种营养素均达到某一特定人群需求标准,且各种营养素超过需求量的百分比之和最小,其数学模型如下:

$$目标函数:minZ = a_1 \left| \frac{\sum_{i=1}^{m} a_{i1} x_i}{b_1} - 1 \right| + a_2 \left| \frac{\sum_{i=1}^{m} a_{i2} x_i}{b_2} - 1 \right| + \cdots + a_n \left| \frac{\sum_{i=1}^{m} a_{im} x_i}{b_n} - 1 \right|$$

$$约束条件: \begin{cases} \sum_{i=1}^{n} a_{ij} x_i \geqslant b_j \\ x_i \geqslant 0 \\ i = 1, 2, \cdots, m \\ j = 1, 2, \cdots, n \end{cases}$$

式中:x_i 为各种食物的用量,即约束变量,b_j 为指定人群各种营养素的需求指标,a_{ij} 为第 i 种食物第 j 种营养素的含量。

(二)经济配方模

经济配方指在满足指定人群营养素供给标准的情况下,从给定食物中找出价格最低的营养配方。其约束条件与营养最优数学模型相同,但目标函数表示为:

$$minZ = c_1 x_1 + c_2 x_2 + \cdots + c_m x_m$$

式中:$c_1, \cdots, c_m$ 为各种食物的单价,单位为元·kg^{-1}。

(三)偏好配方模型

由于个人成长背景不同,生活习惯有异,食物选择各有偏好,但计算机并不考虑这个特性,存在适口性问题。此外,个别食物受到某些特性约束,限制了其在实际应用中用量或使用范围。如胡椒用作调料,不作为主食;而豆奶虽好,但受进食量限制;不同地方主要食物不同;同一食物在不同民族或不同生活区域的烹饪方式不同等。因此,有必要设计一种模型,用户可以根据个人口味、菜谱偏好或烹调技术的需要而直接指定某些食物用量,计算机在此基础上进行优化,使生成的配方既迎合用户偏好,又营养最优。其目标函数为:

$$\min Z = a_1 \left| \frac{\sum_{i=1}^{m} a_{i1} x_i}{b_1} - 1 \right| + a_2 \left| \frac{\sum_{i=1}^{m} a_{i2} x_i}{b_2} - 1 \right| + \cdots + a_n \left| \frac{\sum_{i=1}^{m} a_{im} x_i}{b_n} - 1 \right|$$

结束条件由下列一组不等式及等式组成:

$$\begin{cases} \sum_{i=1}^{n} a_{ij} x_i \geqslant b_j \\ x_l = x_l^0 \\ x_i \geqslant 0 \\ i = 1, 2, \cdots, m \\ j = 1, 2, \cdots, n \\ l = 1, 2, \cdots, m \end{cases}$$

其中:x_l 为指定了用量(x_l^0)的特定食物数量。

由于不同人群对不同营养成分的接受程度不同,在目标函数中引入惩罚系数 $a_1, a_2, \cdots, a_n$。a_i 越大表示对第 i 种营养素的超量越不能接受;a_i 越小,表示对第 i 种营养素限制越少。不同用户对不同营养素需要的差异,可通过调整相应惩罚因子来实现。如高血压患者可采用较大的脂肪惩罚系数。

由于我国以禾谷类作物为主食,碳水化合物比例较高,蛋白质含量偏低。若不对目标函数进行处理,往往出现热能过剩。此外,为让计算机在选用食物时能更好地向高蛋白食物(如大豆、荤食等)倾斜,在偏好配方数学模型热能分量中,引进了大于 1 的惩罚系数。在食物烹饪过程中,通常还用食用油作为佐剂,为避免脂肪含量超标过多,对脂肪分量也引进了大于 1 的惩罚系数。

二、程序实现

程序采用模型化设计,包含优化结果显示窗口、优化设计模型、数据库管理模块及联机帮助模块 4 个部分。系统结构及程序界面如图 2-8-1 所示。

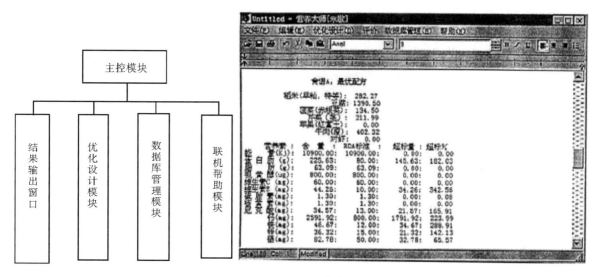

图 2-8-1　系统结构及程序界面

(一)数据库管理模块

数据库由食物营养成分表、各种人群营养素供给量标准及菜谱库三部分组成。

食物营养成分表以 1991 年中国预防医学科学院营养与食品卫生研究所发表的《食物成分表》(全国

代表值)为依据,含有编号、名称、产地、食部、能量、蛋白质、脂肪、视黄醇当量、维生素 C、维生素 E、硫胺素、尼克酸、Ca、Fe、Zn 和 Se 等 17 个字段,1 300 多个记录。

各种人群营养素供给量标准表以中国营养学会公布的《推荐的每日膳食中营养素供给量》为基准,包括编号、类型、体重、能量、蛋白质、脂肪、Ca、Fe、Zn、Se、I、视黄醇当量、维生素 C、维生素 E、硫胺素、核黄素、尼克酸等 18 个字段,共 60 多条记录。

菜谱库由主表和明细表组成。主表存有菜谱编号、菜谱名称及该菜谱 100 g 中各种营养成分的含量(由计算机根据菜谱组成自动计算)。该表由食物营养成分表兼任,但在填写时于"产地"字段中填入食谱以资识别。明细表用于存放菜谱的食物组成,包括菜谱编号、菜谱名称、食物编号及其名称和用量。

(二)优化设计模块

优化设计模块为用户提供 2 种食物优化设计方式,即普通优化设计和可视化优化设计。2 种设计均提供最优、最经济、偏好配方。在可视化设计中,用户可动态地输入、修改食物名称和用量,计算机立即显示出各营养素含量,并以不同颜色的柱状图显示。当所有食物用量均予指定,可视化设计便成为膳食营养计算工具(图 2-8-2)。

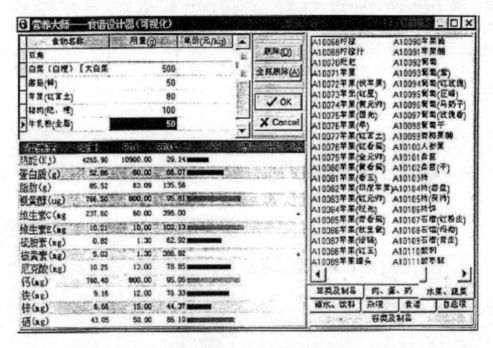

图 2-8-2　可视化设计界面

为便于选择,把食物分成 6 大类,各类按页存放。此外,考虑到不同地区、不同季节或不同用户偏爱的食物有所不同,还设计了"自选项"功能,用户可把个性化的食物拖放到该页,减少挑选时间。

(三)结果显示模块

结果显示模块界面类似 Windows 95 的 Wordpad(写字板)程序,在程序中兼作主窗口使用。在窗口中,可对设计结果进行编辑排版,或通过复制、剪切、粘贴与其他应用软件交换数据。优化设计结果可以存盘或直接打印。

(四)帮助模块

程序有 2 种帮助方式。一种是 Windows 标准帮助系统;另一种为按钮敏感提示(context hint)。

三、营养膳食优化设计实例与说明

表 2-8-1、表 2-8-2 是为男性成年轻体力劳动者优化的结果(1 天用量,下同)及各配方的营养成分构成。最优配方中,能量及脂肪分量引进惩罚系数,在实际设计过程中,这 2 种营养素很少超过推荐的每日膳食营养供给量(RDA)标准太多。经济配方中,由于追求价格最低,故在选择食物时尽量避免高价食物,配方价格为 5.66 元。偏好配方中,限制稻米(晚籼,标一)、桂鱼的用量,分别为 400 g、100 g。

表 2-8-1　男性成年轻体力劳动者优化的结果

品名	单价(元/kg)	最优配方(g)	最经济配方(g)	偏好配方(g)
稻米	4.0	254.03	336.36	400.00
豆腐	1.8	376.46	1 609.57	346.26
菠菜	2.4	68.93	589.96	37.02
苹果	3.2	366.91	0.00	521.48
牛排	16.0	4.48	0.00	0.00
桂鱼	28.0	0.00	0.00	100.00
板栗烧牛肉	22.0	761.16	0.00	687.87
食物总量		1 831.97	2 535.89	2 092.63

据郑回勇、郑金贵等(2002)

表 2-8-2　男性成年轻体力劳动者优化膳食的营养成分含量

营养素	RDA	最优配方	最经济配方	偏好配方
热能(kJ)	10 900.00	10 900.00	10 900.00	13 127.75
蛋白质(g)	80.00	168.17	172.29	185.68
脂肪(g)	63.00	63.00	63.00	63.00
视黄醇(ug)	800.00	800.00	2873.09	800.00
维生素 C(mg)	60.00	77.48	188.79	65.73
维生素 E(mg)	10.00	41.82	54.74	41.52
硫胺素(mg)	1.30	1.30	1.45	1.47
核黄素(mg)	1.30	1.30	1.30	1.30
尼克酸(mg)	13.00	38.57	13.66	43.25
Ca(mg)	800.00	800.00	3 059.34	800.00
Fe(mg)	12.00	30.30	51.73	32.84
Zn(mg)	15.00	30.93	27.99	31.35
Se(mg)	50.00	75.97	52.26	101.35

据郑回勇、郑金贵等(2002)

表 2-8-3、表 2-8-4 是为孕妇(4～6 月)设计的偏好配方。表 2-8-5、表 2-8-6 是为婴儿设计的偏好配方,表中食物用量如出现整数,系指定用量。

表 2-8-3　孕妇(4～6 个月)膳食的营养优化结果

品名	偏好配方(g)
稻米(籼,标一)	200.00
面条(干)	215.72
豆腐干	50.24
萝卜(红心萝卜)	50.00
芥蓝(甘蓝菜)	82.05
葡萄(紫)	300.00

续表

品名	偏好配方(g)
羊肉(熟)	53.45
猪大排	37.84
鸡胗	80.99
鸭翅	42.35
牛乳	313.48
鸡蛋(红皮)	176.67
海蟹	81.59
巧克力豆奶	30.00
红葡萄酒	50.00
巧克力	30.00
食物总量	1 794.38

据郑回勇、郑金贵等(2002)

表 2-8-4 孕妇(4~6 个月)优化膳食的营养成分含量

营养素	含量	RDA 标准	超标值	超标率(%)
能量(kJ)	4 423.88	3 766.00	657.88	17.47
蛋白质(g)	39.54	27.00	12.54	46.46
脂肪(g)	33.91	33.91	0.00	0.00
视黄醇(ug)	950.03	200.00	750.03	375.01
维生素 C (mg)	30.41	30.00	0.41	1.38
维生素 E (mg)	6.91	4.00	2.91	72.71
硫胺素(mg)	0.94	0.40	0.54	134.23
核黄素(mg)	1.50	0.40	1.10	274.66
尼克酸(mg)	7.75	4.00	3.75	93.75
Ca (mg)	970.52	600.00	370.52	61.75
Fe (mg)	10.00	10.00	0.00	0.00
Zn (mg)	5.00	5.00	0.00	0.00
Se (mg)	16.62	15.00	1.62	10.77

据郑回勇、郑金贵等(2002)

表 2-8-5 男婴(7~12 个月)膳食的营养优化结果

品名	偏好配方(g)	品名	偏好配方(g)
稻米(籼,标一)	50.00	胡萝卜(红)	20.00
苹果(黄元帅)	50.00	母乳	345.23
婴宝(5410 配方)	124.07	鸡蛋(红皮)	50.00
龙虾	18.07		

据郑回勇、郑金贵等(2002)

表 2-8-6 男婴(7~12 个月)优化膳食的营养成分含量

营养素	RDA 标准	含量	超标量	超标率(%)
能量(kJ)	11 800.00	11 800.00	0.00	0.00
蛋白质(g)	85.00	139.57	54.57	64.20
脂肪(g)	68.30	68.30	0.00	0.00
视黄醇(ug)	1 000.00	1 000.00	0.00	0.00
维生素 C (mg)	80.00	80.00	0.00	0.00
维生素 E (mg)	12.00	12.00	0.00	0.00

续表

营养素	RDA 标准	含量	超标量	超标率(%)
硫胺素(mg)	1.80	1.80	0.00	0.00
核黄素(mg)	1.80	1.80	0.00	0.00
尼克酸(mg)	18.00	22.89	4.89	27.14
Ca (mg)	1 000.00	1 000.00	0.00	0.00
Fe (mg)	50.00	50.00	0.00	0.00
Zn (mg)	20.00	20.00	0.00	0.00
Se (mg)	50.00	147.24	97.24	194.49

据郑回勇、郑金贵等(2002)

从 3 个示例可以看出,采用本程序进行营养优化,营养成分组成合理,食物总量适中。

用计算机进行食物营养品质优化设计,实质上是根据人体营养需求及当前经济条件构建营养优化数学模型,并以此数学模型为依据,对给定的食物各营养成分进行分析计算,从中找出营养最优或最经济的配方。

已有较多用计算机进行营养优化设计及营养评价的报道,特别是临床营养及动物饲料配方上的应用较为广泛。但为正常人群及日常营养保健而设计的模型及计算机应用程序,报道尚少,能适合现实生活需要的也不多见。

用计算机进行食物营养品质优化设计,在数学上属线性规划问题。其优化数学模型一般表示为:

目标函数: $C_p = \sum_{i=1}^{n} Gx_i = \min$

约束条件: $\begin{cases} b_{jl} \geqslant \sum_{i=1}^{n} a_{ji}x_i \geqslant b_{js} \\ H(x) = \sum_{i=1}^{n} x_i = 100\% \\ x_i \geqslant 0 \end{cases}$

式中 $i = 1, 2, \cdots, m$; $j = 1, 2, \cdots, n$; x_i 为各食物用量比例; G 为各食物单位价格; b_{jl}、b_{js} 为各营养素需求量的最大、最小值。其含义为:在各营养素达到指定人群的营养要求范围时,从给定的食物中选择出价格最低的配比。这个模型在实际应用中可能存在如下缺点:目标为配比最经济,故优化结果虽能满足指定人群营养需要,但并非最优;约束条件 $H(x) = \sum_{i=1}^{n} x_i = 100\%$ 的存在,使得优化结果为给定食物的配比,而非某特定餐次或时间内的食物用量之配方,因此,该模型更适于一次设计多次使用的动物饲料设计;约束条件 $b_{jl} \geqslant \sum_{i=1}^{n} a_{ji}x_i \geqslant b_{js}$ 用于对优化设计结果的各营养素的最高、最低含量进行限制,从理论上讲,该条件的存在可避免配方中某些营养素过低导致营养缺乏或某些营养素含量过高而致害。但在实际应用中,该约束条件的存在使计算机对参与优化的食物原料较为挑剔,即对某些给定的食物有优化结果,而对另一些给定的食物进行优化时无解;此外,在已有的优化设计中所使用的数学模型多为单一的固定模型,不能为使用者提供灵活的个性设计,使其应用范围受到了极大的限制。

人体对营养素的需求不仅表现在量上,而且还表现在质上。对质的要求主要体现在摄入的营养素比例是否合理、三大物质(糖、蛋白质和脂肪)是否均衡、素食与荤食比例如何等。对于前二者在数学上容易实现,若同时考虑素食与荤食的比例则增加模型实现的难度,这可能是以前的数学优化模型未予考虑的缘故。

由于食物营养成分极其复杂,人群又多种多样,对应的营养需求千变万化,单一的优化数学模型很难满足各种人群的要求。为此,本文构造了 3 个数学优化模型,把人体营养需求、个人偏好及经济因素等纳入其中,以满足各种不同人群的需要。

在所构造的模型中,还剔除了 $H(x) = \sum_{i=1}^{n} x_i = 100\%$ 限制条件,改变以往优化设计的食物配比为食物配方,使本优化模型更符合饮食习惯;在最优配方及限制配方的目标函数中引入惩罚因子,为那些限制使用某些营养素的用户提供了灵活的设计方案;此外,引入合理的惩罚因子,还可克服当前膳食中普遍存在的能量及脂肪过剩问题,并促使计算机选择原料时,优先选用富含蛋白质的食物,从而使优化结果中的素食与荤食比例更加合适。

在程序设计上,采用基于 Windows 的面向对象编程语言 Delphi 进行设计。设计的程序界面友好,使用简单,使用者只要输入极少数据,甚至不输入任何数据就能设计出适合实际需要的全价营养膳食。程序具有以下特色:

(1)采用开放式数据库。方便自行添加、删除、修改,因而在使用上具有极大的灵活性。对具有特殊营养要求的用户,如高血压、糖尿病等,只需把其营养需求标准填入《各种人群营养素供给量标准》表中,即可设计出符合要求的膳食。

(2)程序提供了动态的可视化设计方式,方便熟练用户或专业人员进行手工设计,使设计出的营养膳食更加个性化,适合各种具有特殊口味要求的用户。

(3)把现成菜谱也纳入供选的设计原材料,使应用程序更具实用价值,这不仅符合国人的饮食习惯,同时也可用于营养筵席设计。

改变暴饮暴食、无节制地吃零食、偏食等饮食习惯,一日三餐应定时定量,尤其是控制晚餐不过量。

营养改善不是治疗肥胖的唯一途径,必须结合积极的运动,控制饮食与运动双管齐下才是最佳的选择。

第九节 若干疾病与食物品质成分的科学利用

高血压、高脂血症、糖尿病、痛风等疾患与膳食营养密切相关,食物品质成分的科学利用也就是科学调理膳食,是治疗和控制疾病的重要措施。针对特定人群,选择食物,满足特殊营养需要,能够达到辅助治疗、改善疾病状态的目的。本节最后一部分还介绍了若干食物中的活性成分防癌的研究进展。

一、高血压膳食

高血压是最常见的心血管疾病,目前不仅患病率高,而且极易引起心、脑、肾脏器并发症,是冠心病、脑卒中和早死的主要危险因素。高血压的定义为未服抗高血压药安静情况下,两次分别测得的收缩压 $\geqslant$ 18.7 kPa(140 mmHg)和(或)舒张压 $\geqslant$ 12.0 kPa(90 mmHg)。患者的症状与血压水平未必一致。当中小血管长期处于高压状态时将引起血管痉挛,动脉管壁增厚、管腔变窄,导致动脉硬化,器官组织缺血,最终引起心、脑、肾等重要器官损害。原发性高血压的发病机制中膳食因素是重要原因之一,已经证实影响血压的主要膳食因素有盐(钠)、酒精和体重。而增加钾摄入、有氧运动以及戒烟可以作为非药物降压治疗的途径,同时膳食中的镁、钙、膳食纤维等也有利于控制血压。

(一)膳食营养目标

1.管理目标

改善生活方式,消除不利于健康的行为和习惯。膳食限制钠盐,减少膳食中饱和脂肪酸和胆固醇,限制酒精,戒烟,维持足够钾、钙、镁摄入。对于超重患者需要控制体重。

2.营养需求

能量供给量 1 500~2 000 kcal/d,碳水化合物占总能量的 60%~65%,蛋白质可占全天总能量的 15%~20%,总脂肪的摄入量不超过 25%,胆固醇限制在 300 mg/d 以下。每日食盐用量不超过 6 g,蔬菜 400~500 g/d,水果 200 g/d。

(二)膳食制订原则

1.控制能量和体重

体重与血压、体重变化和血压变化之间的强相关表明,过重者减重和避免肥胖都是防治高血压的关键策略。并适当增加有氧运动。

2.减少钠盐

我国是食盐的大国,膳食中的钠 80% 来自烹饪时的调味品和含盐高的腌制品,如食盐、酱油、味精、咸菜、咸鱼、咸肉、酱菜等,因此限盐首先要减少烹调用料,少食各种腌制品。世界卫生组织于 2006 年建议每人每日食盐用量不超过 5 g 为宜。

3.减少膳食脂肪,补充适量优质蛋白质

脂肪过多的摄入将增加高血压的危险,因此每天总脂肪的摄入量不超过总能量的 25%。低脂的动物性蛋白质能有效地改善一些危险因素。其中大豆蛋白对血浆胆固醇水平有显著的降低作用,此外大豆蛋白质食品还有许多生物活性成分,可以提供除降低胆固醇以外的保护作用。奶是低钠食品,对降低血压更有好处。奶制品还能降低血小板凝集和胰岛素抵抗。

4.补充钾和钙

钾可通过直接的扩血管作用、改变血管紧张肽原酶—血管紧张肽—醛固酮轴线和肾钠操纵及钠尿排出作用而降低血压。钙也可通过增加尿钠排出,合成钙调节激素[甲状旁腺激素、1,25-$(OH)_2D_3$ 等],调节交感神经系统活性而降低血压。因此需要注意补充。蔬菜和水果是钾的最好来源。每 100 g 食物含量钾高于 800 mg 以上的食物有麸皮、赤豆、杏干、蚕豆、扁豆、冬菇、竹笋、紫菜等。奶和奶制品是钙的主要来源,其含钙量丰富,吸收率也高。发酵的酸奶更有利于钙的吸收。每 100 mL 的牛奶约含 100 mg 左右的钙。

5.多吃蔬菜和水果

素食者比肉食者有较低的血压,其降压的作用可能是由于水果、蔬菜、膳食纤维和低脂肪的综合作用。

6.补充维生素 C

大剂量维生素 C 可使胆固醇氧化为胆酸排出体外,从而改善心脏功能和血液循环。橘子、大枣、番茄、芹菜叶、油菜、小白菜、莴笋叶等食物中,均含有丰富的维生素 C。多食用此类新鲜蔬菜和水果,有助于高血压病的防治。

7.限制饮酒

过量饮酒会增加患高血压卒中等危险,而且饮酒可增加服用降压药物的抗性,故提倡高血压患者应戒酒。轻度饮酒(每天 1~2 杯)的人,考虑到少量饮酒对心血管总体的作用,可以不改变饮酒习惯。建议饮酒每天限制在 2 杯(约含酒精 28 g)或以下,女子应更少,青少年不应饮酒。

8.增加体力活动

有规律的有氧运动可以预防高血压的发生。体力活动还有助于降低体重,两者结合,更有利于血压降低。运动强度应因人而异,运动频度一般要求每周 3~5 次,每次持续 20~60 min 即可,还可根据自己的

身体状况所选择的运动项目和气候条件等而定。

(三)食物的选择

1.宜用食物

多食用保护血管和有降血压及降血脂作用的食物。有降压作用的食物有芹菜、胡萝卜、番茄、荸荠、黄瓜、木耳、海带、香蕉等;降脂食物有山楂、大蒜以及香菇、平菇、蘑菇、黑木耳、银耳等蕈类食物;多食用富含钙的食物,如乳类及其制品、豆类及其制品、鱼、虾等;多食用富含维生素的新鲜蔬菜、水果,有青菜、小白菜、芹菜叶、莴笋、柑橘、大枣、猕猴桃、苹果等。

需要特别指出的是,番茄、胡萝卜、番石榴等蔬菜和水果中含有番茄红素,番茄红素具有降血压的作用,见表 2-9-1。哺乳动物不能自行合成番茄红素,必须从蔬菜和水果中获得。高血压病人可多食含番茄红素的食物。常见食物中的番茄红素含量见表 2-9-2。

表 2-9-1　番茄红素对血压/血脂影响的干预研究

作者/年代	国家	人群	年龄(岁)/ BMI(kg/m²) [均值(范围)]	样本量 (干预 T/ 对照 C)	研究期限 (d)	干预措施	干预结果
Paran, 2009	以色列	中度高血压 26 男/24 女	56±10/—	T:50 C:50	42	T:番茄提取物/番茄红素 15 mg/d C:0	与对照组相比,收缩压↓、舒张压↓
Ried, 2009	澳大利亚	高血压临界状态	52±12/26.2	T:15 C:10	84	T:番茄提取物/番茄红素 15mg/d C:0	血压改变无统计学意义
杨艳晖, 2007	中国	高脂血症	—/—	T:17 C:17	28	T:番茄红素 18mg/d C:0	与对照组相比,总胆固醇↓、甘油三酯↓
Kim, 2011	韩国	健康男性	34.15 (22~57)/24.76	T1:41 T2:37 C:38	56	T1:6 mg 番茄红素 T2:15 mg 番茄红素 C:0	T2 与实验前相比,收缩压↓,T1 改变无统计学意义

据中国营养学会(2014)

表 2-9-2　常见食物中的番茄红素含量[mg/(100 g 可食部)]

食物	番茄红素含量	食物	番茄红素含量
番茄酱	29.3	番茄(熟)	4.40
调味番茄酱	17.0	番茄(生)	2.57
番茄糊	16.7	葡萄柚(红)	1.42
意粉酱	16.0	柿子(日本)	0.159
番茄酱汁	15.9	辣椒(红)	0.308
番茄汤料	10.9	紫甘蓝	0.020
番茄汁	9.3	胡萝卜(脱水)	0.018
番石榴	5.20	胡萝卜	0.001
西瓜	4.53		

据中国营养学会(2014)

植物生物活性物质除了番茄红素外,γ-氨基丁酸也具有调节血压的作用,γ-氨基丁酸对血压影响的临床研究见表 2-9-3。因此,高血压病人可多食含 γ-氨基丁酸较多的食物。部分食物中 γ-氨基丁酸的含量见表 2-9-4。

表 2-9-3　γ-氨基丁酸对血压影响的临床研究

作者/年代	国家/研究类型	观察人群	样本量	研究期限（周）	摄入量（mg/d）	评估终点
Kajimoto O,2004	日本前瞻性研究	高血压患者	88	8	80	实验组血压相较对照组显著↓
Kajimoto O,2003[a]	日本前瞻性研究	轻度或中度高血压患者	86	12	12.3	实验组血压比对照组↓5%
Kajimoto O,2003[b]	日本前瞻性研究	正常高值血压人群	108	4	12.3	实验组血压比对照组血压↓约7%
Inoue K,2003	日本RCT	轻度高血压患者	39	12	10～12	实验组SBP显著↓
Shimada M,2009	日本RCT	正常高值或轻度高血压患者	80	12	40	SBP与对照组相比显著↓，DBP↓

据中国营养学会(2014)

表 2-9-4　部分食物中 γ-氨基丁酸含量[mg/(100 g 可食部)]

食物名称	γ-氨基丁酸含量	食物名称	γ-氨基丁酸含量
龙眼（脆肉）	180.42	大豆	2.58
龙眼（上迳焦核）	177.21	玉米	2.05
龙眼（四川7310）	164.96	大麦	1.96
青稞籽粒	29.51	栗子	1.94
裸大麦籽粒	15.28	土豆	1.71
中国大麦籽粒	9.99	甜土豆	1.41
多棱大麦籽粒	9.40	山药	1.33
二棱大麦籽粒	8.60	糙米	1.27
成大麦籽粒	8.56	羽衣甘蓝	1.26
美国大麦籽粒	8.17	燕麦片	1.01
糙米胚芽	7.40	西兰花	0.79
菠菜	4.27	薏米	0.57
糙米芽	4.01	香菇	0.45
大麦芽	3.36	石莼（青海菜）	0.38
豆芽	3.11	洋葱	0.12

据中国营养学会(2014)

Barbara A. Bowman 和 Robert M. Russell(2008)列出了治疗高血压的膳食疗法的食物组分及每日供应份数(见表 2-9-5)。

表 2-9-5　治疗高血压的膳食疗法组成

食物组分	每日供应份数	食物组分	每日供应份数
谷物及谷类产品	7～8 份	蔬菜	4～5 份
水果	4～5 份	低脂或脱脂奶	2～3 份
肉、禽和鱼	2 份或更少	坚果、种子和干豆类	每周4～5 份
脂肪和油	2～3 份	糖果	每周5 份

据 Barbara A. Bowman and Robert M. Russell(2008)

2.忌用或少用食物

限制能量过高食物，尤其是动物油脂或油炸食物。清淡饮食有利于高血压防治，油腻食物过量，易消化不良，且可发生猝死；限制所有过咸的食物如腌制品、蛤贝类、虾米、皮蛋，含钠高的绿叶蔬菜等；不用和少用食物，如油饼、咸大饼、油条、咸豆干、咸花卷、咸面包、咸饼干、咸蛋、咸肉、火腿、酱鸭、板鸭、皮蛋、香肠、红肠、咸菜、酱菜和一切盐腌食物、含盐量不明的含盐食物和调味品；烟、酒、浓茶、咖啡，以及辛辣的刺激性食品。

无论是初发高血压，还是长期的高血压患者，都需要低盐饮食，将全日膳食食盐控制在 1～4 g。已明确含盐量的食物先计算后称重配制，水肿明显者 1 g/d，一般高血压 4 g/d。限用盐腌制品、咸菜、咸肉等高盐食品。能量不超过需要，可以根据标准体重计算获得，一般 1 500～2 000 kcal/d。

脂肪摄入＜25％，胆固醇限制在 300 mg/d 以下。增加植物蛋白含量，动物性和（或）大豆蛋白质摄入量应占总能量的 15％～20％。多食水果蔬菜，补充钙、钾及维生素 C。

二、高脂血症膳食

高脂血症是指机体血浆中胆固醇和（或）甘油三酯水平升高。由于胆固醇和甘油三酯在血浆中都是以脂蛋白的形式存在，严格地说，应称为高脂肪蛋白血症。另外，血浆中高密度脂蛋白水平降低常与胆固醇和甘油三酯水平升高同时发生，因此高密度胆固醇降低也是血脂代谢紊乱的表现。高脂血症患者，由于血浆中脂蛋白水平升高，血液黏稠度增加，血流速度缓慢，血氧饱和度降低，表现为倦怠、易困，肢体末端麻木、感觉障碍，记忆力减退，反应迟钝等，出现动脉硬化或原有动脉硬化加重，细小动脉阻塞时，出现相应靶器官功能障碍。目前已知高脂血症是代谢综合征的表现之一，是冠心病、高血压、脑卒中等心脑血管疾病的危险因素，其发病原因除了人类自身遗传基因缺陷外，主要与饮食因素有关，肥胖、年龄、性别等也是重要因素。

（一）膳食营养目标

1. 管理目标

控制能量摄入，肥胖者需要控制体重；严格控制脂肪总量及胆固醇摄入，调整脂肪类型，以多不饱和脂肪酸替代饱和脂肪酸；多摄入富含膳食纤维的植物性食物。

2. 营养需要

能量 1 500～2 000 kcal，脂肪摄入量占总能量的 15％～25％，每日胆固醇摄入量控制在 200 mg 以下，忌用动物内脏等胆固醇含量高的食物，水果蔬 300～400 g/d。

（二）膳食制订原则

1. 能量控制

过多的能量将转化为脂肪，超重不利于高脂血症的控制，因此每天热能不能超过需要量，对于肥胖的患者能量控制应更为严格，可通过测定能量代谢来计算。一般摄入 1 500～2 000 kcal/d。

2. 严格控制脂肪及胆固醇

高脂肪膳食易导致血浆胆固醇水平升高。脂肪不仅能促进胆汁分泌，其水解产物还有利于形成混合微胶粒，并能促进胆固醇在黏膜细胞中进一步参与形成乳糜微粒，转运入血，从而使血浆胆固醇水平升高。因此，每天脂肪摄入不超过总热能的 15％。一般正常成年人，膳食胆固醇摄入量以不超过 300 mg/d 为宜，每增加 100 mg，男性血浆胆固醇水平将增加 0.038 mmol/L，女性增加 0.073 mmol/L，虽然随胆固醇摄入量增加，其吸收率下降，但其绝对量仍将增加，这是引起血浆胆固醇升高的最主要因素。对于高脂血症患者每日胆固醇摄入量严格控制在 200 mg 以下，忌用动物内脏等胆固醇含量高的食物。

3. 减少饱和脂肪酸摄入

膳食中饱和脂肪酸抑制低密度脂蛋白受体活性，因此饱和脂肪酸含量过高可使血浆胆固醇升高，故对于含饱和脂肪酸丰富的食物如肥肉、黄油等需要忌食。氢化植物油脂等反式脂肪酸摄入量过高会导致血脂异常，故需要少食。膳食用油以橄榄油、茶油、花生油等多不饱和脂肪酸含量较高的植物油为主。多食不饱和脂肪酸含量较多的海鱼、豆类。避免煎炸食品。

4.膳食纤维

植物性食物中的β-谷甾醇和膳食纤维可以影响机体对胆固醇的吸收,从而降低胆固醇水平。高脂血症患者宜适当增加膳食纤维的摄入。建议水果蔬菜每日摄入300～400 g。

食物中膳食纤维的含量详见表2-9-6。

表 2-9-6　食物中膳食纤维的含量

食物名称	膳食纤维(g)	食物名称	膳食纤维(g)	食物名称	膳食纤维(g)	食物名称	膳食纤维(g)
谷薯豆类							
面粉	1.4	小米	1.6	高粱米	4.3	荞麦	6.5
薏米	2.0	马铃薯	0.7	甘薯	1.3	木薯	1.6
魔芋粉	74.4	黄豆	15.5	黑豆	10.2	青豆	12.6
绿豆	6.4	红小豆	7.7	花豆	6.5	芸豆	8.0
蚕豆	10.9	豌豆	8.7	稻米	0.7	粳米	0.5
籼米	0.6	黑米	3.9	香米	0.6	糯米	0.8
紫糯米	1.4	鲜玉米	2.9	玉米糁	3.6	大麦	9.9
蚕豆	3.1	荷兰豆	1.4	毛豆	4.0	四季豆	1.5
豌豆	3.0	豌豆尖	1.3	四棱豆	3.8	豆浆	1.1
黄金西葫芦	2.8	秋黄瓜	0.9	大蒜	1.2	大葱	1.3
小葱	1.4	洋葱	0.9				
蔬菜类							
白萝卜	1.0	青萝卜	0.8	胡萝卜	1.2	芥菜头	1.4
苤蓝	1.3	青尖椒	2.1	柿子椒	1.4	葫子	0.9
秋葵	3.9	樱桃番茄	1.8	彩椒	3.3	菜瓜	0.4
冬瓜	0.7	佛手瓜	1.2	芥菜	1.0	芥蓝	1.6
紫结球甘蓝	3.0	抱子甘蓝	6.6	羽衣甘蓝	3.7	菠菜	1.7
冬苋菜	2.2	萝卜缨	4.0	木耳菜	1.5	芹菜	1.4
芹菜叶	2.2	莜麦菜	0.6	生菜	0.7	甜菜叶	1.3
香菜	1.2	菱角	1.7	藕	1.2	葫芦	0.8
黄瓜	0.5	苦瓜	1.4	南瓜	0.8	丝瓜	0.6
西葫芦	0.6	油菜薹	2.0	奶白菜	2.3	鸡毛菜	2.1
娃娃菜	2.3	乌塌菜	2.6	圆白菜	1.0	菜花	1.2
西兰花	1.6	雪里蕻	1.6	盖菜	1.2	茭白	1.9
荸荠	1.1	莼菜	0.5	山药	0.8	芋头	1.0
姜	2.7	洋姜	4.3	白薯叶	1.0	苦苦菜	1.8
马齿苋	0.7	香椿	1.8	苜蓿	2.1	裙带菜	40.6
黄豆芽	1.5	绿豆芽	0.8	豌豆苗	1.9	绿皮茄子	1.2
圆茄子	1.7	长茄子	1.9	番茄	0.5	绿苋菜	2.2
红苋菜	1.8	茼蒿	1.2	茴香	1.6	荠菜	1.7
莴笋	0.6	莴笋叶	1.0	空心菜	1.4	番杏叶	2.6
竹笋	1.8	笋干	43.2	冬笋	0.8	百合	1.7
干百合	1.7	黄花菜	7.7	芦笋	1.9	结球菊苣	2.7
软化白菊苣	1.7	韭菜	1.4	韭黄	1.2	韭苔	1.9
大白菜	0.8	小白菜	1.1	白菜薹	1.7	乌菜	1.4
油菜	1.1	枸杞菜	1.6	鱼腥草(叶)	9.6	鱼腥草(根)	11.8
草菇	1.6	干红菇	31.6	干冬菇	32.3	猴头菇	4.2
干黄蘑	18.3	金针菇	2.7	口蘑	17.2	鲜蘑	2.1
干蘑菇	21.0	干木耳	29.9	平菇	2.3	干松茸	47.8
香菇	3.3	干香菇	31.6	羊肚菌	12.9	干银耳	30.4
干榛蘑	10.4	茶树菇	15.4	海带	0.5	石花菜	—
干紫菜	21.6						

续表

食物名称	膳食纤维(g)	食物名称	膳食纤维(g)	食物名称	膳食纤维(g)	食物名称	膳食纤维(g)
水果类							
苹果	1.2	国光苹果	0.8	红富士苹果	2.1	红香蕉苹果	0.9
黄香蕉苹果	2.2	梨	3.1	红肖梨	3.2	京白梨	1.4
莱阳梨	2.6	苹果梨	2.3	酥梨	1.2	香梨	2.7
雪花梨	0.8	鸭广梨	5.1	鸭梨	1.1	红果	3.1
红果干	49.7	海棠果	1.8	沙果	2.0	蛇果	1.6
榴梿	1.7	酸木瓜	—	山竹	1.5	香蕉(红)海南	1.8
巨峰葡萄	0.4	马奶子葡萄	0.4	玫瑰香葡萄	1.0	葡萄干	1.6
石榴	4.8	柿子	1.4	柿饼	2.6	桑葚	4.1
沙棘	0.8	无花果	3.0	猕猴桃	2.6	草莓	1.1
红提子葡萄	0.9	橙	0.6	柑橘	0.4	福橘	0.4
金橘	1.4	芦柑	0.6	哈密瓜	0.2	甜瓜	0.4
西瓜	0.3	小西瓜	0.4	高山白桃	1.3	黄桃	1.2
久保桃	0.6	蜜桃	0.8	蒲桃	2.8	李子	0.9
杏	1.3	杏干	4.4	布朗	1.4	西梅	1.5
枣	1.9	干枣	6.2	金丝小枣	7.0	密云小枣	7.3
黑枣	9.2	酒枣	1.4	蜜枣	5.8	冬枣	3.8
酸枣	10.6	樱桃	0.3	葡萄	0.4	红玫瑰葡萄	2.2
火龙果	2.0	荔枝(干)	5.3	四川红橘	0.7	小叶橘	0.9
柚	0.4	柠檬	1.3	芭蕉	3.1	菠萝	1.3
波罗蜜	0.8	番石榴	5.9	桂圆	0.4	干桂圆	2.0
桂圆肉	2.0	荔枝	0.5	杧果	1.3	木瓜	0.8
人参果	3.5	香蕉	1.2	杨梅	1.0	阳桃	1.2
椰子	4.7	枇杷	0.8	橄榄	4.0	红毛丹	1.5
香蕉(红)泰国	1.8	白兰瓜	0.8				
饮料类							
可可粉	14.3	红茶	14.8	花茶	17.7	绿茶	15.6
坚果、油脂类							
银杏	—	核桃	9.5	山核桃	7.8	栗子	1.7
板栗	1.2	炒杏仁	9.1	油炸杏仁	10.5	腰果	3.6
榛子	9.6	鲜花生	7.7	花生仁	5.5	葵花子	6.1
西瓜子仁	5.4	黑芝麻	14.0	松子	12.4	松子仁	10.0
杏仁	8.0	大杏仁	18.5	葵花子仁	4.5	莲子	3.0
南瓜子仁	4.9						
糖及其他							
巧克力	1.5	巧克力(黑)	5.9	乌梅	33.9		

据杨月欣(2008)

5.适量碳水化合物

碳水化合物仍是主要供能物质,但摄入过多的碳水化合物,尤其是蔗糖、果糖,可使血浆三酰甘油水平升高。过多的碳水化合物除了转化为糖原外,大部分又变成脂肪储存,导致体重增加。因此每日需要量以占总热能的 $60\%\sim65\%$ 为宜。

6.适量蛋白质摄入

蛋白质可占全天总能量的 $15\%\sim20\%$。动物蛋白质摄入过多时,往往动物性油脂和胆固醇也增加,血浆胆固醇水平升高;若以大豆蛋白质替代,则可以血浆胆固醇水平下降。因此需要增加植物性蛋白摄入。动物性和植物性蛋白比例为1∶1为好。

7.补充抗氧化维生素

维生素 C 能降低血浆胆固醇水平,维护血管壁的完整性,增加血管弹性;维生素 B_6 能使亚油酸转变为多不饱和脂肪酸,合成前列腺素,在酶作用下生成前列环素,从而使血小板解聚、血管扩张;维生素 E 可防止脂质过氧化,降低心肌耗氧量,改善管状动脉供血;维生素 B_{12}、泛酸、烟酸等 B 族维生素均能降低血脂水平。膳食中均有良好来源。如不足可以服用维生素补充剂。

此外,植物甾醇最主要功能是降低血清总胆固醇和低密度脂蛋白胆固醇,因此高血脂病人建议每天摄入一定食用量的植物甾醇。植物甾醇与血脂调节部分典型临床试验研究见表 2-9-7。

表 2-9-7 植物甾醇与血脂调节部分典型临床试验研究

作者/年代	研究对象	研究期限(d)	干预措施	干预结果
Jones, 1999	高胆固醇 血症者 32 名	30	T: 1.7 g/d C: 0	平均血清总胆固醇和 LDL 分别下降 20%和 24%
Hallikainen, 2006	高血脂 成人 22 名	28	T1: 0.8 g/d T2: 1.6 g/d T3: 2.4 g/d T4: 3.2 g/d C: 0	各组血清的总胆固醇浓度下降幅度分别为2.8%、6.8%、10.3%和 11.3%,LDL-C 浓度则分别下降了 1.7%、5.6%、9.7%和10.4%
De Graaf J, 2002	健康成人	30	T: 植物甾醇 1.8 g/d C: 0	平均血清总胆固醇和 LDL-C 分别下降6.4%和 10.3%

据中国营养学会(2014)

(三)食物的选择

1.宜用食物

富含膳食纤维的蔬菜(如芹菜、韭菜、油菜)、粗粮等;富含多不饱和脂肪酸的深海鱼类;乳及乳制品、豆类及豆制品;食用油宜选用植物油,如豆油;若单独补充深海鱼油,应同时加服维生素 E,以防止脂质过氧化;茶叶,尤其是绿茶,具有明显的降血脂作用,可常饮用。

2.禁(少)用食物

动物性油脂(鱼油除外);胆固醇含量高的动物内脏(尤其是脑)、蛋黄、鱼子、蟹子、蛤贝类等。

明确有高脂血症后,即给予低脂饮食。

(1)控制热量 1 500~2 000 kcal(根据患者具体情况确定能量供给量),控制体重。

(2)以碳水化合物为主,蛋白质以优质蛋白如乳类、豆类。

(3)脂肪摄入不超过总热能的 30%,以富含不饱和脂肪酸的花生油、橄榄油为主;胆固醇含量控制在200 mg/d,忌食含胆固醇丰富的食物如动物内脏、蛋黄等。

(4)多食水果蔬菜,每天 400~500 g。

(5)烹调时避免煎炸,以蒸、煮、炖为主。指导患者运动,每天步行不少于 1 万步(步行 1 小时左右)。

三、冠心病膳食

冠状动脉粥样硬化性心脏病,是指由于冠状动脉硬化使管腔狭窄或阻塞导致心肌缺血、缺氧而引起的心脏病,和冠状动脉功能性改变(痉挛)一起统称为冠状动脉性心脏病,简称冠心病,亦称缺血性心脏病。冠心病分成隐匿型、心绞痛型、心肌梗死型、心力衰竭和心律失常型、猝死型。冠心病是一种严重危害人类健康的心血管疾病,在工业化国家占全部死亡人数的 1/3 左右。近 10 年来我国冠心病死亡率继续呈上升趋势,冠心病的危险因素包括吸烟、总胆固醇、甘油三酯(TG)和低密度脂蛋白胆固醇水平升高、高密度脂蛋白胆固醇水平降低、超重和肥胖、高血压、糖尿病、久坐少动的生活方式(sedentary lifestyle)。其中许多可以通过膳食和生活方式所调控,膳食营养因素无论是在冠心病的发病和防治方面都具有重要作用。

(一)膳食营养目标

1. 管理目标

保持能量平衡,维持理想体重,减少钠盐、胆固醇及酒精摄入,降低膳食中冠心病的危险因素。

2. 营养需要

碳水化合物占总能量的 $60\%\sim65\%$,蛋白质可占全天总能量的 $15\%\sim20\%$,总脂肪的摄入量小于总能量的 20%,以植物油为主,植物油与动物油脂比例不低于 2:1,胆固醇限制在 300 mg/d 以下。蔬菜水果每日摄入 $400\sim500$ g,食盐小于 6 g/d。

(二)膳食制订原则

1. 保持量摄入与消耗的平衡

控制总热量,增加运动,对于 BMI 大于 24 的应当控制体重。

2. 食物多样、谷类为主

多选用复杂碳水化合物蔗糖和甜食。多吃粗粮,粗细搭配,少食单糖、蔗糖和甜食。限制含简单糖和双糖高的食品,如甜点、各种糖果、冰淇淋、巧克力、蜂蜜等。

3. 适量瘦肉,少吃肥肉和荤油及煎炸食品

脂肪摄入量限制在总能量的 20% 以下,以植物油为主,植物油与动物油脂比例不低于 2:1。若原有高脂血症,动物油脂比例还应适当下调,胆固醇严格限制在 200 mg/d 以下。控制膳食中总脂肪量及饱和脂肪酸的比例,摄入充足的单不饱和脂肪酸,饱和脂肪酸(SFA)<10% 总能量,在此范围内尤其要控制肉豆蔻酸、棕榈酸的摄入。少用氢化植物油脂,以减少反式脂肪酸摄入量,反式脂肪酸<1% 总能量。用单不饱和脂肪酸(MUFA)代替饱和脂肪酸,含单不饱和脂肪酸丰富的食物有橄榄油、茶油、花生、核桃、榛子等坚果食品。每周食用 $1\sim2$ 次鱼和贝类食品。多不饱和脂肪酸(PUFA)占 $6\%\sim10\%$ 总能量,并保持适宜的 n-6 PUFA 与 n-3 PUFA 的比例,n-6 PUFA 和 n-3 PUFA 分别占 $5\%\sim8\%$ 和 $1\%\sim2\%$ 总能量为宜。

需特别指出的是,动物肉、禽、鱼和蛋等产品均富含 n-6 脂肪酸而缺乏 n-3 脂肪酸,n-6 PUFA 摄食超量,会导致肥胖症、心血管疾病,而 n-3 PUFA 则具有降低血清中的胆固醇和甘油三酯的作用,并且这种效果是受剂量影响的,每天食入 EPA 0.21 g 和 DHA 0.12 g,可显著降低高血脂患者血清中的甘油三酯,因为 n-3 PUFA 抑制了肝脏中脂肪酸和甘油三酯的合成;抑制肝脏极低密度脂蛋白的合成和分泌;抑制极低密度脂蛋白中载脂蛋白 B 的合成、促进周围组织和肝脏极低密度脂蛋白残体的清除,阻止极低密度脂蛋白向低密度脂蛋白的转变。且越来越多的证据表明 n-3 PUFA 对于预防致命性心血管疾病有明显保护作用,体内 n-3 PUFA 可防止血小板凝集和抗心律不齐,使形成血凝块趋势减弱,同时防血管栓塞,大幅降低患心肌梗塞性心脏病危险性,每日摄取低剂量的 n-3 PUFA(20 mg/kg·d)就可以起到预防作用。含 n-3 PUFA 较多的食物见表 2-9-8。

表 2-9-8　含 n-3 脂肪酸较多的食物

食物名称	总脂肪酸 (g/100 g 食物)	脂肪酸/总脂肪酸(%)			
		ALA	EPA	DPA	DHA
银鱼	3.6	10.8	13.8	10.7	—
鲤鱼	2.9	3.9	1.1	0.2	0.5
胖头鱼	1.5	4.3	3.6	1.1	4.2
鲅鱼罐头	18.8	7.1	0.4	—	—
鳗鱼	7.6	4.1	2.6	2.3	6.2
平鱼	5.1	4.4	1.3	1.3	0.8
鳓鱼(快鱼)	6.0	1.2	2.6	0.8	5.6
鲭鱼	27.6	1.9	7.2	1.1	11.4
泥鳅	1.4	5.8	3.7	3.0	2.9
海鳗	3.5	3.9	3.7	2.1	8.3

续表

食物名称	总脂肪酸 (g/100 g 食物)	脂肪酸/总脂肪酸(%)			
		ALA	EPA	DPA	DHA
鳗鱼	9.0	3.3	5.2	2.8	13.9
带鱼	3.4	1.8	1.9	1.0	5.3
小凤尾鱼	4.6	0.4	—	—	15.0
沙丁鱼	1.0	9.5	6.7	1.3	9.9
阿香婆海鲜酱	41.1	21.1	28.2	—	—
阿香婆牛肉酱	43	19.5	25.1	—	0.3

注:ALA:α-亚麻酸(n-3);EPA:二十碳五烯酸(n-3);DPA:二十二碳五烯酸(n-3);DHA:二十二碳六烯酸(n-3)。

据杨月欣(2008)

因此,应减少肥肉、动物内脏及蛋类的摄入;增加不饱和脂肪酸含量较多的海鱼、豆类的摄入,适当吃一些瘦肉、鸡肉,少食煎炸食品。

4.适宜蛋白质摄入

蛋白质可占全天总能量的 15%～20%,动物蛋白和植物蛋白两者比例 1∶1。经常吃奶类、豆类及其制品。奶类除含丰富的优质蛋白质和维生素外,含钙量较高,且利用率也很高,是天然钙质的极好来源,缺钙可以加重高钠引起的血压升高。因此,冠心病患者要常吃奶类,且以脱脂奶为宜。大豆含有丰富的异黄酮、精氨酸等,多吃大豆制品可对血脂产生有利的影响,具有降低血清 TC 和抗动脉粥样硬化的作用,每天摄入 25 g 或以上含有异黄酮的大豆蛋白,可降低心血管疾病的危险性。

5.吃清淡少盐的膳食

限制钠的摄入量以降低冠心病和脑卒中的危险。盐的摄入量每人每天以不超过 4 g 为宜。

6.少饮酒

通常认为少量饮酒(指每日摄入酒精 20～30 g,或白酒不超过 50 g),尤其是葡萄酒对冠心病有保护作用,但不提倡用饮酒来提高血清 HDL-C 水平作为冠心病的预防措施。

7.多吃蔬菜、水果

蔬菜水果中含大量的植物化学物质、多种维生素、矿物质、膳食纤维等,每日摄入 400～500 g。故冠心病人提倡多吃新鲜蔬菜水果,以提高膳食中钾及纤维素的含量,降低血压和预防心律失常。

中国和欧美国家较大规模的队列研究发现,血清叶黄素水平与心血管疾病风险呈负相关。2013 年,我国研究者有 3 项利用叶黄素干预对心血管疾病影响的临床研究报道(见表 2-9-9)。哺乳动物不能自行合成叶黄素,必须通过摄取食物获得。冠心病等心血管疾病患者可多吃叶黄素含量较高的食物。常见食物中叶黄素的含量见表 2-9-10。

表 2-9-9　叶黄素与心血管疾病的 RCT 研究及结果

作者/年代	国家	研究对象	样本量 (干预 T/对照 C)	研究期限	干预措施	干预结果
Zou Z Y,2013	中国	早期动脉粥样硬化患者	T1: 48 T2: 48 C: 48	12 个月	T1: 10 mg/d T2: 20 mg/d C: 0 mg/d	与对照组相比,血清叶黄素水平↑,干预组颈动脉内膜厚度比干预前↓
Wang M X,2013	中国	健康志愿者	T1: 39 T2: 38 C: 39	3 个月	T1: 10 mg/d T2: 20 mg/d C: 0 mg/d	与对照组相比,血清叶黄素水平↑,血清 C 反应蛋白水平↓
Xu X R,2008	中国	早期动脉粥样硬化患者	T: 34 C: 31	3 个月	T: 20 mg/d C: 0 mg/d	与对照组相比,血清叶黄素水平↑,单核细胞趋化蛋白-1↓

据中国营养学会(2014)

表 2-9-10　常见食物中叶黄素的含量[μg/(100 g 可食部)]

食物	含量	食物	含量
万寿菊	18 740.0	毛豆	1147.9
韭菜	18 226.9	娃娃菜	1036.9
苋菜	14 449.6	青椒	886.5
甘栗南瓜	13 265.2	黄彩椒	878.6
芹菜叶	12 922.6	豇豆	874.5
香菜	11 434.1	大葱	846.9
菠菜	6 892.0	胡萝卜	806.1
小白菜	6 699.5	苦瓜	790.1
空心菜	5 323.2	扁豆	724.9
茴香	4 658.1	西芹(茎)	601.6
枸杞子	4 644.0	芹菜(茎)	572.9
小葱	3 939.5	丝瓜	392.7
盖菜	3 548.9	鹌鹑蛋	387.0
西兰花	3 507.2	莴笋	377.8
开心果	3 336.5	玉米	331.9
豌豆苗	3 212.8	茼蒿	314.6
莜麦菜	2 544.4	鸡蛋	143.7
生菜	2 211.7	木瓜	122.0
油菜	1 656.0	橘子	121.0
蒜黄	1 646.9	桃子	120.0
结球甘蓝(绿)	1 627.8	李子	84.0
黄瓜	1 585.1	蜜橘	61.0
芦笋(茎)	1 430.4	猕猴桃	49.0
蒜薹	1 319.0	牛奶	6.6
荷兰豆	1 196.6	母乳	4.3

据中国营养学会(2014)

此外,可适量饮茶。流行病学和人群干预试验研究饮茶和儿茶素可降低血胆固醇和低密度脂质蛋白胆固醇、血脂、血压、血糖、减轻体重等,从而降低冠心病等心血管疾病的风险(见表 2-9-11 和表 2-9-12)。

表 2-9-11　饮茶和儿茶素降低心血管疾病危险因素人群干预试验研究总结

作者/年代	国家	研究对象	样本量(干预 T/对照 C)	研究期限(d)	干预措施	干预结果
Zheng X X, 2009	Meta 分析		1 136	21~90	儿茶素 150~2 500 mg/d	血胆固醇↓低密度脂蛋白胆固醇↓对高密度胆固醇无影响
Nagao T, 2007	日本	肥胖	T:135 T2:135	84	T:儿茶素 583 mg/d C:儿茶素 96 mg/d	体脂↓、血压↓、LDL-C↓、MDA↓
Maki K C, 2009	美国	肥胖	T:65 C:63	84	T:儿茶素 625 mg/d C:儿茶素 39 mg/d	腹部脂肪↓,TG↓对血糖和血压无影响
Nagao T, 2005	日本	健康成人或超重	T:17 C:18	84	T:儿茶素 690 mg/d C:儿茶素 22 mg/d	体脂↓,MDA-LDL↓
Basu A, 2010	美国	肥胖和代谢综合征	T1:12 T2:12 C:12	56	T1:4 杯茶/d T2:绿茶提取物 C:4 杯水/d	体重↓、BMI 指数↓、低密度脂蛋白胆固醇↓MDA↓
Brown A L, 2011	英国	肥胖和超重男性	T:67 C:70	42	T:儿茶素 800 mg/d C:乳糖 949 mg/d	体重↓血压、血胆固醇、胰岛素无影响
Suliburska J, 2011	波兰	肥胖(23 名女性和 23 名男性)	T:23 C:23	90	T:379 mg 绿茶提取物(208 mg EGCG)	BMI 指数↓、低密度脂蛋白胆固醇↓胆固醇↓血糖↓

续表

作者/年代	国家	研究对象	样本量 （干预 T/ 对照 C）	研究期限 (d)	干预措施	干预结果
Matsuyama T, 2008	日本	肥胖儿童	T:21 C:19	168	T:儿茶素 576 mg/d C:儿茶素 70 mg/d	血压↓低密度脂蛋白胆固醇↓
Wu A H, 2012	美国	绝经期 妇女	T1:37 T2:34 C:32	56	T:EGCG 400 mg/d 和 800 mg/d C:0	低密度胆固醇↓血糖↓
Inami S, 2007	日本	健康成人	T:20 C:20	28	T:儿茶素 500 mg （6～7 杯茶） C:水	氧化 LDL↓
Erba D, 2005	意大利	健康成人	T:12 人 C:12 人	42	T:儿茶素 250 mg/d C:0	LDL↓
Fulino Y, 2005	日本	血糖高 的成人	早期:35 晚期:34	60	儿茶素 456 mg/d	体重,体脂,血糖,血脂均无影响
Van het Hof et al.,1997	荷兰	健康成人	T1:16 T2:16 C:16	28	T1: 654 mg 儿茶素 T2: 216 mg 儿茶素 C:水	血脂无影响
Princen H M, 1998	荷兰	健康成人	T1:13 T2:13 T3:16 C:15	28	T1:绿茶水 900 mL T2: 红茶水 900 mL T3:2.5 g 儿茶素 C:水	血胆固醇、甘油三酯、LDL 和 HDL 胆固醇均无影响

据中国营养学会(2014)

表 2-9-12 饮茶与心血管疾病发生风险的流行病学研究总结

作者/年代	国家/ 研究类型	观察 人群	样本量	研究期限	摄入量	评估终点	相对危险度 （RR）(95％CI) 或比值比(OR)
Shen L et al, 2012	14 个 前瞻性研究	一般 人群	513 804	平均 11.5 年	3 杯茶/d	心肌梗塞发病率↓	0.87 (95％CI:0.81～0.94)
Kuriyama S, 2006	日本 队列研究	一般 人群	40 530	7 年	5 杯茶/d	心肌梗塞死亡率↓	0.88 (95％CI:0.79～0.98)
Arab L, 2009	9 项研究	Meta 分析	194 965	—	3 杯茶/d	缺血性中风↓	0.79 (95％CI:0.73～0.85)
Nakachi K,2000	日本前瞻 队列研究	一般 人群	8 552	13 年	10 杯茶/d	心血管疾病危险性↓	0.72 (95％CI:0.60～1.04)
Chen Z, 2004	中国 横断面研究	一般 人群	14 212	—	150 g/月	心肌梗塞↓	0.56 (95％CI:0.36～0.89)
Tanabe N, 2008	日本 前瞻研究	一般 人群	6 358	5 年	5 杯茶/d	心肌梗塞↓	0.43 (95％CI:0.25～0.74)
Sasazuki, 2000	日本 横断面	一般 人群	512	—	5 杯茶/d	冠心病发生率↓	0.4 (95％CI:0.2～0.9)
Iso H, 2006	日本	健康 人群	17 413	5 年	5 杯茶/d	Ⅱ型糖尿病风险↓	0.67 (95％CI:0.47～0.94)
Tokunaga S, 2002	日本	工人	13 916	—	10 杯茶/d	胆固醇↓ 高密度脂蛋白 胆固醇和 甘油三酯无影响	—

据中国营养学会(2014)

(三)食物的选择

1. 宜用食物

富含优质蛋白质的豆类及其制品;富含膳食纤维的粗粮,如玉米、小米、高粱等;富含维生素、矿物质及膳食纤维的新鲜蔬菜、水果;富含优质蛋白质及饱和脂肪酸的深海鱼类;富含功效成分,有降脂、降压作用的海带、香菇、木耳、洋葱、大蒜等。

Barbara A. Bowman 和 Robert M. Russell(2008)列出了一些被认为对心血管具有保护作用的功能食品,它们的生物活性成分以及推荐量(见表 2-9-13)。

表 2-9-13　某些对心血管具有保护作用的功能食品

功能食品	生物活性成分	潜在的功效	推荐量
全燕麦	β-葡聚糖,可溶性膳食纤维	降低总胆固醇和 LDL 胆固醇	3 g/d
大豆	蛋白质和类黄酮	降低总胆固醇和 LDL 胆固醇	25 g/d
亚麻子	ω-3 脂肪酸	降低患 CVD 的危险	未确定
鱼	ω-3 脂肪酸	降低患 CVD 的危险	0.5~1.8 g EPA+DHA/d
大蒜	有机硫化物	降低总胆固醇和 LDL 胆固醇	600~900 mg/d(补充剂)或 1 瓣新鲜大蒜
红茶	多酚类	降低患 CVD 的危险	未确定
固醇酯/固醇强化食物	植物甾醇和甾烷醇	降低总胆固醇和 LDL 胆固醇	甾醇 1.7 g/d,甾烷醇 1.3 g/d
车前子	可溶性膳食纤维	降低总胆固醇和 LDL 胆固醇	1 g/d
坚果	不饱和脂肪酸,维生素 E	降低患 CVD 的危险	42.5 g/d
可可	黄烷醇	减轻炎症和 LDL 氧化,改善血小板功能	未确定
胡桃	多不饱和脂肪酸,α-亚麻酸	降低患 CVD 的危险	42.5 g/d
全谷	可溶性膳食纤维,叶酸,抗氧化剂	降低患 CVD 的危险	至少相当于 85 g/d
橄榄油	单不饱和脂肪酸,酚类化合物	降低患 CVD 的危险	2 汤匙(23 g/d)
红酒和葡萄	白藜芦醇	减少血小板凝集	226.8~453.6 g/d

据 Barbara A. Bowman and Robert M. Russell(2008)

2. 禁(少)用食物

动物油脂及油炸食品,如肥猪肉、炸鸡腿等;过咸、过甜的食品,如咸菜、大酱、食用糖、蜂蜜等;如饮酒,应适量。

冠心病人膳食基本原则是低脂饮食,控制热量 1500~2 000 kcal,脂肪含量<20%,胆固醇含量低,蛋白质含量充足,钠盐摄入适当。

Barbara A. Bowman 和 Robert M. Russell(2008)介绍两种可以预防或治疗冠心病、心脏病等心血管疾病的基本膳食,其一是治疗性生活方式改变(therapeutic lifestyle changes,TLC)膳食,它是美国国家胆固醇教育计划(NCEP)成人治疗预防小组(ATP)Ⅲ提出的,已得到美国心脏协会的认可,能降低那些低密度脂蛋白升高或患有代谢综合征的患者患心血管疾病的危险。治疗性生活方式改变膳食更加强调健康膳食模式的重要性,这一健康膳食模式含较少的饱和脂肪和反式脂肪,富含水果、蔬菜、全谷类、无脂或低脂乳品以及适量的瘦肉、鱼和禽肉,表 2-9-14 列出了这一膳食的营养成分。其二是组合膳食(portfolio diet),其目的在于通过在膳食中纳入 4 种已知能降低低密度脂蛋白的功能食品,取得最大程度的降低低密度脂蛋白的效果,这一膳食是以植物性食物为基础,胆固醇和饱和脂肪非常低。组合膳食中 4 种膳食成分是大豆蛋白、坚果(杏仁)、黏性纤维和植物固醇,任何一种都能使低密度脂蛋白降低 4%~7%。并且这 4 种成分都被美国国家食品药品监管局(FDA)批准能进行他们具有降低心血管疾病危险的健康声称/合格的健康声称(见表 2-9-15)。表 2-9-16 列出了常见食物中植物甾醇的含量。

表 2-9-14　治疗性生活方式改变膳食的营养成分

营养素*	推荐摄入量
饱和脂肪*	提供能量<7%
多不饱和脂肪	提供 10% 的能量
单不饱和脂肪	提供 20% 的能量
总脂肪	提供 25%～35% 的能量
碳水化合物[a]	提供 50%～60% 的能量
纤维	20～30 g/d
蛋白质	约提供 15% 的能量
胆固醇	<200 mg/d
总能量[b]	能量摄入与消耗保持平衡,从而维持理想的体重/预防体重增加

* 反式脂肪酸是另一能使低密度脂蛋白增高的脂类,因此应该控制在较低的摄入量。
[a] 碳水化合物应主要来自那些富含复合碳水化合物的食物,包括全谷类,特别是全谷类、水果和蔬菜。
[b] 每日能量消耗应包括至少是适度的体力活动所消耗的能量(约为 200 kcal/d)。
据 Barbara A. Bowman and Robert M. Russell(2008)

表 2-9-15　美国国家食品药品监管局批准的组合膳食成分的健康声称/合格的健康声称

膳食成分	FDA 批准的健康声称/合格的健康声称
可溶性膳食纤维	低饱和脂肪和胆固醇、富含水果、蔬菜和含有某种类型膳食纤维(特别是可溶性膳食纤维)的全谷类产品,可降低患心脏病的危险,心脏病是一类与多种因子现骨干的疾病。
坚果*	大部分品种的坚果每天食用 42.5 g,作为低饱和脂肪和胆固醇膳食的部分,可降低患心脏病的危险性。
大豆蛋白	低饱和脂肪和胆固醇的膳食中每天包括 25 g 大豆蛋白,可降低患心脏病的危险性。
植物甾醇酯	每份至少含 0.65 g 植物甾醇的食物,每天与餐食一起吃两次,总摄入量至少 1.3 g,作为低饱和脂肪和胆固醇膳食的部分,可降低患心脏病的危险性。
植物甾烷醇酯	每份至少含有 1.7 g 植物甾烷醇酯的食物,每天与餐食一起吃两次,总摄入量至少 3.4 g,作为低饱和脂肪和胆固醇膳食的部分,可降低患心脏病的危险性。

* 合格的健康声称。
据 Barbara A. Bowman and Robert M. Russell(2008)

表 2-9-16　常见食物中植物甾醇的含量[mg/(100 g 可食部)]

食物类别	食物名称	β-谷甾醇	菜油甾醇	豆甾醇	β-谷甾烷醇	菜油甾烷醇	总含量[a]
植物油类	花生油	164.73	35.60	23.00	21.79	—	245.12
	大豆油	175.60	58.05	56.10	16.08	1.52	307.34
	菜籽油	341.50	155.01	8.04	11.36	1.23	570.16
	芝麻油	350.73	102.80	45.03	60.71	—	559.27
	橄榄油	244.85	12.88	4.61	49.7	—	312.02
	玉米胚芽油	661.7	195.72	50.45	112.44	11.77	1 032.07
	葵花子油	268.00	53.51	31.81	18.95	—	372.26
谷类	全麦粉	48.08	13.46	1.81	14.66	7.49	85.49
	标准粉	37.19	9.55	1.49	10.33	5.50	64.07
	富强粉	29.36	6.24	0.96	10.85	4.80	52.21
	饺子粉	28.90	5.45	1.56	8.60	4.22	48.73
	小站稻	9.32	2.49	2.37	1.60	0	15.78
	东北大米	3.47	2.38	1.27	5.96	0	13.08
	泰国香米	4.26	1.26	2.74	2.00	0.60	10.86
	糯米	5.21	2.01	1.35	3.94	1.40	13.90
	糙米	27.05	12.20	4.52	6.78	2.16	52.71

续表

食物类别	食物名称	β-谷甾醇	菜油甾醇	豆甾醇	β-谷甾烷醇	菜油甾烷醇	总含量[a]
谷类	紫米	12.21	19.08	7.10	32.19	2.74	73.32
	薏仁米	38.42	7.65	5.74	23.05	4.64	79.50
	小米	29.90	6.30	1.89	30.16	7.88	76.14
	玉米粉	22.54	5.19	2.32	23.88	6.54	60.46
豆类	黄豆	64.96	25.55	17.18	5.15	1.11	114.54
	黑豆	53.40	13.06	10.34	6.00	1.04	83.84
	青豆	56.36	14.64	9.48	4.61	1.02	86.12
	绿豆	38.92	7.03	2.55	10.93	4.64	64.07
	大白芸豆	21.93	3.33	3.80	3.95	0	33.01
	红小豆	9.36	4.92	3.74	5.81	0	23.56
	北豆腐	15.17	5.97	4.30	2.72	1.08	29.23
	南豆腐	21.53	8.85	5.43	1.42	0	37.24
蔬菜类	菜花	40.79	0.88	1.12	—	—	42.79
	胡萝卜	13.97	1.94	2.99	0.23	0.16	19.29
	豆角	8.60	1.39	3.88	0.72	—	14.59
	大白菜	9.65	0.54	2.10	0.50	—	12.79
	番茄	2.94	0.62	1.88	0.73	—	6.17
水果类	橘子	21.14	2.49	1.36	0.54	—	25.53
	鸭梨	11.34	0.24	0.20	0.94	—	12.72
	苹果(红富士)	8.41	6.15	0.14	—	—	8.70
	桃子	11.56	0.46	1.64	—	—	13.66
	西瓜	0.97	0.19	0.25	—	—	1.41

[a] 总含量为 β-谷甾醇＋菜油甾醇＋豆甾醇＋谷甾烷醇＋菜油甾烷醇之和。
据中国营养学会(2014)

　　Barbara A. Bowman 和 Robert M. Russell(2008)认为,药物往往是针对一个特异的点,并且作用强度大;相对而言,心血管保护性营养素和生物活性物质倾向于在多个点发挥作用,其作用强度较弱但各点的作用可以相互叠加,从而产生具有意义的临床改变。营养药理学的一个优势是它倾向于避免应用药物所引起的常见副作用。

　　膳食调节和身体活动(健康的生活方式)相结合的好处常常比仅仅用膳食调节要大很多。例如,低饱和脂肪膳食主要降低总胆固醇和低密度脂蛋白胆固醇,而对高密度脂蛋白或甘油三酯的水平没有影响,但是有氧运动常常升高高密度脂蛋白和降低甘油三酯的水平。身体运动除了改善血脂外,还可能发生有利于改善心血管疾病危险的变化,如内皮功能、胰岛素抵抗、炎症和血压变化(Varady KA,Jones PJ,2005)。美国医学研究所(Institute of Medicine)建议人们每天进行 1 小时、适度强度的身体活动,包括有氧运动和耐力训练,以维持体重、保持健康。

四、糖尿病膳食

　　糖尿病是由多种病因引起的、以慢性高血糖为特征的代谢紊乱性疾病。其基本病理生理为胰岛素分泌绝对或相对不足,和(或)作用缺陷,引起碳水化合物、脂肪、蛋白质、水和电解质的代谢异常。临床表现为糖耐量减低、高血糖、尿糖,以及多尿、多饮、多食、消瘦乏力(即三多一少)等症状。可出现心血管、肾脏、眼、神经等组织的慢性进行性病变。病情严重或应激时可发生急性代谢异常,如酮症酸中毒、高渗性昏迷等,甚至威胁生命。糖尿病分为胰岛素依赖型(IDDM,1 型)和非胰岛素依赖型(NIDDM,2 型)。2 型糖尿病在我国约占 90%～95%。糖耐量受损和糖尿病诊断标准见表2-9-17。

表 2-9-17　糖尿病、糖耐量减退和空腹血糖调节受损的诊断标准

项目	静脉血糖	
	空腹(mmol/L)	口服葡萄糖 75 g，餐后 2 h（mmol/L）
正常人	<6.1	<7.8
糖尿病	≥7.0	≥11.1（或随机血糖）
糖耐量减退(IGT)	<7.0	7.8～11.1
空腹血糖调节受损(IFG)	6.1～7.0	<7.8

注："随机血糖"表示任何时候，不考虑距上一餐的时间抽取的血糖，若无典型症状，应在不同日期再测一次，均超过上表标准，方可诊断为糖尿病。

据杨月欣(2008)

(一)膳食营养目标

1.管理目标

通过健康饮食和运动，改善营养状况，保持理想的代谢值，包括血糖、血脂与血压；预防糖尿病并发症发生发展。

2.营养需求

合理控制能量摄入，碳水化合物供给量占总能量的 45％～60％为宜，不宜超过 65％；膳食纤维摄入量 25～30 g/d；限制脂肪总量(<30％总量)和胆固醇摄入量(<300 mg/d)；蛋白质占总能量的 10％～20％。为避免引发糖尿病肾病蛋白质供能不应大于 20％。若有糖尿病肾病，蛋白质摄入量降至 0.6～0.7 g/(kg·d)。处于生长发育阶段的儿童患者可按每日 2～3 g/kg 计算，或按蛋白质摄入量占总热量的 20％计算。提供充足的维生素和矿物质。

(二)膳食制订原则

1.遵循平衡膳食合理营养的原则

在限制总能量、合理搭配下，饮食计划可以包括各种患者喜欢的食物，食物品种应多样化，以满足机体对各种营养素的需求。

2.膳食个体化

应因人而异，强调个体化，根据病情特点、血糖尿糖的变化，结合血脂水平和并发症等因素确定和调整能源物质的比例，在不违背营养原则的条件下，选择的食物与烹调方法应尽量顾及患者的饮食习惯，以提高营养治疗的可操作性和依从性。在烹调方法上多采用蒸、煮烤、凉拌的方法，避免食用油炸的食物。

3.合理控制能量摄入

合理控制能量摄入是糖尿病营养管理的首要原则。根据患者的体型和体力活动决定每日量供给量(表 2-9-18)。儿童糖尿病人所需能量可按年龄计算，1 岁时每日供给 4 180 KJ(1000 kcal)，以后每岁递增 418 KJ(100 kcal)。或按公式计算 1 日能量＝4 180(1 000)＋(年龄－1)×418(100)(kcal)。

表 2-9-18　糖尿病患者每日能量供给量[KJ(kcal)/kg]

体型	卧床	轻体力劳动	中体力劳动	重体力劳动
消瘦	105(25)	146(35)	168(40)	188(45)
正常	83(20)	126(30)	146(35)	168(40)
肥胖	63(15)	105(25)	126(30)	146(35)

据杨月欣(2008)

4.碳水化合物

供给量占总能量的 45％～60％为宜，不宜超过 65％。一般成年患者每日碳水化合物摄入量为 200～350 g，相当于主食 250～400 g，增加粗制谷类、杂粮、干豆等传统低血糖指数食物，有助于改善糖尿病人的糖脂代谢和体重控制。膳食纤维摄入量 25～30 g/d。摄入富含膳食纤维的全谷类、豆类,多食新鲜绿叶蔬菜及一定数量的水果。

5. 脂肪

限制脂肪总量(<30%总能量)和饱和脂肪,植物性脂应占脂肪总摄入量的 40% 以上。烹调油每日限量为 18～27 g,为 2～3 汤匙(即 20～30 mL)。胆固醇摄入量<200 mg/d,少用富含胆固醇的食物,如脑、心、肺、肝等动物内脏及蛋黄等。经常吃海鱼(2 次/周)可提供 n-3 多不饱和脂肪酸,有助于心血管并发症防治。

6. 蛋白质

在肾功能正常情况下,糖尿病患者蛋白质摄入量于健康人相同,占总能量的 10%～20%。高蛋白质饮食可引起肾小球滤过压增高,易引发糖尿病肾病。应避免蛋白质功能比大于 20%。已确诊糖尿病肾病,则需将蛋白质摄入量降至 0.6～0.7 g/(kg・d)。妊娠、乳母或合并感染、营养不良及消耗性疾病者应适当放宽对蛋白质的限制,可按每日 1.2～1.5 g/kg 计算;处于生长发育阶段的儿童患者可按每日 2～3 g/kg 计算,或按蛋白质摄入量占总热量的 20% 计算。

7. 维生素和矿物质

糖尿病患者碳水化合物、脂肪、蛋白质的代谢紊乱会影响对维生素和矿物质的需要量,调节维生素和矿物质的平衡有利于糖尿病患者纠正代谢紊乱,防治并发症。

应增加抗氧化营养素,如维生素 C、E 及 β-胡萝卜素等供给,可减少糖尿病患者的氧化应激损伤,维生素 B_1、B_2、B_6、B_{12} 对糖尿病多发性神经炎有一定的辅助治疗作用。锌、铬等对于胰岛素的促进合成与敏感性有一定的作用。多选用新鲜蔬菜、水果、大豆制品,保证粮谷类及适量动物食品及坚果等,可满足对微量营养素等需要。营养素补充剂有助于补充膳食摄入的不足,提倡糖尿病患者在控制总能量前提下膳食尽可能多样化,是预防微量元素缺乏的最基本办法,并适当补充搭配营养素补充剂。

8. 饮食分配和餐次安排

三餐能量按 1/3、1/3、1/3 或 1/5、2/5、2/5 的比例分配。在体力活动量稳定的情况下,饮食要做到定时、定量。每餐要主副食搭配,餐餐都应该有碳水化合物、蛋白质和脂肪。注射胰岛素或易发生低血糖者,要求在三餐之间加餐,加餐量应从正餐的总量中扣除,做到加餐不加量。不用胰岛素治疗的患者也可酌情用少食多餐、分散进食的方法,以减轻单次餐后对胰腺的负担。在总能量范围内,适当增加餐次有利于改善糖耐量和预防低血糖的发生。

(三)食物的选择

简单的划分食物可根据血糖生成指数的高低。食物血糖生成指数用以衡量某种食物或某种膳食组成对血糖浓度的影响。血糖指数高的食物或膳食,表示进入胃肠后消化快、吸收完全,葡萄糖迅速进入血液;反之则表示在胃肠内停留时间长,释放缓慢,葡萄糖进入血液后峰值低,下降速度慢。无论对健康人还是糖尿病人来说,保持一个稳定的血糖浓度、没有大的波动才是理想状态。食物血糖指数可作为糖尿病患者选择多糖类食物的参考依据。富含碳水化合物的食物,按照血糖生成指数(Gl)的高低来分的话,可分为不同等级:低 Gl 食物,Gl<55%;中 Gl 食物,Gl 55%～70%;高 Gl 食物,Gl>70%。以下列出高低两种,遵照这些规律或原则,对选择食物与设计膳食是有裨益的。

1. 低 Gl 食物

* 谷类极少加工的粗粮,如整粒、稻麸、硬质小麦粉面条、通心面等,黑米、荞麦、强化蛋白质的面条、玉米面糁等。

* 干豆类及制品,如绿豆、绿豆挂面、蚕豆、豌豆、扁豆、红小扁豆、绿小扁豆、利马豆、鹰嘴豆、青刀豆、黑豆汤、四季豆、黑眼豆等。

* 薯类,如马铃薯粉条、藕粉、苕粉、魔芋、芋头等。

* 水果类,如苹果、梨、桃、杏干、李子、樱桃、猕猴桃、柑、柚、葡萄、苹果汁等。

* 种子类,如花生等。
* 乳类及制品,如牛奶、全脂牛奶、脱脂牛奶、奶粉、酸奶、酸乳酪等。
* 其他,如果糖、乳糖等。

2. 高 GI 食物

* 谷类,如小麦粉面条、富强粉馒头、米饭,含直链淀粉低的黏米饭、糙米、糯米粥、米饼等。
* 薯类,如土豆泥、煮白(红)薯等。
* 蔬菜类,如胡萝卜、南瓜等。
* 水果类,如西瓜等。
* 速食食品,如白面包、即食米饭、面包、饼干等。
* 其他,如蜂蜜、麦芽糖等。

食物血糖生成指数详见表 2-9-19。

表 2-9-19 食物血糖生成指数(GI)表

食品名称	GI	食品名称	GI
谷类食物			
杂粮			
大麦粒(煮)	25	大麦粉(煮)	66
整粒黑麦(煮)	34	整粒小麦(煮)	41
荞麦			
荞麦(煮)	54		
玉米			
甜玉米(煮)	55	(粗磨)玉米粉(煮)	68
米饭			
黑米	42	即食大米(煮 1 分钟)	46
即食大米(煮 6 分钟)	87	含直链淀粉高的半熟大米(煮,黏米类)	50
含直链淀粉低的半熟大米(煮)	87	含直链淀粉高的白大米(煮,黏米类)	59
含直链淀粉低的白大米(煮)	88	大米饭	80
小米(煮)	71	糙米(煮)	87
糯米饭	87		
面条			
面条(一般的小麦面条)	82		
速食早餐			
稻麸	19	燕麦麸	55
小麦片	69	玉米片	73
玉米片	84		
粥			
玉米糁粥	52	小米粥	62
大米糯米粥	65	大米粥	70
豆类			
大豆	18	蚕豆	79
扁豆	18	扁豆	38
红小扁豆	26	绿小扁豆	30
四季豆	27	绿豆	27
干黄豌豆(煮,加拿大)	32	鹰嘴豆	33
黄豆挂面	67		

续表

食品名称	GI	食品名称	GI
根茎类食品			
土豆粉条	14	鲜土豆	62
煮土豆	66	马铃薯(土豆)方便食品	83
藕粉	33	山药	51
甜菜	64	胡萝卜	71
煮红薯	77		
牛奶食品			
酸奶	83	牛奶	28
饼干			
小麦饼干	70	苏打饼干	72
水果和水果产品			
樱桃	22	李子	24
柚子	25	鲜桃	28
生香蕉	30	熟香蕉	52
干杏	31	梨	36
苹果	36	柑	43
葡萄	43	淡黄色无核小葡萄	56
(无核)葡萄干	64	猕猴桃	52
杧果	55	八婆果	58
麝香瓜	65	菠萝	66
西瓜	72		
糖			
果糖	23	乳糖	46
蔗糖	65	蜂蜜	73
白糖	84	葡萄糖	97
麦芽糖	105		
其他			
花生	14	巧克力	49
南瓜	75		

据杨月欣(2008)

虽然有一些证据表明,脂肪和饮酒可以减少高糖生成,但是脂肪和酒是纯热能食物,无其他营养素,长期饮酒会损害肝脏,易引起高甘油三酯血症,故少饮为宜。血糖控制不佳的糖尿病患者不应饮酒。对血糖控制良好的患者允许适当饮酒,计入总能量。

比如,身高 175 cm,体重 88 kg 的男性公务员,55 岁。属于肥胖、轻体力劳动。根据其个人特征确定全日能量供给量,首先根据病人的年龄、性别、身高、体重、体力活动强度等资料,求出理想体重 70 kg,每日能量需要 20～25 kcal/(kg·d)。计算出每日食谱能量供给为

$$70 \text{ kg} \times (20\text{～}25) = 1\ 400\text{～}1\ 750 \text{ kcal } (5.86\text{～}7.32 \text{ MJ})/\text{d}.$$

因为李先生肥胖而且目前血糖控制不好,故建议能量供给量为 1 400 kcal(5.86 MJ)/d。其他碳水化合物、蛋白质、脂肪供给量在比例范围内取值。以李先生每日能量 1 400 kcal 为例,碳水化合物、蛋白质和脂肪分别占总能量的 55%、18%、27%。即

碳水化合物:　　　　　　　　$(1\ 400 \times 55\%) \div 4 = 193$ g,

蛋白质:　　　　　　　　　　$(1\ 400 \times 18\%) \div 4 = 63$ g,

脂肪:　　　　　　　　　　　$(1\ 400 \times 27\%) \div 9 = 42$ g。

餐次能量分配和食物选择根据以上原则(表 2-9-20,表 2-9-21)。

表 2-9-20　糖尿病人一日食谱举例

餐次	食物和用量
早餐	牛乳 220 mL,全麦面包 80 g(全麦面粉 50 g)
午餐	米饭(大米 90 g),芹菜牛肉(芹菜 150 g,牛肉 30 g),鸡蛋菠菜汤(鸡蛋 55 g,菠菜 100 g),烹调油 7 mL
晚餐	荞麦米饭(大米 60 g,荞麦 30 g),肉丝白菜(白菜 150 g,瘦猪肉 30 g),鱼片木耳(草鱼 60 g、黑木耳 10 g),番茄(150 g),喷调油 7 mL

据杨月欣(2008)

表 2-9-21　食谱营养计算

营养素	提供量
能量	1 410 kcal
蛋白质	62.5 g(18%)
脂肪	41 g(26%)
碳水化合物	198 g(56%)

据杨月欣(2008)

五、高尿酸血症和痛风的膳食

痛风是嘌呤代谢紊乱和(或)尿酸排泄减少所引起的一组疾病。在超重或肥胖型的中老年人群中发病率较高,男性多于女性,发病原因可分为原发性和继发性两种,原发性主要是核蛋白代谢中嘌呤代谢紊乱导致体内产生过多的尿酸,继发性是由于肾脏功能受损,尿酸排泄减少而引起的血中尿酸增高。

临床主要表现包括高尿酸血症、反复发作的急性单关节炎、关节滑液中的白细胞内含有尿酸钠晶体、痛风石(尿酸钠结晶的聚集物)主要沉积在关节内及关节周围,有时可导致畸形或残疾;影响肾小球、肾小管、肾间质组织和血管的痛风性肾实质病变;以及尿路结石。以上表现可以不同的组合方式出现。自然病程中经历四个阶段,即无症状性高尿酸血症、急性痛风性关节炎、间歇期、痛风石与慢化关节炎。

高尿酸血症和痛风的主要膳食目标是控制不发病或降低发病频度。

(一)膳食营养目标

1.管理目标

保持适宜体重,避免超重或肥胖;避免高嘌呤食物,减少尿酸形成;多用素食为主的碱性食物,促进尿酸排出;保证液体摄入量充足,促进尿酸排出,预防尿酸肾结石;避免饮酒及乙醇饮料;建立良好的饮食习惯,忌暴饮暴食,以免诱发痛风性关节炎急性发作。

2.营养需要

在总能量限制的前提下,蛋白质的供能比为 10%~15%,或每公斤理想体重给予 0.8~1.0 g。脂肪供热比<30%,全日脂肪包括食物中的脂肪及烹调油在 50 g 以内。充足的碳水化合物可防止组织分解及产生酮体,供能比 55%~65%,维生素与微量元素满足 DRIs 的需要。

(二)膳食制订原则

1.限制总能量

每日每公斤理想体重给予能量 20~25 kcal,维持健康体重。肥胖的痛风患者,在缓慢稳定降低体重后,不仅血尿酸水平下降,尿酸清除率和尿酸转换率也会升高,并可减少痛风急性发作。

2.限制高嘌呤食物

一般人日常膳食摄入嘌呤为 600~1 000 mg,在急性期,嘌呤摄入量应控制在 150 mg/d 以内,对于尽快终止急性痛风性关节炎发作,加强药物疗效均是有利的。在急性发作期,宜选用第一类含嘌呤少的食物,以牛奶及其制品、蛋类、蔬菜、水果、细粮为主。在缓解期,可增选含嘌呤中等量的第二类食物,但应适量,如肉类消费每日不超过120 g,尤其不要在一餐中进肉食过多。不论在急性或缓解期,均应避免含嘌呤高的的第三类食物,如动物内脏、沙丁鱼、凤尾鱼、小鱼干、牡蛎、蛤蜊、浓肉汁、浓鸡汤及鱼汤、火锅汤等。

3.减少油脂

高脂肪可影响尿酸排出体外,脂肪也是高能量的营养素,进食过多的油脂易使热量过高,导致肥胖。脂肪供能比<30%,全日脂肪包括食物中的脂肪及烹调油在50 g以内。应避免食用肥肉,猪牛羊油肥禽,烹调时应少用油。

4.保证碳水化合物摄入

充足的碳水化合物可防止组织分解及产生酮体。可选择精白米,精白面粉、各种淀粉制品、精白面包、饼干、馒头、面条等,在供能比的范围内不限制食用量。

5.建立良好的饮食习惯

暴饮暴食,或一餐中进食大量肉类常是痛风性关节炎急性发作的诱因。要规律进餐,或少食多餐。

6.多用素食为主的碱性食物

食物含有较多的钠、钾、钙、镁等元素,在体内氧化生成碱性离子,故称为碱性食物。属于此类的食物有各种蔬菜、水果、鲜果汁、马铃薯、甘薯、海藻、紫菜、海带等,增加碱性食物的摄入量,使尿液 pH 值升高,有利于尿酸盐的溶解,西瓜与冬瓜不但属碱性食物,且有利尿作用,对痛风治疗有利。

7.保证液体入量充足

液体入量充足有利于尿酸排出,预防尿酸肾结石,延缓肾脏进行性损害,每日应饮水2 000 mL以上,约8～10杯,伴肾结石者最好能达到3 000 mL,为了防止夜尿浓缩,夜间亦应补充水分。饮料以普通开水、淡茶水、矿泉水、鲜果汁、菜汁、豆浆等为宜。

8.避免饮酒及乙醇饮料

乙醇代谢使血乳酸浓度升高,乳酸可抑制肾小管分泌尿酸,使肾排泄尿酸降低。酗酒如与饥饿同时存在,常是痛风急性发作的诱因。饮酒过多,产生大量乙酰辅酶A,使脂肪酸合成增加,使甘油三酯进一步升高。啤酒本身含大量嘌呤,可使血尿酸浓度增高,故痛风患者应禁酒。

9.注意药物与营养素之间的关系

痛风病人不宜使用降低尿酸排泄的药物,其中包括与营养有关的尼克酸、维生素 B_1、维生素 B_{12},故除满足 DRIs 需要外,不宜长期大量补充这些维生素。在营养与药物相互关系上,用秋水仙碱、丙磺舒等,避免摄入大剂量维生素C,反之,用吲哚美辛、保泰松、蔡普生抗炎药物时,因它们能降低维生素C水平,故应保证食物中有充足的维生素C。长期使用抑制尿酸生成的别嘌呤醇,必要时要补充铁。保泰松有钠水潴留的作用,故饮食中应限制钠盐。

10.注意烹调方法

少用刺激性调味品,肉类煮后弃汤可减少嘌呤量,清淡少盐。

(三)食物的选择

食物按嘌呤含量分为三类,即含嘌呤较少、较高和不能食用的食物,可在选择食物时参考。选择时可不必计较其绝对嘌呤含量。

1.宜食用食物

含嘌呤较少,100 g含量<50 mg。

2.可适量食用食物

含嘌呤较高,100 g含50～150 mg嘌呤。应限量使用,每周2～4次,每次不超过100 g。

3.禁食用食物

高嘌呤食物,100 g含量>150 mg。

食物的嘌呤含量,详见表2-9-22。

表 2-9-22　食物的嘌呤含量(mg/100 g 可食部)

食物名称	含量	食物名称	含量
含嘌呤较少的食物			
鸡蛋(1个)	0.4	芹菜	10.3
梨	0.9	米粉	11.1
苹果	0.9	苦瓜	11.3
西瓜	1.1	丝瓜	11.4
香蕉	1.2	猪血	11.8
桃	1.3	卷心菜、荠菜	12.4
牛奶	1.4	白菜	12.6
橙	1.9	青菜叶	14.4
皮蛋白	2.0	豆芽菜	14.6
橘	2.2	黄瓜	14.6
白薯	2.4	奶粉	15.7
冬瓜、南瓜	2.8	面粉	17.1
蜂蜜	3.2	空心菜	17.5
洋葱	3.5	糯米	17.7
海参	4.2	大米	18.1
番茄	4.3	芥蓝菜	18.5
葱	4.5	菜花	20.0
姜	5.3	糙米	22.4
葡萄干	5.4	菠菜	23.0
马铃薯	5.6	麦片	24.4
小米	6.1	瓜子	24.5
皮蛋黄	6.6	韭菜	25.0
西葫芦	7.2	四季豆	27.7
萝卜	7.5	蘑菇	28.4
胡萝卜	8.0	杏仁	31.7
红枣	8.2	枸杞	31.7
青椒、蒜头	8.7	花生	32.4
木耳	8.8	茼蒿菜	33.4
海蜇皮	9.3	栗子	34.6
玉米	9.4	海藻	44.5
嘌呤含量较高的食物			
红豆	53.2	羊肉	111.5
米糠	54.0	猪肉	122.5
黑芝麻	57.0	肚	132.4
花豆	57.0	肾	132.6
鱼丸	63.2	鲤鱼	137.1
豆干	66.6	黑豆	137.4
绿豆	75.1	虾	137.7
豌豆	75.7	鸡肫	138.4
牛肉	83.7	草鱼	140.2
乌贼	87.9	鸡肉	140.3
鳝鱼	92.8	黑鲳鱼	140.6
鳗鱼	113.1		

续表

食物名称	含量	食物名称	含量
高嘌呤含量的食物			
黄豆	166.5	白带鱼	291.6
脑	175.0	沙丁鱼	295.0
浓肉汁	160～400	凤尾鱼	363.0
鲢鱼	202.4	酵母粉	589.1
肝	233.0	胰脏	825.0
白鲳鱼	238.0	小鱼干	1 638.9
牡蛎	239.0	小肠	262.2

据杨月欣(2008)

(四)食谱制订方案

不论在急性或缓解期,膳食基本原则均应避免含嘌呤高的第三类食物,如动物内脏、沙丁鱼、凤尾鱼、小鱼干、牡蛎、蛤蜊、浓肉汁、浓鸡汤及鱼汤、火锅汤等。

缓解期基本原则为增选含嘌呤中等量的第二类食物,肉类消费每日不超过 120 g,尤其不要在一餐中进肉食过多。

比如,急性期患者,女性,超重。

基本原则:宜选用第一类含嘌呤少的食物,以牛奶鸡蛋为优质蛋白质主要来源、蔬菜 500 g、水果 200 g、细粮为主。以下食谱可满足成人痛风病人的营养需要及对嘌呤的限制(表 2-9-23,表 2-9-24)。

表 2-9-23　痛风性关节炎急性发作时膳食举例

餐次	食物和用量
早餐	牛奶 200 mL、白面包 1 个(面粉 50 g)、鸡蛋 1 个、苹果 150 g
午餐	西红柿 200 g 炒鸡蛋 1 个、拌黄瓜 200 g、米饭(米 100 g)、酸奶 120 g
加餐	柑橘 1 个(柑橘 150 g)
晚餐	白菜 150 g、熟鸡肉 30 g(弃鸡汤)、煮面条 100 g
全天饮水	(茶水或白开水)2 000～3 000 mL

据杨月欣(2008)

表 2-9-24　膳食营养计算

营养素	摄入量
能量	1 629 kcal
蛋白质	56 g(13.8%)
脂肪	45 g(24.8%)
碳水化合物	250 g(61.2%)
嘌呤	67 mg

据杨月欣(2008)

该食谱能量和功能比合理,嘌呤含量较低,可满足低嘌呤膳食要求。

六、骨质疏松症膳食

骨质疏松症是一种以低骨量、骨组织的微结构破坏为特征,导致骨骼脆性增加和易于发生骨折的全身性疾病。骨质疏松的发病女性多于男性,其中绝经后妇女所占比例较大。女性的骨质疏松不仅比男性出现早,且骨量减少的速度也快,骨皮质和骨松质皆有所减少。

(一)膳食营养目标

1.管理目标

营养治疗的目的是通过饮食补充钙、磷和维生素 D,有效防治骨质疏松症。

2.营养目标

高钙/平衡膳食,注意能量及三大产热营养素的合理比例。保证每日 800～1 000 mg 钙的供应。更年期后的妇女和老年人,每日钙的摄入标准更高,约 1 000～1 500 mg。适当增加日光浴,同时可以增加富含维生素 D 的膳食。

(二)膳食制订原则

1.能量

与个体年龄、性别、生理需要、劳动强度等相适应,达到并维持合理体重。

2.蛋白质

健康成人摄入 1.0～1.2 g/(kg·d)。处于特殊生理时期(生长期、妊娠期、哺乳期等)者应酌量增加。增加富含胶原蛋白和弹性蛋白的食物,包括牛奶、蛋类、核桃、肉皮、鱼皮、猪蹄胶冻、甲鱼等。

3.无机盐

保证每日 800～1 000 mg 钙的供应。更年期妇女和老年人钙摄入量为 1 000～1 500 mg/d。镁 350 mg/d,孕妇和乳母为 450 mg/d。保证各类微量元素摄入。

4.维生素

满足各种维生素,特别是维生素 D 的摄入。

(三)食物的选择

1.宜选择食物

选择含钙高的食物,如牛奶及其制品、鱼类、虾、蟹、豆制品等;富含维生素 D 的强化食物和沙丁鱼、鳜鱼、青鱼、牛奶、鸡蛋等,适量使用鱼肝油和钙补充剂。但需注意不要过量。

临床研究表明,围绝经期和绝经后女性补充富含大豆异黄酮的食物或提取物半年以上,可以明显增加腰椎骨密度,而对于股骨颈、总髋部和大转子的骨密度没有影响(见表 2-9-25)。因此,围绝经期和绝经后女性改善骨质疏松症可选择富含大豆异黄酮的食物或提取物。大豆异黄酮的主要食物来源见表 2-9-26。

表 2-9-25　大豆异黄酮改善围绝经期和绝经后女性骨质疏松的临床研究

作者/年代	国家	研究对象	样本量(干预 T/对照 C)	研究类型/期限	干预措施	干预结果
Taku K, 2010	—	围绝经期和绝经后女性	T:684 C:556	Meta 6 个月～1 年	T:大豆异黄酮提取物/染料木黄酮,平均 82 mg/d (47～150 mg/d) C:0	增加腰椎骨密度
Ma D F, 2008	—	围绝经期和绝经后女性	352 人	Meta 3 个月～2 年	T:豆浆/含大豆异黄酮的大豆蛋白/大豆异黄酮提取物,平均 90 mg/d (55.6～150 mg/d) C:0	增加腰椎骨密度
Lydeking-Olsen E, 2004	丹麦	绝经后女性	T:23 C:22	RCT 2 年	T:含大豆异黄酮的豆浆,76 mg/d C:0	与对照相比,增加腰椎骨密度和骨含量
Ye Y B, 2006	中国	绝经早期女性	T1:28 T2:26 C:30	RCT 6 个月	T1:大豆异黄酮提取物 84 mg/d T2:大豆异黄酮提取物 126 mg/d C:0	与对照相比,高剂量组增加腰椎骨和股骨颈骨密度

据中国营养学会(2014)

表 2-9-26 大豆异黄酮的主要食物来源及其含量[mg/(100 g 可食部)]

食物	大豆异黄酮			合计
	大豆苷元	染料木黄酮	黄豆黄素	
腐竹	79.88	104.80	18.40	193.88
大豆粗粉(脱脂)	57.47	68.35		125.82
速溶豆粉饮料	40.07	62.18	10.90	109.51
浓缩大豆蛋白(水洗)	43.04	55.59	5.16	102.07
大豆蛋白提取物	33.59	59.62	9.47	97.43
豆腐干(冻)	25.34	42.15		67.49
豆面酱粉	24.93	35.46		60.39
大豆(煮、发酵)	21.85	29.04	8.17	58.93
豆片	26.71	27.45		54.16
腐竹(熟)	18.20	32.50		50.70
豆腐(炸)	17.83	28.00	3.37	48.35
印尼豆豉	17.59	24.58	2.10	43.52
豆面酱	16.13	24.56	2.87	42.55
黄豆芽	19.12	21.60		40.71
腐乳	14.30	22.40	2.30	39.00
豆腐(煮)	12.80	16.15	2.40	31.35
大豆干酪	11.24	20.08		31.32
豆腐片	13.60	13.90	2.00	29.50
豆腐	11.13	15.58	2.40	27.91
豆腐(蒸)	8.00	12.75	1.95	22.70
婴儿配方豆粉(均值)	7.23	14.75	3.00	25.00
毛豆	9.27	9.84	4.29	20.42
浓缩大豆蛋白(乙醇提取)	6.83	5.33	1.57	12.47
豆浆	4.45	6.06	0.56	9.65
豆粉面条	0.90	3.70	3.90	8.50

据中国营养学会(2014)

2.不宜选择食物

减少膳食中影响钙吸收利用的因素,如食物中的植酸盐、碱性磷酸盐、纤维素等可与钙形成不能溶解的化合物,减少钙的吸收;膳食中的脂肪因其含有脂肪酸能够与钙形成不溶性的钙皂,也降低了钙的吸收。以及酒、浓茶、咖啡等也影响钙吸收,应少食。

七、缺铁性贫血膳食

营养性缺铁性贫血(nutritional iron deficiency anemia)是小儿、孕妇贫血中最常见的一种类型,尤以婴幼儿的发病率最高。临床主要特点为小细胞低色素性贫血,故又称为营养性小细胞贫血。人体血红蛋白的合成需要蛋白质、铁、铜、维生素 B_6,红细胞的成熟需要维生素 B_{12} 和叶酸,而铁在肠道的吸收需要维生素 C,一旦其中某些营养素摄入不足满足不了血红蛋白和红细胞的需要,必然导致贫血,而膳食营养治疗是营养性贫血的有效措施。

(一)膳食营养目标

1.管理目标

提供足够的铁供给红细胞的合成。并提供足量的维生素 C 来促进非血红素铁的吸收利用。提高血红蛋白含量纠正贫血。

2.营养要求

能量和三大营养素按正常人要求供给,选择含铁丰富的食物如肝脏、瘦肉、鱼类、禽类等,有些蔬菜中铁含量相对丰富。但吸收差,尚需同时提供含丰富的维生素 C 的食物来促进铁的吸收,如橘子、猕猴桃、鲜枣等。因此首先应选择动物性食品;主要荤素食品的搭配可提高铁的吸收率;经过发酵的粮食铁的吸收率有所提高,如馒头、发糕等。

(二)膳食制订原则

1.能量

应提供充足的能量,每天 20~30 kcal/kg,每天总量不少于 1 200 kcal。

2.碳水化合物

每日 300~400 g,以占热能的 50%~60%为宜,可选用多种杂粮。

3.蛋白质

一般缺铁性贫血患者均有不同程度的蛋白质摄入不足,因此应保证足够量的蛋白质摄入,蛋白质总量需要每日 1~2 g/kg,食物以易消化的含必需脂肪酸完全的优质高蛋白饮食为主,如奶类、禽蛋类、瘦肉、豆制品、鱼虾等。

4.脂肪

以 1~1.2 g/kg,占总热能的 20%~25%为宜,不宜过多,否则可影响消化吸收并抑制造血功能。提供易消化的脂肪如蛋黄、植物油为主,可补充含 ω-3 脂肪酸丰富的食物,如鱼油及鱼类。

5.维生素和矿物质

贫血患者可有多种微量营养素缺乏,因此多添加新鲜的水果、蔬菜有很好的改善作用。

6.纠正不良的饮食习惯

对长期偏食和素食的人,要进行纠正,使其改变饮食习惯,以保证铁和各种营养素的供给。

(三)食物的选择

1.宜食食物

禽蛋类、瘦肉、鱼虾、芝麻、海带、木耳、紫菜、香菇、干豆类及其制品、大枣、葵花子、核桃仁、奶类等。

2.忌食食物

不宜饮浓茶和咖啡,膳食纤维含量高的食物也应适当限制,以利于膳食中铁的吸收。

八、低钾血症膳食

血清钾浓度低于 3.5 mmol/L(3.5 Eq/L,正常人血清钾浓度的范围为 3.5~5.5 mmol/L)称为低钾血症。低钾血症时,机体的含钾总量不一定减少,但是在大多数情况下,低钾血症的患者也伴有体钾总量的减少——缺钾(potassium deficit)。其原因是多种多样的,有摄入不足,但更多的是经肾失钾、碱中毒等排出增加引起。钾是人体细胞内液的主要阳离子,有维持体内水电平衡、渗透压以及加强肌肉兴奋性和心跳规律性等生理功能。低钾血症膳食是纠正病人由于钾正常摄入量减少或异常排泄量增多导致低钾血症的治疗膳食,相对于病人以往低钾摄入或标准供给量偏高的调整膳食。

(一)膳食营养目标

1.管理目标

治疗各种原因引起的低钾血症,提高钾摄入并维持血液中适当浓度。

2.营养要求

能量和三大功能营养素按照正常人群的要求,同时需要额外摄入含钾高的食物,并足量饮水,至少

1 500 mL/d。应用低钾血症膳食时注意只能在病人尿量正常的前提下才能实施。

(二)膳食制订原则

首先应防治原发疾病,去除引起缺钾的原因如停用某些利尿药等。

1.补钾

病因祛除后,应及时补钾。如果低钾血症较重(血清钾低于 2.5～3.0 mmol/L)或者还有显著的临床表现如心律失常、肌肉瘫痪等,则应及时补钾。补钾最好口服,每天以 40～120 mmol/L 为宜。只有当情况危急,缺钾即将引起威胁生命的并发症时,或者因恶心、呕吐等原因使患者不能口服时才应静脉内补钾。而且,只有当每日尿量在 500 mL 以上才允许静脉内补钾。输入液的钾浓度不得超过 40 mmol/L,每小时滴入的量一般不应超过 10 mmol。静脉内补钾时要定时测定血钾浓度,做心电图描记以进行监护。

细胞内缺钾恢复较慢,有时需补钾 4～6 日后细胞内外钾才能达到平衡,有的严重的慢性缺钾患者需补钾 10～15 d 以上。

如低钾血症伴有代谢性碱中毒或酸碱状态无明显变化,宜用 KCl。如低钾血症伴有酸中毒,则可用 $KHCO_3$ 或柠檬酸钾,以同时纠正低钾血症和酸中毒。

2.纠正水、其他电解质代谢紊乱

引起低钾血症的原因中,有不少可以同时引起水和其他电解质如钠、镁等的丧失,因此应当及时检查,一经发现就必须积极处理。如果低钾血症是由缺镁引起,则不如补镁,单纯补钾时无效的。

3.膳食调整

能量和三大宏量营养素的供给可参考正常人群进行,同时选择含钾丰富的食品。含钾食物分布很广,几乎所有的动植物种均含钾,尤以豆类、蔬菜、水果的含量最高。豆类含钾多的是菠菜、山药、土豆、芹菜、大葱等。黄绿色的水果中含钾量较高,可选择食用。除此之外,玉米面、荞麦面以及牛奶、鸡肉、黄鱼等食物中也有一定的含量。

(三)食物的选择

1.宜食食物
包括上述含钾高的各类食物。

2.忌食食物
应避免含钠过高的食物和利尿药物等。

九、肥胖膳食

肥胖病(obesity)是能量摄入超过能量消耗而导致体内脂肪积聚过多达到危害程度的一种慢性代谢性疾病。肥胖已经成为不可忽视的严重威胁国民健康的危险因素。肥胖的发病因素较多,但其中能量摄入过高是主要因素,因此,对超重和肥胖患者提供适宜的食谱以便于进行有效的体重控制。

(一)膳食营养目标

1.管理目标
限制能量摄入,适当增加运动量。保持能量摄入小于能量支出。逐渐降低体重到适宜范围。

2.营养要求
主要是对能量摄入量要限制,但避免骤然降低。成年的轻度肥胖者,每天减少 530～1 050 kJ 能量摄入,每月减轻体重 0.5～1.0 kg。对中度以上的肥胖者,宜每周减轻体重 0.5～1.0 kg,每天减少能量 2 310～4 620 kJ,应从严控制。每人每天供给能量 4 200 KJ 是可以较长时间坚持的最低安全水平。能量来源应适当比例,一般蛋白质要充足或适当提高比例,如每天每 kg 体重 1.0～1.2 g。脂肪要限制,控制在

20%以下,膳食胆固醇应控制在 200 mg/d 以下。碳水化合物可适当减少如 50%左右。增加膳食纤维摄入量如 25~30 g(研究证明,增加膳食纤维摄入量不仅可减少患高胆固醇血症、2 型糖尿病、心血管疾病等的风险,还能降低肥胖的可能风险,见表 2-9-27。多数国家根据肠道健康需要制定膳食纤维建议值,见表 2-9-28)。维生素和矿物质摄入水平应至少达到膳食推荐摄入量(RNI or AI)的标准。

表 2-9-27　膳食纤维与代谢综合征的研究总结

作者/年代	研究名称	国家/研究对象	样本量(干预 T/对照 C)	研究期限	干预措施	干预结果	相对危险度(RR)(95%CI)或比值比(OR)
Threapleton DE, 2013	Meta 分析	美国、北欧、日本、澳大利亚人群	257 551	8~19 年	可溶性膳食纤维、不可溶性膳食纤维、谷物纤维剂量 7~25 g/d亚组分析	中风发生率和死亡率↓	7g/d:0.93 (0.88~0.98) $I_2=59\%$
Rees K, 2013	Meta 分析	欧美人群	18 175	3~24 月	膳食纤维摄入建议	TC↓、LDL-C↓、血压↓、HDL-C 和 TG	TC:0.15 mmol/L (0.06~0.23);LDL-C:0.16 mmol/L (0.08~0.24)
Post R E, 2012	Meta 分析	欧美、澳大利亚及中国台湾糖尿病人群	400	3~12 周	额外添加膳食纤维 4~40 g/d	FBG↓、HbA1c↓	FBG:0.85 mmol/L (0.46~1.25);HbA1c:0.26% (95%CI, 0.02~0.51)
Streppel M T,2005	Meta 分析		1 404	2~24 周	3.5~42.6 g/d	收缩压↓、舒张压↓	收缩压:−1.13 mmHg (−2.49~0.23) 舒张压:−1.26 mmHg (−2.04~0.48)
Robertson M D,2012	PCR	法国胰岛素抵抗人群	15	8 周	受试组:增加 40 g/d 玉米抗性淀粉	HOMA-IR↓、FBG↓、INS↓	HOMA-IR:$P=0.029$;FBG:$P=0.017$;INS:$P=0.041$.
Guerin-Deremaux L,2011	RCT	超重的中国人群	T:60 C:60	12 周	受试组:增加 17 g/d,2 次可溶性膳食纤维	体重↓、BMI↓、体脂↓	体重:1.5 kg,$P<0.001$;BMI:0.5 kg/m²,$P<0.001$;体脂:0.3%,$P<0.001$
Jenkins D J,2002	RCT	加拿大高血脂人群	68	1 月	受试组增加 7.2 g 洋车前子和 0.75 g 的 β-葡聚糖	TC↓、LDL↓、HDL↓、载脂蛋白 B:A-I↓	TC:2.1%±0.7%;$P=0.003$;LDL:HDL-C(2.4%±1.0%);$P=0.015$;载脂蛋白 B:A-I(1.4%±0.8%);$P=0.076$

据中国营养学会(2014)

表 2-9-28　各国推荐的膳食纤维数值

国家	推荐量	国家	推荐量
FAO/WHO	20 g(NSP[a]);25 g(AOAC[b])	瑞典	25~35 g
欧洲(EURODIET)	25g	英国	18 g(NSP)
丹麦	25~30 g(AOAC)	美国、加拿大	30 g(男>50 岁);21 g(女>50 岁)(AOAC);38 g(男 19~50 岁);25 g(女 19~50 岁)(AOAC)
瑞士、芬兰、挪威	25~35 g(AOAC)		
法国	25~30 g		
德国	30 g		
爱尔兰	18 g(NSP)	澳大利亚、新西兰	30 g(男);25 g(女)
荷兰	30~40 g	日本	20~30 g(AOAC)
西班牙	30 g(AOAC)	南非	30~40 g(AOAC)

[a]. non-starch polysaccharide(englyst 方法);985.29/AOAC 911.43-食物中总膳食纤维测定方法。
[b]. Association of official analytical chemists; dietary fiber-unspecified(重量法)。
据中国营养学会(2014)

(二)膳食制订原则

1.平衡膳食

低能量膳食在限制食物的摄入总量的同时,也应该尽可能是平衡膳食。

2.食物多样化

增加饱腹感的食物,如粗制、整个谷类食物,含淀粉或糖低的蔬菜等。如选用麦麸面包、魔芋制品、果胶、海藻制品等食物。适量增加膳食纤维含量。

3.低脂低盐低糖

重度肥胖者脂肪应占总能量的20%以下。盐摄入过多刺激食欲,故肥胖者每日食盐摄入量应控制在3～6 g。同时应注意禁用或少用榨菜、咸菜、腌制食物、泡菜、火腿等食物。不食用可乐、果蔬饮料和冰糕等。

4、餐次安排

可每日3～6餐。在减少能量摄入的初期,宜采用少量多餐的方法,以减少饥饿感和减少发生低血糖反应的危险。饭前多饮水,必要时先吃些蔬菜,再开始进食正餐,减少能量摄入机会。

5.烹调方法

可多采用生食、蒸、煮、拌等烹调方法,少用油炸、煎、烤等方法。

(三)食物的选择

1.可用食物

宜选用低能量、低饱和脂肪、低胆固醇、高膳食纤维的食物,如糙米、粗粉、谷物(小米、玉米、大麦等)、豆腐、豆浆、各种蔬菜、低脂奶、脱脂奶、鸡蛋白、鱼虾、海参、海蜇、兔子肉、去脂禽肉。烹调油宜选用植物油。

2.限用食物

禁用或少用高糖、高胆固醇、高嘌呤、高动物脂肪的食物,如蛋黄、肥肉、全脂奶、炸面筋、花生、核桃及油炸食品、糕点等;忌用动物脂肪如猪油、牛油、肥肉等。限制甜饮料、零食和糖果;戒酒(每1 mL纯酒精可提供能量29.2 kJ)。

3.适宜运动

适宜运动可以消耗能量,增强体质。

实践提示,低能量膳食类型"高蛋白、高脂肪、低碳水化合物"、"高蛋白质、低脂肪、低碳水化合物"、"低蛋白质、低脂肪、高碳水化合物"以三大产热营养素比例不均衡为代价,容易增加钙的排泄,产生高尿酸,低血压,增加高脂血症危险,或恶心、疲倦、脱水、对冷环境不耐受、头发减少、月经失调、胆囊炎、胰腺炎等间有发生。

作为治疗手段,运动处方配合低能量膳食必不可少,能量消耗增加与能量摄入限制,两者的相互作用较单独任一方对减重有更明显的影响,并具有促进健康的积极意义。

十、消瘦型人群的膳食

能量不足指能量的绝对摄入不足或因消耗过多导致的相对摄入不足。长期能量摄入不足可导致机体消瘦,孕妇、幼儿、老人、神经性厌食病人、急危重症病人也容易存在能量不足,不仅导致体重减轻,常伴有血浆蛋白质的降低,临床营养诊断为蛋白质——热能营养不良(protein energy malnutrition,PEM)。主要临床表现包括成人消瘦或水肿,表现冷漠、易激惹、虚弱,心率、血压、体温都下降,体重显著丢失。儿童则瘦小,生长迟缓,头发稀少、干燥、无光泽、易脱落,皮肤干燥。

高能量膳食属于增重或补充机体因能量消耗导致蛋白质——热能营养不良的膳食。病人除体重不同程度的丢失外,常伴有蛋白质及微量营养素中维生素、微量元素等多种营养素的缺乏,补充治疗能量的同时注意补充蛋白质及其他营养素。

(一)膳食营养目标

1.管理目标

健康增重,改善各种原因引起的消瘦和营养不良。体重 3～5 天开始出现增长的趋势或不再继续下降,体能出现改善,都视为高能量膳食应用开始获得成功,一般平均每周增长 0.5～1 kg,每月增长 2～4 kg 较理想,逐渐增重并达标。

2.营养要求

选择标准体重每千克 125～168 kJ(30～40 kcal)计算全天能量的需要量,三大产热营养素占总热能比例为碳水化合物 50%～60%,脂肪 20%～30%,蛋白质 15%～20%。在补充高热能的同时,有效地补充优质蛋白质、增加微量营养素。

(二)膳食制订原则

1.能量

消瘦病人大多存在蛋白质热能营养不良,因此首选需要保证患者有足够的热能摄入,根据消瘦程度和食欲状况总能量在 30～40 kcal/kg,每天总量不少于 1 500 kcal。

2.碳水化合物

每日 300 g 左右,占热能的 50%～60%为宜,碳水化合物易消化吸收,注意干稀搭配。

3.蛋白质

蛋白质总量需要每日 1～2 g/kg,食物以易消化的优质高蛋白饮食为主,如奶类、瘦肉、鸡蛋、豆制品、鱼虾等。

4.脂肪

以 1～1.2 g/kg,占总热能的 25%左右为宜,提供易消化的脂肪如蛋黄、植物油为主,可以适当补充动物油,如含 ω-3 脂肪酸丰富的鱼油类。

5.膳食纤维

每天 10 g 左右,可以增加新鲜水果蔬菜的摄入,足量水果还有助于调节食欲和帮助消化。

6.维生素和矿物质

新鲜的水果、蔬菜中含量丰富,一般应当每日摄取。

7.少食多餐,多饮用水

每日 4～5 餐,每餐从少到多逐渐增加。每天足量饮水。

(三)食物的选择

1.宜用食物

富含蛋白质、易消化的高能量食物,如牛奶、鸡蛋、瘦肉、鸡肉、豆腐、豆浆、鱼、虾、新鲜蔬菜和水果等。

2.烹调方法

注意食物色香味,浓汤等,以增加食欲。

第十节　食物、营养与癌症预防

葛可佑、史奎雄(2004)对营养与癌作了详细介绍：

一、能量、宏量营养素与癌

(一)能量

能量是反映三大宏量营养素的间接指标。动物实验资料表明限制 20% 进食的大鼠，比自由进食的大鼠自发性肿瘤的发病率低，肿瘤发生的潜伏期延长。不限制摄入能量但强迫大鼠进行运动以促进总能量的消耗，也可以降低化学致癌物对实验大鼠的致癌作用。流行病学的资料表明，能量摄入过多，超重、肥胖的人群其乳腺癌、结肠癌、胰腺癌、胆囊癌、子宫内膜癌和前列腺癌的危险性增加，而增加体力活动有降低结肠癌和可能有降低乳腺癌和肺癌的危险性。但国内外流行病学的资料均有报道，在社会经济条件较差及生活水平较低的人群中，胃癌的死亡率较高。因总能量的减少反映了食物摄入量的减少，蛋白质和其他营养素等胃癌保护性的营养素摄入的减少，会影响人体的抵抗力，促进肿瘤的易于发生。因此，对中老年人来说适当减少总能量的摄入的同时，必须满足蛋白质、维生素和无机盐的摄入需要。

(二)脂肪

流行病学和资料表明脂肪的摄入量与结肠癌、直肠癌、乳腺癌、肺癌、前列腺癌的危险性成正相关。脂肪占能量的百分比是总能量摄入过多的原因，也是肥胖的重要原因。膳食脂肪与肥胖有关，其肿瘤的危险性也存在一定的相关性。在脂肪的构成上对肿瘤的危险性亦有差别，饱和脂肪酸和动物性的脂肪可能增加肺癌、乳腺癌、结肠癌、直肠癌、子宫内膜癌、前列腺癌的危险性。7 项队列研究及 12 项病例对照研究显示多不饱和脂肪酸、不饱和植物性脂肪均与乳腺癌不相关。美国 1 项前瞻性研究亦表明单不饱和脂肪酸与前列腺癌不相关。4 项队列研究和 4 项病例对照研究显示单不饱和脂肪酸与结肠癌的危险性未见任何相关，而 2 项病例对照研究显示有保护作用。沈阳药学院报道鱼油中含甘碳五烯酸(EPA)和廿二碳六烯酸(DHA)对小鼠的 S_{180} 及 Hela 实体瘤、小鼠的 Lewis 肺癌均有明显的抑制作用。流行病学的资料亦显示常食鱼油的地区的人群，肿瘤的死亡率亦低。关于胆固醇与癌的关系。以往报道，癌症病人的血胆固醇低于正常对照组，但我国 65 个县的生态学调查，血浆胆固醇水平与肝癌、结肠癌、直肠癌、肺癌、白血病、脑肿瘤呈正相关。世界癌症研究基金会(WCRF)报告 5 项前瞻性研究，胆固醇的摄入量与乳腺癌无相关性，7 项病例对照研究中 6 项报告亦不相关。胆固醇与前列腺癌、结肠癌、直肠癌的危险性亦无相关。

(三)蛋白质

蛋白质的摄入过低或过高均会促进肿瘤的生长。流行病学的调查表明食管癌和胃癌患者得病前的饮食中蛋白质的摄入量较正常对照组为低。日本平山雄前瞻性观察发现，经常饮两瓶牛奶的人较不饮牛奶的人胃癌发病率为低。动物实验表明，牛奶酪蛋白对胃内致癌物亚硝胺合成有抑制作用。上海第二医科大学预防医学教研室的调查研究表明，经常服用大豆制品者胃癌的相对危险度为 0.57，而经常饮豆浆者相对危险度更低，为 0.35。大豆中不仅含丰富的蛋白质，而且含有抑制作用的大豆异黄酮，它有抑制胃癌、结肠癌和乳腺癌的作用(大豆异黄酮在乳腺癌的发病中表现为抗雌激素效应。大豆异黄酮可能通过增加雌激素代谢向抗癌产物 2-羟雌酮转化,从而发挥降低乳腺癌发病风险的作用。大豆异黄酮降低乳腺癌发病风险的流行病学研究,见表 2-10-1;大豆异黄酮的可观察到相关效应的最高摄入水平,见表 2-10-2)。但动物性蛋白增加过多,常伴随脂肪的摄入增加,容易引起结肠癌,二者成正相关。即使脂肪摄入量并不增加,蛋白质增加过多亦会增加肿瘤的发病率。大鼠以甲基硝基脲诱发乳腺癌,饲料(含 30 mg/kg)均含 15%玉米油,给 33%酪蛋白的高蛋白组乳腺癌发病率为 57.1%,而给 19%酪蛋白组乳腺癌发病率为 42.8%,前组发病率高,血清中鸟氨酸脱酸酶(DDC)及多胺亦高,有促癌作用。Syvian 鼠给致癌剂 N-2 羟丙基-2 氧丙基-亚硝胺(220 mg/kg),并饲以 20%蛋白质组胰腺癌的发病率为 46%,饲以 8%蛋白质组胰腺癌的发病率为 13%。由此可见,蛋白质摄入过低,易引起食管癌和胃癌;蛋白质的摄入过多,易引起结肠癌、乳腺癌和胰腺癌。因此,蛋白质的摄入应当适量。一般成年人占总能量的 10%~15%,轻体力活动的成年人每日的膳食推荐摄入量 65~70 g。

表 2-10-1　大豆异黄酮降低乳腺癌发病风险的流行病学研究

作者/年代	国家/研究类型	观察人群	样本量	研究期限(年)	摄入量	评估终点	相对危险度(RR)(95%CI)或比值比(OR)
Lee S A, 2009	中国队列研究	中老年女性	73 223	7.4	>44.2 mg/d,中位数 55 mg/d	发病率降低	绝经前女性:0.44(0.26,0.73)绝经后女性:1.09(0.78~1.52)
Wu A H, 2008	新加坡队列研究	中老年女性	35 303	9.7	高于 10.6 mg/(1 000 kcal·d)	发病率降低	绝经前女性:1.04(0.77,1.40)绝经后女性:0.74(0.61,0.90)
Shu X O, 2009	中国生存研究	乳腺癌患者	5 042	3.9	36.5~62.7mg/d;>62.7mg/d	复发率降低	HRa:0.65(0.51,0.84)0.77(0.60,0.98)

[a]. HR 为危害比(hazard ratio)。
据中国营养学会(2014)

表 2-10-2　大豆异黄酮的可观察到相关效应的最高摄入水平

作者/年代	国家/研究类型	观察人群	样本量	研究期限(年)	最高 25%人群摄入量(HOI)	评估终点	相对危险度(RR)(95%CI)或比值比(OR)
Lee S A, 2009	中国队列研究	中老年女性	73 223	7.4	>44.2 mg/d,中位数 55 mg/d	乳腺癌发病率降低	绝经前女性:0.44(0.26,0.73)绝经后女性:1.09(0.78~1.52)
Shu X O, 2009	中国生存研究	乳腺癌患者	5 042	3.9	>62.7 mg/d	乳腺癌复发率降低	HRa:0.77(0.60,0.98)

[a]. HR 为危害比(hazard ratio)。
据中国营养学会(2014)

(四)碳水化合物

以往认为高淀粉膳食易引起胃癌,在经济收入低的地区,人群中多以高淀粉膳食为主。日本近 50 年来胃癌的发病率下降与高淀粉摄入量的下降呈相关关系。高淀粉膳食本身无促癌作用,但是高淀粉膳食常伴有蛋白质摄入量偏低和其他保护因子不足,且高淀粉的膳食和大容量相联系,这种物理因素易使胃粘膜受损。但另有报道高淀粉膳食可减少结肠、直肠癌和乳腺癌的危险性。

膳食纤维是不能被人体吸收利用的多糖,在防癌上有其重要的作用,流行病学的资料和动物实验的资料均表明其能降低结肠癌、直肠癌的发病率,其主要的作用是吸附致癌物质和增加容积,稀释致癌物质。

食用菌类植物中及海洋生物中的多糖有防癌作用,如蘑菇多糖、灵芝多糖、云芝多糖等有提高人体免疫功能的作用。海洋生物中的多糖,如海参多糖有抑制肿瘤细胞生长的作用。

二、维生素与癌

维生素的缺乏和不足,常可导致生理功能的紊乱,易于引起肿瘤。维生素预防癌症的研究,是肿瘤化学预防中的一个重要内容,今年来发展较快,已有一些成果用于临床及预防。研究较多的是维生素 A、类胡萝卜素、维生素 C 以及维生素 E 等抗氧化营养素,现分述如下:

(一)维生素 A、类胡萝卜素

维生素 A 类化合物是一大类天然的或合成的具有维生素 A 结构或活性的化合物。维生素甲酸与动物上皮正常生长有关。类胡萝卜素包括有 β-胡萝卜素、叶黄素、番茄红素、玉米黄素等,β-胡萝卜素是食物中最多的类胡萝卜素类物质。1925 年 Wolbach 及 Howe 注意到维生素 A 与肿瘤的关系,发现饲料中维生素 A 不足可导致大鼠消化道、呼吸道及泌尿道上皮发生间变,而补充维生素 A 后可使间变上皮恢复正常。1941 年 Abels 等报道了消化道癌症病人血清中的维生素 A 含量较低。1955 年 Lasnitzki 证明给维生素甲醋酸酯可使 3-甲基胆蒽诱发的小鼠前列腺癌癌前病变趋向正常。1967 年 Saffiotti 报道维生素甲棕榈酸酯能抑制苯并芘诱发大鼠的肺癌。此后,大量的流行病学、动物实验及实验研究表明维生素 A 与肿瘤有着密切的关系

1. 流行病学的研究

以往流行病学的资料表明支气管癌、食管癌、胃癌、口腔癌、喉癌、结直肠癌、乳腺癌前列腺癌患者血浆或血清中维生素 A 和 β-胡萝卜素的含量低,相对危险度增加。摄入大量类胡萝卜素可降低肺癌危险度,亦可降低食管、胃、结直肠、乳腺和子宫颈癌的危险度。β-胡萝卜素在血浆或血清中的水平低,亦可使肺癌、喉癌、支气管癌、食管癌、胃癌、直结肠癌、乳腺癌及宫颈癌的相对危险度增加。对肺癌的作用,有 5 项队列研究和 18 项病例对照研究报告类胡萝卜素的膳食摄入量,除 2 项外,其余的研究均显示类胡萝卜素有保护作用。不吸烟者和吸烟者均有预防肺癌的作用。对食管癌,5 项病例对照研究报告摄入较多的类胡萝卜素或 β-胡萝卜素有保护食管癌的作用。对乳腺癌 14 项病例对照研究中 10 项报告示摄入量高者有保护作用。2012 年发表的叶黄素与乳腺癌发生风险的队列研究的 Meta 分析总结了 6 项前瞻性研究,见表 2-10-3,保守推测叶黄素在降低乳腺癌风险中发挥有效作用的限值应＞9 mg。对子宫颈癌,10 项病例对照研究中 5 项报告摄入量高者有保护作用。对喉癌、卵巢癌、子宫内膜癌、膀胱癌病例对照研究亦显示类胡萝卜素有保护作用。β-胡萝卜素在化学预防试验中,对胃癌显示有保护作用,而对肺癌则无预防的作用。在中国林县农村成人敢于试验,每日补充 15 mg β-胡萝卜素,30 mg 维生素 E 和 50 μg 硒,可见到总癌死亡率下降 13%,胃癌死亡率下降 20%。而对肺癌,ATBCCPS(The Alpha-Tocopopherol Beta-Carotene Cancer Prevention Study)研究中,每日补充 20 mg β-胡萝卜素的一组 5～8 年后肺癌发病率与对照组相比,反而升高 18%(p＝0.01)。总死亡率亦升高 8%。医师健康研究(PHS)工作中有一组隔日补充 50 mg β-胡萝卜素,1995 年得出的结论是未观察补充 β-胡萝卜素对疾病或死亡有任何影响。

表 2-10-3　叶黄素与乳腺癌发生风险的人群观察研究

作者/年代	国家/研究类型	观察人群	样本量	研究期限(年)	叶黄素最高位数摄入量/最低位数摄入量(μg/d)	评估终点	相对危险度(RR;95%CI)
Larsson,2010	瑞典前瞻性	绝经后妇女	1 008	9.4	≥3 160 vs ＜1 422	活检确诊	0.95(0.78～1.16)
Cui,2008	美国前瞻性	绝经后妇女	2 879	7.6	≥2 281 vs ＜1 000	临床确诊	0.93(0.80～1.07)
Cho,2003	美国前瞻性	绝经前妇女	714	8.0	5 939 vs 1 006	临床确诊	0.96(0.75～1.22)
Terry,2002	加拿大前瞻性	绝经前妇女	1 452 病例5 239 对照	9.5	6 838 vs 1 219	临床确诊	1.17(0.90～1.53)
Horn-Ross,2002	美国前瞻性	绝经前和绝经后妇女	711	2.0	≥1 782 vs ＜576	临床确诊	1.2(0.90～1.60)
Zhang,1999	美国前瞻性	绝经前和绝经后妇女	2 697	14.0	绝经前:8 796 vs 1 376绝经后:8 796 vs 1 376	临床确诊	0.79 (0.63～0.99)0.95 (0.82～1.10)

据中国营养学会(2014)

2.动物实验

维生素 A 或 β-胡萝卜素可抑制动物(小鼠或大鼠)的肺癌、口腔癌、胃癌、结直肠癌、乳腺癌、膀胱癌的发生。小鼠(Swiss-NMRI)经二乙基亚硝胺(NDEA)诱发肺癌,对照组诱癌率为 39.1% 而维生素 A 缺乏组肺癌诱癌率达 95.6%,上海第二医科大学曾用接种胃癌细胞 SGC-7901 的裸小鼠于以隔日皮下注射 β-胡萝卜素 20 mg/kg 或 40 mg/kg,17 天后可见到对移植瘤有明显的抑制作用,其抑制率为 86.0% 维生素 A 的衍生物,维生素 A 棕榈酸酯可有效地预防 Shope 病毒引起的乳头状瘤。DMBA 加巴豆油诱发的小鼠皮肤乳头状瘤,可被维甲酸所抑制。

(二)维生素 C

新鲜的蔬菜和水果摄入量常与各种肿瘤的死亡率成负相关。黄绿蔬菜和水果中不仅含有 β-胡萝卜素也含有丰富的维生素 C。

1.流行病学的研究

维生素 C 高摄入量可降低胃癌的危险的证据较为充足。亦有降低口和咽、食管、肺、胰腺和宫颈癌的危险性的证据。中国 65 个县的调查中,水果的消耗量和血浆维生素 C 的水平与食管癌的死亡率成负相关。2 项队列研究和 13 项病例对照研究分析胃癌危险性与维生素 C 膳食摄入量高的关系。其中 1 项队列研究和 12 项病例对照研究报告摄入量高有保护作用 4 项队列研究和 7 项病例对照研究表明维生素 C 的摄入量较高与肺癌危险性降低有关。加拿大 802 例胰腺癌病例对照研究,表明胰腺癌与碳水化合物、胆固醇的摄入量成正相关,与膳食纤维与维生素 C 的摄入量成负相关。浸润性宫颈癌的病例对照研究表明维生素 C 和 β-胡萝卜素能显著降低宫颈癌的危险性。

2.动物实验研究

维生素 C 可以抑制动物的诱癌率。104 只 Wistar 大鼠分四组,用二乙基亚硝胺(NDEA)诱发肝癌,用致癌剂组诱癌率为 90%,致癌剂与维生素 C 同时应用其诱癌率为 55%,无致癌剂的诱癌率为 0%,维生素 C 有抑制 NDEA 的诱癌作用。维生素 C 对二甲基肼(DMH)诱发的大鼠结肠癌亦有抑制作用。服用大量维生素 C 的小鼠其对 3-羟基-2-氨基苯甲酸(3-HOA)诱发的膀胱癌能降低其诱癌率。

(三)维生素 E

1.流行病学研究

维生素 E 可能有降低肺癌、子宫颈癌的危险性。病例对照研究表明肺癌病人血浆中的维生素 E 水平低于对照组。子宫颈癌的病例对照研究亦发现较高水平的血浆维生素 E 有保护作用。比较妇女发展成乳腺癌者血清中的维生素 E 的水平,发现血清低水平维生素 E 的妇女乳腺癌的危险性明显增高。但亦有报道未见有相似的作用。观察 15 093 名 15~99 岁的妇女,她们是未患癌人群,随访 8 年,发现 313 例患癌,测定储存在 −20 ℃下的患癌者血清中的维生素 E 与同年龄、同地区非癌对照组比较,维生素 E 与癌的相对危险度之间有负相关。5 个前瞻性研究表明发展为结直肠癌者,与对照组比,血清中维生素 E 水平显著为低,与结直肠癌的危险性成负相关。胃癌、不典型增生及浅表性胃炎患者血清中的维生素 E 水平未见有明显差别。横断面调查 16 名妇女测定其血浆的 β-胡萝卜素及维生素 E,发现宫颈癌的病人血浆中的β-胡萝卜素和维生素 E 明显的低。

2.动物实验研究

对 NMBZA 诱发食管癌的小鼠补充饲以维生素 E,可提高肝内维生素 E 和维生素 A 的浓度,降低血清中谷丙转氨酶及谷草转氨酶的活性,降低脂质过氧化物,降低食管癌的发病率和肿瘤的大小。维生素 E 与硒合用对二甲基苯并蒽(DMBA)诱发的 SD 大鼠乳腺癌有抑制作用,因其抑制脂质过氧化作用。

维生素 E 的防癌作用可能为:①清除自由基致癌因子,保护正常细胞。②抑制癌细胞的增殖。③诱导癌细胞向正常细胞分化。④提高机体的免疫功能。

(四)其他维生素

1. 维生素 B_2

在河南济源市 30 岁以上 1 230 名人群中测定血浆维生素 C 及红细胞维生素 B_2 含量,在测定的 190 名人血红细胞维生素 B_2 的含量中,食管癌组含量为 $(4.369\pm0.261)\mu g/Hb$,明显低于食管正常组 $(10.749\pm1.044)\mu g/Hb$。胃癌组 $(3.982\pm0.398)\mu g/Hb$,明显低于胃正常组 $(10.879\pm0.291)\mu g/Hb$。林培中等报道,以甲基苄基亚硝胺(NMBA)诱发大鼠食管癌时,在 $351\sim600$ d 中,正常饲料组,没有发生食管肿瘤;核黄素高度缺乏组食管肿瘤的发生率为 52.9%,乳头状瘤发生率为 41.2%。表明核黄素缺乏对 NMBA 诱发大鼠食管癌有明显的促进作用,用二乙基亚硝胺(NDEA)诱发大鼠肝癌,饲养 $600\sim800$ d,正常饲料组肝癌发生率只有 25%,而核黄素轻度和高度缺乏组,肝癌发生率分别为 550% 和 62.5%,表明核黄素缺乏对 NDEA 诱发肝脏癌变有促进作用。

2. 叶酸和维生素 B_{12}

许小平等报道,白血病活动期患者血清叶酸含量较正常人为低,随病情的缓解可上升至正常水平,如出现复发,又可下降。急性、慢性白血病患者血清维生素 B_{12} 含量可较正常显著增高。在前瞻性研究观察 49 例乳腺癌,52 例良性乳腺肿块,6 例正常共 107 名妇女,其周围血淋巴细胞的突变频率增加与血清中叶酸的缺乏有明显关系,血清中的维生素 B_{12} 与姐妹染色单体互换率(SEC)成负相关,说明叶酸可减轻基因的损伤。叶酸的缺乏使食管癌的危险性增加,补充叶酸可降低溃疡性结肠炎的结肠不典型增生的发生。叶酸的缺乏可能有助于促癌作用。病例对照研究 35 例早期食管癌血中的叶酸明显低于对照组。44 例萎缩性胃炎伴肠腺化生的病人,每日给叶酸 20 mg,维生素 B_{12} 1 mg,经 3 个月治疗,随访 7 年,未见 1 例发生胃癌,而对照相 54 例中 3 例发生胃癌。

3. 维生素 D

维生素 D 及其代谢物与结直肠癌、乳腺癌及前列腺癌的发生发展有关。

分析美国不同地区年平均日照量与大肠癌发病率和死亡率之间的关系后发现居住城市的白种人结肠癌死亡率与日照量成负相关 $(r=-0.7)$。与居住农村的白种人亦成负相关 $(r=-0.6)$。日照量与体内合成维生素 D 含量有着正相关。对芝加哥西方电子公司 Hawthome 工厂 3 102 名男性进行饮食干预试验,分别给予不同含量的维生素 D 和钙饮食,其含量由低至高,结肠癌的发病率分别为 38.9/1 000 人,24.5/1 000 人、14.3/1 000 人,表明维生素 D 和钙的摄入量与结肠癌的发病率成负相关。另一项调查对 8 006 名日本人进行 $13\sim16$ 年的随访,认为大肠癌与维生素 D 摄入量无关,但与直肠癌存在一定的负相关。地理的分布和紫外线照射与前列腺癌的死亡率成负相关。维生素 D 的抑癌作用可能为:①调节抑制肿瘤细胞的增殖。②通过钙的作用,抑制肠道胆汁酸及其衍生物的促癌作用。

4. 维生素 K

维生素 K 中尤以维生素 K_3 具有抑瘤活性。维生素 K_3 对小鼠 L1210 白血病具有细胞毒的作用。对乳腺癌、卵巢癌、结肠癌、胃癌、肾癌和肺鳞状细胞癌的癌株亦有不同程度的抑制作用。维生素 K 也可延迟苯并(a)芘对小鼠诱发肿瘤的发生时间。维生素 K 的抑制肿瘤的机制被认为是维生素 K(尤以维生素 K_3)的细胞毒作用,假说为维生素 K_3 干扰细胞的氧化还原代谢,从而使肿瘤细胞死亡,或是维生素 K_3 在体内被还原成半醌型的自由基,产生细胞毒作用。

三、无机盐与癌

无机盐中与肿瘤有关系的元素,特别是微量元素更是人们所关注的,常量元素钙与预防消化道肿瘤有关。微量元素硒、锌、碘和铁与肿瘤亦有关。

(一)钙

有高钙维生素 D 的膳食对结肠癌和直肠癌呈负相关的流行病学的报道,亦有动物实验给予大鼠补钙可降低胃肠黏膜的增生病变。实验室研究表明钙能与脱氧胆酸等相结合,形成不溶性钙盐,能保护胃肠道免受次级胆酸的损伤,有利于防止癌变。

(二)锌与铜

在肺癌、食管癌、胃癌、肝癌、膀胱癌、白血病病人血清中均可见到铜高锌低,Cu/Zn 比值升高的现象,尤以病情恶化或有转移者更为明显。锌的摄入过低,可降低机体的免疫功能,但锌的摄入过高亦会降低机体的免疫功能。锌的过多还能影响硒的吸收。流行病学资料的报道,锌摄入过多可能与食管癌,胃癌有关。

(三)硒

硒的防癌作用比较肯定。流行病学的资料表明土壤和植物中的硒含量、人群中硒的摄入量,血清中硒水平与人类各种癌症(肺癌、食管癌、胃癌、肝癌、肠癌、乳腺癌等)的死亡率呈负相关。亦有资料表明高硒膳食可预防肺癌。我国动物实验表明硒有抑制致癌物诱发食管癌、胃癌、肝癌、乳腺癌的作用。细胞培养表明亚硒酸钠可抑制食管癌、胃癌、肝癌、口腔癌细胞的生长,在预防胃癌、肝癌的人群干预研究中均能见到良好的效果。硒是谷胱甘肽过氧化酶的重要组成成分,能清除氧自由基,保护细胞和线粒体膜的结构功能,硒还有加强免疫功能的作用,因此有防癌作用。

(四)碘

碘与肿瘤危险性的关系主要是关于甲状腺癌,有资料表明碘的过多和缺乏都会增加甲状腺癌的危险性。5 项病例对照研究发现,碘缺乏与甲状腺癌增加存在着相关性,尤其是增加滤泡性的甲状腺癌,在一些实施加碘食盐计划的国家中如瑞士呈现甲状腺癌发病率和死亡率的下降,而其他地区为观察到这种趋势,缺乏碘的膳食很可能有增加甲状腺癌的危险性。碘的摄入过多,超过每日推荐摄入量的 100 倍,可阻断甲状腺癌,因此,高碘膳食亦有可能增加甲状腺癌的危险性。

(五)铁

流行病学的资料表明,高铁膳食有可能增加直肠癌和肝癌的危险性。一项队列研究和一项生态学的研究发现,体内铁储备高的人群,结肠、直肠癌的危险性增高,与 5 项结肠和直肠癌的病例对照研究的结果相一致。动物实验发现铁缺乏可抑制大鼠肝肿瘤的发展,而铁的过多则可促进小鼠肝癌的形成。但 2 项生态学的研究显示铁营养状况的一些生化指标和肝癌死亡率不成相关。因此,铁摄入过多与肝癌的关系,尚需进一步研究。

四、食物、营养、身体活动与癌症预防

世界癌症研究基金会(WCRF)和美国国家癌症研究所(NCI)邀请了世界著名的营养专家和流行病学家编写了《食物、营养、身体活动与癌症预防》一书,其相关内容介绍如下。

(一)癌症发生过程的促癌效应与抗癌效应

大部分癌症不会遗传。但是,癌症却是一种基因表达发生了改变的疾病,这种改变源自遗传信息载体——DNA 的改变。一个将要从正常状态转化成癌性状态的细胞必须获得不同的表型特征,这些特征来自于基因型的改变。大部分癌症从起初的 DNA 损伤发展到临床可以诊断的阶段需要几年或几十年的时间。

　　癌症的发生或者说致癌作用需要一系列细胞的改变。单个基因不能诱发癌症。癌症的发生是一个多步骤过程,是由控制细胞过程的基因发生错误后不断积累所引起的。一个基因突变可能会使一个细胞系的细胞获得单一性状(如,细胞存活性增加),这些细胞的后代因此可能会获得其他的基因突变。但是,癌症只有在一些基因发生改变将生长和存活优势传到毗邻正常细胞时才能发生。

　　细胞是否能够有效地防癌或修复取决于细胞外的微小环境,其中包括能量的利用以及适量宏量营养素和微量营养素的存在。肿瘤并不是简单的癌细胞堆积,更确切地说,肿瘤是癌细胞和许多其他类型细胞——即所谓的基质细胞交流。肿瘤的微小环境包含许多类型的细胞,其中包括浸润的免疫细胞(如,淋巴细胞和巨噬细胞)、内皮细胞、神经细胞核纤维细胞。所有类型的细胞都能产生生长因子、炎性介质和细胞因子,这可以支持细胞的恶性转化和肿瘤生长,减弱宿主对癌症的反应。此外,癌细胞所产生的因子本身也能调节肿瘤基质的活性和行为。

　　癌症的启动是一个细胞或者组织暴露于一种因子,从而造成第一次基因突变。这可以是一种遗传突变或者是一种外源性或内源性(氧化代谢产生)因子。即使没有外部的氧化应激作用,每天也会有几百个DNA部位受到损害,但是这些部位可以被正常修复或清除。

　　暴露于致癌物后通常通过形成DNA加合物而启动DNA损伤。如果这些加合物未被修复而保留下来,就可以在细胞分裂时传到子代细胞中,并使后者发生肿瘤(新生而且异常)生长的可能。

　　单有启动尚不足以形成癌症。一个启动的细胞必须在促进阶段经过一个克隆扩增过程才能变成瘤;启动的细胞数目越多,发展成癌症的危险性就越大。癌症的促进还与启动细胞暴露于癌症促进剂有关。这可能会使细胞增殖的速度发生改变,或者发生额外的DNA损伤,进而在相同的细胞中引发进一步的突变,这种突变会改变基因表达和细胞增殖。最后,这些启动的细胞和促进的细胞生长扩增形成肿瘤体。在这个阶段,仍会继续发生DNA损伤,癌细胞通常含有多拷贝的染色体。这种明确而连续的过程在试验诱导的癌症中十分典型,但是在人类自发性癌症中可能并不明确。

　　在致癌作用多阶段过程的末期,细胞将带有癌症的某些或者所有特征。几个基因能形成一个特征,而一个基因(如p53)又能形成几个特征。大部分(不是所有的)癌细胞都带有这些特征或性状。癌症细胞自身能获得这6个特征:自动获得生长信号、对抗生长信号不敏感、无限制的复制潜力、凋亡逃避、持续的血管生成作用以及组织逃避和转移。与食物、营养和身体活动有关的因素可影响细胞过程并能使细胞积累这些性状(图2-10-1)。

(二)细胞增殖

　　癌症的3个特征,即自动获得生长信号、逃避生长抑制信号和无限制复制,可促进细胞大量增殖。正常情况下,人的一生大约要发生10^{16}(一万亿)次细胞分裂。细胞分裂成两个子代细胞的连续阶段被称为细胞周期。正常细胞需要来自生长因子的外部信号以刺激他们分裂。它们的增殖部分依赖于细胞环境中的信号,这些信号既能促进也能抑制细胞生长,并能维持他们之间的平衡。

　　成年人的大多数细胞并不处于活跃分裂的时期,而是处于非活跃期或者静默期,此期称为G期。为了再次进入细胞周期,细胞必须有生长因子的刺激,并有充足的空间和营养素以供分裂。

　　在G_1期,细胞体积增大,合成RNA和蛋白质。在G_1末期,细胞必须经过G_1检测点(G_1 checkpoint),如果在此发现了受损的DNA,细胞周期将停滞以保证该细胞不被复制。在S期,DNA被复制。当细胞核内的DNA倍增且染色体已被复制时,S期即结束。

　　当DNA合成结束时,细胞进入G_2期,在此期细胞体积继续增大并产生新的蛋白。G_2检测点在发现损伤或未复制DNA时将使细胞周期停滞;然后细胞在M(有丝分裂)期分裂成两个子代细胞,M期检测点能保证每个子代细胞获得正确的DNA。细胞周期受到一系列被称为周期素及其特异性周期素依赖性激酶(CDKs)的蛋白的控制。这些物质联合形成周期素-CDK复合物,能激活转录因子,进而激活细胞周期下一阶段所需基因的转录,其中包括周期素基因。

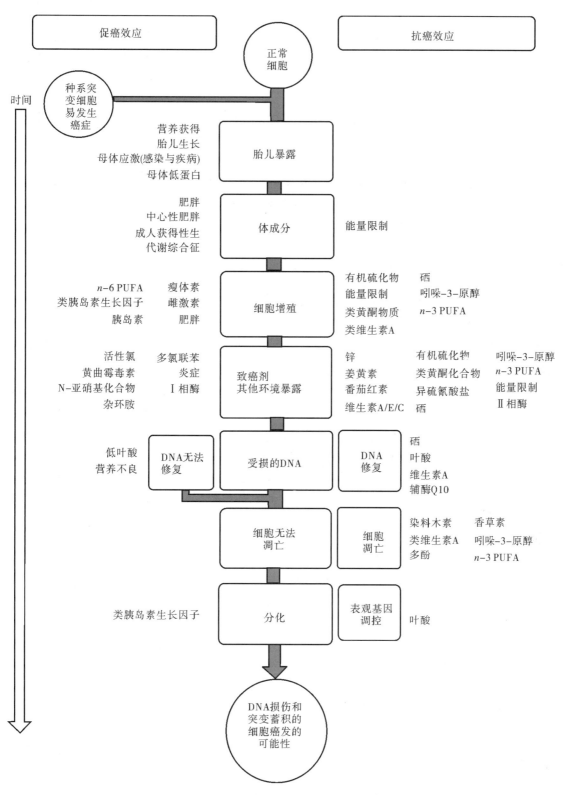

图 2-10-1 癌症发生过程的促癌效应与抗癌效应

据 World Cancer Research Fund / American Institute for Cancer Research(2007)

在此列出一些例子，说明营养因素和这些生理过程之间的相互作用。

特殊营养素是细胞周期进程的调节剂，这些物质可以作为能量来源，或者调节那些促进细胞进入复制周期所需的蛋白的合成或/和功能。维生素 A、维生素 B_{12}、叶酸、维生素 D、铁、锌和葡萄糖都可以在控制细胞周期进程中发挥一定作用。

1. 自动获得生长信号

与正常细胞不同，癌细胞不依赖于外部生长因子来刺激它们的分裂。相反，癌细胞可以生成自身的信号或者对低浓度的外部信号做出应答。这会使癌细胞免受正常细胞的生长限制。

2. 对抗生长信号不敏感

正常细胞还能接受生长抑制信号。实际上，机体的大部分细胞是处于静默状态中且不处于活跃的分裂状态。细胞对环境中的抑制性信号（如与其他细胞接触）有应答。而癌细胞获得了干扰这些路径的突变，因此无法对生长抑制信号做出应答。

3. 无限制的复制潜力

正常细胞分裂的次数是有限的。一旦它们复制了 $60\sim70$ 次，分裂就停止，这个过程被称为衰老，目前认为该过程构成避免细胞无限制增殖的保护机制。这种预先确定的细胞复制次数受端粒的调控。端粒是染色体末端的 DNA 片段，在 DNA 的每次复制过程中逐渐变短。最后，当端粒很短时，细胞不再分裂并开始凋亡。

但是，癌细胞获得了维持端粒长度的能力，这就意味着它们可以无休止地进行复制。最近研究表明，衰老可以通过激活正常的非突变的基因（如，p53 和 Rb）而被过早的地诱导，尤其在癌前病变的细胞中。这种衰老是一个涉及基因型和表型改变的正常的主动过程，可以预防癌症发生。例如，该过程可能是预防良性黑痣发展至恶性黑色素瘤的机制。但是，在恶性黑色素瘤中，细胞衰老的标志已不复存在。

在试验条件下，已发现许多食物成分，如视黄醇、钙、烯丙基硫醚、n-3 脂肪酸和染料木素可影响细胞在细胞周期中的进程。当这些试验在体外培养的细胞中进行时，需要进行慎重地评价，因为这些试验条件并不能完全反映体内的情况。尽管如此，这些试验可以而且的确提供了流行病学研究之外的证据。

一些特殊的膳食成分在试验条件下可影响细胞周期和细胞增殖。此处总结一些膳食成分的已确定的和可能的益处。

维生素 A（以视黄醇的形式存在）可引起细胞周期停滞。类视黄醇物质和类胡萝卜素物质可通过结合于细胞表面的类视黄醇物质受体抑制细胞增殖。在肺癌形成过程中，类视黄醇物质受体的表达下降；视黄酸受体沉默在其他恶病质中也很常见。视黄酸是维生素 A 的代谢物，曾被用作子宫颈癌的预防剂和治疗药。类视黄醇物质可通过诱导细胞凋亡或诱导异常细胞回复分化到正常细胞来抑制已启动细胞的增殖。类视黄醇物质还可以使子宫颈的癌前病变退化。

丁酸盐和二烯丙基二硫化物可作为组蛋白脱乙酰基转移酶的抑制剂，并可使细胞周期停滞。叶酸和 DNA 合成必需的辅助因子，缺乏时可由于降低了 DNA 的合成而抑制细胞增殖。酚类化合物，包括染料木素和 EGCG，可抑制某些周期素和周期素依赖性激酶。尤其在口腔黏膜白色病变患者中，绿茶（含 EGCG）与口腔体积和口腔刮落细胞的微核率显著减少有关。

植物雌激素在大豆中含量丰富，体外研究表明，该物质可表现出多种抗癌作用，包括抑制增殖。十字花科蔬菜中的硫代葡萄糖苷可在肝脏中转化成异硫氰酸盐（ITCs），后者能使细胞周期的进程停滞，而且还可以诱导 II 相酶，这样可促进致癌物的排泄。仅有约 1/3 的人肠道中存在能将膳食异黄酮黄豆苷元（daidzein）代谢成雌马酚（equol）的肠道菌群。与西方人群相比，亚洲人群合成雌马酚的可能性更大，这将影响参与细胞信号转导、分化以及细胞分裂的基因的表达。雌马酚还可以调控雌激素应答基因。

钙对胃肠道正常和肿瘤细胞的生长具有抑制作用。但是，某些膳食中的化合物也能刺激试验性细胞系的增殖，例如，膳食中的血红素铁能诱导结肠细胞的过度增殖。

许多动物试验表明，某些膳食成分能降低试验诱导的癌症。大蒜中的丙烯基硫醚可抑制试验诱导的结肠癌的形成。虽然这尚未完全弄清，但是以二丙烯基二硫化物进行的试验结果表明，该物质可阻止细胞

周期的 G_2/M 期,并诱导细胞凋亡。

鱼油补充剂可减少结肠/直肠癌试验模型的肿瘤数。鱼油中的长链 n-3 多不饱和脂肪酸(PUFAs)能通过调节信号转导途径限制肿瘤细胞的增殖,如降低被激活的癌基因的信号转导。动物食用补充 n-3 多不饱和脂肪酸的饲料,它们的结肠肿瘤数低于那些食用补充玉米油饲料的动物,原因在于膳食纤维发生改变、脂肪酸被结合以及结肠细胞在肿瘤发生过程中的蛋白表达。

参与正常细胞过程的多种生长因子和激素可以被癌细胞利用或者由癌细胞产生以维持或促进不受控制的细胞增殖。IGF-1 受体在许多癌细胞中过度表达。IGF-1 可通过刺激细胞周期从 G1 期进入 S 期而促进许多癌细胞系的生长。

胰岛素本身还可以作为肿瘤细胞增殖的生长因子,可通过两种途径:一是与癌细胞的胰岛素受体结合,二是刺激肝脏增加 IGF-1 的合成。胰岛素抵抗随着身体肥胖度而增加(尤其是腹部肥胖时),此时胰腺会通过增加胰岛素的合成量来补偿这种胰岛素抵抗。这种高胰岛素血症与结肠癌和子宫内膜癌的危险性有关,可能也与胰腺癌和肾癌的危险性有关。瘦素(leptin)是一种脂肪细胞分泌的激素,它也能刺激许多癌变前和恶性细胞的增殖,许多性类固醇激素都有这种作用。

身体活动能提高胰岛素敏感性并降低胰岛素水平。然而,锻炼对血液的 IGF-1 水平并无作用或无长期作用。身体活动可增加 IGF 的结合活性,因此 IGF-1 的总体生物利用度和活性可能会降低。身体活动可降低绝经女性血清雌激素和雄激素浓度。对于绝经前女性来说,身体活动可减低血液雌激素水平,增加性周期时间,并降低排卵作用,所有这些都能对乳腺癌和子宫内膜癌起到保护作用。

在试验中,能量限制能引起细胞增殖的下降。在分子水平,膳食能量的限制可影响细胞周期调控蛋白的水平(降低周期素、增加周期素依赖酶抑制剂水平,并降低周期素依赖激酶),从而使 Rb 的磷酸化作用下降,细胞周期进程受到抑制。因此,这可能会直接抑制肿瘤生长,并且/或者间接通过减少细胞分裂的次数、进而减少 DNA 错误复制的机会或防止受损 DNA 进行复制来降低癌症的发生。

(三)逃避凋亡

凋亡是严格调控的细胞死亡程序,该程序控制着细胞的数量,清除损伤的细胞,防止受损细胞继续复制,因此可维持组织的完整性和预防癌症发生。最后,细胞破裂成可以被吞噬,但并不引起炎症反应的膜包裹小片段(凋亡小体)。

启动正常细胞凋亡的事件包括 DNA 损伤、细胞周期中断、组织缺氧、活性氧以及物理或化学因素暴露。这些事件可激活两种非特异途径,即内部(线粒体)途径和外部(死亡受体)途径。这两种途径均参与切冬酶(胱冬肽酶)的活化,该类酶是清除细胞内蛋白的蛋白酶家族。在细胞凋亡过程中,p53 可作为编码凋亡效应器的基因的转录激活子。而且还可以通过破坏线粒体发挥直接的凋亡作用。

癌细胞中调控凋亡的基因发生了突变,因此可逃避凋亡信号。在已发生的癌症中经常可见凋亡缺失。许多在正常情况下可诱导凋亡的信号(如,损伤的 DNA 或者被激活的癌基因发生表达)仍在癌细胞中存在,但是却不能诱导细胞凋亡。这种凋亡逃避使细胞有更多的机会发生其他的突变。在 p53 或该家族其他成员发生突变的癌细胞中,可能不会发生凋亡。此外,正常情况下激活 p53 或调节其活性的基因发生了突变,或者 p53 激活后就应该被开启的基因发生了突变,也可以具有上述同样的作用。IGF-IR 表达上调以及对 IGF-1 应答增强的癌细胞的凋亡作用下降。

在试验条件下,能量限制可在接近于乳腺癌癌前病变和恶性乳腺癌病变的地方造成了一个促凋亡的环境。鱼油中的长链 n-3 PUFAs 可限制肿瘤细胞的增殖,增加腺窝轴(crypt axis)细胞凋亡的潜力,促进分化和抑制血管生成。

活性氧可诱导细胞凋亡,但还有一种可能就是膳食抗氧化剂对活性氧的清除可以延迟或抑制细胞凋亡,因此有利于癌前病变细胞的存活。实际上,这可以用来解释为什么膳食抗氧化剂干预试验曾经产生不一致的结果。

研究表明,许多膳食成分可在培养的癌细胞和试验性癌症模型中诱导细胞凋亡。这些成分包括

EGCG、姜黄素、染料木素、吲哚-3-原醇、白藜芦醇、异硫氰酸盐、番茄红素(流行病学研究大多支持番茄红素能降低前列腺癌的发生风险,其机制可能与其抗氧化作用以及诱导细胞间隙连接通讯的作用等有关。研究还表明,番茄红素可减少前列腺特异抗原的表达、降低胰岛素生长因子-1 的表达从而抑制前列腺癌的发生发展。番茄红素与前列腺癌发生风险的前瞻性研究汇总见表 2-10-4)、辣椒素和有机硫化物。类视黄醇物质、多酚和类香草素可刺激细胞凋亡。研究表明,α-生育酚(维生素 E 的一种形式)既能诱导也能防止细胞凋亡的发生。

表 2-10-4 番茄红素与前列腺癌发生风险的前瞻性研究汇总

作者/年代	国家/研究类型	研究人群		研究期限(年)	番茄红素最高位数摄入量/最低位数摄入量	评估终点	相对危险度(RR)(95%CI)或比值比(OR)
		队列数(病例发生数)(例)	年龄(范围/平均值)(年)				
Kirsh, 2006	美国前瞻性队列研究	23 631(1 338)	55~74/63.3	4.2(2001—2005)	17 593 vs 5 052 μg/d	临床确诊的前列腺癌	0.95(0.79~1.13) P=0.33
Kirsh, 2011	美国、加拿大前瞻性队列研究	9 559(1 703)	≥55/62.8	10(1994—2003)	>10 918 vs <3 999 μg/d	活检确诊的前列腺癌	1.04(0.90~1.20)
Schuur-ma, 2002	荷兰前瞻性队列研究	58 279(642/1 525)	55~69/—	6.3(1986—1992)	2 mg/d vs 0.1 mg/d	活检确诊的初发前列腺癌	0.98(0.71~1.34) P=0.58
Giovan-nucci, 2002	美国前瞻性队列研究	47 365(2 481)	40~75/—	12(1986—1998)	18 780 vs 3 415 μg/d	临床确诊的前列腺癌	0.84(0.73~0.96) P=0.003
Agalliu, 2011	加拿大巢式病例对照研究	661(病例数)/1 864(对照数)	—/(66.2±8.4) —/(69.3±10.5)	7(2003—2010)	15 871.0 vs 2 450.6 μg/d	临床确诊的前列腺癌	0.82(0.61~1.10) P=0.54

据中国营养学会(2014)

(四)持续的血管生成作用

血管生成作用(新血管的形成)是任何生长组织(包括肿瘤)的营养素和氧气供给的基础。组织中的大部分细胞生长在毛细血管周围 100 mm 的范围内。这种血管的生成作用在成年人身上十分常见,并受到血管生成诱导剂和抑制剂之间平衡的严格控制。对于一个要发展成更大体积的癌症来说,它必须具有诱导血管生成的能力。现在已发现大约有 35 个蛋白可作为血管生成作用的激活剂或抑制剂。

在试验条件下,在第一批被明确发现具有有益的抗血管生成作用的膳食成分中,绿茶中的 EGCG 就是其中之一。现在证明,一些主要由类黄酮物质和异黄酮(包括染料木素)组成的不同化合物能够调节血管生成的过程(食物大豆异黄酮含量见表 2-10-5)。富含 n-6 脂肪酸的膳食与乳腺癌患者的不良预后有关,但是富含 n-3 脂肪酸的膳食似乎能抑制血管生成作用。鱼油中的长链 n-3 多不饱和脂肪酸可限制其他试验性癌症的血管生成作用。研究表明,姜黄素、槲皮素和白藜芦醇均能在培养的癌细胞中抑制血管生成的因子——血管内皮生长因子 VEGF(美国黄酮类化合物数据库中部分蔬菜和水果中槲皮素的含量见表 2-10-6 和常见食物中白藜芦醇的含量见表 2-10-7)。大蒜提取物可以抑制试验诱导的血管生成作用,因为该物质能抑制内皮细胞的活动、增殖和血管形成。大豆中所富含的高浓度的植物雌激素也被发现能够抑制血管生成。能量限制可降低乳腺癌癌前病变和恶性乳腺癌的血管密度。锻炼可以增加健康者血液中内源性 VEGF 抑制剂的水平,这样可以降低血浆中的 VEGF 浓度。

表 2-10-5 食物大豆异黄酮含量(单位:mg/100 g 可食部)

食物名称	大豆异黄酮			
	总含量	大豆苷原	染料木黄酮	6-甲氧基大豆素
全麦面包	0.02	0.01	0.01	—
芸豆	0.06	0.02	0.04	—
芸豆(红)	0.01	0.01	—	—
菜豆	0.21	0.01	0.20	—
豆(杂色)	0.27	0.01	0.26	—
豆(红色)	0.31	—	0.31	—
小白豆	0.74	—	0.74	—
蚕豆	0.03	0.02	—	—
鹰嘴豆	0.10	0.04	0.06	—
苜蓿草(三叶草)	0.35	—	0.35	—
豇豆	0.03	0.01	0.02	—
小扁豆	0.01	—	—	—
利马豆(大)	0.03	0.02	0.01	—
绿豆	0.19	0.01	0.18	—
大豆(煮,发酵)	58.93	21.85	29.04	8.17
花生	0.26	0.03	0.24	—
豌豆	2.42	2.42	—	—
鹰嘴豆(红)	0.56	0.02	0.54	—
大豆粉	148.61	59.62	78.90	20.19
巴西大豆	87.63	20.16	67.47	—
日本大豆	118.51	34.52	64.78	13.78
韩国大豆	144.99	72.68	72.31	—
台湾大豆	59.75	28.21	31.54	—
毛豆	20.42	9.27	9.84	4.29
大豆(绿色)	151.17	67.79	72.51	10.88
大豆(美国,标准的)	128.35	46.64	73.76	10.88
大豆(美国,普通的)	153.40	52.20	91.71	12.07
黄豆芽	40.71	19.12	21.60	—
绿茶(日本)	0.05	0.01	0.04	—
茉莉花茶	0.04	0.01	0.03	—
豆腐	27.91	11.13	15.58	2.40
豆腐干(冻)	67.49	25.34	42.15	—
豆腐(蒸)	22.70	8.00	12.75	1.95
豆腐(煮)	31.35	12.80	16.15	2.40
豆腐(用硫酸钙处理)	23.61	9.02	13.60	1.98
豆腐酸奶	16.30	5.70	9.40	1.20

据杨月欣(2008)

表 2-10-6 美国黄酮类化合物数据库中部分蔬菜和水果中槲皮素的含量[mg/(100 g 可食部)]

食物	含量	食物	含量
萝卜叶	70.37	西洋菜	29.99
香菜叶	52.9	红薯	16.94
茴香叶	48.8	辣椒	15.98
野樱桃	42.81	辣椒(绿色)	14.7
洋葱(红)	31.77	芦笋	13.98
蔓越莓	13.6	苹果(蛇果)	3.86
越橘	13.3	苹果(嘎啦)	3.8
李子	12.45	黑莓	3.58
生菜	11.9	蓝莓	3.43
北极莓浆果	9.1	葡萄	3.11

续表

食物	含量	食物	含量
芥菜	8.8	芋头	2.87
蓝莓	7.67	甜菜	2.63
花楸浆果	7.4	西兰花	2.25
绿色菊苣	6.49	大头菜	2.12
橄榄叶	6.24	大蒜	1.74
无花果	5.47	番石榴	1.2
香葱	4.77	马铃薯	1.19
印度樱桃	4.74	油桃	0.69
黑加仑	4.24	桃子	0.66
梨	4.24	橘子	0.45
苹果(带皮)	4.01	茄子	0.04
菠菜	3.97	西瓜	0.01

据中国营养学会(2014)

表 2-10-7　常见食物中白藜芦醇的含量($\mu g/100\ g$)

食物	白藜芦醇(反式)	食物	白藜芦醇(反式)
桑葚	2 688	葡萄肉	1～8
干葡萄皮(红、白	2 406	豆角	0～18
新鲜葡萄皮(红)	1 845	橙子	0～16
菠萝	912	黑豆	0～13
水煮花生	510	菠菜	0～10
蒲桃	455	桃	0～7
假槟榔	218	莜麦菜	0～4
可可粉	185	苋菜	0～4
大蒜叶	173	李子	0～4
冬笋	120	草莓	0～4
白花菜(秋)	116	圣女果	0～4
白花菜(春)	114	莴苣	0～2
茭白	106	蚕豆	0～2
啤酒花	50～100	大白菜	0～1
花生酱	30～40	四季豆	0～1
小白菜	4～10	生菜	0～1
芹菜	1～22	西兰花	0～1

据中国营养学会(2014)

(五)组织浸润和转移

实体组织中的正常细胞可以保持它们在机体中的位置,通常不会转移。随着肿瘤的增大,它终究会到达器官外面的包膜上。肿瘤细胞分泌一些酶,如基质金属蛋白酶(MMPs),这类酶可以消化外围的膜,并使癌症浸润到临近组织。一旦穿过这层膜,癌细胞就能通过血液和淋巴液到达其他部位。癌症的这种移动或称转移(metastasis)是大多数癌症患者死亡的常见特征。虽然,体外研究发现 EGCG、白藜芦醇、槲皮素、姜黄素和染料木素可抑制一种或多种 MMPs,但膳食成分影响癌症晚期阶段的证据十分有限。维生素 C 在体外能够抑制许多人类细胞系产生 MMPs,并预防这些细胞对周围组织的浸润。维生素 E 可抑制小鼠乳腺癌模型未形成的癌症的转移。

　　自 20 世纪 90 年代以来,在癌症的形成过程方面取得了很大进展。现在所积累的证据表明或提示,食物和营养以及身体活动及其相关因素在影响癌症的形成过程中十分重要。而且,很多证据证明,特殊的膳食模式、食物和饮料与膳食成分能够和的确能预防癌症,不仅在癌症形成开始之前,而且在其后的进程中也具有这种作用。

　　了解控制细胞结构和功能的机制,以及影响癌症形成过程,不但有助于在总体上了解癌症,并有助于建立癌症的预防策略。

　　中国营养学会(2014)报道,饮茶或摄入儿茶素、槲皮素可降低某些肿瘤的发生风险。

　　大量流行病学研究饮茶可降低肿瘤发生风险,但人群干预试验研究报道较少。人群干预试验主要有对前列腺癌前病变、口腔癌前病变等的干预试验研究报道,表明饮茶或摄入儿茶素可降低前列腺癌前病变、口腔癌前病变的发生(见表 2-10-8)。几个关于饮茶与人群流行病学研究的 Meta 分析均表明,饮茶可降低前列腺癌、乳腺癌、肺癌的发生,但对胃癌和膀胱癌无影响(见表 2-10-9)。

表 2-10-8　饮茶或儿茶素对肿瘤的人群干预试验研究

作者/年代	国家	研究对象	样本量 (干预 T/ 对照 C)	研究期限	干预措施	干预结果
Bettuzzi S, 2006	意大利	前列腺癌 前病变	T:30 C:30	1 年	T:儿茶素 600 mg/d C:0	前列腺癌发生率↓
Li N, 1999	中国	口腔癌 前病变	T:29 C:30	6 个月	T:3 g 混合茶/d C:3 g 淀粉/d	口腔癌前 病变缩小
Tsao A S, 2009	美国	口腔癌 前病变	T:28 C:11	12 周	T1:绿茶提取物,500 mg/d, 750 mg/d 和 1 000 mg/d C:0	在 750 mg 和 1 000 mg 组,临床症状和病理改 善

据中国营养学会(2014)

表 2-10-9　饮茶与肿瘤发生的人群流行病学试验研究

作者/年代	国家/ 研究类型	观察人群	样本量 (干预 T/ 对照 C)	研究期限	摄入量	评估终点	相对危险度 (RR)(95%CI) 或比值比(OR)
Jian L, 2004	病例对 照研究	一般 人群	T:132 C:274	1 年	3 杯茶/d	前列腺癌↓	0.27 (95%CI:0.15~0.48)
Zheng J, 2011	Meta 分析	13 项 研究	—	—	饮绿茶	前列腺癌↓	—
Tang N, 2009	Meta 分析	22 项 研究	—	—	2 杯茶/d	肺癌↓	RR:0.82 (95%CI:0.71~0.96)
Sun C L, 2006	Meta 分析	13 项 研究	—	—	饮绿茶	乳腺癌↓	0.78 (95%CI:0.61~0.98)
Shrubs-ole M J,2009	中国病例 对照研究	—	T:3454 C:3474	10 年	饮茶	乳腺癌↓	0.88 (95%CI:0.79~0.98)
Gao Y T, 1994	中国病例 对照研究	—	T:902 C:1552	—	饮茶	食道癌↓	男(0.43;95%CI:0.22~0.86) 女(0.40;95%CI:0.20~0.77)
Zhou Y, 2008	Meta 分析	14 项 研究	T:6123 C:134006	—	3 杯茶/d	饮茶对胃癌 没有影响	—
Qin J, 2012	Meta 分析	23 项 研究	—	—		对膀胱癌 无影响	—

据中国营养学会(2014)

　　大量的流行病学观察研究以及人群干预试验显示,增加槲皮素的摄入量可以降低某些肿瘤的发生风险(见表 2-10-10)。

表 2-10-10 槲皮素的摄入量和某些肿瘤的发生风险

作者/年代	国家/研究类型	观察人群	样本量	研究期限	摄入量（mg/d）	评估终点	相对危险度（RR）（95%CI）或比值比（OR）
Knekt P,2002	芬兰前瞻性研究	一般人群	10 054	30 年	<1.5 >4.7	降低肺癌、前列腺癌、胃癌、乳腺癌、结直肠癌的发病率	1 0.77(0.65~0.92, P=0.01)
Hirvonen T,2001	芬兰队列研究	一般人群	27 110	8 年	槲皮素占85.1% 4.2 16.3	降低肺癌发病风险	1 0.63(0.52~0.78, P=0.0001)
Cui Y,2008	美国	病例—对照	558/837		9 mg/d	降低吸烟者的肺癌发病率	0.65(0.44~0.95)
Kyle J A,2010	英国	病例—对照	261/408		<4.76 >9.56	结肠癌 直肠癌	1 0.6(0.4~0.9, P<0.01) 0.4(0.2~0.8, P<0.01)
Ekstrom A M,2011	瑞典	病例—对照	505/1 116		0.16~3.88 11.89	降低患非贲门腺癌的发病率	1 0.57(0.40~0.83, P<0.001)
Garcia-Closas R,1999	西班牙	病例—对照	354/354		3.9 9.8	降低胃癌的发病风险	1 0.62(0.35~1.10, P=0.02)
Wilson R T,2009	芬兰南部队列研究	一般人群	27 111	15 年	≤4.8 6.6~9.1	降低肾细胞癌的发病风险	1 0.7 Ptrend 为 0.015

据中国营养学会（2014）

美国国立癌症研究所 1990 年进行了植物化学物质与防癌的研究（见表 2-10-11）。

表 2-10-11 筑起人体防癌的三道防线的植物化学物质及其相关食用农产品

人体防癌的三道防线	相关的植物化学物质	相关的食用农产品
第一、某些植物化学物质能阻止人体内致癌物质的形成。例如,酸类能阻止人体内亚硝胺的产生;吲哚能改变新陈代谢过程,避免致癌物的产生;有机硫化物能中和人体内某种潜在的致癌物。	酸类	西红柿、草莓、菠萝
	吲哚类化合物	圆白菜、绿花菜
	有机硫化物	大蒜
第二、一旦致癌物质进入了人体细胞,某些植物化学物质,如存在于绿菜花中的萝卜硫素、浆果中的鞣花酸、橘类水果中的萜烯以及类黄酮等,也能进入细胞内,激励细胞中的蛋白质分子把致癌物质包围起来。这时细胞膜会自动打开一个缺口,把被包围的致癌物质送出细胞,通过自液排泄掉,避免了细胞核的变异。	萝卜硫素	绿菜花
	鞣花酸	葡萄、猕猴桃、草莓等浆果类水果
	萜烯	柠檬、柚子等桔类水果
	黄酮类化合物	花茎甘蓝、柑橘、柠檬等
第三、异鹰爪豆碱等植物化学物质能消灭人体内初期形成的直径在 1~2 mm 的癌症病灶。已经癌变的肌体会不断生长出新的毛细血管,以汲取营养和氧气,异鹰爪豆碱正好能起到抑制癌变肌体生长毛细血管的作用,使其因得不到足够营养而枯萎。	异鹰爪豆碱	大豆及其制品

据陈直平（1995）,曹晓华（2015）整理。

第十一节 营养与免疫

葛可佑、谢良民等(2004)对营养与免疫作了详细的论述:

合理营养是维持正常免疫功能的重要条件,当机体某些营养素缺乏,生理功能及生化指标尚属正常时,免疫功能已表现出各种异常变化,如胸腺、脾脏等淋巴器官的组织形态结构,免疫活性细胞的数量、分布、功能等都会发生改变。近年来营养与免疫已成为基础营养研究的一个非常活跃的领域,营养不良所致免疫功能低下与感染性疾病、肿瘤等的发生密切相关。

一、蛋白质与免疫

蛋白质是维持机体免疫防御功能的物质基础,上皮、黏膜、胸腺、肝脏、脾脏等组织器官,以及血清中的抗体和补体等,都主要由蛋白质参与构成,蛋白质的质和量对免疫功能均有影响。质量低劣的蛋白质使机体免疫功能下降,一种必需氨基酸不足、过剩或氨基酸不平衡都会引起免疫功能异常。蛋白质缺乏对免疫系统的影响非常显著,脾脏和肠系膜淋巴结中细胞成分减少,对异种红细胞产生的抗体滴度下降,血清丙种球蛋白降低,但不如特异性抗体降低的那么明显。蛋白质缺乏时,胸腺重量的减轻不如脾脏和淋巴那样明显,但细胞免疫功能却有变化。在蛋白质缺乏的儿童中注射疫苗后其抗体生成受到影响,补充蛋白质则可以促进其抗体的生成。给两组大鼠分别喂饲0.5%和18%的蛋白质,发现喂饲0.5%蛋白质大鼠的补体成分 C_1、C_4、C_2、C_3 和 CH_{50} 效价均比喂饲18%蛋白质的大鼠要低。当0.5%蛋白质喂饲持续4周时,大鼠对结核菌素皮肤反应即降低,至8周时结核菌素反应完全消失。Kramer 和 Good 报告,给豚鼠喂低蛋白饲料,抗体反应降低,体外细胞免疫功能正常或升高,但当用 BCG 试验其延迟型超敏反应时,低蛋白质饲料的动物则不能发生肿胀,即使发生,程度也较轻。这种现象可能的一个解释是个别细胞在低蛋白饲料下反应性升高,但在整体内细胞数量明显减少,细胞在相应刺激下不能进行细胞株(克隆)的扩展。

大多数氨基酸缺乏均对机体免疫功能产生不良影响,导致抗体合成和细胞介导的免疫受抑制。异亮氨酸和缬氨酸缺乏时胸腺和外周淋巴组织功能受损;蛋氨酸和半胱氨酸-胱氨酸缺乏对胸腺、淋巴结和脾脏的功能产生迟发生性不良影响,致使淋巴细胞的生成发生障碍,同时也会造成肠道淋巴组织中淋巴细胞明显减少;色氨酸有助于正常抗体的生成及其功能的发挥,色氨酸缺乏的大鼠 IgG 和 IgM 受到抑制,重新摄入色氨酸饲料可以恢复这两种 Ig 的数量和功能。苯丙氨酸与络氨酸有助于大鼠的免疫细胞对肿瘤细胞做出免疫应答。有人认为大剂量天门冬氨酸可改善某些免疫抑制性疾病,包括恶性肿瘤。精氨酸能使 T 淋巴细胞数量增加,且能促进其免疫应答,表现为加强 Mφ 和 NK 细胞对肿瘤的溶解作用,增加淋巴细胞 IL-2 的产生及受体活性,还能提高 Mφ 的杀菌能力,使肠道细菌数量减少。谷氨酰胺是淋巴细胞和吞噬细胞的主要能源物质之一,它能改善肠道的免疫功能,其作用类似于免疫调节剂,有助于肿瘤患者机体的正常结构和功能。动物实验表明,静脉营养补充谷氨酰胺能改善脓毒血症病人消化道黏膜的代谢和氮平衡,并使饥饿状态实验动物的肠黏膜绒毛的高度和厚度增加,从而使肠黏膜的免疫屏障防御能力得到加强。临床上肠内营养液中供给的谷氨酰胺能促进小肠上皮增生,防止肠黏膜萎缩,使肠内 sIgA 合成增加,增强肠黏膜的屏障作用。

蛋白质缺乏往往与能量不足同时发生,称为蛋白质-能量营养不良(protein energy malnutrition,PEM),根据临床症状及营养不良的原因分为恶性营养不良(kwashiorkor)及消瘦型营养不良(marasmus)两类。PEM 对免疫功能的影响表现在以下诸多方面。

(一)对淋巴器官的影响

早在1945年Simon就观察到营养不良时,胸腺组织结构的改变,Hammer等曾用"意外的退化"来描述营养不良所引起的胸腺的严重萎缩性病变。目前认为,严重营养不良时中央淋巴器官—胸腺和周围淋巴器官—脾脏和淋巴结的大小、重量、组织结构、细胞密度和细胞分布都有明显变化,主要为淋巴细胞数减少。实验性营养不良动物的胸腺缩小,严重时甚至只有数毫克(小白鼠),有人称之为"营养性胸腺切除"。胸腺的小叶萎缩、皮质和髓质的界限不清,胸腺细胞数减少。营养不良对子宫内胎儿胸腺的发育也有重要的影响。动物实验表明,营养不良状况改善后,除胸腺外的各免疫器官重量开始增长和恢复正常。营养不良对胸腺的损伤是不可逆的,一旦受损,其结构和功能恢复极为缓慢。营养不良主要损害淋巴结的副皮质胸腺依赖区,生发中心也变小,淋巴细胞数减少,浆细胞和吞噬细胞数相对增加。由于营养不良患者常有慢性反复的胃肠道感染,肠系膜淋巴结常增大。在脾动脉周围的胸腺依赖区受营养不良的影响最明显,细胞分裂减少。总的说来,营养不良对淋巴器官的胸腺依赖区的影响最大。以上现象的发病机制还不太清楚,有人认为与营养缺乏时某些激素,包括肾上腺皮质激素、肾上腺素、胰岛素和甲状腺素有关。在营养不良时,血浆皮质醇水平增加,加上血清白蛋白的减少,使大部分结合型的皮质醇释放出来,游离的皮质醇有使淋巴细胞溶解和免疫抑制作用。切除肾上腺的动物,蛋白缺乏对胸腺退行性变化的影响较小。

(二)对细胞免疫功能的影响

在营养不良时,白细胞数轻度增加,但很难排除合并感染的结果;败血症常导致白细胞增多,而暴发性败血症可以抑制骨髓而导致白细胞减少。PEM患者的淋巴细胞总数及其占白细胞总数的百分比一般正常或减少,T淋巴细胞数减少。改善营养后,在其他临床表现及生化指标恢复以前,T淋巴细胞数就可显著增加。周围血液中的B淋巴细胞数在营养缺乏时一般正常或增高。从淋巴细胞亚群的分类来看,营养不良时主要为T细胞(T-辅助细胞,TH细胞)减少和裸细胞(null cell)增加。裸细胞只有极少量的Fc受体和C受体,其功能还不太清楚;初步观察证明,在用致有丝分裂因子刺激正常T细胞时,裸细胞对T细胞的DNA合成有抑制作用。细胞免疫功能低下的病人,其裸细胞所占的百分比均较高。营养不良时Ts淋巴细胞(抑制性/细胞毒性淋巴细胞)增加。这些现象均提示T细胞的分化功受到损害,与这些营养不良儿童的血清胸腺激素的活性有关。临床上通常是用对抗原的皮试反应来衡量细胞免疫功能。可以用的抗原有链球菌抗原(streptokinase-streptodornase,SK-SD,白色念珠菌素,结核菌素的纯蛋白衍生物(purified protein derivative,PPD)和腮腺炎病毒等。另外也可以用某些化学物质如2,4-二硝基氯苯(dinitrochlorobenzene,DNCB),致有丝分裂因子如植物血细胞凝集素(phytohemagglutinin,PHA)等。皮内注射这些制剂48~72 h后如能见到硬结即为阳性。对PPD及其他抗原的皮肤延迟超敏反应(delay cutaneeous hyPersensitivity,DCH)由三个部分组成:免疫应答的传入侧翼,即被MΦ加工过的抗原对T淋巴细胞的致敏反应;免疫应答的传出侧翼,特点为当T淋巴细胞认识皮内注射的抗原时即与之起作用,产生可溶性化学递质或淋巴激活素;其最后的反应为局部皮肤对淋巴激活素的刺激所产生的炎性皮肤硬结。DNCB是作为一种半抗原,在皮肤中与蛋白质结合而引起T淋巴细胞反应。致有丝分裂因子在于诱导淋巴细胞的转化和产生淋巴因子。营养不良可以抑制DCH反应中的一个或几个过程。皮试具有简便易行、可重复体内反应的优点,可以在现场进行测验。但成人间的微细差别而不大可信,又因影响因素较多,如个体对化学刺激的反应的差异等,都对最后的皮肤反应有影响。

(三)对免疫球蛋白和抗体的影响

恶性营养不良病人的血清白蛋白含量低,而消瘦型营养不良者相对正常或稍低。但不论总蛋白的含量如何,γ-球蛋白的含量相对正常或增加,后者是由于营养不良合并感染所致。用标记的蛋白质来进行研究,结果营养不良者的γ-球蛋白的合成不受影响,而合并感染时γ-球蛋白的合成增加而分解减少。随着膳食中蛋白质的进一步减少,体重、血红蛋白和血清白蛋白降低,血清免疫球蛋白的合成亦减少,但在营养不良时免疫球蛋白的产生受影响较少,这对抗体的防御机制有其重要意义。营养不良者对大多数适量抗原的抗体应答是正常的,表明 B 细胞的功能相对正常。营养不良时黏膜局部的免疫功能大大降低,咽部分泌物、眼泪和唾液中表面 IgA 水平降低。同样的情况还见于肠道黏膜上皮分泌的分泌型免疫球蛋白 A (sIgA)显著减少,不能与肠细菌和肠毒素结合,肠道屏障的效能减弱,抗感染能力降低;同时肠黏膜变薄、肠道淋巴结萎缩,肠道中其他的大分子物质,如膳食蛋白质、花粉等也可能跨越黏膜,在营养不良儿童血中常可发现对食物抗原的 IgG 和 IgA 的滴度增加。体液免疫功能不仅依赖于对抗原应答所产生的抗体量,并且也依赖于抗体对抗原的亲和力以及与抗原的结合能力,因此单独测定抗体的水平不能准确地反映体液免疫状态。

(四)对补体系统及吞噬细胞的影响

补体有放大免疫应答的作用,包括对调理作用、免疫附着、吞噬作用、白细胞的化学趋化作用和中和病毒作用的影响。营养不良时总补体及补体 C_3 可能处于临界水平,另外当营养不良合并感染引起抗原抗体结合时补体的消耗增加。

吞噬细胞在免疫应答的传入侧翼中的作用早已为人们所认识,在某些先天性或获得性多形核白细胞的功能缺乏者都会产生致死性感染,如中性粒细胞减少症、慢性肉芽肿病、髓过氧化物酶缺乏病和葡萄糖-6-磷酸脱氢酶缺乏病等。营养不良者常因合并感染,白细胞数增多。炎症反应一般与宿主对感染局限化的能力有关,以及与宿主对病原处理的放大系统的能力有关。在营养不良时这些能力可能减弱,对细菌攻击的应答可能是发生坏疽而不是化脓。

(五)对溶菌酶及铁结合蛋白的影响

溶菌酶可以溶解许多革兰氏阴性菌细胞壁的黏多糖,其他的细菌在接受抗体、补体、甘氨酸、螯合剂、pH 值变化、抗坏血酸和 H_2O_2 时也可能对溶菌酶的敏感性增加。在多形核白细胞和单核细胞中溶菌酶的浓度很高,在各种体液(包括血清、泪腺和唾液腺的分泌物)中也含有溶菌酶。营养不良时,血浆和白细胞中溶菌酶的活性降低。有感染时,白细胞中的溶菌酶渗出到血浆中增多。血浆中溶菌酶的降低意味着黏膜表面的防御能力降低。

血清中的运铁蛋白有抑制细菌的作用早已为人们所知,铁结合力高度不饱和的血清可以抑制霉菌的繁殖,而地中海贫血者的铁饱和血清可以促进霉菌生长。母乳的抑制作用与其中含有大量的乳铁蛋白有关;乳铁蛋白和运铁蛋白能与铁结合,如同时有抗体协同就可能抑制细菌的生长。如果使铁蛋白或运铁蛋白饱和,就可以消除其抑菌作用。蛋白质－能量营养不良的患者,其血清运铁蛋白的浓度经常降低,并且与营养不良的程度相关。如在恶性蛋白质－能量营养不良患者的一般情况未改善之前补充铁,有时可能使他们合并败血症而死亡。

二、脂肪酸与免疫

脂肪酸与免疫研究的焦点集中在饱和脂肪酸和多不饱和脂肪酸上。实验显示,膳食脂肪具有调节机体免疫功能的作用。众所周知,脂类是构成生物膜的重要组成部分,膳食中一定的脂肪含量和不同比例的脂肪酸为维持正常的膜功能所必需。改变膳食中脂肪含量和饱和脂肪酸与不饱和脂肪酸的比例,将影响淋巴细胞膜的脂质组成,进而引起淋巴细胞功能改变。

人体观察和动物实验证明,高浓度多不饱和脂肪酸抑制细胞免疫反应。早在 20 世纪 70 年代,Offiner 等人发现,油酸、亚油酸、花生四烯酸以及 PGE1 和 PGE2 均能抑制 PHA 和 PPD 诱导的人淋巴细胞的增殖反应;之后,Kelly 等人又通过体外实验证明,当花生四烯酸浓度为 $0.1 \sim 5.0\ \mu g/mL$ 时,能刺激外周血淋巴细胞对促有丝分裂素的增殖反应,表现为淋巴细胞摄入 3H-胸腺增加,而当花生四烯酸达到 $10\sim25$ $\mu g/mL$ 浓度时,淋巴细胞的增殖反应受抑制。小鼠实验证明,ω-6 多不饱和脂肪酸明显抑制感染肺炎支原体或注射致癌物的小鼠 DCH 反应。一定量的必需脂肪酸对维持正常免疫功能是必要的,必需脂肪酸缺乏,淋巴器官萎缩,血清抗体降低,但也有人发现必需脂肪酸缺乏,脾脏前列腺素 F2a(PGF2a)减少,PFC 产生增多。给动物喂养高脂饲料,尤其是高不饱和脂肪酸,机体多项免疫指标,如淋巴细胞增殖能力及抗体合成受到抑制。Kient 给大鼠进食大量红花油(不饱和脂肪酸含量高),脾 IgM 和 IgG 特异性 PFC 减少,并认为这与 B 细胞激活受抑有关,而非脾 B 细胞减少。有研究发现,膳食脂肪能影响抗体形成,而 T 细胞亚群 Lyt$-$(TH)或 Lyt$+$(TS、TC)则不受膳食脂肪数量和种类的影响。实验显示膳食脂肪能影响淋巴细胞膜脂肪酸的组成;而胞浆膜磷脂的改变可影响 IgG 的转运和分泌,由于膜脂结构的变化,使膜的流动性及通透性改变,以致淋巴细胞结合抗原,信息传递及其增殖均会出现异常。当然抗体减少除了它的分泌过程受阻外,也与 PFC 减少有关。另外,膳食脂肪与肿瘤的发生有关,给啮齿类动物喂饲高浓度多不饱和脂肪酸,其肿瘤发生率升高。已知 ω-6 是前列腺素合成的前体,PGEZ 能抑制 NK 细胞活性和淋巴细胞毒作用,自由基及脂质过氧化物的增加也能抑制免疫功能,使肿瘤发生率升高。Yamashita 等向体外培养 NK 细胞的介质中加入 20:5ω-3,NK 细胞活性受抑;体内注射 20:5ω-3 或 20:6ω-3,NK 细胞活性降低 65％。由此可见,NK 细胞功能障碍是进食高多不饱和脂肪酸引起肿瘤发生增多的重要原因。

多不饱和脂肪酸与正常的体液免疫反应密切相关,膳食中缺乏多不饱和脂肪酸,尤其是缺乏必需脂肪酸,常常引起体液免疫反应下降。事实证明,膳食缺乏必需脂肪酸的小鼠,对其 T 细胞依赖性抗原和非依赖性抗原的抗体反应以及初次免疫和再次免疫的抗体反应均下降。补充正常膳食(13％玉米油)一周后,体液免疫恢复正常。可见,多不饱和脂肪酸在维持完整的体液免疫反应方面可起一定作用。

动物实验和临床研究均已证实,摄入含有 ω-3 多不饱和脂肪酸的膳食可抑制自身免疫性疾病。位于北极的因纽特人从海洋哺乳动物和鱼类中获取高脂肪,他们摄入大量 ω-3 多不饱和脂肪酸,且 ω-3 与 ω-6 多不饱和脂肪酸的比例高达 1:1,研究发现与膳食中 ω-3 与 ω-6 比例为(0.04$\sim$0.1):i 的西方人相比,北极因纽特人自身免疫性疾病和炎症性疾病的发病率要低得多。究其原因可能与免疫应答有关的前列腺素和白三烯合成有关,还可能与因纽特人对必需脂肪酸的代谢遗传不同有关。

此外,膳食脂肪也能影响非特异性免疫功能。例如,静脉应用甲基软脂酸明显抑制单核—巨噬细胞的吞噬细胞活性,生理浓度的饱和脂肪酸和高浓度不饱和脂肪酸能抑制中性白细胞的趋化活性和吞噬作用。

三、维生素与免疫

(一)维生素 A 与免疫

维生素 A 对体液免疫和细胞介导的免疫应答起重要辅助作用,能提高机体抗感染和抗肿瘤能力。维生素 A 缺乏或不足时对特异性免疫功能均可产生显著影响。维生素 A 缺乏动物的胸腺皮质萎缩,脾脏生发中心减少,胸腺和脾脏淋巴细胞明显耗竭,外周血 T 细胞减少,细胞体外增殖能力降低,补充视黄脂后氚标记胸苷(3H-TdR)掺入率恢复正常,掺入率与补充的维生素 A 呈剂量反应关系;维生素 A 还能增强移植物排斥反应和 DCH 反应,消除免疫耐受。

维生素 A 缺乏血清抗体降低,肝脏维生素 A 含量与抗体产生呈正相关。维生素 A 缺乏小鼠抗原刺激后,空斑形成细胞(Plaque forming cell,PFC)降低约 50％,IgG 分泌显著减少;实验证实,维生素 A 缺乏时 T 细胞不能向 B 细胞传递足够的刺激信号,补充维生素 A 后 T 细胞功能恢复。有人将 T 细胞分为两亚群,Ⅰ型 T 细胞分泌 IL-2 和 γ-干扰素(Interferon,IFN),与 DCH 反应及其他细胞介导的免疫反应有关;Ⅱ型 T 细胞分泌 IL-4 和 IL-5,与抗原特异性抗体反应有关。维生素 A 缺乏Ⅱ型 T 细胞,IL-4 或 IL-5 基因转录受抑。缺乏动物补充维生素 A 后,抗体产生恢复正常。动物一次接受大剂量维生素 A 后,其原发性和继发性免疫反应均升高。目前认为维生素 A 不单是起佐剂的作用，更重要的是它直接参与抗体合成。另外，维生素 A 能影响 MΦ 的吞噬杀菌能力。维生素 A 缺乏动物肺泡巨噬细胞超氧化物歧化酶、谷胱甘肽过氧化酶活性降低，补充维生素 A 后肺泡巨噬细胞的细胞毒作用及吞噬能力增强。有实验观察到，补充维生素 A 的动物感染早期（2～3 天），细菌繁殖即受抑制，提示维生素 A 首先增强了单核吞噬系统功能，而非 T 细胞功能。此外，维生素 A 能增强细胞介导的细胞毒作用和自然杀伤洗淘（NK 细胞）活性，阻断应激所致的胸腺萎缩，消除由类固醇激素引起的免疫抑制。

维生素 A 可能通过以下几个方面影响免疫功能：①维生素 A 能影响糖蛋白合成，视黄醛磷酸糖可能参与糖基的转移，而 T、B 细胞表面有一层糖蛋白外衣，他们能结合有丝分裂原，觉得淋巴细胞在体内的分布；②维生素 A 能影响基因表达，细胞核是维生素 A 作用的靶器官，维生素 A 供给不足，核酸及蛋白质合成减少，使细胞分裂、分化和免疫球蛋白合成受抑；③维生素 A 缺乏，IL-2、IFN 减少，TH 细胞、抗原处理及抗原提呈细胞（MΦ 和树突状细胞）减少，B 细胞功能受抑；④维生素 A 能影响淋巴细胞膜通透性。

类胡萝卜素主要存在于黄色、橙色、红色、深绿色的蔬菜和水果中，典型的代表是 β-胡萝卜素，还存在于西红柿番茄红素等。类胡萝卜素具有很强的抗氧化作用，可以增加特异性淋巴细胞亚群的数量，增强 NK 细胞、吞噬细胞的活性，刺激各种细胞因子的生成。番茄红素有增强免疫系统潜力的作用。研究表明对免疫功能受损的人补充 β-胡萝卜素是有益的；对老年人补充 β-胡萝卜素可增强 NK 细胞活性。

(二)维生素 E 与免疫

维生素 E 缺乏对免疫应答可以产生多方面影响，包括对 B 细胞核 T 细胞介导的免疫功能的损害。维生素 E 能增强淋巴细胞对有丝分裂原的刺激反应性和抗原、抗体反应，促进吞噬。小鼠 T、B 细胞的增殖能力和血浆维生素 E 含量呈显著相关；维生素 E 缺乏症状出现以前，机体免于功能已有明显改变。维生素 E 缺乏引起的免疫功能受抑与 TH 细胞减少有关。另外有人认为，维生素 E 能直接刺激 B 细胞使其增殖，它能使血清中某种免疫抑制因子不被激化。近来有研究表明，维生素 E 缺乏时 RNA 和蛋白质生物合成受明显抑制，因此维生素 E 也可能通过影响核酸、蛋白质代谢，进一步影响免疫功能。有关维生素 E 免疫调节作用的可能机制有：①维生素 E 影响细胞膜的流动性：免疫活性细胞的功能有赖于胞浆膜完整的结构，膜流动性改变可能影响膜上受体的运动，受体与配体的识别和结合等，维生素 E 通过其抗氧化作用维持一定的膜脂质流动性，从而影响淋巴细胞功能；②维生素 E 调节前列腺素合成：维生素 E 的抗氧化作用可以防止多不饱和脂肪酸（polyunsaturated fatty acid，PUFA）转化成过氧化中间代谢产物，如前列腺素、白三烯等，已证实前列腺素可以抑制淋巴细胞转化、细胞因子如 IL-1、IL-2 的分泌；③维生素 E 保护淋巴细胞免受 MΦ 产生的抑制物的作用；MΦ 可以产生前列腺素、白三烯、超氧阴离子、单线氧、过氧化氢等，这些巨噬细胞代谢产物均可抑制免疫反应。

(三)维生素 B₆ 与免疫

核酸和蛋白质的合成以及细胞的增殖需要维生素 B_6，因而维生素 B_6 缺乏对免疫系统所产生的影响比其他 B 族维生素缺乏的影响更为严重。用缺乏维生素 B_6 的膳食并加上脱氧吡哆醇（一种吡哆醇的拮抗物）可以诱发动物的维生素 B_6 缺乏症。在缺乏时，放射性磷掺入脾和胸腺的 DNA 减少，缺乏的动物每克脾组织中的细胞数和胸腺的 DNA 含量都较低。DL-^{14}C-丝氨酸掺入肝、脾的 RNA 和 DNA 中都减少，8-^{14}C-腺嘌呤及 3H-胸苷的掺入亦少，表明维生素 B6 缺乏时总的核酸合成减少。维生素 B6 缺乏时对免疫器官和免疫功能都有影响。

1. 对淋巴组织的影响

胸腺重量减少，有的实验性维生素 B_6 缺乏动物的胸腺只有对照的 1/8。脾发育不全，空斑形成细胞数少。淋巴结萎缩，周围血液中的淋巴细胞数减少。

2. 对体液免疫的影响

因维生素 B_6 缺乏时影响核酸的合成，对细胞分裂和蛋白质的合成均不利，因而影响抗体的合成，对白喉类毒素及流感病毒所形成的抗体均减少。抗体在体外与白喉素抗原的结合力下降。临床研究发现维生素 B_6 缺乏导致对肌肉痉挛毒素和伤寒疫苗抗体形成受影响,进一步研究发现维生素 B_6 和泛酸两者缺乏时,抗体免疫反应产生严重损害。

3.对细胞免疫的影响

维生素 B_6 缺乏时动物的皮肤延迟型超敏反应减低,但如在缺乏期致敏而以后迅速恢复正常膳食,则动物对抗原仍有应答,表明在缺乏时免疫应答的传入侧翼并未受影响,维生素 B_6 缺乏动物的淋巴细胞在体外试验中对 PPD 仍有反应性证实了这一点。因不同动物或不同个体都有组织相容性抗原,在接受异体组织后可以诱发宿主抗移植物反应(host versus graft reaction,HVGR)。维生素 B_6 缺乏时,宿主对移植物的耐受性增加,移植物存活时间延长。维生素 B_6 缺乏大鼠的胸导管中的淋巴细胞数减少,特别是 T 淋巴细胞数减少更为明显。胸导管淋巴细胞的混合淋巴细胞反应明显降低,3H-胸苷的掺入减少 55%。实验性维生素 B_6 缺乏对子宫中胎儿的免疫功能显著的和长期的影响。

(四)维生素 C 与免疫

在所有的微量营养素中,维生素 C 对宿主免疫功能的影响最先引起人们关注。维生素 C 对胸腺、脾脏、淋巴结等组织器官生成淋巴细胞有显著影响,还可以通过提高人体内其他抗氧化剂的水平二增强机体的免疫功能。在动物实验中发现维生素 C 缺乏时机体对同种异体移植的排斥反应、淋巴组织的发育机器功能的维持、白细胞对细菌的反应、吞噬细胞的吞噬功能均受抑制。补充维生素 C 对预防呼吸道感染有一定价值,对自愿人群进行大量控制性研究发现,常规每日摄入 1 000 mg 以上维生素 C 的人患感冒后病情轻,病程短。维生素 C 能促进 MΦ 吞噬杀菌功能,血清维生素 C 含量与 IgG、IgM 水平呈正相关,维生素 C 能影响免疫球蛋白轻、重链之间二硫键形成。患严重坏血病的豚鼠对白喉类毒素和 PPD 的 DCH 反应减弱,经抗坏血酸治疗可以纠正。他们的淋巴细胞子在体外对致有丝分裂因子有反应,也可将对 PPD 的敏感性转递给健康的正常动物。相反,如将健康对照动物的已致敏的淋巴细胞传输给有坏血病的豚鼠,不能引起后者产生 DCH 反应。有的实验表明患坏血病的豚鼠对白喉类毒素的血凝抗体滴度很高,但不能产生 Arthus 型皮肤超敏反应。坏血病动物的皮肤对组胺不能产生炎症反应,移植皮肤的存活期延长。虽然 DCH 反应和 HVGR 的反应是典型的细胞免疫功能,但坏血病对这些功能异常不能反映免疫功能低下,可能与患坏血病动物皮肤的炎症反应能力低下有关。补充大量抗坏血酸可以使动物和人的淋巴细胞对致有丝分裂因子的反应有所增加,但在培养基中补充抗坏血酸并不能改变淋巴细胞对致有丝分裂因子的反应。

四、微量元素与免疫

许多微量元素在正常免疫反应中起着重要作用,他们直接参与免疫应答过程,如缺乏铁、锌、锰、铜和硒都会使免疫功能下降。

(一)铁与免疫

对于许多细胞来说,铁是一种重要的营养物质,它可激活多种酶,铁缺乏,核糖核酸酶活性降低,肝、脾和胸腺蛋白质合成减少,使免疫功能出现各种异常,如淋巴样组织萎缩,胸腺淋巴细胞及外周血 T 细胞减少,淋巴细胞增殖能力、PFC 产生、MΦ 和 NK 细胞功能均受抑。实验发现,铁缺乏时,骨髓分化因子如克隆刺激物(CSF-1)和 IL-3 减少;另外,IL-1,IL-2,及 IFN 分泌也减少,因此免疫细胞分化成熟及整个免疫应答过程受损。缺铁时对 PPD 及白色念珠菌素的 DCH 反应减弱,淋巴细胞在体外对抗原的反应亦降低。用铁治疗后皮试反应改善,但仍低于正常;淋巴细胞在体外对抗原的反应仍较低。铁缺乏是巨噬细胞移动抑制因子受到抑制,而治疗后改善。铁缺乏可以干扰细胞内含铁金属酶的作用。含铁核糖核苷酸还原酶的活性降低可以使吞噬细胞合成过氧化物减少,已致影响这些细胞的杀菌力。铁缺乏常与 PEM 同时存在,铁缺乏或铁过多均可能产生不良后果。铁对宿主的免疫功能的影响与几种因素的相互作用有关:①游离铁对微生物有促进生长的作用;②未饱和铁结合蛋白有抑菌作用;③虽免疫应答的直接作用,包括对体液免疫、细胞免疫和对吞噬作用的影响；④对非特异免疫的影响，如维持正常的上皮屏障和维持含铁酶的活性。

1. 游离铁

细菌在体内和体外为要达到充分地生长和繁殖都需要适量的游离铁，在培养基中加入铁或高铁血清可以促进细菌和霉菌的生长。有些细菌可以分泌一种含铁物，而与周围的铁螯合以利细菌利用。细菌的毒力愈高，其产生含铁物的能力愈强。

2. 铁结合蛋白

在细胞外液及人乳中含有两种铁结合蛋白，即运铁蛋白和乳铁蛋白分子，有与铁结合的能力。这些铁蛋白可以从细菌的含铁物种把铁夺过来，以限制体内细菌对铁的利用，从而达到抑制细菌生长的目的。严重的蛋白质营养不良时，血清运铁蛋白的含量减少，比总蛋白的减少更明显。如果此时运用大量的铁来进行治疗，使本来已较低的血清运铁蛋白结合能力变为饱和，当铁结合能力接近饱和时，血清中的铁易被侵入的细菌摄取，使细菌获得足够的铁而繁殖茂盛，引起宿主内脓毒过程的发展。1970 年 MeFarlane 曾在非洲对 40 例恶性营养不良的小儿用抗疟药、维生素、叶酸、铁化合物和高蛋白膳食进行治疗，结果许多儿童死于败血症。他们发现在治疗两周后仍存活小儿的血清运铁蛋白的含量为 130 μg/mL，而死亡者仅 33 μg/mL，此结果表明血清运铁蛋白含量低时，未结合的铁被细菌所利用，可促进感染已致死亡。另有报道对贫血者补充铁后疟疾发作，或使原有的症状加重。人乳中含有乳铁蛋白，其饱和度为 56%～89%，如果在乳中加入的铁足以使这些乳铁蛋白饱和，则人乳对大肠杆菌的抑菌作用消失。

此外，在慢性铁过多，如输血性铁沉着患者的组织内有一种分子量为 1 500～5 000 的铁螯合物，它可以使革兰氏阴性细菌摄取铁的量增加，并促进细菌的生长。

(二)锌与免疫

锌缺乏引起免疫系统的组织器官萎缩，含锌的免疫系统酶类活性受抑制，并使细胞免疫和体液免疫均发生异常。缺锌的影响是多方面的，最主要是影响 T 淋巴细胞的功能，还影响胸腺素的合成与活性、淋巴细胞的功能、NK 细胞的功能、抗体依赖性细胞介导的细胞毒性、淋巴因子的生成、吞噬细胞的功能等。

临床上，缺锌儿童表现为淋巴细胞减少，胸腺萎缩，迟发过敏反应能力减弱，伤口愈合延缓，对病原微生物易感性增高。许多临床病例免疫功能降低与锌缺陷有关，自身免疫性疾病患者血锌大多低于正常。血锌低的 Down 氏综合征患者，DCH 反应、淋巴细胞增殖能力降低。老年人血锌一般较低，且含量与 TH 细胞成正相关，与 TS 细胞成负相关。

对大鼠进行缺锌饲料喂养持续 30 天后，对羊红细胞反应中发现有 70%～90% 的大鼠脾脏中 IgM、IgG 和血小板形成细胞明显减少，且胸腺严重萎缩。另一些研究发现缺锌大鼠对刀豆球蛋白 A 的反应减弱，但对脂多糖的反应增强。说明 T 细胞反应减弱，B 细胞反应却增强。同时发现大量未成熟的 T 细胞出现在缺锌大鼠脾脏中，表明 T 细胞的成熟受到抑制。还有学者研究发现缺锌可破坏或阻止记忆细胞的发育及功能。另外，缺锌大鼠血浆中皮质激素是增高的，而切除肾上腺后其胸腺不再退化，并出现正常数量的胸腺细胞，然而这些大鼠对羊红细胞的反应能力减弱。

锌缺乏对体液免疫功能也有明显影响，经 SRBC 免疫的小鼠进食锌缺乏饲料后，抗-SRBC IgG 空斑形成细胞仅为对照组的 43%，且空斑形成反应延迟。锌缺乏还能使 T 细胞亚群改变，Ⅱ-2 分泌减少，使免疫功能出现异常。缺锌还可以减少外周单核细胞合成干扰素，白介素，肿瘤坏死因子，以及抑制刀豆球蛋白 A 刺激的细胞增殖。另外锌过多与锌缺乏一样会抑制免疫功能，淋巴细胞对 PHA 的反应下降。

有研究表明，锌是 DNA、RNA 聚合酶及胸腺嘧啶激酶的辅酶，例如 T 细胞的成熟必须要由胸腺和胸腺细胞特有的含锌 DNA 聚合酶(终端 DNA 转移酶)的辅助。锌对于稳定核酸和蛋白质三级结构有重要作用，因此，锌缺乏引起的免疫功能损害可能是因酶活力降低，抑制 DNA、RNA 和蛋白质合成及功能表达所致。

(三)铜与免疫

铜缺乏可能通过影响免疫活性细胞的铜依赖性酶而介导其免疫抑制作用。已知铜是许多酶的组成成分,诸如,超氧化物歧化酶、细胞色素氧化酶、血浆铜蓝蛋白、单胺氧化酶等等。这些铜依赖性酶为许多生化代谢过程所必需。其中,超氧化物歧化酶催化超氧化自由基的歧化反应,防止毒性超氧化自由基堆积,从而减少自由基对生物膜的损伤。超氧化物歧化酶在吞噬细胞杀伤病原性微生物过程中也起重要作用。细胞色素氧化酶是线粒体传递链的末端氧化酶,此酶的催化活性下降,氧化磷酸化作用减弱。免疫活性细胞的氧化磷酸化作用受损伤将直接破坏其免疫功能。铜缺乏影响网状内皮系统对感染的免疫应答,吞噬细胞的抗菌活性减弱,机体对许多病原微生物易感染性增强。胸腺素和白介素分泌物少,淋巴细胞增殖及抗体合成受抑,NK 细胞活性降低;边缘性铜缺乏即可引起脾 T 细胞亚群改变,如表达 Thy1、Lyt2 细胞减少。NZB 小鼠出身后即喂铜缺乏饲料,结果有表明标志 Ly5、Ly1、B220 和 SIg 的脾淋巴细胞也减少。已证实铜能作用于淋巴细胞、吞噬细胞和中性粒细胞。缺铜性疾病 T 细胞功能障碍,缺铜小鼠胸腺萎缩,脾脏肿大。

(四)硒与免疫

硒是人类及动物必需微量元素之一,大量研究表明,硒具有明显的抗肿瘤作用和免疫增强作用。补硒能增强小鼠对移植物的排斥反应,促进 T 淋巴细胞对有丝分裂原或特异性抗原刺激的反应性。硒虽无致有丝分裂作用,但缺硒可抑制机体免疫应答反应,影响细胞毒性 T 淋巴细胞(cytotoxic T lymphocyte,CTL)活性的诱导和效-靶细胞的结合,近来研究发现,硒可以选择性调节某些联保细胞亚群产生、诱导免疫活性细胞合成和分泌细胞因子。人外周血淋巴细胞与 $10^{-9} \sim 10^{-6}$ mol/L 硒一起培养时,能促进 IFN 产生,并且硒在体外可以扩大重组 γ-IFN 对人 NK 细胞毒性的增强作用。除以上作用之外,硒能维持或提高血中免疫球蛋白水平,增强实验动物对疫苗或其他各种抗原产生抗体的能力,促进 MΦ 对巨噬细胞活化因子(macrophage-activating factor,MAF)的反应性,协同 MAF 激活 MΦ 的抗肿瘤活性;另外还可以通过改变 NK 细胞膜和靶细胞上某些表面结构成分,如促进受体表达等,而扩大 NK 细胞的杀伤效应。

硒免疫调节作用的机制可能在于硒通过影响谷胱甘肽(GSH)、硒化氢(H2Se),进而影响细胞表面二硫键的平衡来调节免疫应答反应。维持细胞内硒的一定水平对保护机体健康、增强其抗病能力均具有重要意义。

五、营养素相互作用与免疫

对免疫功能有重要影响的诸多营养素中,有些营养素之间可相互发生作用,从而导致对免疫功能的有利或不利影响。与此有关的结果多为动物实验的发现,关于营养相互作用对免疫功能的影响归纳于表 2-11-1。

表 2-11-1　营养素相互作用对免疫功能的影响

相互作用的营养素	物种	膳食	对免疫参数的影响
维生素 E-硒	鼠	补充	抗体滴定度增加
	羊	补充	淋巴细胞增殖增加
	牛	补充	淋巴细胞增殖增加
	鸡	补充	抗滤过性病毒抗体增加
	鼠	缺乏	T 淋巴细胞溶解活性和淋巴细胞增殖降低
	鼠	缺乏	抗体依赖性细胞毒性和血清 Ig 增加
	鸡	缺乏	胸腺和淋巴结完整性受损
	狗、猪	缺乏	淋巴细胞增殖减少
	猪	缺乏	中性白细胞吞噬功能降低
维生素 E-维生素 A	鸡	补充	拮抗抗体产生和吞噬细胞功能
	牛	补充	增强嗜中性白细胞功能

续表

相互作用的营养素	物种	膳食	对免疫参数的影响
维生素 E－脂肪	人	高脂肪	维生素 E 可逆转淋巴细胞增殖的抑制
	猪	高脂肪	维生素 E 增强淋巴细胞增殖
	鼠	高 ω-3 脂肪	维生素 E 增强杰尼血小板形成细胞应答
	人	高 ω-3 脂肪	维生素 E 增强淋巴细胞增殖
维生素 E－镁	鼠	缺镁	维生素 E 保护细胞因子产生
维生素 A－维生素 D	人	补充	吸附分子表现为拮抗性,吞噬、活性氧中间产物和细胞因子增强
维生素 A－锌	人	补充	增强淋巴细胞增殖
脂肪－硒	鼠	补充	抗体水平受抑制
镁－钙	人	高钙	白细胞吸附力降低
铜－铁	牛	高铁	中性粒细胞吞噬功能降低,抗体产生不受影响
铜－硒	牛	缺乏	中性硝基兰三硝基甲苯和微生物杀灭功能降低
铜－钼	牛	高钼	中性粒白细胞和淋巴细胞增殖减少
铜－锌	鼠	高铜	淋巴细胞增殖和杰尼血小板形成细胞应答减少
锌－蛋白质	几内亚猪、鼠	缺乏	淋巴细胞增殖减少
		缺乏	沙门菌感染加重

据葛可佑(2004)

第十二节　营养与抗氧化

这一节从四个方面论述营养与抗氧化(林晓明等,2004):(1)自由基、活性氧和活性氧自由基;(2)氧自由基与人类疾病;(3)抗氧化营养素;(4)富含抗氧化营养素的食用农产品(含中草药)。

人类是需氧生物,离开氧就无法生存,氧气参与新陈代谢、线粒体的呼吸氧化磷酸化、产生能量 ATP,它几乎是一切生命活动的基础物质之一。氧气在参与生命活动的同时也产生活性氧自由基(reactive oxygen species,ROS),过量氧自由基会引起细胞损伤,导致疾病的发生。就目前所知,ROS 在体内损伤的靶器官和靶分子很广泛,包括了有重要生理作用的脂肪、蛋白质和核酸。

在正常情况下,体内氧自由基的产生和清除是平衡的,机体在利用氧的过程中会产生氧自由基,但机体同时存在着清除自由基的物质和酶反应系统。在对抗自由基物质中,有一部分物质来自膳食,另一部分是体内产生的抗自由基物质。当氧自由基产生过多或抗自由基系统发生障碍时,体内氧自由基就会出现失衡,或称氧应激,就会引起损伤,产生疾病。"机体自由基损伤学说"已涉及基础和临床的各个领域,目前已认为自由基是肿瘤、衰老、心脑血管疾病、缺血再灌注损伤、白内障等疾病的病理基础之一。

流行病学研究表明,膳食中抗氧化营养素含量高,心血管疾病和某些肿瘤的发生率降低。实验研究也显示,多种营养素如维生素 E、维生素 C、β-胡萝卜素、硒和锌等能对抗自由基对机体的损伤,起到抗氧化剂的作用。

一、自由基、活性氧和活性氧自由基

目前自由基(free radicals 或 radicals)的定义为"任何能够独立存在的,包含一个或多个未成对电子的原子或原子团都称为自由基"。所谓未成对电子,是指那些在原子或分子轨道中未与其他电子配对而独占一个轨道的电子,其自旋为 1/2,如 A、B 两个原子,各提供一个电子,通过共价键形成一个分子 A:B,这两个电子是配对的；如在化学反应中发生了均裂，A 和 B 各带一个电子，它们就是未成对电子，A:B→A·＋B·，A· 和 B· 就称为自由基。为了表示这一特征，常在带有不成对电子的原子符号的上角注上一个圆点"·"如：·CH$_3$，H·，O$_2^-$ 等。自由基有三个特点：一是反应性强，二是有顺磁性，三是寿命短。

氧气几乎是一切生命活动的基础，但是机体内氧的某些代谢产物（如 O$_2^-$、OH·、H$_2$O$_2$）及其衍生的含氧活性物质（如过氧化脂质）与单线态氧（^{1}O$_2$）都含有氧，而且具有较高的氧反应性，遂统称为活性氧（reactive oxygen）。在上述活性氧中带不成对电子者，又称为活性氧自由基，或简称氧自由基。因此，氧气也是氧自由基的来源。

（一）人体内的氧自由基

1. 超氧阴离子自由基（superoxide anion radical，O$_2^{\cdot-}$）

基态氧接受一个电子形成的第一个氧自由基，其在水溶性介质中的存活时间约为 1 秒，在脂溶性介质中存活时间约为 1 小时，和其他活性氧相比，超氧阴离子自由基不很活泼，由于它的寿命长，可以从其生成部位扩散到较远的距离，达到靶组织。此外，它是所有氧自由基的前身，可以转化为其他自由基，它的危害性相当大。

2. 过氧化氢（hydrogen peroxide，H$_2$O$_2$）

本身不是自由基，仅是一种活性氧，但它可转变成毒性更大的羟自由基。

3. 羟自由基（hydroxyl radical，OH·）

已知的最强的氧化剂，它比高锰酸钾的氧化性还强，反应性强，寿命极短，它几乎可以对所有细胞成分发生反应，对机体危害极大，羟自由基又与磷脂反应导致细胞膜损伤，可与 DNA 反应，生成各种产物，引起细胞突变。

4. 单线态氧（singlet molecular oxygen，^{1}O$_2$）

分子中没有不成对电子，所以它也不是自由基，仅是一种活性氧。它可通过淬灭和化合两种方式损伤重要生物大分子：

淬灭：^{1}O$_2$ 将激发能转移给其他分子，使他们进入激发状态，而 ^{1}O$_2$ 本身却转变为基态氧分子（O$_2$），这种现象称为淬灭。重要的淬灭剂有 β-胡萝卜素和维生素 E。

化合：^{1}O$_2$ 可与具有＞C＝C＜结构的一些化合物化合，如各种氨基酸，因此它对蛋白质有损伤作用。

5. 过氧化脂质（lipid peroxides，LPO）

脂质过氧化反应过程中产生的脂质自由基如脂自由基（L·）、脂氧自由基（LO·）、脂过氧化自由基（LOO·）以及 LOOH（脂氢过氧化物）等统称为 LPO。

6. 氮氧自由基（nitroxyl radicals）

一氧化氮（nitric oxide，NO）自被 Nature 选为 1992 年的明星分子后声名大震。其作用主要有：NO 作为内皮细胞松弛因子，能够松弛血管平滑肌，防止血小板凝集；NO 是神经传导的逆信使，在学习和记忆中发挥作用；白细胞，特别是巨噬细胞，在免疫过程中释放 NO，作为杀伤外来微生物的毒性分子。

NO 分子中，N 原子外层有 5 个电子，O 原子外层有 6 个电子，形成共价键后，在分子轨道上会有一个未成对的电子，NO 不稳定，半衰期短，易于氧化反应，生成 NO$_2$ 自由基。NO 作为自由基也可损伤正常细胞，在心肌和脑组织缺血再灌注损伤中起作用。

NO 还可以与超氧阴离子自由基以极快的速率反应生成过氧亚硝基，质子化后生成 NO$_2$ 和羟自由基。活性氧自由基与 NO 可生成过氧亚硝基阴离子，在碱性条件下，过氧亚硝基比较稳定，但在低于中性 pH 时，立即分解生成氧化性更强的羟氧化物质和 NO$_2$。

$$O_2^{\cdot-}+NO \rightarrow ONOO^- + H^+ \rightarrow ONOOH \rightarrow OH^\cdot + NO_2$$

上述反应是非常有意义的，O$_2^{\cdot-}$ 和 NO 都是自由基，但二者的氧化性都不很强，它们在体内都有一定的生物功能，二者结合生成过氧亚硝基阴离子，在高于生理 pH 条件下，过氧亚硝基相当稳定，允许它由生成位置扩散到较远的距离，一旦周围 pH 稍低于生理条件，立即分解生成羟自由基和 NO$_2$ 自由基，这两种自由基具有很强的氧化性和细胞毒性,这对杀伤入侵微生物和肿瘤具有重要的意义。

研究还显示,巨噬细胞在免疫过程中不仅释放 NO,也释放超氧阴离子自由基,二者会发生反应形成过氧亚硝基阴离子($ONOO^-$)。后者在碱性条件下比较稳定,但在稍低于中性时,立即分解产生羟自由基和 NO_2 自由基,导致细胞损伤和疾病的发生。

(二)活性氧自由基的生理功能和毒性作用

在生理状态下,生物体内的自由基不断地产生,但也在不断地被消除,处于平衡状态的自由基浓度是极低的。它们不仅不会损伤机体,而且还可显示其独特的生理作用,如吞噬细胞产生活性氧自由基以杀灭外来微生物;前列腺素、凝血酶原和胶原蛋白的合成也需要活性氧自由基的参与。

1. 核酸的氧化损伤

DNA 成分都可与 $OH\cdot$ 反应,而单线态氧($^1O_2$)则主要作用于碱基鸟嘌呤。DNA 损伤的类型主要有:(1)碱基损伤,氧自由基可直接作用于双键部位而改变其结构,$OH\cdot$ 可以自动从胸腺嘧啶的甲基中除去 H 原子,氧自由基使 DNA 链上出现无嘌呤和无嘧啶,目前已知的 DNA 氧化损伤产物有 20 余种之多,其中8-羟基脱氧鸟嘌呤(8-OH-dG)是最受关注的;(2)DNA-蛋白交联物形成;(3)$OH\cdot$ 可引起 DNA 链上结构的改变,但其敏感性低于碱基,这种变化可导致整个碱基脱离,也可使 DNA 链断裂。

2. 氨基酸和蛋白质的氧化损伤

对脂肪族氨基酸氧化损伤最常见的途径是:在 α 位置上将一个氢原子除去,形成 C-中心自由基,再加上氧,生成氧基衍生物,后者分解成 NH_3 及 α-酮酸,或生成 NH_4^+、O_2 和醛类。这种损伤可出现氨基酸的交联产物,芳香族氨基酸则很少出现。蛋白质内的氨基酸残基是氧化损伤的重要靶子,所有氨基酸的残基都可被羟自由基作用,其中以芳香族氨基酸与含硫氨基酸最为敏感,$OH\cdot$ 可把 α-氢原子去除,产生过氧化物,在分解时,通过 α-酰氨化作用(α-amidation),使肽键断裂。

脂质过氧化损伤不饱和脂肪酸对于氧化特别敏感,脂质过氧化是由脂链上除去一个氢而启动的,去氢的 C 原子形成中心自由基($L\cdot$),$L\cdot$ 有多种去路,在有氧环境中的细胞内,很快出现分子重排,随之与氧反应生成过氧基(peroxy radical),可相互结合而中止自由基反应,或攻击膜结构中膜蛋白,过氧基亦可对邻近部位产生除氢反应,于是出现链反应,即除氢反应的连续。

$OH\cdot$ 等均可促进脂质过氧化物生成,脂质过氧化的后果是:破坏膜的功能,降低其流动性,使膜上的受体和酶灭活,使离子的通透性增高,细胞内外的离子稳态破坏。脂质过氧化物的分解产物具有细胞毒性,其中特别有害的是一些不饱和醛类。自由基常常会造成机体损伤的途径如图 2-12-1 所示。

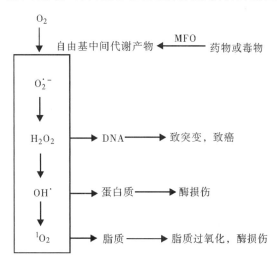

图 2-12-1　自由基的生产及某些生物学作用

二、氧自由基与人类疾病

已有的研究结果显示,氧自由基几乎与所有人类疾病的发生发展有关,主要有:

(一)癌症

癌的发生发展可分为三个阶段:启动阶段(initiation)、促癌阶段(promotion)和形成与发展阶段(development)。研究认为,上述每一阶段都有氧自由基的参与。许多化学致癌剂,不管是天然的,还是人工合成的,在发生致癌作用前必须经过一个活化阶段,从分子状态变成自由基状态。活化后的致癌物一般都是极活泼的亲电子化合物或自由基。只有这些活化后的物质才能与细胞中的靶分子相互作用,并使靶分子发生损伤,如图 2-12-2 所示。抗氧化营养素可起阻断作用。

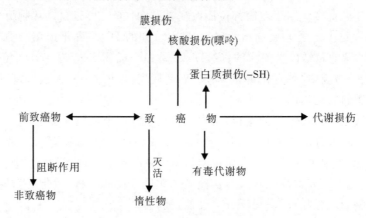

图 2-12-2 前致癌物的活化及灭活

(二)衰老

人类机体的衰老是一个极其复杂的过程,关于衰老的原因目前有免疫学说、中毒学说、遗传学说、自由基学说等。衰老的自由基学说是 1955 年由 Danhan Harman 提出的,该学说主要认为随着年龄增大的退行性变化是由于自由基的副作用所引起。目前认为,自由基学说是经得起实验考验的第一个衰老理论。

(三)炎症

吞噬细胞在炎症反应中起着重要的作用,吞噬细胞在炎症反应过程中,受刺激活化,产生呼吸爆发,释放大量活性氧自由基和各种酶,这些产物在杀伤入侵者的同时对正常机体也产生损伤。

吞噬细胞进入炎症部位是炎症发生的初级反应,继而吞噬细胞释放蛋白酶到细胞外基质中,进攻各种靶位置,如细胞间隙物质、透明质酸和不溶性蛋白,活化的中性粒细胞的蛋白酶能分解这些物质。

超氧阴离子自由基对透明质酸有解聚作用,氧自由基使蛋白变性,使各种酶失活,氧化多不饱和脂肪酸。中性粒细胞和巨噬细胞产生的氧自由基可以直接损伤真核细胞、内皮细胞、红细胞或纤维细胞、血小板和精子,白细胞本身也被它自己产生的氧自由基损伤。

(四)心血管疾病

目前研究认为自由基是心血管疾病的重要病因。动脉粥样硬化引起的冠心病和高血压是心血管疾病的重要类型。大量的研究表明氧化应激或氧自由基贯穿于动脉粥样硬化的整个病理过程,包括动脉粥样硬化早期的动脉血管内膜的功能紊乱、脂质条纹的形成、典型斑块期和后期的斑块破裂期。自由基可引起血管内皮细胞损伤,黏附分子、炎性分子的分泌,血管平滑肌细胞的增生和凋亡,并可引起斑块趋向不稳定。自由基也参与高血压的病理变化,主要是自由基引起血管平滑肌细胞的增殖,血管壁增厚,外周阻力增加,血压升高。

(五)缺血—再灌注损伤

外科手术、中风、心血管疾病、血栓、烧伤、冻伤等场合都会发生缺血,然后恢复供血的过程,称为缺血—再灌注。这个过程常导致组织损伤,甚至造成死亡,称缺血—再灌注损伤(也称缺氧—复氧损伤)。目前研究认为,缺血—再灌注损伤与活性氧自由基密切相关。

氧自由基通过损伤大分子物质,如 DNA、蛋白质、脂肪等参与糖尿病的发生,而糖尿病又可产生大量的氧自由基,加快了糖尿病的发展,形成一个恶性循环。长期高血糖可使蛋白糖基化,而糖基化又可伴随氧化,产生大量自由基,使脂质过氧化。小而密的脂蛋白易被氧化,可使粥样硬化斑块形成。氧化应激造成动脉内皮细胞功能异常,使血管通透性增加、炎症细胞浸润、血管变硬不能舒张,甚至因粥样斑块破裂、血栓形成而堵塞血管,造成各种心血管事件,如心肌梗死、脑卒中等。

氧自由基可通过损伤大分子蛋白而引起机体免疫功能的改变,从而导致免疫性疾病的发生或自身免疫性疾病的发生。一些研究表明抗氧化物质的应用可改善某些免疫性疾病,如抗氧化物质可改善哮喘的严重程度。

三、抗氧化营养素

(一)维生素 E

维生素 E(Vitamin E,VitE)是公认的一种抗氧化营养素,它广泛分布于机体内,较集中存在于肾上腺及血液脂蛋白内,是血浆中主要的脂溶性抗氧化剂。由于维生素 E 是疏水的,在细胞内的维生素 E 主要存在于生物膜的内部(深层疏水区),是脂相的强抗氧化剂。它极易与分子氧和自由基起反应,防止磷脂中不饱和脂肪酸被氧化,是细胞膜及亚细胞结构的膜中磷脂对抗过氧化损伤的第一道防线。

维生素 E 的主要抗氧化作用是与 LO·(脂氧自由基)或 LOO·(脂过氧化自由基)反应生成 LOOH(脂氢过氧化物),使脂质过氧化链式反应中断(图 2-12-3)。维生素 E 在细胞膜中起抗脂质过氧化作用时被消耗掉并转化为自由基。此时,维生素 C 和谷胱甘肽协同作用可使维生素 E 还原而再生。但由于维生素 C 是水溶性的,不容易进入细胞膜内部,所以维生素 C 使维生素 E 还原的作用只能发生在细胞膜表面。

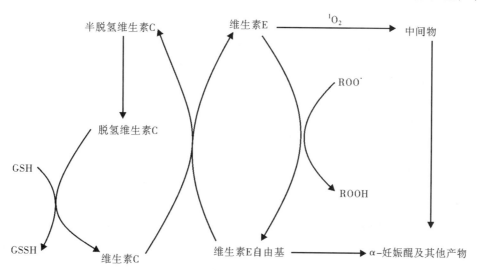

图 2-12-3　维生素 E 和维生素 C 的抗氧化作用

维生素 E 也是 $^1O_2$ 的有效清除剂,维生素 E 不仅可以直接淬灭 $^1O_2$,还可与 $^1O_2$ 反应成为中间产物,再转变为 α-妊娠醌及其他产物。

维生素 E 也可以与其他自由基(如超氧阴离子自由基和羟自由基)直接起反应从而防止脂质过氧化的启动,又可以与过氧化中间产物反应,从而起到断链抗氧化剂的作用。

维生素 E 广泛存在于动植物性食物中,麦胚油、棕榈油、玉米油、花生油及芝麻油是其良好的来源,几乎所有绿叶植物都含有维生素 E,肉、奶、蛋和鱼肝油中也含有一定量的维生素 E。

(二)维生素 C

维生素 C(ascorbic acid,Vitamin C,VitC)被认为是一种重要的抗氧化营养素。维生素 C 不仅可使氧化的维生素 E 再生(图 2-12-3),还可以快速与超氧阴离子自由基、脂过氧化自由基(LOO·)、羟自由基(OH·)等反应生成半脱氢维生素 C,并能清除单线态氧($^1O_2$),是重要的水相自由基清除剂。

(1)使氧化的维生素 E 再生(图 2-12-3)。

(2)直接清除 $O_2^{·-}$、L· 与 OH·。

$$维生素 C + O_2^{·-} + H^+ \longrightarrow H_2O_2 + 半脱氢维生素 C 自由基$$

$$维生素 C + LOO· \longrightarrow LOOH + 半脱氢维生素 C 自由基$$

$$维生素 C + OH· \longrightarrow H_2O + 半脱氢维生素 C 自由基$$

(3)参加叶绿体中维生素 C,GSH 循环以清除 H_2O_2,如图 2-12-4 所示。

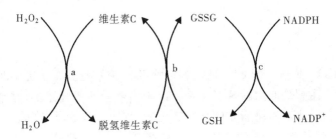

图 2-12-3　叶绿体中维生素 C、GSH 循环

(a:维生素 C 过氧化物酶;b:脱氢维生素 C 还原酶;c:GSH 还原酶)

但在离体实验条件下,低浓度的维生素 C 可使 Fe^{3+} 还原为 Fe^{2+}。后者与 H_2O_2 反应生成 OH·,引发脂质过氧化。此外,金属离子能催化维生素 C 产生 H_2O_2 和羟自由基,显示有害作用。为此,大剂量服用维生素 C 对身体健康的利弊值得注意。

(三)β-胡萝卜素和其他类胡萝卜素

自然界大约有 500 多种类胡萝卜素,然而,已知只有 α-胡萝卜素、β-胡萝卜素(β-carotene)和 β-隐黄素(β-crytoxanthin)可以分解转变成维生素 A。其他类胡萝卜素(carotenoids),如番茄红素(lycopene)、叶黄素(lutein)、玉米黄质(zeaxanthin)、虾青(astaxanthin)等,并不能转变成维生素 A。

研究显示,β-胡萝卜素是最重要的类胡萝卜素之一。不仅因为它是维生素 A 最重要的前体,它还是一种有效的抗氧化剂。流行病学调查结果显示,富含 β-胡萝卜素的蔬菜和水果的摄入量与多种疾病(如心血管系统疾病、癌症、白内障等)的发生率呈负相关。然而,这些研究结果很难排除其他营养素的作用,例如维生素 C。进一步的研究表明,补充 β-胡萝卜素可以显著降低心血管疾病和癌症的发生率。目前认为 β-胡萝卜素是以三种机制发挥对人类的有益效应:①通过转换成类维生素 A(retinoids),而类维生素 A 为已知的化学预防剂(chemopreventives);②β-胡萝卜素分子的共轭双键系统使它成为有效的抗氧化剂,能清除自由基,并起断链抗氧化剂的作用;③作为免疫系统刺激剂。

近期研究也显示,其他类胡萝卜素也具有抗氧化性能,从食物中摄入大量番茄红素者比不摄入者心脏病发病率低一半,富含 β-隐黄素的橘子在预防皮肤癌、大肠癌方面也有明显效果。

然而,在芬兰和美国对吸烟者和石棉厂的工人补充大剂量抗氧化维生素则起到相反的结论,即在高危人群给予高剂量单个抗氧化维生素未能达到预期效果。为此学者认为,为抵抗自由基对机体的损伤,应从膳食中补充复合的和平衡的抗氧化营养素。

(四)硒

1973 年 Rotruck 等发现硒是体内重要抗氧化酶—谷胱甘肽过氧化物酶(glutathione peroxidase, GSH-Px)的活性成分。

GSH-Px 是一种含硒(Selenium)酶,也称谷胱甘肽-H_2O_2 氧化还原酶,于 1957 年被 Mills 从牛红细胞中发现。主要生物学作用是清除脂类氢过氧化物,具有广泛地清除有机氢过氧化物的能力。除了有些有机氢过氧化物如胆固醇-25-氢过氧化物中氢过氧基因受空间阻遏的影响不能被酶催化外,几乎所有的有机氢过氧化物都可在 GSH-Px 的作用下被还原,如核酸氢过氧化物,胸腺嘧啶氢过氧化物等(后两者为致突变剂)。无论体内或体外实验,清除脂类氢过氧化物的能力均取决于 GSH-Px 的浓度。并可在过氧化氢酶含量很少或过氧化氢产量很低的组织中代替过氧化氢酶清除过氧化氢,脑和精子几乎不含有过氧化氢酶,而含有较多的 GSH-Px,从而清除在代谢过程中产生的过氧化氢。即使含有过氧化氢酶较多的组织,仍需 GSH-Px 清除过氧化氢,因为在细胞中过氧化氢酶多存在于过氧化物酶体,而在胞质与线粒体基质腔中却很少,它们含有较多的 GSH-Px,故不会受到过氧化氢的损伤。

必须指出的是,在 GSH-Px 的催化过程中,GSH 还原酶、葡萄糖-6-磷酸脱氢酶(G-6-PD)起着协同作用。如果这两种酶之一受到损害或生物合成受到抑制,则 GSH-Px 的生物学作用也会相应受到影响。

(五)锌、铜、锰和铁

超氧化物歧化酶(superoxide dismutase,SOD)属于金属酶,其性质不仅取决于蛋白质部分,而且还取决于结合到活性部位的金属离子。目前已经知道,有五种 SOD,即 CuZn-SOD,Mn-SOD,Fe-SOD,FeZn-SOD 和 EC-SOD(excellular-SOD)等。虽然性质有所不同,但都可催化超氧阴离子自由基歧化为 H_2O_2 和 O_2。由于活性氧自由基均由超氧阴离子自由基衍生而来,所以 SOD 的作用就显得尤其重要。可以说它是机体内清除氧自由基的第一道、也是非常重要的一道防线。

目前临床上用于延缓衰老;治疗炎症、急性肺水肿、器官组织缺血—再灌注综合征;治疗和预防白内障等。

(六)其他抗氧化成分

1.谷胱甘肽(GSH)和其他巯基类化合物

在生物体内含有巯基(—SH)的化合物有蛋白质与非蛋白质。在含有—SH 的非蛋白质中以 GSH 的含量为最高,因此在防护自由基损坏作用方面比其他—SH 基化合物显得特别重要。

(1)直接清除 H_2O_2:$H_2O_2 + 2GSH \longrightarrow GSSG + 2H_2O$。

(2)参加叶绿体中维生素 C、GSH 循环以清除 H_2O_2(图 2-12-4)。

(3)防护脂类过氧化物造成的损伤:$LOOH + 2GSH \longrightarrow GSSG + LOH + H_2O$。

其他巯基类化合物:如半胱氨酸、胱氨酸等,也能使自由基修复成为原来的生物分子。

2.金属硫蛋白(metallothionein)

金属硫蛋白是一类富含半胱氨酸残基及金属离子的非酶蛋白。近年来的研究认为,金属硫蛋白有清除羟自由基的作用,能有效地抵抗羟自由基引起的膜脂质过氧化作用,是一种良好的生物膜保护剂。

3.血浆铜蓝蛋白(ceruloplasmin,CP)

主要在肝脏合成,其功能是将肝脏内铜转运到肝外组织,用于合成含铜酶。在正常成人血浆中血浆铜蓝蛋白含量为 300 mg/100 ml,这是一种 α-糖蛋白。近来研究发现血浆铜蓝蛋白具有抗氧化特性,是重要的细胞外液抗氧化物质。其功能能有:①具有铁氧化酶(ferroxidase)活性,通过转变 Fe^{2+} 为 Fe^{3+} 以消除

fenton 反应;②抑制脂质过氧化反应;③能直接清除超氧阴离子自由基,尤其当细胞外液超氧阴离子自由基浓度较高时,血浆铜蓝蛋白表现出类似 SOD 的作用以清除超氧阴离子自由基。虽然其清除超氧阴离子自由基的能力仅为 SOD 的 1/30 000,但由于血浆中该蛋白含量较高,实际上相当于 100 ml 血浆中含 30 μg SOD,故清除超氧阴离子自由基的作用不可忽视。

4.茶多酚与其他酚类化合物

茶叶在中国已有数千年的栽种和饮用历史,不仅是目前最好的饮料之一,还可以预防和治疗疾病。一般认为喝茶有益健康是因为茶叶中含有维生素和微量元素。近期研究显示,茶叶中对健康最有益的物质可能是茶多酚(green tea polyphenols),一种存在于茶叶中的多酚类化合物,具有多种异构体,主要有EGCG(epigallocatechin gallate)、ECG(epicatechin gallate)、EC(epicatechin)和 GC(gallocatechine)等。

研究显示,茶多酚具有强大的抗氧化能力,可清除各种氧自由基和脂氧自由基,有效预防脂质过氧化。此外,茶多酚也能防治一氧化氮(NO)和过氧亚硝基阴离子(ONOO—)对细胞的毒性作用。

有研究表明四种不同茶多酚对氧自由基的清除能力按以下关系递减:EGCG＞ECG＞EC＞EGC,并且发现 EGCG 与维生素 C、维生素 E 等共同使用对清除自由基有协同作用。

其他酚类化合物如花青素、姜黄素、香豆素、咖啡酸等也具有不同程度的抗氧化性能。

多糖类(polysaccharides) 香菇多糖、银耳多糖、枸杞多糖、云芝多糖、灵芝多糖、海藻多糖和螺旋藻多糖等获得广泛的研究。研究显示多糖具有多种功效,如抗肿瘤、抗病毒、抗动脉硬化、增强免疫力等,其作用机制尚不完全清楚,清除氧自由基和防止脂质过氧化是多糖发挥作用的机制之一。

四、富含抗氧化营养素的食用农产品(含中草药)

毫无疑问,抗氧化营养素含量高的食物具有强的抗氧化能力。然而,抗氧化营养素之间的相互关系(如协同作用、互补作用、代偿作用、依赖作用或拮抗作用)对维持机体健康也是非常重要的。为此营养学家提出应补充复合的、平衡的抗氧化营养素,膳食补充抗氧化营养素是一个安全和有效的方法。研究表明许多食物具有强抗氧化性能,如猕猴桃、刺梨、鱼油、沙棘汁、银耳、香菇、枸杞子、苦瓜、蜂花粉、蜂王精等。

此外,祖国传统的中医中药在长达几千年的实践中积累了丰富的抗衰老和防衰老的经验和方法。这是一个巨大的天然抗氧化剂的宝库,许多人用现代科学方法对中草药的抗氧化效应进行了大量研究。研究认为,许多中草药复方、单味药提取物或一些单体成分可直接或间接清除自由基,抑制脂质过氧化反应,提高机体抗氧化能力。如人参、党参、丹参、甘草、灵芝、黄酮类中草药、中华麦饭石、鹿血清等。抗氧化治疗(antioxidant therapy)也已应用于临床医学,除抗氧化营养素外,已有多种抗氧化药物投放临床,如丹参酮、银杏叶提取物、茶多酚等,用于防治肿瘤、动脉硬化、糖尿病、炎症、放射病等。

第十三节 营养与神经系统功能

本节从四个部分论述:(1)三大营养素与神经系统功能;(2)六种矿物质与神经系统功能;(3)三种维生素与神经系统功能;(4)三种类维生素与神经系统功能。含有以上四个部分论述到的各种营养素、矿物质、维生素、类维生素的食用农产品,请查阅第一卷、第二卷的相关章节。比如含有镁的农产品见《农产品品质学》第一卷第一章第四节中第六部分的"含镁的农产品"(p74)。

营养与神经系统功能,林晓明等(2004)作了详细论述。神经系统在人体功能调节中起主导作用,它既可直接和间接地调节体内各器官、组织和细胞的活动,使之互相联系成为统一的有机整体;又能通过对各种生理过程的调节,使机体随时适应外界环境的变化。

　　神经系统由于具有与其功能相适应的结构特征,如神经元与神经胶质细胞间特有的构筑形式,神经细胞间的突触、髓鞘和血脑屏障等,因此,其组织更新和新陈代谢过程也具有相应的特点。大量研究表明,脑组织中蛋白质约占 35%(26%～45%),并不断进行降解和合成,成年人脑每小时有 0.6% 的蛋白质被更新,神经元每天约有 1/3 的蛋白质被更新。蛋白质是人类各种神经活动,例如感觉、意识、思维、感情、学习和记忆以及行为的分子基础。蛋白质中,一些是构成人体组织所必需,而另一些则是神经系统所特有的蛋白质,包括 EF-hand 型钙结合蛋白、各种特异酶、轴突转运蛋白、与神经递质有关的蛋白质、与细胞内信息传递有关的蛋白质、神经生长及营养因子、神经细胞附着分子、髓鞘蛋白、脑区域性特有蛋白、突触蛋白和金属离子结合蛋白等。此外,许多存在于突触后膜或效应器细胞膜上的神经递质受体均为一些特殊的蛋白质,这些结构在神经信息的传导中起着重要的作用。许多研究表明,食物蛋白质水平可直接影响脑细胞的组成、成分及神经递质的合成与释放。膳食蛋白质摄入不足能够导致神经组织合成蛋白质的能力下降,影响其正常的生理活动。

　　在正常的情况下,脑组织消耗较多的能量以维持各种神经活动。直接供能物质为三磷酸腺苷(ATP),由碳水化合物提供,其中最为重要的是葡萄糖。脑组织中葡萄糖至少有以下几方面的功能:通过有氧氧化,产生较多的 ATP;通过磷酸戊糖途径,提供 $NADPH+H^+$,参与还原反应;通过三羧酸循环快速转变为神经递质,如谷氨酸、γ-氨基丁酸(γ-GABA)等;提供脂类物质合成的碳骨架等。当碳水化合物摄入量不能满足人体需要时,可能会出现能量代谢障碍,影响神经细胞执行正常的功能。除蛋白质、碳水化合物外,脂肪、各种矿物质、维生素和一些非营养成分也是维持神经系统正常结构和功能所必需的,它们的缺乏、过量、中毒或代谢障碍均会影响脑发育,影响中枢神经系统的功能,导致智力降低。

一、三大营养素与神经系统功能

(一)蛋白质与氨基酸

　　蛋白质摄入不足,可使神经细胞蛋白质合成能力降低,导致细胞生长和分化减慢,数目变少,体积变小,同时伴有 DNA 和 RNA 含量减少。有人研究发现,蛋白质对不同时期的脑发育影响不同。在妊娠 13 周到出生后 1～2 岁之间,是脑神经细胞的快速增殖期,神经元的生长和分化以及神经胶质细胞的增生对蛋白质非常敏感。在这个时期,如果蛋白质摄入不足,就会影响神经细胞的增殖速度,不仅导致神经细胞数目减少,而且出现明显的生物学改变,如迁徙、树突分枝和髓鞘形成以及突触生成减少,突触功能降低,新皮质区锥体细胞数目减少,脑电图异常和大、小脑皮质区病理性改变。如果婴幼儿时期蛋白质继续缺乏,则可妨碍神经胶质细胞的发育,髓鞘蛋白合成速度明显减慢。蛋白质缺乏严重时可导致神经传导速度下降 40%～50%,周围神经显著脱髓鞘。大多数损害发生在大脑新生皮质区和小脑,海马也可受累。发育正常的儿童,出生到 5 岁之间,髓磷脂纤维数目通常增加 4 倍,当蛋白质摄入不足时则受到影响,同时伴有髓鞘纤维直径变小,密度降低。

　　蛋白质摄入不足,能使 γ-氨基丁酸(GABA)能、单胺能和 5-羟色胺能系统的神经递质发生改变。大量的研究表明,膳食影响脑功能及行为是通过调节神经递质的浓度实现的。到目前发现,至少 5 种中枢神经递质受到食物中蛋白质、碳水化合物水平的影响。

　　蛋白质影响脑功能和行为的机制,目前认为主要有以下几点:(1)影响脑部色氨酸、5-羟色胺(5-HT)的含量。色氨酸作为 5-羟色胺的前体直接影响 5-HT 的合成,并进而引起情绪和行为上的改变,其他一些人体必需氨基酸如蛋氨酸、苏氨酸、支链氨基酸等也对 5-HT 能递质系统具有调节作用。(2)影响脑部酪氨酸、儿茶酚胺类递质多巴胺(DA)、去甲肾上腺素的代谢。研究表明,儿茶酚胺类递质的合成与释放可受到前体氨基酸摄入量的影响。Lou 发现,当机体苯丙氨酸(Phe)缺乏时,脑中细胞外 Phe 的浓度降低,随之 DA 的合成减少,同时脑中酪氨酸(Tyr)浓度亦随之降低,最终可引起学习、记忆和认知能力的降低。(3)影响脑部谷氨酸(Glu)能递质系统。谷氨酸广泛分布于中枢神经系统,是哺乳动物脑内含量最高的一种氨基酸。谷氨酸在脑内分布不均,以大脑皮质、小脑和纹状体含量最高。谷氨酸作为一种脑内主要的兴奋性氨基酸递质,通过特异性受体介导一系列高级神经活动,如认知和记忆,同时又与早老性痴呆、中风等神经性疾病的发生和发展有关。若膳食中谷氨酸缺乏,上述神经活动可能会受到影响。(4)影响 γ-氨基丁酸(γ-GABA)能递质系统。γ-GABA 是中枢神经系统中一种抑制性氨基酸递质。由于脑内 GABA 是以谷氨酸为直接前体,谷氨酸的摄入不足能够使其合成能力降低,影响神经信息的传递。

(二)碳水化合物

人类大脑活动所消耗的能量较高,可占机体静息代谢率的 20%～30%,主要表现为大量的神经细胞需要较多的能量以形成跨膜电位,维持其特定的生理功能。此外,神经细胞还以糖原的形式储存一部分能量,用于细胞的快速更新。能量的缺乏主要是由于碳水化合物摄入不足引起,患者血糖水平较低,大脑可利用的葡萄糖数量较少,神经元正常的生理活动受到影响,主要表现为神经传导速度减慢,主动扩散到细胞内的必需氨基酸数量减少,细胞自身合成的氨基酸也随之降低,最终影响蛋白质的生物合成,导致细胞更新速度减缓,生长和分化受阻,同时也可造成神经细胞间突触形成减少,突触前部囊泡内的神经递质合成能力降低,影响神经突触问的信息传递。

(三)必需脂肪酸

必需脂肪酸(essential fatty acid,EFA)即机体不可缺少而自身又不能合成或体内合成远不能满足需要的脂肪酸,可分为两类,一类是 n-3 系列多不饱和脂肪酸(n-3,PUFAs),属于亚油酸类,是植物油中主要的 PUFA,还包括花生四烯酸(APA)等。另一类是 n-6 系列多不饱和脂肪酸(n-6,PUFAs),属于亚麻酸类,亚麻酸来自植物油,还包括二十碳五烯酸(EPA)和二十二碳六烯酸(DHA)等一些长链 n-6,PUFA,来源于海洋生物。

必需脂肪酸对神经系统的正常功能也是必不可少的。鱼油和母乳中所含的多烯酸如 DHA,本身就是组成脑细胞和脑神经的重要物质,是脑细胞和脑神经生长发育保持正常功能的必需物质。大脑的独特功能反映在其具有独特的化学组成,即脑突触体质膜和视网膜磷脂中富集大量的 DHA,DHA 可以促进神经网络的形成,改善心脑血管功能和大脑供能状况,使大脑的自我营养体系得以完善,并能对因年龄等萎缩死亡的脑细胞起到明显的修复作用。因此,DHA 对记忆、思维等智力过程至关重要。而二十二碳五烯酸(DPA)则可激活脑神经递质,使信息传递和处理速度大大加快,因而是决定大脑反应能力的关键。n-3系列多不饱和脂肪酸,还是眼睛视网膜必不可少的营养物质,它的缺乏是多种眼部疾患的根源。因此,n-3 系列多不饱和脂肪酸在智力发育和视力中的作用受到广泛关注。

二、六种矿物质与神经系统功能

矿物质(包含微量元素)是构成脑组织、维持其生理功能、生化代谢所必需。人体内的微量元素在能量代谢、脂质代谢、核酸代谢、蛋白质—氨基酸代谢及神经递质代谢中起着关键作用,它们在体内含量过低或过量蓄积都会改变脑和脊髓内微量元素的分布,影响行为和神经功能。

近年来,微量元素异常与一些原因不明的神经疾患,如阿尔茨海姆病(Alzheimer)、肌萎缩性侧索硬化症、帕金森病、新生儿缺氧缺血性脑损伤的关系日益受到重视。特别是铁(Fe)、锌(Zn)、铜(Cu)、碘(I)、硒(Se)等元素与神经系统的关系尤为密切。

(一)铁

铁(iron)是人脑组织中含量最丰富的一种过渡金属。大量研究证实铁广泛分布于整个脑组织,但其分布又不均匀,含铁最丰富的部位是基底神经节,包括苍白球、尾状核、豆状核和黑质,而皮层及小脑中含量较低,主要的含铁细胞是少突胶质细胞。

铁除了能与原卟啉结合形成血红蛋白而在氧的运输中起重要作用外,还是细胞色素的构成成分,在生物氧化中也起重要作用。正常脑组织的铁三分之一以铁蛋白的形式存在,其余的或者存在于酶或小分子复合物中,或者与脂质形成复合物。铁参与体内多种含铁酶的组成。对胶原、酪氨酸、儿茶酚胺以及 DNA 合成均有重要影响,并且通过影响脑中的酶活性、多巴胺受体数目、能量代谢及神经系统的信号传导等而影响脑功能。铁对神经系统的功能主要是参与神经髓鞘的形成和维持,参与合成神经递质,并在神经元突起的生长中起重要作用。另外,铁还与某些中枢神经系统性疾病(如帕金森病、阿尔茨海姆病等)有关。

1. 铁缺乏

铁缺乏是世界性营养缺乏病之一,据世界卫生组织估计,世界上大约有 13 亿人贫血,其中多数是由缺铁引起的。高危人群主要为婴幼儿、儿童、妇女、孕妇和老年人。

婴儿期铁营养状况与其智力行为和认知能力的发育密切相关。缺铁性贫血(iron deficiency anemia,IDA)婴儿其 Bayley 精神发育分和运动发育分显著低于正常儿童。主要表现是易激动,注意力难以集中或对周围事物缺乏兴趣。青少年铁缺乏的表现为注意力和学习记忆能力降低,注意范围狭窄,工作耐力下降,对刺激应答减弱,容易疲倦。动物实验发现,铁缺乏动物的行为活动消失,昼夜活动规律颠倒,而且有异食癖。有报道,IDA 幼儿经铁剂治疗后智商可恢复到正常水平。但近年研究发现,贫血婴儿经治疗后能使血红蛋白浓度恢复至正常,但未能提高患儿的精神发育分,提示在脑发育的关键阶段发生铁缺乏会造成不可逆的脑发育损伤。除贫血外,线粒体铁、硫含量、线粒体细胞色素含量和线粒体的总氧化能力均显著降低。

铁缺乏对脑功能影响的机制:

(1)影响单胺氧化酶(monoamine oxidase,MAO)、色氨酸羟化酶和醛氧化酶的活性。铁是这些酶的辅助因子,此类酶的活性降低将导致脑中一些神经递质如儿茶酚胺、5-羟色胺等代谢障碍。

(2)中枢神经系统多巴胺(DA)D2 受体数目降低,DA 合成减少,损害 DA 能神经递质的传导,改变 DA 介导的行为活动,包括情绪的改变、生理节奏的倒转。

(3)影响线粒体电子传递,从而影响能量代谢。此外,三羧酸循环中有 1/2 以上的酶和因子含铁或有铁存在时才能发挥作用,因此缺铁可导致氧的运输、贮存、CO_2 的运输及释放、电子传递、氧化还原等很多代谢过程紊乱,产生病理变化。

(4)影响髓鞘质的合成,损害神经系统信号传导。少突神经胶质细胞中的铁参与髓鞘质的代谢,包括胆固醇和脂肪酸的合成;同时,缺铁可引起转铁蛋白水平的上升,抑制半乳糖脑苷脂的表达,导致神经系统髓鞘化不足,神经元的信号传导受阻。

2. 铁过多

铁不仅是一种人体必需的重要营养素,同时在过量时也是一种有毒性的物质。铁的致氧化损伤作用可能与其维持正常功能一样重要。铁与神经性疾病的关联,特别是铁与氧化性损伤的关系正在受到愈来愈多的关注。当有过氧化氢和氧存在时,游离铁通过催化 Fenton 反应迅速产生大量有毒性的羟自由基(OH·),导致细胞膜的脂质过氧化,破坏机体的 DNA、蛋白质、脂质等生物大分子,引起细胞膜的损伤,最终导致细胞的死亡。

帕金森病(PD)是以脑中多巴胺能神经系统病变或损伤为病理改变,以震颤、肌肉僵直、运动活动启动困难、姿势反射丧失为特征的综合征。阿尔茨海姆病(AD)是以神经炎斑症、神经元纤维缠结和颗粒空泡样变性为病理改变,以思维、语言、记忆、运动障碍为特征的神经系统疾患。自由基学说认为自由基对神经系统的损伤是导致 PD、AD 的原因之一。脑组织中含有高浓度的不饱和脂肪酸,而自由基清除功能却相对缺乏,某些特殊脑区内铁的含量又较高。有报道,PD 病人脑中铁与其调节蛋白之间平衡遭受破坏,尤其是黑质中铁蛋白含量普遍减少,这意味着铁处于一种不稳定或低分子状态,当多巴胺代谢产生过氧化氢时,铁离子就会启动脂质过氧化,导致细胞的损伤。在与正常的衰老组织比较,AD 患者脑中海马、杏仁核、迈内特基底核以及大脑皮层中的铁水平升高,脑组织中的自由基产生也增加。

(二)锌

1943 年,Sheline 等报道了实验狗和小鼠的脑组织摄取 65Zn 的现象,引起人们对脑锌(zinc)分布的关注。现已证实,锌在脑中的分布是不均一的,以边缘系统、皮质部、扣带回、齿回和海马等组织中含量较多,且尤以海马结构和大脑皮层为高,而海马中约有 8% 的锌位于突触囊泡中。

锌是一种重要的营养素,正常人体含锌总量为 2.0~2.59,几乎涉及所有的细胞代谢,锌参与核酸、蛋白质、碳水化合物和脂肪代谢、影响细胞分裂、生长、再生,参与神经系统发育,维持神经正常的功能。

锌参与 300 余种酶的组成,并以不同形式广泛分布。有些重要的酶类,如碳酸酐酶、碱性磷酸酶、铜一锌超氧化物歧化酶和核糖核苷聚合酶都是含锌的酶类。其中碱性磷酸酶存在于所有神经组织中,在髓鞘形成和脑成熟过程中有重要作用。通常情况下,锌在机体内的吸收、分布和排泄是受机体内稳态机制严格调节的,加之与大分子物质稳定联系和灵活协调的特性使其在人体中发挥重要的生理功能。

1. 锌缺乏

无论在发达国家还是发展中国家,锌缺乏都是一个备受关注的公共卫生问题。已证实,无论重度、中度还是轻度锌缺乏都会一定程度地损伤大脑功能;同时,锌缺乏对处于生命不同阶段的个体都有影响。据美国一项研究,顺产婴儿的母亲血清锌浓度明显高于异常生产或异常怀孕妇女血清锌浓度。智力较好及学习成绩优良的学生发锌及铜含量相对较高。妊娠早期缺锌引起胎儿脑发育不良,导致先天性中枢神经损害如神经管畸形和无脑儿。先天性锌吸收障碍时可成为肠性肢端皮炎、共济失调、震颤、兴奋等神经症状的原因。婴儿严重缺锌,可导致侏儒综合征;儿童缺锌,可引起生长发育迟缓、性腺机能减退、缺铁、贫血等,部分儿童有注意力不集中、运动功能降低等行为和认知异常;成人缺锌时,可导致味觉、嗅觉障碍,并与行动异常、痴呆症、视神经萎缩等密切相关。

锌缺乏对脑功能影响的可能机理:

(1)锌在脑内主要与酶或蛋白质呈结合状态存在,并参与构成相应的活性中心。游离锌则可参与膜受体的功能调节。锌可与兴奋性氨基酸同时释放并作用于突触后受体,可降低 N-甲基-D-天门冬氨酸(NMDA)受体介导的效应。NMDA 是中枢神经系统中调节突触传递的主要因子之一。它与谷氨酸一起可能参与长时程突触增强效应(LTP)的形成。因此,缺锌时,海马中兴奋性突触传递就会受到抑制。

(2)锌参与体内多种酶的组成,其中包括与核酸关系密切的 RNA、DNA 聚合酶、胸苷激酶等,缺锌胚胎的胸腺嘧啶核苷的掺入量比正常胚胎减少,DNA 合成受到影响,脑组织较其他器官更易受累。

(3)缺锌时体内难以形成锌-超氧化物歧化酶(Zn-SOD),因而,体内产生的 O_2^- 不能被清除,致使脑血管损伤,形成脑动脉硬化及脑组织萎缩,而发生痴呆、脑血管疾病等。

(4)缺锌易导致癫痫发作,这是由于锌可以抑制脑内 Na^+-K^+-ATP 酶的活性,影响离子的传递,从而使细胞膜的离子梯度受到破坏,产生不稳定的癫痫细胞。此外,锌对 γ-氨基丁酸(GABA)合成酶也有很强的抑制作用。通过使中枢抑制性递质 GABA 生物合成的减少,神经元的兴奋性增高,进而导致癫痫的发作。

2. 锌过多

膳食锌中毒也有不少报道。急性锌中毒时引起胃部不适、眩晕和恶心,在 >150 mg/d 时可出现催吐作用,完全肠外营养时大量补锌可发生死亡。在补充非常大量的锌(300 mg/d)时可发生其他的慢性影响,包括免疫功能下降和高密度脂蛋白胆固醇(HDL-C)降低。此外,锌摄入过量还可引起继发性铜缺乏。还有人提出,轴索末端的锌浓度高,是老年性痴呆的一个因素。

(三)铜

脑组织中铜(cuprum)元素含量仅次于肝脏和肌肉。其中以灰质、白质,特别是尾状核、苍白球等铜的含量较高。

铜是多种酶系统中必不可少的金属元素,与生命活动的许多生化作用有关,其中最重要的是参与细胞呼吸、细胞氧利用、DNA 和 RNA 复制、细胞膜完整性的维护和自由基的清除。铜与锌、硒等可通过酶系统清除自由基,在铜、锌存在条件下,过氧化自由基被超氧化物歧化酶降解为过氧化氢,随后过氧化氢被含硒的谷胱甘肽过氧化物酶(GSH-Px)分解为水。有效清除这些超氧化自由基,能维持膜的完整性,降低肿瘤发生的危险,延缓衰老进程。

另一方面,过多地摄入这些微量元素也能导致疾病和毒性作用。铜能促进电子转移,促进氧化反应。机体铜过负荷可增加活性氧的产生,从而对细胞造成伤害。所以,铜平衡对机体健康非常必要。

1.铜缺乏

婴幼儿铜缺乏常与某些因素有关,如出生体重低,母乳喂养时间短,人工喂养,长期腹泻以及频繁感染等。铜缺乏时出现脑组织萎缩、灰质和白质退行性变、神经元减少、精神发育停滞等,严重时会患 Menke 综合征。卷毛综合征(Kinky hair syndrome)是一种铜吸收障碍为特征的遗传性疾病,可表现为进行性精神运动障碍、抽搐、头发无光泽、短而硬。威尔逊病(Wilson 病)是一种常染色体隐性遗传病,主要以血清铜蓝蛋白低下为特征;可出现肝硬化、锥体外系症状、K-F 角膜环三大症候;神经系统症状表现为听力障碍、震颤、肌张力亢进、小脑症状、抽搐、舞蹈病样运动等。

2.铜过量

脑组织中铜含量过多时,可出现肝豆状核变性(Wilson 病)。Wilson 病是一种铜代谢紊乱的常染色体隐性疾病,是因在 13 号染色体上编码的转运铜的一种 P-型 ATP 酶缺乏或功能障碍所致。该酶将铜转运到分泌途径结合成铜蓝蛋白并排泄入胆管。在生理状态下,胆汁分泌是铜排泄的唯一途径,该途径受累则使肝脏铜进行性堆积,当超出肝脏储存能力时,肝细胞死亡,铜释放入胞质,引起溶血,沉积于组织。儿童可表现为慢性肝炎、无症状肝硬化或急性肝衰;青年则以铜堆积于中枢神经系统而继发神经精神症状为主。主要临床表现有:记忆力减退、注意力不集中、易激动,随后还可出现多发性神经综合征,神经衰弱综合征等。

(四)碘

碘(iodin)主要分布于大脑皮质的有关区域、基底节和运动控制途径。碘缺乏表现为神经元数目减少、细胞排列不规则、脑室扩大以及在皮质运动区锥体细胞的树状突数减少,特别是连结大脑半球的前连合、胼胝体和胼胝体连结会受到影响。

碘缺乏亦是世界性营养缺乏病之一。胎儿期缺碘可导致大脑发育严重受损。人体内 70% 以上的碘集中在甲状腺,并且以各种碘蛋白的形式存在,包括甲状腺激素(甲状腺素和三碘甲状腺原氨酸)的储存形式或其前体形式以及其分泌形式。甲状腺激素对大脑的发育和脑神经功能都是必需的。在胎儿期和出生后大脑发育的早期,如果缺乏足够的甲状腺素,将导致永久性的神经损害。胎儿甲状腺素机能低下伴有神经递质代谢的变化,表现为蛋白激酶 C、鸟氨酸脱羧酶、胆碱乙酰转移酶和二羟苯丙氨酸脱羧酶等的活性降低。

1.碘缺乏

目前,关于碘缺乏对人体的影响已进行了深入的研究,有的甚至进入到分子、基因水平,并取得了很大进展。甲状腺随着胎儿的发育而不断增大,人的大脑从胎儿期到出生后 2 岁是甲状腺激素依赖的成熟过程。母亲甲状腺功能和体内的碘状态是胎儿大脑发育的重要决定因素。研究表明,母亲碘缺乏的严重性与妊娠结局(死胎或克汀病)呈显著正相关。在碘缺乏时,尽管胎儿大脑试图通过皮质 II 型脱碘酶来局部增加三碘甲状腺原氨酸的产生,但是胎儿的甲状腺不能代偿这种母亲的甲状腺素缺乏。碘缺乏会导致神经性克汀病,其特点为智力低下、聋、哑和动作失调,在某些有严重甲状腺机能低下的病人还伴有基底节钙化和一种特殊的耳蜗损害。极端严重的病例有孤独症和肌萎缩的报告。

2.碘过多

高碘是否和低碘一样会导致脑发育障碍,特别是母体高碘是否会对子代造成脑发育和智力损害,这是一项具有重要意义、但尚未进行深入研究的问题。有研究显示,摄入过量碘与碘缺乏一样,不仅可引起高碘性甲状腺肿，也可对神经系统造成损害，使脑发育落后，脑功能障碍。高碘对脑发育的不利影响可能是通过抑制了 RNA 转录，从而使蛋白质合成减少，造成脑内蛋白质含量降低，脑发育延迟。

（五）硒

硒（selenium）在小脑中的浓度最高，其次在白质和灰质以及在脊索中的分布较均匀。

硒在大脑中的功能是一项较新的研究，主要是关于依赖硒的谷胱甘肽过氧化物酶（GSH-Px）和含硒半胱氨酸酶（Ⅰ型甲状腺素脱碘酶）的功能。硒缺乏导致 Se-GPX 活性的丢失，因而在老化的生物学中可能起作用。大脑中 Se-GPX 随年龄的增长而下降，Se-GPX 活性在大脑的髓磷脂部分最高，接下来是突触小体。这种 Se-GPX 活性有效地防止了在突触膜间区大量多不饱和脂肪酸的过氧化作用。

最近有人重新研究了硒在大脑发育和功能中的作用，因为观察到甲状腺素在周围转变为有活性的激素三碘甲状腺原氨酸是依赖于含硒半胱氨酸酶Ⅰ型 $5'$-脱碘酶。在缺硒时，这种酶的活性（主要在肝和肾）下降，并导致前激素甲状腺素的浓度升高，而使有活性的激素三碘甲状腺原氨酸减少。在大脑皮质和垂体前叶，有另一种形式的蛋白质Ⅱ型脱碘酶，它不含硒而且主要产生为局部消耗用的三碘甲状腺原氨酸。因此，在缺硒时虽然在身体其他部位发生甲状腺功能低下，大脑却可能受保护。

硒与碘缺乏同时存在时，硒营养状态可能在黏液水肿型克汀病的发病机制中起一定的作用。在硒和碘同时缺乏的人群中，用硒干预可能大大增加克汀病的临床表现。大鼠缺硒伴有大脑Ⅱ型脱碘酶的活性下降，这是继发于甲状腺素升高而不是硒的直接作用。一项研究提出，缺硒时神经介质代谢有改变，小鼠缺硒时伴有运动功能降低，成年大鼠缺硒时豆状核或黑质的多巴胺、去甲肾上腺素和 5-羟色胺的更新增加。同时，这些大脑区 Se-GPX 活性显著下降。低硒状态的人可能有行为、注意力和记忆力等方面的改变。

（六）镁

人体内镁（magnesium）主要存在于骨和软组织之中，少部分存在于体液中。在细胞和血液中以游离镁（离子化镁）、与阴离子结合镁、蛋白结合镁等 3 种状态存在。

镁离子是人体必需的常量元素，在生理状态下，镁是许多反应的主要辅酶之一，特别是参与能量有关的代谢过程，在调节神经、肌肉、体液等方面有着重要的生理意义。研究发现镁离子作为一种天然的钙离子通道阻滞剂，N-甲基-D-天门冬氨酸（NMDA）受体的非竞争性拮抗剂，在神经保护中起着重要作用。

血清镁的低限参考值为 0.73 mmol/L，达到低限值时定为低镁血症。血清镁离子缺乏时，可导致神经—肌肉障碍、精神与行为的异常，表现为乏力、衰弱感、体温调节不良、严重时可以有神经过敏、震颤、抽搐、肌肉痉挛、眼颤及吞咽困难等。注意缺陷多动障碍（ADHD）是一个病因未知但在儿科领域常见的神经—精神障碍。有文献报道，ADHD 可能是遗传神经生物学紊乱或化学物质失衡的一种障碍。研究发现，镁为 ADHD 的保护因素，镁的含量越低，患 ADHD 的危险性越大。其原因是细胞外镁缺乏可能削弱神经系统的信息处理能力，镁缺乏可使大脑的去甲肾上腺素（NE）递质水平升高，使受试者表现出对压力的敏感性及反应性增强，从而易于出现注意力不集中及冲动行为。镁缺乏 ADHD 儿童经补镁后较未补镁儿童多动行为显著减少，而且镁治疗还可提高注意力及工作记忆。

三、三种维生素与神经系统功能

维生素也是构成脑组织、维持其生理功能、生化代谢所必需。维生素在清除脑内自由基、参与大脑的代谢途径以及神经递质的合成等方面尤为重要，例如，大脑中维生素 C 的浓度是血浆中的 4～10 倍，它在视网膜和晶状体中发挥着极为重要的抗氧化活性，防止和延缓视网膜萎缩和白内障的发展。

（一）硫胺素

硫胺素（thiamin）即维生素 B_1（Vit B_1），又名抗神经炎因子、抗脚气病因子。硫胺素在体内形成二磷酸硫胺素（TPP），是体内羧化酶与转酮酶等的辅酶。参与体内糖代谢中的两个主要反应：①α-酮酸氧化脱羧作用，即丙酮酸转化为乙酰 CoA 与 α-酮戊二酸转化为琥珀酸 CoA；②戊糖磷酸途径的转酮基反应。由于所有细胞在其活动中的能量来自糖类氧化，所以硫胺素是体内物质代谢与能量代谢的关键物质。

硫胺素缺乏

硫胺素缺乏会干扰某些神经递质如谷氨酸和天冬氨酸的合成，影响葡萄糖代谢，导致脚气病。一般将脚气病分为：

（1）婴儿脚气病：多发于 2～5 个月龄的婴儿，且多为硫胺素缺乏的乳母所喂养的乳儿。发病突然，病情较急。初期食欲不振、易激惹、呕吐、惊厥，进而可发展成脑膜炎和心力衰竭，常在症状发现 1～2 d 突然死亡。

（2）干性脚气病：以多发性神经炎症状为主，出现上行性周围神经炎，指趾麻木，肌肉酸痛。膝反射在发病初期亢进，后期减弱甚至消失。神经炎发展至手臂肌群和腿伸屈肌，而出现垂腕、垂足症状。

（3）湿性脚气病：以水肿和心脏症状为主，如若处理不及时，常致心力衰竭，俗称"脚气冲心"。

此外，硫胺素缺乏还可导致韦-科综合征（一种神经精神病症），在发达国家，这种病症比较罕见，而是常常表现为亚急性的脑-脊髓病。

（二）叶酸

叶酸（folic acid）又称蝶酰谷氨酸，其生理功能主要有：（1）叶酸是一碳单位转移所必需，参与 RNA、DNA 合成，对细胞分裂与生长有特别重要的作用；（2）为氨基酸及其他重要物质转化、合成所必需，如丝氨酸与甘氨酸、组氨酸与谷氨酸、半胱氨酸与蛋氨酸之间相互转化等都必须叶酸参与；（3）是血红蛋白合成过程所必需。因此，叶酸缺乏时，可致红细胞中血红蛋白生成减少，细胞成熟受阻，致巨幼细胞性贫血。

当叶酸摄入不足、吸收不良、需要量增加和丢失过多时，均可导致叶酸缺乏。孕妇、老人、酗酒者、服用药物（如避孕药、抗肿瘤药）者都是叶酸缺乏的高危人群。叶酸缺乏，常有衰弱、苍白、精神萎靡、健忘、阵发性欣快症等神经精神症状。孕妇早期缺乏叶酸可引起胎儿神经管畸形（主要包括脊柱裂和无脑畸形）。

（三）烟酸

烟酸（niacin）又名尼克酸（nicotinic acid），作为氢的受体或供体，是一系列以 NAD 和 NADP 为辅基的脱氢酶类绝对必要的成分，与其他酶一起参与细胞内生物氧化还原的全过程。此外，烟酸还是葡萄糖耐量因子（glucose tolerance factor，GTF）的重要成分，具有增强胰岛素效能的作用。

烟酸缺乏症又称癞皮病（pellagra），主要损害皮肤，口、舌、胃肠道黏膜以及神经系统。其典型病例可有皮炎、腹泻和痴呆等，即三"D"症状。神经系统可表现为失眠、衰弱、乏力、抑郁、淡漠、记忆力丧失，甚至发展成木僵和痴呆症。

四、类维生素与神经系统功能

（一）牛磺酸

大量研究表明，牛磺酸（taurine）在动物的大脑皮层、小脑及嗅球等区域含量相当丰富。中枢神经系统中的各类细胞均含有牛磺酸，其中神经胶质细胞和突触系统中牛磺酸的含量最为丰富。从动物的不同发育阶段来看，生长发育中的动物，其大脑牛磺酸的含量最高，而在这一时期，大脑中其他游离氨基酸的含量则呈下降趋势，随着脑的不断发育，牛磺酸的水平逐渐下降，成年动物大脑中牛磺酸的含量仅为新生动物的 1/3。

牛磺酸对中枢神经系统的作用主要是：(1)牛磺酸是神经抑制因子，具有很强的抗痉挛作用；(2)可促进神经系统生长发育，神经细胞增殖分化，缺乏者可使发育中动物的小脑发育异常，影响大脑和智力发育；(3)是一种神经介质，或神经调节因子，还是渗透调节因子及抗氧化剂。(4)牛磺酸可促进脑细胞 DNA、RNA 的合成，增加膜的磷脂酰乙醇胺含量和脑细胞对蛋白质的利用率，从而促进脑细胞尤其是海马细胞结构和功能的发育。

(二)胆碱和卵磷脂

胆碱(choline)是重要的神经递质乙酰胆碱的前体，是卵磷脂和神经鞘磷脂的组成成分，也作为甲基供体参与体内的转甲基反应。卵磷脂(lecithin)又名磷脂酰胆碱，水解后可得到甘油、脂肪酸、磷酸和胆碱。

磷脂类化合物是生物膜神经组织的重要组分，具有增强神经组织的作用，并能调节高级神经活动。卵磷脂经人体代谢的产物——胆碱，是神经传递的重要物质，乙酰胆碱对改善记忆力，提高反应能力，提高性感觉都有直接作用。国际卵磷脂学会主席、药物学家伊斯雷尔哈宁指出"大剂量的卵磷脂可改善老年人的记忆力和老化的脑细胞活力，特别是对正在生长发育的儿童效果更佳"。卵磷脂作为胆碱的来源能促进中枢乙酰胆碱递质的合成，可用于各种痴呆的治疗。

本章参考文献

[1] 陈直平.蔬菜中的抗癌物[J].健康博览,1995,02:39

[2] 冯蔼兰主编.实用营养膳食手册.北京:中国轻工业出版社,1989

[3] 葛可佑总主编.中国营养科学全书(上).北京:人民卫生出版社,2004

[4] 葛可佑总主编.中国营养科学全书(下).北京:人民卫生出版社,2004

[5] 刘霞,曾凡星.低氧和/或运动对肌糖原合成的影响及其机制探究[J].中国体育科技,2009,02:107~111

[6] 林晓明.高级营养学.北京:北京大学医学出版社,2004

[7] 彭景主编.营养配餐师培训教程.北京:化学工业出版社,2008

[8] 王际辉主编.食品安全学——食品科学与工程专业主干课程.北京:中国轻工业出版社,2013

[9] 王向龙.全食品时代悄悄来临[J].消费指南,2013,11:25~27

[10] 谢玲.美国专家提出:摄入全食品促进健康[N].中国食品报,2014-12-16001

[11] 杨洁彬,王晶,王柏琴等编著.食品安全性.北京:中国轻工业出版社,1999

[12] 杨月欣,王光亚,潘兴昌著.中国食物成分表(第1版).北京:北京大学医学出版社,2009

[13] 杨月欣主编.营养配餐和膳食评价实用指导——营养师必读.北京:人民卫生出版社,2008

[14] 郑回勇,郑金贵,林明贵,等.农产品营养成分的计算机优化利用[J].福建农林大学学报(自然科学版),2002,04:527~531

[15] 郑金贵编著.农产品的品质——营养与保健.《福建农业科技》编辑部,1998

[16] 中国营养学会编著.中国居民膳食营养素参考摄入量(2013版).北京:科学出版社,2014

[17] 中国营养学会编著.中国居民膳食营养素参考摄入量速查手册(2013版).北京:中国标准出版社,2014

[18] 中国营养学会编著.中国居民膳食指南.拉萨:西藏人民出版社,2008

[19] 朱海峰,马建华.康奈尔大学刘瑞海教授专访:全食品对健康的益处[J].科学观察,2012,04:49~52

[20] Barbara A. Bowman and Robert M. Russell 著,荫士安等译.现代营养学.北京:人民卫生出版社,2008

[21] Jia Y, Hwang S Y, House J D, et al. Long-term high intake of whole proteins results in renal damage in pigs[J]. J. Nutr, 2010, 140(9):1646~1652

[22] Mente A, De Koning L, Shannon H S, et al. A systematic review of the evidence supporting a causal link between di-

etary factors and coronary heart disease[J]. *Arch Interm Med*, 2009, 169(7):659~669

[23] Metges C C, Brth C A. Metabolic consequences of a high dietary-protein intake in adulthood: assessment of the available ecidence[J]. 2000, 130(4):886~889

[24] Patrick Quillin, Noreen Quillin. Beating Cancer With Nutrition. *Nutrition Times Press*, 2001

[25] Schwarz J M, Neese R A, Turner S, *et al*. Short-term alterations in carbohydrate energy intake in humans. Striking effects on hepatic glucose production, de novo lipogenesis, liplysis, and whole-body fuel selection[J]. *J Clin Invest*, 1995, 96(6):2735~2743

[26] Varady K A, Jones P J. Combination diet and exercise interventions for the treatment of dyslipidemia: an effective preliminary strategy to lower cholesterol levels [J]. *J Nutr*, 2005,135:1829~1835

[27] World Cancer Research Fund / American Institute for Cancer Research. Food, Nutrition, Physical Activity, and the Prevention of Cancer: a Global Perspective. *Washington, DC: AICR*, 2007

第三章

农产品品质的提升技术

提升农产品品质,也就是要提高农产品中营养素含量或功能成分(保健成分、生物活性物质)的含量,有多种方法或技术。按提升的方法可分为:一是农业生物营养强化,二是工业营养强化。农业生物营养强化又可分为遗传育种营养强化和栽培(饲养)营养强化。按农产品生产的时间可分为:一是产前提升技术,二是产中提升技术,三是产后提升技术。详见图示:

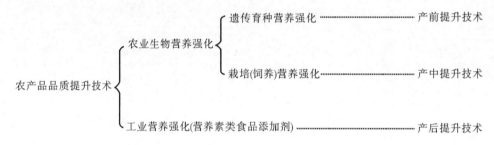

第一节　农产品品质的产前提升技术
——优异资源发掘与遗传育种

一、发掘富含功能成分的优异种质　提升品质

农产品是依靠栽培农作物、饲养畜禽、培养微生物(栽培食用菌)而获得的。因此生产农产品之前必须选择营养素含量高、功能成分含量高而且经济产量也较高的遗传上稳定的农作物品种、畜禽品种和食用菌品种。为此,选择相应的优良品种或选择相应的优异种质资源进行栽培和饲养是提高农产品品质的前提,这就是农产品品质的产前提升技术,又称为农业生物营养强化中的遗传育种营养强化。

郑金贵等(2012)发掘培育了分别富含 28 种功能成分的特优品种 31 个(见表 3-1-1)。

表 3-1-1　富含功能成分的农作物特优品种

序号	作物种类	功能成分	单位	商用品种含量	特优品种		功能成分含量比较
					品种名称	含量	
1	稻米(黑糯米)	总黄酮	mg/g	1.12	FZ1033	2.34	1∶2.09
2	稻米(黑糯米)	花色苷		11.85	9A721	30.72	1∶2.59
3	稻米(糙米)	γ-氨基丁酸	mg/g	1.86	I-332	5.91	1∶3.18
4	稻米(糙米)	辅酶 Q10	mg/g	0.50	B236	2.70	1∶5.40

续表

序号	作物种类	功能成分	单位	商用品种含量	特优品种		功能成分含量比较
					品种名称	含量	
5	稻米(米糠)	谷维素	%	1.98	JHZZ	4.16	1：2.10
6	稻米 (米糠)	钙	mg/kg	190.92	XK-2	523.13	1：2.74
	(精米)			39.41		95.38	1：2.42
7	稻米(米糠)	铁	mg/kg	41.73	LHDHY	83.46	1：2.00
8	稻米(精米)			3.18	TJ1032	9.93	1：3.12
9	稻米(糙米)	褪黑素	ng/g	0.00	MK-22	264.00	0：264
10	玉米	褪黑素	ng/g	0.00	JHN	2 034.00	0：2 034
11	青花菜	萝卜硫素	μg/g	104.15	FU-1	984.47	1：9.45
12	蚕豆(花)	左旋多巴	%	6.95	C001	10.18	1：1.47
13	大豆	异黄酮	μg/gFW	9.97	TN-2	51.96	1：5.21
14	茶叶	EGCG	%	7.90	BD-4	16.80	1：2.13
15	茶叶	茶多糖	%	1.92	OTV08	5.62	1：2.93
16	白茶	茶氨酸	%	0.95	WT03	2.27	1：2.38
17	甘薯	β-胡萝卜素	mg/g	0.04	YS-5	0.09	1：2.37
18	甘薯	DHEA	μg/100 g	295.84	SP1	752.98	1：2.55
19	山药	DHEA	mg/100 g	3.68	WK-3	8.15	1：2.22
20	葡萄(皮)	白藜芦醇	μg/g	1.88	GQ	31.09	1：16.57
21	葡萄(皮)	原花青素	%	1.18	HJF	8.90	1：7.54
22	葡萄(籽)	原花青素	%	4.77	HM	21.27	1：4.46
23	龙眼(果肉)	龙眼多糖	mg/gFW	1.64	GHW	5.79	1：3.53
24	龙眼(种子)	龙眼多糖	mg/gFW	5.49	PD4	51.27	1：9.34
25	姬松茸(发酵胶)	姬松茸多糖	mg/mL	0.61	AB01	2.05	1：3.36
26	灰树花(发酵胶)	灰树花多糖	mg/mL	0.65	GF06	1.65	1：2.54
27	灵芝(子实体)	灵芝多糖	%	0.74	YZ	6.69	1：9.04
28	莲子	总黄酮	mg/kg	167.00	GCTKL	664.00	1：3.98
29	莲子	莲子多糖	mg/kg	5.16	JNHPL	13.32	1：2.58
30	藤茶	总黄酮	mg/g GW	129.00	JH	453.90	1：3.52
31	绞股蓝	皂甙	%	5.00	G8	9.65	1：1.93

据郑金贵等(2012)

从表 3-1-1 可以看出,农作物不同品种的功能成分含量差别很大。选育的 31 个特优品种是商用品种的 1.47 倍至 16.57 倍。葡萄白藜芦醇含量的品种间差异最大,特优品种为商用品种的 16.57 倍;蚕豆花左旋多巴含量的品种间差异最小,特优品种为商用品种的 1.47 倍;特别是发掘出含有褪黑素的水稻品种和玉米品种,而商用品种则均不含褪黑素。可见发掘富含功能成分的优异种质(良种),是提升农产品品质最重要的技术之一。

二、优异种质所生产的农产品功效高

郑金贵等(2012)对所发掘的高花色苷含量的黑米特优品种、高多糖含量的茶树特优品种、高多糖含量的姬松茸和灰树花特优品种、高脱氢表雄酮含量的山药特优品种、高 PC(原花青素)含量的葡萄特优品种所生产的农产品分别进行功效实验,结果见表 3-1-2 至 3-1-6。

表 3-1-2　高花色苷含量的黑米特优品种对小鼠血清、肝脏的总抗氧化能力(T-AOC)和超氧化物歧化酶活性(SOD)的影响

品种名称	花色苷含量（色价）	供试的花色苷提取物剂量（mg/kg·d）	血清				肝脏			
			T-AOC（U/mL）	显著性水平	SOD（U/mL）	显著性水平	T-AOC（U/mgprot）	显著性水平	SOD（U/mgprot）	显著性水平
对照组	—	0	6.742±0.11	Cc	117.03±2.00	Cc	1.416±0.06	Bb	90.73±1.23	Cc
商用品种RBQ	4.41	50	7.473±0.19	Bb	146.58±1.24	Bb	1.407±0.02	Bb	109.14±1.81	Bb
特优品种N84	19.08	200	9.395±0.06	Aa	231.40±3.00	Aa	2.035±0.08	Aa	126.09±3.08	Aa
特优品种比商用品种相对提高	—	—	25.72%	—	57.87%	—	44.63%	—	15.53%	—

注：显著性水平的小写字母表示 $P<0.05$；大写字母表示 $P<0.01$。

据郑金贵等(2012)

表 3-1-3　高多糖含量的茶树特优品种对高血糖小鼠血糖浓度的影响

品种名称	茶多糖含量	供试的茶多糖剂量[mg/(kg·d)]	实验前血糖值（mmol/L）	实验后血糖值（mmol/L）	血糖值降低率	显著性水平
正常对照组	—	0	5.10±1.00	5.21±1.10	—	—
高血糖对照组	—	0	16.94±3.54	17.05±3.85	—	—
商用品种OTV61	3.65%	138.02	16.80±3.00	12.83±3.62**	23.63%	Aa
特优品种OTV08	5.62%	161.74	16.74±3.62	10.51±3.30**	37.22%	Bb
特优品种比商用品种相对降低	—	—	—	—	57.51%	—

注：与高血糖组相比，* $P<0.05$；** $P<0.01$；显著性水平的小写字母表示 $P<0.05$；大写字母表示 $P<0.01$。

据郑金贵等(2012)

表 3-1-4　高多糖含量的姬松茸和灰树花特优品种对 S180 肉瘤生长的影响（$\bar{x}\pm s$, $n=8$）

组分	多糖含量mg/mL	供试多糖的灌胃剂量(mg/kg·d)	老鼠数量（只）		老鼠增重(g)	平均瘤重(mg)	抑瘤率	显著性水平
			给药前	给药后				
肿瘤对照	—	0	8	7	7.6±0.42	1.83±0.25	—	—
环磷酰胺	—	20	8	8	4.3±0.66**	0.77±0.11**	57.92%	Aa
姬松茸商用品种AB03-P	0.61	100	8	8	7.1±0.49	1.44±0.23*	21.31%	Dd
姬松茸特优品种AB01-P	2.05	200	8	8	7.4±0.41	1.00±0.13**	45.36%	Bb
特优品种比商用品种提高	—	—					112.86%	—
灰树花商用品种GF03-P	0.22	50	8	8	7.0±1.03	1.53±0.35	16.39%	Ee
灰树花特优品种GF06-P	1.65	200	8	8	7.5±0.80	1.06±0.29**	42.08%	Cc
特优品种比商用品种相对提高	—	—					156.74%	—

注：与对照组比，* $p<0.05$，** $p<0.01$。

据郑金贵等(2012)

表 3-1-5 高脱氢表雄酮含量的山药特优品种对果蝇 SOD 活力的影响

组别	DHEA 含量	供试的 DHEA 提取物浓度	雄性			雌性		
			SOD 值（U/mg）	SOD 提高率	显著性水平	SOD 值（U/mg）	SOD 提高率	显著性水平
对照组	—	0	3.83±0.15	—	—	3.36±0.12	—	—
商用品种 JXSS	2.88 mg/100 g	0.001%	3.83±0.05	0.00%	Bb	3.47±0.07	3.17%	Bb
特优品种 WK-3	8.15 mg/100 g	0.003%	4.21±0.10**	9.85%	Aa	3.72±0.04**	10.62%	Aa
特优品种比商用品种相对提高	—	—	—	—	—	—	235.02%	—

注：与对照组比，* $p<0.05$，** $p<0.01$。
据郑金贵等（2012）

表 3-1-6 高 PC 含量的葡萄特优品种对果蝇体内 MDA 含量的影响

品种名称	PC 含量	培养基的 PC 浓度	MDA(nmol/mL)		MDA 下降率			
			雌	雄	雌	显著性水平	雄	显著性水平
对照组	—	0	2.20±0.05	2.25±0.10	—	—	—	—
商用品种 BC（葡萄籽）	7.64%	0.20%	1.93±0.14**	2.02±0.06**	12.35%	cC	9.98%	cC
特优品种 WDLY（葡萄籽）	22.28%	0.20%	1.76±0.04**	1.81±0.03**	20.01%	aA	19.25%	aA
特优品种比商用品种降低	—	—	—	—	62.02%	—	92.89%	—
商用品种 HR（葡萄皮）	0.82%	0.20%	2.06±0.06	2.13±0.09	6.40%	dD	5.22%	dD
特优品种 HMG（葡萄皮）	11.34%	0.20%	1.82±0.10**	1.89±0.05**	14.96%	bB	15.73%	bB
特优品种比商用品种相对降低	—	—	—	—	133.75%	—	201.34%	—

注：与对照组比，* $p<0.05$，** $p<0.01$。
据郑金贵等（2012）

从表 3-1-2 可以看出：以同重量的稻米特优品种和商用品种为原料提取出的花苷含量较高的提取物进行试验，可使小鼠的血清 T-AOC 提高 25.73%，血清 SOD 提高 57.87%；肝脏 T-AOC 提高 44.63%，肝脏 SOD 提高 15.53%，以上四项指标差异均达到极显著水平。

从表 3-1-3 可以看出：高茶多糖的特优品种可使高糖小鼠的血糖比商用品种相对降低 57.51%，差异达极显著水平。

从表 3-1-4 可以看出：高姬松茸多糖的特优品种比商用品种的抑瘤率相对提高 112.86%，高灰树花多糖的特优品种比商用品种的抑瘤率相对提高 156.74%，差异均达极显著水平。

从表 3-1-5 可以看出：高 DHEA 山药的特优品种比商用品种的 SOD 活性提高率相对提高 235.02%（雌果蝇），差异达极显著水平；而雄果蝇的 SOD 活性提高率则从 0 提高到 9.85%。

从表 3-1-6 可以看出：特优品种和商用品种以相同 PC 剂量（0.20%）进行动物试验，特优品种的葡萄籽和葡萄皮与商用品种相比，雌、雄果蝇的 MDA 相对下降分别为 62.02%、92.89% 和 133.75%、201.34%，以上四项指标差异达到极显著水平。也就是说，在相同剂量的情况下，特优品种的抗氧化效果比商用品种好。

从以上的研究可以看出：

1. 高花色苷、高茶多糖、高姬松茸多糖、高灰树花多糖、高 DHEA 的良种与相应的商用品种在原料重量相同情况下的不同浓度提取物进行动物试验,其功效显著优于商用品种。

2.高 PC 葡萄良种与商用品种在相同 PC 剂量情况下,功效显著优于商用品种。

总之,生产农产品之前,必须选择品质优、经济产量也较高的特优品种。

第二节　农产品品质的产中提升技术
——栽培(饲养)环境的调控

农产品品质的产中提升技术又称为生物营养强化中的栽培(饲养)营养强化。农产品的生产中,必须有"良种"即优良的基因型,还必须有"良法"即优越的外部环境条件(栽培或饲养条件),才能使优良的基因型具有表达条件和物质基础。比如要提高稻米中硒的含量,耕地缺硒的情况下,就必须施用或根外喷施硒肥,(见第一卷第二章第四节十二),可有效提高稻米的硒含量。

一、调控茶树栽培环境　提高茶叶硒含量

许春霞等(1996)研究了在茶树栽培期间叶面喷施亚硒酸钠对茶叶含硒量的影响,研究结果表明,在茶树新梢生长过程中,叶面喷施亚硒酸钠(亚硒酸钠浓度宜在 0.10～0.40 kg/hm² 之间)可以显著提高茶叶的含硒量,其提高幅度与亚硒酸钠的喷施浓度成线性正相关。

茶树体内硒的存在形态是一个重要问题,因为不同的硒化合物,生物的利用性和毒性不同(汪智慧等,2000),有机硒较无机硒安全有效(陈铭等,1996)。许春霞等(1996)的研究还表明茶叶吸收的无机硒可转化为有机硒,喷施 0.37 kg/hm² 亚硒酸钠后,6 天内茶树新梢有机硒含量呈快速直线上升趋势,以后绝对量相对稳定,相对含量上升至第 12 天达到最大;喷施后第二天,其转化率仅为 12%,第 6 天为 53%,第 8 天达到 73%,第 10 天达到 85%,第 12 天达到 91%,见表 3-2-1。

表 3-2-1　喷施硒在茶叶中的赋存形态和含量

形态	采样时间(月/日)					
	04/13	04/15	04/17	04/19	04/21	04/23
叶面附着硒	11 944	4 715	0	0	0	0
吸收硒总量	1 873	2 602	3 434	3 061	2 643	2 512
有机硒	226	1 218	1 805	2 221	2 234	2 280
有机硒转化率	12%	47%	53%	73%	85%	91%

注:4 月 12 日喷施,4 月 15 日晚降中雨,15 日以后未用水洗;叶面附着硒为水洗前后新梢含硒量的差值。

据许春霞等(1996)整理

李静等(2005)研究了土施和喷施硒肥对茶叶硒含量和品质的影响。研究结果表明:叶面喷施和土施亚硒酸钠两种施用方式对茶叶硒含量的提高及品质的改善都非常有利。叶面喷施浓度为 120 μg Se/mL 时,喷施后第 12 天,春茶的硒含量最高为 0.374 $\mu g/g$;叶面喷施浓度为 180 μg Se/mL 时,喷施后第 18 天,夏茶和秋茶的硒含量最高,分别为 0.380 $\mu g/g$ 和 0.368 $\mu g/g$,见表 3-2-2。施硒肥还能提高茶叶其他品质成分:叶面喷施浓度为 180 μg Se/mL 时,夏茶化学品质提高最为明显,其中酚氨比下降为对照的 65.73%,可溶性糖含量增加到对照的 116.30%,见表 3-2-3。采用土施硒肥的方法,在整个采摘期内,随着土施 Na₂SeO₃ 量的增加,茶多酚含量逐渐降低,氨基酸和可溶性糖含量逐渐增加,见表 3-2-4;土施硒肥量大于 8 mg Se/盆时,茶叶的硒含量可以达到较高值,因此,制富硒茶时,土壤施硒量应不少于 8 mg Se/盆。与叶面喷施有降低儿茶素含量的作用相比,土施硒肥对整个采摘期内茶叶儿茶素的含量无明显影响,见表 3-2-4,因此对改善茶叶品质特别是春茶品质的作用后者优于前者。

表 3-2-2 叶面喷施亚硒酸钠对茶叶硒含量的影响

时间	施硒量(μg Se/mL)	硒含量(μg/g)			
		6 d	12 d	18 d	24 d
3月15日	0	0.318cB	0.315cC	0.312cC	0.296dC
	60	0.343abAB	0.353bB	0.352bB	0.340bA
	120	0.359aA	0.374aA	0.374aA	0.348aA
	180	0.334bcAB	0.354bB	0.351bB	0.323cB
6月15日	0	0.158dD	0.155dC	0.150dC	0.142cC
	60	0.183cC	0.202cB	0.212cB	0.207bB
	120	0.230bB	0.246bA	0.268bA	0.266aA
	180	0.251aA	0.262aA	0.277aA	0.267aA
9月15日	0	0.318cC	0.320cC	0.322cC	0.320dC
	60	0.330bcBC	0.348bB	0.351bB	0.333cBC
	120	0.339bAB	0.355bAB	0.353bB	0.345bB
	180	0.355aA	0.374aA	0.380aA	0.368aA

注:不同大写字母表示1%差异水平,小写字母表示5%差异水平。
据李静等(2005)

表 3-2-3 叶面喷施亚硒酸钠对不同采摘期茶叶化学品质的影响(%)

季节	施硒量(μg Se/mL) 处理/对照	茶多酚	儿茶素	氨基酸	咖啡因	可溶性糖
春季	60/0	98.36	98.96	105.63	100.52	105.31
	120/0	97.43	98.65	107.60	99.34	107.82
	180/0	94.92	97.87	108.41	101.07	109.47
夏季	60/0	97.52	98.65	109.72	102.31	107.65
	120/0	92.67	96.32	117.21	102.60	110.94
	180/0	87.21	97.24	132.67	101.84	116.30
秋季	60/0	96.32	99.85	104.15	98.67	102.35
	120/0	92.75	98.62	106.37	99.30	107.64
	180/0	85.68	97.12	105.38	100.23	108.40

据李静等(2005)

表 3-2-4 土施亚硒酸钠对不同采摘期内茶叶化学品质的影响(%)

品质成分	施硒量(mg Se/盆) 处理/对照	3月	4月	5月	6月	7月	8月	9月	10月
茶多酚	2/0	96.54	96.47	96.68	94.31	93.60	93.42	94.15	93.86
	4/0	94.32	94.56	94.11	93.29	91.34	91.28	93.57	94.61
	8/0	91.65	92.10	91.27	89.67	87.81	88.35	90.02	92.46
儿茶素	2/0	100.32	101.03	99.64	99.67	99.58	99.12	98.67	99.55
	4/0	100.21	100.56	100.74	99.86	99.97	100.23	100.97	99.68
	8/0	99.13	98.64	99.15	99.40	98.61	99.67	100.24	99.86
氨基酸	2/0	109.66	108.75	109.43	108.12	107.31	108.24	107.80	108.69
	4/0	111.32	112.45	111.96	112.34	111.63	110.58	110.97	112.56
	8/0	114.13	113.40	112.84	112.75	114.31	113.47	114.68	114.81
咖啡因	2/0	100.39	100.94	99.53	100.02	99.86	99.64	100.08	100.61
	4/0	100.04	99.85	101.23	100.64	100.10	99.71	100.52	99.89
	8/0	99.91	100.55	100.34	99.66	100.61	100.25	100.38	100.41
可溶性糖	2/0	107.03	107.84	106.91	105.68	105.74	105.31	104.63	105.39
	4/0	108.69	109.07	108.72	108.64	109.42	109.66	108.71	109.17
	8/0	112.54	114.28	115.19	117.49	119.74	117.86	115.33	113.94

据李静等(2005)

二、调控猪饲料 提高猪产品的硒含量

林长光、郑金贵(2013)报道了添加不同硒源的饲料饲养母猪和肉猪有效地提高了猪初乳、常乳、猪内脏、猪肉中硒的含量。

选用健康、体况相似、预产期相近的 3~6 胎次长大杂交二元经产母猪 200 头,随机分成 10 组,每个组 20 个重复,每个重复 1 头母猪,分别饲喂不同处理的日粮。1 组为对照,饲喂不添加硒源的日粮,其余 9 组为试验组,分别以亚硒酸钠、酵母硒和纳米硒的形式添加到 0.3 mg/kg、0.5 mg/kg、0.7 mg/kg 3 个水平的硒,试验期为 58 d,结果见表 3-2-5。

表 3-2-5 不同硒源和硒水平对母猪产后乳中硒含量的影响

处理	硒源	日粮硒水平 $(mg \cdot kg^{-1})$	初乳硒含量$(g \cdot L^{-1})$		常乳硒含量$(g \cdot L^{-1})$	
			硒源和水平	硒源	硒源和水平	硒源
1	对照	0.1	90.88 ± 1.11^{Aa}		33.96 ± 2.80^{Aa}	
2		0.3	102.21 ± 5.35^{ABb}		39.83 ± 4.73^{Aabc}	
3	亚硒酸钠	0.5	101.37 ± 1.82^{ABb}	103.11 ± 5.90^{Aa}	41.67 ± 3.84^{ABabc}	41.13 ± 4.91^{a}
4		0.7	105.75 ± 9.01^{Bb}		41.91 ± 6.90^{ABabc}	
5		0.3	108.86 ± 3.07^{Bb}		43.73 ± 2.84^{ABBc}	
6	纳米硒	0.5	146.59 ± 8.41^{Cd}	130.37 ± 17.84^{Bb}	52.67 ± 6.45^{Bd}	47.33 ± 5.67^{b}
7		0.7	135.66 ± 8.96^{Cc}		45.59 ± 2.98^{ABcd}	
8		0.3	109.26 ± 6.60^{Bb}		36.18 ± 1.90^{Aab}	
9	酵母硒	0.5	137.31 ± 4.51^{Cc}	127.82 ± 14.51^{Bb}	53.00 ± 9.54^{Bd}	47.04 ± 10.44^{b}
10		0.7	136.89 ± 4.34^{Cc}		53.02 ± 7.28^{Bd}	
	硒源		$P = 0.000$		$P = 0.001\ 6$	
	硒水平		$P = 0.000$		$P = 0.001$	
	硒源×硒水平		$P = 0.000$		$P = 0.003\ 5$	

注:同行数据肩标小写字母不同者表示差异显著$(P<0.05)$,大写字母不同者表示差异极显著$(P<0.01)$。

据林长光、郑金贵(2013)

(1)母猪妊娠后期日粮中添加亚硒酸钠、纳米硒和酵母硒,初乳中硒含量均显著高于对照组,其中纳米硒组、酵母硒组达极显著效果$(P<0.01)$。纳米硒组、酵母硒组母猪常乳硒含量均显著高于对照组$(P<0.05)$,其中 0.5 mg/kg 硒水平的纳米硒组,0.5 mg/kg、0.7 mg/kg 硒水平的酵母硒组极显著高于对照组$(P<0.01)$。硒源、硒水平、硒源和硒水平之间的交互作用对母猪产后初乳、常乳中硒含量影响显著$(P<0.05)$。

(2)同一硒源不同水平间母猪产后初乳中硒含量,亚硒酸钠组各水平间差异不显著$(P<0.05)$,纳米硒和酵母硒 0.5 mg/kg 硒水平组和 0.7 mg/kg 硒水平组极显著高于 0.3 mg/kg 硒水平组$(P<0.01)$,其中 0.5 mg/kg 硒水平纳米硒组初乳硒含量最高,较对照组提高了 61.3%。纳米硒组不同水平间母猪产后常乳中硒含量 0.3 mg/kg、0.5 mg/kg 2 个硒水平之间差异显著$(P<0.05)$;酵母硒组 0.5 mg/kg 和 0.7 mg/kg 硒水平组母猪常乳中硒含量比 0.3 mg/kg 组提高了 46.49%、46.54%,差异极显著$(P<0.01)$。

(3) 0.3 mg/kg 硒水平,母猪产后初乳、常乳中硒含量各硒源之间差异不显著$(P>0.05)$;0.5 mg/kg 硒水平时,添加不同硒源,母猪产后初乳、常乳硒含量差异显著$(P<0.05)$,其中添加亚硒酸钠组与纳米硒和酵母硒组比,差异达极显著$(P<0.01)$;0.7 mg/kg 硒水平,酵母硒组和纳米硒组较亚硒酸钠组差异极显著$(P<0.01)$。

林长光、郑金贵等(2013)还研究了不同硒源对肥育猪组织中硒含量的影响,选用 125±3.5 日龄、平均初始体重为 80.0±1.50 kg 健康的杜长大三元杂交生长育肥猪 750 头,随机分为 10 组,每个组 3 个重复,每个重复 25 头仔猪,公 12 头,母 13 头。试验设 10 个组,1 组为对照,饲喂不添加硒源的饲粮,2~10 组为试验组,分别以亚硒酸钠、酵母硒和纳米硒的形式添加到 0.3 mg/kg、0.5 mg/kg、0.7 mg/kg 3 个水平的硒(以硒计),试验期 42 d,结果见表 3-2-6 至表 3-2-9。

表 3-2-6　不同硒源和硒水平对肥育猪肾脏硒含量的影响

硒源	饲粮硒水平 (mg·kg⁻¹)	肾脏硒含量(mg·kg⁻¹)			
		硒源	硒水平	硒源	硒水平
对照组	0.1	1.00 ± 0.12^{Aa}	1.00 ± 0.12^{Aa}	0.1	1.00 ± 0.12^{Aa}
亚硒酸钠	0.3	1.19 ± 0.05^{Bb}			
	0.5	1.38 ± 0.10^{Cc}	1.32 ± 0.13^{Bb}	1.96 ± 0.58^{Bb}	0.3
	0.7	1.42 ± 0.11^{Cc}			
纳米硒	0.3	2.35 ± 0.08^{Dd}			
	0.5	2.61 ± 0.09^{Ee}	2.61 ± 0.24^{Cc}	2.25 ± 0.65^{Cc}	0.5
	0.7	2.90 ± 0.08^{FGg}			
酵母硒	0.3	2.36 ± 0.13^{Dd}			
	0.5	2.77 ± 0.09^{Ff}	2.69 ± 0.28^{Cc}	2.43 ± 0.74^{Dd}	0.7
	0.7	2.97 ± 0.06^{Gg}			
硒源		$P=0.000$			
硒水平		$P=0.000$			
硒源×硒水平		$P=0.000$			

注:同一列的数值肩标小写字母不同者差异显著($P<0.05$),肩标大写字母不同者差异极显著($P<0.01$)。
据林长光、郑金贵等(2013)

表 3-2-7　不同硒源和硒水平对肥育猪肝脏硒含量的影响

硒源	饲粮硒水平 (mg·kg⁻¹)	肝脏组织硒含量(mg·kg⁻¹)			
		硒源	硒水平	硒源	硒水平
对照组	0.1	0.25 ± 0.03^{a}	0.25 ± 0.03^{Aa}	0.1	0.25 ± 0.03^{Aa}
亚硒酸钠	0.3	0.33 ± 0.03^{b}			
	0.5	0.40 ± 0.02^{c}	0.38 ± 0.04^{Bb}	0.45 ± 0.09^{Bb}	0.3
	0.7	0.41 ± 0.02^{c}			
纳米硒	0.3	0.50 ± 0.03^{d}			
	0.5	0.58 ± 0.01^{e}	0.58 ± 0.07^{Cc}	0.52 ± 0.09^{Cc}	0.5
	0.7	0.67 ± 0.02^{f}			
酵母硒	0.3	0.52 ± 0.03^{d}			
	0.5	0.59 ± 0.01^{e}	0.58 ± 0.06^{Cc}	0.57 ± 0.12^{Dd}	0.7
	0.7	0.65 ± 0.02^{f}			
硒源		$P=0.000$			
硒水平		$P=0.000$			
硒源×硒水平		$P=0.002$			

注:同一列的数值肩标小写字母不同者差异显著($P<0.05$),肩标大写字母不同者差异极显著($P<0.01$)。
据林长光、郑金贵等(2013)

表 3-2-8　不同硒源和硒水平对肥育猪背最长肌肉硒含量的影响

硒源	饲粮硒水平 (mg·kg⁻¹)	背最长肌肉硒含量(mg·kg⁻¹)			
		硒源	硒水平	硒源	硒水平
对照组	0.1	0.16 ± 0.01^{a}	0.16 ± 0.01^{Aa}	0.1	0.16 ± 0.01^{Aa}
亚硒酸钠	0.3	0.14 ± 0.01^{a}			
	0.5	0.14 ± 0.02^{a}	0.15 ± 0.01^{Aa}	0.19 ± 0.04^{Bb}	0.3
	0.7	0.15 ± 0.00^{a}			
纳米硒	0.3	0.22 ± 0.02^{b}			
	0.5	0.29 ± 0.02^{cd}	0.28 ± 0.05^{Bb}	0.24 ± 0.07^{Cc}	0.5
	0.7	0.34 ± 0.02^{e}			
酵母硒	0.3	0.22 ± 0.03^{b}			
	0.5	0.28 ± 0.03^{c}	0.27 ± 0.05^{Bb}	0.27 ± 0.08^{Dd}	0.7
	0.7	0.31 ± 0.02^{de}			
硒源		$P=0.000$			
硒水平		$P=0.000$			
硒源×硒水平		$P=0.000$			

注:同一列的数值肩标小写字母不同者差异显著($P<0.05$),肩标大写字母不同者差异极显著($P<0.01$)。
据林长光、郑金贵等(2013)

表 3-2-9 不同硒源和硒水平对肥育猪后腿肌肉硒含量的影响

硒源	饲粮硒水平 (mg·kg^{-1})	后腿肌肉硒含量(mg·kg^{-1})			
		硒源	硒水平	硒源	硒水平
对照组	0.1	0.14±0.01^a	0.14±0.01^{Aa}	0.1	0.14±0.01^{Aa}
亚硒酸钠	0.3	0.12±0.01^a	0.14±0.01^{Aa}	0.18±0.05^{Bb}	0.3
	0.5	0.13±0.01^a			
	0.7	0.15±0.01^a			
纳米硒	0.3	0.21±0.02^b	0.27±0.05^{Bb}	0.23±0.07^{Cc}	0.5
	0.5	0.27±0.01^c			
	0.7	0.33±0.03^d			
酵母硒	0.3	0.21±0.03^b	0.26±0.05^{Bb}	0.26±0.08^{Dd}	0.7
	0.5	0.28±0.02^c			
	0.7	0.29±0.04^c			
	硒源	$P=0.000$			
	硒水平	$P=0.000$			
	硒源×硒水平	$P=0.001$			

注:同一列的数值肩标小写字母不同者差异显著($P<0.05$),肩标大写字母不同者差异极显著($P<0.01$)。
据林长光、郑金贵等(2013)

(1)由表 3-2-6 可知,硒源、硒水平、硒源和硒水平的交互作用对肥育猪肾脏组织硒含量均有极显著影响($P<0.01$)。从硒源分析,与对照组相比,添加亚硒酸钠、纳米硒、酵母硒组肾脏组织硒含量分别提高了 32%($P<0.01$),161%($P<0.01$)和 169%($P<0.01$),其中添加纳米硒和酵母硒组分别高于亚硒酸钠组达到 97.73%($P<0.01$)和 103.79%($P<0.01$)。从饲粮中硒水平看,随着饲粮硒水平的提高,猪肾脏组织硒含量也升高,且不同硒水平组差异极显著($P<0.01$)。从硒源及硒水平看,纳米硒组和酵母硒各硒水平组肾脏硒含量极显著高于亚硒酸钠各组和对照组($P<0.01$)。

(2)由表 3-2-7 可见,硒源、硒水平、硒源和硒水平的交互作用对肥育猪肝脏组织硒含量均有极显著影响($P<0.01$)。从不同硒源看,饲粮中添加亚硒酸钠、纳米硒、酵母硒各试验组肝脏硒含量较对照组分别提高了 52%,132% 和 132%($P<0.01$),其中添加纳米洒和酵母硒组肝脏硒含量极显著高于添加亚硒酸钠组及对照组($P<0.01$)。从饲粮中硒水平看,随着饲粮硒水平的提高,猪肝脏硒含量也升高,且不同硒水平组间差异极显著($P<0.01$)。从硒源及硒水平看,各硒水平的纳米硒组和酵母硒组的肝脏硒含量均显著高于亚硒酸钠各组和对照组($P<0.01$)。

(3)由表 3-2-8 可知,硒源、硒水平、硒源和硒水平的交互作用对肥育猪背最长肌硒含量均有极显著影响($P<0.01$)。从不同硒源看,较空白对照组相比,词粮中添加纳米硒、酵母硒组的背最长肌硒含量分别提高了 75%,68.75%($P<0.01$);较亚硒酸钠组相比,饲粮中添加纳米硒、酵母硒组的背最长肌硒含量分别提高了 86.67%($P<0.01$),80%($P<0.01$),而亚硒酸钠组和对照组相比,下降了 6.67%($P>0.05$)。从饲粮中硒水平看,随着饲粮硒水平的提高,猪背最长肌硒含量也升高,且不同硒水平组差异极显著($P<0.01$)。从硒源及硒水平看,各栖水平的纳米硒组和酵母硒组背最长肌硒含量均显著高于亚硒酸钠各组和对照组($P<0.05$),其中硒水平为 0.7 mg/kg 的纳米硒组背最长肌硒含量高达 0.34 mg/kg,在肌肉组织中含量效果最好。

(4)由表 3-2-9 可见,硒源、硒水平、硒源和硒水平的交互作用对肥育猪后腿肌肉硒含量均有极显著影响($P<0.01$)。从不同硒源看,饲粮中添加纳米硒、酵母硒组的后腿肌肉硒含量较亚硒酸钠组和对照组分别提高了 92.86% 和 85.71%($P<0.01$),而亚硒酸钠组和对照组差异不显著($P>0.05$)。从饲粮中硒水平看,随着饲粮硒水平的提高,猪后腿肌肉硒含量也升高,且不同硒水平组差异极显著($P<0.01$)。从硒源及硒水平看,各硒水平的纳米硒组和酵母硒组,后腿肌肉硒含量均显著高于亚硒酸钠各组和对照组($P<0.05$),其中硒水平为 0.7 mg/kg 的纳米硒组后腿肌肉组织硒含量高达 0.33 mg/kg,在肌肉组织中沉积效果最好。

《食品中硒限量卫生标准》(GB26418-2010)中规定肉类(畜、禽)中硒含量≤0.5mg/kg,肾脏硒含量≤3.0 mg/kg。试验结果表明:饲粮中添加剂量超过 0.5 mg/kg 达到 0.7 mg/kg 时,各组织中硒沉积均未超过食品中硒限量卫生标准,饲粮中添加硒源可提高组织中硒沉积,且酵母硒组和纳米硒组符合富硒产品要求,属于富硒猪肉。研究结果显示硒在不同组织中的含量依次为肾脏＞肝脏＞肌肉。育肥猪饲粮中添加纳米硒至 0.7 mg/kg 硒水平,在背最长肌和后腿肌肉组织中硒含量分别达到 0.34 mg/kg 和 0.33 mg/kg。

必须特别指出的是:农业生物营养强化的食用农产品是在生物生长过程中进行的,微量元素在生物体内有机化后比较适合人类吸收利用。Banuelos(2009)报道:硒酸盐在 pH 为 5.5～9 的土壤中都能被植物快速吸收。而且很容易在植物体内运输,硒在可食用部分积累并且转化成有机形式,主要为适合人类吸收利用的硒代蛋氨酸。硒在谷物中的分布相对较为均匀,所以在磨碎的产品,如白面和抛光米中含量都较为丰富,并且一般生物有效性都比较高。

2005 年在澳大利亚阿德莱德大学进行的一项临床试验证实,在加热后经过生物营养强化的硒的生物有效性要比合成的硒代蛋氨酸的好。生物营养强化的硒代蛋氨酸能抵抗加热引起的氧化作用,而直接添加到收割后的小麦中的硒代蛋氨酸则不能。

大多数抗癌的研究都以亚硒酸钠为硒源,因为亚硒酸钠较容易得到,且从早先的癌症试验来看生物活性也较好。但是,Finley 和 Davis(2001)试验了不同形态的硒在老鼠模型中对结肠癌的发病的抑制效果,发现天然高硒小麦是抵抗早期结肠癌最有效的硒形态,亚硒酸钠盐对异常腺窝的减少幅度为 0%,硒代蛋氨酸为 8%,硒强化椰菜为 36%,富硒小麦对异常腺窝的减少幅度可以达到 48%。证明了谷物中硒的农业生物营养强化是有效的、便宜的,而且提供了理想的生物有效形态的硒。这些富硒农产品的最大受益者包括女性抽烟者、65 岁以上的老人、各种癌症和 RNA 病毒病的高风险人群(尤其是前列腺癌)。

第三节　农产品品质的产后提升技术——食品的营养强化

一、食用农产品营养强化概述与强化方法

农产品品质的产后提升技术又称工业营养强化,也就是针对现成的食用农产品(特别是主食)中所缺乏的营养素采用一定的加工工艺,科学有效地添加到该食物中,使食物中营养素种类增多或含量提高。

农产品品质的产后提升技术的作用主要有 4 点:一是弥补某些食用农产品天然营养成分的缺陷,如向粮食制品中强化必需氨基酸;二是补充食用农产品加工、贮运过程中损失的营养素,如向精白米、面中添加 B 族维生素;三是简化膳食处理、方便摄取营养全面的食品,比如行军作战的军事人员,由于体力消耗大、营养要求高,既要进食简便,又要营养全面,因而各国的军粮采用强化食品的比例很高;四是适应不同人群生理及职业的需要。

农产品品质产后提升技术中常见的强化食用农产品一般为各地区、人群中食用范围广、消费量大、适合强化工艺处理、易于保藏运输的食用农产品,如大米、面粉、乳制品等。

农产品品质产后提升技术中常见的所添加的营养素主要包括四大类:一是氨基酸类营养强化剂,如赖氨酸、苏氨酸、牛磺酸等;二是维生素类营养强化剂,如维生素 A、维生素 D、维生素 E、维生素 B_1、维生素 B_2(核黄素)、维生素 B_6、维生素 B_{12}、维生素 C、烟酰胺、叶酸等;三是矿物质类营养强化剂,如铁、钙、锌、碘、硒、镁等;四是其他营养(保健)强化因子,如膳食纤维、多不饱和脂肪酸、真菌多糖、含硫化合物、大豆异黄酮等。

在确定了农产品中给予强化的营养素种类后,需要明确在生产过程中给予添加的营养素的数量,即营养素强化量。

营养素强化量的计算必须是针对明确的食品和明确的消费对象而进行的,设计、计算的原则是各种营养素缺多少补多少,即通过添加强化,使膳食中的营养素含量等于或接近于供给量标准。营养强化量的计算方法主要有两种:营养质量指数法(index of nutritional quality,INQ)和直接计算法。

营养质量指数法

营养质量指数法是利用食品中各种营养素的营养质量指数来进行计算的。INQ 是指食品中某种营养素占供给量的百分数与该食品中热能占供给量的百分数之比,即:

$$INQ = \frac{\dfrac{某种营养素含量}{该营养素供给量} \times 100\%}{\dfrac{热能含量}{热能供给量} \times 100\%}。$$

理想的食品应该是各种营养素的 INQ 值都等于1。

以小麦粉为例,介绍 INQ 方法计算小麦粉中营养素强化的量。首先检测小麦粉中主要营养素含量,然后确定食用对象,以极轻体力劳动的男子为例,计算出各种营养素的 INQ 值(见表 3-3-1)。

表 3-3-1　小麦粉营养质量指数表

营养素	含量	供给量(极轻体力劳动)	占供给量百分数(%)	INQ
热量	1 480.00 KJ	10 032.00 KJ	14.75	1.00
蛋白质	9.90 g	70.00 g	14.14	0.96
钙	38.00 mg	600.00 mg	6.33	0.43
铁	4.20 mg	12.00 mg	35.00	2.37
维生素 A	0.00	2 200.00 IU	0.00	0.00
维生素 B_1	0.46 mg	1.20 mg	38.30	2.60
维生素 B_2	0.06 mg	1.20 mg	5.00	0.34
维生素 PP	2.50 mg	12.00 mg	20.80	1.41
维生素 C	0.00	60.00 mg	0.00	0.00

据李景明(2006)

从表 3-3-1 中可知,虽然小麦粉中不含维生素 A、维生素 C,这两种营养素可由绿色蔬菜大量提供,因此不必强化。小麦粉中钙和维生素 B_2 缺乏较多,应该强化。

(1)强化钙

令强化后的 INQ 值为1,则应强化的倍数为:

$$1 \div 0.43(\text{Ca 强化前的 INQ}) \approx 2.3 \text{ 倍}$$

原先 100 g 小麦粉中含 Ca 38 mg,则强 2.3 倍的强化量为:

$$(2.3 - 1) \times 38 \text{ mg} = 49.4 \text{ mg}$$

即每 100 g 小麦粉中应添加 49.4 mg Ca。

(2)强化维生素 B_2

令强化后的 INQ 值为1,则应强化的倍数为:

$$1 \div 0.34(\text{维生素 B 强化前的 INQ}) \approx 2.94(\text{倍})$$

原先 100 g 小麦粉中含维生素氏 B_2 0.06 mg,则强化 2.94 倍的强化量为:

$$(2.9 - 1) \times 0.06 = 0.12 \text{ mg}$$

即每 100 g 小麦粉中应添加 0.12 mg 的维生素 B_2。

(3)氨基酸的强化

氨基酸的强化采用氨基酸指数法,氨基酸指数计算公式如下:

$$氨基酸指数 = \frac{\dfrac{某种氨基酸含量}{色氨酸含量}}{该色氨酸系数}$$

其中氨基酸系数指在鸡蛋蛋白质中,以色氨酸氨基酸指数为 1 时,其余氨基酸与它的比值,各种氨基酸系数见表 3-3-2。

表 3-3-2　各种氨基酸系数

氨基酸	蛋白质中氨基酸含量(mg/g)	氨基酸系数
异亮氨酸	40	4
亮氨酸	70	7
赖氨酸	55	5.5
蛋氨酸＋胱氨酸	35	3.5
苏氨酸	40	4
色氨酸	10	1
缬氨酸	50	5
苯丙氨酸＋酪氨酸	60	6

据李景明(2006)

从氨基酸指数计算公式可以看出,理想的各种氨基酸指数都应为1。实际工作中在对限制性氨基酸进行强化时,理论上第一限制性氨基酸强化到第二限制性氨基酸水平即可,但考虑到氨基酸相互比例与鸡蛋蛋白质最为接近时的营养价值较高,因此用氨基酸指数的平均数作为强化限量,使强化后的氨基酸指数标准差最小。仍以小麦粉为例,小麦粉的氨基酸指数见表 3-3-3。

表 3-3-3　小麦粉的氨基酸指数

氨基酸	含量(mg)	氨基酸系数	氨基酸指数
异亮氨酸	384	4	0.79
亮氨酸	763	7	0.89
赖氨酸	262	5.5	0.39
蛋氨酸＋胱氨酸	423	3.5	0.99
苏氨酸	328	4	0.67
色氨酸	122	1	1
缬氨酸	454	5	0.74
苯丙氨酸＋酪氨酸	487	6	0.67

据李景明(2006)

强化氨基酸指数最低的一种或两种氨基酸,小麦粉中的赖氨酸指数最低,应该强化。令强化后的该氨基酸指数达到其余氨基酸指数的平均数(其余氨基酸指数平均数为 0.82),则赖氨酸需强化到 0.82÷0.39 ＝2.1 倍,强化量为(2.1－1)×262＝288.2 mg,即每 100 g 小麦粉中应添加赖氨酸 288.2 mg。

直接计算法

营养强化量的直接计算法是根据被强化食品中某营养素缺多少添加多少的原则,同时考虑该强化营养素在食品加工过程中的保存率和人体对其消化吸收率等因素,尽量使营养强化量准确。下面以小麦粉中强化钙为例,介绍直接计算方法。

(1)原有含量的确定

测定出或查出食品中该种营养素的含量,查食物营养成分表可知,小麦粉中钙含量为 38 mg/100 g。

(2)营养供给量标准的确定

查我国推荐的每日膳食中营养素供给量,极轻体力劳动的男子钙供给量标准为 600 mg。

(3)确定每日食用该种食品的数量及其中该营养素含量

按照我国的实际情况,每日食用小麦粉 500 g,500 g 小麦粉中钙的含量须达每日营养供给量的一半(即 300 mg),其余一半的钙可由日膳食中其他食品来提供。

(4)确定该营养素的理论营养强化量

500 g 小麦粉中钙含量为 38×500/100＝190 mg,强化后要达到 300 mg,理论强化量为 300－190＝110 mg。

（5）强化量的校正

为了保证营养强化的效果，根据该营养素在加工过程中的损失以及人体内消化吸收率，对初步计算的添加量进行校正。假定钙在小麦粉的焙烤食品中保存率为90％，钙在人体内的消化吸收率一般为20％～30％，该营养素的实际强化量为：110/(90％×30％)=407.41 mg。

二、美国等国家的食物营养强化

在上述所添加的四大类营养素中，将维生素添加到食物中是大多数国家的普遍做法。为了确保人体内有足够的维生素，常将维生素加入经过选择的人们广泛食用的农产品及其制品中（如面包、牛奶、黄油等）。在美国，FDA负责调整食物中营养物的补充，FDA已经将包括12种维生素在内的22种营养物列为食物添加物，并规定了其推荐添加量，见表3-3-4。从1966年起，USDA和美国国际发展代理机构（US-AID）根据《国际公法480条》（Public Law 480，P. L. 480），也已经将强化和富集后的食物（见表3-3-5）供应作为对外援助。另外，许多抗干眼病项目常用维生素A来强化奶粉、小麦面粉、茶、人造黄油等食用农产品及其制品。

表 3-3-4　美国 FDA 批准的可添加到食物中的维生素及其推荐添加量

维生素	推荐添加量（每 100 kcal）	维生素	推荐添加量（每 100 kcal）
维生素 A	250 IU	烟酸	1.0 mg
维生素 D	20 IU	维生素 B6	0.1 mg
维生素 E	1.5 IU	生物素	15 μg
维生素 C	3 mg	泛酸	0.5 mg
硫胺	75 μg	叶酸[a]	20 μg
核黄素	85 μg	维生素 B12	0.3 μg

[a] 1988 年起，美国食品与药品管理局（FDA）要求每 100 g 优质面粉、面包、玉米粉、大米、面条、通心面和其他谷物产品中添加叶酸 140 μg。

据 Gerald F. Combs（2009）

表 3-3-5　添加到 P. L. 480 Title Ⅱ 商品的维生素及其添加量

维生素	每 100 g 添加的量[a]				
	处理过的混合食物		大豆强化谷物	脱脂奶粉	其他
	小麦—大豆	玉米—大豆			
维生素 A(IU)	2 314	2 314	2 204～2 645	5 000～7 000	2 204～2 645
维生素 D(IU)	198	198			
维生素 E[b](IU)	7.5	7.5			
维生素 C(mg)	40.1	40.1			
硫胺[c](mg)	0.28	0.28	0.44～0.66		0.44～0.66
核黄素(mg)	0.39	0.39	0.26～0.40		0.26～0.40
烟酸(mg)	5.9	5.9	3.5～5.3		3.5～5.3
吡哆醇[d](mg)	0.165	0.165			
泛酸(mg)	2.75	2.75			
叶酸(μg)	198	198			
维生素 B12(μg)	3.97	3.97			

[a] 处理过的混合食物也强化钙、磷、铁、锌、碘和钠；大豆强化的谷物和其他处理食物过程也强化钙和铁。

[b] 添加全顺式 α 醋酸生育酚。

[c] 添加硫胺单硝酸酯。

[d] 添加盐酸吡哆醇。

据 Gerald F. Combs（2009）

葛可佑（2004）介绍了美国、加拿大等国谷物类农产品强化强制性法规标准（见表3-3-6）。

表3-3-6 部分国家谷物类农产品强化强制性法规标准一览

国家	产品	强制性法规标准	营养素含量												
			维生素B₁(mg/kg)	维生素B₂(mg/kg)	维生素B₆(mg/kg)	烟酰胺(mg/kg)	叶酸(mg/kg)	泛酸(mg/kg)	维生素A(IU/kg)	维生素D(IU/kg)	铁(mg/kg)	镁(mg/kg)	钙(mg/kg)
美国	强化小麦面粉	21 CFR 137.165 137.160 137.185	6.4	4		52.9	1.54				44.1		2.11
	强化面粉	21 CFR 136.115	4	2.43		33.1	0.95				27.6		1.32
	强化谷物面粉	21 CFR 137.305	4.41~5.51	2.65~3.31		35.3~44.1				≥550	≥28.7		≥1.10
	强化通心粉和强化通心面条	21 CFR 139.115 139.155 139.135 139.165	8.82~11.0	3.75~4.85		59.5~75.0	1.54~2.64			550~2 200	28.7~36.4		1.10~1.38
	强化蛋白质的通心粉	21 CFR 139.117	11	4.85		75					36.4		1.38
	强化玉米粉	21 CFR 139.260	4.41~6.62	2.65~4.0		35.3~52.9	1.54~2.2			550~2 200	28.7~57.3		1.10~1.65
	强化大米	21 CFR 137.350	4.41~8.82	2.65~5.29		35.3~70.6	1.54~3.08			550~2 200	28.7~57.3		1.10~2.20
危地马拉	面粉、白面粉、强化面粉、强化白面粉	食品与药品法规 B.13.001	6.4	4	3.1	53	1.5	13			44	1.9	1.4
	强化面包	食品与药品法规 B.13.002	4	2.4	1.4	33	1	6			27.6	0.9	0.66
	强化预煮大米	食品与药品法规 B.13.010.1	4.5	2.5	6	42	0.16	12			16		
	意大利面(通心粉和面条)	Coguanor NGO 34 176 (06/86)	8.8~11	3.7~4.8		59.5~74.9					26.8~36.8		
委内瑞拉	预煮玉米面粉	Decreto No.2.492 (20/08/92)	3.1			51			9 500		50		
沙特阿拉伯	强化小麦面粉	沙特阿拉伯标准 SSA 219/1994 (2000年1月开始包括叶酸)	≥6.38	≥3.96		≥52.91	1.5			≥551.15	≥36.3		

摘自:Nutriview Special Lessue 2000–Madatory food enrichment
据葛可佑(2004)

329

三、大米营养强化实例

以下以大米营养强化为例介绍农产品品质的产后提升技术。

大米是我国人民的主要食物之一,是硫胺素、核黄素、尼克酸、锌等微量营养素的重要来源,但稻米在营养结构上存在着天然的缺陷,主要表现为蛋白质氨基酸构成比例(即氨基酸模式,见第二卷第五章第二节)不合理,通过改善大米中8种必需氨基酸成分的配合比例,可以提高其生理价值。在高精度大米中,赖氨酸是第一限制性氨基酸,苏氨酸是第二限制性氨基酸,强化赖氨酸,或同时强化赖氨酸和苏氨酸,都能提高大米蛋白质的品质。此外,稻米中营养成分大多分布在皮层及米胚中,由于大米加工越来越精细,精细加工过程会导致一些营养素严重损失,大米在储存、淘洗和蒸煮过程中,营养成分还会继续受到损失。调查表明,以大米为主食的国家普遍存在B族维生素缺乏的现象,导致儿童发育迟缓和神经管畸形等病例和现象时有发生;因此需要对大米进行营养强化。

对大米而言,目前可强化的营养素包括:①水溶性维生素,如维生素 B_1、维生素 B_2、维生素 B_6、维生素 C 及泛酸;②脂溶性维生素,如维生素 A、维生素 D、维生素 E;③氨基酸,如赖氨酸和蛋氨酸;④矿物质,如 Ca、Fe、Zn 等。

生产营养强化米的方法归纳起来可分为内持法与外加法。

内持法

内持法是借助保存大米自身某一部分的营养素最终达到营养强化的目的,我们熟知的蒸谷米就是以内持法生产的一种营养强化米。

蒸谷米是经过热水浸泡、蒸煮、干燥后碾制而成的大米。其工艺流程:原料稻谷→清理精选→浸泡→汽蒸→干燥→冷却→砻谷→碾米→成品整理→蒸谷米。

蒸谷米生产工艺的操作要点:

(1)清理精选

原粮稻谷中杂质的种类很多,浸泡时杂质分解发酵,污染水质,谷粒吸收污水会变味、变色,严重时甚至无法食用。虫蚀粒、病斑粒、损伤粒等不完善粒,汽蒸会变黑,使蒸谷米质量下降。因此,在做好除杂、除稗、去石的同时,应尽量清除原粮中的不完善粒,可用洗谷机进行湿法清理。由于稻谷表面的茸毛会引起的小气泡,将使稻谷浮于水面,因此水洗时把稻谷放入水中后使水起旋,消除气泡,以保证清理效果。稻谷清理之后按粒度与密度不同进行分级,分级可首先按厚度的不同,用长方孔筛进行,然后再按长度和密度的不同,使用碟片精选机、密度分级机等进行分级。

(2)浸泡

稻谷吸水并使自身体积膨胀的过程。根据生产实践,水分必须在30%以上,如稻谷吸水不足(低于30%),则汽蒸过程中稻谷蒸不透,影响蒸谷米质量。因此,浸泡的目的是使稻谷充分吸收水分,为淀粉糊化创造必要条件。浸泡基本上可分为常温浸泡和高温浸泡2种,常温浸泡1天后稻谷开始发酵,2~3 d后释放出难闻的气味,影响蒸谷米品质。现今广泛采用的是高温浸泡法,即先将水加热到80~90 ℃,然后放入稻谷进行浸泡,浸泡过程中水温保持在70 ℃左右,浸泡3 h可完全消除常温浸泡中发酵带来的不良影响。高温浸泡时,浸泡籼稻水温度为72~74 ℃、最高不超过76 ℃,浸泡粳稻不超过70 ℃,相应的浸泡时间为3~4 h。

(3)汽蒸

稻谷经过浸泡以后,胚乳内部吸收相当数量的水分,此时应将稻谷加热使淀粉糊化。通常都是利用蒸汽进行加热,即汽蒸目的在于提高出米率,改善贮藏特性和食用品质。汽蒸的方法有常压汽蒸与高压汽蒸两种。常压汽蒸是在开放式容器中通入蒸汽来加热的,采用100 ℃的蒸汽使淀粉糊化。此法的优点是设备结构简单,稻谷与蒸汽直接接触,汽凝水容易排出,操作管理方便;缺点是蒸汽难以分布均匀,蒸汽出口处周围的稻谷受到蒸汽作用比别处的稻谷大,存在汽蒸程度不一的现象。高压汽蒸是在密闭容器中加压进行汽蒸,此法可随意调整蒸汽温度,热量分布均匀、容器内达到所需压力时,几乎所有谷粒都能得到相同的热量。汽蒸时间的长短决定了淀粉的糊化程度,汽蒸时间短,淀粉糊化不完全。米粒出现白心;汽蒸时间过长会使粉糊化过度,米色加深。汽蒸温度主要取决于蒸汽压力,汽蒸时间取决于稻谷的数量。汽蒸使用的设备有:蒸汽螺旋输送机、常压汽蒸筒、立式汽蒸器和卧式汽蒸器等。

（4）干燥与冷却

稻谷经过浸泡和汽蒸之后,水分含量很高,一般为 34%～36%,并且粮温很高,在 100 ℃左右,这种高水分含量、高温度的稻谷,既不能贮存也不能进行加工,必须经过干燥除去水分,然后进行冷却降低粮温。干燥与冷却的目的是使稻谷水分含量降到 14%(安全水分含量),以便贮存和加工,使碾米能得到最大限度的整米率。国外主要采用蒸汽间接加热干燥和加热空气干燥的方法,干燥的条件比较缓和。同时,将蒸谷的干燥过程分为 2 个阶段:在水分降到 16%～18% 以前为第 1 阶段,采用快速干燥脱水;水分降到 16%～18% 以下为第 2 阶段,采用缓慢干燥或冷却的方法进行。冷却过程使用的工作介质通常为室温空气,利用空气与谷粒之间进行热交换,达到降温冷却的目的。

（5）砻谷

稻谷经水热处理以后,颖壳开裂、变脆容易脱壳。使用胶辊砻谷机脱壳机时,可适当降低辊间压力,提高产量,以降低胶耗、电耗。脱完后,经稻壳分离、谷糙分离,得到的蒸谷糙米送入碾米机碾白。

（6）碾米

蒸谷糙米的碾米是比较困难的,在产品精度相同的情况下,蒸谷糙米所需的碾白时间是生谷(米经水热处理的稻谷)糙米的 3～4 倍。蒸谷糙米碾白困难的原因不仅在于皮层与胚乳结合紧密,籽粒变硬,而且还在于皮层的脂肪含量较高。碾白时,分离下来的米糠由于机械摩擦热而变成脂状,造成米筛孔堵塞,米粒碾白时容易打滑,致使碾白效率降低。为了防止这种现象发生,应采取以下措施:采用喷风碾米机,以便起到冷却和加速排糠的作用;碾米机转速比加工普通大米时提高 10%;宜采用精白米工艺,即经三道砂辊碾米机、一道铁辊碾米机;碾米机排出的米糠采用汽力输送,有利于降低碾米机内的摩擦热。碾白后的擦米工序应加强,以清除米粒表面的糠粉。这是因为带有糠粉的蒸谷米,在贮藏过程中会使透明的米粒变成乳白色,影响产品质量。此外,还需按含碎比例要求,采用筛选设备进行分级,以提高蒸谷米的商品价值。

外加法

外加法是将各种营养强化剂配成溶液后,由米粒吸进去或涂覆在米粒表面,具体又分为浸吸法、涂膜法、强烈型强化法等。

（1）浸吸法

浸吸法是国外采用较多的强化米生产工艺,强化范围较广,可添加一种营养强化剂,也可添加多种营养强化剂,其工艺流程见图 3-3-1。

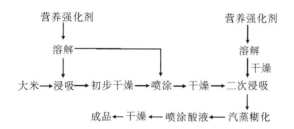

图 3-3-1　浸吸法工艺流程示意图

浸吸法的操作要点:①浸吸与喷涂工序。先将维生素 B_1、B_2、B_{12} 等营养素称量后溶于 0.2% 的聚合磷酸盐中性溶液中,再将大米与上述溶液一同置于带有水蒸气保温夹层的滚筒中。滚筒轴上装螺旋叶片,起搅拌作用,滚筒上方靠近米粒进口处装有 4～6 只喷雾器,可将溶液洒在翻动的米粒上。浸吸时间为 2～4 h,溶液温度为 30～40 ℃,大米吸复溶液量为大米重量的 10%。浸吸后,鼓入 40 ℃ 的热空气,启动滚筒,使米粒稍稍干燥,再将未吸尽溶液由喷雾器喷洒在米粒上,使之全部吸收,最后鼓入热空气,使米粒干燥至正常水分。②二次浸吸工序。将维生素 B_2 和各种氨基酸等营养素称量后,溶于聚合磷酸盐中性溶液中,再置于上述滚筒中与米粒混合进行二次浸吸,溶液与米粒之间的比例及操作与一次浸吸相同,但最后不进行干燥。③汽蒸糊化工序。取出二次浸吸后较为潮湿的米粒,置其于连续式蒸煮器中进行汽蒸。连续蒸煮器是一个具有长条运输带的密闭卧式蒸柜,运输带慢速向前转动,运输带下面装有 2 排蒸汽喷嘴,蒸柜上面两端各有蒸汽罩,将废蒸汽通至室外。米粒通过加料斗以一定速度加至运输带上,在 100 ℃ 蒸汽下汽蒸 20 min,使米粒表面糊化,这对防止米粒破碎及水洗时营养素损失非常有益。④喷涂酸液及干燥工序。将汽蒸后的米粒仍置于滚筒中,边转动边喷入一定量 5% 的醋酸溶液,然后鼓入 40 ℃ 的低温热空气进行干燥,使米粒水分降至 13%,最终即可得到营养强化米。

浸吸法的工艺特点:本强化工艺冗长复杂,且需要辅以蒸汽加热与干燥。生产时先用高浓度营养液对大米进行长时间浸渍,然后进行蒸煮,使米粒表面 α 化,再经反复干燥、涂膜、冷却等工序生产出耐淘洗的浓缩强化大米,食用时则需按 1∶50 或 1∶200 的比例掺入到普通大米中。这种营养强化大米在浸泡、蒸煮、干燥过程中,各种营养素经缓苏渗透到米粒内部。因此运输、储存及销售时营养成分损失少,但这种工艺能耗高、建厂投资大,需用设备多,生产成本高,销售价格昂贵。且在对维生素 B_2 浓缩强化上,由于核黄素的颜色使米粒带上很深的黄色,掺入白米中蒸煮时黄色会扩散到四周米粒上,而有颜色的米饭在进食过程中往往会被消费者丢弃,达不到强化目的。因此本工艺及产品不适合我国国情,难以为我国消费者所普遍接受,不推荐国内大米生产企业采用。

武洋(2008)以赖氨酸为营养强化剂,用浸吸技术使营养物质渗入大米中,探讨了料液比(即大米和赖氨酸溶液的比例)、浸吸时间、溶液温度对赖氨酸强化量的影响,通过正交实验优化其工艺条件,得到浸吸最佳工艺条件为料液比 10∶6、浸吸时间为 9 min、溶液温度为 50 ℃,赖氨酸强化量可达 70 mg/20 g 大米左右,见表 3-3-7。

表 3-3-7 浸吸条件正交实验结果

序号	因子				赖氨酸强化量
	A 料液比	B 吸附时间(min)	C 溶液温度(℃)	D	(mg/20 g)
1	10∶4	3	30	—	48.923
2	10∶4	6	40	—	56.263
3	10∶4	9	50	—	66.289
4	10∶5	3	40	—	55.547
5	10∶5	6	50	—	70.407
6	10∶5	9	30	—	61.276
7	10∶6	3	50	—	69.691
8	10∶6	6	30	—	60.560
9	10∶6	9	40	—	71.123
K_1	171.475	174.161	170.759	190.453	
K_2	187.23	187.23	182.933	187.23	
K_3	201.374	198.688	206.387	182.396	
R	9.966	8.176	11.876		

影响强化米强化量的作用大小依次为:溶液温度($R=11.876$)>料液比($R=9.966$)>浸吸时间($R=8.176$)。

最佳组合:A3B3C3。

据武洋(2008)

(2)涂膜法

涂膜法是在营养强化剂充分浸吸后,再在米粒表面涂上数层黏稠物质。这种方法生产的营养强化米,淘洗时营养损失可减少一半以上。其工艺流程见图 3-3-2。

涂膜法的操作要点:①真空浸吸工序。先将需强化的维生素、矿物质、氨基酸等营养素按配方称量,溶于 40 kg 20 ℃ 的水中,大米预先干燥至水分 7%,取 100 kg 干燥后的大米置于真空罐中,同时注入强化剂溶液,在 0.08 MPa 的真空度下搅拌 10 min,待米粒中的空气被抽出后,各种营养素即被吸入米粒内部。

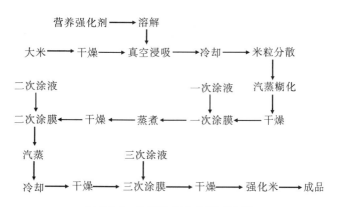

图 3-3-2　涂膜法工艺流程示意图

②汽蒸糊化与干燥工序。自真空罐中取出上述米粒,冷却后置于连续式蒸煮器中汽蒸 7 min,再用冷空气冷却;使用分粒机使黏结在一起的米粒分散,然后送入热风干燥机中,将米粒干燥至水分 15%。③一次涂膜工序。将干燥后米粒置于分粒机中,与一次涂膜溶液共同搅拌混合,使溶液覆在米粒表面。一次涂膜溶液的配方是:果胶 1.2 kg、马铃薯淀粉 3 kg、50 ℃的热水 10 kg 。一次涂膜后,将米粒自分粒机中取出,送入连续式蒸煮器中汽蒸 3 min,然后通风冷却。接着在热风干燥机内进行干燥,先以 80 ℃的热空气干燥 30 min,然后降温至 60 ℃,连续干燥 45 min。④二次涂膜工序。一次涂膜并干燥后的米粒,再次置于分粒机中进行二次涂膜。二次涂膜方法是:先用 1% 阿拉伯胶溶液将米粒湿润,再与含有 1.5 kg 马铃薯淀粉及 1 kg 蔗糖脂肪酸酯溶液混合浸吸,然后与一次涂膜工序相同,即再对制品进行汽蒸、冷却、分粒、干燥等处理。⑤三次涂膜工序。二次涂膜并干燥后,接着便进行三次涂膜。将米粒置于干燥器中,喷入火棉乙醚溶液 10 kg,干燥后即得营养强化米。

涂膜法的工艺特点:涂膜法中第一层涂膜可改善风味,并具有高度黏稠性。第三层涂膜除具有黏稠性外,更可防止老化,改善光泽,延长保藏期,也不易吸潮,且可降低营养素在贮藏及水洗时的损失。本工艺的强化效果比较明显,但本工艺中的喷涂保护剂成本消耗较大。

张瑾瑾等(2007)选择优质大米,在实验室条件下,按 GB 14880《食品营养强化剂使用卫生标准》的要求,采用多次喷涂的方法,对其进行维生素 B_1、维生素 B_2、尼克酸、叶酸、钙、铁、锌等营养素的强化。研究得到适宜的生产工艺参数:对大米进行维生素 B_1、维生素 B_2、尼克酸、叶酸等营养素强化时,将营养素调成占米粒体积 1.5% 的营养素混合液,分 2 次喷涂于米粒表面,然后在 30 ℃的温度下通风干燥。用涂膜剂(玉米醇溶蛋白)对添加了营养素的大米进行涂膜处理,以减少食用时因水洗营养素的流失。张瑾瑾等的研究表明,涂膜剂对营养强化米有良好的被膜作用,具有改善米粒表观品质,增加光泽的作用,同时有较好的防潮、防氧化、增加储藏稳定性的作用,可以明显减少营养强化米在贮藏过程中的营养损失,如表 3-3-8 所示,贮存 180 d 后,对于未涂膜的强化米,其营养损失率均高于涂膜组,涂膜组中各营养素的含量符合国家公众营养与发展中心推荐的水平(尼克酸 35 mg/kg,锌 25 mg/kg,铁 20 mg/kg,维生素 B_1 3.5 mg/kg,维生素 B_2 3.5mg/kg,叶酸 2 mg/kg)。

表 3-3-8　涂膜与未涂膜营养强化米的营养素损失对照

类别	营养素	强化后 1 h 营养素含量(mg/kg)	贮存 180 d 后	
			营养素含量(mg)	营养素损失率(%)
未涂膜样品	维生素 B_1	4.0	2.9	27.5
	维生素 B_2	3.9	3.2	17.9
	尼克酸	39.5	37.0	6.3
	叶酸	2.2	1.6	27.3
	钙	106.7	103.6	2.9
	锌	28.2	26.1	7.4
	铁	22.5	13.2	28.0

续表

类别	营养素	强化后 1 h 营养素含量(mg/kg)	贮存 180 d 后	
			营养素含量(mg)	营养素损失率(%)
涂膜样品	维生素 B₁	4.0	3.7	7.5
	维生素 B₂	3.9	3.8	2.6
	尼克酸	39.2	38.5	1.8
	叶酸	2.2	2.0	9.1
	钙	106.2	103.8	2.3
	锌	28.2	26.6	5.7
	铁	22.5	20.4	9.3

据张瑾瑾等(2007)

（3）强烈型强化法

强烈型强化法是将各种营养素强制渗入米粒内部或涂覆于米粒表面。将大米和按标准配制的营养素溶液分次进入各道强化机中,在米粒与强化剂混合并受强化机剧烈搅拌的过程中,利用强化机内的工作热,使各种营养素迅速渗入米粒内部或涂覆于米粒表面;同时使强化剂中水分迅速蒸发,经适当缓苏后,便可生产出营养强化大米。工艺流程见图 3-3-3。

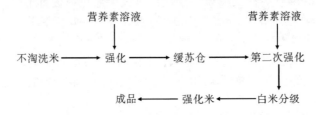

图 3-3-3　强烈型强化法工艺流程示意图

强烈型强化法的操作要点:本工艺只需两台大米营养强化机,所组成的强化工艺简单,可实现赖氨酸、维生素、矿物盐等多种营养素对大米的强化。据测定,本工艺对赖氨酸的强化率可达 90％以上,维生素强化率可达 60％～70％,矿物盐的强化率达 80％左右。

需要指出的是:①添加到食物中的维生素的稳定性和生物利用度有赖于所用维生素的形式、被添加食物的成分和食物摄取个体的吸收状态。不稳定的维生素在储存过程中能从食物中丢失,这取决于储存的条件(时间、温度和湿度)。因此,一些维生素的化学稳定性能通过采用更稳定的化学形式或剂型得以改善。例如,泛酸的钙盐比游离酸形式更稳定,维生素 A 和维生素 E 的酯(视黄醇乙酸酯、生育酚酯)比游离醇形式更抗氧化;维生素制剂还可以通过包衣或胶囊化的方式隔阻氧气或水分,而使它们更稳定。由于这些方法的应用,人们发现添加到食物中的纯化维生素(大多数通过化学合成生产,也有一些从天然产物中分离得到,还有的通过微生物合成)的稳定性和生物利用度比食物本身含有的维生素高。②强化食品是数百万人维生素的重要来源。在美国,小麦面粉中加入烟酸是消除糙皮病的基础。20 世纪 70 年代,危地马拉开始了维生素 A 强化食用蔗糖(15 $\mu g/g$)的行动,这一行动估计使学龄前儿童的维生素 A 缺乏发生率降低了 50％。通过 1996 年制定的谷物制品的强制性强化方案,美国人的叶酸水平已经显著提高。这一方案原计划将每人每天的叶酸摄入量平均增加 100 μg,结果超过了预期的两倍,因此绝大多数美国人的叶酸摄入量达到或略超过了成人需要的膳食供给量(400 $\mu g/d$)。

可见,食用农产品品质的产后提升技术是提高人类的膳食营养的有效途径。

本章参考文献

［1］许春霞,李向民,肖永绥.喷施亚硒酸钠对茶叶含硒量的影响［J］.茶叶科学,1996,01:19～24

［2］陈铭,刘更另.高等植物的硒营养及在食物链中的作用(二)［J］.土壤通报,1996,04:185～188

［3］李静,夏建国,巩发永,李廷轩,张锡洲,杨凌云.外源硒肥对茶叶硒含量及化学品质的影响研究［J］.水土保持学报,2005,04:104～106,126

［4］林长光,林金玉,刘东霞,杜景德,林枣友,陈文焕,郑金贵.不同硒源对断奶仔猪生长性能、血清抗氧化能力和血浆硒含量的影响［J］.畜牧兽医学报,2013,11:1790～1796

［5］林长光.硒对猪生产与保健的影响及富硒猪肉生产关键技术研究［D］.福建农林大学,2013

［6］李景明主编.食品营养强化技术.北京:化学工业出版社,2006

［7］席文娣.功能食品中功能因子及作用［J］.甘肃科技,2008,03:63～64,162

［8］胡国华主编.食品添加剂在粮油制品中的应用.北京:化学工业出版社,2005

［9］陆勤丰.大米营养强化工艺研究［J］.粮食加工,2007,06:40～43

［10］任宇鹏,刘加艳.大米强化若干问题的探讨［J］.甘肃科技,2007,09:124～126

［11］李昌文.加强对营养强化大米的认识［J］.中国食物与营养,2008,04:56～57

［12］武洋.大米营养强化工艺研究［D］.西华大学,2008

［13］张瑾瑾,李庆龙,王学东,姚人勇,常宪辉.喷涂法生产营养强化米的实验室研究［J］.粮食加工,2007,01:29～31

［14］葛可佑总主编.中国营养科学全书(上).北京:人民卫生出版社,2004

［15］汪智慧,龚加顺,郭向华.茶树硒营养的研究进展［J］.土壤肥料,2000,03:3～6

［16］黄维,谷燕,甄炯,刘燕,李豪.食品营养强化的研究进展［J］.轻工科技,2013,08:7～8

［17］刘静波.蒸谷米的制作［J］.农产品加工,2010,05:12～13

［18］Banuelos. G. S. 著(美),尹雪斌等译.生物营养强化农产品开发和应用.北京:科学出版社,2010.11

［19］Gerald F. Combs 编著(美),张丹参,杜冠华等译.维生素 营养与健康基础.北京:科学出版社,2009.04

［20］Jingui Zheng, Jinke Lin, Zuxin Cheng. Study on Breeding for Crop Fine Varieties Rich in Food Factors and Their Functions［J］. *Journal of Food and Drug Analysis*, 2012, 20(1): 198～202

第四章

具有保健功能的十九种生物活性物质的测定方法

第一节　虾青素的测定(高效液相色谱法)

本方法适用于黄鱼、鳗鱼、鸡肉、鸡蛋、鸭肝、猪肾和牛奶中虾青素的测定。

本方法中高效液相色谱法对虾青素的测定低限均为 0.1 mg/kg。

一、方法提要

试样用乙腈提取,正己烷脱脂、浓缩后,高效液相色谱仪进行检测,外标法定量。

二、试剂与材料

所有试剂除特殊注明外,均为分析纯,水为 GB/T 6682 规定的一级水。

1.乙腈:色谱纯。

2.正己烷:色谱纯。

3.正丙醇。

4. 2,6-二叔丁基对甲酚(BHT):化学纯。

5.无水硫酸钠:650 ℃灼烧 4 h,贮于干燥器内,冷却后备用。

6.乙腈提取剂:0.25 g BHT 溶解于 500 mL 乙腈。

7. BHT-乙腈溶液:5 g BHT 溶解于 500 mL 乙腈。

8.虾青素标准品:astaxanthin,CAS:472-61-7,纯度大于等于 90%,于−18 ℃避光贮存。

9.标准储备液:分别准确称取适量(相当于 5.00 mg 纯品,精确至 0.01 mg)虾青素标准品,分别加入上述 BHT-乙腈溶液溶解,定容于 200 mL 棕色容量瓶,配制成浓度为 25.0 μg/mL 的标准储备液。充氮气置−18 ℃避光保存,可使用两周。

三、仪器与设备

1.高效液相色谱仪:配二极管阵列(DAD)或紫外-可见(UV-Vis)检测器。

2.分析天平:感量 0.01 mg,0.01 g。

3.旋涡混合器。

4.离心机:5 000 r/min。

5.旋转蒸发器。

6.微孔滤膜:0.22 μm,有机系。

四、试样制备和保存

黄鱼、鳗鱼、鸡肉、鸭肝、猪肾:从所取全部样品中取出有代表性样品可食部分约 500 g,用高速组织捣碎机充分捣碎、混匀。

鸡蛋:从所取全部样品中取出有代表性样品可食部分约 500 g(生蛋应煮熟冷却后剥壳),用高速组织捣碎机充分捣碎、混匀。

牛奶:从所取全部样品中取出有代表性样品可食部分约 500 g,充分混匀,置于合适洁净容器。

制样操作过程中应防止样品受到污染或发生虾青素含量的变化,制样温度不应高于 30 ℃,制样后应立即测定。需存放的试样应密封于洁净容器、避光、于-18 ℃以下冷冻存放。

五、测定步骤

1.提取与净化

称取试样约 5 g(精确至 0.01 g)于 50 mL 离心管中,加入 30 mL 乙腈提取剂及 10 g 无水硫酸钠后,涡旋混合 1 min,在 35 ℃以下水浴超声提取 10 min,再以 3 000 r/min 离心 5 min。将上清液移入预置有 20 mL 正己烷的 125 mL 分液漏斗中,振摇 0.5 min 后,静置分层;收集下层乙腈相,正己烷相留在分液漏斗,待本试样后续脱脂重复使用。

按上述步骤对离心管中的残留物每次用 20 mL 乙腈提取剂再重复提取两次,所得提取液用上述正己烷相依次脱脂。合并三次脱脂后所收集的乙腈相,加入 5 mL 正丙醇,于 40 ℃以下旋转蒸发浓缩至近干,用乙腈溶解并定容至 5.0 mL,0.20 μm 滤膜过滤,滤液待测。

测定操作应避强光、连续进行。

2.色谱条件

色谱柱:Waters Symmetry C_{18},4.6 mm(内径)×250 mm,5 μm,或相当者。

柱温:35 ℃。

流动相:乙腈-水(95+5,体积比)。

流速:1.0 mL/min。

检测波长:471 nm。

进样量:50 μL。

3.色谱测定

根据试样中被测物的含量情况,选取响应值适宜的标准工作液进行色谱分析。标准工作液和待测样液中虾青素的响应值应在仪器线性响应值范围内。标准工作液与待测样液等体积进样。在上述色谱条件下,虾青素反式、顺式异构体保留时间分别约为 8.4 min、10.6min,根据峰面积外标法定量。

六、结果计算

采用外标法定量,按式(4-1)计算样品中角黄素或虾青素的含量:

$$X = \frac{A \times c \times V}{A_s \times m} \tag{4-1}$$

式中:X——样品中虾青素的含量(顺、反式异构体总量),单位为毫克每千克(mg/kg);

A——测定液中虾青素的峰面积;

c——标准工作液中虾青素的浓度，单位为微克每毫升（$\mu g/mL$）；

V——定容体积，单位为毫升（mL）；

A_s——标准工作液中虾青素的峰面积；

m——最终样液所代表的样品质量，单位为克（g）。

（SN/T 2327-2009）

第二节　阿魏酸的测定（高效液相色谱法）

本方法适用于蜂胶中阿魏酸含量的测定。

本方法的检出限：4 $\mu g/kg$。

一、原理

蜂胶中的阿魏酸经甲醇超声提取、沉淀、离心，再用 0.45 μm 滤膜过滤后得澄清液，经反相色谱柱分离后，用液相色谱－紫外检测器测定，外标法定量，根据保留时间和峰面积进行定性和定量。

二、试剂与材料

除另有规定外，所用试剂均为分析纯；水为 GB/T 6682 规定的一级水（为蒸馏水或同等纯度水）；未指明用何种溶剂配制时，均指水溶液。

1.甲醇：色谱纯。

2. 0.085％磷酸溶液（体积分数）：量取 0.85 mL 磷酸，用水定容至 1 000 mL，经 0.45 μm 滤膜过滤。

3.乙腈：色谱纯。

4. 70％甲醇（体积分数）：量取 70mL 分析纯甲醇，加 30mL 水混合均匀。

5.阿魏酸标准物质：纯度≥99％。

6.阿魏酸标准储备溶液（200.0 $\mu g/mL$）：准确称取 10.0 mg（精确到 0.1 mg）阿魏酸标准物质于 50 mL 棕色容量瓶中，加 70％甲醇使其溶解并定容至刻度，混匀，此溶液可在温度低于 4 ℃冰箱中冷藏保存两个月。

7.阿魏酸标准工作溶液：分别吸取适量的阿魏酸标准储备溶液 1 mL、2.5 mL、5.0 mL、10.0 mL、20.0 mL、40.0 mL、80.0 mL 至 100 mL 容量瓶中，用 70％甲醇定容至刻度，配成 2.0 $\mu g/mL$、5.0 $\mu g/mL$、10.0 $\mu g/mL$、20.0 $\mu g/mL$、40.0 $\mu g/mL$、80.0 $\mu g/mL$、160.0 $\mu g/mL$ 标准工作溶液，现配现用。

三、仪器与设备

1.液相色谱仪：配有紫外检测器。

2.分析天平：精确至 0.1 mg。

3.过滤膜（聚偏氟乙烯微孔滤膜 F 型，$\varnothing$ 25 mm）：0.45 μm。

4.超声仪。

5.离心机。

6.匀浆仪。

四、试样的制备与保存

1.试样的制备

从全部蜂胶样品中取出约 100 g 样品,装入洁净容器中分成两份,密封,并做标记。

2.试样的保存

将试样于－10 ℃以下保存。

五、测定步骤

1.试样处理

将试样置冰柜中－10 ℃以下冷冻,取出冷冻贮存的试样 20～30 g,迅速用匀浆仪打碎,称取试样 0.5 g(精确到 0.1 mg),置于 50 mL 棕色容量瓶中,加入 35 mL 甲醇,超声 15 min(频率为 25 kHz,功率为 50 W),加入 10 mL 水,摇匀,冷却到室温后,用水定容至刻度,混匀;以 4 500 r/min 的转速离心 20 min,上清液用 0.45 µm 滤膜过滤,滤液用于液相色谱仪紫外检测器测定。

2.液相色谱条件

色谱柱:Hypersil ODS2,5 µm,4.6 mm×200 mm。

流动相:以 0.085%磷酸溶液为流动相 A,以甲醇为流动相 B,以乙腈为流动相 C,按表 4-2-1 进行梯度洗脱。

表 4-2-1　梯度洗脱方法

时间/min	流速(mL/min)	0.085%磷酸溶液(流动相 A)/%	甲醇(流动相 B)/%	乙腈(流动相 C)/%
0～20	1.0	83	0	17
20～21	10→1.5	83→0	0→100	17→0
21～36	1.5	0	100	0
36～37	1.5	0→83	100→0	0→17
37～52	1.5	83	0	17

梯度洗脱方法:见表 4-2-1。

进样量:20 µL。

检测波长:316 nm。

柱温:30 ℃。

3.液相色谱测定

测定 5～7 个系列浓度标准工作溶液在上述色谱条件下的峰面积,以峰面积对相应浓度绘制标准工作曲线,然后测定未知样品,用标准工作曲线对样品进行定量,使样品溶液中阿魏酸的响应值在本法的线性范围内。在上述色谱条件下,阿魏酸的保留时间约为 13.9 min。

4.平行试验

按上述步骤,对同一试样进行平行试验测定。

5.空白试验

除不称取试样外,均按上述步骤,应不干扰测定。

六、结果计算

试样中阿魏酸含量利用数据处理系统计算或按式(4-2)计算

$$X = \frac{c \times 50}{m}$$ (4-2)

式中：X——试样中阿魏酸的含量，单位为微克每克（$\mu g/g$）；

　　　c——试样中阿魏酸的浓度，单位为微克每毫升（$\mu g/mL$）；

　　　50——试样定容体积（mL）；

　　　m——试样的质量，单位为克（g）。

计算结果保留三位有效数字。

七、精密度

在对同一试样进行二次平行试验获得的二次测定结果的绝对差值不应超过算术平均值的 10%。

（GB/T 23196—2008）

第三节　绿原酸的测定（高效液相色谱法）

本方法适用于以金银花、菊花、杜仲、山楂等一种或几种为主要原料的保健食品中绿原酸的测定。

当取样量为 2.0 g 时，定容体积为 25 mL 时，方法的检出限（LOD）为 1.4×10^{-3} g/kg，方法的定量限（LOQ）为 4.0×10^{-3} g/kg。方法的线性范围为 2.0～80 $\mu g/mL$。

一、原理

根据绿原酸易溶于甲醇、乙醇等极性有机溶剂的理化特性，一般试样中的绿原酸用 70% 甲醇提取，如果试样为油性软胶囊，可用石油醚脱脂挥干后再用 70% 甲醇提取。提取液定容，过滤后进高效液相色谱仪，经反相色谱分离后，由紫外检测器检测，根据保留时间和峰面积进行定性和定量。

二、试剂和材料

1. 乙酸（CH_3COOH）：优级纯。

2. 乙腈（CH_3CN）：色谱纯。

3. 甲醇（CH_3OH）：色谱纯。

4. 石油醚：分析纯，沸程 30～60 ℃。

5. 水（H_2O）：为实验室一级用水，电导率（25 ℃）为 0.01 mS/m。

6. 绿原酸标准品：纯度≥99%。

7. 绿原酸标准储备液（2.00 mg/mL）：称取绿原酸标准品 0.02 g（精确至 0.000 1 g）于 10.0 mL 容量瓶中，加流动相溶解并定容至刻度，混匀（此标准储备液在 4 ℃ 冰箱中，可保存 5 d）。

8. 绿原酸标准使用液（200 $\mu g/mL$）：准确量取 1.00 mL 绿原酸标准储备液于 10.0 mL 容量瓶中，用流动相稀释至刻度，混匀（此标准使用液在 4 ℃ 冰箱中，可保存 5 d）。

三、仪器和设备

1. 高效液相色谱仪：附紫外检测器。

2.超声波清洗器。

3.离心机:4 000 r/min。

四、分析步骤

1.试样处理

一般试样:称取 0.5～2 g 粉碎均匀的试样(精确至 0.001 g)于 25.0 mL 容量瓶中,加入 20 mL 70%甲醇,超声波提取 30 min,用 70%甲醇定容至刻度,混匀(如试样中绿原酸含量较高,可适当进行稀释),过 0.45 μm 滤膜,滤液供液相色谱分析。

油性试样:称取 0.5～2 g 均匀的试样(精确至 0.001 g)于 25 mL 离心试管中,加入 15 mL 石油醚,振摇 1 min 后,以 3 000 r/min 离心 10 min,弃去溶剂后再重复一次。将试样中溶剂挥干后加入 70%甲醇,其余步骤同"一般试样"的处理步骤。

液体试样:以 3 000 r/min 离心 10 min 后(如试样中绿原酸含量较高,可适当进行稀释),过 0.45 μm 滤膜,滤液供液相色谱分析。

2.标准曲线的制备

分别吸取绿原酸标准使用液,用流动相稀释并在容量瓶中定容的浓度分别为 2.00 μg/mL、10.0 μg/mL、20.0 μg/mL、40.0 μg/mL、80.0 μg/mL 标准系列。

3.液相色谱参考条件

色谱柱:ODS C_{18} 色谱柱,250 mm×4.6 mm,5 μm。

流动相:0.5%乙酸溶液+乙腈=9+1。

流速:1.0 mL/min。

柱温:35 ℃。

检测波长:327 nm。

进样量:10 μL。

色谱分析:取标准溶液和试样溶液注入色谱柱中,以保留时间定性,以试样峰面积或峰高与标准比较定量。

五、结果计算

试样中绿原酸的含量按式(4-3)进行计算:

$$X = \frac{c \times V \times 1\,000}{m \times 1\,000 \times 1\,000} \tag{4-3}$$

式中:X——试样中绿原酸的含量,单位为克每千克或克每升(g/kg 或 g/L);

c——由标准曲线求得进样液中绿原酸的浓度,单位为微克每毫升(μg/mL);

V——定容体积,单位为毫升(mL);

m——试样质量或体积,单位为克或毫升(g 或 mL)。

计算结果保留三位有效数字。

六、精密度

在重复性条件下获得的两次独立测定结果的绝对差值不得超过算术平均值的 10%。

第四节　芦丁的测定(高效液相色谱法)

本方法适用于植物类农产品中芦丁的测定。

本方法芦丁的检出限为 20 ng。

一、方法提要

芦丁为黄酮类化合物的一种,结构为槲皮素-3-O-芸香糖,植物类样品用石油醚脱脂后,经甲醇加热回流提取芦丁,以反相高效液相色谱法分离,在紫外检测器 350nm 条件下,以保留时间定性、峰面积定量。

二、试剂与材料

1.芦丁标准品:美国 Sigma 公司。

2.石油醚:60~90 ℃。

3.水:重蒸水。

4.甲醇:色谱纯。

5.芦丁标准溶液:准确称取在 105 ℃干燥至恒重的芦丁标准品 10 mg,置于 100 mL 棕色容量瓶中,用无水乙醇溶解后定容至刻度,配成 0.1 mg/mL 的芦丁标准溶液。

三、仪器与设备

1. LC-4A 高效液相色谱仪、C-RIB 色谱处理机。

2.检测器(SPD-2AS 紫外检测器)。

3.索氏提取器。

4.层析柱。

5.微孔过滤器(滤膜 0.45 μm)。

四、测定步骤

1.样品制备

固体样品:准确称取 2.000 g 粉末样品于索氏提取器中,用石油醚(60~90 ℃)提取脂肪等脂溶性成分,弃去石油醚提取液,剩余物挥去石油醚,再以甲醇加热回流提取 1.5 h 并定容,用微孔滤膜(0.45 μm)滤过后供测定样品含量用。

液体样品:准确吸取样品 2.0 mL,直接以石油醚萃取脱脂,挥去石油醚后,以甲醇溶解并定容,经微孔滤膜(0.45 μm)滤过后供测定用。

2.色谱条件

色谱柱:Shim-Pact CLC-ODS(6 mm×150 mm,5 μm)。

流动相:甲醇+水(55+45),以磷酸调 pH 至 3.5,临用前用超声波除气。

流速:0.8 mL/min 。

检测波长:UV350 nm。

灵敏度:0.016AUFS。

柱温:40 ℃。

进样体积:10 μL。

3.样品测定:准确吸取样品处理液和标准液各 10 μL,注入高效液相色谱仪进行分离,以其标准溶液峰的保留时间定性,以其峰面积计算样液中被测物质的含量。

五、结果计算

试样中芦丁的含量按式(4-4)进行计算:

$$X = \frac{S_1 \times c \times V}{S_2 \times m} \tag{4-4}$$

式中:X——样品中芦丁含量,单位为毫克每克或每毫升[mg/g(mL)];

S_1——样品峰面积;

c——标准溶液浓度,单位为毫克每毫升(mg/mL);

S_2——标准溶液峰面积;

V——样品定容体积,单位为毫升(mL);

m——试样质量,单位为克(g 或 mL)。

计算结果保留三位有效数字。

(白鸿,2011)

第五节 抗性淀粉的测定

本方法适用于谷物中抗性淀粉含量的测定。

一、原理

样品在胰 α-淀粉酶和淀粉葡萄糖糖苷酶(AGM)的作用下,在 37 ℃ 水浴摇床中孵育 16 h 后,非抗性淀粉被水解成葡萄糖,通过加入等量的 99% 乙醇终止反应;离心后倒出上清液,再用 50% 乙醇冲洗,离心倒出上清液(重复 2 次)。向余下含有抗性淀粉的沉淀物加氢氧化钾(KOH)(2 M)溶液,在冰浴中用磁力搅拌机充分混匀,用醋酸钠缓冲液中和后,加入淀粉葡萄糖糖苷酶,抗性淀粉水解为葡萄糖,用全自动生化仪或分光光度计(比色法)测定葡萄糖含量,再根据葡萄糖含量计算非抗性淀粉和抗性淀粉的含量。

二、材料与试剂

1.普通饲料玉米、早籼稻糙米、糯米和高直链玉米淀粉。

2.马来酸钠缓冲溶液(0.1 M,pH 6.0):取 23.2 g 马来酸钠,用 1 600 mL 蒸馏水溶解,并用氢氧化钠溶液(4 M)调到 pH 6.0,再加入 0.6 g 氯化钙和 0.4 g 叠氮钠,用蒸馏水定容到 2 L,4 ℃储存备用。

3.淀粉葡萄糖糖苷酶(AGM)稀释液(300 IU/mL):取 2 mL AGM 储备液(Megazyme 公司提供,含酶 3 300 IU/mL),用 0.1 M 马来酸钠缓冲溶液稀释到 22 mL,4 ℃储存备用。

4.胰 α-淀粉酶(10 mg/mL)+AGM(3 IU/mL)混合工作溶液:取 1 g 胰 α-淀粉酶(Megazyme 公司提供,含酶 6 000 IU/g)用适量马来酸钠缓冲液溶解,并搅拌 5 min,然后加入 1 mL AGM(300 IU/mL)工作

液,摇匀,用马来酸钠缓冲液定容到 100 mL,4 000 r/min 离心 10 min,取出上清液备用,此溶液要求使用前配制。

　　5.醋酸钠缓冲溶液(1.2 M,pH 3.8):取 69.6 mL 冰醋酸置于 1 000 mL 容量瓶,加入 800 mL 蒸馏水,用氢氧化钠溶液(4 M)调到 pH 3.8 后,用蒸馏水定容到 1 000 mL。

　　6.醋酸钠缓冲溶液(100 mM,pH 4.5):取 5.8 mL 冰醋酸置于 1 000 mL 容量瓶,加入 800 mL 蒸馏水,用氢氧化钠溶液(4 M)调到 pH 4.5 后,用蒸馏水定容到 1 000 mL。

　　7.氢氧化钾溶液(2 M):取 112.2 g 放入盛有 900 mL 去离子水的烧杯中,用玻璃棒搅拌,使之充分溶解,然后小心转入 1 000 mL 容量瓶中,并定容到刻度。

　　8.乙醇溶液(50%):用蒸馏水将 500 mL 无水乙醇稀释到 1 000 mL,密封,于室温保存备用。

三、仪器与设备

　　1. DSHZ -300 多用途水浴恒温振荡器。
　　2. CX4PRO 全自动生化分析仪。
　　3. 5810R 低温离心机。
　　4.国产 7230 型分光光度计。
　　5.小型涡旋机。
　　6.磁力棒搅拌机。
　　7. pH 测定仪。
　　8. 16 mm×125 mm 塑料管。

四、测定步骤

　　参照爱尔兰 Megazyme 公司提供的方法测定,具体操作如下:

　　1.非抗性淀粉的溶化和水解

　　准确称取(100±5)mg 样品(通过 1.0 mm 网筛),小心放入带螺旋盖的 16 mm×125 mm 塑料试管中,并轻轻敲打试管以确保样品全部落到试管底部。向每个样品试管加入 4 mL 胰 α-淀粉酶(10 mg/mL)＋AGM(3 IU/mL)混合工作溶液,盖紧试管盖后,在涡旋机上将样品充分混匀,然后将试管水平置于 37 ℃水浴摇床中孵育 16 h,孵育期间水浴摇床沿水平方向前后摆动,摆速 200 次/min。16 h 后从水浴摇床拿出试管,用吸水纸将试管表面的水吸干,揭开试管盖,每个试管加入 4 mL 无水乙醇,用涡旋机充分混匀后,于 4 000 r/min 离心机上离心 10 min(4 ℃),小心将上清液倒入 100 mL 容量瓶中。然后用 2 mL 乙醇(50%)重新洗涤沉淀物,用涡旋机充分混匀,再加入 6 mL 乙醇(50%),混匀后于 4 000 r/min 离心机上离心 10 min(4 ℃),将上清液倒入 100 mL 容量瓶,再重复该步骤 1 次。小心将上清液倒入 100 mL 容量瓶后,将试管倒置,用吸水纸将试管口和壁上的水吸干。并将容量瓶用双蒸馏水定容到刻度,摇匀后取样在全自动生化仪上测定葡萄糖含量。

　　2.抗性淀粉的测定

　　在测定完非抗性淀粉的各试管中加入 1 根 5 mm×5 mm 磁力棒和 2 mL KOH(2 M)溶液,并于冰浴中用磁力棒搅拌摇匀 20 min,以洗涤和溶解抗性淀粉颗粒。然后向每个试管加入 8 mL 乙酸钠缓冲溶液(1.2 M,pH 3.8),用磁力棒搅拌混匀后立即加入 0.1 mL AGM(3 300 IU/mL),混匀后将试管置于 50 ℃水浴中孵育 30 min,并用涡旋机间断性混合。

　　样品抗性淀粉含量大于 10% 时,需定量将试管中水解液转入 100 mL 容量瓶中,并用双蒸馏水反复冲洗试管,洗液倒入容量瓶中,然后用双蒸馏水定容到刻度,摇匀后取样 10 mL 于 4 000 r/min 离心机上离心 10 min(4 ℃),取上清液在全自动生化仪上测定葡萄糖含量。样品抗性淀粉含量小于 10% 时,直接将试管于 4 000 r/min 离心机上离心 10 min(4 ℃),取上清液在全自动生化仪上测定葡萄糖含量。

五、结果计算

$$非抗性淀粉(\%)=\frac{C\times0.9}{m}\times100$$

式中:C——水解葡萄糖浓度(mg/mL);

m 为样品的质量(mg);

100——定容后的体积(mL);

0.9——葡萄糖换算成淀粉的系数。

当样品抗性淀粉含量大于 10% 时,抗性淀粉含量计算公式与非抗性淀粉相同;当样品抗性淀粉含量小于 10% 时,抗性淀粉含量计算公式如下:

$$抗性淀粉(\%)=\frac{C\times0.9}{m}\times10.3$$

式中:C——水解葡萄糖浓度(mg/mL);

m——样品的质量(mg);

10.3 为水解液离心后的体积(mL);

0.9 为葡萄糖换算成淀粉的系数。

$$总淀粉=抗性淀粉+非抗性淀粉$$

(宾石玉,2006)

第六节　香豆素的测定(高效液相色谱法)

本方法适用于白芷中香豆素含量的测定。

一、试剂与材料

1.五种香豆素对照品:比克白芷素、氧化前胡素、欧前胡素、珊瑚菜内酯、异欧前胡素。

2.甲醇:色谱纯。

3.对照品溶液:精密称取对照品比克白芷素 2.20 mg、氧化前胡素 1.01 mg、欧前胡素 3.13 mg、珊瑚菜内酯 0.72 mg、异欧前胡素 2.64 mg,置同一 10 mL 容量瓶中,加 50% 甲醇定容至刻度,制成浓度分别为 0.220 mg/mL、0.101 mg/mL、0.313 mg/mL、0.072 mg/mL、0.264 mg/mL 的混合对照品溶液。

二、仪器

1.高效液相色谱仪:配置 UV 检测器。

2.纯水机。

3.超声波清洗器。

4.电子分析天平。

三、测定步骤

1. 供试品溶液的制备

新鲜白芷切块经 66 ℃烘干,粉碎过 4 号筛,精密称取白芷粉末 5 g,用 95%乙醇 80 mL 在水浴 85 ℃加热回流,提取 3 次,每次 2 h。合并提取液,浓缩至干后用甲醇溶解,并定容至 25 mL 容量瓶中,经 0.45 μm 滤膜滤过,取续滤液,即得。

2. 色谱条件

色谱柱:Phenomenex Gemini C_{18}(250 mm×4.60 mm,5 μm)。

流动相:甲醇—水(70∶30)。

流速:0.8 mL/min。

检测波长:310 nm。

柱温:30 ℃。

进样量:5 μL。

3. 色谱测定

分别吸取混合对照品溶液 2 μL、4 μL、6 μL、8 μL、10 μL,按上述色谱条件测定。各对照品以峰面积 Y 对相应的浓度 X 绘制标准工作曲线,然后测定供试品溶液,用标准工作曲线对供试品溶液进行定量,使供试品溶液中香豆素的响应值在本法的线性范围内。

(赵友谊等,2013)

第七节 木脂素含量的测定(高效液相色谱法)

本方法适用于芝麻油中木脂素含量的测定。

一、方法提要

以超临界 CO_2 流体萃取的芝麻油为原料,采用超声波辅助甲醇萃取法对芝麻油进行前处理,并通过高效液相色谱法测定芝麻油中木脂素含量。

二、试剂与材料

1. 白芝麻。

2. 芝麻素标准品(纯度 98%)。

3. 芝麻林素标准品(纯度 98%)。

4. 甲醇:色谱纯。

5. 氢氧化钾、无水乙醇、乙醚均为分析纯。

6. 纯净水。

三、仪器与设备

1. Helix 7409 超临界流体萃取设备。

2.高效液相色谱仪:附紫外检测器。

3.粉碎机。

4.电子天平(精确至 0.000 1 g)。

5.电热恒温鼓风干燥箱。

6.循环水式多用真空泵。

7.旋转蒸发仪。

8.电热恒温水浴锅。

四、测定步骤

1.芝麻油的制备

准确称取一定量的白芝麻,粉碎过 20 目筛和 80 目筛,用滤袋装好,放入超临界萃取罐,设置萃取条件,进行超临界 CO_2 萃取,在分离釜中进行分离,得到芝麻油。

2.芝麻油的前处理(超声波辅助甲醇萃取法)

称取 0.2 g 芝麻油样品于 50 mL 容量瓶中,加入 30 mL 甲醇溶解,置于超声波中,在 40 ℃、240 W 的条件下进行超声波萃取 25 min,然后冷却至室温,甲醇定容至刻度,摇匀。于室温、阴暗处静置澄清 1 h,待 HPLC 测定。

3.芝麻油中木脂素含量的测定

(1)标准曲线的绘制

准确称取 10 mg 芝麻素标准品和 5 mg 芝麻林素标准品于 25 mL 容量瓶中,分别用甲醇定容,得芝麻素、芝麻林素的标准储备液,分别稀释一定的倍数,配制成质量浓度分别为 5 μg /mL、20 μg /mL、80 μg /mL、160 μg /mL、200 μg /mL 的芝麻素标准溶液和质量浓度分别为 5 μg /mL、20 μg /mL、40 μg /mL、80 μg /mL、100 μg /mL 的芝麻林素标准溶液。分别取一定的标准溶液经过 0.45 μm 有机微孔滤膜过滤后,进行 HPLC 分析,以标准品质量浓度(x)为横坐标,色谱峰面积(y)为纵坐标,绘制标准曲线。

(2)HPLC 条件

色谱柱:Kromasil C_{18}(150 mm×4.6 mm,5 μm);

流动相:甲醇—水(体积比 70∶30);

流速:0.8 mL/min;

检测波长:290 nm;

柱温:30 ℃;

进样量:10 μL。

(3)芝麻素和芝麻林素含量的测定

根据标准曲线的回归方程、样品质量及样品的色谱峰面积按下式分别计算样品中芝麻素和芝麻林素的含量。

$$芝麻素含量 = \frac{X_1 \times 50}{1\ 000 \times 1\ 000 \times m} \times 100\%$$ (4-5)

$$芝麻林素含量 = \frac{X_2 \times 50}{1\ 000 \times 1\ 000 \times m} \times 100\%$$ (4-6)

式中:X_1 为芝麻素质量浓度,μg /mL;

X_2 为芝麻林素质量浓度,μg /mL;

m 为样品质量,g。

(刘日斌等,2014)

第八节　倍半萜类化合物的测定
（反相高效液相色谱法）

本方法适用于湖北旋覆花中倍半萜内酯(属倍半萜类化合物)的测定。

一、方法提要

采用系统分离法制备锦菊素、二氢锦菊素、银胶菊素 3 种倍半萜内酯,并以其为对照品,以 Agilent C$_{18}$ 色谱柱为分离柱,采用反相高效液相色谱法测定旋覆花中 3 种倍半萜内酯的含量。该方法简便、快速、准确,适合于同时测定湖北旋覆花中锦菊素、二氢锦菊素、银胶菊素的含量,可用于湖北旋覆花的质量控制和旋覆花药材的真伪鉴定。

二、试剂与材料

1.旋覆花药材:购自四川新荷花中药有限公司,经河北省药品检验所段吉平主任药师鉴定为湖北旋覆花 I. hupehensis。

2.锦菊素、二氢锦菊素、银胶菊素对照品:实验室分离纯化制备,反相高效液相色谱归一法测定其纯度分别为 99.6%、99.6%、99.7%,符合定量要求。

3.甲醇、乙腈为色谱纯,其余试剂均为分析纯,水为 HPLC 级。

三、仪器与设备

1.分析型 Agilent 1200 高效液相色谱仪。

2.制备型 Agilent 1100 高效液相色谱仪。

3. DHX-9023B 型电热恒温鼓风干燥箱。

4. C 型星火玻璃仪器气流烘干器。

5. KQ3200B 型超声波清洗器。

6. GR-202 型电子分析天平(感量为 0.01 mg)。

四、测定步骤

1.湖北旋覆花中 3 种倍半萜内酯的制备

取湖北旋覆花 2 kg,用 5 倍量的 95% 乙醇浸泡 4 d,过滤,回收乙醇得黑色黏稠膏状物 298 g。将膏状物悬浮于 400 mL 饱和 NaCl 水溶液中,依次用石油醚、二氯甲烷、乙酸乙酯萃取,取二氯甲烷萃取液减压浓缩回收溶剂,经硅胶柱色谱,得到 6 个部分,第一部分分离得到化合物银胶菊素,为黄色油状物,即为银胶菊素对照品。第二部分经过反复硅胶柱色谱和制备型高效液相得到化合物锦菊素和二氢锦菊素,均为白色针状结晶,即为锦菊素、二氢锦菊素对照品。

2.对照品溶液的制备

精密称取真空干燥至恒重的锦菊素(4.48 mg)、二氢锦菊素(10.60 mg)、银胶菊素(11.20 mg)置于 25

mL 量瓶中,加甲醇溶解并稀释至刻度,摇匀,经 0.45 μm 微孔滤膜过滤,即得锦菊素质量浓度为 0.179 2 g/L、二氢锦菊素质量浓度为 0.424 0 g/L、银胶菊素质量浓度为 0.448 0 g/L 的混合对照品溶液。

3. 供试品溶液的制备

取不同品种和产地旋覆花干燥花序,研细,过 40 目筛,精密称取 0.5 g 置于具塞锥形瓶中,精密加入甲醇 20 mL,精密称定质量,超声 45 min,取出放置至室温,用甲醇补足失重,摇匀,过 0.45 μm 微孔滤膜,取续滤液为供试品溶液。

4. 色谱条件

色谱柱:Agilent C$_{18}$(4. 6 mm×250 mm,5 μm)。

流动相:乙腈(A)—水(B)。

梯度洗脱:0～12 min,72% B;12～30 min,62% B。

流速:1. 2 mL/min。

测定波长:210 nm。

柱温:40 ℃。

进样量:10 μL。

5. 绘制标准曲线

分别精密量取 1 mL、2 mL、4 mL、6 mL、8 mL、10 mL 的混合对照品溶液置于 10 mL 量瓶中,用甲醇稀释至刻度。精密量取上述溶液 10 μL 分别注入液相色谱仪,按上述色谱条件,以峰面积 Y 为纵坐标,对照品质量浓度 X(g/L)为横坐标,绘制标准曲线。

6. 色谱测定

按上述色谱条件,测定供试品溶液 3 种倍半萜内酯的含量。三个化合物的保留时间在 30 min 以内。

(五)结果计算

用标准工作曲线对供试品溶液中的三种倍半萜内酯进行定量。

(王晓蕾等,2011)

第九节　醌类化合物的测定(分光光度法)

本法适用于保健食品中含蒽醌类化合物(醌类化合物的一种)如豆科植物决明子、百合科植物萱草等总蒽醌的测定。

一、方法提要

蒽醌类化合物经酸水解用氯仿提取后,再用稀碱液萃取,与 1,8-二羟基蒽醌对照品比较,在分光光度计 530 nm 处比色定量。

二、仪器

分光光度计、带冷凝管的加热回流装置等。

三、试剂

1. 5 mol/L 硫酸。

2. 氯仿(AR)。

3. 5％氢氧化钠(m/V)＋2％氢氧化铵(m/V)(1＋1)混合碱液。

4. 1,8-二羟基蒽醌对照品:中国药品生物制品检定所。

5. 1,8-二羟基蒽醌对照品贮备液:准确称取 1,8-二羟基蒽醌对照品 5.8 mg,置于 50 mL 量瓶中,用混合碱液溶解,充分混匀,再用混合碱液稀释至刻度,配制成 0.116 mg/mL 贮备液。

四、测定步骤

1. 样品处理

准确称取均匀的样品粉末 0.5～2 g 或适量,液体样品可取 10 mL 左右(视含量而定),置于 200 mL 带冷凝管的锥形瓶中,加 5 mol/L 硫酸 40 mL,加热回流水解 2 h,稍冷后加氯仿 30 mL,水浴加热回流 1 h,分离出氯仿液,再加氯仿 30 mL,加热回流水解 30 min,分离出氯仿液,再加氯仿 20 mL,如此反复,提取至氯仿无色为止,收集氯仿提取液过滤,将滤液移至容量瓶中,用氯仿定容至刻度(V_1),摇匀,精密吸取一定量(10 mL 左右)(V_2)置分液漏斗中,用混合碱液(每次 5 mL)萃取至无色,将萃取液移至 50 mL 量瓶中,用混合碱液调至刻度。

2. 标准曲线绘制

精密吸取上述对照品贮备液 1.0 mL、2.0 mL、3.0 mL、4.0 mL、5.0 mL(相当于 1,8-二羟基蒽醌 0.116 mg、0.232 mg、0.348 mg、0.464 mg、0.580 mg),分别置于 50 mL 量瓶中,加混合碱液至刻度,摇匀,20 min 后以混合碱液作空白对照,于 530 nm 处测定和记录相应的吸光度值,以 1,8-二羟基蒽醌的质量为横坐标、吸光度值为纵坐标绘制标准曲线。

五、结果计算

$$X = \frac{A \times V_1 \times 100}{m \times V_2}$$

式中:X——样品中总蒽醌(以 1,8-二羟基蒽醌计)[mg/100 g(mL)];

A——样液比色相当于标准品质量(mg);

V_1——氯仿提取液总体积(mL);

V_2——氯仿测定液体积(mL);

m——样品质量(或体积)(g 或 mL)。

计算结果保留三位有效数字。

六、注释

1. 总蒽醌包括游离蒽醌和结合蒽醌,游离蒽醌测定,样品直接用氯仿提取至无色,再用混合碱液多次萃取氯仿提取液制得供试品溶液,而结合型蒽醌测定系先用 5 mol/L 的硫酸水解,再用氯仿提取,再用混合碱液多次萃取氯仿提取液制得供试品溶液。

2. 本方法线性范围为 0.116～0.580 mg/mL;$y＝1.011 2x－0.005 9$,$r＝0.999 9$。

3. 本方法平均回收率为 97.0％($n＝3$)。

4. 精密度 RSD＝1.2％($n＝5$)。

5. 比色时注意比色液中是否混有氯仿微粒的干扰,而影响测定结果。

(白鸿,2011)

第十节　鞣花酸的测定(高效液相色谱法)

本法适用于红树莓籽中鞣花酸含量的测定。

一、原理

利用鞣花酸的结构特性,是没食子酸的二聚衍生物,是一种多酚二内酯,呈反式没食子酸单宁结构,有多个共轭双键结构,在 254 nm 处有最大吸收峰。

二、试剂和材料

1. 红树莓果。
2. 鞣花酸对照品(纯度＞95％)。
3. 甲醇:色谱纯。
4. 盐酸、二甲基亚砜:分析纯。
5. 对照品溶液:精密称取鞣花酸对照品 8.05 mg,置于 25 mL 容量瓶中,用二甲基亚砜溶解并定容,经 0.45 μm 微孔滤膜过滤,作为对照品溶液,备用。

三、仪器与设备

1. 高效液相色谱仪,配有紫外检测器。
2. 电子分析天平。
3. 超声波清洗器。
4. 打浆机。
5. 旋转蒸发器。
6. 恒温水浴锅。
7. 粉碎机。
8. 烘箱。

四、测定步骤

1. 红莓籽的处理

用打浆机将红莓果打成均匀的浆体,浆体可以用来加工果酱或果汁,将分离出来的红莓籽洗净,低温烘干后用小型粉碎机粉碎至 40 目粒度备用。

2. 供试品溶液的制备

称取粉碎后的红树莓籽粉 10 g(精确到 0.000 1 g),用 100 mL 石油醚浸泡 2 h,在 125 W、50 ℃条件下超声处理 25 min,过滤,残渣称重后按照 1∶10(W/V)的比例加 70％丙酮(内含 1.2 mol/L 的盐酸及 0.2 g 维生素 C),回流提取 60 min,过滤,滤液用旋转蒸发仪蒸干,残渣用二甲基亚砜溶解,定容至 100 mL 容量瓶中。准确吸取 10 mL 该溶液于 50 mL 容量瓶中,用二甲基亚砜定容,经 0.45 μm 微孔滤膜过滤,作为供试品溶液,备用。

3.液相色谱分离条件

色谱柱:ODSHYPERSL C_{18} 柱(100.0 mm × 4.6 mm,5 μm)。

流动相:CH_3OH-0.03%三氟乙酸(体积比50∶50)。

流速:1 mL/min。

柱温:25 ℃。

检测波长:254 nm。

进样量:10 μL。

4.绘制标准曲线

吸取对照品溶液,分别以 1 μL、3 μL、5 μL、10 μL、15 μL、20 μL、25 μL 进样,测定峰面积,以峰面积为纵坐标,鞣花酸含量(μg)为横坐标,绘制标准曲线。

5.样品测定

取 3 批红树莓籽样品,按上述供试品溶液制备方法及色谱条件进行测定,以外标法计算含量。

(刘丽娜等,2012)

第十一节　原花青素的测定(高效液相色谱法)

本方法适用于以葡萄籽、葡萄皮、沙棘、玫瑰果、蓝浆果、法国松树皮提取物等为主要原料制造的保健食品中原花青素的测定。

本方法的检出限:方法的检出限(LOD)为 1.5×10^{-4} g/100 g,方法的定量限(LOQ)为 5.0×10^{-4} g/100 g。方法的线性范围为 $10 \sim 150$ μg/mL。

一、原理

原花青素易溶于水,是黄烷-3-苯儿茶酚和表儿茶精连接而成的。依据试样中原花青素单体或聚合物在加热的酸性条件和铁盐催化作用下,C-C 键断裂而生成深红色花青素离子即氰定的原理,使用高效液相色谱,经 C_{18} 反相柱分离,在波长 525 nm 处检测,根据保留时间定性,外标法定量,测定试样中原花青素含量。

二、试剂和材料

1.甲醇(CH_3OH):分析纯。

2.甲醇(CH_3OH):色谱纯。

3.正丁醇[$CH_3(CH_2)_2CH_2OH$]:分析纯。

4.盐酸(HCl):分析纯。

5.二氯甲烷(CH_2Cl_2):分析纯。

6.异丙醇[$(CH_3)_2CHOH$]:分析纯。

7.甲酸(HCOOH):分析纯。

8.硫酸铁铵[$NH_4Fe(SO_4)_2 \cdot 12H_2O$]:分析纯。

9.水(H_2O):为实验室一级用水,电导率(25 ℃)为 0.01 mS/m。

10. 2%硫酸铁铵[$NH_4Fe(SO_4)_2 \cdot 12H_2O$]溶液:称取硫酸铁铵 2 g,用浓度为 2 mol/L 盐酸溶解,定容至 100 mL。

11.原花青素标准品:纯度≥98%。

12.原花青素标准溶液(1.00 mg/mL):称取 0.01 g 原花青素标准品(精确至 0.000 1 g),用甲醇溶解并定容至 10 mL 棕色容量瓶中,此溶液现用现配。

三、仪器和设备

1.高效液相色谱仪:配有紫外检测器。

2.超声波清洗器。

3.离心机:4 000 r/min。

四、分析步骤

1.试样处理

片剂:取 20 片试样,研磨成粉状。

胶囊:取 20 粒胶囊内容物,混匀。

软胶囊:挤出 20 粒胶囊内容物,搅拌均匀,如内容物含油,应将内容物尽可能挤完全。

口服液:摇匀后取样。

2.提取

固体粉状试样:根据试样含量称取 50~500 mg(精确至 0.001 g)试样于 50 mL 棕色容量瓶中,加入 30 mL 甲醇,超声处理 20 min,放冷至室温后,加甲醇至刻度,摇匀,离心(3 000 r/min)或放置至澄清后取上清液备用。

含油试样:根据试样含量称取 50~500 mg(精确至 0.001 g)试样置于小烧杯中,用 5 mL 二氯甲烷使试样溶解,并倒入 50 mL 容量瓶中,再用甲醇多次洗烧杯,并倒入 50 mL 棕色容量瓶中,用甲醇定容至刻度,摇匀。

口服液:根据试样含量准确吸取 1~5 mL 样液,置于 50 mL 容量瓶中,加甲醇至刻度,摇匀。

3.水解反应

将正丁醇与盐酸按 95∶5 的体积比混合后,取出 15 mL 置于具塞锥瓶中,再加入 0.5 mL 硫酸铁铵溶液和 2 mL 试样溶液,混匀,置沸水浴回流,精确加热 40 min 后,立即置冰水中冷却,经 0.45 μm 滤膜过滤,待进高效液相色谱分析。

4.标准曲线制备

吸取标准溶液 0.10 mL、0.25 mL、0.50 mL、1.0 mL、1.5 mL 置于 10 mL 棕色容量瓶中,加甲醇至刻度,摇匀。各取 2 mL 测定,处理方法同水解反应,以峰高或峰面积对浓度作标准曲线。

5.液相色谱参考条件

色谱柱:耐低 pH 型的 ODS C_{18}柱,4.5 mm×150 mm,5 μm。

柱温:35 ℃。

检测器:紫外检测器。

检测波长:525 nm。

流动相:水＋甲醇＋异丙醇＋甲酸＝73＋13＋6＋8。

进样量:10 μL。

流速:1.0 mL/min。

色谱分析:取标准溶液及试样溶液注入色谱仪中,以保留时间定性,以试样峰高或峰面积与标准比较定量。

注意:实验过程中应避免阳光直射。

五、结果计算

试样中原花青素的含量按式(4-7)进行计算:

$$X = \frac{X_1 \times V \times f}{m} \tag{4-7}$$

式中:X——试样中原花青素的含量,单位为克每千克或克每升(g/kg 或 g/L);

X_1——从标准曲线上得到的含量,单位为毫克每毫升(mg/mL);

V——试样定容体积,单位为毫升(mL);

f——稀释倍数;

m——试样质量(或体积),单位为克或毫升(g 或 mL)。

计算结果保留三位有效数字。

六、精密度

在重复性条件下获得的两次独立测定结果的绝对差值不超过算术平均值的 10%。

(GB/T 22244-2008)

第十二节 咖啡酸的测定(反相高效液相色谱法)

本方法适用于蒲公英中咖啡酸的测定。

一、方法提要

以 Hyper ODS C$_{18}$ 色谱柱为分离柱,采用反相高效液相色谱法测定蒲公英叶及根中的咖啡酸含量,该方法简便、准确,重现性好。

二、仪器与试剂与样品

仪器:大连依利特液相色谱仪,EChrom 98 工作站,UV200Ⅱ紫外可见波长检测器,P200Ⅱ变压恒流泵,手动进样器,BP211D 型电子天平(十万分之一),BUG2512 超声波清洗器。

试剂:甲醇为色谱纯,水为高纯水;其余所用试剂均为分析纯。咖啡酸对照品(中国药品生物制品检定所提供,供含量测定用)。

试样:商品蒲公英。

三、测定步骤

1. 对照品溶液的制备

精密称取在 110 ℃干燥至恒重的咖啡酸对照品约 7.5 mg,置 50 mL 量瓶中,加甲醇至刻度,摇匀,精密量取 2 mL,置 10 mL 量瓶中,加甲醇至刻度,摇匀,即得(每 1 mL 中含咖啡酸 29.04 μg)。

2. 供试品溶液的制备

取蒲公英根或叶分别 60 ℃干燥粉碎成细粉,过 100 目筛。取 1 g,精密称定,置 50 mL 具塞锥形瓶中,精密加体积分数为 5%甲酸的甲醇溶液 10 mL,密塞,摇匀,称定重量,超声处理(功率 250 W,频率 40 kHz)30 min,取出,放冷,再称定重量,用体积分数为 5%甲酸的甲醇溶液补足减失的重量,摇匀,离心,取上清液,用微孔滤膜(0.45 μm)滤过,滤液置棕色瓶中,即得。

3. 色谱条件

色谱柱:依利特 Hyper ODS C$_{18}$(4.6 mm×250 mm)。

流动相:甲醇—磷酸盐缓冲液(取磷酸二氢钠 1.56 g,加水使溶解成 1 000 mL,再加 10 g/L 磷酸溶液调节 pH 值至 3.8～4.0,即得)(23：77)。

流速:1.0 mL/min。

柱温:40 ℃。

检测波长:323 nm。

进样量:10 μL。

4. 标准曲线的制备

分别精密吸取 5 μL、10 μL、15 μL、20 μL、25 μL 对照品溶液,注入液相色谱仪中,测定色谱峰面积,以咖啡酸的含量(X)为横坐标,其峰面积吸收度积分值(Y)为纵坐标,绘制标准曲线。

5. 色谱测定

分别取商品蒲公英的根或叶各 1 g,精密称定,按供试品溶液的制备方法制备供试液。分别精密吸取 10 μL 标准溶液及试样溶液注入色谱仪中,以保留时间定性,以试样峰面积与标准比较定量。

(四)结果计算

在上述色谱条件下测定峰面积,代入回归方程计算试样中咖啡酸的含量。

(程铁峰等,2006)

第十三节　咖啡酸苯乙酯的测定(高效液相色谱—串联质谱法)

本法适用于蜂胶中咖啡酸苯乙酯的测定。

一、方法提要

采用高效液相色谱—串联质谱法测定蜂胶中的咖啡酸苯乙酯。蜂胶样品经甲醇超声提取,以 Sepax

GP-C$_{18}$色谱柱为分离柱,以各含(φ)0.5%甲酸的甲醇和 5 mmol/L 乙酸铵溶液按体积比为 80∶20 的混合液作为流动相进行分离,采用电喷雾负离子源多反应监测模式检测。外标法定量。

二、仪器与试剂

仪器:Thermo TSQ 型液相色谱－串联质谱仪;Heraeus biofuge primo R 型离心机;KQ-100B 型超声波清洗器。

试剂:咖啡酸苯乙酯标准储备溶液:100 mg/L,称取咖啡酸苯乙酯标准品 10.0 mg,用甲醇(8＋2)溶液溶解并定容于 100 mL 容量瓶中,0～4 ℃保存。甲醇为色谱纯,试验用水为去离子水。

三、测定步骤

1.供试样品溶液的制备

将样品置于－10 ℃以下冰柜中冷冻,取出冷冻贮存的样品 20～30 g,迅速用粉碎机磨碎,称取蜂胶试样 0.200 0 g 置于 100 mL 容量瓶中,加甲醇 85 mL,超声 15 min,冷却至室温后用甲醇定容,混匀,转移部分试液至 50 mL 离心管中,以 7 000 r/min 转速离心 10 min,移取 1.00 mL 上清液至 50 mL 容量瓶中,用甲醇定容后混匀。移取上述溶液 4.00 mL 加入水 1 mL,混匀后过滤膜。如试样溶液中咖啡酸苯乙酯质量浓度高于 500 μg/L,则用甲醇(8＋2)溶液稀释 50 倍后再过滤膜。

2.色谱条件

色谱柱:Sepax GP-C$_{18}$(150 mm×2.0 mm,3 μm)。

流动相:含 0.5%(体积分数,下同)甲酸的甲醇溶液和含 0.5%甲酸的 5 mol/L 乙酸铵溶液以体积比 80∶20 组成的混合溶液。

流速:0.2 mL/min。

柱温:30 ℃。

进样量:5 μL。

3.质谱条件

电喷雾离子源(ESI),负离子扫描,扫描方式为多反应监测(MRM)模式;喷雾电压为－3 000 V;毛细管温度为 350 ℃;雾化气和气帘气为氮气,碰撞气为氩气(0.2 Pa)。定性离子对(m/z)238.1/135.0,238.1/179.0;定量离子对(m/z)238.1/135.0。

4.绘制标准曲线

分别制备 0.2 μg/L,1.0 μg/L,5.0 μg/L,10.0 μg/L,50.0 μg/L,100 μg/L,200 μg/L,500 μg/L 的系列咖啡酸苯乙酯标准溶液,按低浓度到高浓度的顺序依次进样。以咖啡酸苯乙酯质量浓度为横坐标,对应的峰面积为纵坐标,绘制标准曲线。

5.色谱测定

按上述方法制备供试品溶液,按仪器工作条件进行测定。

四、结果计算

根据稀释倍数和线性回归方程计算蜂胶中咖啡酸苯乙酯的含量。

(李丽等,2014)

第十四节　没食子酸的测定

第一法　离子萃取分离可见分光光度法

本法适用于茶叶中没食子酸含量的测定。

一、方法提要

以雅安藏茶为样品,用水提法制备茶样浸提液。先在茶样浸提液中加入 $NaHCO_3$ 进行离子化处理,然后用乙酸乙酯萃取分离,将没食子酸与儿茶素等干扰成分进行分离,最后用分光光度计检测萃余相水层中没食子酸的含量。

二、主要仪器

FA1004 精密电子天平(上海精科),UV-2300 uv-vis 光双光束分光光度计(上海天美),精密电子恒温烘箱(上海一恒)。

三、试剂及其配制

1. 2%碳酸氢钠溶液:称取碳酸氢钠($NaHCO_3$)2 g,加蒸馏水定容至 1 000 mL。

2. 酒石酸亚铁溶液:称取硫酸亚铁($FeSO_4 \cdot 7H_2O$)1 g、酒石酸钾钠($C_4H_4O_6KNa \cdot 4H_2O$)5 g,置于同一烧杯内,加蒸馏水溶解并定容至 1 000 mL。

3. pH 值 7.5 的磷酸缓冲液:称取 11.876 0 g 的 $NaHPO_4 \cdot 2H_2O$ 置于烧杯内,加蒸馏水溶解,稀释定容至 1 000 mL,制成 1/15 mol/L 的磷酸氢二钠溶液;称取在 110 ℃烘箱中烘 2 h 的 KH_2PO_4 9.078 0 g,加蒸馏水溶解,定容至 1 000 mL,制成 1/15 mol/L 的磷酸氢二钾溶液;分别吸取 1/15 mol/L 的磷酸氢二钠溶液 85 mL 和 1/15 mol/L 的磷酸氢二钾溶液 15 mL 混合后,即为 pH 值 7.5 的磷酸缓冲液。

4. 萃取剂:乙酸乙酯。

5. 标准溶液的配制:精确称取没食子酸纯样 0.400 0 g,用蒸馏水溶解并定容至 200 mL,得到浓度为 2 g/L 的没食子酸母液,从中分别吸取 50.00 mL、25.00 mL、12.50 mL、6.25 mL、3.13 mL 至 100 mL 容量瓶中,用蒸馏水定容,得到浓度分别为 0.062 g/L、0.125 g/L、0.250 g/L、0.500 g/L、1.000 g/L 的没食子酸标准溶液样。

以上试剂均为分析纯,水为蒸馏水。

四、试验方法与步骤

1. 茶样浸提液的制备

准确称取雅安藏茶磨碎样 1.000 0 g,置于 125 mL 三角瓶中,加入沸蒸馏水 80 mL 在(100±5)℃恒温水浴中浸提 30 min,中途搅拌 2 次,将浸提液减压抽滤,并用蒸馏水反复清洗滤纸和三角瓶 2～3 次,将滤液转移至 100 mL 容量瓶中,加入 10 mL 2％的 NaHCO₃ 水溶液,冷却至室温后用蒸馏水定容至刻度,备用。

2.茶叶中没食子酸的离子化萃取分离流程

吸取上述试液 20 mL 至 250 mL 分液漏斗中,加入等体积的乙酸乙酯,先排气再盖上玻璃塞,以 2 次/s的速度均匀振荡 15 s,静置。待分层后,将萃余相水层放入另一分液漏斗中,再次萃取。按上述步骤再重复萃取 2 次,将第 3 次萃余相水层置于三角瓶中,用于测定没食子酸含量。

3.没食子酸含量的测定

依据没食子酸分子中的连位酚羟基与 Fe^{3+} 发生络合反应生成稳定的蓝色产物,采用酒石酸亚铁比色法对上述萃取分离液中(水层)的没食子酸含量进行测定。吸取 1 mL 离子化萃取分离液(水层)或上述没食子酸标准溶液至已加入 4 mL 蒸馏水和 5 mL 酒石酸亚铁的 25 mL 容量瓶中,用 pH 值为 7.5 的磷酸盐缓冲液定容至刻度,摇匀。以蒸馏水代替待测液作为空白对照,将上述混合液置于光径为 1.0 cm 的比色皿中,在波长 540 nm 处进行比色,测得吸光度(A)。

$$没食子酸含量（\%）=\frac{A\times L_1}{k\times10^3\times m}$$

式中:A——比色法测定的吸光度;

　　k——标准曲线的斜率;

　　L_1——离子化处理浸提液总体积(mL);

　　m——干茶样质量(g)。

(郭俊凌等,2009)

第二法　高效液相色谱法

本法适用于以诃子或诃子提取物为主要原料的保健食品中没食子酸含量的测定。

本方法的检出限为 0.88 ng。

一、方法提要

样品中诃子成分的没食子酸用甲醇超声波提取后,在高效液相色谱仪中用反相柱分离,270 nm 紫外吸收,以外标法定量。

二、仪器

1.高效液相色谱仪、紫外检测器。

2.超声波提取器。

三、试剂

1.甲醇:分析纯、色谱纯。

2.0.025 mol/L 磷酸(AR):0.58 mL 磷酸加超纯水至 1 000 mL。

3.超纯水:双蒸水经 Milli-Q 型纯水器过滤。

4.没食子酸对照品:中国药品生物制品检定所。

5.没食子酸标准使用液:准确称取没食子酸对照品 5.0 mg,置于 25 mL 色谱纯甲醇中配成 0.2 mg/mL 的对照品贮备液,再用甲醇稀释成浓度分别为 0.01 mg/mL、0.02 mg/mL、0.03 mg/mL、0.04 mg/mL、0.05 mg/mL 的标准使用液。

四、测定步骤

1.样品制备

准确称取混合均匀的样品内容物约 1 g 左右(视含量而定),置于 100 mL 容量瓶中,加甲醇约 60 mL,以超声波提取 30 min,冷却后,加甲醇至刻度,摇匀,静置,取上清液经 0.45 μm 微孔滤膜过滤后,于高效液相色谱仪中进样测定。

2.标准曲线绘制

将上述标准使用液分别注入高效液相色谱仪中,记录峰面积,以相应的浓度值绘制标准曲线。

3.色谱条件

色谱柱:Kromasil C$_{18}$,250 mm×4.6 mm,5 μm。

流动相:甲醇＋0.025 mol/L 磷酸(12＋88,V/V)。

波长:270 nm。

流速:1.0 mL/min。

进样量:10 μL。

五、结果计算

$$X = \frac{C \times V \times 100}{m}$$

式中:X——样品中没食子酸含量(mg/100 g);

　　C——从标准曲线上查得样液中没食子酸的质量(mg);

　　V——样品溶液定容体积(mL);

　　m——样品质量(g)。

计算结果保留三位有效数字。

六、注释

(1)本方法线性范围为 0.01～0.05 mg/mL,$r=0.998\ 0$。

(2)本方法平均回收率为 96.8%,RSD＝3.8%($n=3$)。

(3)精密度 RSD＝0.90%($n=7$)。

(白鸿,2011)

第十五节 有机硫化物的测定（硫酸钡吸光比浊法）

本方法适用于大蒜中有机硫化物大蒜素含量的测定。

一、测定原理

新鲜大蒜中含硫化合物都以蒜氨酸（大蒜素的前体物质）形式存在，当鳞茎组织受损时，分解成大蒜素。用浓硝酸将大蒜中蒜氨酸的亚砜基和大蒜素的硫代亚砜基定量氧化成硫酸根，在聚乙烯醇介质中与氯化钡反应生成稳定的硫酸钡悬浊液，吸光比浊法测定其硫酸根含量，从而换算出大蒜素含量。

二、仪器与试剂

TU-1901 双光束紫外可见分光光度计（北京普析通用仪器有限公司）；SO_4^{2-} 标准溶液：0.1 g/L，以硫酸钾配制；10%氯化钡溶液；2%聚乙烯醇溶液；20%六次甲基四胺-HCl 缓冲溶液；浓硝酸；试剂均为分析纯；实验用水为蒸馏水。

三、测定方法

1.绘制标准曲线

用移液管准确移取 0.5 mL、1.0 mL、1.5 mL、2.0 mL、2.5 mL、3.0 mL、3.5 mL、4.0 mL、4.5 mL SO_4^{2-} 标准液于 25 mL 比色管中，分别依次加入 20%六次甲基四胺-HCl 缓冲溶液 1 mL、2%聚乙烯醇 2 mL、10% $BaCl_2$ 液 4 mL，加蒸馏水至刻度线，摇匀，放置 10 min 后以试剂空白作参比，用 1 cm 比色皿于 420 nm 波长处测定吸光度，并绘制校准曲线。

2.样品测定

将新鲜大蒜剥皮并捣成糊状物，准确称取 2 g（精确至 0.000 1 g），加浓硝酸 2 mL，用玻璃棒搅拌至黄色，放置 20 min，过滤并洗入 100 mL 容量瓶中，定容至刻度，摇匀。取试液 5 mL 于 25 mL 比色管中，用 10% NaOH 液调节 pH＝5～6，加入 20%六次甲基四胺-HCl 缓冲溶液 1 mL，加入聚乙烯醇溶液 2 mL、10% $BaCl_2$ 溶液 4 mL，加蒸馏水至刻度，每次加入试液后必须充分摇匀。放置 10 min，在 420 nm 处用 1 cm 比色皿，以试剂空白作参比测其吸光度，代入线性回归方程求得 SO_4^{2-} 含量，按下式计算大蒜中大蒜素含量：

$$大蒜素含量(\%)=\frac{C\times\dfrac{32.06}{96.06}\times\dfrac{162.26}{32.06\times2}}{\dfrac{G}{V_1}\times V_2\times1\,000}\times100$$

式中：V_1——试液总体积 mL；

V_2——移取试液体积 mL；

G——称样量 g；

C——根据回归方程求得的 SO_4^{2-} 含量 mg；

32.06——硫分子量；

96.06——SO$_4^{2-}$分子量；

162.26——大蒜素分子量。

（马茜,2007）

第十六节　吲哚-3-甲醇(I3C)的测定
（反相高效液相色谱法）

本方法适用于甘蓝叶球中吲哚-3-甲醇含量的测定。

一、方法提要

甘蓝叶球样品中吲哚-3-甲醇用乙酸乙酯萃取,在高效液相色谱仪中用反相柱分离,采用紫外检测器检测,以外标法测定其含量。

二、试剂与材料

1. 甘蓝叶球。
2. I3C 标准品(购于 Sigma-Aldrich 公司,纯度≥95％)。
3. 0.1 mol/L 磷酸二氢钠-柠檬酸缓冲液(pH 8.0)。
4. 乙酸乙酯。
5. 甲醇、乙腈为色谱纯,其余试剂均为分析纯,水为 HPLC 级。

三、仪器与设备

1. 高效液相色谱仪:配二极管阵列检测器。
2. 真空冷冻干燥机。
3. 粉碎机。
4. 磁力搅拌器。
5. 电子分析天平。
7. 离心机。

四、测定步骤

1. 供试样品前处理

取甘蓝叶球样品切成均匀长条(3 cm×1 cm)后混匀并称取 100 g 进行真空冷冻干燥处理。最后,将干燥后的样品机械粉碎后低温(4 ℃)密封储存,以备后用。

2. 供试品溶液的制备

称取粉碎后的干样 0.55 g 加入 pH 8.0 的磷酸二氢钠-柠檬酸缓冲液(0.1 mol/L)15.0 mL,常温下磁力搅拌酶解 1.5 h 后加入 30 mL 乙酸乙酯萃取,6 000 r/min 离心 10.0 min 后取上清。重复萃取 2 次,将萃取液合并,于 35 ℃下蒸干,10.0 mL 甲醇定容,过 0.22 μm 滤膜后待测(−20 ℃保存)。

3.色谱条件

色谱柱:Waters PAH C$_{18}$(250 mm×4.6 mm,5.0 μm)。

流动相:乙腈-水(40∶60)。

流速:0.800 mL/min。

检测波长:279 nm。

柱温:30 ℃。

进样量:10 μL。

4.绘制标准曲线

分别制备 2.0 μg/L、5.0 μg/L、10.0 μg/L、30.0 μg/L、50.0 μg/L、70.0 μg/L 的系列 I3C 标准溶液,按低浓度到高浓度的顺序依次进样。以 I3C 质量浓度为横坐标,对应的峰面积为纵坐标,绘制标准曲线。

5.色谱测定

按上述方法制备供试品溶液,按上述色谱条件进行测定。以外标法计算含量。

(李占省等,2011)

第十七节　聚乙炔醇的测定(高效液相色谱法)

本方法适用于人参须根中人参炔醇和人参环氧炔醇含量的同时测定。

人参炔醇和人参环氧炔醇是人参中研究较多的两种聚乙炔醇。

一、方法提要

人参须根样品中人参炔醇和人参环氧炔醇两种聚乙炔醇成分用石油醚回流提取,在高效液相色谱仪中用 Elite C$_{18}$柱分离,230 nm 紫外吸收,以外标法定量。

二、试剂与材料

1.人参须根。

2.人参炔醇与人参环氧炔醇对照品(实验室制备,经 HPLC 归一化测定纯度≥98%)。

3.乙腈为色谱纯,水为超纯水,其他试剂均为市售分析纯。

三、仪器设备

Waters 高效液相色谱仪(美国),1515 泵,2487 检测器,Breeze 工作站;电子天平;粉碎机等。

四、分析步骤

1.对照品溶液的制备

精密称取人参炔醇与人参环氧炔醇对照品适量,甲醇定容,制成含人参炔醇 0.35 g/L,人参环氧炔醇

362

0.32 g/L 的甲醇溶液,0.45 μm 滤膜滤过,作为混合对照品溶液。

2.供试品溶液的制备

精密称取经干燥粉碎过 60 目筛的人参须根 1.0 g,加入 40 倍药材量的沸程为 60~90 ℃石油醚 85 ℃回流提取 1 h,收集滤液,55 ℃减压浓缩,得黄色油状物。少许甲醇溶解转入 1.0 mL 量瓶内,洗涤,定容。0.45 μm 滤膜滤过,备用。

3.色谱条件

色谱柱:Elite C18 (4.6 mm×150 mm,5 μm)。

流动相:乙腈-水。

梯度条件:见表 4-17-1。

表 4-17-1　梯度条件

t(min)	乙腈(%)	水(%)
0	55.0	45.0
20	55.0	45.0
22	74.0	26.0
32	74.0	26.0
34	55.0	45.0

流速:1.0 mL/min。

检测波长:230 nm。

柱温:室温。

4.绘制标准曲线

分别精密量取上述对照品溶液适量,甲醇定容,制成含人参炔醇与人参环氧炔醇分别为 0.070 g/L 和 0.064 g/L,0.140 g/L 和 0.128 g/L,0.210 g/L 和 0.192 g/L,0.280 g/L 和 0.256 g/L,0.350 g/L 和 0.320 g/L 的混合溶液,分别进样 10 μL,以质量浓度(X)为横坐标,色谱峰面积(Y)为纵坐标,绘制标准曲线。

5.样品含量测定

取 3 批人参须根样品,按上述方法制备成样品溶液,在上述色谱条件下进样 10 μL,测定峰面积,由线性方程按外标法计算 3 批人参须根中人参炔醇与人参环氧炔醇含量。

(李杰等,2011)

第十八节　胆碱的测定

本方法适用于婴幼儿食品和乳品中胆碱的测定。

第一法　酶比色法

一、原理

试样中的胆碱经酸水解后变成游离态的胆碱,再经酶氧化后与显色剂反应生成有色物质,其颜色的深浅在一定浓度范围内与胆碱含量成正比。

二、试剂和材料

除非另有说明,本方法所用试剂均为分析纯,水为 GB/T6682 规定的三级水。

1. 三羟甲基氨基甲烷[$(CH_2OH)_3CNH_2$]。

2. 苯酚(C_6H_5OH)。

3. 浓盐酸(HCl)。

4. 氢氧化钠(NaOH)。

5. 胆碱氧化酶:置于 −20 ℃保存。

6. 过氧化物酶:置于 2~8 ℃保存。

7. 4-氨基安替比林($C_{11}H_{13}N_3O$)。

8. 磷脂酶 D:置于 −20 ℃保存。

9. 盐酸(1 mol/L):量取 85 mL 浓盐酸加水稀释至 1 000 mL。

10. 盐酸(3 mol/L):量取 125 mL 浓盐酸加水稀释至 500 mL。

11. Tris 缓冲溶液(0.05 mol/L):pH =8.0±0.2。

称取 6.057 g 三羟甲基氨基甲烷溶入 500 mL 蒸馏水中,用 1 mol/L 盐酸调 pH 至 8.0±0.2,用蒸馏水定容至 1 000 mL。此溶液在 4 ℃冰箱中可保存一个月。

12. 用于酶反应的显色剂:取 100~120 活力单位的胆碱氧化酶、250~280 活力单位的过氧化物酶、75~100 个活力单位的磷脂酶 D、15 mg 4-氨基安替比林、50 mg 苯酚置于 100 mL 的容量瓶中,用 0.05 mol/L Tris 缓冲溶液稀释至刻度。临用时配制。

13. 氢氧化钠溶液(500 g/L):称取 500 g 氢氧化钠,溶于水并稀释至 1 000 mL。

14. 胆碱酒石酸氢盐标准品($C_9H_{19}NO_7$):纯度≥99%。

15. 胆碱氢氧化物标准贮备溶液(2.5 mg/mL):称取在(102±2)℃烘至恒重的胆碱酒石酸氢盐 523 mg 置于 100 mL 容量瓶中,用蒸馏水稀释至刻度。冷藏于(4±2)℃冰箱中,保存不超过 1 周。

16. 胆碱氢氧化物标准工作溶液(250 μg/mL):吸取 10.0 mL 标准贮备溶液于 100 mL 容量瓶中,用水稀释至刻度。临用时配制。

三、仪器和设备

1. 天平:感量为 0.01 g 和 0.1 mg。

2. 恒温水浴锅:温度可控制在(70±2)℃和(37±2)℃。

3. pH 计:精度 0.01。

4. 分光光度计。

四、分析步骤

1. 试样制备

(1)固体试样

称取 5 g(精确到 0.01 g)混合均匀的试样,于 100 mL 的锥形瓶中,加入 30 mL 盐酸溶液(1 mol/L)。

(2)液体试样

称取 20 g(精确到 0.01 g)混合均匀的试样,于 100 mL 的锥形瓶中,加入 10 mL 盐酸溶液(3 mol/L)。

(3)水解

将装有试样的容器放在 70 ℃水浴中,加塞混匀,水解 3 h(每隔 30 min 振摇一次),冷却。用氢氧化钠溶液调 pH 为 3.5~4.0,转入 50 mL 容量瓶中,用蒸馏水定容至刻度。

(4)过滤

过滤上一步制得的水解液。滤液应是澄清的，否则，用 0.45 μm 的滤膜再次过滤。滤液放在 4 ℃ 的冰箱中可以保存 3 d。

2.测定

（1）标准曲线的制作

分别吸取 2 mL、4 mL、6 mL、8 mL 胆碱氢氧化物标准工作溶液于 10 mL 的容量瓶中，用蒸馏水稀释至刻度。准备 6 支试管，一个试管用作试剂空白（A），另五支试管由 1 至 5 编号，分别用于标准溶液和标准溶液的四个稀释度。按表 4-18-1 加入试剂。

表 4-18-1　制作标准曲线时的试剂添加量（单位为毫升）

试剂	管 A	管 1	管 2	管 3	管 4	管 5
稀释度 1（50 μg/mL）	—	0.100	—	—	—	—
稀释度 2（100 μg/mL）	—	—	0.100	—	—	—
稀释度 3（150 μg/mL）	—	—	—	0.100	—	—
稀释度 4（200 μg/mL）	—	—	—	—	0.100	—
标准溶液（250 μg/mL）	—	—	—	—	—	0.100
蒸馏水	0.100	—	—	—	—	—
发色剂	3.00	3.00	3.00	3.00	3.00	3.00

用密封保护膜盖住试管，混匀，把试管置于 37 ℃ 水浴中保温反应 15 min。

（2）试样的测定

将每个试样准备 2 支试管（B，C），按表 4-18-2 加入试剂。

表 4-18-2　测定试样时的试剂添加量

试剂	试管 B 滤液空白	试管 C 试样
待分析滤液	0.100	0.100
蒸馏水	3.00	—
发色剂	—	3.00

用密封保护膜盖住试管，混匀。把试管置于 37 ℃ 水浴中保温反应 15 min。

（3）比色测定

将试样及标准系列溶液从水浴中取出，冷却至室温。在波长 505 nm 处，用蒸馏水作空白，测定吸光值。以胆碱标准溶液的浓度为横坐标，以标准溶液的吸光值减去试剂空白的吸光值为纵坐标，制作标准曲线。

五、结果计算

1.净吸光值的计算

通常新鲜配制的试剂会产生轻微颜色，且由于水解作用滤液也不是无色的，为了除去这些干扰因素，应该从总吸光值中减去各自的空白值（管 A 和管 B）。

试样净吸光值计算如下式所示：

$$A = A_{tot} - A_{bl} - A_{ex}$$

式中：A——试样净吸光值；

A_{tot}——总吸光值（管 C）；

A_{bl}——试剂吸光值（管 A）；

A_{ex}——滤液吸光值（管 B）。

A_{bl} 和 A_{ex} 不应大于总吸光值的 20%，对于标准曲线，$A_{ex} = 0$。

2.胆碱含量的计算

在标准曲线上查出净吸光值的位置,并记下相应的浓度 c,以每100 g试样中胆碱氢氧化物的毫克数表示胆碱的含量(X),单位为(mg/100 g),试样中的胆碱氢氧化物含量按下式计算:

$$X=(c\times V\times 100)/(m\times 1\,000)$$

式中:X——试样中的胆碱氢氧化物含量,单位为毫克每百克(mg/100 g);

c——自标准曲线上查得的胆碱氢氧化物的浓度,微克每毫升(μg/mL);

V——水解液被稀释的体积(通常为 50 mL),单位为毫升(mL);

m——试样的质量,单位为克(g);

1 000——换算系数。

计算结果以重复性条件下获得的两次独立测定结果的算术平均值表示,结果保留整数位。

六、精密度

在重复性条件下获得的两次独立测定结果的绝对差值不得超过算术平均值的8%。

七、其他

方法检出限为 1 mg/100 g,定量限为 3 mg/100 g。

第二法 雷氏盐分光光度法

一、原理

试样中的胆碱用氢氧化钡—甲醇—三氯甲烷混合溶液水解抽提,经弗罗里硅土层析净化,与雷纳克铵盐溶液形成粉红色的胆碱雷纳克铵盐,用丙酮溶解洗脱,于 526 nm 测定吸收值。在一定浓度范围内,胆碱雷纳克铵盐颜色的深浅与其含量成正比。

二、试剂和材料

除非另有说明,本方法所用试剂均为分析纯,水为 GB/T6682 规定的三级水。

1.弗罗里硅土:100～200 目,650 ℃活化。

2.甲醇(CH_3OH)。

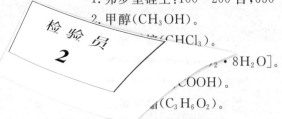

3.三氯甲烷($CHCl_3$)。

4.氢氧化钡[$Ba(OH)_2 \cdot 8H_2O$]。

5.冰乙酸(CH_3COOH)。

6.丙酸($C_3H_6O_2$)。

7.丙酮(CH_3COCH_3)。

8.雷纳克铵盐($C_4H_{10}CrN_7S_4$)。

9.饱和氢氧化钡—甲醇—三氯甲烷溶液:称取 6 g 氢氧化钡溶于 100 mL 甲醇中,放入超声波中溶解后,加入 10 mL 三氯甲烷,混匀。

10.冰乙酸—甲醇溶液(1+10):1 体积冰乙酸与 10 体积甲醇混合。

11.雷纳克铵盐溶液:称取 0.25 g 雷纳克铵盐,加入 10 mL 水中,放入超声波中溶解后过滤,临用时配制。

12.胆碱酒石酸氢盐($C_9H_{19}NO_7$)标准品:纯度≥99%。

13.胆碱酒石酸氢盐标准溶液(1 g/L):准确称取在(102 ± 2)℃烘至恒重的胆碱酒石酸氢盐0.100 0 g,用蒸馏水定容至100 mL容量瓶中。冷藏于(4 ± 2)℃冰箱中,保存不超过一周。

三、仪器和设备

1.天平:感量为0.01 g和0.1 mg。

2.回流装置:250 mL磨口锥形瓶及回流装置。

3.恒温水浴锅:温度可控制在(79 ± 2)℃。

4.层析柱:长约10 cm、内径1 cm的带50 mL杯口的玻璃柱。

5.分光光度计。

四、分析步骤

1.试样制备

称取固体试样10 g(精确到0.01 g),称取液体试样20 g(精确到0.01 g)于磨口锥形瓶中,加入50 mL氢氧化钡-甲醇-三氯甲烷提取液。混合均匀后接入回流装置,于(79 ± 2)℃的水浴锅内水解抽提4 h。每隔1 h震荡一次,以避免试样结块。水解抽提结束后,取出锥形瓶冷却至室温,过滤。滤渣用冰乙酸-甲醇混合液洗涤3~4次,洗液一并收集于100 mL容量瓶中。用甲醇定容至刻度,混匀。

2.标准曲线的绘制

(1)层析柱制备

用乳胶管连接层析柱与滴头,用少量脱脂棉堵住层析柱底部,倒入约5 cm左右高的弗罗里硅土,用甲醇浸湿,备用。

(2)层析

分别吸取胆碱标准溶液0 mL、1.0 mL、2.0 mL、3.0 mL、4.0 mL、5.0 mL注入层析柱中,当溶液完全进入柱床后,依次用5 mL和10 mL甲醇,20 mL乙酸甲酯洗涤层析柱。再加入5 mL雷纳克铵盐溶液,用适量的冰乙酸洗去过量的雷纳克铵盐,直至层析柱上无雷纳克铵盐附着处呈现硅土原有的白色。用丙酮洗脱粉红色的胆碱雷纳克铵盐,收集于10 mL的容量瓶中,用丙酮定容(如果洗脱液混浊需过0.45 μm的滤膜)。在波长526 nm处测定溶液的吸光值,以胆碱酒石酸氢盐含量为横坐标(m_x),吸光值为纵坐标绘制标准曲线。

3.试样的测定

吸取10 mL制备的试样水解液于层析柱中,其余操作按照"层析"步骤进行。自标准曲线上查得10 mL试样水解液中胆碱酒石酸氢盐的含量。

五、结果计算

试样中的胆碱以胆碱氢氧化物计,以毫克每百克(mg/100 g)表示,按下式计算:

$$X = \frac{m_x}{\frac{m}{100} \times V} \times 100 \times 0.474$$

式中:X——试样中胆碱氢氧化物的含量,单位为毫克每百克(mg/100 g);

　　　m——试样的质量,单位为克(g);

V——层析时吸取试样水解液的体积，单位为毫升(mL)；

m_x——从标准曲线上查得胆碱酒石酸氢盐的含量，单位为毫克(mg)；

0.474——胆碱酒石酸氢盐转化为胆碱氢氧化物的系数。

计算结果以重复性条件下获得的两次独立测定结果的算术平均值表示，结果保留整数位。

六、精密度

在重复性条件下获得的两次独立测定结果的绝对差值不得超过算术平均值的10％。

七、其他

方法检出限为 2 mg/100 g，定量限为 5 mg/100 g。

(GB 5413.20-2013)

第十九节　熊果酸的测定（高效液相色谱法）

本方法适用于保健食品(苦丁茶)中熊果酸含量的测定。

一、方法提要

保健食品(苦丁茶)中的熊果酸采用甲醇超声提取，在高效液相色谱仪中用反相柱分离，采用紫外检测器检测，以外标法测定其含量。

二、试剂与材料

1.保健食品(苦丁茶)。

2.熊果酸标准品(购自 sigma 公司，纯度大于99％)。

3.甲醇(分析纯，用于提取)。

4.甲醇(色谱纯，用于分析)。

三、仪器设备

Aglient HP 1100 高效液相色谱仪；JI2120 型超声波清洗器；电子天平等。

四、分析步骤

1.供试样品的前处理

将含熊果酸的保健食品(苦丁茶)置于 60 ℃真空干燥箱烘干 4 h，制成粉末(过 40 目筛)。

2.供试品溶液的制备

准确称取样品 1.0 g,置于具塞三角瓶中,加甲醇 100 mL,于超声波发生器中超声提取,冷却滤去残渣,转移至 100 mL 容量瓶中,加甲醇稀释至刻度。甲醇稀释液经 0.45 μm 滤膜滤过,作为供试品溶液。

3.色谱条件

色谱柱:ZorbaxODS 柱(250 mm×4.6 mm,5 μm)。

流动相:甲醇—水(90:10,用磷酸调节 pH 值至 3.0)。

流速:1.0 mL/min。

检测波长:210 nm。

柱温:40 ℃。

进样体积:10μL。

4.绘制标准曲线

准确称取熊果酸标准品 2.0 mg 用甲醇溶解,定容于 10 mL 容量瓶中,得到 0.2 mg/mL 的标准溶液,分别精密吸取熊果酸溶液 2 μL、4 μL、6 μL、8 μL、10 μL 进样,以峰面积 A 和熊果酸量 $m(\mu g)$进行线性处理,绘制标准曲线。

5.样品含量测定

按上述方法制备供试品溶液,按上述色谱条件进行测定。以外标法计算含量。

(靳学远等,2008)

本章参考文献

[1] GB 5413.20-2013,食品安全国家标准 婴幼儿食品和乳品中胆碱的测定[S]

[2] GB/T 22244-2008,保健食品中前花青素的测定[S]

[3] GB/T 22250-2008,保健食品中绿原酸的测定[S]

[4] GB/T 23196-2008,蜂胶中阿魏酸含量的测定方法 液相色谱—紫外检测法[S]

[5] SN/T 2327-2009,进出口动物源性食品中角黄素、虾青素的检测方法[S]

[6] 白鸿主编.保健食品功效成分检测方法.中国中医药出版社,2011

[7] 宾石玉,印遇龙,李铁军,黄瑞林,张平.谷物中抗性淀粉含量的测定[J].饲料研究,2006,05:30～31

[8] 程铁峰,朱新科,许启泰.RP-HPLC 法测定蒲公英叶及根中咖啡酸的含量[J].河南大学学报(医学版),2006,04:59～61

[9] 郭俊凌,寇鹏骐,卿钰,李成亮,郑怡萌,杜晓.离子萃取分离可见分光光度法测定茶叶中没食子酸含量[J].安徽农业科学,2009,22:10354～10355,10372

[10] 李杰,江娟,郑一敏,王琳琳,杨宇清,胡杨.HPLC 同时测定人参须根中人参炔醇和人参环氧炔醇的含量[J].中国中药杂志,2011,17:2380～2382

[11] 刘丽娜,辛秀兰,崔丽娟.HPLC 法测定红树莓籽中鞣花酸含量[J].安徽农业科学,2012,18:9659～9660

[12] 刘日斌,汪学德,胡华丽,马素换.超声波辅助-HPLC 测定芝麻油中木脂素含量[J].中国油脂,2014,02:86～88

[13] 马茜.硫酸钡吸光比浊法测定大蒜中大蒜素含量[J].光谱实验室,2007,03:345～347

[14] 王晓蕾,李香荷,郭毅,祁金龙,苏林飞,付焱.RP-HPLC 同时测定湖北旋覆花中 3 种倍半萜内酯的含量[J].中国中药杂志,2011,18:2520～2524

[15] 赵友谊,孙浩,王鸣,冯煦.HPLC 法同时测定江苏引种白芷中 5 个香豆素的含量[J].中国野生植物资源,2013,01:56～58,67

[16] 靳学远,任晓燕,王谦.超声提取高效液相色谱测定保健食品中熊果酸[J].中国卫生检验杂志,2008,03:440～441

附录

中英文对照术语
(以中文术语的拼音排序)

A

阿尔茨海默病	alzheimer disease,AD
阿焦烯	ajoene
阿糖胞苷	cytosine arabinoside,Ara-C
阿魏酸	ferulic acid
癌基因	oncogene
矮牵牛素	petunidin
艾滋病	acquired immune deficiency syndrome,AIDS
氨基葡萄糖	glucosamine
氨基酸不平衡	anino acid imbalance
氨基酸模式	amino acid pattern
氨基酸平衡	anino acid balance
氨基酸评分	anino acid score,AAS

B

八角茴香	star anise
白蛋白	albumin,ALB
白介素-1	interleukin-1,IL-1
白介素-2	interleukin-2,IL-2
白介素-6	interleukin-6,IL-6
白藜芦醇	resveratrol
白三烯	leukotriene's,LTs
白芷	angelica dahurica
半胱氨酸	cysteine,Cys
半胱氨酸蛋白酶 3	Caspase-3
半数抑制浓度	50% inhibition concentration,IC50
半数有效量	50% effective dose,ED50
半数致死量	50% lethal dose,LD50
半衰期	half-life,radioactive half-life
饱和脂肪酸	saturated fatty acid,SFA
北五味子	Chinese magnoliavine
背根神经节	dorsal root ganglia,DRG
倍半萜类化合物	sesquiterpenes
苯胺羟化酶	aniline hydroxylase,ANH
苯并 α-吡喃酮	dibenzo-α-pyrone

吡咯喹啉醌	pyrroloquinoline quinone，PPQ
必需氨基酸	essential amino acid
必需脂肪酸	essential fatty acid，EFA
丙氨酸氨基转移酶	alanine aminotransferase，ALT
丙二醛	malondialdehyde，MDA
博来霉素	bleomycin，BLM
不饱和脂肪酸	unsaturated fatty acid，USFA

C

层粘连蛋白	laminin，LN
茶多酚	green tea polyphenols
超敏-C 反应蛋白	high sensitive C-reactive protein，hs-CRP
超氧化物歧化酶	superoxide dismutase，SOD
超氧阴离子	superoxide anion
超氧阴离子自由基	superoxide anion radical
迟发超敏反应	delayed-type hypersensitivity，DTH
氚标记胸腺嘧啶脱氧核苷	tritium-labeledthymidine，3H-TdR
雌马酚	equol
促胃动素	motilin，MTL
醋酸	acetic acid
翠雀素	delphinidin

D

大脑中动脉阻断	middle cerebral artery occlusion，MCAO
大蒜素	allicin
单胺氧化酶	monoamine oxidase，MAO
单不饱和脂肪酸	monounsaturated fatty acids，MUFA
单侧输尿管梗阻	unilateral ureteral obstruction，UUO
单核细胞趋化蛋白-1	monocyte chemotactic protein 1，MCP-1
单线态氧	singlet molecular oxygen
胆固醇酯转运蛋白	cholesteryl ester transfer protein，CETP
胆碱	choline
蛋白激酶	protein kinase，PKC
蛋白激酶 B	protein kinase B
蛋白激酶 C	protein kinase C
蛋白生理价值	biological value，BV
蛋白羰基化	protein carbonyl，PCO
蛋白质-热能营养不良	protein-energy malnutrition，PEM
氮氧自由基	nitroxyl radicals
低钾血症	hypokalemia
低聚原花青素	oligomeric procyanidins，OPC
低密度脂蛋白	low density lipoprotein，LDL
低密度脂蛋白胆固醇	low density lipoprotein cholesterin，LDL-C
低密度脂蛋白受体	LDL receptor

低能量膳食	low caloric diet
低碳水化合物膳食	low carbohydrate diet
碘	iodin
凋亡	apoptosis
凋亡蛋白	apoptin
凋亡小体	apoptotic body
丁基羟基茴香醚	butylated hydroxyanisole,BHA
动脉粥样硬化	atherosclerosis,AS
短链脂肪酸	short chain fatty acid,SCFA
堆心菊素	heleniene
多巴胺	dopamine,DA
多不饱和脂肪酸	polyunsaturated fatty acid,PUFA
多糖类	polysaccharides

E

恶性营养不良	kwashiorkor
二苄基丁内酯	dibenzybutyrolactone
二苄基丁烷	dibenzybutane
二丁基羟基甲苯	butylated hydroxytoluene,BHT
二甲基苯并蒽	dimethylbenz (a) anthracene,DMBA
二甲基肼	Dimethyl hydrazine,DMH
二甲基亚硝胺	dimethyl nitrosamine,DMN
二十二碳六烯酸	docosahexaenoic acid,DHA
二十二碳五烯酸	docosapentaenoic acid,DPA
二十碳五烯酸	eicosapentaenoic acid,EPA
二烯丙基二硫化物	diallyl disulfide,DADS
二烯丙基三硫化物	diallyl trisulfide,DATS
二烯丙基四硫化物	diallyl tetrasulfide,DAS4
二烯丙基一硫化物	diallyl sulfide,DAS
二酰甘油(甘油二酯)	diacylglycerol,DAG

F

番茄红素	lycopene
番泻苷	sennoside,SEN
反式脂肪酸	trans-fatty acid
反相高效液相色谱法	reversed-phase high performance liquid chromatography, RP-HPLC
方差分析	analysis of variance,ANOVA
芳基萘	aryhaphthalene
非淀粉多糖	non-starch polysaccharides,NSP
非胰岛素依赖型糖尿病	noninsulin-dependent diabetes mellitus,NIDDM
辅酶 Q	coenzyme Q,CoQ
辅助性 T 淋巴细胞	helper T lymphocyte,Th

G

甘油三酯	triglyceride,TG
肝星状细胞	hepatic stellate cells
干扰素	interferon,IFN
高胆固醇血症	hypercholesterolemia
高聚原花青素	polymeric procyanidin,PPC
高密度脂蛋白胆固醇	high density lipoprotein cholesterin,HDL-C
高尿酸血症	hyperuricemia
高危人群	high-risk population
高香草酸	homovanillic acid,HVA
高效液相色谱法	high performance liquid chromatography,HPLC
高血压病	hypertension
高脂血症大鼠模型	hyperlipidemia rat model
谷氨酸	glutamic acid,Glu
谷氨酰胺转氨酶	transglutaminase
谷丙转氨酶	glutamic-pyruvic transaminase;GPT
谷草转氨酶	glutamic-oxaloacetic transaminase;GOT
谷胱甘肽	glutathione,GSH
谷胱甘肽过氧化物酶	glutathione peroxidase,GSH-Px
谷胱甘肽巯基转移酶	glutathione-S-transferase,GST
谷甾醇	sitosterol
骨保护素	osteoprotegerin,OPG
骨质疏松症	osteoporosis
过氧化氢	hydrogen peroxide
过氧化氢酶	catalase,CAT
过氧化脂质	lipid peroxides,LPO
过氧基	peroxy radical

H

还原型烟酰胺腺嘌呤二核苷酸磷酸氧化酶	nicotinamide adenine dinucleotide phosphate oxidase, NOX
海人酸	kainic acid,KA
海桐花科	Pittosporaceae
核仁组成区嗜银蛋白	argyrophilic-nucleolar organizer region protein,AgNORs
核因子 κB 受体激活因子配体	receptor activator of nuclear factor-κB ligand,RANKL
核转录因子-kappaB	nuclear factor-kappaB,NF-κB
亨廷顿病	huntington's disease,HD
红景天立枯病菌	rhizoctonia solani
红四氮唑	red tetrazolium
红藻氨酸	kainic acid,KA
红痣素	hallachrome
槲皮素	quercetin
花葵素	pelargonidin

空斑形成细胞	plaque forming cell，PFC
空腹血糖	fasting blood glucose，FBG
苦丁茶	Chinese holly leaf
奎尼酸	quinic acid
葵花子	sunflower seeds
葵花子油	sunflower seed oil

L

癞皮病	pellagra
类胡萝卜素	carotenoids
类视黄醇	retinoid
类维生素 A	retinoids
联苯环辛烯	dibenzocyclooctadiene
链脲佐菌素	streptozotocin，STZ
链球菌抗原	streptokinase-streptodornase，SK-SD
磷脂酶 A2	phospholipase A2，PLA2
磷脂酰胆碱	phosphatidylcholine，PC
硫胺素	thiamin
硫代巴比妥酸反应物法	thiobar bituric acid reactive substance assay，TBARS
硫辛酸	lipoic acid
芦丁	rutin
卵磷脂	lecithin
裸细胞	null cell
绿原酸	chlorogenic acid

M

慢性髓性白血病	chronic myeloid leukemia，CML
没食子酸	gallic acid，GA
镁	magnesium
膜电位	membrane potential，MP
木樨科	Oleaceae
木脂素	lignan

N

南五味子	kadsura longepedunculata
脑卒中	stroke，brain apoplexy
内皮型一氧化氮合酶	Endothelial nitric oxide synthase，eNOS
尼克酸	nicotinic acid
逆转录酶	reverse transcriptase，RT
尿素氮	urea nitrogen，BUN
柠檬酸	citric acid
牛蒡子苷元	arctigenin
牛肝菌	bolete
牛磺酸	taurine

O

偶氮甲烷	azoxymethane,AOM

P

帕金森病	Parkinson disease,PD
平均血小板体积	mean platelet volume,MPV
葡聚糖硫酸钠	dextran sulfate sodium,DSS

Q

齐墩果酸	Oleanolic acid
前列腺素	prostaglandin
前列腺素 E2	prostaglandin E2,PGE2
强化	fortification
羟甲基戊二酰辅酶 A	hydroxymethylglutaryl-coenzyme A,HMG – CoA
羟脯氨酸	hydroxyproline,Hyp
羟自由基	hydroxyl radical
鞘磷脂	sphingomyelin
氢化可的松	hydrocortisone
球蛋白	globulin,GLOB
全食品	whole food
醛固酮	aldosterone
醛糖还原酶	aldose reductase,AR
缺钾	potassium deficit
缺铁性贫血	iron deficiency anemia,IDA

R

人参环氧炔醇	panaxydol
人参炔醇	panaxynol
人参炔三醇	panaxytriol
人巨细胞病毒	human cytomegalovirus,HCMV
人类免疫缺陷病毒	human immunodeficiency virus,HIV
人乳头瘤病毒	human papilloma virus,HPV
鞣花酸	ellagic acid
乳酸脱氢酶	lactate dehydrogenase,LDH

S

三白草酮	sauchinone
三磷酸腺苷酶	adenosine triphosphatase,ATPase
三酰甘油（甘油三酯）	triacylglycerol,TG
伞形科	Umbelliferae,Apiaceae
扫描共聚焦显微镜	laser scanning confocal microscope,LSCM
膳食模式	dietary pattern
膳食纤维	dietary fiber,DF
膳食营养素参考摄入量	dietary reference intakes,DRIs
芍药素	peonidin
蛇床子素	osthol,OST

神经管畸形	neural tube defects, NTDs
生活方式	lifestyle
生育酚	tocopherol
生长抑素	somatostatin, SS
十字花科	Cruciferae
食品法典委员会	Codex Alimentarius Commission, CAC
矢车菊素	cyanidin
视黄醇	retinol
视黄醛	retinal
视黄酸	retinoic acid
瘦素	leptin
死亡率	mortality rate
四甲基偶氮唑蓝	methyl thiazolyl tetrazolium, MTT
四氯化碳	carbon tetrachloride, CCl4
四氢呋喃	tetrahydrofuran
酸价	acid value
蒜氨酸	alliin
蒜氨酸酶	alliinase
髓过氧化物酶	myeloperoxidase, MPO
宿主抗移植物反应	host versus graft reaction, HVGR
T	
檀香科	Santalaceae
糖胺聚糖	glycosaminoglycan, GAG
糖化血红蛋白	glycosylated hemoglobin, HbA1c
糖尿病	diabetes mellitus
糖尿病膳食	diabetic diet
糖尿病肾病	diabetic nephropathy, DN
糖尿病心肌病	diabetic cardiomyopathy, DCM
特殊配合力	specific combining ability, SCA
体质指数	body mass index, BMI
天门冬氨酸氨基转移酶	aspartate aminotransferase, AST
铁	iron
铜	cuprum
铜绿假单胞菌	pseudomonas aeruginosa, PAE
酮症酸中毒	keto-acidosis
透明质酸	hyaluronic acid, HA
推荐膳食营养素供给量	recommended dietary allowance, RDA
W	
五加科	Araliaceae
维生素 E	Vitamin E, VitE
维生素 C	ascorbic acid, Vitamin C, VitC

乙酰胆碱	acetylcholine,Ach
乙型肝炎 e 抗原	hepatitis B e-antigen,HBeAg
异常隐窝病灶	aberrant crypt foci,ACF
异硫氰酸盐	isothiocyanates,ITCs
吲哚-3-甲醇	Indole-3-carbinol,I3C
营养质量指数法	index of nutritional quality,INQ
幽门螺杆菌	helicobacter pylori,HP
有机硫化物	organic sulfide
诱导型一氧化氮合酶	inducible nitric oxide synthase,iNOS
玉米黄质	zeaxanthin
原刺槐素	prorobinetinidin
原菲瑟素	profisetinidin
原花青素	procyanidin
原花色素	proanthocyanidin,PC
原雀翠素	prodelphinidin
越橘	vaccinium

Z

载脂蛋白 A	apolipoprotein A,apoA
载脂蛋白 B	apolipoprotein B,apoB
再水化溶液	oral rehydration salts,ORS
增殖细胞核抗原	proliferating cell nuclear antigen,PCNA
蒸谷米	preboiled rice
脂多糖	lipopolysaccharide;LPS
脂质过氧化物	lipid hydroperoxide,LPO
植物(血细胞)凝集素	phytohemagglutinin,PHA
植物固醇	phytosterol
植物甾醇	phytosterol
治疗性生活方式改变	therapeutic lifestyle changes,TLC
治疗指数	therapeutic index,TI
肿瘤坏死因子 α	tumor necrosis factor-α,TNF-α
转化生长因子 $\beta1$	transforming growth factor-β_1,TGF-β1
转移	metastasis
自然杀伤细胞	natural killer cell,NK cell
自身免疫性脑脊髓炎	autoimmune encephalomyelitis
总胆固醇	total cholesterol,TC
总蛋白	total protein,TP
总抗氧化能力	total antioxidant capacity,T-AOC
组合膳食	portfolio diet
最低杀菌浓度	minimal bacteriocidal concentration,MBC
最小抑菌浓度	minimal inhibitory concentration,MIC
最小有效浓度	minimun effective concentration,MEC
1-甲基-4-苯基-1,2,3,6-四氢吡啶	1-methyl-4-phenyl-1,2,3,6-tetrahydropyridine,MPTP

2,2-联氮-二(3-乙基-苯并噻唑-6-磺酸)二铵盐	2,2'-Azinobis-(3-ethylbenzthiazoline-6-sulphonate),ABTS
2,2-联苯基-1-苦基肼基	2,2-Diphenyl-1-picrylhydrazyl,DPPH
2,4,6-三硝基苯磺酸	2,4,6-trinitrobenzene sulfonic acid,TNBS
2,6-二叔丁基-4-甲基苯酚	butylated hydroxyto,BHT
3,4-二羟基苯乙酸	3,4-dihydroxyphenylacetic acid,DOPAC
3-O-β-葡萄糖苷	cyanidin 3-O-β-glucoside,Cy-3-G
3 羟基-2-氨基苯甲酸	3-hydroxyanthranilic acid
6-羟基多巴胺	6-hydroxydopamine hydrobromide
8-羟基脱氧鸟苷	8-hydroxy-deoxyguanosine,8-OHdG
III 型前胶原	type III procollagen,PCIII
VI 型胶原	type IV collagen,CIV
Bax 蛋白	Bcl-2 associated X protein
C 反应蛋白	C-reactive protein,CRP
G1 检测点	G1 check-point
GABA 转氨酶	GABA transaminase,GABA-T
N-亚硝基二乙胺	N-nitrosodiethylamine,NDEA
N-乙酰-β-D-氨基葡萄糖苷酶(NAG 酶)	N-acetyl-glucosaminidase
S-烯丙基半胱氨酸	S-allylcysteine
S-烯丙基巯基半胱氨酸	S-allylmercaptocysteine
α-平滑肌肌动蛋白	alpha-smooth muscle actin,α-SMA
α-亚麻酸	alpha-linolenic acid,ALA
β 淀粉样蛋白	amyloid beta-protein,Aβ
γ-氨基丁酸	γ-aminobutyric acid,GABA
γ-干扰素	γ-interferon,γ-IFN
c-jun 氨基端激酶	c-jun N-terminal kinase,JNK
α-酰氨化作用	α-amidation
β-胡萝卜素	β-carotene
β-隐黄素	β-crytoxanthin
C-反应蛋白	C-reactive protein,CRP
5-羟色胺	5-hydroxytryptamine,5-HT,serotonin
5-羟色胺受体	serotonin receptor
n-6 多不饱和脂肪酸	n-6 polyunsaturated fatty acid
Bcl-2 蛋白,B 细胞淋巴瘤/白血病-2 蛋白	B-cell lymphoma/leukemia-2 protein
n-3 多不饱和脂肪酸	n-3 polyunsaturated fatty acid
50%有效浓度	50% effective concentration,EC50
2,4-二硝基氯苯	2,4-dinitrochlorobenzene,DNCB
3,3'-二吲哚甲烷	3,3'-Diindolylmethane,DIM
2,2'-偶氮-二(2-脒基丙烷)盐酸盐	2,2'-Azobis(2-methylpropionamidine)dihydrochloride,AAPH

图书在版编目(CIP)数据

农产品品质学. 第2卷/郑金贵编著. —厦门:厦门大学出版社,2014.12
ISBN 978-7-5615-5310-7

Ⅰ.①农… Ⅱ.①郑… Ⅲ.①农产品-品质-研究 Ⅳ.①S331

中国版本图书馆 CIP 数据核字(2014)第 289921 号

官方合作网络销售商:

厦门大学出版社出版发行

(地址:厦门市软件园二期望海路 39 号 邮编:361008)
总 编 办 电 话:0592-2182177 传真:0592-2181406
营销中心电话:0592-2184458 传真:0592-2181365
网址:http://www.xmupress.com
邮箱:xmup @ xmupress.com
厦门集大印刷厂印刷
2014 年 12 月第 1 版 2014 年 12 月第 1 次印刷
开本:880×1230 1/16 印张:24.5 插页:3
字数:760 千字
定价:88.00 元

本书如有印装质量问题请直接寄承印厂调换